数据科学与大数据管理丛书

Big Data Management and Application

大数据管理与应用

主编 王刚 副主编 刘婧 邵臻

机械工业出版社
CHINA MACHINE PRESS

本书从管理和应用的视角来解读大数据，以大数据分析全生命周期为主线，从大数据的采集、存储、预处理、分析、可视化、治理等环节切入，对大数据管理与应用的理论、方法、工具和应用进行科学合理的组织。

本书包含十六章，分为四个部分：概念篇主要介绍大数据管理与应用的基本概念、分析的基本思路；基础篇主要介绍大数据管理与应用的数学基础和机器学习基础；技术篇主要介绍大数据管理与应用的数据采集与存储技术、数据预处理技术、数据回归分析技术、数据分类分析技术、数据聚类分析技术、数据关联分析技术、深度学习技术、文本分析技术、Web 分析技术、可视化技术、数据治理技术；平台与发展篇介绍大数据计算平台并综述大数据管理与应用的新进展。

本书可作为高等学校大数据管理与应用、信息管理与信息系统、数据科学与大数据技术等管理类、信息类专业的本科生、研究生教材，还可作为大数据相关企业的管理者与实践者的培训用书和参考读物。

图书在版编目（CIP）数据

大数据管理与应用/王刚主编. —北京：机械工业出版社，2023.11
（数据科学与大数据管理丛书）
ISBN 978-7-111-73843-5

Ⅰ.①大… Ⅱ.①王… Ⅲ.①数据处理 Ⅳ.①TP274

中国国家版本馆 CIP 数据核字（2023）第 214684 号

机械工业出版社（北京市百万庄大街 22 号 邮政编码 100037）
策划编辑：张有利　　责任编辑：张有利
责任校对：张爱妮　张　薇　　责任印制：单爱军
保定市中画美凯印刷有限公司印刷
2024 年 1 月第 1 版第 1 次印刷
185mm×260mm · 28.5 印张 · 647 千字
标准书号：ISBN 978-7-111-73843-5
定价：79.00 元

电话服务
客服电话：010-88361066
010-88379833
010-68326294

网络服务
机　工　官　网：www. cmpbook. com
机　工　官　博：weibo. com/cmp1952
金　　书　　网：www. golden-book. com
机工教育服务网：www. cmpedu. com

P R E F A C E

前 言

随着信息技术的不断发展，特别是由于信息技术的不断普及以及互联网延伸，无处不在的信息技术应用带来了数据的不断增长，而且是超几何增长，数据日益成为重要的战略资源和新生产要素，对数据进行充分的挖掘和有效利用，能够对全球生产、流通、分配、消费活动以及经济运行机制、社会生活方式和国家治理能力产生重要影响。

大数据是以容量大、类型多、存取速度快、应用价值高为主要特征的数据集合，正快速发展为对数量巨大、来源分散、格式多样的数据进行采集、存储和关联分析，并从中发现新知识、创造新价值、提升新能力的新一代信息技术和服务业态。大数据一方面给我们带来了重要机遇——数据资产和洞察未来的能力，另一方面也对我们提出了巨大的挑战——大数据中价值信息的提取、大数据的信息安全以及大数据相关人才的缺乏等。在此背景下，系统地学习和掌握大数据管理与应用的基础知识和理论是高等学校学生适应科学技术和社会发展的必然要求。

本书从管理和应用的视角来解读大数据，以大数据分析全生命周期为主线，从大数据的采集、存储、预处理、分析、可视化、治理等环节切入，对大数据管理与应用的理论、方法、工具和应用进行科学合理的组织，形成了注重介绍大数据理论与方法、强调理论联系实践的教材特色。通过对本书的学习，学生可以理解大数据管理与应用的基本概念和基础理论，掌握大数据管理与应用的核心技术和方法，学生运用大数据分析工具解决具体问题的能力也能得到有针对性的培养。在编写过程中，我们积极吸取国内外同类教材的先进性，同时注意形成自身的特色。

第一，注重学科融合。大数据管理与应用涉及管理、信息等学科内容，在教材编写过程中，我们注重将相关学科知识有机地融为一体，重构了大数据管理与应用的知识体系。

第二，教材内容的先进性。在内容选取时，我们参阅了大量的相关文献，并将其与我们自身的最新研究成果相结合，整合后融入教材之中，力争反映大数据管理与应用的前沿知识。

第三，理论与实践相结合。书中除大数据理论知识和技术基础外，我们还精选了多个大数据应用案例进行分析。在案例选择上，以本土案例为主，并尽可能选自不同的行业和领域，帮助学生理解大数据分析技术在企业中的具体应用。

本书包含十六章，分为四个部分：概念篇主要介绍大数据管理与应用的基本概念、分析的基本思路；基础篇主要介绍大数据管理与应用的数学基础和机器学习基础；技术篇主要介绍大数据管理应用的数据采集与存储技术、数据预处理技术、数据回归分析技术、数据分类分析技术、数据聚类分析技术、数据关联分析技术、深度学习技术、文本分析技术、Web分析技术、可视化技术、数据治理技术；平台与发展篇介绍大数据计算平台并综述大数据管理与应用的新进展。

本书由合肥工业大学管理学院王刚教授任主编，刘婧副教授、邵臻副教授任副主编，凌海峰副教授、董骏峰副教授、倪丽萍副教授参编。各章的编写工作分工如下：王刚负责本书的统稿，并负责编写第一、三、六、七、八、十五、十六章，刘婧负责编写第九、十、十三章，邵臻负责编写第二、五章，凌海峰负责编写第十二、十四章，董骏峰负责编写第四章，倪丽萍负责编写第十一章。另外，合肥工业大学博士研究生张峰、马敬玲、张亚楠、王含茹、卢明凤、夏平凡、魏娜，硕士研究生黄晶丽、李慧、祝贺功、孟祥睿、徐旺、陈星月、周秀娜、昂瑞、杨雨蝶、韩钧、王晓莹、孙文君、贵丽等在书稿的编写过程中做了大量资料搜集整理、文档编辑等工作。在此，谨向他们表示最诚挚的谢意。

在本书的编写过程中，我们参考了大量的国内有关研究成果，在此对所涉及的专家、学者表示衷心感谢。

大数据管理与应用是一门日新月异的学科，且涉及管理科学和信息科学中的多个领域，作者水平有限，书中难免有疏漏或不妥之处，恳请广大读者不吝赐教，以便再版时及时更正。

编　者

2022 年 9 月 3 日

C O N T E N T S

目 录

前言

第一部分 概念篇

第一章 绪论 / 2

第一节 大数据时代 / 3
第二节 数据和大数据 / 6
第三节 大数据的管理与应用概述 / 13
第四节 大数据管理与应用的理论、技术和应用体系 / 18
第五节 应用案例 / 21
思考与练习 / 22
本章扩展阅读 / 22

第二部分 基础篇

第二章 大数据管理与应用的数学基础 / 26

第一节 线性代数基础 / 27
第二节 优化基础 / 31
第三节 统计基础 / 45
第四节 应用案例 / 66
思考与练习 / 67
本章扩展阅读 / 68

第三章 大数据管理与应用的机器学习基础 / 69

第一节 机器学习概述 / 70
第二节 机器学习的分类 / 73
第三节 模型评估与选择 / 74
第四节 计算学习理论 / 79
第五节 应用案例 / 82
思考与练习 / 83
本章扩展阅读 / 83

第三部分 技术篇

第四章 数据采集与数据存储 / 86

第一节 数据采集 / 87
第二节 关系型数据存储 / 94
第三节 非关系型数据存储 / 98
第四节 数据仓库 / 111
第五节 应用案例 / 116
思考与练习 / 117

本章扩展阅读　/ 118

第五章　数据预处理　/ 119

第一节　数据质量　/ 120
第二节　数据清洗　/ 122
第三节　数据变换　/ 124
第四节　数据集成　/ 128
第五节　其他预处理方法　/ 131
第六节　应用案例　/ 137
思考与练习　/ 139
本章扩展阅读　/ 140

第六章　数据回归分析　/ 141

第一节　数据回归分析概述　/ 142
第二节　线性回归分析　/ 144
第三节　岭回归分析和 LASSO 回归分析　/ 148
第四节　广义线性回归分析　/ 154
第五节　非线性回归分析　/ 157
第六节　应用案例　/ 161
思考与练习　/ 162
本章扩展阅读　/ 162

第七章　数据分类分析　/ 163

第一节　数据分类分析概述　/ 164
第二节　基于函数的分类分析　/ 165
第三节　基于概率的分类分析　/ 169
第四节　基于最近邻的分类分析　/ 172
第五节　基于决策树的分类分析　/ 174
第六节　基于规则的分类分析　/ 176
第七节　集成分类分析　/ 178
第八节　应用案例　/ 181
思考与练习　/ 182
本章扩展阅读　/ 182

第八章　数据聚类分析　/ 184

第一节　数据聚类分析概述　/ 185
第二节　基于层次的聚类分析　/ 190
第三节　基于划分的聚类分析　/ 193
第四节　基于密度的聚类分析　/ 195
第五节　基于网格的聚类分析　/ 199
第六节　基于模型的聚类分析　/ 201
第七节　集成聚类分析　/ 205
第八节　应用案例　/ 214
思考与练习　/ 215
本章扩展阅读　/ 215

第九章　数据关联分析　/ 217

第一节　数据关联分析概述　/ 218
第二节　关联规则分析　/ 220
第三节　序列模式分析　/ 230
第四节　应用案例　/ 237
思考与练习　/ 238
本章扩展阅读　/ 238

第十章　深度学习　/ 240

第一节　深度学习概述　/ 241
第二节　神经网络　/ 242
第三节　深度前馈网络　/ 247
第四节　卷积神经网络　/ 257
第五节　循环神经网络　/ 263
第六节　应用案例　/ 267
思考与练习　/ 269
本章扩展阅读　/ 269

第十一章　文本分析　/ 271

第一节　文本分析概述　/ 272
第二节　文本预处理　/ 274
第三节　特征提取和文本表示方法　/ 276
第四节　文本分类分析　/ 284
第五节　文本聚类分析　/ 288
第六节　应用案例　/ 298
思考与练习　/ 300
本章扩展阅读　/ 300

第十二章　Web 分析　/ 302

第一节　Web 分析概述　/ 303

第二节　Web 内容分析　/ 306
第三节　Web 结构分析　/ 312
第四节　Web 使用分析　/ 322
第五节　应用案例　/ 326
思考与练习　/ 328
本章扩展阅读　/ 328

第十三章　可视化技术　/ 330

第一节　可视化概述　/ 331
第二节　可视化主要类型　/ 336
第三节　可视化主要方法　/ 342
第四节　可视化评测　/ 352
第五节　应用案例　/ 356
思考与练习　/ 359
本章扩展阅读　/ 359

第十四章　数据治理　/ 361

第一节　数据治理概述　/ 362
第二节　元数据治理　/ 367
第三节　数据质量治理　/ 372
第四节　数据安全治理　/ 376
第五节　数据治理评估　/ 380
第六节　应用案例　/ 385
思考与练习　/ 386
本章扩展阅读　/ 386

第四部分　平台与发展篇

第十五章　大数据计算平台　/ 390

第一节　大数据计算平台概述　/ 391
第二节　基于 Hadoop 的大数据计算平台　/ 397
第三节　基于 Spark 的大数据计算平台　/ 412
第四节　应用案例　/ 424
思考与练习　/ 426
本章扩展阅读　/ 426

第十六章　大数据管理与应用进展　/ 428

第一节　大数据产业发展动态　/ 429
第二节　大数据管理与应用相关职业　/ 431
第三节　大数据管理与应用挑战　/ 433
第四节　大数据管理与应用发展趋势　/ 436
思考与练习　/ 440
本章扩展阅读　/ 441

参考文献　/ 442

P A R T 1

第一部分

概 念 篇

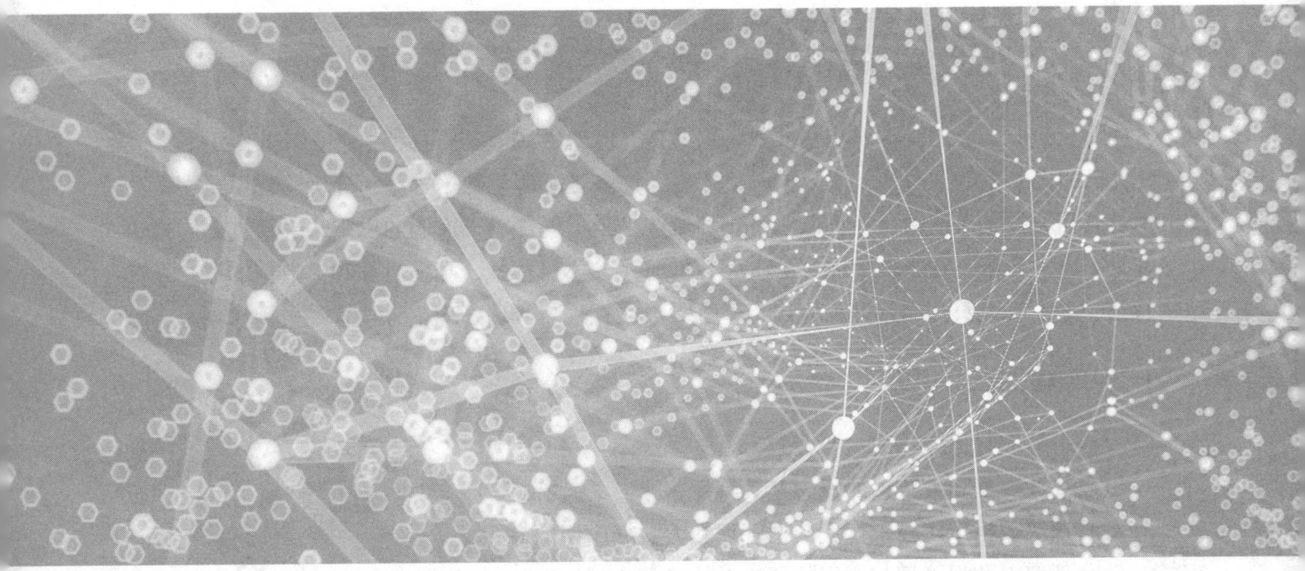

C H A P T E R 1

第一章

绪　论

随着新一代信息技术的不断发展，数据在人们的生活中发挥着越来越重要的作用，人类社会已经进入大数据时代。大数据时代产生了许多基于海量数据挖掘和分析的新模式，大数据及其相关技术对政治、经济以及文化领域产生了重要影响，人们的思维和决策方式同样也迎来了巨大变革。在本章中你将了解大数据时代的主要背景，掌握数据和大数据的概念及其特征，并了解大数据的管理和应用，理解大数据管理与应用的理论、技术和应用体系。

■ 学习目标

- 了解大数据时代的主要背景
- 掌握数据和大数据的概念及其特征
- 理解数据生产要素、大数据管理和大数据应用的概念
- 理解大数据管理与应用的理论、技术和应用体系

■ 知识结构图

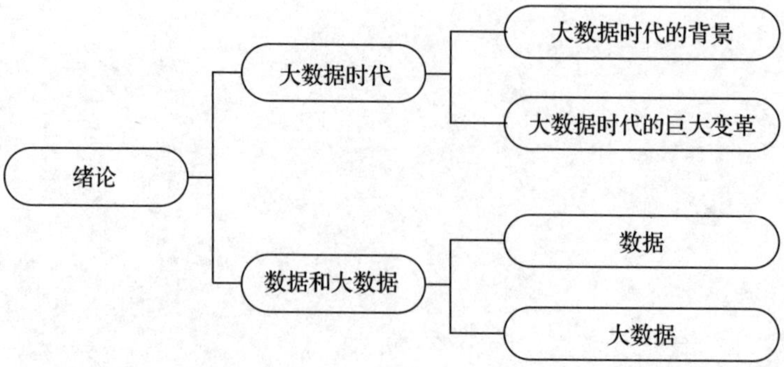

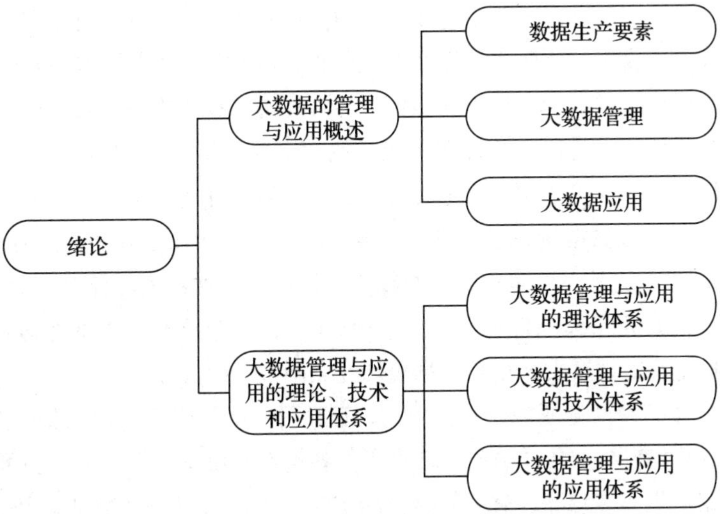

第一节　大数据时代

一、大数据时代的背景

近些年，云计算、物联网和移动互联网、社交媒体等新型信息技术和应用模式快速发展，信息技术渗透进人类世界的政治、军事、生活等各个领域，并与之不断融合，数据成为又一个重要的生产要素，成为人类生产活动必不可少的一部分，人类活动产生的数据量飞速增长。可以说，人类社会已经迈入一个新的时代——大数据时代。

全球知名的咨询公司麦肯锡最早提出了“大数据时代”的到来。麦肯锡称：“数据，已经渗透到当今每一个行业和业务职能领域，成为重要的生产因素。人们对于海量数据的挖掘和运用，预示着新一波生产率的增长和消费者盈余浪潮的到来。”如今，“大数据”已经成为热度最高、人们最关注的IT词汇之一，大数据与各个传统的应用领域相结合，带来了更多的新技术和新模式，引发了新一轮创新浪潮。为了更好地对大数据进行处理加工，挖掘其更多的价值，数据仓库、数据分析、数据挖掘等相关技术被广泛应用于大数据处理分析过程中，大数据及其相关技术已经成为各行各业重点关注和讨论的对象。其实早在1980年，著名的未来学家阿尔文·托夫勒便在《第三次浪潮》一书中，就将大数据热情地赞颂为“第三次浪潮的华彩乐章”。

大数据并不是一个新鲜的词汇，事实上，大数据之前在生物学、环境生态学等领域以及金融和通信等行业已经有了相当一段时间的应用，但在非相关领域的热度并不高。直到2009年，互联网行业蓬勃发展，大数据逐渐成为互联网和信息技术行业的热度词汇后，才开始更多地进入人们的视野。到了2012年，大数据一词越来越多地被提及，人们用它来描述和定义信息爆炸时代产生的海量数据，并命名与之相关的技术发展与创新。如今，大数据及其相关技术受到媒体、政府以及各个行业领域的高度关注，无数专栏封面和新闻都少不了大数据及其相关技术的身影，而时兴的互联网主题相关讲座和报告等也都愿意以它为主题，甚至被嗅觉灵敏的国金证券、国泰君安、银河证券等写进了投资推荐报告。

数据正在迅速膨胀，它决定着许多传统行业的未来。早在2012年，世界上的数据量已经从TB级别跃升到PB、EB，乃至ZB级别。国际数据公司（International Data Group）的研究表明，2009年的全球数据量为0.8ZB，一年后这一数据增加了0.3ZB，到2011年数据量一度攀升至1.82ZB，这是一个非常庞大的数字，相当于全球每人一年产生200GB以上的数据。而根据国际权威机构Statista的预测，到2035年，全球数据产生量将达到2 142ZB，全球数据量的规模将会出现爆发式增长。据美国互联网数据中心报道，如今，互联网上的数据几乎每年增长50%，每两年便翻一番。当然，互联网数据并非单纯指互联网上存在的数据，还包括一些信息采集设备上传的数据。全世界的各类设施设备、人们的一些可穿戴设备上有着无数用于数据采集的传感器，这些传感器能实时采集设备以及环境的时间、地理位置等，也产生了海量的数据。

大数据作为一种新的资源和生产要素，所具有的潜在的巨大价值逐渐被人们发掘和认可。虽然现在各个领域尚未深刻意识到大数据时代数据爆炸性增长带来的机遇和挑战，但是随着时间的推移，人们将越来越多地意识到数据对各个行业的重要性。大数据时代已经来临，在商业、经济及其他领域中，基于经验和直觉的决策不再被封为圭臬，相反，基于数据和分析的决策将越来越多地得到人们的认可。哈佛大学的社会学教授加里·金形容："这是一场革命，庞大的数据资源使得各个领域开始了量化进程，无论学术界、商界还是政府，所有领域都将开始这种进程。"然而，大数据及其相关技术更为重要的含义在于对大数据进行专业的处理和利用，进一步发掘大数据中蕴含的大量价值，而非仅仅收集和存储大量的数据。从产业角度看，大数据作为一种新型产业，其实现盈利的关键，就在于提高对数据的"加工能力"，通过"加工"实现数据的"增值"。当然，大数据不仅对商业领域造成了巨大影响，在政治和社会文化以及其他传统领域同样带来了巨大变革。大数据相关技术让大量的数据成为新的重要生产要素，它通过技术的创新与发展以及数据的全面感知、收集、分析、共享，为人们提供了一种全新的看待世界的方法，使人们更多地基于事实与数据做出决策。这意味着社会不再仅仅依赖经验和惯性思维进行管理和运作，遵循数据的管理和运作模式将逐渐成为社会主流。

二、大数据时代的巨大变革

大数据时代的到来不仅将改变人们的生活方式和思维模式，还将进一步带来企业和国家核心竞争力结构的改变，并将带来人类管理层面的巨大变革。

（一）大数据时代的思维变革

对于大数据的把握，更多的在于挖掘和理解数据和信息内容及信息与信息之间的关系，这个问题一直是大数据以及一些相关行业关心的重点。人类社会对数据的使用已经有相当长的一段时间了，包括一些日常进行的大量非正式观察，以及过去几年中相关行业的研究者们在专业层面上用高级算法进行的量化研究，都是围绕数据展开的。

大数据时代，专业的数据处理技术使得规模庞大的数据的处理迅速并且高效，即使是千万级别的数据量也能够在转瞬间处理完毕。然而数据量的庞大并不是大数据的重点，人们更加关注从大量数据中提取出有价值的信息，如何能让数据“说话”，才是大数据的核心意义。实际上，大数据与三个重大的思维转变有关，这三个转变是相互联系和相互作用的。

首先，从数据分析的角度来说，要完成从“小样本”到“整体”的转变，要分析与某事物相关的所有数据，而不是只分析少量的数据样本。其次，关于数据的质量，数据的精确性不再是唯一标准，多样化、异构的数据同样值得分析和处理。最后，也是最为关键的一点，在思维上需要产生转变，不再探求难以捉摸的因果关系，转而关注事物的相关关系。

（二）大数据时代的商业变革

大数据时代来临，人们将越来越多地从数据的角度来审视现实世界，世界由无数信息构成，蕴含着规模庞大的等待挖掘的数据，这是一种可以渗透到所有生活领域的世界观。在可以预见的将来，数字化技术将会对众多传统行业产生巨大影响，例如，数字化的信息传播将以最快的速度不断刷新人们的认知，而传统的印刷以及媒体行业必将面对数字化技术带来的挑战。同时，由于数字化技术赋予了人类数据化世间万物的能力，它也推动了互联网发展的新业态。在商业领域，大数据正被用来创造新型价值，可以肯定的是，经济正在渐渐开始围绕数据形成一种新的形态，很多新参与者可以从中受益，而一些资深参与者则可能会找到令人惊讶的新生机。可以说，数据是一个平台，因为数据是新产品和新商业模式的基石。

除此之外，大数据同样对企业竞争力甚至是行业结构产生了巨大影响，大数据时代的数据将会成为企业核心竞争力的重要组成部分。当然，具体的影响程度因公司而异。在更高层面上，大数据也会撼动国家竞争力。从大数据的角度出发，工业化国家因为掌握了数据以及大数据技术，所以仍然在全球竞争中占有优势。然而，这个优势很难持续。就像互联网和计算机技术一样，随着这些技术在世界范围内逐渐普及，预先掌握大数据技术并处于领先地位的优势将会逐渐被掩盖。对于处于竞争当中的无数国家和企业来说，大数据将会带来新的机遇和挑战，如果一个公司掌握了大数据，那么超越竞争对手甚至是达到使其难以望其项背的水平也绝非不可能完成的工作。

（三）大数据时代的管理变革

大数据作为一把双刃剑，在为我们的生活提供便利的同时，也让保护隐私的法律手段失去了应有的效力。大数据时代的隐私保护无论是在相关技术还是规章制度方面都存在一定的缺失，这是大数据时代面临的一大重要问题。同样，通过大数据进行预测，对于一些未来可能发生的事情进行筹备或者遏制，也成为相关领域人们争论的焦点，从某种程度上说大数据向人类的意志自由发起了挑战，这就使得人们在使用大数据及其相关技术的同时必须杜绝对数据的过分依赖，以防我们重蹈伊卡洛斯㊀的覆辙。人类社会不能像过分相信自己的飞行技术的飞行员，犯下由于误用了数据而落入海中的错误。

我们在生产和信息交流方式上的变革必然会引发自我管理所用规范的变革。同时，这些变革也会带动社会需要维护的核心价值观的转变。大数据时代由于大数据而产生的风险是前所未有的全新挑战，在原有制度的基础上添加新的制约或条件是远远不足以应对新挑战的，因此，我们需要全新的制度规范，而不是修改原有规范的适用范围。对于涉及个人隐私或商业机密的数据处理工具，需要制定相关政策约束其权力并使其承担相应责任。同时，社会需要重新定义公正的概念，在保证人们自由权利的同时，也相应地为享有这些权利而承担责任。大数据相关的新领域专家和行业机构需要设计复杂的程序对大数据进行解读，挖掘出其潜在的价值和结论，并将这些结论用于支持受到大数据影响的人们。对已有的规范进行修修补补已经不够了，制度需要推陈出新。

大数据不仅与许多日常问题息息相关，更将重塑我们的生活、工作和思维方式。大数据在为人们带来巨大便利的同时也引发了很多争议和挑战，这种挑战不仅仅是数据和信息规模的爆炸式增加，而是一些根本性的问题发生了变化，过去确定无疑的事情当下正在受到质疑。大数据需要人们重新讨论决策、命运和正义的性质。人们的世界观正受到相关性优势的挑战。应对大数据带来的巨大变革和挑战，没有万无一失的方法，必须建立规范自身的新准则。随着相关技术的发展和成熟，人们将更好地把握大数据，了解其特征和缺陷，从而做出一系列改变。

第二节　数据和大数据

一、数据

（一）数据的概念

“数据科学”这门学科研究的核心内容就是数据，那究竟什么是数据呢？一提到数据，我们首先想到的会是数字。但数据并不局限于数字，文本、音频、图像、视频都可以是数据。在这本书里，我们对数据进行如下的定义：

数据是指以定性或者定量的方式来描述事物的符号记录，是可定义为有意义的实体，它涉及事物的存在形式。数据的含义很广，不仅指1011、8084这样一些传统意义上的数据，还指“dataology”“上海市数据科学重点实验室”“2020/02/14”等符号、字符、日期形式的数据，也包括文本、声音、图像、照片和视频等类型的数据，而微博、微信、购物记录、住宿记录、乘飞机记录、银行消费记录、政府文件等也都是数据。

㊀ 伊卡洛斯是希腊神话中的人物，他在与代达罗斯使用蜡和羽毛造的翼逃离克里特岛时，因飞得太高，双翼上的蜡遭太阳融化跌落水中丧生，被埋葬在一个海岛上。

在这里，我们需要注意的是数据与信息、知识等概念之间存在一定的区别和联系。这三者之间最主要的区别是所考虑的抽象层次不同。数据是最低层次的抽象，信息次之，知识则是最高层次的抽象。数据是用来记录客观事物状态的原始符号；信息是经过解释和理解，能够消除人们某种不确定性的东西；而知识则是可指导行动的信息。

我们对数据进行解释和理解之后，才可以从数据中提取出有用的信息。对信息进行整合和呈现，则能够获得知识。例如，世界第一高峰珠穆朗玛峰的高度8 848.86m，可以认为是“数据”；一本关于珠穆朗玛峰地质特性的书籍，则是“信息”；而一份包含了攀上珠穆朗玛峰最佳路径信息的报告，就是“知识”了。所以，我们说数据是信息的载体，是形成知识的源泉，是智慧、决策以及价值创造的基石。

近年来，数据规模与利用率之间的矛盾日益凸显。一方面，数据规模的“存量”和“增量”在快速增长。根据国际权威机构 Statista 的统计和预测，全球数据量在 2019 年约达到 41ZB，预计到 2025 年，全球数据量将是 2016 年的 16.1ZB 的十倍，达到 163ZB。在人们的生活与生产中，正在生成、捕获和积累着海量数据。例如，纽约证券交易所（NYSE）每天生成 4～5TB 的数据；Illumina 的 HiSeq2000 测序仪（Illumina HiSeq 2000 Sequencer）每天可以产生 1TB 的数据；大型实验室拥有几十台类似 LSST 望远镜（Large Synoptic Survey Telescope）的机器，每天可以生成 40TB 的数据；Facebook 每个月数据增长达到 7PB；瑞士日内瓦附近的大型强子对撞机（Large Hadron Collider）每年产生约 30PB 的数据；Internet Archive 项目已存储了大约 18.5PB 的数据等。

另一方面，我们缺乏对“大数据”的开发利用能力。虽然我们经常提到或听到“数据是一种重要资源”，但我们并不深入了解数据，尤其是大数据的本质及其演化规律，更没有具备将数据资源转换为业务、决策和核心竞争力的能力。因此，我们急需包括理念、理论、方法、技术、工具、应用在内的一整套科学知识体系——大数据管理与应用。

（二）数据模型

数据建模是人们理解数据的重要途径之一。按照应用层次和建模目的，可以把数据模型分为三种基本类型：概念数据模型、逻辑数据模型和物理数据模型。因此，在实际工作中，需要注意数据模型的层次性，不同类型的人员所说的数据模型可能不在同一个层次之上。当然，不同层次的数据模型之间也存在一定的对应关系，可以进行相互转换，如图 1-1 所示。

概念数据模型（Conceptual Data Model）是以现实世界为基础，从普通用户（如业务员、决策人员）的视角对数据构建的模型，主要用来描述世界的概念化结构，与具体的数据管理技术无关，即同一个概念数据模型可以转换为不同的逻辑数据模型。常用概念数据模型有：ER 图（Entity Relationship Diagram），面向对象模型和谓词模型等。

逻辑数据模型（Logical Data Model）是在概念数据模型的基础上，从数据科学家视角对数据进一步抽象的模型，主要用于数据科学家之间的沟通和数据科学家与数据工程师之间的沟通。常用的逻辑模型有：关系模型、层次模型、网状模型、key-value、key-document、key-column和图模型等。

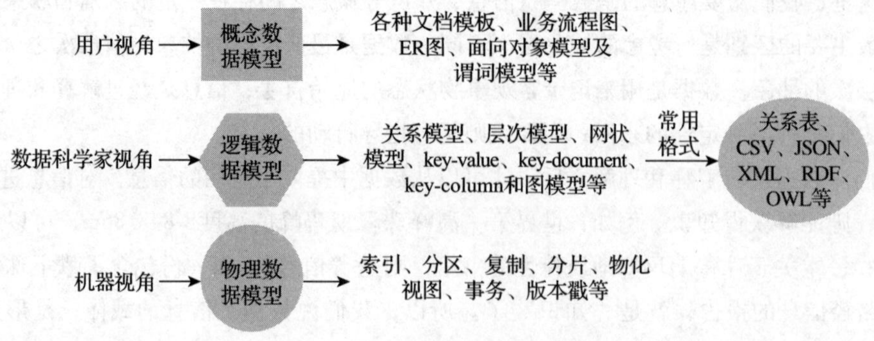

图 1-1　数据模型的层次

物理数据模型（Physical Data Model）是在逻辑数据模型的基础上，从计算机视角对数据进行建模后得出的模型，主要用于描述数据在存储介质上的组织结构，与具体的平台（包括软硬件）直接相关。常用的物理模型有：索引、分区、复制、分片、物化视图、事务、版本戳等。

通常，数据科学中数据的捕获、存储、传递、计算、显示处理的难点源自“数据的异构性”——涉及多种数据模型或同一类模型的不同结构。为此，数据科学家经常采用跨平台（应用）性较强的通用数据格式，即用与特定应用程序（及其开发语言）无关的数据格式的方法来实现在不同应用程序之间进行数据传递和数据共享。常见的通用数据格式有：关系（二维表/矩阵）、CSV（Comma Separated Value）、JSON（JavaScript Object Notation）、XML（Extensible Markup Language）、RDF（Resource Description Framework）和 OWL（Web Ontology Language）等。

（三）数据维度

数据分类是帮助人们理解数据的另一个重要途径。为了深入理解数据的常用分类方法，我们可以从三个不同维度分析数据类型及其特征。

从数据的结构化程度看，可以分为：结构化数据、半结构化数据和非结构化数据，如表 1-1 所示。在数据科学中，数据的结构化程度对于数据处理方法的选择具有重要影响。例如，结构化数据的管理可以采用传统关系数据库技术，而非结构化数据的管理往往采用 NoSQL、NewSQL 或关系云技术。

表 1-1　结构化数据、半结构化数据和非结构化数据

类型	含义	本质	举例
结构化数据	直接可以用传统关系数据库存储和管理的数据	先有结构，后有数据	关系型数据库中的数据
非结构化数据	无法用传统关系数据库存储和管理的数据	没有（或难以发现）统一结构的数据	语音、图像文件等
半结构化数据	经过一定转换处理后可以用关系数据库存储和管理的数据	先有数据，后有结构（或较容易发现其结构）	HTML、XML 文件等

结构化数据：以“先有结构，后有数据”的方式生成的数据。通常，人们所说的“结构化数据”主要指的是在传统关系数据库中捕获、存储、计算和管理的数据。在关系数据库中，需要先定义数据结构（如表结构、字段的定义、完整性约束条件等），然后严格按照预定义的结构进行捕获、存储、计算和管理数据。当数据与数据结构不一致时，需要按照数据结构对数据进行转换处理。

非结构化数据：没有（或难以发现）统一结构的数据，即在未定义结构的情况下或并不按照预定义的结构捕获、存储、计算和管理的数据。通常主要指无法在传统关系数据库中直接存储、管理和处理的数据，包括所有格式的办公文档、文本、图片、图像和音频、视频信息。

半结构化数据：介于结构化数据（如关系型数据库、面向对象数据库中的数据）和非结构化数据（如语音、图像文件等）之间的数据。例如，HTML、XML，其数据的结构与内容耦合度高，需要进行转换处理后才可发现其结构。目前，非结构化数据占比最大，绝大部分数据或数据中的绝大部分属于非结构化数据。因此，非结构化数据是数据科学中重要研究对象之一，也是当下的数据管理区别于传统数据管理的主要区别之一。

从数据的加工程度看，可以分为：零次数据、一次数据、二次数据和三次数据，如图 1-2 所示。数据的加工程度对数据科学中的流程设计和活动选择具有重要影响。例如，数据科学项目可以根据数据的加工程度来判断是否需要进行数据预处理。

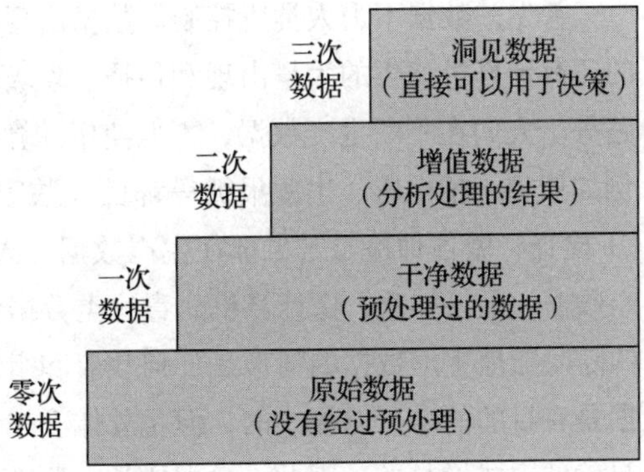

图 1-2　数据的加工程度

零次数据：数据的原始内容及其备份数据。零次数据中往往存在缺失值、噪声、错误或虚假数据等质量问题。

一次数据：对零次数据进行初步预处理（包括清洗、变换、集成等）后得到的“干净数据”。

二次数据：对一次数据进行深度处理或分析（包括脱敏、规约、标注）后得到的“增值数据”。

三次数据：对一次或二次数据进行洞察分析（包括统计分析、数据挖掘、机器学习可视化分析等）后得到的，可以直接用于决策支持的“洞见数据”。

从数据的抽象或封装程度看，可分为：数据、元数据和数据对象三个层次，如图 1-3 所示。在数据科学中，数据的抽象或封装程度对于数据处理方法的选择具有重要影响。例如，是否需要重新定义数据对象（类型）或将已有数据封装成数据对象。

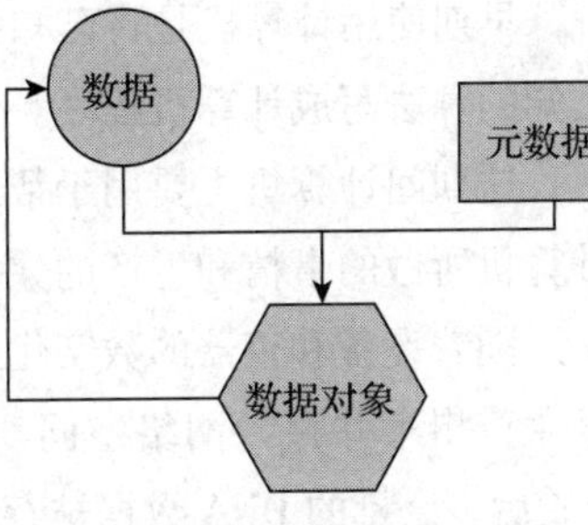

图 1-3　数据的封装

数据：对客观事物或现象直接记录下来后产生的数据，例如介绍数据科学知识的教材《数据科学》的内容。

元数据：数据的数据，可以是数据内容的描述信息等。教材《大数据管理与应用》的元数据有作者、出版社、出版地、出版年、页数、印数、字数等。通常，元数据可以分为5大类：管理、描述、保存、技术和应用类元数据。

数据对象：对数据内容与其元数据进行封装或关联后得到的更高层次的数据集。例如，可以把教材《大数据管理与应用》的内容、元数据、参考资料、与相关课程的关联数据以及课程相关的行为封装成一个数据对象。

（四）数据特征

人类社会的进步发展是人类不断探索自然（宇宙和生命）的过程，当人们将探索自然界的成果存储在网络空间中的时候，却不知不觉地在网络空间中创造了一个数据界。虽然是人生产了数据，并且人还在不断生产数据，但当前的数据已经表现出不为人控制、未知性、多样性和复杂性等自然界特征。

首先，数据不为人类所控制。数据出现爆炸式增长，人类很难加以控制，此外无法控制的还有计算机病毒的大量出现和传播、垃圾邮件的泛滥、网络的攻击、数据阻塞信息高速公路等。人们在不断生产数据，不但使用计算机产生数据，而且使用各种电子设备生产数据，例如照相、拍电影、出版报纸等都已经数字化了，这些工作都在生产数据；拍X线片、做CT检查、做各种检验等也都在生产数据；人们出行坐车、上班考勤、购物刷卡等也都在生产数据。不仅如此，像计算机病毒这类数据还能不断快速大规模地产生新数据。这种大规模的随时随地生产数据的情形是任何政府和组织所不能控制的。虽然从个体上来看，其生产数据是有目的的、可以控制的，但是总体上来看，数据的生产是不以人的意志为转移的，是以自然的方式增长的。因此，数据增长、流动已经不为人类所控制。

其次，数据具有未知性。在网络空间中出现大量未知的数据、未知的数据现象和规律，这是数据科学出现的原因。未知性包括：不知道从互联网上获得的数据是不是正确的和真实的；在两个网站对相同的目标进行搜索访问时得到的结果可能不一样，不知道哪个是正确的；也许网络空间中某个数据库早就显示人类将面临能源危机，我们却无法得到这样的知识；我们还不知道数据界有多大，数据界以什么样的速率在增长？

早期使用计算机是将已知的事情交给计算机去完成，将已知的数据存储到计算机中，将已知的算法写成计算机程序。数据、程序和程序执行的结果都是已知的或可预期的。事实上，这期间计算机主要用于帮助人们工作、生活，提高人们的工作效率和生活质量。因此，计算机所做的事情和生产的数据都是清楚的。

随着设备和仪器的数字化进程，各种设备都在生产数据，于是大量人们并不清楚的数据被生产出来并存入网络空间。例如：自从人类基因组计划（Human Genome Project，HGP）开始后，巨量的DNA数据被存储到网络空间中，这些数据是通过DNA测序仪器检测出来的，是各种生命的DNA序列数据。虽然将DNA序列存入网络空间，但在存入网络空间时并不了解 DNA 序列数据表达了什么？有什么规律？是什么基因片段使得人之间相同或不同？物种进化的基因如何变化？是否有进化或突变……

虽然每个人是将个人已知的事物和事情存储到网络空间中，但是当一个组织、一个城市或一个国家的公民都将他个人工作、生活的事物和事情存储到网络空间中时，数据就将反映这个组织、城市或国家整体的状况，包括国民经济和社会发展的各种规律和问题。这些由各种数据的综合所反映出的社会经济规律是人类事先不知道的，即信息化工作将社会经济规律这些未知的东西也存储到了网络空间中。

网络空间自有非现实数据更是未知的。例如，电子游戏创造了一个全新的活动区域，这个区域的所有场景、角色都是虚拟的。这些虚拟区域的事物又通过游戏玩家与现实世界联系在一起。因此，游戏世界表现和内在的东西在现实世界中没有，是未知的。

最后，数据具有多样性和复杂性。随着技术的进步，存储到网络空间中的数据的类别和形式也越来越多。所谓数据的多样性是指数据有各种类别，如各种语言的、各种行业的，也有在互联网中或不在互联网中的、公开或非公开的、企业的、政府的数据等。数据的复杂性有两个方面：一是指数据具有各种各样的格式，包括各种专用格式和通用格式；二是指数据之间存在着复杂的关联。

二、大数据

（一）大数据概念

权威研究机构 Gartner 对大数据给出了这样的定义：大数据是需要新处理模式才能具有更强的决策力、洞察发现力和流程优化能力的海量、高增长率和多样化的信息资产。在这个定义里，主要强调的是大数据的出现所带来的挑战和机遇，即数据处理的难度加大了，而从中所能获取的价值也增加了。

同样地，维基百科也给出了一个大数据的定义：“大数据，或称巨量资料，指的是所涉及的数据量规模巨大到无法通过人工在合理时间内截取、管理、处理，并整理成为人类所能解读的信息。”可见，维基百科的定义更加强调大数据的数据规模之庞大。

IBM 用四个特征来描述大数据，即规模性（Volume）、高速性（Velocity）、多样性（Variety）和真实性（Veracity），这些特征相结合，定义了 IBM 所称的“大数据”。这个定义显然也是把大数据定义为一种数据集合，而且集合中的数据具有规模性、高速性、多样性和真实性。所以，大数据研究所关心的应该是对结构多样性的大数据能够进行高速存储和高速处理的技术。

从管理的角度看大数据，大数据是一类能够反映物质世界和精神世界的运动状态和状态变化的信息资源，它具有决策有用性、安全危害性以及海量性、异构性、增长性、复杂性和可重复开采性，一般都具有多种潜在价值。这个定义把大数据看作一类资源，它具有决策有用性，对经济社会发展具有重要的潜在价值。按照大数据的资源观，大数据研究的关键科学问题应该包括大数据的获取方法、加工技术、应用模式以及大数据的产权问题、相关的产业发展问题和相应的法律法规建设问题。

（二）大数据特征

从不同的角度看待大数据，对大数据的侧重点理解也各有不同。然而，无论从怎样的角度看待大数据，都离不开对大数据主要特征的把握和总结。本章将大数据的主要特征定义为以下四个方面。

Volume（规模性）：“数据量大”是一个相对于计算和存储能力的说法，就目前而言，当数据量达到 PB 级以上时，一般称为“大”的数据。但是，我们应该注意到，大数据的时间分布往往不均匀，近几年生成数据的占比最高。

Variety（多样性）：数据多样性是指大数据存在多种类型的数据，不仅包括结构化数据，还包括非结构化数据和半结构化数据。有统计显示，在未来，非结构化数据的占比将达到 90% 以上。非结构化数据所包括的数据类型很多，例如网络日志、音频、视频、图片、地理位置信息等。数据类型的多样性往往导致数据的异构性，进而加大了数据处理的复杂性，对数据处理能力提出了更高要求。

Value（价值密度低）：在大数据中，价值密度的高低与数据总量的大小之间并不存在线性关系，有价值的数据往往会被淹没在海量无用数据之中，也就是人们常说的“我们淹没在数据的海洋，却又在忍受着知识的饥渴”。例如，一段长达 120 分钟连续不间断的监控视频中，有用数据可能仅有几秒。因此，如何在海量数据中洞见有价值的数据成为数据科学的重要课题。

Velocity（高速性）：大数据中所说的“速度”包括两种——增长速度和处理速度。一方面，大数据增长速度快。另一方面，我们对大数据处理的时间（计算速度）要求也越来越高，这让“大数据的实时分析”成为热门话题。

（三）大数据的来源和产生方式

大数据的来源非常多，如信息管理系统、网络信息系统、物联网系统、科学实验系统等。

信息管理系统：企业内部使用的信息系统，包括办公自动化系统、业务管理系统等。信息管理系统主要通过用户输入和系统二次加工的方式产生数据，其产生的大数据大多数为结构化数据，通常存储在数据库中，一般为关系型数据。

网络信息系统：基于网络运行的信息系统即网络信息系统是大数据产生的重要来源，如电子商务系统、社交网络、社会媒体、搜索引擎等都是常见的网络信息系统。网络信息系统产生的大数据多为半结构化或非结构化的数据，在本质上，网络信息系统是信息管理系统的延伸，专属于某个领域的应用，具备某个特定的目的。因此，网络信息系统有着更独特的应用。

物联网系统：物联网是新一代信息技术，其核心和基础仍然是互联网，是在互联网基础上延伸和扩展的网络，其用户端延伸和扩展到了任何物品与物品之间，来进行信息交换和通信，而其具体实现是通过传感技术获取外界的物理、化学、生物等数据信息。

科学实验系统： 主要用于科学技术研究，可以由真实的实验产生数据，也可以通过模拟方式获取仿真数据。

从数据库技术诞生以来，产生大数据的方式主要有以下3种。

被动式生成数据： 数据库技术使得数据的保存和管理变得简单，业务系统在运行时产生的数据可以直接保存到数据库中，由于数据是随业务系统运行而产生的，因此该阶段所产生的数据是被动的。

主动式生成数据： 物联网的诞生，使得移动互联网的发展大大提升了数据的产生速度。例如，人们可以通过手机等移动终端，随时随地产生数据。大量移动终端设备的出现，使用户不仅主动提交自己的行为，还和自己的社交圈进行了实时互动，因此数据被大量地生产出来，且具有极其强烈的传播性。显然如此生成的数据是主动的。

感知式生成数据： 物联网的发展使得数据生成方式得到彻底的改变。例如遍布在城市各个角落的摄像头等数据采集设备源源不断地自动采集并生成数据。

第三节　大数据的管理与应用概述

一、数据生产要素

经济学理论中讲的生产要素是社会在进行生产活动时所需要的种种社会资源。所以要将大数据界定为资源，首先要界定其为一种生产要素。界定某种事物为生产要素，要看其在已有的经营决策下是否参与价值创造，益于降低成本，提高收益率。在这个充满信息数据的时代，大数据一方面有助于人们科学决策，另一方面会导致具体的项目活动成本以及收益的变动，可以说大数据促进了价值创造。所以，大数据可以被界定为一种新的生产要素，即大数据就是资源。

随着大数据技术与各领域的融合，社会对其认识也日益加深，大数据作为一种资产、资源已成共识。“21世纪的石油”“21世纪的钻石矿”“数字经济的燃料”“基础性资源”“第四次工业革命的战略资源”等成为人们描绘大数据重要性的典型词汇。许多国家或国际组织也将大数据视作战略资源，例如，2011年，麦肯锡在报告中称“数据，已经渗透到当今每一个行业和业务职能领域，成为重要的生产因素”；2012年世界经济论坛的报告宣称，数据已经成为一种新的经济资产类别，就像货币或黄金一样；2013年召开的第462次香山科学会议则给出一个非技术型定义：“大数据是数字化生存时代的新型战略资源，是驱动创新的重要因素，正在改变人类的生产和生活方式。”中国共产党第十九届中央委员会第四次全体会议提出“健全劳动、资本、土地、知识、技术、管理、数据等生产要素由市场评价贡献、按贡献决定报酬的机制”，首次将数据确认为第七种生产要素。生产要素从第一次工业革命的土地、劳动、资本，扩展到第二次工业革命的技术、管理，再到第三次工业革命的知识要素，逐步形成了清晰的生产要素大纲，同时也反映了随着经济活动数字化转型的加快，数据对提高生产效率的乘数作用日益凸现，成为最具时代特征的新生产要素。

二、大数据管理

随着大数据时代的悄然来临，大数据的价值得到广泛认可。有效管理大数据，沉淀成数据资产，对内可实现数据资产增值，对外可实现数据共享变现，是企业的通用诉求。大数据管理以“互联网+”和大数据时代为背景，依靠大数据分析理论和方法，通过对不同来源数据的管理、处理、分析与优化，将结果反馈到实际应用中，将创造出巨大的经济和社会价值。基于管理的视角，当大数据被看作一类“资源”时，为了有效地开发、管理和利用这种资源，就不可忽视其获取问题、安全性问题、所有权问题、产业链发展问题、共享与应用问题等相关问题。

（一）大数据资源的获取问题

正如自然资源开发和利用之前需要探测，大数据资源开发和应用的前提也是有效地获取。大数据的获取能力一定意义上反映了企业对大数据的开发和利用能力，大数据的获取是大数据研究面临的首要管理问题。制定大数据获取的发展战略、建立大数据获取的管理机制、业务模式和服务框架等是企业在这一方向中需要研究的重要管理问题。美国谷歌、苹果和Facebook 等大型信息技术企业已经收集并存储了大量数据，掌握了较为成熟的大数据技术和管理机制，并建立了比较完善的大数据技术体系和服务框架。中国的相关企业和组织也已经意识到大数据资源的重要价值，如中国的百度、阿里巴巴、腾讯等信息技术企业已经将大数据相关业务作为重要的发展战略之一，尝试推出了相关服务。

（二）大数据资源的安全性问题

丰富的原始数据可能涉及个人隐私和企业隐私，因此政府需要制定相应的法律法规来保证原始数据开采的安全性，企业和个人也应利用安全防护技术来保障自身数据的安全。许多大型公司的关键数据都是对外保密的，如阿里巴巴、百度、腾讯等。现如今，世界上许多国家已经建立了较完善的法律法规和行业指导规范，如德国，在2005 年就开放数据接口，发布数据开放标准，并且早在1977 年就已经颁布了德国联邦数据保护法律。在大数据概念出现之前，西方国家就已经有了很好的数据资源开发与利用模式，而且大多数是由政府主导的。

出于对网络安全、泄密风险等原因的担忧，数据拥有方会对开放各种数据有所疑虑，如何实现风险可控、权限可控的数据共享成为目前实行大数据治理与共享应用亟待解决的痛点问题。

（三）大数据资源的所有权问题

大数据在哪里？谁拥有大数据资源？这是大数据发展过程中必须回答的问题。目前大部分大数据资源掌握在大型企业或组织的手里：①互联网公司，如新浪微博、Facebook 和 Twitter 等；②电子商务企业，如阿里巴巴、亚马逊和 eBay 等；③搜索引擎公司，如百度和谷歌等；④软硬件服务商，如 IBM、苹果和微软等；⑤大型企业或公共部门，如沃尔玛、国家电网等。

目前，大数据主要掌握在大型企业或组织手中，而个人拥有的数据则相对较少。这就为个人利用大数据开展研究和应用带来了挑战。然而，这些企业或组织拥有的“大数据”是由大量“小数据”组成的，而“小数据”是由一个个用户产生的，如社交媒体上用户发布或交互的信息，用户网上购物的消费记录，使用搜索引擎的搜索记录和用户消费数据等。产品和服务提供商垄断所有用户产生的这些数据，对用户来说是不公平、不合理的，对于无法利用这些数据开展研究的研究人员来说也是不公平的。因此，通过有效的管理机制来界定大数据资源的所有权和使用权是至关重要的管理问题，解决大数据资源的所有权问题需要回答以下几方面的问题：谁应该享有大数据资源的所有权或使用权？哪些大数据资源应该由社会公众共享？如何有效管理共享的大数据资源，以实现在保障安全和隐私的同时，提高使用效率？

大数据背景下的数据所有权界定要比传统数据库环境下的产权界定问题复杂得多。对大数据进行分类是界定其所有权和使用权的重要方式之一。基于云计算中对不同类型“云”的划分思想，可以将大数据划分为私有大数据（Private Big Data）、公有大数据（Public Big Data）和混合大数据（Hybrid Big Data），各类大数据资源的简要描述如表 1-2 所示。

表 1-2 不同类型大数据资源的简要描述

大数据资源的类型	描述
私有大数据	私有大数据是由于安全性或保密性等特殊要求限制，仅能由某些特定企业或组织所有、开发和利用的大数据资源
公有大数据	公有大数据是可以由公众共享的大数据资源，公有大数据可以为大数据相关科学研究的开展提供便利
混合大数据	混合大数据介于私有大数据和公有大数据之间，可以通过交易、购买或转让等方式在私有大数据和公有大数据之间转换

（四）大数据资源的产业链发展问题

大数据资源的完整产业链包括数据的采集、存储、挖掘、管理、交易、应用和服务等。大数据资源产业链的发展会促进原有相关产业的发展，如大数据对传统数据采集、存储和管理的软硬件设备要求更高，会促进数据采集、存储和管理的软硬件相关产业的进一步发展。

大数据资源产业链的发展还会催生新的产业，如大数据资源的交易会促使以大数据资源经营为主营业务的大数据资源中间商和供应商的出现。此外，还有可能出现以提供基于大数据的信息服务为主要经营业务的大数据信息服务提供商。如基于服务的云决策支持系统（DSS in cloud）将分析和大数据放到云端，这种决策支持系统服务会促进大数据与云计算交叉产业的形成和发展。

对大数据产业发展问题的研究是实现大数据潜在商业价值的重要环节，而大数据产业发展中面临着一系列比传统商业环境下更复杂的优化问题、决策问题、预测问题和评估问题，这些都是大数据产业发展中需要研究的重要管理问题。

三、大数据应用

随着大数据技术以及其他新一代信息技术的飞速发展，大数据应用已经融入制造、商务、医疗、能源和政府管理等行业，并对各个行业的运作模式产生了颠覆性的影响。

（一）大数据在制造领域的应用

随着大数据及其相关技术的不断发展，互联互通的理念改变了企业的运作模式和规则，使从事制造行业的企业边界日益模糊。大数据是制造业智能制造的基础，在制造业大规模定制中的应用包括数据采集、数据管理、订单管理、智能化制造、定制平台等。大数据能够帮助制造业企业提升营销的针对性，降低物流和库存的成本，减少生产资源投入的风险。利用这些大数据进行分析，将带来仓储、配送、销售效率的大幅提升和成本的大幅下降，并将极大地减少库存，优化供应链。同时，利用销售数据、产品的传感器数据和供应商数据库的数据等大数据，制造业企业可以准确地预测全球不同市场区域的商品需求，还可以跟踪库存和销售价格，节约大量的成本。

（二）大数据在商务领域的应用

近年来，大数据被广泛地应用于商务领域，尤其是在电子商务领域的蓬勃发展，已经成为社会发展的一种重要标志。借助大数据高效率的数据采集处理分析能力，电子商务的价值将被推向新的高峰。在大数据时代的电子商务，其经营模式由传统的管理化的运营模式变为以信息为主体的数据化运营模式，通过收集分析企业和消费者消费过程中的各项数据，利用大数据分析相关技术，挖掘潜在的商业价值，实现精准营销。在过去被认为是无用的数据资料将被重新赋予巨大价值。各电子商务企业利用数据信息，开发数据分析业务，提供数据可视化服务以及数据资源共享等，可扩展电子商务经营渠道，为企业增加效益。

（三）大数据在金融领域的应用

随着大数据、人工智能等新兴技术的快速发展，金融行业出现了大量新兴技术与传统金融行业深度融合的新金融模式，这在一定程度上激发了金融创新活力。大数据技术在金融行业的广泛应用，较好地支撑了我国金融行业的转型升级，促进了金融更好地服务实体经济，保障了金融市场的持续稳定发展。“金融云”的建设落地为大数据在金融行业的应用提供了良好的基础，金融交易数据与其他跨行业、跨领域数据的融合在不断增强，金融行业内外数据的融合、共享和开放正在成为商务数据分析发展的新趋势。大数据时代的商务数据分析在信用评价、风控管理、客户画像和精准营销等方面的成功应用，为金融行业的发展带来了新的机遇。

（四）大数据在医疗领域的应用

大数据对各个行业的发展产生了巨大影响，医疗业也不例外。健康医疗大数据是随着近几年数字化浪潮和信息现代化而出现的新名词，是指无法在可承受的时间范围内用常规软件工具进行捕捉、管理和处理的健康数据的集合，是需要新处理模式才能具有更强的决策力、洞察发现力和流程优化能力的海量、高增长和多样化的信息资产。通过对医疗大数据的分析，能够发现许多有价值的医疗信息，不仅可以实现对流行疾病的爆发趋势的预测，也能够为患者提供更加便利的服务。医疗大数据将在临床辅助决策、疾病预测模型、个性化治疗等医疗服务领域发挥巨大作用。医疗大数据既有科研价值，也有产业价值，但应用这类数据的前提是确保病患隐私和信息安全。

（五）大数据在能源领域的应用

大数据在能源行业应用的前景也越来越广阔。能源大数据理念是将电力、石油、燃气等能源领域数据进行综合采集、处理、分析与应用的相关技术与思想。能源大数据不仅是大数据技术在能源领域的深入应用，也是能源生产、消费及相关技术革命与大数据理念的深度融合，能源大数据将加速推进能源产业发展及商业模式创新。随着能源行业科技化和信息化程度的加深，以及各种监测设备和智能传感器的普及，大量能源数据信息得以被收集并存储下来，这对构建实时且高效的综合能源管理系统至关重要，进而使得能源大数据能够发挥重要作用。另外，能源行业基础设施的建设和运营涉及大量工程和多个环节的海量信息，而大数据技术能够对海量信息进行分析，帮助提高能源设施利用效率，降低经济和环境成本。最终在实时监控能源动态的基础上，利用大数据预测模型，可以解决能源消费不合理的问题，促进传统能源管理模式变革，合理配置能源，提升能源预测能力等，将会为社会带来更多的价值。

（六）大数据在政府管理领域的应用

随着互联网的发展，不同组织、不同部门之间的联系愈加紧密，国家和社会之间的相互依赖性变得越来越强，传统政务向电子政务加速转型，实际上就是提高政府的工作效率，让有限的政务资源尽可能多地获得应有的政府管理效用。电子政务建立在信息化基础之上，也就意味着一个政府信息化程度越高，其电子政务就会越发达，转型的一个直接效果就是政府公共服务的效率提高，政府向民众提供的服务更加优质、更加高效。此外，大数据可以帮助政府与民众的沟通建立在科学的数据分析之上，优化公共服务流程，简化公共服务步骤，提升公共服务质量，发展国家经济，让百姓的生活更幸福。

第四节　大数据管理与应用的理论、技术和应用体系

大数据时代在具有云计算、人工智能、物联网等新的技术驱动力的同时，也面临着数据质量难以保证、数据价值密度低、系统架构及分析技术难等方面的挑战。为了更好地进行新一代信息技术的收集、管理和分析，利用大数据挖掘其中蕴含的价值信息，大数据管理与应用工作需要构建合理的理论、技术和应用体系。

一、大数据管理与应用的理论体系

大数据管理与应用的理论体系，以统计、领域知识和机器学习为基础和引领，同时依靠相应的存储、计算和网络平台，对内部和外部的各类大数据和信息进行采集、治理和分析，形成数据可视化展示，为相关人员提供支持，大数据管理与应用的理论体系结构如图1-4所示。

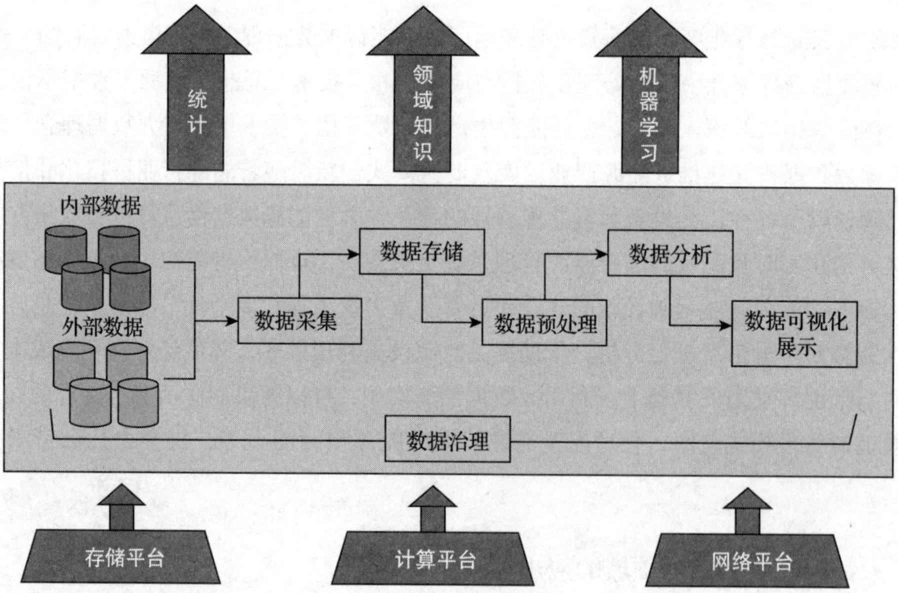

图1-4　大数据管理与应用的理论体系

统计、领域知识和机器学习理论引领大数据管理与应用的整体理论体系。大数据管理与应用往往需要结合三方面的资源——高质量的数据、领域业务知识和数据挖掘软件来进行数据挖掘，这需要依靠统计理论从大量数据中获取有业务价值的洞察力，继而结合相关管理

和领域知识将这些业务洞察力以某种形式嵌入到流程中，从而达成目标。在这个过程中，利用机器学习的各种算法构建分析模型是核心步骤。除此之外，为了保证数据挖掘项目的成功实施，还有很多决定性因素，例如问题如何界定、数据如何选取、生成的模型如何嵌入到现有的业务流程中等问题都将直接影响数据挖掘是否能够获得成功。因此，大数据管理与应用的理论体系需要统计、领域知识和机器学习相关理论的引领。

数据分析流程是大数据管理与应用理论体系的核心部分。数据收集过程中，数据源会影响数据的质量和安全性。针对内部数据源和外部数据源，根据具体大数据分析任务进行数据选择，将不适用于数据分析工作的数据剔除，针对有用数据进行数据的采集和存储。在进行数据分析前需要对数据进行一定的预处理，数据预处理环节主要包括数据清理、数据集成、数据归约与数据转换等内容，可以极大提升数据的总体质量，是数据分析的重要前置工作。经过数据预处理后数据可以用于数据分析环节，深入业务场景分析，构建各类不同的数据分析模型，以提供新的数据洞察。最后将结果进行数据展示，数据分析结果具有丰富的呈现方案，包括角色看板、数据大屏等不同数据展示方式。除此之外，数据治理环节应当贯穿整个数据的采集、存储以及处理分析的整个过程。数据治理的最终目标是提升数据的价值，这是企业实现数字战略的基础，是一个管理体系。数据治理由企业数据治理部门发起并推行，包含关于如何制定和实施针对整个企业内部数据的商业应用和技术管理等一系列政策和流程。

大数据管理与应用流程需要依靠相应的计算平台、存储平台和网络平台。对于采集到的内部外部数据，需要构建合适的数据存储平台，实现数据的物理存储，为数据分析工作做好准备。数据分析过程中构建相应的模型和数据查询机制，并最终提供数据可视化结果，这需要依靠相应的数据计算平台和网络平台，利用大数据相关计算框架实现更加快速、高效的数据计算和处理展示。

二、大数据管理与应用的技术体系

大数据管理与应用的技术体系以数据资产为核心，包含问题理解、数据理解、数据处理、模型建立、模型评估和模型部署6个环节，如图1-5所示。大数据管理与应用过程是循环往复的探索过程，这6个步骤在实践中并不是按照直线顺序进行的，而是在实际执行过程中时常反复。例如在数据理解阶段发现现有的数据无法解决问题理解阶段提出的问题时，就需要回到问题理解阶段重新调整和界定问题；到了模型建立阶段发现数据无法满足建模的要求，则可能要重新回到数据处理过程上；到了模型评估阶段，当发现建模效果不理想的时候，也可能需要重新回到问题理解阶段审视问题的界定是否合理，是否需要做些调整。

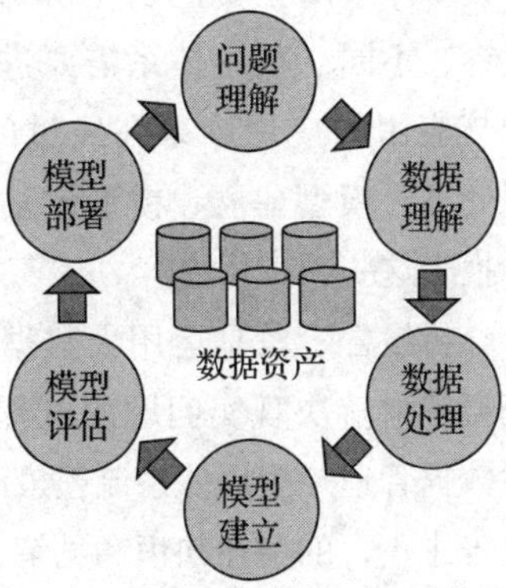

图1-5 大数据管理与应用的技术体系

问题理解阶段主要完成对问题的界定，以及对资源的评估和组织，这一环节需要确定问题目标，同时需要做出形势评估并确定下一步数据挖掘目标，从而进一步制订项目计划。

数据理解阶段主要完成的是对数据资源的初步认识和清理，这一阶段需要收集原始数据并进行数据描述，进一步进行数据的探索性分析，最后对数据质量做出评估。

数据处理阶段主要完成在建立模型之前对数据的最后准备工作，包括选择数据并对数据进行清理，实现数据的重构和整合等工作内容。数据挖掘模型要求的数据是一张二维表，而在现实世界中，数据往往被存储在不同的数据库或者数据库中的不同数据表中。数据处理阶段将把这些数据集整合在一起，生成可以建立数据挖掘模型的数据集和数据集描述。

模型建立是大数据管理与应用技术体系的核心阶段，这一步骤将选择建模技术并对其进行评估，进而产生检验设计，最后完成模型参数的设定，建立模型并对模型的各参数做出调整。

模型评估是大数据管理与应用技术体系流程中非常重要的环节，这一步将直接决定模型是否达到了预期的效果，还是必须重新进行调整。模型评估可以分为两个部分：一个是技术层面，主要由建模人员从技术角度对模型效果进行评价；另一个是问题层面，主要由业务人员对模型关于现实问题的适用性进行评估。这一阶段主要进行的工作是筛选模型并回顾和查找疏漏，确定下一步工作内容。

模型部署阶段是将已经建立并通过评估的数据挖掘模型进行实际部署的过程。这一阶段将产生结果发布计划，建立对模型进行监测和维护的机制，生成最终的数据挖掘报告。最后进行项目回顾，总结项目中的经验教训，为以后的数据挖掘项目进行经验积累。

三、大数据管理与应用的应用体系

大数据管理与应用的应用体系同样是以数据资产为核心，包含问题理解、数据理解、数据处理、模型建立、模型评估和分析报告 6 个环节的循环往复的探索过程，如图 1-6 所示。大数据管理与应用中的应用体系与技术体系的主要区别在于每次循环最后阶段的工作内容，不同于技术体系需要进行模型部署，大数据管理与应用的应用体系在经过问题理解、数据理解、数据处理、模型建立、模型评估环节后，还需要完成分析报告这一项工作内容。

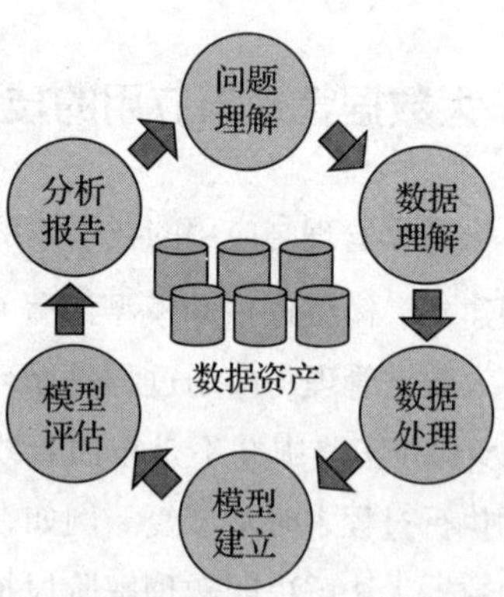

图 1-6 大数据管理与应用的应用体系

分析报告阶段是运用大数据管理与应用的相关技术模型结果解决现实问题的过程，这一阶段将实现整个大数据管理与应用体系流程最终的价值，将生成最终的大数据分析报告以及报告演示。相关报告中蕴含的潜在知识和见解，将被用于改善决策水平，为以后的相关管理者提供支持和帮助。

第五节 应用案例

阿里巴巴数据委员会自建立以来，数据质量就成了该部门的核心工作，车品觉[㊀] 认为数据质量是大数据的命门，如果将大数据比作水流，来自任何支流的数据，如果质量有问题，都会带来整个水源的污染。由于淘宝等平台上的数据良莠不齐，存在不少虚假数据，会带来很大的干扰。有时，在淘宝平台上，对于一个人，我们会看到 2 部手机、1 个 iPad、3 张信用卡、5 个淘宝账号，收集数据时，以为是多个人，但实际上就是一个人。但如果依照这个数据，商家可能就将红包给了一个不活跃的账户。为此，阿里巴巴数据委员会试图剔除虚假的数据，让收集的数据能反映真实的消费情景。比如上面的案例，就要鉴定所有这些账户、信用卡等是否为同一个人所有。再如，阿里巴巴数据委员会经常要做产品界面测试，有时它会临时修改界面，会突然多出一个按钮，这就会带来大量误点击操作，数据收集时，就会得到很多失真的用户行为数据。阿里巴巴数据委员会的数据管理人员目前的工作就是要将这些失真的数据剔除，或者将数据还原到真实的场景。为了更好地管理和利用大数据资源，阿里巴巴数据委员会采取的具体措施如下。

打破分割，统一数据标准。统一数据标准，就是让净化后的数据流得以汇集。阿里巴巴下属各个部门业务重点不同，对数据的理解不同，因此数据标准往往各不相同。要将这些数据汇集成大数据之海，就必须统一标准，这也是阿里巴巴数据委员会目前重点推行的项目。

精细化管理数据。“目前，我们需要的用户数据，平台还给不了。”阿里巴巴平台上的一个企业如是说。很多企业希望阿里巴巴能将用户属性的标签分得更细（不仅分男、女用户，还进一步按不同消费特点、收入细分）。小也化妆品创始人肖尚略认为，“平台数据的细分是基础，细分好，企业才能用好”。如何让数据精细化？阿里巴巴数据委员会根据各个商家的应用场景，将原始数据打上更细致、对商家更有参考价值的标签。以淘宝平台为例，一方面收集用户信息时，专注对商家更实用的内容，比如对于在外租房的大学生用户，除了收集他们的地址信息外，还会通过其他渠道收集其房租的租金，从而了解对方的消费水平，将这些数据提供给相应的商家。另一方面根据商家的应用情景，对数据材料做初加工。比如我们从中筛选出一个人是否戴眼镜，戴的眼镜是多少度的数据，就对卖眼镜的商家起到了很大作用。

在数据精细化思路下，2011 年底，阿里巴巴的支付宝平台开发黄金策产品，车品觉带领团队处理了 1 亿多活跃的消费者数据后，筛选出 500 个变量，用它们来描述消费者，最终让企业能够随时调用变量，获得用户信息，比如某一类包含使用信用卡数量和手机型号等具体信息的客户数目。2013 年，天猫开始研发适用于天猫商家的系统，通过对会员标签化，让商户了解店铺会员在天猫平台的所有购物行为特点。

㊀ 车品觉：数据分析师。

收集更多的外部数据。在阿里巴巴平台上，大多时候收集的是顾客的显性需求数据，如购买的商品和浏览等数据，但顾客在购买之前，就可能通过微博、论坛、导购网站等流露出隐性需求，所以仅仅做好自己的大数据是不够的，还要纳入更多外部数据。

阿里巴巴曾尝试通过收购掌握中国互联网的底层数据。2013 年 4 月，阿里巴巴收购新浪微博 18% 的股权，获得了新浪微博几亿用户的数据足迹。5 月，阿里巴巴收购高德软件 28% 股份，分享高德的地理位置、交通信息数据以及用户数据。其他的并购包括墨迹天气、友盟、美团、虾米、快的、UC 浏览器等，阿里巴巴也从中获得了大量的数据。通过这些并购，阿里在试图拼出一份囊括互联网与移动互联网，涵盖用户生活方方面面的全景数据图。

加强数据安全管理。淘宝卖家希望阿里巴巴能加大数据开放的步伐，对于阿里平台来说，这并不是一件容易的事情，因为这关乎商家和消费者的隐私，商家不希望竞争对手获得自己的机密信息，消费者也不希望被更多干扰。因此，阿里巴巴内部专门成立了一个小组，来判断数据的公开与否，把握“谁应该看什么，谁不应该看什么，谁看什么的时候只能看什么”。

◎ 思考与练习

1. 大数据时代产生了哪些重要变革？如何理解这些重要变革？
2. 结合自身经历，谈一谈大数据对生活的影响。
3. 大数据的主要特征有哪些？
4. 试述结构化数据、非结构化数据以及半结构化数据之间有哪些区别，并简单举例说明。
5. 大数据的主要来源及产生方式有哪些？
6. 大数据的管理目前面临哪些问题？
7. 大数据作为一类特殊资源会为管理领域带来哪些挑战？
8. 简述大数据管理与应用的理论、技术和应用体系。

◎ 本章扩展阅读

[1] 托夫勒. 第三次浪潮[M]. 黄明坚，译. 北京：中信出版股份有限公司，2018.
[2] 迈尔-舍恩伯格，库克耶. 大数据时代：生活、工作与思维的大变革[M]. 盛杨燕，周涛，译. 杭州：浙江人民出版社，2013.
[3] 朝乐门. 数据科学[M]. 北京：清华大学出版社，2016.
[4] 陈国青，吴刚，顾远东，等. 管理决策情境下大数据驱动的研究和应用挑战：范式转变与研究方向[J]. 管理科学学报，2018，21(7)：1-10.
[5] 张佳乐，赵彦超，陈兵，等. 边缘计算数据安全与隐私保护研究综述[J]. 通信学报，2018，39(3)：1-21.
[6] 杨善林，周开乐. 大数据中的管理问题：基于大数据的资源观[J]. 管理科学

学报, 2015, 18(5): 1-8.
[7] 蔡莉, 梁宇, 朱扬勇, 等. 数据质量的历史沿革和发展趋势 [J]. 计算机科学, 2018, 45(4): 1-10.
[8] 冯芷艳, 郭迅华, 曾大军, 等. 大数据背景下商务管理研究若干前沿课题 [J]. 管理科学学报, 2013, 16(1): 1-9.
[9] 张引, 陈敏, 廖小飞. 大数据应用的现状与展望 [J]. 计算机研究与发展, 2013, 50(2): 216-233.
[10] 吴忠, 丁绪武. 大数据时代下的管理模式创新 [J]. 企业管理, 2013(10): 35-37.
[11] 朝乐门, 卢小宾. 数据科学及其对信息科学的影响 [J]. 情报学报, 2017, 36(8): 761-771.
[12] AGARWAL R, DHAR V. Big data, data science and analytics: the opportunity and challenge for IS research [J]. Information Systems Research, 2014, 25(3): 443-448.
[13] KARIMI J, KONSYNSKI B R. Globalization and information management strategies [J]. Journal of Management Information Systems, 1991, 7(4): 7-26.
[14] ISAAK J, HANNA M J. User Data Privacy: Facebook, cambridge analytica and privacy protection [J]. IEEE Computer Society, 2018, 51(8): 56-59.

P A R T 2

第二部分

基 础 篇

CHAPTER 2

第二章

大数据管理与应用的数学基础

线性代数、优化和统计是大数据管理与应用的重要数学基础，大数据管理与应用的核心要素之一是机器学习，机器学习中的数据表示、运算规则、模型性质、模型优化等均离不开这些数学基础。在本章中你将了解线性代数、优化和统计的基本定义，掌握线性代数、优化和统计中的常用方法，从而为后续深入学习机器学习方法打下基础。

■ 学习目标

- 理解线性代数、优化和统计的基本定义
- 掌握线性代数的基本运算方法
- 掌握无约束最优化和约束最优化问题的基本解决方法
- 掌握描述性统计和推断性统计的基本方法

■ 知识结构图

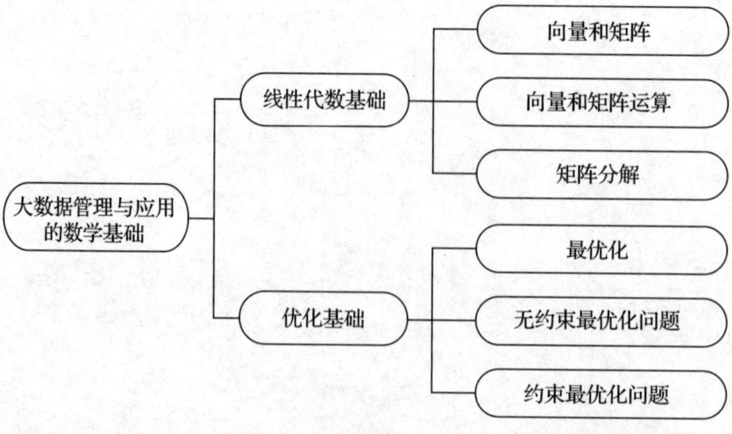

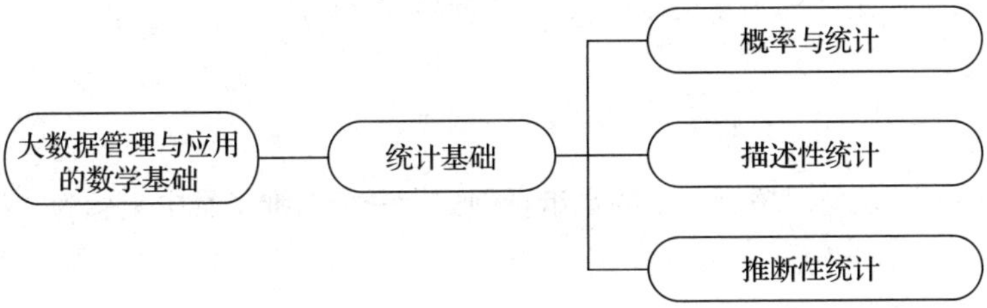

第一节　线性代数基础

一、向量和矩阵

（一）标量

标量（Scalar）是一个单独的数，它通常使用小写的斜体变量进行表示。标量有明确的类型，例如实数标量 $x \in \mathbf{R}$ 和自然数标量 $n \in \mathbf{N}$。

（二）向量

向量（Vector）是一列有序排列的数，它通常使用小写的黑斜体变量进行表示。通过向量次序中的索引可以确定每个单独的数，例如 x_1 表示向量 $\boldsymbol{x}$ 中的第一个元素，第二个元素可以表示为 x_2。向量中的元素需要有明确的类型，例如由 n 个实数组成的向量可以表示为 $\boldsymbol{x} = (x_1, x_2, \cdots, x_n)^{\mathrm{T}}$，且 $\boldsymbol{x} \in \mathbf{R}^n$。当向量 $\boldsymbol{x}$ 中的 n 个元素满足 $\sqrt{x_1^2 + x_2^2 + \cdots + x_n^2} = 1$ 时，该向量称为“单位向量”（Unit Vector）。若长度相同的两个向量 $\boldsymbol{x}$ 和 $\boldsymbol{y}$ 的点积为 0，即 $\boldsymbol{x} \cdot \boldsymbol{y} = x_1y_1 + x_2y_2 + \cdots + x_ny_n = 0$，则称 $\boldsymbol{x}$ 和 $\boldsymbol{y}$ 正交（Orthogonal）。

（三）矩阵

矩阵（Matrix）是一个二维数组，它通常使用大写的粗体变量进行表示。一个高为 m、宽为 n 的实数矩阵记为 $\boldsymbol{A} \in \mathbf{R}^{m \times n}$，$\boldsymbol{A}_{i,:}$ 表示矩阵 $\boldsymbol{A}$ 的第 i 个行向量，$\boldsymbol{A}_{:,j}$ 表示矩阵 $\boldsymbol{A}$ 的第 j 个列向量，$a_{i,j}$ 表示矩阵 $\boldsymbol{A}$ 的第 i 行和第 j 列相交的元素。一个两行两列的矩阵可以表示为

$$\boldsymbol{A} = \begin{pmatrix} a_{1,1} & a_{1,2} \\ a_{2,1} & a_{2,2} \end{pmatrix} \tag{2-1}$$

当矩阵的长和宽相等时，该矩阵为方阵（Square Matrix）。除主对角线以外的元素均为 0 的矩阵称为对角矩阵（Diagonal Matrix）。主对角线上的元素均为 1 的对角矩阵称为单位矩阵（Identity Matrix），通常用 $\boldsymbol{I}$ 或 $\boldsymbol{E}$ 来表示。若一个矩阵中的元素以主对角线为轴能够对称，即满足 $a_{i,j} = a_{j,i}$，该矩阵称为对称矩阵（Symmetric Matrix）。当矩阵的行向量和列向量均为正

交的单位向量时，该矩阵称为正交矩阵（Orthogonal Matrix）。

（四）张量

张量（Tensor）是坐标超过两维的数组。例如，一个三维张量中坐标为（i,j,k）的元素可以表示为 $a_{i,j,k}$。

（五）范数

范数（Norm）在机器学习中有重要的作用，它能够衡量向量或矩阵的大小，并满足非负性、齐次性和三角不等式。向量 $\boldsymbol{x}$ 的 L^p 范数可以表示为

$$\|\boldsymbol{x}\|_p = \left(\sum_i |x_i|^p\right)^{\frac{1}{p}} \tag{2-2}$$

式中，$p \in \mathbf{R}$，且 $p \geqslant 1$。此外，单位向量是 L^2 范数为 1 的向量，也称该向量具有单位范数（Unit Norm）。

矩阵 $\boldsymbol{A}$ 的 Frobenius 范数可以表示为

$$\|\boldsymbol{A}\|_F = \sqrt{\sum_{i,j} a_{i,j}^2} \tag{2-3}$$

二、 向量和矩阵运算

（一）矩阵的转置、行列式、逆运算与迹运算

1. 转置

转置（Transpose）是将矩阵以主对角线为轴进行翻转。矩阵 $\boldsymbol{A}$ 的转置矩阵记为 $\boldsymbol{A}^{\mathrm{T}}$，假设 $\boldsymbol{A}$ 和 $\boldsymbol{A}^{\mathrm{T}}$ 中元素分别为 $a_{i,j}$ 和 $b_{i,j}$，则有 $a_{i,j} = b_{j,i}$。

2. 行列式

行列式（Determinant）是将方阵 $\boldsymbol{A}$ 映射到实数的函数，记为 $\det(\boldsymbol{A})$。行列式能够描述线性变换对矩阵空间大小的影响。方阵 $\boldsymbol{A}$ 的行列式可通过以下方式计算：

$$\det(\boldsymbol{A}) = \sum_i (-1)^{i+j} a_{ij} M_{ij} \tag{2-4}$$

式中，M_{ij} 为方阵 $\boldsymbol{A}$ 的代数余子式。

3. 逆运算

方阵 $\boldsymbol{A}$ 的逆（Inverse）记作 $\boldsymbol{A}^{-1}$，且满足 $\boldsymbol{A}\boldsymbol{A}^{-1} = \boldsymbol{I}$。当 $\boldsymbol{A}$ 可逆时，有：

$$\boldsymbol{A}^{-1} = \frac{1}{\det(\boldsymbol{A})}\boldsymbol{A}^{*} \tag{2-5}$$

式中，$\boldsymbol{A}^{*}$ 为矩阵 $\boldsymbol{A}$ 的伴随矩阵，由 $\boldsymbol{A}$ 中各元素的代数余子式构成。

若 $\boldsymbol{A}$ 为正交矩阵，即 $\boldsymbol{A}^{\mathrm{T}}\boldsymbol{A} = \boldsymbol{A}\boldsymbol{A}^{\mathrm{T}} = \boldsymbol{I}$，则有 $\boldsymbol{A}^{-1} = \boldsymbol{A}^{\mathrm{T}}$。

4. 迹运算

迹（Trace）是矩阵主对角线上的元素之和，记为 $\mathrm{Tr}(\boldsymbol{A}) = \sum_i a_{i,i}$。矩阵的迹运算有以下性质：

$$\mathrm{Tr}(\boldsymbol{A}) = \mathrm{Tr}(\boldsymbol{A}^{\mathrm{T}}) \tag{2-6}$$

$$\mathrm{Tr}(\boldsymbol{A}+\boldsymbol{B}) = \mathrm{Tr}(\boldsymbol{A}) + \mathrm{Tr}(\boldsymbol{B}) \tag{2-7}$$

$$\mathrm{Tr}(\boldsymbol{AB}) = \mathrm{Tr}(\boldsymbol{BA}) \tag{2-8}$$

$$\|\boldsymbol{A}\|_F = \sqrt{\mathrm{Tr}(\boldsymbol{AA}^{\mathrm{T}})} \tag{2-9}$$

（二）矩阵和向量相乘

若矩阵 $\boldsymbol{A}$ 的形状为 $m\times n$，矩阵 $\boldsymbol{B}$ 的形状为 $n\times p$，则矩阵 $\boldsymbol{A}$ 和 $\boldsymbol{B}$ 相乘能够得到形状为 $m\times p$ 的矩阵 $\boldsymbol{C}$，即 $\boldsymbol{C}=\boldsymbol{A}\times\boldsymbol{B}$。矩阵乘法操作可定义为

$$c_{i,j} = \sum_k a_{i,k}b_{k,j} \tag{2-10}$$

两个相同长度的向量 $\boldsymbol{x}$ 和 $\boldsymbol{y}$ 的点积可以看作矩阵相乘 $\boldsymbol{xy}^{\mathrm{T}}$。矩阵乘法有以下性质：

$$\boldsymbol{A}(\boldsymbol{B}+\boldsymbol{C}) = \boldsymbol{AB}+\boldsymbol{AC} \tag{2-11}$$

$$\boldsymbol{A}(\boldsymbol{BC}) = (\boldsymbol{AB})\boldsymbol{C} \tag{2-12}$$

$$(\boldsymbol{AB})^{\mathrm{T}} = \boldsymbol{B}^{\mathrm{T}}\boldsymbol{A}^{\mathrm{T}} \tag{2-13}$$

（三）矩阵和向量求导

矩阵和向量的导数有以下常用的运算规则：

$$\frac{\partial \boldsymbol{x}^{\mathrm{T}}\boldsymbol{a}}{\partial \boldsymbol{x}} = \frac{\partial \boldsymbol{a}^{\mathrm{T}}\boldsymbol{x}}{\partial \boldsymbol{x}} = \boldsymbol{a} \tag{2-14}$$

$$\frac{\partial \boldsymbol{a}^{\mathrm{T}}\boldsymbol{Xb}}{\partial \boldsymbol{X}} = \boldsymbol{ab}^{\mathrm{T}} \tag{2-15}$$

$$\frac{\partial \boldsymbol{a}^{\mathrm{T}}\boldsymbol{X}^{\mathrm{T}}\boldsymbol{b}}{\partial \boldsymbol{X}} = \boldsymbol{ba}^{\mathrm{T}} \tag{2-16}$$

$$\frac{\partial \boldsymbol{a}^{\mathrm{T}}\boldsymbol{X}^{\mathrm{T}}\boldsymbol{Xb}}{\partial \boldsymbol{X}} = \boldsymbol{X}(\boldsymbol{ab}^{\mathrm{T}}+\boldsymbol{ba}^{\mathrm{T}}) \tag{2-17}$$

$$\frac{\partial \boldsymbol{x}^{\mathrm{T}}\boldsymbol{Ax}}{\partial \boldsymbol{x}} = (\boldsymbol{A}+\boldsymbol{A}^{\mathrm{T}})\boldsymbol{x} \tag{2-18}$$

$$\frac{\partial \boldsymbol{b}^{\mathrm{T}}\boldsymbol{X}^{\mathrm{T}}\boldsymbol{AXc}}{\partial \boldsymbol{X}} = \boldsymbol{A}^{\mathrm{T}}\boldsymbol{Xbc}^{\mathrm{T}}+\boldsymbol{AXcb}^{\mathrm{T}} \tag{2-19}$$

矩阵的迹运算的导数有以下常用运算规则：

$$\frac{\partial}{\partial \boldsymbol{X}}\mathrm{Tr}(\boldsymbol{X}) = \boldsymbol{I} \tag{2-20}$$

$$\frac{\partial}{\partial \boldsymbol{X}}\mathrm{Tr}(\boldsymbol{XA}) = \boldsymbol{A}^{\mathrm{T}} \tag{2-21}$$

$$\frac{\partial}{\partial \boldsymbol{X}}\mathrm{Tr}(\boldsymbol{AXB}) = \boldsymbol{A}^{\mathrm{T}}\boldsymbol{B}^{\mathrm{T}} \tag{2-22}$$

$$\frac{\partial}{\partial \boldsymbol{X}}\mathrm{Tr}(\boldsymbol{AX}^{\mathrm{T}}\boldsymbol{B}) = \boldsymbol{BA} \tag{2-23}$$

$$\frac{\partial}{\partial \boldsymbol{X}}\mathrm{Tr}(\boldsymbol{X}^{\mathrm{T}}\boldsymbol{A}) = \frac{\partial}{\partial \boldsymbol{X}}\mathrm{Tr}(\boldsymbol{AX}^{\mathrm{T}}) = \boldsymbol{A} \tag{2-24}$$

$$\frac{\partial}{\partial \boldsymbol{X}}\mathrm{Tr}(\boldsymbol{X}^{\mathrm{T}}\boldsymbol{X}) = 2\boldsymbol{X} \tag{2-25}$$

$$\frac{\partial}{\partial \boldsymbol{X}}\mathrm{Tr}(\boldsymbol{X}^{\mathrm{T}}\boldsymbol{AX}) = (\boldsymbol{A} + \boldsymbol{A}^{\mathrm{T}})\boldsymbol{X} \tag{2-26}$$

$$\frac{\partial}{\partial \boldsymbol{X}}\mathrm{Tr}(\boldsymbol{AXBX}) = \boldsymbol{A}^{\mathrm{T}}\boldsymbol{X}^{\mathrm{T}}\boldsymbol{B}^{\mathrm{T}} + \boldsymbol{B}^{\mathrm{T}}\boldsymbol{X}^{\mathrm{T}}\boldsymbol{A}^{\mathrm{T}} \tag{2-27}$$

$$\frac{\partial}{\partial \boldsymbol{X}}\mathrm{Tr}(\boldsymbol{X}^{\mathrm{T}}\boldsymbol{BXC}) = \boldsymbol{B}^{\mathrm{T}}\boldsymbol{XC}^{\mathrm{T}} + \boldsymbol{BXC} \tag{2-28}$$

$$\frac{\partial}{\partial \boldsymbol{X}}\mathrm{Tr}(\boldsymbol{AXBX}^{\mathrm{T}}\boldsymbol{C}) = \boldsymbol{A}^{\mathrm{T}}\boldsymbol{C}^{\mathrm{T}}\boldsymbol{XB}^{\mathrm{T}} + \boldsymbol{CAXB} \tag{2-29}$$

三、矩阵分解

（一）特征分解

特征分解（Eigendecomposition）能够将矩阵分解为一组特征向量（Eigenvector）和特征值（Eigenvalue），是使用最广的矩阵分解之一。对非零向量 $\boldsymbol{u}$ 进行线性变换（与 $\boldsymbol{A}$ 相乘）后，$\boldsymbol{u}$ 只发生放缩变换，则称 $\boldsymbol{u}$ 为 $\boldsymbol{A}$ 的特征向量，即

$$\boldsymbol{Au} = \lambda\boldsymbol{u} \tag{2-30}$$

其中 λ 为该特征向量对应的特征值。

假设方阵 $\boldsymbol{A}$ 有 n 个线性无关且正交的特征向量 $\{\boldsymbol{u}_1, \boldsymbol{u}_2, \cdots, \boldsymbol{u}_n\}$，其对应的特征值为 $\{\lambda_1, \lambda_2, \cdots, \lambda_n\}$。令正交矩阵 $\boldsymbol{U} = (\boldsymbol{u}_1, \boldsymbol{u}_2, \cdots, \boldsymbol{u}_n)$，对角矩阵 $\boldsymbol{\Lambda} = \mathrm{diag}(\lambda_1, \lambda_2, \cdots, \lambda_n)$，方阵 $\boldsymbol{A}$ 的特征分解可以表示为

$$\boldsymbol{A} = \boldsymbol{U\Lambda U}^{-1} \tag{2-31}$$

若 $\boldsymbol{A}$ 为实对称矩阵，有

$$\boldsymbol{A} = \boldsymbol{U\Lambda U}^{\mathrm{T}} \tag{2-32}$$

方阵 $\boldsymbol{A}$ 的所有特征值均为正数时称为正定，所有特征值均为负数时称为负定，所有特征值均为非负数时称为半正定。

（二）奇异值分解

当矩阵 $\boldsymbol{A}$ 为奇异矩阵时，需要使用奇异值分解（Singular Value Decomposition，SVD）进行矩阵分解。每个实数矩阵都可以进行奇异值分解，但不一定能够进行特征分解，因此奇异

值分解的应用更加广泛。与特征分解类似，奇异值分解能够将形状为 $m \times n$ 的矩阵 $\boldsymbol{A}$ 分解为三个矩阵的乘积：

$$c = \boldsymbol{U\Sigma V}^{\mathrm{T}} \tag{2-33}$$

式中，$\boldsymbol{U}$ 是一个形状为 $m \times m$ 的正交矩阵，其列向量称为左奇异向量（Left Singular Vector），它能够通过求解实对阵矩阵 $\boldsymbol{AA}^{\mathrm{T}} = \boldsymbol{U\Sigma V}^{\mathrm{T}}\boldsymbol{V\Sigma}^{\mathrm{T}}\boldsymbol{U}^{\mathrm{T}} = \boldsymbol{U\Sigma\Sigma}^{\mathrm{T}}\boldsymbol{U}^{\mathrm{T}}$ 的特征向量得到。类似地，$\boldsymbol{V}$ 是一个形状为 $n \times n$ 的正交矩阵，其列向量称为右奇异向量（Right Singular Vector），它能够通过求解实对阵矩阵 $\boldsymbol{A}^{\mathrm{T}}\boldsymbol{A} = \boldsymbol{V\Sigma}^{\mathrm{T}}\boldsymbol{U}^{\mathrm{T}}\boldsymbol{U\Sigma V}^{\mathrm{T}} = \boldsymbol{V\Sigma}^{\mathrm{T}}\boldsymbol{\Sigma V}^{\mathrm{T}}$ 的特征向量得到。$\boldsymbol{\Sigma}$ 是一个形状为 $m \times n$ 的对角矩阵，其对角线上的非零元素称为矩阵 $\boldsymbol{A}$ 的奇异值（Singular Value），同时也是 $\boldsymbol{AA}^{\mathrm{T}}$ 和 $\boldsymbol{A}^{\mathrm{T}}\boldsymbol{A}$ 特征值的平方根。

第二节　优化基础

一、最优化

（一）最优化问题

在现实社会中，人们经常遇到这样一类问题：判别在一个问题的众多解决方案中什么样的方案最佳，以及如何找出最佳方案。例如，在资源分配中，如何分配有限资源，使得分配方案既能满足各方面的需求，又能获得好的经济效益；在工程设计中，如何选择设计参数，使得设计方案既能满足设计要求，又能降低成本等。这类问题就是在一定的限制条件下使得所关心的指标达到最优。最优化就是为解决这类问题提供理论基础和求解方法的一门数学学科。

在量化求解实际最优化问题时，首先要把实际问题转化为数学问题，建立数学模型。最优化数学模型主要包括三个要素：决策变量和参数、约束或限制条件、目标函数。

连续变量优化模型的数学模型一般形式可以写为：

$$\min f(\boldsymbol{x}) \tag{2-34}$$

$$(\mathrm{P})\,\mathrm{s.\,t.}\ h_i(\boldsymbol{x}) = 0,\ i = 1,2,\cdots,m \tag{2-35}$$

$$g_i(\boldsymbol{x}) \geqslant 0,\ j = 1,2,\cdots,p \tag{2-36}$$

式中，$\boldsymbol{x} = (x_1, x_2, \cdots, x_n)^{\mathrm{T}} \in \mathbf{R}^n$，$\boldsymbol{x}$ 即是 n 维向量，是指需要确定的未知数，在实际问题中也常常把变量 $x_1, x_2, \cdots, x_n$ 叫决策变量；$f(\boldsymbol{x})$，$h_i(\boldsymbol{x})(i=1,2,\cdots,m)$，$g_j(\boldsymbol{x})(j=1,2,\cdots,p)$ 为 $\boldsymbol{x}$ 的函数，s. t. 为英文“subject to”的缩写，表示“受限制于”。

求极小值的函数 $f(\boldsymbol{x})$ 称为目标函数，是要求达到极小的目标的衡量。$h_i(\boldsymbol{x})(i=1,2,\cdots,m)$，和 $g_j(\boldsymbol{x})(j=1,2,\cdots,p)$ 称为约束函数，其中 $h_i(\boldsymbol{x})=0$ 称为等式约束，而 $g_j(\boldsymbol{x})\geqslant 0$ 称为不等式约束。

对于求目标函数极大值的问题，由于 $\max f(\boldsymbol{x})$ 与 $\min[-f(\boldsymbol{x})]$ 的最优解相同，因而可

转化为目标函数的相反数求解极小值：$\min[-f(\boldsymbol{x})]$。

满足约束条件式（2-35）和式（2-36）的 $\boldsymbol{x}$ 称为可行解，由全体可行解构成的集合称为可行域，记为 D，即

$$D = \{\boldsymbol{x} \mid c_i(\boldsymbol{x}) = 0,\ i = 1,2,\cdots,l;\ c_i(\boldsymbol{x}) \geqslant 0,\ i = l+1,l+2,\cdots,m\} \tag{2-37}$$

对一般模型（P），最优解具有如下定义：

定义 2-1 若存在 $\boldsymbol{x}^* \in D$，使得 $\boldsymbol{x} \neq \boldsymbol{x}^*$ 对任意 $\boldsymbol{x} \in D$，均有 $f(\boldsymbol{x}^*) \leqslant f(\boldsymbol{x})$，则称 $\boldsymbol{x}^*$ 为最优化问题（P）的整体最优解。

定义 2-2 若存在 $\boldsymbol{x}^* \in D$，使得对任意 $\boldsymbol{x} \in D$，均有 $f(\boldsymbol{x}^*) < f(\boldsymbol{x})$，则称 $\boldsymbol{x}^*$ 为最优化问题（P）的严格整体最优解。

定义 2-3 若存在 $\boldsymbol{x}^* \in D$ 及 $\boldsymbol{x}^*$ 的一个邻域 $N_\varepsilon(\boldsymbol{x}^*)$，使得对任意 $\boldsymbol{x} \in D \cap N_\varepsilon(\boldsymbol{x}^*)$，均有 $f(\boldsymbol{x}^*) \leqslant f(\boldsymbol{x})$，则称 $\boldsymbol{x}^*$ 为最优化问题（P）的局部最优解，其中 $N_\varepsilon(\boldsymbol{x}^*) = \{\boldsymbol{x} \mid \|\boldsymbol{x} - \boldsymbol{x}^*\| \leqslant \varepsilon, \varepsilon > 0\}$。

定义 2-4 若存在 $\boldsymbol{x}^* \in D$ 及 $\boldsymbol{x}^*$ 的一个邻域 $N_\varepsilon(\boldsymbol{x}^*)$，使得对任意 $\boldsymbol{x} \in D \cap N_\varepsilon(\boldsymbol{x}^*)$，$\boldsymbol{x} \neq \boldsymbol{x}^*$，均有 $f(\boldsymbol{x}^*) < f(\boldsymbol{x})$，则称 $\boldsymbol{x}^*$ 为最优化问题（P）的严格局部最优解。

根据数学模型中有无约束函数分类，最优化问题可分为有约束的最优化问题和无约束的最优化问题。在数学模型中 $m=0$，$p=0$ 时，即不存在约束的最优化问题称为无约束最优化问题，否则称为约束最优化问题。

（二）凸集

凸集和凸函数在最优化的理论中十分重要，称为凸优化。

凸优化具有良好的性质，比如局部最优解是全局最优解；凸优化问题是多项式时间可解问题，如线性规划问题。此外，很多非凸优化或 NP－Hard 问题也可以使用对偶、松弛（扩大可行域，去掉部分约束条件）方法转化成凸优化问题，在 SVM 算法中，为了对目标函数进行优化，就使用了拉格朗日乘子法、对偶问题、引入松弛因子等。

因此，本节主要介绍凸集的相关定义和性质。

1. 凸集

定义 2-5 设集合 $D \subset \mathbf{R}^n$，若对于任一点 $\boldsymbol{x},\boldsymbol{y} \in D$ 及实数 $\alpha \in [0,1]$，都有：

$$\alpha\boldsymbol{x} + (1-\alpha)\boldsymbol{y} \in D \tag{2-38}$$

则称集合 D 为凸集。

凸集的直观几何表示如图 2-1 所示：左侧为凸集，右侧为非凸集，因为右边的集合中任意两点 $\boldsymbol{x}$ 和 $\boldsymbol{y}$ 连线之间的点有时不属于该集合。

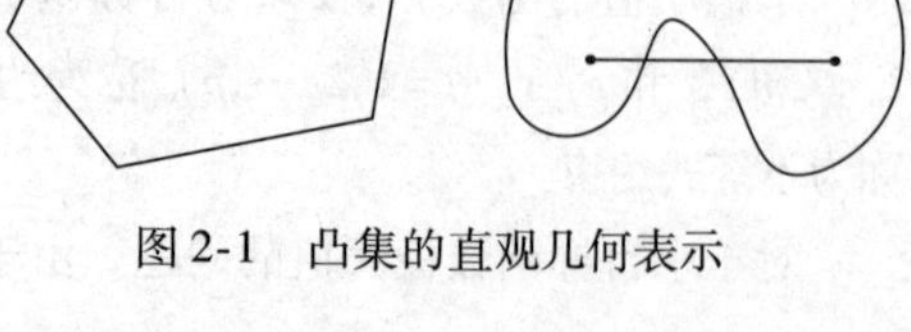

图 2-1 凸集的直观几何表示

凸集具有如下性质（设 $D_i \subset \mathbf{R}^n$，$i=1,2,\cdots,k$）：

1）设 $D_1, D_2, \cdots, D_k$ 是凸集，则它们的交 $D = D_1 \cap D_2 \cap \cdots \cap D_k$ 是凸集；

2）设 D 是凸集，β 为一实数，则集合 $\beta D = \{\boldsymbol{y} \mid \boldsymbol{y} = \beta\boldsymbol{x}, \boldsymbol{x} \in D\}$是凸集；

3）设 D_1, D_2 是凸集，则 D_1 与 D_2 的和 $D_1 + D_2 = \{\boldsymbol{y} \mid \boldsymbol{y} = \boldsymbol{x} + \boldsymbol{z}, \boldsymbol{x} \in D_1, \boldsymbol{z} \in D_2\}$是凸集。

2. 凸组合

定义 2-6　设 $x_i \in \mathbf{R}^n$，$i = 1, 2, \cdots, k$，实数 $\lambda_i \geqslant 0$，$\sum_{i=1}^{k} \lambda_i = 1$，则 $\boldsymbol{x} = \sum_{i=1}^{k} \lambda_i \boldsymbol{x}_i$ 称为 $\boldsymbol{x}_1, \boldsymbol{x}_2, \cdots, \boldsymbol{x}_k$ 的凸组合。

由凸集的定义知，凸集中任意两点的凸组合属于凸集。

3. 极点

定义 2-7　设 D 是凸集，若 D 中的点 $\boldsymbol{x}$ 不能称为 D 中任何线段上的内点，则称 $\boldsymbol{x}$ 为凸集 D 的极点。

极点的直观几何表示如图 2-2 所示。

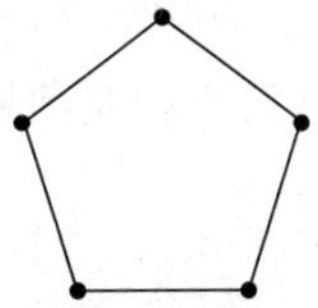

图 2-2　极点的直观几何表示

（三）凸函数

明确凸集的概念后，可以进一步介绍凸函数的定义和性质。凸函数具有很好的极值特性，这使它在非线性规划中占有重要的地位。凹函数与凸函数相似，凸函数具有全局极小值，凹函数具有全局极大值，两者之间可以很方便地进行转换。

1. 凸函数

定义 2-8　设函数 $f(\boldsymbol{x})$ 定义在凸集 $D \subset \mathbf{R}^n$ 上。若对于任意的 $\boldsymbol{x}, \boldsymbol{y} \in D$ 及任意实数 $\alpha \in [0,1]$，都有

$$f[\alpha \boldsymbol{x} + (1-\alpha)\boldsymbol{y}] \leqslant \alpha f(\boldsymbol{x}) + (1-\alpha) f(\boldsymbol{y}) \tag{2-39}$$

则称 $f(\boldsymbol{x})$ 为凸集 D 上的凸函数。

对于一元凸函数，其几何表现如图 2-3 所示。

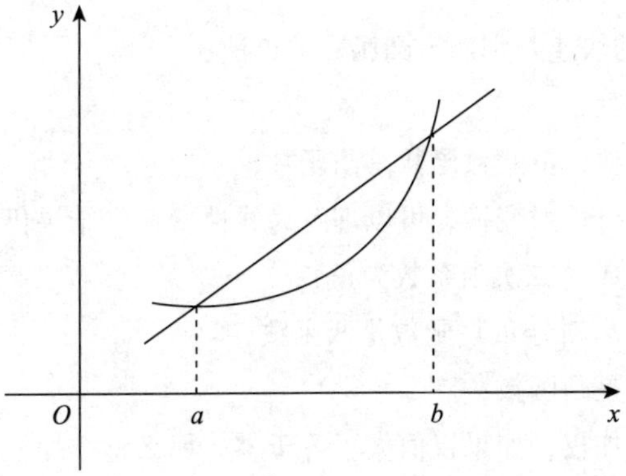

图 2-3　一元凸函数的几何表现

在曲线上任取两点，之间的弦位于弧之上。

2. 严格凸函数

定义 2-9　设函数 $f(\boldsymbol{x})$ 定义在凸集 $D \subset \mathbf{R}^n$ 上。若对于任意的 $\boldsymbol{x}, \boldsymbol{y} \in D$，$\boldsymbol{x} \neq \boldsymbol{y}$，及任意实

数 $\alpha \in (0,1)$，都有

$$f[\alpha \boldsymbol{x} + (1-\alpha)\boldsymbol{y}] < \alpha f(\boldsymbol{x}) + (1-\alpha) f(\boldsymbol{y}) \tag{2-40}$$

则称 $f(\boldsymbol{x})$ 为凸集 D 上的严格凸函数。

3. 凸函数的性质

1）设 $f(\boldsymbol{x})$ 是凸集 $D \subset \mathbf{R}^n$ 上的凸函数，实数 $k \geqslant 0$，则 $kf(\boldsymbol{x})$ 也是 D 上的凸函数；

2）设 $f_1(\boldsymbol{x})$，$f_2(\boldsymbol{x})$ 是凸集 $D \subset \mathbf{R}^n$ 上的凸函数，实数 $\lambda \geqslant 0$，$\mu \geqslant 0$，则 $\lambda f_1(\boldsymbol{x}) + \mu f_2(\boldsymbol{x})$ 也是 D 上的凸函数；

3）设 $f(\boldsymbol{x})$ 是凸集 $D \subset \mathbf{R}^n$ 上的凸函数，β 为实数，则水平集 $s(f,\beta) = \{\boldsymbol{x} \mid \boldsymbol{x} \in D, f(\boldsymbol{x}) \leqslant \beta\}$ 是凸集；

4）$f(\boldsymbol{x})$ 是凸集 $D \subset \mathbf{R}^n$ 上的凹函数的充分必要条件是 $[-f(\boldsymbol{x})]$ 是凸集 $D \subset \mathbf{R}^n$ 上的凸函数。

4. 凸函数的判断

判断一个函数是否为凸函数，最基本的方法是使用其定义。但对于可微函数，下面介绍的两个判定定理可能更为有效。

定理 2-1（一阶判别定理） 设在凸集 $D \subset \mathbf{R}^n$ 上 $f(\boldsymbol{x})$ 可微，则 $f(\boldsymbol{x})$ 在 D 上为凸函数的一阶充分必要条件是对任意的 $\boldsymbol{x},\boldsymbol{y} \in D$，有

$$f(\boldsymbol{y}) \geqslant f(\boldsymbol{x}) + \nabla f(\boldsymbol{x})^{\mathrm{T}}(\boldsymbol{y} - \boldsymbol{x}) \tag{2-41}$$

定理 2-2（二阶判别定理） 设在开凸集 $D \subset \mathbf{R}^n$ 内 $f(\boldsymbol{x})$ 二阶可微，则

1）$f(\boldsymbol{x})$ 为凸集 D 内的凸函数的二阶充分必要条件为在 D 内任何一点 $\boldsymbol{x}$ 处，$f(\boldsymbol{x})$ 的二阶偏导数组成的矩阵即黑塞矩阵 $\nabla^2 f(x)$ 为半正定矩阵。

2）若在 D 内 $\nabla^2 f(x)$ 为正定矩阵，则 $f(\boldsymbol{x})$ 在凸集 D 内为严格凸函数。

5. 常用凸函数判断方法

下面给出一些常用的快速判别凹、凸函数的方法：

1）指数函数是凸函数；

2）对数函数是凹函数，负对数函数是凸函数；

3）对一个凸函数进行仿射变换，可以理解为线性变换，结果仍为凸函数；

4）二次函数是凸函数（二次项系数为正）；

5）正态分布（又称高斯分布）函数是凹函数；

6）常见的范数函数是凸函数；

7）多个凸函数线性加权，如果权值大于等于零，那么整个加权结果函数为凸函数。

二、无约束最优化问题

这里讨论无约束最优化问题的数学模型

$$(\mathrm{P}) \ \min f(\boldsymbol{x}),\ \boldsymbol{x} \in \mathbf{R}^n \tag{2-42}$$

求解无约束最优化问题（P）的基本方法是给定一个初始点 $\boldsymbol{x}_0$，依次产生一个点列 $\boldsymbol{x}_1, \boldsymbol{x}_2, \cdots, \boldsymbol{x}_k, \cdots$，记为 $\{\boldsymbol{x}_k\}$，使得或者某个 $\boldsymbol{x}_k$ 恰好是问题的一个最优解，或者该点列 $\{\boldsymbol{x}_k\}$ 收敛到问题的一个最优解 $\boldsymbol{x}^*$，这就是迭代算法。

在迭代算法中由点 $\boldsymbol{x}_k$ 迭代到 $\boldsymbol{x}_{k+1}$ 时，要求 $f(\boldsymbol{x}_{k+1}) \leqslant f(\boldsymbol{x}_k)$，称这种算法为下降算法，点列 $\{\boldsymbol{x}_k\}$ 的产生，通常由两步完成。首先在 $\boldsymbol{x}_k$ 点处求一个方向 $\boldsymbol{p}_k$，使得 $f(\boldsymbol{x})$ 沿方向 $\boldsymbol{p}_k$ 移动时函数值有所下降，一般称这个方向为下降方向或搜索方向。然后以 $\boldsymbol{x}_k$ 为出发点，以 $\boldsymbol{p}_k$ 为方向做射线 $\boldsymbol{x}_k + \alpha \boldsymbol{p}_k$，其中 $\alpha > 0$，在此射线上求一点 $\boldsymbol{x}_{k+1} = \boldsymbol{x}_k + \alpha_k \boldsymbol{p}_k$，使得 $f(\boldsymbol{x}_{k+1}) < f(\boldsymbol{x}_k)$，其中 α_k 称为步长。

下降法如算法 2-1 所示：

算法 2-1：下降算法

输入： 初始点 $\boldsymbol{x}_0$，$k=0$

1. **do**：
2. 　确定点 $\boldsymbol{x}_k$ 处的可行下降方向 $\boldsymbol{p}_k$
3. 　确定步长 $\alpha_k > 0$，使得 $f(\boldsymbol{x}_k + \alpha_k \boldsymbol{p}_k) < f(\boldsymbol{x}_k)$
4. 　令 $\boldsymbol{x}_{k+1} = \boldsymbol{x}_k + \alpha_k \boldsymbol{p}_k$
5. 　$k = k+1$
6. **while** 　$\boldsymbol{x}_{k+1}$ 满足某种终止准则，停止迭代

输出： 近似最优解 $\boldsymbol{x}_{k+1}$

对于迭代算法，我们还要给出某种终止准则。当某次迭代满足终止准则时，就停止计算，而以这次迭代所得到的点 $\boldsymbol{x}_k$ 或 $\boldsymbol{x}_{k+1}$ 为最优解 $\boldsymbol{x}^*$ 的近似解，常用的终止准则有以下几种。

1）$\|\boldsymbol{x}_{k+1} - \boldsymbol{x}_k\| < \varepsilon$ 或 $\dfrac{\|\boldsymbol{x}_{k+1} - \boldsymbol{x}_k\|}{\|\boldsymbol{x}_k\|} < \varepsilon$；

2）$|f(\boldsymbol{x}_{k+1}) - f(\boldsymbol{x}_k)| < \varepsilon$ 或 $\dfrac{|f(\boldsymbol{x}_{k+1}) - f(\boldsymbol{x}_k)|}{|f(\boldsymbol{x}_k)|} < \varepsilon$；

3）$\|\nabla f(\boldsymbol{x}_k)\| = \|\boldsymbol{g}_k\| < \varepsilon$；

4）上述三种终止准则的组合。

其中，$\varepsilon > 0$ 是预先给定的适当小的实数。

下面介绍几种常用的优化算法。

（1）一维搜索。

最优化问题有明显的几何意义，往往可以用图解法获得最优解。一维搜索又称一维优化，是指求解一维目标函数的最优解的过程，已知 $\boldsymbol{x}_k$，并且求出了 $\boldsymbol{x}_k$ 处的下降方向 $\boldsymbol{p}_k$，从 $\boldsymbol{x}_k$ 出发，沿方向 $\boldsymbol{p}_k$ 求目标函数的最优解，即求解问题

$$\min_{\alpha > 0} f(\boldsymbol{x}_k + \alpha \boldsymbol{p}_k) = \min_{\alpha > 0} \varphi(\alpha) \tag{2-43}$$

或者

$$\min_{0 < \alpha \leqslant \alpha_{\max}} f(\boldsymbol{x}_k + \alpha \boldsymbol{p}_k) = \min_{0 < \alpha \leqslant \alpha_{\max}} \varphi(\alpha) \tag{2-44}$$

称为一维搜索，设其最优解为 α_k，于是得到一个新点

$$\boldsymbol{x}_{k+1} = \boldsymbol{x}_k + \alpha_k \boldsymbol{p}_k \tag{2-45}$$

所以一维搜索是求解一元函数 $\varphi(\alpha)$ 的最优化问题（也叫一维最优化问题）。我们把此问题仍表示为

$$\min_{x \in \mathbf{R}} f(x) \text{ 或 } \min_{a \leqslant x \leqslant b} f(x) \tag{2-46}$$

（2）最速下降法。

对于无约束最优化问题考虑下降算法，最速下降法是其他许多算法的基础，它的计算过程就是沿梯度下降的方向求解极小值。在多元函数 $f(\boldsymbol{x})$ 中，由泰勒公式有

$$f(\boldsymbol{x} + \alpha \boldsymbol{p}) = f(\boldsymbol{x}) + \alpha \boldsymbol{g}^{\mathrm{T}}(\boldsymbol{x})\boldsymbol{p} + o(\alpha \|\boldsymbol{p}\|)(\alpha > 0) \tag{2-47}$$

由于

$$\boldsymbol{g}^{\mathrm{T}}(\boldsymbol{x})\boldsymbol{p} = -\|\boldsymbol{g}(\boldsymbol{x})\|\|\boldsymbol{p}\|\cos\theta \tag{2-48}$$

式中，θ 为 $\boldsymbol{p}$ 与 $-\boldsymbol{g}(\boldsymbol{x})$ 的夹角。当 $\theta = 0°$ 时，$\cos\theta = 1$，因此，负梯度方向使目标函数 $f(\boldsymbol{x})$ 下降最快，称为最速下降方向。

最速下降法如算法 2-2 所示：

算法 2-2：最速下降法

输入： 控制误差 $\varepsilon > 0$，初始点 $\boldsymbol{x}_0$，$k = 0$

1. **do**：
2. 计算 $\boldsymbol{g}_k = \boldsymbol{g}(\boldsymbol{x}_k)$，$\boldsymbol{x}^* = \boldsymbol{x}_k$
3. 令 $\boldsymbol{p}_k = -\boldsymbol{g}_k$，由一维搜索求步长 α_k，使得 $f(\boldsymbol{x}_k + \alpha_k \boldsymbol{p}_k) = \min_{\alpha \geqslant 0} f(\boldsymbol{x}_k + \alpha \boldsymbol{p}_k)$
4. 令 $\boldsymbol{x}_{k+1} = \boldsymbol{x}_k + \alpha_k \boldsymbol{p}_k$，$k = k + 1$
5. **while** $\|\boldsymbol{g}_x\| \leqslant \varepsilon$，停止迭代

输出： 极小值 $\boldsymbol{x}^*$

（3）牛顿法。

最速下降法的本质是用线性函数去近似目标函数，可以考虑对目标函数的高阶逼近得到快速算法，牛顿法就是通过用二次模型近似目标函数得到的。假设 $f(\boldsymbol{x})$ 是二阶连续可微函数，设 $\boldsymbol{x}_k$ 为 $f(\boldsymbol{x})$ 的极小点 $\boldsymbol{x}^*$ 的一个近似，将 $f(\boldsymbol{x})$ 在 $\boldsymbol{x}_k$ 附近做泰勒展开，有

$$f(\boldsymbol{x}) \approx q_k(\boldsymbol{x}) = f_k + \boldsymbol{g}_k^{\mathrm{T}}(\boldsymbol{x} - \boldsymbol{x}_k) + \frac{1}{2}(\boldsymbol{x} - \boldsymbol{x}_k)^{\mathrm{T}} \boldsymbol{G}_k (\boldsymbol{x} - \boldsymbol{x}_k) \tag{2-49}$$

式中，$f_k = f(\boldsymbol{x}_k)$，$\boldsymbol{g}_k = \boldsymbol{g}(\boldsymbol{x}_k)$，$\boldsymbol{G}_k = \boldsymbol{G}(\boldsymbol{x}_k)$，若 $\boldsymbol{G}_k$ 正定，则 $\boldsymbol{q}_k(\boldsymbol{x})$ 有唯一极小点，将它取为 $\boldsymbol{x}^*$ 的下一次近似 $\boldsymbol{x}_{k+1}$。由一阶必要条件可知，$\boldsymbol{x}_{k+1}$ 应满足

$$\nabla q_k(\boldsymbol{x}_{k+1}) = 0 \tag{2-50}$$

即

$$\boldsymbol{G}_k(\boldsymbol{x}_{k+1} - \boldsymbol{x}_k) + \boldsymbol{g}_k = 0 \tag{2-51}$$

令 $\boldsymbol{x}_{k+1} = \boldsymbol{x}_k + \boldsymbol{p}_k$，其中 $\boldsymbol{p}_k$ 称为牛顿方向，应满足

$$\boldsymbol{G}_k \boldsymbol{p}_k = -\boldsymbol{g}_k \tag{2-52}$$

上述方程组称为牛顿方程，也可以从中解出 $\boldsymbol{p}_k$ 并代入迭代公式，得到

$$\boldsymbol{x}_{k+1} = \boldsymbol{x}_k - \boldsymbol{G}_k^{-1}\boldsymbol{g}_k \tag{2-53}$$

即称为牛顿迭代公式。

根据上面推导，牛顿法如算法 2-3 所示：

算法 2-3：牛顿法

输入： 控制误差 $\varepsilon>0$，初始点 $\boldsymbol{x}_0$，$k=0$

1. **do：**
2. 　计算 $\boldsymbol{g}_k=\boldsymbol{g}(\boldsymbol{x}_k)$，$\boldsymbol{x}^*=\boldsymbol{x}_k$
3. 　计算 $\boldsymbol{G}_k$，并解出 $\boldsymbol{p}_k$
4. 　令 $\boldsymbol{x}_{k+1}=\boldsymbol{x}_k+\boldsymbol{p}_k$，$k=k+1$
5. **while** $\|\boldsymbol{g}_x\|\leqslant\varepsilon$，停止迭代

输出： 极小值 $\boldsymbol{x}^*$

（4）共轭梯度法。

牛顿法每步计算量很大，因此放松要求，认为经过有限次迭代就可得到正定二次函数极小点的算法是比较有效的。共轭梯度法的基本思想是在共轭方向法和最速下降法之间建立某种联系，以求得到一个既有效又有较好收敛性的算法。

对正定二次函数 $f(\boldsymbol{x})=\frac{1}{2}\boldsymbol{x}^{\mathrm{T}}\boldsymbol{G}\boldsymbol{x}+\boldsymbol{b}^{\mathrm{T}}\boldsymbol{x}+c$，由初始下降方向取为

$$\boldsymbol{p}_0 = -\boldsymbol{g}_0, \boldsymbol{p}_{k+1} = -\boldsymbol{g}_{k+1} + \beta_k\boldsymbol{p}_k \tag{2-54}$$

$$\beta_k = \frac{\boldsymbol{g}_{k+1}^{\mathrm{T}}\boldsymbol{G}\boldsymbol{p}_k}{\boldsymbol{p}_k^{\mathrm{T}}\boldsymbol{G}\boldsymbol{p}_k} \tag{2-55}$$

确定共轭方向，并且采用精确一维搜索得到的共轭梯度法，在 $m(m\leqslant n)$ 次迭代后可求得二次函数的极小点，并且对所有 $i\in\{1,2,\cdots,m\}$，有

$$\boldsymbol{p}_i^{\mathrm{T}}\boldsymbol{G}\boldsymbol{p}_j = 0, j = 0,1,\cdots,i-1 \tag{2-56}$$

$$\boldsymbol{g}_i^{\mathrm{T}}\boldsymbol{g}_j = 0, j = 0,1,\cdots,i-1 \tag{2-57}$$

$$\boldsymbol{g}_i^{\mathrm{T}}\boldsymbol{p}_j = 0, j = 0,1,\cdots,i-1 \tag{2-58}$$

$$\boldsymbol{p}_i^{\mathrm{T}}\boldsymbol{g}_i = -\boldsymbol{g}_i^{\mathrm{T}}\boldsymbol{g}_i \tag{2-59}$$

然后通过设法消去表达式中的 $\boldsymbol{G}$，使算法便于推广到一般的目标函数。

（5）拟牛顿法。

拟牛顿法不需要二阶导数的信息，有时比牛顿法更为有效。拟牛顿法是一类使每步迭代计算量少而又保持超线性收敛的牛顿型迭代法，条件类似于牛顿法，给出以下迭代公式：

$$\boldsymbol{x}_{k+1} = \boldsymbol{x}_k - \alpha_k\boldsymbol{H}_k\boldsymbol{g}_k \tag{2-60}$$

其中，α_k 为迭代步长。若令 $\boldsymbol{H}_k=\boldsymbol{G}_k^{-1}$，则上式为牛顿迭代公式。拟牛顿法就是利用目标函数值和一阶导数的信息，构造合适的 $\boldsymbol{H}_k$ 来逼近 $\boldsymbol{G}_k^{-1}$，使得既不需要计算 $\boldsymbol{G}_k^{-1}$，算法又收敛得快。为此，$\boldsymbol{H}_k$ 的选取应满足以下的条件：

1）$\boldsymbol{H}_k$ 是对称正定矩阵。显然，当 $\boldsymbol{H}_k$ 是对称正定矩阵时，若 $\boldsymbol{g}_k\neq0$，则

$$\boldsymbol{g}_k^{\mathrm{T}}(-\boldsymbol{H}_k\boldsymbol{g}_k) = -\boldsymbol{g}_k^{\mathrm{T}}\boldsymbol{H}_k\boldsymbol{g}_k < 0 \tag{2-61}$$

从而 $\boldsymbol{p}_k = -\boldsymbol{H}_k\boldsymbol{g}_k$ 为下降方向。

2）$\boldsymbol{H}_{k+1}$由 $\boldsymbol{H}_k$ 经简单形式修正而得 $\boldsymbol{H}_{k+1} = \boldsymbol{H}_k + \boldsymbol{E}_k$，其中，$\boldsymbol{E}_k$ 称为修正矩阵，此式称为修正公式。

我们希望经过对任意初始矩阵 $\boldsymbol{H}_0$ 的逐步修正能得到 $\boldsymbol{G}_k^{-1}$ 的一个好的逼近。令

$$\boldsymbol{s}_k = \alpha_k\boldsymbol{p}_k = \boldsymbol{x}_{k+1} - \boldsymbol{x}_k \tag{2-62}$$

$$y_k = \boldsymbol{g}_{k+1} - \boldsymbol{g}_k \tag{2-63}$$

由泰勒公式，有

$$\boldsymbol{g}_k \approx \boldsymbol{g}_{k+1} + \boldsymbol{G}_{k+1}(\boldsymbol{x}_k - \boldsymbol{x}_{k+1}) \tag{2-64}$$

当 $\boldsymbol{G}_{k+1}$非奇异时，有 $\boldsymbol{G}_{k+1}^{-1}\boldsymbol{y}_k \approx \boldsymbol{s}_k$，对于二次函数，该式为等式。

因为目标函数在极小点附近的性态与二次函数近似，所以一个合理的想法就是，如果使 $\boldsymbol{H}_{k+1}$满足

$$\boldsymbol{H}_{k+1}y_k = \boldsymbol{s}_k \tag{2-65}$$

那么 $\boldsymbol{H}_{k+1}$就可以较好地近似 $\boldsymbol{G}_{k+1}^{-1}$。上式称为拟牛顿方程，如果修正公式满足拟牛顿方程，则相应算法称为拟牛顿法。显然 $\boldsymbol{H}_{k+1}\boldsymbol{y}_k = \boldsymbol{s}_k$ 中有（n^2+n）/2 个未知数，n 个方程，所以一般有无穷多个解，故由拟牛顿方程确定的是一族算法，称为拟牛顿法。

三、约束最优化问题

在解决实际问题时，经常会遇到约束最优化问题，这类优化问题要比无约束最优化问题困难得多，也复杂得多。而由于约束最优化问题的应用极其广泛，所以人们一直在努力寻找它的求解方法，目前已出现很多种有效的求解方法。

本节主要研究一般性的约束最优化问题：

$$\min f(\boldsymbol{x}),\ x \in \mathbf{R}^n \tag{2-66}$$

$$(\mathrm{P1})\ \mathrm{s.t.}\ c_i(\boldsymbol{x}) = 0,\ i \in E = \{1,2,\cdots,l\} \tag{2-67}$$

$$c_i(\boldsymbol{x}) \geqslant 0,\ i \in I = \{l+1,l+2,\cdots,m\} \tag{2-68}$$

的计算方法。

其中，问题（P1）的可行域为 $D = \{x \mid c_i(\boldsymbol{x}) = 0, i = 1,2,\cdots,l, c_i(x) \geqslant 0,\ i = l+1, l+2,\cdots,m\}$。

（一）约束优化问题的最优性条件

约束优化问题的最优性条件是指最优化问题的目标函数与约束函数在最优解处应满足的充分条件、必要条件和充要条件，是最优化理论的重要组成部分，对最优化算法的构造及算法的理论分析都是至关重要的。

对一般性优化问题（P1），可给出部分库恩－塔克必要定理的内容：

定理 2-3（库恩－塔克必要条件）　若

1）$\boldsymbol{x}^*$ 为局部最优解，其有效集 $\boldsymbol{I}^*=\{i \mid c_i(\boldsymbol{x}^*)=0, i\in I\}$；

2）$f(\boldsymbol{x}), c_i(\boldsymbol{x})(i=1,2,\cdots,m)$ 在点 $\boldsymbol{x}^*$ 可微；

3）对所有 $i\in E\cup I^*$，$\nabla c_i(\boldsymbol{x}^*)$ 线性无关，则存在向量 $\boldsymbol{\lambda}^*=(\lambda_1^*,\lambda_2^*,\cdots,\lambda_m^*)^{\mathrm{T}}$ 使得

$$\begin{cases}\nabla f(\boldsymbol{x}^*)-\sum_{i=1}^{m}\lambda_i^*\nabla c_i(\boldsymbol{x}^*)=0\\ \boldsymbol{\lambda}_i^* c_i(\boldsymbol{x}^*)=0, \boldsymbol{\lambda}_i^*\geqslant 0, i\in I\end{cases} \tag{2-69}$$

通常称式（2-69）为库恩－塔克条件或 KT 条件，满足式（2-69）的点 $\boldsymbol{x}^*$ 称为 KT 点。

$m+n$ 维函数

$$L(\boldsymbol{x},\boldsymbol{\lambda})=f(\boldsymbol{x})-\sum_{i=1}^{m}\lambda_i c_i(\boldsymbol{x}) \tag{2-70}$$

称为问题（P1）的拉格朗日函数，于是式（2-69）中的 $\boldsymbol{\lambda}_i^* c_i(\boldsymbol{x}^*)=0$ 即为 $\nabla_x L(\boldsymbol{x}^*,\boldsymbol{\lambda}^*)=\boldsymbol{0}$，其中 $\boldsymbol{\lambda}^*$ 称为拉格朗日乘子向量，矩阵

$$\nabla_x^2 L(\boldsymbol{x}^*,\boldsymbol{\lambda}^*)=\nabla^2 f(\boldsymbol{x}^*)-\sum_{i=1}^{m}\boldsymbol{\lambda}_i^*\nabla^2 c_i(\boldsymbol{x}^*) \tag{2-71}$$

称为拉格朗日函数在 $\begin{pmatrix}\boldsymbol{x}^*\\ \boldsymbol{\lambda}^*\end{pmatrix}$ 处的黑塞矩阵，记为 $\boldsymbol{\omega}^*$，即 $\boldsymbol{\omega}^*=\nabla_x^2 L(\boldsymbol{X}^*,\boldsymbol{\lambda}^*)$。

定理 2-4（二阶充分条件）　设 $f(\boldsymbol{x})$ 和 $c_i(\boldsymbol{x})(i\in E\cup I)$ 是二阶连续可微函数，若存在 $\boldsymbol{x}^*\in\mathbf{R}^n$，$\boldsymbol{x}^*$ 为一般约束优化问题（P1）的可行点，且满足：

1）$\begin{pmatrix}\boldsymbol{x}^*\\ \boldsymbol{\lambda}^*\end{pmatrix}$ 为 KT 对，且严格互补松弛条件成立；

2）对子空间 $\boldsymbol{M}=\left\{\boldsymbol{d}\in\mathbf{R}^n \,\middle|\, \begin{array}{l}\nabla c_i(\boldsymbol{x}^*)^{\mathrm{T}}\boldsymbol{d}=0,\ i\in I^* \text{且 } \boldsymbol{\lambda}_i^*>0;\\ \nabla c_i(x^*)^{\mathrm{T}}\boldsymbol{d}\geqslant 0,\ i\in I^* \text{且 } \boldsymbol{\lambda}_i^*=0;\\ \nabla c_i(\boldsymbol{x}^*)^{\mathrm{T}}\boldsymbol{d}=0,\ i\in E\end{array}\right\}$ 中的任意 $\boldsymbol{d}\neq\boldsymbol{0}$，有 $\boldsymbol{d}^{\mathrm{T}}\boldsymbol{\omega}^*\boldsymbol{d}>0$，

则 $\boldsymbol{x}^*$ 为问题（P1）的严格局部最优解。

（二）罚函数法与乘子法

目前已有许多种求解无约束最优化问题的有效的算法，所以一种自然的想法就是设法将约束问题的求解转化为无约束问题的求解。具体说就是根据约束的特点，构造某种“惩罚”函数，然后把它加到目标函数中，将约束问题的求解转化为一系列无约束问题的求解。这种“惩罚”策略将使得一系列无约束问题的极小点或者无限地靠近可行域，或者一直保持在可行域内移动，直至迭代点列收敛到原约束问题的最优解。这类算法主要有三种：外罚函数法、内罚函数法和乘子法。

1. 外罚函数法

外罚函数法的惩罚策略是对于在无约束问题的求解过程中企图违反约束的那些迭代点给予很大的目标函数值，迫使这一系列无约束问题的极小点（迭代点）无限向容许集靠近。

对一般约束最优化问题

$$\min f(\boldsymbol{x}),\ \boldsymbol{x} \in \mathbf{R}^n \tag{2-72}$$

$$(\text{P1})\ \text{s.t.}\ c_i(\boldsymbol{x}) = 0,\ i \in E = \{1,2,\cdots,l\} \tag{2-73}$$

$$c_i(\boldsymbol{x}) \geqslant 0,\ i \in I = \{l+1,l+2,\cdots,m\} \tag{2-74}$$

可行域为 $D=\{\boldsymbol{x} \mid c_i(\boldsymbol{x})=0,\ i=1,2,\cdots,l,\ c_i(x)\geqslant 0,\ i=l+1,l+2,\cdots,m\}$；

构造如下罚函数：

$$p(\boldsymbol{x},\sigma) = f(\boldsymbol{x}) + \sigma \tilde{p}(\boldsymbol{x}),\sigma > 0 \tag{2-75}$$

其中

$$\tilde{p}(x) = \sum_{i=1}^{l} (c_i(\boldsymbol{x}))^2 + \sum_{i=l+1}^{m} (\min\{0,c_i(\boldsymbol{x})\})^2 \tag{2-76}$$

显然有

$$\tilde{p}(\boldsymbol{x}) = \begin{cases} = 0,\ \boldsymbol{x} \in D \\ > 0,\ \boldsymbol{x} \notin D \end{cases} \tag{2-77}$$

函数 $p(\boldsymbol{x},\sigma)$ 称为约束问题（P1）的增广目标函数，$\tilde{p}(\boldsymbol{x})$ 称为问题的罚函数，参数 $\sigma>0$ 称为罚因子。

于是求解约束问题（P1）就转化为求增广目标函数 $p(\boldsymbol{x},\sigma)$ 的系列无约束极小 $\min p(\boldsymbol{x},\sigma_k)$，即求解

$$\min f(\boldsymbol{x}) + \sigma_k \tilde{p}(\boldsymbol{x}) \tag{2-78}$$

其中 $\{\sigma_k\}$ 为正的数列，且 $\sigma_k \to +\infty$。

那么如何通过 $\min f(\boldsymbol{x}) + \sigma_k \tilde{p}(\boldsymbol{x})$ 来求解约束最优化问题（P1）呢？首先给出一个定理：

定理 2-5 对于某个给定 σ_k，若 x_{σ_k} 是无约束问题 $\min f(\boldsymbol{x}) + \sigma_k \tilde{p}(\boldsymbol{x})$ 的极小点，则 x_{σ_k} 是约束问题（P1）的极小点的充要条件是 x_{σ_k} 是约束问题（P1）的可行点。

证明：

1）必要性：因为极小点必定是可行点，所以必要性显然成立。

2）充分性：设 $\boldsymbol{x}_{\sigma_k} \in D$，这里的 D 是约束问题（P1）的可行域，那么对于 $\forall \boldsymbol{x} \in D$，总有：

$$f(\boldsymbol{x}_{\sigma_k}) = p(\boldsymbol{x},\sigma_k),\ \because \tilde{p}(\boldsymbol{x}_{\sigma_k}) = 0$$

$$f(\boldsymbol{x}_{\sigma_k}) \leqslant p(\boldsymbol{x},\sigma_k),\ \because \boldsymbol{x}_{\sigma_k} \text{是} p \text{的极小点}$$

$$f(\boldsymbol{x}_{\sigma_k}) = f(\boldsymbol{x}),\ \because \tilde{p}(\boldsymbol{x}) = 0$$

所以 $\boldsymbol{x}_{\sigma_k}$ 是约束问题（P1）的极小点。

定理 2-5 说明，若由无约束问题 $\min f(\boldsymbol{x}) + \sigma_k \tilde{p}(\boldsymbol{x})$ 解出的极小点 $\boldsymbol{x}_{\sigma_k}$ 是约束问题（P1）的可行点，那 $\boldsymbol{x}_{\sigma_k}$ 就是约束问题（P1）的极小点。此时只需求解一次无约束问题即可，但在实际中，这种情况很少发生，即 $\boldsymbol{x}_{\sigma_k}$ 一般不属于可行域 D，那么这时求得的 $\boldsymbol{x}_{\sigma_k}$ 一定不是约束问题（P1）的极小点，需要再进一步增大 σ_k，重新求解无约束问题 $\min f(\boldsymbol{x}) + \sigma_k \tilde{p}(\boldsymbol{x})$，新的

极小点会进一步向可行域靠近，也就是进一步向式（2-69）的极小点靠近。

构建外罚函数法的求解算法如算法 2-4 所示：

对已知一般性约束优化问题（P1）：

算法 2-4：外罚函数法

输入： 取控制误差 $\varepsilon>0$，罚因子的放大系数 $c>1$（可取 $\varepsilon=10^{-4}$，$c=10$），初始点 $\boldsymbol{x}_0$（可以不是可行点），初始罚因子 σ_1（可取 $\sigma_1=1$），$k=1$

1. **do**：
2. 　以 $\boldsymbol{x}_{k-1}$ 为初始点求无约束问题：$\min p(\boldsymbol{x},\sigma_k)=f(\boldsymbol{x})+\sigma_k\tilde{p}(\boldsymbol{x})$，
　得到最优解 $\boldsymbol{x}_k=\boldsymbol{x}(\sigma_k)$；
3. 　计算 $\sigma_k\tilde{p}(\boldsymbol{x}_k)$，$\sigma_{k+1}=c\sigma_k$，$k=k+1$
4. **while** 　$\sigma_k\tilde{p}(\boldsymbol{x}_k)<\varepsilon$，停止迭代

输出： 近似最优解 $\boldsymbol{x}_k$

---

2. 内罚函数法

为使迭代点总是可行点，使迭代点始终保持在可行域内移动，可以使用这样的“惩罚”策略，即在可行域的边界上竖起一道趋向于无穷大的“围墙”，把迭代点挡在可行域内，直到收敛到约束问题的极小点。不过这种策略只适用于不等式约束问题，并且要求可行域内点集非空，否则每个可行点都是边界点，都加上无穷大的惩罚，惩罚方法也就失去了意义。

对不等式约束问题

$$\min f(\boldsymbol{x}),\ \boldsymbol{x}\in\mathbf{R}^n \tag{2-79}$$

$$\text{s. t. }\ c_i(\boldsymbol{x})\geqslant 0,\ i=1,2,\cdots,m \tag{2-80}$$

当 $\boldsymbol{x}$ 从可行域 $D=\{\boldsymbol{x}\in\mathbf{R}^n\,|\,c_i(\boldsymbol{x})\geqslant 0,\ i=1,2,\cdots,m\}$ 的内部趋近于边界时，则至少有一个 $c_i(x)$ 趋于零，因此，可构造如下增广目标函数：

$$B(\boldsymbol{x},r)=f(\boldsymbol{x})+r\tilde{B}(\boldsymbol{x}) \tag{2-81}$$

其中 $\tilde{B}(\boldsymbol{x})=\sum_{i=1}^{m}\frac{1}{c_i(\boldsymbol{x})}$ 或 $\tilde{B}(\boldsymbol{x})=-\sum_{i=1}^{m}\ln(c_i(\boldsymbol{x}))$ 称为内罚函数或障碍函数，参数 $r>0$ 仍称为罚因子，我们取正的数列 $\{r_k\}$ 且 $r_k\to 0$，则求解不等式约束优化问题转化为求解系列无约束问题，即

$$\min B(\boldsymbol{x},r_k)=f(\boldsymbol{x})+r_k\tilde{B}(\boldsymbol{x}) \tag{2-82}$$

这种从可行域内部逼近最优解的方法称为内罚函数法或 SUMT 内点法。

内罚函数法的算法如下：

已知不等式约束问题 $\begin{matrix}\min f(\boldsymbol{x}),\ x\in\mathbf{R}^n\\ \text{s. t. } c_i(\boldsymbol{x})\geqslant 0,\ i=1,2,\cdots,m\end{matrix}$，且其可行域的内点集 $D_0\neq\varnothing$，取控制误差 $\varepsilon>0$ 和罚因子的缩小系数 $0<c<1$（比如可取 $\varepsilon=10^{-4}$，$c=0.1$）。

求解算法如算法 2-5 所示：

算法 2-5：内罚函数法

输入： 控制误差 $\varepsilon>0$，罚因子的缩小系数 $0<c<1$，初始点 $\boldsymbol{x}_0\in D_0$，

$r_1>0$，$k=1$

1. **do**；
2. 以 $\boldsymbol{x}_{k-1}$ 为初始点，求解无约束问题 $\min B(\boldsymbol{x},r_k)=f(\boldsymbol{x})+r_k\tilde{B}(\boldsymbol{x})$

   其中 $\tilde{B}(\boldsymbol{x})=\sum_{i=1}^{m}\frac{1}{c_i(\boldsymbol{x})}$ 或 $\tilde{B}(\boldsymbol{x})=-\sum_{i=1}^{m}\ln(c_i(\boldsymbol{x}))$，得最优解 $\boldsymbol{x}_k=\boldsymbol{x}(r_k)$
3. $r_{k+1}=cr_k$，$k=k+1$
4. **while** $r_k\tilde{B}(\boldsymbol{x}_k)<\varepsilon$，停止迭代

输出： 近似最优解 $\boldsymbol{x}_k$

无约束优化问题的解法目前已有许多很有效的算法，所以在求解约束优化问题时，技术人员一般乐于采用罚函数法。内点法适合解仅含不等式的约束问题，且每次迭代的点都是可行点，但要求初始点为可行域的内点需耗费大量工作量，且不能处理等式约束。外点法能够解决一般约束优化问题，欲使无约束问题的解接近于原约束问题的解，应选取很大的 σ，但为减轻求解无约束问题的困难，又应选取较小的 $\boldsymbol{\sigma}$，否则增广目标函数趋于病态。这些是罚函数法的固有弱点，限制其应用。

3. 乘子法

罚函数法虽然易于操作，但是也存在缺点，比如由罚因子 $\sigma_k\to\infty$（或 $r_k\to0$）引起的增广目标函数病态性质。那么能否克服这个缺点呢？回答是肯定的。将拉格朗日函数与外罚函数结合起来，函数 $L(\boldsymbol{x},\boldsymbol{\lambda})+\sigma\tilde{p}(\boldsymbol{x})$ 称为增广拉格朗日函数，通过求解增广拉格朗日函数的系列无约束问题的解来获得原约束问题的解，可以克服上述缺点，这就是下面要介绍的乘子法。

一般性约束问题（P1）的乘子法：

对一般约束优化问题（P1）：

$$\min f(\boldsymbol{x}),\ \boldsymbol{x}\in\mathbf{R}^n \tag{2-83}$$

$$(\text{P1})\ \text{s.t.}\ c_i(\boldsymbol{x})=0,\ i\in E=\{1,2,\cdots,l\} \tag{2-84}$$

$$c_i(\boldsymbol{x})\geqslant0,\ i\in I=\{l+1,l+2,\cdots,m\} \tag{2-85}$$

有增广拉格朗日函数为

$$M(\boldsymbol{X},\boldsymbol{\lambda},\sigma)=f(\boldsymbol{x})+\frac{1}{2\sigma}\sum_{i=l+1}^{m}\{[\max(0,\lambda_i-\sigma c_i(\boldsymbol{x}))]^2-\lambda_i^2\}-\sum_{i=1}^{l}\lambda_i c_i(\boldsymbol{x})+\frac{\sigma}{2}\sum_{i=1}^{l}c_i^2(\boldsymbol{x}) \tag{2-86}$$

乘子的修正公式为：

$$\begin{aligned}(\boldsymbol{\lambda}_{k+1})_i&=(\boldsymbol{\lambda}_k)_i-\sigma c_i(\boldsymbol{x}_k),\ i=1,2,\cdots,l\\(\boldsymbol{\lambda}_{k+1})_i&=\max[0,(\boldsymbol{\lambda}_k)_i-\sigma c_i(\boldsymbol{x}_k)],\ i=l+1,l+2,\cdots,m\end{aligned} \tag{2-87}$$

令 $\psi_k = \left\{\sum_{i=1}^{l} c_i^2(\boldsymbol{x}_k) + \sum_{j=l+1}^{m}\left[\min\left(c_j(\boldsymbol{x}_k), \frac{(\boldsymbol{\lambda}_k)_j}{\sigma}\right)\right]^2\right\}^{\frac{1}{2}}$，则终止准则为 $\psi_k \leqslant \varepsilon$。

据此，Rockafellar 在 PH 算法的基础上提出了一般约束问题的乘子——PHR 算法，如算法 2-6 所示：

算法 2-6：PHR 算法

输入： 初始点 $\boldsymbol{x}_0$，初始乘子向量 $\boldsymbol{\lambda}_1$，初始罚因子 σ_1 及其放大系数 $c>1$，控制误差 $\varepsilon>0$，常数 $\theta\in(0,1)$，$k=1$

1. **do**：
2. 　以 $\boldsymbol{x}_{k-1}$ 为初始点求解无约束问题：$\min M(\boldsymbol{x},\boldsymbol{\lambda}_k,\sigma_k)$，其中
$$M(\boldsymbol{x},\boldsymbol{\lambda},\sigma)=f(\boldsymbol{x})+\frac{1}{2\sigma}\sum_{i=l+1}^{m}\{[\max(0,\lambda_i-\sigma c_i(\boldsymbol{x}))]^2-\lambda_i^2\}-\sum_{i=1}^{l}\lambda_i c_i(\boldsymbol{x})+\frac{\sigma}{2}\sum_{i=1}^{l}c_i^2(\boldsymbol{x}),$$
　得到解 $\boldsymbol{x}_k$；
3. 　计算 ϕ_k，$\phi_k=\left\{\sum_{i=1}^{l}c_i^2(\boldsymbol{x}_k)+\sum_{j=i+1}^{m}[\max(c_i(\boldsymbol{x}_k),\frac{(\boldsymbol{\lambda}_k)_i}{\sigma})]^2\right\}^{\frac{1}{2}}$
4. 　**if** 　$\phi_k/\phi_{k-1}>\theta$，$\sigma_{k+1}=c\sigma_k$
5. 　　**end if**
6. 　修正乘子向量 $\boldsymbol{\lambda}_k$，令
$$(\boldsymbol{\lambda}_{k+1})_i=(\boldsymbol{\lambda}_k)_i-\sigma c_i(\boldsymbol{x}_k),\ i=1,2,\cdots,l$$
$$(\boldsymbol{\lambda}_{k+1})_i=\max[0,(\boldsymbol{\lambda}_k)_i-\sigma c_i(\boldsymbol{x}_k)],\ i=l+1,l+2,\cdots,m$$
7. 　　$k=k+1$
8. **while** 　$\phi_k<\varepsilon$，停止迭代

输出： 最优解 $\boldsymbol{x}_k$

（三）可行方向法

可行方向法是一类直接求解约束优化问题的重要方法，这类方法的基本思想为：从给定的一个可行点 $\boldsymbol{x}_k$ 出发，在可行域内沿一个可行下降方向 $\boldsymbol{p}_k$ 进行搜索，求出使目标函数值下降的新可行点 $\boldsymbol{x}_{k+1}=\boldsymbol{x}_k+\alpha_k\boldsymbol{p}_k$，如果 $\boldsymbol{x}_{k+1}$ 仍不是问题的最优解，则可重复上述步骤，直到得到最优解为止。选择可行方向 $\boldsymbol{p}_k$ 的策略不同，则形成不同的方法，此处不做过多介绍。

（四）投影梯度法

投影梯度法就是利用投影矩阵来产生可行下降方向的方法。它是从一个基本可行解开始，由约束条件确定出凸约束集边界上梯度的投影，以便求出下次的搜索方向和步长，每次搜索后都要进行检验，直到满足精度要求为止。

定义 2-10 　设 n 阶方阵 $\boldsymbol{p}$ 满足 $\boldsymbol{p}=\boldsymbol{p}^{\mathrm{T}}$ 且 $\boldsymbol{pp}=\boldsymbol{p}$，则称 $\boldsymbol{p}$ 为投影矩阵。

投影梯度法的算法如算法 2-7 所示：

算法 2-7：投影梯度法

输入： 初始可行点 $\boldsymbol{x}_1$，控制误差 $\varepsilon>0$，$k=1$

1. **do**：
2. 　$I_k=\{i\mid\boldsymbol{a}_i^{\mathrm{T}}\boldsymbol{x}_k=b_i,i=1,2,\cdots,m\}$，用 $\boldsymbol{A}_i\in\mathbf{R}^{n\times q}$ 表示以 $\boldsymbol{a}_i(i\in I_k)$ 为列且列满秩的矩阵，

算法 2-7：投影梯度法（续）

若 $I_k=\varnothing$，则令 $\boldsymbol{p}_q=\boldsymbol{I}$（$n\times n$ 阶单位阵）；

若 $I_k\neq\varnothing$，则由 $\boldsymbol{p}_q=\boldsymbol{I}-\boldsymbol{A}_q(\boldsymbol{A}_q^{\mathrm{T}}\boldsymbol{A}_q)^{-1}\boldsymbol{A}_q^{\mathrm{T}}$ 计算投影矩阵 $\boldsymbol{p}_q$

3. 令 $\boldsymbol{p}_k=-\boldsymbol{p}_q\nabla f(\boldsymbol{x}_k)$
4. **if** $\|\boldsymbol{p}_k\|\leqslant\varepsilon$,
5. 计算 $\lambda=(\boldsymbol{A}_q^{\mathrm{T}}\boldsymbol{A}_q)^{-1}\boldsymbol{A}_q^{\mathrm{T}}\nabla f(\boldsymbol{x}_k)$

   令 $\boldsymbol{\lambda}_l=\min\{\boldsymbol{\lambda}_i\}<0$，从 $\boldsymbol{A}_q$ 中去掉对应于 λ_l 的列 α_l 得 $\boldsymbol{A}_{q-1}$，令

$$\boldsymbol{p}_{q-1}=\boldsymbol{I}-\boldsymbol{A}_{q-1}(\boldsymbol{A}_{q-1}^{\mathrm{T}}\boldsymbol{A}_{q-1})^{-1}\boldsymbol{A}_{q-1}^{\mathrm{T}},\ \boldsymbol{p}_k=-\boldsymbol{p}_{q-1}\nabla f(\boldsymbol{x}_k)$$

6. **end if**
7. 计算 $\alpha_{\max}$，并求 α_k 使 $f(\boldsymbol{x}_k+\alpha_k\boldsymbol{p}_k)=\min\limits_{0\leqslant\alpha\leqslant\alpha_{\max}}f(\boldsymbol{x}_k+\alpha\boldsymbol{p}_k)$，令

$$\boldsymbol{x}_{k+1}=\boldsymbol{x}_k+\alpha_k\boldsymbol{p}_k,\ k=k+1$$

8. **while** $\lambda\geqslant 0$，停止迭代

输出：KT 点 $\boldsymbol{x}_k$

（五）简约梯度法——RG 法

简约梯度法的基本思想是利用线性约束条件，将问题的某些变量用一组独立变量表示，来降低问题的维数，利用简约梯度构造下降可行方向进行线性搜索，逐步逼近问题的最优解，如算法 2-8 所示：

算法 2-8：简约梯度法

输入：初始基可行解 $\boldsymbol{x}_1=\begin{pmatrix}\boldsymbol{x}_1^B\\ \boldsymbol{x}_1^N\end{pmatrix}\geqslant 0$，其中 $\boldsymbol{x}_1^B$ 为基向量，$k=1$

1. **do**：
2. 对应于 $\boldsymbol{x}_k=\begin{pmatrix}\boldsymbol{x}_k^B\\ \boldsymbol{x}_k^N\end{pmatrix}$ 将 $\boldsymbol{A}$ 分解成 $\boldsymbol{A}=(\boldsymbol{B},\boldsymbol{N})$。由公式

$$\boldsymbol{r}(\boldsymbol{x}^N)=\nabla_N f(\boldsymbol{x}^B(\boldsymbol{x}^N),\boldsymbol{x}^N)-(\boldsymbol{B}^{-1}\boldsymbol{N})^T\nabla_B f(\boldsymbol{x}^B(\boldsymbol{x}^N),\boldsymbol{x}^N)$$

$$(\boldsymbol{p}_k^N)_j=\begin{cases}-(\boldsymbol{x}_k^N)r_j(\boldsymbol{x}_k^N),r_j(\boldsymbol{x}_k^N)>0\\ -r_j(\boldsymbol{x}_k^N),r_j(\boldsymbol{x}_k^N)\leqslant 0\end{cases}$$

$$\boldsymbol{p}_k^B=-\boldsymbol{B}^{-1}\boldsymbol{N}\boldsymbol{p}_k^N$$

   分别计算 $\boldsymbol{r}(\boldsymbol{x}_k^N)$，$\boldsymbol{p}_k^N$，$\boldsymbol{p}_k^B$

3. 令 $\boldsymbol{p}_k=\begin{pmatrix}\boldsymbol{p}_k^B\\ \boldsymbol{p}_k^N\end{pmatrix}$。
4. **if** $\boldsymbol{p}_k$ 中有小于零的分量，**then**：
5. $$\alpha_{\max}=\min\left\{\frac{(\boldsymbol{x}_k)_j}{-(\boldsymbol{p}_k)_j}\mid(\boldsymbol{p}_k)_j<0\right\};$$
6. **else** $\alpha_{\max}=+\infty$
7. **end if**
8. 计算 $\alpha_{\max}$，求 α_k 使 $f(\boldsymbol{x}_k+\alpha_k\boldsymbol{p}_k)=\min\limits_{0\leqslant\alpha\leqslant\alpha_{\max}}f(\boldsymbol{x}_k+\alpha\boldsymbol{p}_k)$

算法 2-8：简约梯度法（续）

令 $\boldsymbol{x}_{k+1}=\boldsymbol{x}_k+\alpha_k\boldsymbol{p}_k$
if $\boldsymbol{x}_{k+1}^B>0$, **then**:
　基向量不变
else if 有某个 j 使 $(\boldsymbol{x}_{k+1}^B)_j=\boldsymbol{0}$, **then**:
　将 $(\boldsymbol{x}_{k+1}^B)_j$ 换出基，而以 $\boldsymbol{x}_{k+1}^N$ 中最大的变量换入基，构成新的基向量 $\boldsymbol{x}_{k+1}^B$ 与非基向量 $\boldsymbol{x}_{k+1}^N$
end if
　$k=k+1$,
while $\boldsymbol{p}_k=\boldsymbol{0}$，停止迭代
输出：KT 点 $\boldsymbol{x}_k$

第三节　统计基础

一、概率与统计

概率论与数理统计是数学中紧密联系的两个学科，数理统计是以概率论为基础的具有广泛应用性的一个应用数学分支。数理统计学研究怎样去有效地收集、整理和分析带有随机性的数据，以对所考察的问题做出推断或预测，直至为采取一定的决策和行动提供依据和建议。

（一）总体与个体

在数理统计学中，将研究对象的全体称为总体（Population），有时也称为母体，而将构成总体的每一个元素称为个体（Individual）。总是将总体和随机变量等同起来，总体的分布及数字特征，即指表示总体的随机变量的分布和数字特征，对总体的研究也就归结为对表示总体的随机变量的研究。

在有些问题中，要观测和研究对象的两个甚至更多个指标，此时可用多维随机向量及其联合分布来描述总体，这种总体为多维总体。例如要研究的是电容器的寿命和工作温度，这两个数量指标分别用 X，Y 来表示，可以把这两个指标所构成的二维随机向量 (X,Y) 可能取值的全体看作一个总体，简称为二维总体。这个二维随机向量 (X,Y) 在总体上有一个联合分布函数 $F(x,y)$，则称这一总体为具有分布函数 $F(x,y)$ 的总体。

总体中个体的总数有限称为有限总体（Finite Population），否则，称为无限总体（Infinite Population）。

（二）样本

在统计推断过程中，我们往往不是对所有个体逐一进行观测或检验，而是从总体中抽取一部分个体，测定这一部分个体的有关指标值，以获得关于总体的信息，实现对总体的推断，这一抽取过程移为抽样（Sampling），并且如果每一个个体都是从总体中被随机抽取出来，则称这种抽样为随机抽样（Stochastic Sampling）。常见的随机抽样有两种：有放回的和不放回的。我们把有放回的抽样称为简单随机抽样。所谓有放回的抽样主要是对有限总体而言，对于无限总体则可以采取不放回的抽样。在实际问题中，只要总体中包含个体的总数 N 远远大于抽取部分的个体数 n（例如 $N/n \geqslant 10$），即可采取不放回抽样，并视不放回抽样为简单随机抽样。

为了了解总体 X 的分布规律和某些特征，从总体 X 中随机抽取 n 个个体 $X_1, X_2, \cdots, X_n$，记为（$X_1, X_2, \cdots, X_n$）或记为 $X_1, X_2, \cdots, X_n$。并称其为来自总体 X 的容量为 n 的样本中的个体，称为样品（Sample），由于每个 X_i 都是从总体 X 中随机抽取的，它的取值就是在总体 X 的可能取值范围内随机取的，自然每个 X_i 也是随机变量，从而将样本（$X_1, X_2, \cdots, X_n$）的一次抽样观测后得到的 n 个数据（$x_1, x_2, \cdots, x_n$），称为样本（$X_1, X_2, \cdots, X_n$）的一个观测值（Observed Value），简称样本值（Sample Value），也可记为 $x_1, x_2, \cdots, x_n$。样本（$X_1, X_2, \cdots, X_n$）所有可能取值的全体称为样本空间（Sample Space），记为 Ω。样本观测值（$x_1, x_2, \cdots, x_n$）则是 Ω 中的一个点，称为样本点（Sample Point）。

如果我们要研究总体中个体的两个指标，则所抽取的 n 个个体的指标（X_1, Y_1），（X_2, Y_2），$\cdots$，（X_n, Y_n）构成一个容量为 n 的样本。由此可见，二维总体的容量为 n 的样本由 $2n$ 个随机变量构成，它的一个观测值（$x_1, y_1, x_2, y_2, \cdots, x_n, y_n$）是 $2n$ 维空间中的一个样本点。类似地，k 维总体容量为 n 的样本是由 $k \times n$ 个随机变量构成的，它的一个观测值由 $k \times n$ 个数组成，是 $k \times n$ 维空间中的一个样本点。

若总体 X 的分布函数为 $F(x)$，则（$X_1, X_2, \cdots, X_n$）的联合分布函数为 $\prod_{i=1}^{n} F(x_i)$；如果总体 X 的概率密度为 $f(x)$，则样本（$X_1, X_2, \cdots, X_n$）的联合概率密度为 $\prod_{i=1}^{n} f(x_i)$。

（三）统计量与样本数字特征

在获得样本之后，我们需要对样本进行统计分析，也就是对样本进行加工、整理，从中提取有用信息。设（$X_1, X_2, \cdots, X_n$）为总体 X 的一个样本，如果样本的实值函数 $g(X_1, X_2, \cdots, X_n)$ 中不包含任何未知参数，则称 $g(X_1, X_2, \cdots, X_n)$ 为统计量（Statistic）。统计量是用来对总体分布参数做估计或检验的，因此它应该包含样本中有关参数的尽可能多的信息，在统计学中，根据不同的目的构造了许多不同的统计量。下面介绍几种常用的统计量。

设（$X_1, X_2, \cdots, X_n$）是来自总体 X 的随机样本，称统计量

$$X = \frac{1}{n} \sum_{i=1}^{n} X_i \tag{2-88}$$

为样本均值（Sample Mean），称统计量

$$S^2 = \frac{1}{n-1}\sum_{i=1}^{n}(X_i - \overline{X})^2 \tag{2-89}$$

为样本方差（Sample Variance），称统计量

$$S = \sqrt{\frac{1}{n-1}\sum_{i=1}^{n}(X_i - \overline{X})^2} \tag{2-90}$$

为样本标准差（Sample Standard Deviation），称统计量

$$\tilde{S}^2 = \frac{1}{n}\sum_{i=1}^{n}(X_i - \overline{X})^2 \tag{2-91}$$

为样本二阶中心矩（Second-order Sample Central Moment），称统计量

$$A_k = \frac{1}{n}\sum_{i=1}^{n}X_i^k,\ k = 1,2,\cdots \tag{2-92}$$

为样本 k 阶原点矩（Sample Moment of Order k），称统计量

$$B_k = \frac{1}{n}\sum_{i=1}^{n}(X_i - \overline{X})^k,\ k = 2,3,\cdots \tag{2-93}$$

为样本 k 阶中心矩（Sample Central Moment of Order k）。

如果样本观测值为（$x_1,x_2,\cdots,x_n$），则上述各个统计量的观测值分别为

$$\begin{aligned} \bar{x} &= \frac{1}{n}\sum_{i=1}^{n}x_i \\ s^2 &= \frac{1}{n-1}\sum_{i=1}^{n}(x_i - \bar{x})^2 \\ \tilde{s}^2 &= \frac{1}{n}\sum_{i=1}^{n}(x_i - \bar{x})^2 = \frac{1}{n}\sum_{i=1}^{n}x_i^2 - \bar{x}^2 \\ a_k &= \frac{1}{n}\sum_{i=1}^{n}x_i^k, k = 1,2,\cdots \\ b_k &= \frac{1}{n}\sum_{i=1}^{n}(x_i - \bar{x})^k, k = 2,3,\cdots \end{aligned} \tag{2-94}$$

前面介绍的几种常用统计量都是涉及一个总体，对于两个总体，我们需要考虑相关性，下面给出样本相关系数的定义。

设（$X_1,X_2,\cdots,X_n$）和（$Y_1,Y_2,\cdots,Y_n$）分别是来自总体 X 和 Y 的样本，则称统计量

$$\gamma = \frac{\sum_{i=1}^{n}(X_i - \overline{X})(Y_i - \overline{Y})}{\sqrt{\sum_{i=1}^{n}(X_i - \overline{X})^2\sum_{i=1}^{n}(Y_i - \overline{Y})^2}} \tag{2-95}$$

为样本相关系数（Sample Correlation Coefficient）（皮尔逊相关系数）。

样本相关系数的取值范围为 $[-1,1]$。$|\gamma|$值越大，两总体之间的线性相关程度越高；$|\gamma|$值越接近 0，变量之间的线性相关程度越低。$\gamma>0$ 时，称两总体正相关；$\gamma<0$ 时，称两总体负相关；$\gamma=0$ 时，称两总体不相关。

（四）抽样分布

如果总体的分布为正态分布，则称该总体为正态总体。统计量是对样本进行加工后得到的随机变量，它将被用来对总体的分布参数做估计或检验，为此，我们需要求出统计量的分布。统计量的分布被称为抽样分布（Sample Distribution）。能够精确求出抽样分布且这个分布具有较简单表达式的情形并不多见，然而，对于正态总体，我们可以求出一些重要统计量的精确抽样分布，这些分布为正态总体参数的估计和检验提供了理论依据。本节将要介绍的是在数理统计学中占有重要地位的三大抽样分布：χ^2 分布、t 分布和 F 分布。

（1）χ^2 分布。

设 $X_1, X_2, \cdots, X_n$ 为来自正态总体 $N(0,1)$ 的一个样本，称统计量

$$\chi^2 = X_1^2 + X_2^2 + \cdots + X_n^2 \tag{2-96}$$

服从自由度为 n 的 χ^2 分布，记为 $\chi^2 \sim \chi^2(n)$。

可以证明 $\chi^2(n)$ 分布的概率密度为

$$f(x) = \begin{cases} \dfrac{1}{2^{\frac{n}{2}}\Gamma\left(\dfrac{n}{2}\right)} x^{\frac{n}{2}-1} \mathrm{e}^{-\frac{x}{2}}, & x > 0 \\ 0, & x \leqslant 0 \end{cases} \tag{2-97}$$

式中，$\Gamma(t) = \int_0^{+\infty} x^{t-1} \mathrm{e}^{-x} \mathrm{d}x \, (t > 0)$，称为 Γ 函数。

对于给定的 $\alpha(0 < \alpha < 1)$，如果存在 $\chi_\alpha^2(n)$，使得

$$P\{\chi^2 > \chi_\alpha^2(n)\} = \int_{\chi_\alpha^2(n)}^{+\infty} f(x) \mathrm{d}x = \alpha \tag{2-98}$$

则称 $\chi_\alpha^2(n)$ 为 χ^2 分布的上 α 分位点。下面给出 χ^2 分布的一些主要性质。

设 $\chi^2 \sim \chi^2(n)$，则

$$E(\chi^2) = n,\ D(\chi^2) = 2n \tag{2-99}$$

由于 $X_1, X_2, \cdots, X_n$ 相互独立，所以 $X_1^2, X_2^2, \cdots, X_n^2$ 也相互独立，于是

$$D(\chi^2) = D\left(\sum_{i=1}^{n} X_i^2\right) = \sum_{i=1}^{n} D(X_i^2) = 2n \tag{2-100}$$

设 $X_1 \sim \chi^2(n_1)$，$X_2 \sim \chi^2(n_2)$，且 X_1 和 X_2 相互独立，则

$$X_1 + X_2 \sim \chi^2(n_1 + n_2) \tag{2-101}$$

这个性质称为 χ^2 分布的可加性。

（2）t 分布。

设 $X \sim N(0,1)$，$Y \sim \chi^2(n)$，并且 X 与 Y 相互独立，则称随机变量

$$t = \frac{X}{\sqrt{Y/n}} \tag{2-102}$$

服从自由度为 n 的 t 分布，记为 $t \sim t(n)$。

t 分布又称学生分布。这种分布是由戈塞（Gosset，1876—1937）首先发现的，他在

1908 年以学生（Student）作为笔名发表了有关该部分的论文。可以证明，t 分布的概率密度函数为

$$f(x) = \frac{\Gamma\left(\frac{n+1}{2}\right)}{\sqrt{n\pi}\Gamma\left(\frac{n}{2}\right)}\left(1+\frac{x^2}{n}\right)^{-\frac{n+1}{2}}, -\infty < x < +\infty \tag{2-103}$$

显然，t 分布的概率密度函数为 $f(x)$ 关于 $x=0$ 对称，并且

$$\lim_{n\to\infty} f(x) = \frac{1}{\sqrt{2\pi}}e^{\frac{-x^2}{2}}(-\infty < x < +\infty)\alpha, 0 < \alpha < 1 \tag{2-104}$$

对于给定的 $\alpha(0<\alpha<1)$，如果存在 $t_\alpha(n)$，使得

$$P\{t > t_\alpha(n)\} = \int_{t_\alpha(n)}^{+\infty} f(x)\mathrm{d}x = \alpha \tag{2-105}$$

则称 $t_\alpha(n)$ 为 t 分布的上 α 分位点。由 t 分布的上 α 分位点的定义及其密度函数 $f(x)$ 图形的对称性易知

$$t_{1-\alpha}(n) = -t_\alpha(n) \tag{2-106}$$

下面给出 t 分布的一些常用结论。

设 $X \sim N(\mu,\alpha^2)$，$Y/\alpha^2 \sim \chi^2(n)$，并且 X 与 Y 相互独立，则可知

$$t = \frac{X-\mu}{\sqrt{Y/n}} \sim t(n) \tag{2-107}$$

设 $X_1,X_2,\cdots,X_n$ 是来自正态总体 $N(\mu,\alpha^2)$ 的一个样本，则

$$\frac{\sqrt{n}(\bar{X}-\mu)}{S} \sim t(n-1) \tag{2-108}$$

设 $X_1,X_2,\cdots,X_{n_1}$ 和 $Y_1,Y_2,\cdots,Y_{n_2}$ 分别是来自正态总体 $N(\mu_1,\alpha^2)$ 和 $N(\mu_2,\alpha^2)$ 的样本，并且这两个样本相互独立，则

$$\frac{(\bar{X}-\bar{Y})-(\mu_1-\mu_2)}{s_w\sqrt{\frac{1}{n_1}+\frac{1}{n_2}}} \sim t(n_1+n_2-2) \tag{2-109}$$

式中

$$\bar{X} = \frac{1}{n_1}\sum_{i=1}^{n_1} X_i, \ S_1^2 = \frac{1}{n_1-1}\sum_{i=1}^{n_1}(X_i-\bar{X})^2 \tag{2-110}$$

$$\bar{Y} = \frac{1}{n_2}\sum_{i=1}^{n_2} Y_i, \ S_2^2 = \frac{1}{n_2-1}\sum_{i=1}^{n_2}(Y_i-\bar{Y})^2 \tag{2-111}$$

$$S_w = \sqrt{S_w^2}, \ S_w^2 = \frac{(n_1-1)S_1^2+(n_2-1)S_2^2}{n_1+n_2-2} \tag{2-112}$$

注意，该结论只有在两个总体方差相等时才成立。对于两个总体方差不相等的情形，特别地，有下面的结论。

推论 2-1　设 $X_1,X_2,\cdots,X_{n_1}$ 和 $Y_1,Y_2,\cdots,Y_{n_2}$ 是来自服从同一正态分布 $N(\mu,\sigma^2)$ 的总体的两个样本，它们相互独立，则

$$\frac{\overline{X}-\overline{Y}}{S_w\sqrt{\frac{1}{n_1}+\frac{1}{n_2}}} \sim t(n_1+n_2-2) \tag{2-113}$$

（3）F 分布。

设 $X \sim \chi^2(m)$，$Y \sim \chi^2(n)$，且 X 与 Y 相互独立，则称随机变量

$$F=\frac{X/m}{Y/n} \tag{2-114}$$

服从自由度为（m,n）的 F 分布，记为 $F \sim F(m,n)$，其中 m 称为第一自由度，n 称为第二自由度。

可以证明 F 分布的密度函数为

$$f(x)=\begin{cases}\dfrac{\Gamma\left(\dfrac{m+n}{2}\right)}{\Gamma\left(\dfrac{m}{2}\right)\Gamma\left(\dfrac{n}{2}\right)}\left(\dfrac{m}{n}\right)\left(\dfrac{m}{n}x\right)^{\frac{m}{2}-1}\left(1+\dfrac{m}{n}x\right)^{-\frac{m+n}{2}}, & x>0\\ 0, & x \leqslant 0\end{cases} \tag{2-115}$$

F 分布具有一个重要的性质：若 $F \sim F(m,n)$，则

$$\frac{1}{F} \sim F(n,m) \tag{2-116}$$

对于给定的 $\alpha(0<\alpha<1)$，如果存在 $F_\alpha(m,n)$，使得

$$P\{F>F_\alpha(m,n)\}=\int_{F_\alpha(m,n)}^{+\infty} f(x)\,\mathrm{d}x=\alpha \tag{2-117}$$

则称 $F_\alpha(m,n)$ 为 F 分布的上 α 分位点。F 分布的上 α 分位点具有重要的性质：

$$F_{1-\alpha}(m,n)=\frac{1}{F_\alpha(n,m)} \tag{2-118}$$

下面给出 F 分布的一些重要结论。

设 $X_1,X_2,\cdots,X_{n_1}$ 和 $Y_1,Y_2,\cdots,Y_{n_2}$ 分别来自总体 $N(\mu_1,\sigma_1^2)$ 和 $N(\mu_2,\sigma_2^2)$ 的样本，并且这两个样本相互独立，记 S_1^2 和 S_2^2 分别为这两个样本的样本方差，则

$$F=\frac{S_1^2/\sigma_1^2}{S_2^2/\sigma_2^2} \sim F(n_1-1,n_2-1) \tag{2-119}$$

推论 2-2 在上述条件下，若两个正态总体的方差相同，即 $\sigma_1^2=\sigma_2^2=\sigma^2$，则

$$F=\frac{S_1^2}{S_2^2} \sim F(n_1-1,n_2-1) \tag{2-120}$$

二、描述性统计

收集统计数据之后，首先要对获取的数据进行系统化、条理化的整理，然后进行恰当的图形描述，以提取有用的信息。

（一）定量数据的图形描述

1. 定量数据整理

对定量数据进行统计分组是数据整理中的主要内容。根据统计研究的目的和客观现象的内在特点，按某个标志（或几个标志）把被研究的总体划分为若干个不同性质的组，称为统计分组。

频数分布表反映数据整理的结果信息。将数据按其分组标志进行分组的过程，就是频数分布或频率分布形成的过程。表示各组单位的次数称为频数；各组次数与总次数之比为频率；频数分布则是观察值按其分组标志分配在各组内的次数，由分组标志序列和各组对应的分布次数两个要素构成。在对这些定量数据进行分组时，需要建立频数分布表，以便更有效地显示数据的特征和分布。

2. 单变量定量数据的图形描述

将定量数据整理成频数分布形式后，已经可以初步看出数据的一些规律了。下面介绍最常用的图形表示方法：直方图、折线图、累积折线图、茎叶图、箱线图。

直方图是用来描述定量数据集最普遍的图形方法，它将频数分布表的信息以图形的方式表达出来。直方图是用矩形的高度和宽度来表示频数分布的图形。在直角坐标系中以横轴表示所分的组，纵轴表示频数或频率，因此直方图可分为频数直方图和相对频数直方图。

折线图也称频数多边形图，其作用与直方图相似。以直方图中各组标志值中点位置作为该组标志的代表值，然后用折线将各组频数连接起来，再把原来的直方图去掉，就形成了折线图。当组距很小并且组数很多时，所绘出的折线图就会越来越光滑，逐渐形成一条光滑的曲线，这种曲线即频数分布曲线，它反映了数据的分布规律。统计曲线在统计学中很重要，是描绘各种分布规律的有效方法。常见的频数分布曲线有正态分布曲线、偏态分布曲线、J形分布曲线和U形分布曲线等。

编制频数分布表时，常会根据实际需要计算每组数据的累积频数或频率，累积折线图正是用来描述累积频数信息的。

茎叶图将传统的统计分组与画直方图两步工作一次完成，既保留了数据的原始信息，又为准确计算均值等提供了方便和可能。通过茎叶图可以看出数据的分布形状及数据的离散状况，比如分布是否对称，数据是否集中，是否有极端值等。在茎叶图画好后，不仅可以一目了然地看出频数分布的形状，而且茎叶图中还保留了原始数据的信息。利用茎叶图进行分组还有一个好处，就是在连续数据的分组中，不会出现重复分组的可能性。

还可以用箱线图描述未分组的原始数据的分布特征。当只有一组数据时，可以绘制单个箱线图来描述。当有多组数据需要处理时，可绘制多个箱线图。从箱线图我们不仅可看出一组数据的分布特征，还可以进行多组数据分布特征之间的比较。

箱线图由一个长方形“箱子”和两条线段组成，其中长方形中部某处被一条线段隔开。

因此，要绘制一个箱线图，需要确定五个点，从左向右依次为这一组数据的最小值、下四分位数、中位数、上四分位数、最大值。首先我们将这一组数据按大小进行排序，其中排序后处在中间位置的变量值称为中位数，如果数据有 $2n+1$ 个，则中位数恰好是第 $n+1$ 个数据；如果数据有 $2n$ 个，则中位数为第 n 个数和第 $n+1$ 个数的均值。同理可得下四分位数和上四分位数。下四分位数是处在排序数据25%位置的值，上四分位数是处在排序数据75%位置的值。连接两个四分位数画出长方形“箱子”，再将两个极值点与箱子相连接。单个箱线图一般形式如图 2-4 所示。

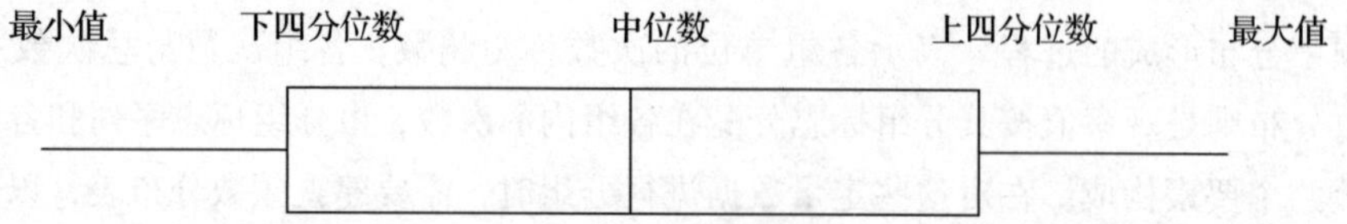

图 2-4　单个箱线图

3. 多变量定量数据的图形描述

在实际应用中，只对一个变量进行数据分析往往是不能满足研究目的的，通常把多个变量放在一起来描述，并进行分析比较。

在我们的生活和工作中，有许多现象和原因之间呈规则性或不规则性的关联，因此我们往往需要同时处理多个变量的定量数据，以揭示它们之间的关系。在讨论两个变量的关系时，首先可以对其定义分类。当一个变量可以视为另一个变量的函数时，称为相关变量，通常也称为反应变量；当一个变量对另一个变量有影响时，称为独立变量或解释变量，通常它是可控的。散点图是描述两个数字变量之间关系的图形方法。在绘制散点图时，独立变量或解释变量应放置在 X 轴上，相关变量或反应变量应放置在 Y 轴上。

如果数据是在不同时点取得的，称为时间序列数据，这时还可以绘制线图和面积图。线图是在平面坐标系中用折线表示数量变化特征和规律的统计图，主要用于描述时间序列数据，以反映事物发展变化的趋势。对于多组数据，我们可以依据同样的方法来绘制箱线图，然后将各组数据的箱线图并列起来，以比较其分布特征。这里多组数据可以出自同一总体的不同组样本数据，或来自不同总体的不同组样本数据。

当研究的变量或指标只有两个时，可以用散点图等在平面直角坐标系中进行绘图；当有三个变量或指标时，也可以用三维的散点图来描述，但看起来不方便，而且散点图能表达的最高维度就只有三个，当指标或变量超过三个时，它就无能为力了。这时就需要使用多指标的图示方法，目前这类图示方法有雷达图、脸谱图、连接向量图和星座图等，其中雷达图最为常用。

（二）定性数据的图表描述

实际上在企业管理中很多问题和现象无法通过数值直接表示出来，因此人们经常使用定性数据来反映对应的定类或定序变量的值。下面我们介绍如何用图表对定类或定序变量的定性数据值进行整理和描述。

1. 定性数据的整理

数据的整理是为下一步对数据的描述和分析打好基础。对于定量数据，一般通过对它们进行分组整理，然后做出相应的频数或频率分布表、直方图、折线图等来描述数据分布和特征，也可以利用茎叶图和箱线图等直接描述未分组数据。由于定性数据用来描述事物的分类，因此对调查收集的繁杂定性数据进行整理时，除了要将这些数据进行分类、列出所有类别之外，还要计算每一类别的频数、频率或比率，并将频数分布以表格的形式表示出来，作为对定性数据的整理结果，这个表格类似于定量数据整理中的频数分布表。

2. 单变量定性数据的图形描述

定性数据的频数分布表可通过频数分布表和累积频数分布表来表示。如果以相应的图形来表示这些分布表，则会使我们对数据特征及分布有更直观和形象的了解。

条形图和饼图通过反映频数分布表的内容来描述定性数据（定类数据和定序数据），是使用最为广泛的两种图形方法，说明了落入每一个定性类别中的观察值有多少。累积频数分布图通过反映累积频数分布表的内容来描述定序数据。帕累托图的形式和累积频数分布图类似，但不像后者只在针对定序数据进行描述时才有意义，帕累托图能对所有定性数据（定类数据和定序数据）进行描述，以反映哪些类别对问题的研究更有价值。

当我们所寻求的关于定性变量的信息是落入每一类中的观察值数，或是落入每一类中的观察值数在观察值总数中所占的比率时，可以使用条形图（Bar Chart）来描述。条形图与直方图很像，只不过条形图的横轴表示的是各个分类，而直方图的横轴表示所分的组。条形图是用宽度相同的条形来表示数据变动的图形，它可以横排或竖排，竖排时也可称为柱形图。如果两个总体或两个样本的分类相同且问题可比，还可以绘制环形图。在表示各类定性数据的分布时，用条形图的高度或长度表示各类数据的频数或频率。绘制时，各类别放在纵轴即为条形图，放在横轴即为柱形图。

饼图（Pie Chart）也可称为圆形图，是以圆形以及圆内扇形的面积来描述数值大小的图形。饼图通常用来描述落在各个类中的测量值数分别在总数中所占的比率，对于研究结构性问题相当有用。在绘制饼图时，总体中各部分所占的比率用圆内的各个扇形面积描述，其中心角度按各扇形角度占360°的相应比例来确定。

根据累积频数或累积频率，可以绘制出累积频数或累积频率分布图。

当定类或定序变量的分类数目（即定性数据）较多时，用帕累托图（Pareto Chart）要比用条形图和饼图更能直观地显示信息。帕累托图以意大利经济学家维尔弗雷多·帕累托命名的，他认为20%的潜在因素是引起80%的问题所在。通过帕累托图，可以从众多的分类中，找到那些比较重要的分类。该图被广泛应用于过程分析和质量分析，它可以提供直接证据，表明首先应该改进哪些地方。

3. 多变量定性数据的图形描述

在管理实践中，不同现象之间总有联系，不可能是独立的。因此，研究多个定性变量之间定性数据的图形表示，对进行深入的统计分析，如回归分析、聚类分析、因子分析等有重要的基础意义。

环形图（Circle Chart）能显示具有相同分类且问题可比的多个样本或总体中各类别所占的比例，从而有利于比较研究。但只有在类别值为定序数据时这种比较才有意义，因此环形图适用于对多个样本或总体中定序数据的描述和比较，如比较在不同时点上消费者对某公司产品的满意程度，或不同地域的消费者对某公司同一产品的满意程度等。

交叉表（Cross Table）是用来描述同时产生两个定性变量的数据的图形方法。交叉表的使用价值在于它可以使我们看到两个变量之间的关系。交叉表广泛应用于对两个变量之间关系的检测。实践中许多统计报告都包含了大量的交叉表。事实上，只要能用于描述定类或定序变量的图表，都同样适用于对数字变量的描述。因此交叉表同样可以用于描述两个变量都是数字变量或者一个是定类或定序变量，另一个是数字变量之间的关系。

多重条形图（Clustered Bar Chart）也是描述两个定类变量或定序变量间关系的主要图形方式。

（三）描述统计中的测度

为了对数据分布的形状和趋势进行更深入的分析和挖掘，得到更多有价值的信息，还需要使用有代表性的数量特征值来准确地描述统计数据的分布。描述统计中数据的测度，即数据分布的特征，对统计数据进行更深入的分析和描述，从而掌握数据分布的特征和规律。对于描述统计中数据的测度，主要可以分为三个方面：①数据分布的集中趋势，反映各数据向其中心值靠拢或聚焦的程度；②数据分布的离散程度，反映各数据远离其中心值的趋势；③数据分布的形状，即数据分布的偏态和峰度。

1. 数据分布的集中趋势测度

集中趋势（Central Tendency）是指分布的定位，它是指一组数据向某一中心值靠拢的倾向，或表明一组统计数据所具有的一般水平。对集中趋势进行测度也就是寻找数据一般水平的代表值或中心值。对集中趋势的度量有数值平均数和位置平均数之分。本节主要讨论根据一组给定的数据确定其集中趋势的方法。

数值平均数又称均值（Mean），根据统计资料的数值计算而得到，在统计学中具有重要的作用和地位，是度量集中趋势最主要的指标之一。在以下关于平均数的论述中，平均的对象可理解为变量 x，平均数可记为 $\bar{x}$。

简单算术平均数是根据原始数据直接计算的平均值。一般地，设一组数据为 $x_1, x_2, \cdots, x_n$，其简单算术平均数 $\bar{x}$ 的一般计算公式可表达为

$$\bar{x} = \frac{x_1 + x_2 + \cdots + x_n}{n} = \frac{\sum_{i=1}^{n} x_i}{n} \tag{2-121}$$

简单算术平均数的计算方法只适用于单位数较少的总体。在实际工作中，汇总和计算总体标志总量的资料常常是大量的，计算方法虽然简单，工作量却很大。所以，一般不是根据

原始资料一一加总来计算简单算术平均数，而是根据经分组整理后编制的变量数列来计算加权算术平均数。加权算术平均数计算所依据的数据是经过一定整理的，即是根据一定规则分组的。

2. 由数列计算加权算术平均数

由单项变量数列计算加权算术平均数，首先要将数据进行分组，即将 n 个数据按变量值（x_i）进行分组并统计在每组中各个变量取值出现的次数，或称为频数（f_i）。加权算术平均数的计算公式如下：

$$\bar{x} = \frac{x_1 f_1 + x_2 f_2 + \cdots x_n f_n}{f_1 + f_2 + \cdots + f_n} = \frac{\sum_{i=1}^{n} x_i f_i}{\sum_{i=1}^{n} f_i} = \frac{\sum_{i=1}^{n} x_i f_i}{n} \tag{2-122}$$

3. 根据组距计算加权算术平均数

有的情况下，给定的数据较为分散，而且数据的取值种类较多，如果仍然采取按每个数据的取值不同来分组，往往工作量较大，且费时、费力。此时，选择适当的组距对数据进行分组，再求加权平均数往往就简单、容易许多。根据组距计算加权平均数的方法与上面所述的数列加权平均数方法基本相同，只须以各组的组中值来代替式（2-122）中相应的 x 值即可。

在统计分析中，有时出于资料的原因无法掌握总体单数（频数），只有每组的变量值和相应的标志总量。在这种情况下就不能直接运用算术平均方法来计算了，而需要以间接的形式，即用每组的标志总量除以该组的变量值推算出各组的单位数，才能计算出平均数，这就是调和平均的方法。

调和平均数（Harmonic Mean）是均值的另一种重要表示形式，由于它是根据变量值倒数计算的，所以也叫倒数平均数，一般用字母 H_m 表示。根据所给资料情况的不同，调和平均数可分为简单调和平均数和加权调和平均数两种。简单调和平均数用公式表达即为

$$H_m = \frac{n}{\frac{1}{x_1} + \frac{1}{x_2} + \cdots + \frac{1}{x_n}} = \frac{n}{\sum_{i=1}^{n} \frac{1}{x_i}} \tag{2-123}$$

事实上，简单调和平均数是权数均相等条件下的加权调和平均数的特例。加权调和平均数用公式表示则为

$$H_m = \frac{m_1 + m_2 + \cdots + m_n}{\frac{m_1}{x_1} + \frac{m_2}{x_2} + \cdots + \frac{m_n}{x_n}} = \frac{\sum_{i=1}^{n} m_i}{\sum_{i=1}^{n} \frac{m_i}{x_i}} \tag{2-124}$$

式中，m_i 为加权调和平均数的权数。

由此可以看出，当权重 m_i 相等时，加权调和平均数转换为简单调和平均数。

几何平均数（Geometric Mean）是 n 个变量值连乘积的 n 次方根，常用字母 G 表示。它是平均指标的另一种计算形式。几何平均数是计算平均比率的一种方法。根据掌握的数据资

料不同，几何平均数可分为简单几何平均数和加权几何平均数两种。

假设有 n 个变量值 $x_1,x_2,\cdots,x_n$，则简单几何平均数的基本计算公式为

$$G = \sqrt[n]{x_1 x_2 \cdots x_n} = \sqrt[n]{\prod_{i=1}^{n} x_i} \tag{2-125}$$

当掌握的数据资料为分组资料，且各个变量值出现的次数不相同时，应用加权方法计算几何平均数。加权几何平均数的公式为

$$G = \sqrt[f_1+f_2+\cdots+f_n]{x_1^{f_1} x_2^{f_2} \cdots x_n^{f_n}} = \sqrt[f_1+f_2+\cdots+f_n]{\prod_{i=1}^{n} x_i^{f_i}} \tag{2-126}$$

数值平均数根据所提供资料的具体数值计算而得到，与通常观念中的平均含义比较接近，但它有比较明显的缺陷。受极端值的影响，不能真实地反映该组资料的整体集中趋势。在这种情况下，一般可以考虑用位置平均数取代算术平均数来对数据的集中趋势进行描述。常用的位置平均数有：中位数、众数和分位数。

中位数（Median）是度量数据集中趋势的另一重要测度，它是一组数据按数值的大小从小到大排序后，处于中点位置上的变量值。通常用 M_e 表示。定义表明，中位数就是将某变量的全部数据均等地分为两半的那个变量值。其中，一半数值小于中位数，另一半数值大于中位数。中位数是一个位置代表值，因此它不受极端变量值的影响。

众数（Mode）是一组数据中出现次数最多的那个变量值，通常用 M_o 表示。如果在一个总体中，各变量值均不同，或各个变量值出现的次数均相同，则没有众数。如果在一个总体中，有两个标志值出现的次数都最多，称为双众数。只有在总体单位比较多、变量值又有明显集中趋势的条件下确定的众数，才能代表总体的一般水平；在总体单位较少，或虽多但无明显集中趋势的条件下，众数的确定是没有意义的。

中位数从中间点将全部数据等分为两部分。与中位数类似的还有四分位数、八分位数、十分位数和百分位数等。它们分别是用3 个点、7 个点、9 个点和 99 个点将数据四等分、八等分、十等分和一百等分后各分位点上的值。

算术平均数和中位数都是描述频数分布集中趋势比较常用的方法，从前面关于它们的特征与性质的讨论中可以知道，这些方法各有各的优缺点。就同样的资料，究竟是采用算术平均数，还是采用中位数来反映集中趋势，需要结合频数分布特征的不同来确定。

（四）数据分布的离散趋势测度

对于任意一组数据而言，根据其实际背景和已知条件，可以得到反映该组数据一般水平的平均数（集中趋势）。变量数列中各变量值之间存在差异，平均数将变量数列中各变量值的差异抽象化，各个变量值共同的代表，反映的是这些变量值的一般水平，体现总体的集中趋势。变量离散程度的度量则将变量值的差异揭示出来，反映总体各变量值对其平均数这个中心的离中趋势。离散指标与平均指标分别从不同的侧面反映总体的数量特征。只有把平均指标与离散指标结合起来运用，才能更深刻地揭示所研究现象的本质。

根据不同的度量方法，离散指标可分为极差、分位差、平均差、方差与标准差、标准差

系数，其中标准差的应用最广泛。下面分别介绍它们的含义、特点及计算方法。

极差（Range）也叫全距，常用 R 表示，它是一组数据的最大值 $\max(x)$ 与最小值 $\min(x)$ 之差，即

$$R = \max(x_i) - \min(x_i) \tag{2-127}$$

极差表明数列中各变量值变动的范围。R 越大，表明数列中变量值变动的范围越大，即数列中各变量值差异越大；反之，R 越小，表明数列中变量值的变动范围越小，即数列中各变量值差异越小。

极差计算简单，易于理解，是描述数据离散程度最简单的测度值。但它只是说明两个极端变量值的差异范围，其值的大小只受极端值的影响，因而它不能反映各单位变量值的变异程度。

四分位差（Interquartile Range）是度量离散趋势的另一种方法，也称为内距或四分位距，是第三四分位数（上四分位数 Q_3）与第一四分位数（下四分位数 Q_1）的差，也就是75%百分位数与25%百分位数间的差。它代表数据分布中间50%的距离。常用 IQ_R 表示，其计算公式为

$$\mathrm{IQ}_R = x_{Q_3} - x_{Q_1} \tag{2-128}$$

四分位差不受极值的影响，并且由于中位数处于数据的中间位置，因此四分位差的大小在一定程度上也说明了中位数对一组数据的代表程度。

平均差（Mean Deviation）是变量数列中各个变量值与算术平均数的绝对离差的平均数，常用 M_D 表示。各变量值与平均数离差的绝对值越大，平均差也越大，说明变量值变动越大，数列离散趋势越大；反之亦然。根据所给资料的形式不同，对平均差的计算可以划分为简单平均差和加权式平均差两种形式。

对未经分组的数据资料，采用简单平均差，公式如下：

$$M_D = \frac{\sum_{i=1}^{n} |x_i - \bar{x}|}{n} \tag{2-129}$$

根据分组整理的数据计算平均差，应采用加权式平均差，公式如下：

$$M_D = \frac{\sum_{i=1}^{n} |x_i - \bar{x}| f_i}{\sum_{i=1}^{n} f_i} \tag{2-130}$$

在可比的情况下，一般平均差的数值越大，则其平均数的代表性越小，说明该组变量值分布越分散；反之，平均差的数值越小，则其平均数的代表性越大，说明该组变量值分布越集中。

平均差克服了极差、四分位差的不足，较综合、准确地反映了各标志值的离散程度，但由于它以绝对离差的形式表现，不利于代数运算，所以在应用上有较大的局限性。

方差（Variance）是变量数列中各变量值与其算术平均数差的平方的算术平均数，常用 s^2 表示。标准差（Standard Deviation）是方差的平方根，故又称均方差或均方差根的算术平

均数，常用字母 s 表示，其计量单位与平均数的计量单位相同。标准差和方差不仅反映了各个变量的差异和频数分布，而且利用算术平均数中的差异和频数分布 $\sum_{i=1}^{n}(X_i-\overline{X})^2$ 为最小的数学性质，消除了离差的正、负号，避免了平均差计算中取绝对值的问题，可以直接进行代数运算，增加了指标的灵敏度和准确性。标准差和方差是测度离散趋势常用的指标。

根据给定资料的不同，对方差和标准差的计算也可以分为两种形式。

对未经分组的数据资料，采用简单式，公式如下。

样本方差的计算公式：

$$s^2=\frac{\sum_{i=1}^{n}(x_i-\overline{x})^2}{n-1} \tag{2-131}$$

标准差的计算公式：

$$s=\sqrt{\frac{\sum_{i=1}^{n}(x_i-\overline{x})^2}{n-1}} \tag{2-132}$$

根据分组整理的数据计算标准差，应采用加权式，公式如下。

样本方差：

$$s^2=\frac{\sum_{i=1}^{n}(x_i-\overline{x})^2 f_i}{\sum_{i=1}^{n}f_i-1} \tag{2-133}$$

样本标准差：

$$s=\sqrt{s^2} \tag{2-134}$$

三、推断性统计

（一）参数估计

由于参数能够提供刻画总体性质的重要信息，当参数未知时，我们就要利用样本对参数进行估计，进而获得总体的信息。参数估计是推断统计的重要内容之一，是在抽样及抽样分布的基础上，根据样本统计量来推断所关心的总体参数，从而达到认识总体的未知参数的目的。

点估计

在参数估计中，用来估计总体参数的样本统计量称为待估计参数的估计量，样本统计量的观察值为待估计参数的估计值。点估计就是用样本统计量的某个取值直接作为总体参数的估计值。如果已知总体 X 的分布形式，但是其中一个或多个参数未知，这种借助于总体 X 的一个样本来估计其未知参数的数值，就被称为参数的点估计。

点估计的方法又包括矩估计法、极大似然估计法、顺序统计量法、最小二乘法以及贝叶斯方法等。在这里只介绍矩估计法和极大似然估计法这两种常用的点估计方法。

（1）矩估计法。

借助样本矩去估计总体的矩，从而得到总体相应的未知参数的估计值，这种估计方法被称为矩估计法。比如，用样本的一阶原点矩来估计总体的均值μ，用样本的二阶中心矩来估计总体的方差σ^2。

令$\theta_1,\theta_2,\cdots,\theta_k$为总体$X$的$k$个未知参数，利用从该总体中抽取的样本$X_1,X_2,\cdots,X_n$构造统计量（样本矩）$\hat{\theta}=\hat{\theta}(X_1,X_2,\cdots,X_n)$，令总体的均值等于样本的一阶原点矩，总体的方差等于样本的二阶中心矩，从而得到相应的方程组，用该方程组的解分别作为$\theta_1,\theta_2,\cdots,\theta_k$的估计量，称为矩估计量。

矩估计是由大数定律得来的，即样本经验分布函数依概率收敛于总体分布函数，是一种替换的思想，简单易行，但是它最大的缺点是矩估计量有可能不唯一，如泊松分布中期望和方差均等于λ，因此λ的矩估计量可以取$\overline{X}$或$\frac{1}{n}\sum_{i=1}^{n}(X_i-\overline{X})^2$。矩估计也没有充分利用总体分布的信息。

（2）极大似然估计法。

令$X_1,X_2,\cdots,X_n$为从某一总体中抽出的一个随机样本，$x_1,x_2,\cdots,x_n$是对应的样本值，θ为总体的未知参数。当总体的分布函数已知时，我们可以得到事件——样本$X_1,X_2,\cdots,X_n$取到样本值$x_1,x_2,\cdots,x_n$的概率，也即样本的联合密度函数为

$$L(\theta)=L(x_1,x_2,\cdots,x_n;\theta) \tag{2-135}$$

把式（2-135）称为参数θ的似然函数。极大似然估计法的基本思想是：在一切可能的取值中选取使得似然函数$L(\theta)$最大化的$\hat{\theta}$作为未知参数θ的估计值，即得到参数的估计值$\hat{\theta}$使得

$$L(\hat{\theta})=\max_{\theta}L(x_1,x_2,\cdots,x_n;\theta) \tag{2-136}$$

$\hat{\theta}=\theta(x_1,x_2,\cdots,x_n)$被称为$\theta$的极大似然估计值，$\hat{\theta}(X_1,X_2,\cdots,X_n)$被称为$\theta$的极大似然估计量。如果$L(\theta)$是可微的，$\hat{\theta}$可从对似然函数求微分得到的式（2-137）解得。

$$\frac{\mathrm{d}}{\mathrm{d}\theta}L(\theta)=0 \tag{2-137}$$

一般地，利用极大似然估计法进行参数的点估计，步骤如下：①由总体概率密度$f(x,\theta)$写出样本的似然函数；②建立似然方程；③求解似然方程。

令$\hat{\theta}_1$和$\hat{\theta}_2$是总体未知参数θ的两个无偏估计量，所谓有效性是指在样本容量n相同的情况下，$\hat{\theta}_1$对应的观测值较$\hat{\theta}_2$对应的观测值更为集中于θ的真值附近，即

$$D(\hat{\theta}_1)<D(\hat{\theta}_2)$$

则称$\hat{\theta}_1$是较$\hat{\theta}_2$有效的估计量。

参数点估计的无偏性与有效性都是在样本容量n固定的前提下提出的，所谓一致性是指当样本容量增大，即当n趋近于无穷大时候，要求$\hat{\theta}$依概率收敛于θ，即

$$\lim_{n\to\infty}P(|\hat{\theta}-\theta|<\varepsilon)=1\ （\varepsilon 为任意小的正数）$$

则称 $\hat{\theta}$ 为 θ 的一致估计量。也就是说，当样本容量 n 越来越大时，估计量 $\hat{\theta}$ 接近参数 θ 的真值的概率也越来越大。

不过，估计量的一致性只有当样本容量 n 相当大时才能够显示出来，这在实际中往往不会出现，因此在实际应用中我们往往只使用无偏性和有效性这两个评价准则。

(二) 区间估计

区间估计（Interval Estimate）是在点估计的基础上根据给定的置信度估计总体参数取值范围的方法。

我们以总体均值的区间估计为例说明区间估计的原理。

由样本均值的抽样分布可知，在重复抽样或无限总体抽样的条件下，样本均值的数学期望等于总体均值，即 $E(\bar{x})=\mu$，样本均值的标准差为 $\sigma_{\bar{x}}=\dfrac{\sigma}{\sqrt{n}}$，由此可知，样本均值 $\bar{x}$ 落在总体均值 μ 的两侧各为一个抽样标准差范围内的概率为 0.682 6，落在两个抽样标准差范围内的概率为 0.954 5，落在三个抽样标准差范围内的概率为 0.997 3 等。

理论上，可以求出样本均值 $\bar{x}$ 落在总体均值 μ 的两侧任何一个抽样标准差范围内的概率。但这与实际应用时的情况恰好相反。实际估计中，$\bar{x}$ 是已知的，而总体均值 μ 是未知的，也正是我们要估计的。由于 μ 与 $\bar{x}$ 的距离是对称的，如果某个样本的平均值落在 μ 的两个标准差范围之内，那么 μ 也被包括在以 $\bar{x}$ 为中心左右两个标准差的范围之内。因此约有 95% 的样本均值会落在 μ 的两个标准差的范围内。

在区间估计中，由样本统计量所构成的总体参数的估计区间称为置信区间（Confidence Interval），区间的最小值称为置信下限，最大值称为置信上限。一般将构造置信区间的步骤重复很多次，置信区间包含总体参数真值的次数所占的比例称为置信水平（Confidence Level）。比如，抽取 10 个样本，根据每个样本构造一个置信区间，那么，如果这 100 个样本构造的总体参数的 10 个置信区间中，有 95% 的区间包含了总体参数的真值，而 5% 没有包含，那么置信水平就是 95%。

在实际估计中，通常根据研究问题的具体条件采用不同的处理方法。本节主要讨论：方差已知条件下单一总体均值的区间估计、方差未知条件下单一总体均值的区间估计以及两个正态总体均值之差的区间估计。

1. 单一总体均值的区间估计（方差已知或大样本）

当总体服从正态分布且总体方差 σ^2 已知时，样本均值 $\bar{x}$ 的抽样分布均为正态分布，其数学期望为总体均值 μ，方差为 $\dfrac{\sigma^2}{n}$。在重复抽样的情况下，总体均值 μ 在（$1-\alpha$）置信水平下的置信区间为

$$\bar{x} \pm z_{\alpha/2}\frac{\sigma}{\sqrt{n}} \tag{2-138}$$

式中，$\bar{x}-z_{\alpha/2}\dfrac{\sigma}{\sqrt{n}}$ 称为置信下限，$\bar{x}+z_{\alpha/2}\dfrac{\sigma}{\sqrt{n}}$ 称为置信上限；α 是事先确定的一个概率值，它是

总体均值不包括在置信区间的概率；$z_{\alpha/2}$为标准正态分布上侧面积为$\alpha/2$时的z值；$z_{\alpha/2}\frac{\sigma}{\sqrt{n}}$为估计总体均值的边际误差，也称为估计误差。

依据中心极限定理可知，只要进行大样本抽样（$n>30$），无论总体是否服从正态分布，样本均值$\bar{x}$的抽样分布均为正态分布。当总体方差σ^2未知时，只要在大样本条件下，则可以用样本方差s^2代替总体方差σ^2，这时无论总体是否服从正态分布，总体均值μ在（$1-\alpha$）称为置信水平下的置信区间为

$$\bar{x} \pm z_{\alpha/2}\frac{s}{\sqrt{n}} \tag{2-139}$$

2. 单一总体均值的区间估计（小样本且方差未知）

在实际统计应用中，由于受到客观条件的限制，利用小样本对总体均值进行估计的情况较为常见。如果总体服从正态分布，无论样本量如何，样本均值$\bar{x}$的抽样分布均服从正态分布。这时，如果总体方差σ^2已知，即使是在小样本的情况下，也可以按式（2-139）建立总体均值的置信区间；如果总体方差σ^2未知，而且是在小样本的情况下，则需要用样本方差s^2代替σ^2，这时应采用t分布来建立总体均值μ在（$1-\alpha$）置信水平下的置信区间

$$\bar{x} \pm t_{\alpha/2}\frac{s}{\sqrt{n}} \tag{2-140}$$

式中，$t_{\alpha/2}$是自由度为（$n-1$）时，t分布中上侧面积为$\alpha/2$的t值。

3. 两个总体均值之差的区间估计

在实际应用中，经常需要对两个不同总体的均值进行比较。例如，比较两种产品的平均寿命的差异、比较两种药品的平均疗效的差异等。

（1）独立样本。

如果两个样本是从两个总体中独立地抽取的，即一个样本中的元素与另一个样本中的元素相互独立，则称为独立样本（Independent Sample）。

如果两个总体都为正态分布，或者两个总体不服从正态分布但两个样本容量都较大$n_1\geqslant 30$且$n_2\geqslant 30$）时，根据抽样分布的内容可知，两个样本均值之差（$\bar{x}_1-\bar{x}_2$）的抽样分布服从期望为（$\mu_1-\mu_2$）、方差为$\left(\frac{\sigma_1^2}{n_1}+\frac{\sigma_2^2}{n_2}\right)$的正态分布。

在两个总体的方差σ_1^2和σ_2^2都已知的情况下，两个总体均值之差（$\mu_1-\mu_2$）在（$1-\alpha$）置信水平下的置信区间为

$$(\bar{x}_1-\bar{x}_2) \pm z_{\alpha/2}\sqrt{\frac{\sigma_1^2}{n_1}+\frac{\sigma_2^2}{n_2}} \tag{2-141}$$

在两个总体的方差σ_1^2和σ_2^2都未知的情况下，可用两个样本的方差s_1^2和s_2^2来替代。这时两个总体均值之差（$\mu_1-\mu_2$）在（$1-\alpha$）置信水平下的置信区间为

$$(\bar{x}_1-\bar{x}_2) \pm z_{\alpha/2}\sqrt{\frac{s_1^2}{n_1}+\frac{s_2^2}{n_2}} \tag{2-142}$$

在两个样本均为小样本的情况下，为了估计两个总体均值之差，需要做出如下假设：两个总体都服从正态分布；两个随机样本独立地分别抽取自两个总体。此时，无论样本容量大小，两个样本均值之差均服从正态分布。具体情况包括：

当σ_1^2和σ_2^2已知时，可以采用式（2-141）建立两个总体均值之差的置信区间。

当两个总体的方差σ_1^2和σ_2^2未知但$\sigma_1^2=\sigma_2^2$时，需要用两个样本的方差s_1^2和s_2^2来估计，需要计算总体方差的合并估计量s_p^2，计算公式为

$$s_p^2=\frac{(n_1-1)s_1^2+(n_2-1)s_2^2}{n_1+n_2-2} \tag{2-143}$$

这时，两个样本均值之差经标准化后服从自由度为n_1+n_2-2的t分布，两个总体均值之差（$\mu_1-\mu_2$）在（$1-\alpha$）置信水平下的置信区间为

$$(\bar{x}_1-\bar{x}_2)\pm t_{\alpha/2}(n_1+n_2-2)\sqrt{s_p^2\left(\frac{1}{n_1}+\frac{1}{n_2}\right)} \tag{2-144}$$

当两个总体的方差σ_1^2和σ_2^2未知且$\sigma_1^2\neq\sigma_2^2$时，如果两个总体都服从正态分布且两个样本的容量相等，即$n_1=n_2$，则可以采用下列公式建立两个总体均值之差在（$1-\alpha$）置信水平下的置信区间。

$$(\bar{x}_1-\bar{x}_2)\pm t_{\alpha/2}(n_1+n_2-2)\sqrt{\left(\frac{s_1^2}{n_1}+\frac{s_2^2}{n_2}\right)} \tag{2-145}$$

当两个总体的方差σ_1^2和σ_2^2未知且$\sigma_1^2\neq\sigma_2^2$时，如果两个样本的容量也不相等，即$n_1\neq n_2$，两个样本均值之差经标准化后不再服从自由度为（n_1+n_2-2）的t分布，而是近似服从自由度为$\delta=\left(\frac{s_1^2}{n_1}+\frac{s_2^2}{n_2}\right)^2\Bigg/\left[\frac{\left(\frac{s_1^2}{n_1}\right)^2}{n_1-1}+\frac{\left(\frac{s_2^2}{n_2}\right)^2}{n_2-1}\right]$的$t$分布，则两个总体均值之差在（$1-\alpha$）置信水平下的置信区间为

$$(\bar{x}_1-\bar{x}_2)\pm t_{\alpha/2}(\delta)\sqrt{\left(\frac{s_1^2}{n_1}+\frac{s_2^2}{n_2}\right)} \tag{2-146}$$

（2）配对样本。

以上对两个总体均值之差进行置信区间估计的讨论中，我们假设样本是独立的。但是在一些情况下需要采用存在相依关系的配对样本进行分析。配对样本（Paired Sample）即一个样本中的数据与另一个样本中的数据相对应。使用配对样本进行估计时，在大样本条件下，两个总体均值之差（$\mu_1-\mu_2$）在（$1-\alpha$）置信水平下的置信区间为

$$\bar{d}\pm z_{\alpha/2}\frac{\sigma_d}{\sqrt{n}} \tag{2-147}$$

式中，$\bar{d}$为各差值的均值；σ_d为各差值的标准差，当总体标准差未知时，可以用样本差值的标准差s_d替代。

在小样本条件下，假定两个总体均服从正态分布，差值也服从正态分布。则两个总体均值之差（$\mu_1-\mu_2$）在（$1-\alpha$）置信水平下的置信区间为

$$\bar{d} \pm t_{\alpha/2}(n-1)\frac{s_d}{\sqrt{n}} \tag{2-148}$$

4. 总体比例的区间估计

在统计推断中，常常需要推断总体中具有某种特征的数量所占的比例，这种随机变量与二项分布有密切关系。当样本容量很大时，通常要求 $np \geqslant 5$ 和 $n(1-p) \geqslant 5$，样本比例 p 的抽样分布可以用正态分布近似。p 的数学期望等于总体比例 π，即 $E(p)=\pi$，p 的方差为 $\sigma_p^2=\frac{\pi(1-\pi)}{n}$。样本比例经标准化后的随机变量服从标准正态分布，即

$$Z=\frac{p-\pi}{\sqrt{\pi(1-\pi)/n}} \sim N(0,1) \tag{2-149}$$

则总体比例 π 在 $1-\alpha$ 置信水平下的置信区间为

$$p \pm z_{\alpha/2}\sqrt{\frac{\pi(1-\pi)}{n}} \tag{2-150}$$

在实际应用中，有时需要利用样本比例 p 来估计总体比例 π。在大样本的情况下，可以用样本比例 p 来代替 π，这时总体比例 π 在（$1-\alpha$）置信水平下的置信区间为

$$p \pm z_{\alpha/2}\sqrt{\frac{p(1-p)}{n}} \tag{2-151}$$

当两个样本容量足够大时，从两个二项总体中抽出两个独立的样本，则两个样本比例之差的抽样分布服从正态分布；两个样本的比例之差经标准化后则服从标准正态分布。即

$$Z=\frac{(p_1-p_2)-(\pi_1-\pi_2)}{\sqrt{\frac{\pi_1(1-\pi_1)}{n_1}+\frac{\pi_2(1-\pi_2)}{n_2}}} \sim N(0,1) \tag{2-152}$$

在对总体参数估计时，两个总体比例 π_1 和 π_2 通常是未知的，可以用样本比例 p_1 和 p_2 来代替。这时，两个总体比例之差（$\pi_1-\pi_2$）在（$1-\alpha$）置信水平下的置信区间为

$$(p_1-p_2) \pm z_{\alpha/2}\sqrt{\frac{p_1(1-p_1)}{n_1}+\frac{p_2(1-p_2)}{n_2}} \tag{2-153}$$

5. 总体方差的区间估计

在统计应用中，有时不仅需要估计正态总体的均值、比例，还需要估计正态总体的方差。例如，在房地产价格的区间估计中，方差可以反映房价的稳定性，方差大，说明房价的波动大；方差小，说明房价比较稳定。

由抽样分布的知识，$\frac{(n-1)s^2}{\sigma^2} \sim \chi^2(n-1)$，因此我们用 χ^2 分布构造总体方差的置信区间。

建立总体方差 σ^2 的置信区间，就是要找到一个 χ^2 值，满足：$\chi^2_{1-\alpha/2} \leqslant \chi^2 \leqslant \chi^2_{\alpha/2}$；$\frac{(n-1)s^2}{\sigma^2} \sim \chi^2(n-1)$，于是得到 $\chi^2_{1-\alpha/2} \leqslant \frac{(n-1)s^2}{\sigma^2} \leqslant \chi^2_{\alpha/2}$。

根据上式得到总体方差 σ^2 在（$1-\alpha$）置信水平下的置信区间为

$$\frac{(n-1)s^2}{\chi^2_{\alpha/2}} \leqslant \sigma^2 \leqslant \frac{(n-1)s^2}{\chi^2_{1-\alpha/2}} \tag{2-154}$$

6. 样本容量的确定

样本容量是指抽取的样本中包含的单位数目，通常用 n 表示。在进行参数估计之前，首先应该确定一个适当的样本容量。在进行抽样调查时，如果样本容量很小，抽样误差就会较大，抽样推断就会失去意义；如果样本容量很大，就会增加调查的费用和工作量。因此，样本容量的确定是抽样设计中的一个重要环节。样本容量的确定方法，通常是根据所研究的具体问题，首先确定估计的置信度和允许的误差范围，然后结合经验值或抽样数据估计总体的方差，在通过抽样允许的误差范围计算公式推算所需的样本容量。

根据上文所述总体均值区间估计的知识，假定 E 是在一定置信水平下允许的误差范围为 $E=z_{\alpha/2}\frac{\sigma}{\sqrt{n}}$。

由此可以推导出确定样本容量的计算公式如下：

$$n = \frac{z^2_{\alpha/2}\sigma^2}{E^2} \tag{2-155}$$

$z_{\alpha/2}$的值可以直接由置信水平确定。在实际应用中，总体方差 σ^2 通常是未知的，需要对 σ^2 进行估计，一般采用与以前相同或类似的样本的方差 s^2 来代替。从式（2-155）可以看出，在其他条件不变的情况下，置信水平越大、总体方差越大、允许的误差范围越小，所需的样本容量 n 就越大。

与估计总体均值时样本容量的确定方法类似，根据比例的允许误差计算式 $E=z_{\alpha/2}\sqrt{\frac{\pi(1-\pi)}{n}}$，可以推导出确定样本容量的计算公式如下：

$$n = \frac{z_{\alpha/2}\pi(1-\pi)}{E^2} \tag{2-156}$$

式中，允许误差 E 的值是事先确定的；$z_{\alpha/2}$的值可以直接由置信水平确定。

在实际应用中，总体比例 π 通常未知（总体方差 $\sigma^2=\pi(1-\pi)$），可以采用与以前相同或类似的样本的比例 π 来代替，通常取其最大值 $\pi=0.5$ 来推断。

在估计两个总体均值之差时，样本容量的确定方法与上述类似。在给定允许误差 E 和置信水平（$1-\alpha$）的条件下，估计两个总体均值之差所需的样本容量为

$$n_1 = n_2 = \frac{z^2_{\alpha/2}(\sigma_1^2+\sigma_2^2)}{E^2} \tag{2-157}$$

式中，n_1 和 n_2 为来自两个总体的样本容量；σ_1^2 和 σ_2^2 为两个总体的方差。

在估计两个总体均值之差时，样本容量的确定方法与上述类似。在给定允许误差 E 和置信水平（$1-\alpha$）的条件下，估计两个总体均值之差所需的样本容量为

$$n_1 = n_2 = \frac{z^2_{\alpha/2}[\pi_1(1-\pi_1)+\pi_2(1-\pi_2)]}{E^2} \tag{2-158}$$

式中，n_1 和 n_2 为来自两个总体的样本容量；π_1 和 π_2 为两个总体的比例。

（三）假设检验

假设检验（Hypothesis Testing）和参数估计（Parameter Estimation）是统计推断的两个组成部分，它们都是利用样本对总体进行某种推断，只是推断的方向不同。参数估计是用样本统计量估计总体参数的方法，总体参数μ 在估计之前是未知的。而在假设检验中，则是先对 μ 的值提出一个假设，然后利用样本信息去检验这个假设是否成立。

本节主要介绍如何利用样本信息，对假设成立与否做出判断的原理和方法。

假设检验也称为显著性检验，是事先做出一个关于总体参数的假设，然后利用样本信息来判断原假设是否合理，即判断样本信息与原假设是否有显著差异，从而决定应接受或否定原假设的统计推断方法。

对总体做出的统计假设进行检验的方法依据是概率论中的“在一次试验中，小概率事件几乎不发生”的原理，即概率很小的事件在一次试验中可以把它看成不可能发生的。

假设检验实际上是建立在“在一次试验中，小概率事件几乎不发生”原理之上的反证法，其基本思想是：先根据问题的题意做出原假设H_0，然后在原假设 H_0 成立的前提下，寻找与问题有关的小概率事件 A，并进行一次试验，观察试验结果，看事件 A 是否发生？如果发生了，与“在一次试验中，小概率事件几乎不发生”原理矛盾，从而推翻原假设 H_0，否则不能拒绝原假设 H_0。

一个完整的假设检验过程，通常包括以下五个步骤。

第一步，根据问题要求提出原假设（Null Hypothesis）H_0 和备择假设（Alternative Hypothesis）H_1。

统计学对每个假设检验问题，一般同时提出两个相反的假设，即原假设和备择假设。通常将研究者想收集数据予以反对的假设选作原假设，或称零假设，用 H_0 表示。与原假设对立的假设是备择假设，通常将研究者想收集数据予以支持的假设选为备择假设，用 H_1 表示。

在假设检验中，有些情况下，我们关心的假设问题带有方向性。在实际工作中，试验新工艺而提高产品质量、降低成本、提高生产率，我们往往更关心产品的某个性能指标与原先相比是否有显著的提高或降低，这就给我们提出了所谓的单侧假设检验题，这种具有方向性的假设检验即称为单侧检验。根据实际工作的关注点不同，单侧假设检验问题可以有不同的方向。一般地，称对假设H_0：$\mu \geqslant \mu_0$（为假设的参数的具体数值）的检验为左侧检验；称对假设 H_0：$\mu \leqslant \mu_0$ 的检验为右侧检验。

第二步，确定适当的检验统计量及相应的抽样分布。

在假设检验中，如同在参数估计中一样，需要借助样本统计量进行统计推断。用于假设检验问题的统计量称为检验统计量，不同的假设检验问题需要选择不同的检验统计量，在具体问题中，选择什么统计量，需要考虑的因素有：总体方差已知还是未知、用于进行检验的样本是大样本还是小样本等。

第三步，选取显著性水平 α 确定原假设 H_0 的接受域和拒绝域。

假设检验是围绕对原假设内容的审定而展开的，当原假设正确我们接受它，或原假设错误我们拒绝它时，表明做出了正确的决定。但是，由于假设检验是根据样本提供的信息进行推断的，也就有了犯错误的可能。显著性水平（Significant Level）表示原假设 H_0 为真时拒绝 H_0 的概率，即拒绝原假设所冒的风险，用 α 表示。这个概率是由人们确定的，通常取 $\alpha=0.05$ 和 $\alpha=0.01$，这表明，当做出拒绝原假设的决定时，其犯错误的概率为 5% 或 1%。

在实际应用中，一般是先给定了显著性水平 α，这样就可以由有关的概率分布表查到临界值（Critical Value）z_α（或 $z_{\alpha/2}$），从而确定 H_0 的接受域和拒绝域。对于不同形式的假设，H_0 的接受域和拒绝域也有所不同。

第四步，计算检验统计量的值。

在提出原假设 H_0 和备择假设 H_1，确定了检验统计量，给定了显著性水平 α 以后，接下来就要根据样本数据计算检验统计量的值。

第五步，做出统计决策。

根据样本信息计算出统计量 Z 的具体值，将它与临界值 z_α 相比较，就可以做出接受原假设或拒绝原假设的统计决策。

对于原假设提出的命题，我们需要作出接受或者拒绝 H_0 的判断。这种判断是基于样本信息而进行的。由于样本的随机性，假设检验有可能出现两类错误：第一类错误是原假设 H_0 为真，但是由于样本的随机性使样本统计量落入了拒绝域，由此做出拒绝原假设的判断。这类错误称为第一类错误也称为弃真错误。犯这类错误的概率用 α 表示，所以也称为 α 错误（α Error）。它实质上就是前面提到的显著性水平 α，即 $P(\text{拒绝 } H_0 \mid H_0\text{为真})=\alpha$。第二类错误是原假设 H_0 不为真，但是由于样本的随机性使样本统计量落入了接受域，由此做出不能拒绝原假设的判断，也称为取伪错误。犯这类错误的概率用 β 表示，即 $P(\text{接受 } H_0 \mid H_0\text{不为真})=\beta$，所以也称为 β 错误（β Error）。

假设检验中，原假设 H_0 可能为真也可能不真，我们的判断有拒绝和不拒绝两种。因此，检验结果共有四种可能的情况：①原假设 H_0 为真，我们却将其拒绝，犯这种错误的概率用 α 表示；②原假设 H_0 为真，我们没有拒绝 H_0，则表明做出了正确判断，其概率为 $(1-\alpha)$；③原假设 H_0 不为真，我们却没有拒绝 H_0，犯这种错误的概率用 β 表示；④原假设 H_0 不为真，我们做出拒绝 H_0 的正确判断，其概率为 $(1-\beta)$。

上述五个步骤中，选择合适的假设是前提，而构造合适的统计量是关键。值得注意的是，作假设检验用的统计量与参数估计用的随机变量在形式上是一致的，每一个区间估计法都对应一个假设检验法。

第四节　应用案例

近年来，随着数字经济的发展，互联网打车平台逐渐进入人们的生活。高频、海量的网约车数据也随之产生，记录着人们的出行信息，对研究区域经济能力有着重要意义。为此，中国社会科学院信息化研究中心对全国297个城市各类生产生活场景的网约车出行数据进行统计分析与深入挖掘，基于生产性、消费性、服务性三类出行场景设计了一个三级指标的经济活跃度评价体系，构建了一个用数字出行反映中国经济活跃度的指数（Digital - travel Economic Vitality Index，DEVI），从时间、疫情事件、地理区域等维度灵敏捕捉经济活跃度的变化特征，以便更好地了解和掌握城市的经济运行情况。

首先，在时间维度上，可以发现DEVI走势与宏观经济走势基本一致。自2017—2020年，DEVI分别为133.4、143.0、147.6、149.2，呈增速放缓的增长趋势。有趣的是，2018—2020年DEVI同比增长率与同期GDP增速基本一致。从季度来看，DEVI同比增速与GDP同比增速呈强相关关系（相关系数 $r=0.73$）；从月度来看，DEVI同比和全社会用电量同比走势基本一致（相关系数 $r=0.61$），且该指数的月度环比与宏观经济指数PMI的月度环比也高度一致（相关系数 $r=0.91$）。这些说明DEVI指数对经济活跃度的变化敏感。其次，根据疫情事件作为对比时间点，可以发现滴滴出行的消费场景下沉态势愈加凸显。根据DEVI，头部城市消费占全国比重逐年下降，前20头部城市的消费指数占比从52.5%下降至48.1%，而腰部和尾部城市消费指数占比分别从2017年34.3%、13.2%增长到36.2%和15.6%，说明低线城市、小城镇和农村的庞大群体成为消费新主力，呈现消费下沉的新趋势。最后，根据地区分布，可以发现东部地区2017—2020年的DEVI最高且呈现上升趋势，中部地区和东北地区2017—2019年的DEVI均较平稳，西部地区的DEVI在2017—2020年逐渐上升且开始超越中部。从疫情后的恢复速度来看，东部地区虽然最快实现生产复苏，但消费活跃度较疫情发生前有明显下滑，中部和西部地区的生产和消费均呈现出明显的复苏态势，使得中西部2020年经济活跃度有所提高。此外，和北方地区相比，南方地区的DEVI在2017—2020年占全国总指数70%以上，说明南方地区总体经济实力更强。从2020年DEVI的增速看，南方地区同比增长2.83%，北方地区却同比下降了2.78%，经济增长呈现“南快北慢”趋势。在受到疫情冲击后，南方地区在6月份就恢复至疫情前水平，而北方地区直至8月才恢复至疫情前水平，消费服务受到较大影响。

结合上述的经济活跃度指数分析和我国经济发展新形势，能够精准把握城市群发展动态，推动我国现代化都市圈建设。对于政府而言，可以实现对城市发展的动态体检，及时识别城市发展堵点，量化城市的运行状态，增强现代化城市治理能力，提高城市发展质量，让城市生活更美好。对于企业而言，可以细化市场出行的营销场景，寻找出重点发展的有价值的营销场景，提供个性化服务，实现价值引领，进而促进企业更好地发展，推动社会进步。

◎ 思考与练习

1. 请说明特征分解的过程。
2. 请说明奇异值分解的过程。
3. 阐述无约束最优化问题与约束最优化问题之间的区别与联系。
4. 无约束最优化方法可分为哪几类？说明这些优化方法的特点。

5. 统计包含的三种含义是什么？
6. 统计数据可分为几种类型？并且说明这几种类型数据的特点。
7. 阐述描述性统计和推断性统计的区别。

◎ 本章扩展阅读

[1] 田玉斌，李国英，张英. Logistic 响应分布中刻度参数的中、小样本推断［J］. 应用数学学报，2004(2)：254-264.

[2] 宫晓琳，杨淑振，孙怡青，等. 基于概率统计不确定性模型的 CCA 方法［J］. 管理科学学报，2020，23(4)：55-64.

[3] 程从华. 基于截尾数据指数 Pareto 分布应力：强度模型的可靠性［J］. 数学学报（中文版），2020，63(3)：193-208.

[4] 毕秀丽，邱雨檬，肖斌，等. 基于统计特征的图像直方图均衡化检测方法［J］. 计算机学报，2021，44(2)：292-303.

[5] 刘玉涛，潘婧，周勇. 右删失长度偏差数据分位数差的非参数估计［J］. 数学学报（中文版），2020，63(2)：105-122.

[6] 肖艳平，宋海洋，叶献辉. 统计能量分析中参数不确定性分析［J］. 应用数学和力学，2019，40(4)：443-451.

[7] 付维明，秦家虎，朱英达. 基于扩散方法的分布式随机变分推断算法［J］. 自动化学报，2021，47(1)：92-99.

[8] GOLUB G H，VAN C F. Matrix computations［M］. Baltimore JHU Press，2013.

[9] BOYD S，BOYD S P，VANDENBERGHE L. Convex optimization［M］. Cambridge：Cambridge University Press，2004.

[10] BENGIO Y，LODI A，PROUVOST A. Machine learning for combinatorial optimization：a methodological tour d'horizon［J］. European Journal of Operational Research，2021，290(2)：405-421.

[11] GAMBELLA C，GHADDAR B，NAOUM-SAWAYA J. Optimization problems for machine learning：a survey［J］. European Journal of Operational Research，2021，290(3)：807-828.

[12] YANG C，JIANG Y，HE W，et al. Adaptive parameter estimation and control design for robot manipulators with finite-time convergence［J］. IEEE Transactions on Industrial Electronics，2018，65(10)：8112-8123.

[13] CHEN X，XU B，MEI C，et al. Teaching-learning-based artificial bee colony for solar photovoltaic parameter estimation［J］. Applied Energy，2018，212(1)：1578-1588.

[14] HAN W，WANNG Z，SHEN Y，et al. Interval estimation for uncertain systems via polynomial chaos expansions［J］. IEEE Transactions on Automatic Control，2021，66(1)：468-475.

C H A P T E R 3

第三章

大数据管理与应用的机器学习基础

随着大数据时代的到来，各个行业对数据分析的需求持续增加，通过机器学习从大量数据中提取有效的信息，已经成为当前人工智能技术发展的主要推动力，并且已经广泛用于解决商务领域中的决策与管理问题。在本章中你将了解机器学习的概念，掌握机器学习的四要素，明确机器学习中的模型评估与选择方法，了解机器学习的理论基础。

■ 学习目标

- 理解机器学习的基本概念
- 掌握机器学习的四要素
- 掌握机器学习的模型评估与选择方法
- 理解计算学习理论

■ 知识结构图

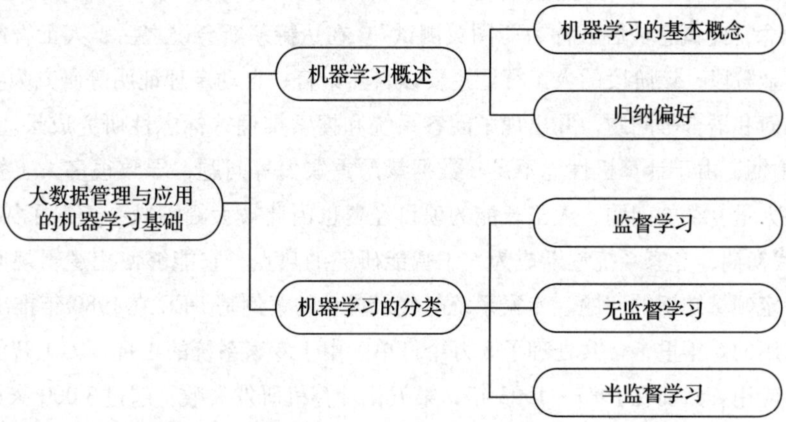

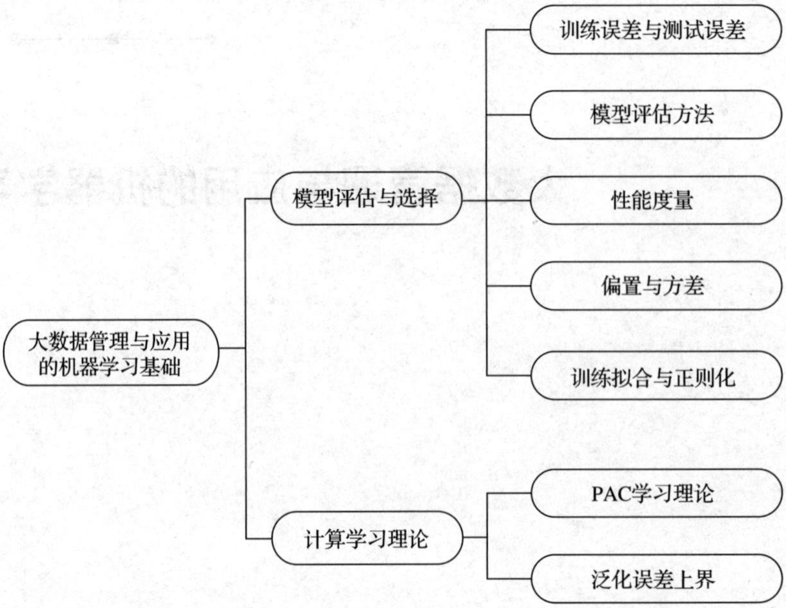

第一节 机器学习概述

一、机器学习的基本概念

（一）人工智能与机器学习的起源

机器学习来源于早期的人工智能领域，是一种实现人工智能的方法。一般认为，人工智能学科起源于1956年在达特茅斯学院召开的夏季研讨会，参与者包括麦卡锡、明斯基、塞弗里奇、香农、纽厄尔和西蒙等人工智能先驱。在达特茅斯会议召开之前，图灵1950年在英国哲学杂志《心》（*Mind*）上发表题为《计算机与智能》的文章，并在文中提出“模仿游戏”的概念，此概念被后人称为“图灵测试”。在达特茅斯会议之后，人工智能迎来了第一个发展黄金阶段，该阶段的人工智能主要以自然语言、自动定理证明等研究为主，用来解决代数、几何和语言等问题，并出现了问答系统和搜索推理等标志性研究成果。到了20世纪70年代中期，由于计算机性能不足、数据量严重缺失等问题，导致很多人工智能研究成果无法解决大量复杂的问题，人工智能的项目经费也因此被大幅缩减，遭遇了第一次寒冬。到了80年代初期，专家系统逐渐成为人工智能研究的热点，它能够使用逻辑规则来进行问答或解决特定领域知识的问题。专家系统时代最成功的案例是DEC在1980年推出的XCON，在其投入使用的6年里，一共处理了8万个订单。由于专家系统的出现，人工智能终于有了成熟的商业应用。然而在1987—1993年，第五代计算机研发失败，超过3 000家人工智能企业由于运算成本高昂而倒闭，其中以 XCON 为代表的专家系统因无法自我学习并更新知识库和算法、维护成本越来越高，迫使许多企业开始放弃使用专家系统，人工智能遭遇了第二次寒冬。

从 90 年代中期开始，随着计算机的算力不断提升，机器学习尤其是神经网络的逐步发展，人工智能进入了平稳发展阶段。1997 年 5 月 11 日，IBM 的“深蓝”系统战胜了国际象棋世界冠军卡斯帕罗夫，成为人工智能发展的一个重要里程。2006 年，Hinton 在深度学习领域取得突破，人工智能迎来了爆发期。2011 年以来，随着 IBM 的人工智能程序“Watson”在一档智力问答节目中战胜了两位人类冠军，人工智能进入蓬勃发展期。2013 年，深度学习算法在语音和视觉识别上有重大突破，识别率超过 99% 和 95%。2016 年，Google Deepmind 团队的 AlphaGo 战胜围棋冠军，它的第四代版本 AlphaGoZero 更是远超人类高手。

（二）机器学习的特点

机器学习是人工智能领域的重要分支，也是实现人工智能的一种手段。机器学习的主要特点是：①机器学习是一门涉及多个领域的交叉学科，包括概率论、统计学、逼近论、凸分析、算法复杂度理论等；②机器学习能够使计算机系统利用经验改善性能；③机器学习以数据为基础，以模型为中心，通过数据来构建模型并应用模型对数据进行预测和分析。

（三）机器学习的定义

莱斯利·瓦里安特认为一个用于执行某项任务的程序如果能够不通过显式编程（Explicit Programming）获得，那么这个过程就是“学习”。例如，一个银行每天能够收到几千个信用卡的申请，它想通过一个自动的程序来评估这些申请，而银行虽然有大量的数据但并没有一个显式的公式或规则可以评估信用卡是否应该被批准，这个自动评估程序就需要从数据中“学习”得到。而机器学习则致力于研究如何通过计算的方法，借助经验来改善系统自身的性能，从而在计算机上从历史数据中产生“模型”，并对新数据做出准确预测。汤姆·米切尔对机器学习给出以下定义。

定义 3-1（机器学习）　假设用 P 来评估计算机程序在某任务类 T 上的性能，若一个程序通过利用经验 E 在 T 任务上获得了性能改善，则我们就说关于 T 和 P，该程序对 E 进行了学习。

机器学习的基本框架可用图 3-1 来描述（以监督学习为例）。对于输入空间 X（例如用于信用卡申请评估的所有用户信息），假定存在一个机器学习任务 $t: \mathrm{X}\to\mathrm{Y}$（一个能够准确判断是否应该通过信用卡申请的理想函数），其中 Y 是输出空间（通过或不通过信用卡申请）。给定不同样本组成的训练集 D，每个样本（$\boldsymbol{x}_i, y_i$）由特征向量 $\boldsymbol{x}_i$ 和对应的标签 y_i 组成。我们可以通过策略和算法从数据 D 中学习模型 $h: \mathrm{X}\to\mathrm{Y}$ 来逼近任务 t，并利用学到的模型 h 对新的特征 x_{new} 进行预测，得到预测标签 $\hat{y}$。

大部分机器学习可由任务、数据、模型、策略和算法五个要素组成。

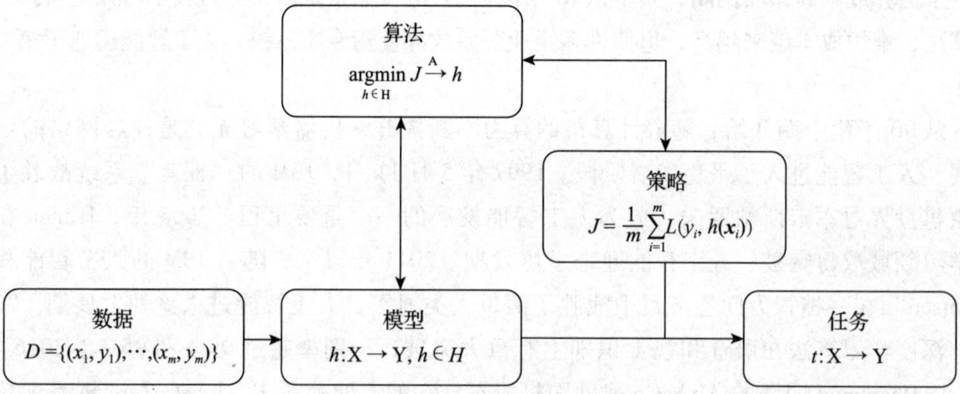

图 3-1　机器学习的基本框架

1）任务：任务是机器学习需要解决的问题。常见的机器学习任务有分类、回归、聚类等。例如，一个分类任务 t:X→Y，其中 Y 是离散的输出空间。

2）数据：数据是由不同“示例”（Instance）或“样本”（Sample）组成的集合。一般地，令 $D=\{(\boldsymbol{x}_1,y_1),(\boldsymbol{x}_2,y_2),\cdots,(\boldsymbol{x}_m,y_m)\}$ 表示包含 m 个样本的数据集，每个样本的输入变量 $\boldsymbol{x}_i\in\mathbf{R}^n$ 由 n 个属性描述，也称为特征（Feature），这样的 n 维特征组成的空间称为输入空间；每个样本的输出变量 y_i 代表样本的真实标签，可以是离散值或连续值。

3）模型：模型是从数据集 D 中学习到的某种潜在规律，也被称为“假设”（Hypothesis）。模型可以表示为一个从输入空间映射到输出空间的函数，即 h:X→Y，所有可能的函数 h 组成的集合为假设空间 H，即 $h\in H$。

4）策略：策略是从假设空间选取最优模型的准则，它能够度量模型预测标签 $\hat{y}_i=h_\theta(\boldsymbol{x}_i)$ 和真实标签 y_i 之间的差异或损失。损失函数是 $\hat{y}_i$ 和 y_i 的非负值函数，记作 $L(y_i,\hat{y}_i)$，常见的损失函数包括 0－1 损失 $L(y_i,\hat{y}_i)=I(y_i\neq\hat{y}_i)$ 和平方损失 $L(y_i,\hat{y}_i)=(y_i-\hat{y}_i)^2$ 等。在假设空间、损失函数和数据集确定的情况下，机器学习的策略可表示为：

$$J=\frac{1}{m}\sum_{i=1}^{m}L(y_i,h(\boldsymbol{x}_i)) \tag{3-1}$$

5）算法：算法 A 是从假设空间里选取最优模型的计算方法。机器学习的算法涉及求解最优化问题，若最优化问题没有显式的解析解，则需要使用数值计算的方法进行求解，常用方法包括梯度下降法和随机梯度下降法等。

二、归纳偏好

在现实问题中，我们经常面临很大的假设空间，而数据集中的样本通常是有限的。因此，有可能存在多种模型都能拟合数据集的情况，即存在一个与数据集一致的假设空间，称为“版本空间”。机器学习在学习过程中对某种模型的偏好，称为“归纳偏好”。然而，机器学习中没有一个普适的模型能够解决所有的学习问题，这也被称为“没有免费的午餐”

定理。“奥卡姆剃刀”[㊀]是一种常用的从版本空间中选取模型的方法，即在同样的条件下，应该优先选择较为简单的模型。

第二节　机器学习的分类

根据数据集中包含标签的情况，机器学习大致可以分为监督学习、无监督学习和半监督学习。

一、监督学习

监督学习又被称为有教师学习，所谓“教师”就是指数据集 D 中的每个样本都能提供对应的真实标签，而监督学习是指在真实标签的指导下进行学习。根据标签属性的不同监督学习可以分为分类和回归两类问题，前者的标签为离散值，而后者的标签为连续值。分类问题的目标是学习一个从输入 x 映射到输出 y 的分类模型，其中 $y\in\{c_1,c_2,\cdots,c_G\}$ 包含 G 类离散的标签。如果 $G=2$，这种分类问题称为“二分类问题”；如果 $G>2$，则称为“多分类问题”。现实世界中常见的分类问题如根据医学图像进行诊断、根据文档内容对其进行分类等。与分类问题不同的是，回归问题的标签是连续值 $y\in\mathbf{R}$。现实世界中有许多回归问题，例如根据当前股市情况预测明天的股价、根据产品信息预测其销量等。

二、无监督学习

在无监督学习中，数据集中只有输入数据而没有标签，无监督学习的目标是通过对这些无标签样本的学习来揭示数据的内在特性及规律。因此无监督学习是没有经验知识的学习，有时也被称为“知识发现”。聚类分析是无监督学习的代表，它能够根据数据的特点将数据划分成多个没有交集的子集，每个子集被称为簇，簇可能对应一些潜在的概念，但需要人为总结和定义。例如对用户进行精准营销前需要对用户进行细分，就可以通过聚类分析实现。

三、半监督学习

在许多现实问题中，对样本打标签的成本有时很高，因而只能获得少量带有标签的样本。在这种情况下，半监督学习可以让模型不依赖人工干预、自动地利用未标记样本来提升学习性能，从而充分利用有标签和无标签的样本。例如在生物学领域，对某种蛋白的结构或功能标记需要花费生物学家多年的功夫，而大量的未标记样本却很容易得到，半监督学习就

㊀ 它是由奥卡姆提出的逻辑学法则，指如果关于同一问题有许多理论，每一种都能做出同样准确的预言，那应该挑选其中使用假定最少的。

提供了一条利用这些未标记样本的途径。

第三节　模型评估与选择

一、训练误差与测试误差

机器学习中的数据集 D 可以进一步分为训练集 S 和测试集 T，训练集和测试集是从原始数据集中独立同分布采样得到的两个互斥集合。模型能够通过已知标签的训练集上训练得到，并能够在未知标签的测试集上进行预测，因此模型在这两类数据集上产生了两类误差：训练误差与测试误差。

假设训练集 S 中有 m_S 个样本，训练误差就是模型 h 在训练集上的平均损失：

$$e_{\text{train}} = \frac{1}{m_S}\sum_{i=1}^{m_S} L(y_i, h(\boldsymbol{x}_i)),\ (\boldsymbol{x}_i, y_i) \in S \tag{3-2}$$

假设测试集 T 中有 m_T 个样本，训练误差就是模型 h 在测试集上的平均损失：

$$e_{\text{test}} = \frac{1}{m_T}\sum_{i=1}^{m_T} L(y_i, h(\boldsymbol{x}_i)),\ (\boldsymbol{x}_i, y_i) \in T \tag{3-3}$$

二、模型评估方法

为了通过实验对模型的泛化能力进行评估并选择泛化能力强的模型，需要使用测试集来评估模型的泛化能力，并且将测试误差作为其泛化误差的近似。根据从原始数据集 D 划分训练集 S 和测试集 T 的方式不同，模型评估方法主要有留出法、K 折交叉验证法和自助法等。

（一）留出法

留出法直接将原始数据集 D 划分为两个互斥的训练集 S 和测试集 T，在 S 上学习到不同的模型后，在 T 上评估各个模型的测试误差并选测试误差最小的模型。值得注意的是，训练集和测试集的划分要尽可能保持数据分布的一致性，从而避免因数据划分过程引入额外的偏差而对最终的模型评估结果产生影响。例如在分类问题中，若 D 中包含 1 000 个正例和 1 000个反例，可以根据类别对 D 进行随机地分层采样得到包含 70% 样本（700 个正例和 700 个反例）的训练集和包含 30% 样本（300 个正例和 300 个反例）的测试集。

（二）K 折交叉验证法

K 折交叉验证法是机器学习中应用最多的模型评估方法，它首先将原始数据集随机地划

分为 K 个大小相同的互斥子集，然后每次使用 $K-1$ 个子集作为训练集训练模型，使用余下的一个子集作为测试集评估模型，最后可以获得 K 次划分的训练集和测试集，并取 K 次评估结果的平均值作为最终的模型评估结果。图 3-2 给出了五折交叉验证的示意图。

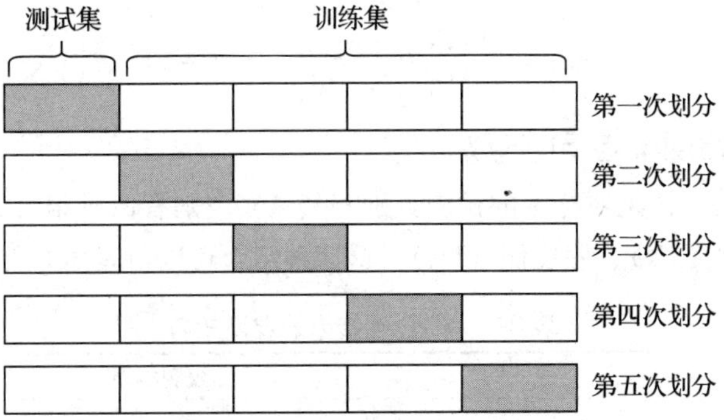

图 3-2　五折交叉验证示意图

假定数据集 D 中包含 m 个样本，若在 K 折交叉验证中有 $K=m$，则得到其特殊情形，称为留一交叉验证。留一交叉验证不受随机样本划分方式的影响，往往在数据缺乏的情况下使用。

（三）自助法

自助法以自助采样为基础，给定包含 m 个样本的数据集 D，对它进行采样产生数据集 D'，每次随机地从数据集 D 中选取一个样本，然后将其有放回地放入 D' 中，该过程重复执行 m 次后可以得到一个包含 m 个样本的数据集 D'。D 和 D' 会有一部分样本的重合，假设 m 足够大，样本在 m 次采样过程中始终不被采到的概率为

$$\lim_{m\to\infty}\left(1-\frac{1}{m}\right)^{m}\to\frac{1}{\mathrm{e}}\approx 0.368 \tag{3-4}$$

可以看到，D' 中包含的样本大概占原始数据集 D 的 63.2%。

三、性能度量

性能度量就是对模型的泛化能力进行评估，在对比不同模型的能力时，使用不同的性能度量往往会导致不同的评判结果。下面主要介绍分类和回归问题的性能度量。

（一）分类问题的性能度量

1. 错误率与精度

错误率与精度是分类问题中最常用的两种性能度量。错误率是指模型错误分类的样本数占总样本数的比例，而精度则是正确分类的样本数占总样本数的比例。假设测试集中有

m_T 个样本，y_i 为样本真实标签，$\hat{y}_i$ 为模型预测标签，分类错误率表示为

$$\text{err} = \frac{1}{m_T}\sum_{i=1}^{m_T} I(y_i \neq \hat{y}_i) \tag{3-5}$$

分类精度可以表示为：

$$\text{acc} = \frac{1}{m_T}\sum_{i=1}^{m_T} I(y_i = \hat{y}_i) = 1 - \text{err} \tag{3-6}$$

2. 精确率、召回率与 *F*1 分数

对于二分类问题，模型对样本的预测类别和其真实类别有四种组合：真正例（TP），假正例（FP）、真反例（TN）、假反例（FN）。这四种组合可以由表 3-1 所示混淆矩阵表示。

表 3-1　二分类结果的混淆矩阵

真实类别	预测类别	
	正例	反例
正例	真正例（TP）	假反例（FN）
反例	假正例（FP）	真反例（TN）

精确率定义为

$$\text{precision} = \frac{\text{TP}}{\text{TP} + \text{FP}} \tag{3-7}$$

召回率定义为

$$\text{recall} = \frac{\text{TP}}{\text{TP} + \text{FN}} \tag{3-8}$$

*F*1 分数是精确率和召回率的调和均值，定义为

$$F1 - \text{score} = \frac{2 \times \text{precision} \times \text{recall}}{\text{precision} + \text{recall}} = \frac{2 \times \text{TP}}{2 \times \text{TP} + \text{FP} + \text{FN}} \tag{3-9}$$

若模型的精确率和召回率都高，则其 *F*1 分数也会高。

3. ROC 曲线与 AUC

ROC 曲线的中文名为“受试者工作特征曲线”（Receiver Operating Characteristic Curve）。ROC 曲线的纵坐标为“真正例率”（TPR），横坐标为“假正例率”（FPR），两者分别定义为：

$$\text{TPR} = \frac{\text{TP}}{\text{TP} + \text{FN}} \tag{3-10}$$

$$\text{FPR} = \frac{\text{FP}}{\text{TN} + \text{FP}} \tag{3-11}$$

如图 3-3 所示，ROC 曲线显示了模型的真正例率和假正例率之间的权衡。

如图 3-3a 所示，若一个模型的 ROC 曲线完全处于另一个模型曲线之内，则后者的性能优于前者；如图 3-3b 所示，若两个模型的 ROC 曲线有交叉，则很难判断两者的优劣程度。此时，就可以比较 AUC（Area Under ROC Curve）来进行判断。直观上来看，AUC 是 ROC 曲线下的面积，通过对 ROC 曲线下各部分的面积求和得到。

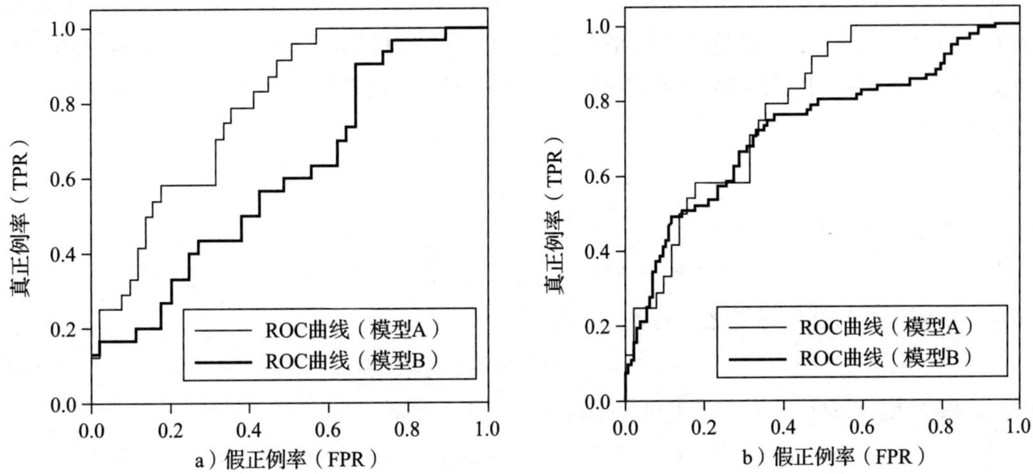

图 3-3　ROC 曲线

（二）回归问题的性能度量

1. 均方误差

均方误差（Mean Square Error，MSE）是回归问题常用的性能度量，假设测试集中有 m_T 个样本，MSE 可表示为

$$\mathrm{MSE}=\frac{1}{m_T}\sum_{i=1}^{m_T}(y_i-\hat{y}_i)^2 \tag{3-12}$$

2. 均方根误差

均方根误差（Root Mean Square Error，RMSE）可表示为

$$\mathrm{RMSE}=\sqrt{\frac{1}{m_T}\sum_{i=1}^{m_T}(y_i-\hat{y}_i)^2} \tag{3-13}$$

3. 平均绝对误差

平均绝对误差（Mean Absolute Error，MAE）可表示为

$$\mathrm{MAE}=\frac{1}{m_T}\sum_{i=1}^{m_T}|y_i-\hat{y}_i| \tag{3-14}$$

4. 平均绝对百分比误差

平均绝对百分比误差（Mean Absolute Percentage Error，MAPE）可表示为

$$\mathrm{MAPE}=\frac{100\%}{m_T}\sum_{i=1}^{m_T}\left|\frac{y_i-\hat{y}_i}{y_i}\right| \tag{3-15}$$

四、偏置与方差

机器学习模型的泛化误差来源于两个方面，一个是偏置（Bias），另外一个是方差

(Variance)。假设有多个独立同分布的数据集，每个数据集的大小为 m，对于任意给定的数据集 D 且标签为 y，可以训练得到模型 h 用于逼近理想的目标概念 c，而 $h(\boldsymbol{x})$ 能够得到 x 的真实标签，因此不同的数据集会训练得到不同的模型。假设模型 h 为回归模型，则它对 x 的期望预测可以表示为

$$\bar{h}_\theta(\boldsymbol{x}) = E_D[h(\boldsymbol{x})] \tag{3-16}$$

这些模型之间的方差可以表示为

$$方差 = E_D[\{h(\boldsymbol{x}) - E_D[h(\boldsymbol{x})]\}^2] \tag{3-17}$$

偏置为期望预测与真实标签之间的差别，可以表示为

$$偏置^2 = \{c(\boldsymbol{x}) - E_D[h(\boldsymbol{x})]\}^2 \tag{3-18}$$

因此，模型 $h_\theta(\boldsymbol{x};D)$ 的平方损失可以按以下方式进行分解：

$$\begin{aligned}\{y - h(\boldsymbol{x})\}^2 &= \{y - E_D[h(\boldsymbol{x})] + h(\boldsymbol{x}) - E_D[h(\boldsymbol{x})]\}^2 \\ &= \{y - E_D[h(\boldsymbol{x})]\}^2 + \{h(\boldsymbol{x}) - E_D[h(\boldsymbol{x})]\}^2 + \\ &\quad 2\{y - E_D[h(\boldsymbol{x})]\}\{h(\boldsymbol{x}) - E_D[h(\boldsymbol{x})]\}\end{aligned} \tag{3-19}$$

对式（3-19）求期望，可得：

$$\begin{aligned}&E_D[\{y - h(\boldsymbol{x})\}^2] \\ &= E_D[\{y - E_D[h(\boldsymbol{x})]\}^2] + E_D[\{h(\boldsymbol{x}) - E_D[h(\boldsymbol{x})]\}^2]\end{aligned} \tag{3-20}$$

假定噪声的期望为零，即 $E_D[y-c(\boldsymbol{x})]=0$，可以进一步得到：

$$\begin{aligned}&E_D[\{y - h(\boldsymbol{x})\}^2] \\ &= E_D[\{y - c(\boldsymbol{x}) + c(\boldsymbol{x}) - E_D[h(\boldsymbol{x})]\}^2] + E_D[\{h(\boldsymbol{x}) - E_D[h(\boldsymbol{x})]\}^2] \\ &= E_D[\{c(\boldsymbol{x}) - E_D[h(\boldsymbol{x})]\}^2] + E_D[\{h(\boldsymbol{x}) - E_D[h(\boldsymbol{x})]\}^2] + \\ &\quad E_D[\{y - c(x)\}^2]\end{aligned} \tag{3-21}$$

于是可以得到下面的对于模型 h 期望平方损失的分解：

$$期望损失 = 偏置^2 + 方差 + 噪声^2 \tag{3-22}$$

因此，模型的学习目标是最小化期望损失，它可以分解为偏置、方差和噪声三个部分。对于非常复杂且灵活的模型来说，偏置较小、方差较大；对于简单且相对固定的模型来说，偏置较大、方差较小。因此，模型的偏置和方差之前存在一个折中，模型在偏置和方差之前取得最优的平衡时才能取得最优的预测能力。

五、训练拟合与正则化

（一）过拟合与欠拟合

过拟合（Overfitting）与欠拟合（Underfitting）是机器学习中的一组现象。如图 3-4 所示，过拟合一般是由于模型过于复杂或参数过多而导致模型对训练数据过度拟合的现象，而欠拟合则是由于模型过于简单或参数过少而导致模型难以训练数据的现象，这两种现象均

能导致模型的预测值与真实值之间出现较大的差距。

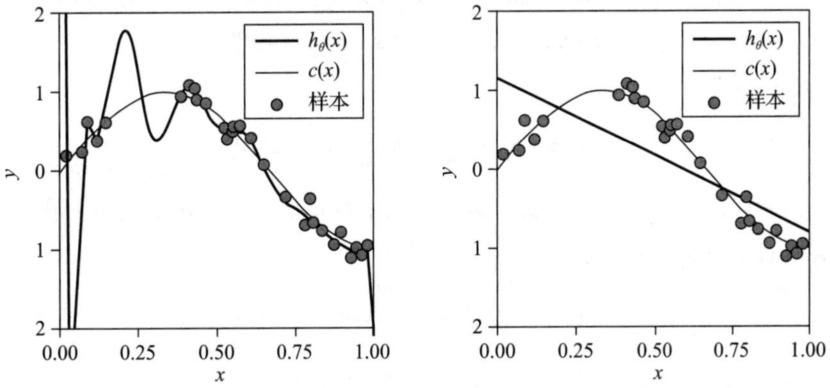

图 3-4　过拟合与欠拟合现象

（二）正则化

正则化（Regularization）是典型的模型选择方法，它是在损失函数上加上一个正则化项来对模型的复杂度进行惩罚。正则化项一般是随模型复杂度递增的单调函数，模型复杂度越高，正则化值越大。因此，正则化能够减缓由于模型参数过多和参数过大而带来的过拟合现象。带有正则化项的损失函数可以表示为

$$J = \frac{1}{m}\sum_{i=1}^{m} L(y_i, \hat{y}_i) + \lambda J(h), \hat{y}_i = h(\boldsymbol{x}_i) \tag{3-23}$$

其中，第一项为损失函数，第二项为正则化项，$\lambda \geqslant 0$ 为均衡两者之间关系的系数。正则化项可以取不同的形式，例如，假设 $\boldsymbol{\theta}$ 为模型的参数向量，正则化项可以是 $\boldsymbol{\theta}$ 的 L_2 范数，即 $\|\boldsymbol{\theta}\|_2$，也可以是 $\boldsymbol{\theta}$ 的 L_1 范数，即 $\|\boldsymbol{\theta}\|_1$。正则化的作用是选择损失函数与模型复杂度同时较小的模型，因此也符合“奥卡姆剃刀”的原理。

第四节　计算学习理论

一、PAC 学习理论

概率近似正确（Probably Approximately Correct，PAC）是机器学习理论中最基本的概念，它能够帮助我们定义什么样的概念能够被有效地学习出来，且在学习过程中需要怎样的样本和时间复杂度。给定数据集 D 中的 m 个样本是从分布 D 独立同分布采样而得，机器学习的目标是使得模型 h 尽可能接近目标概念 c，其中 c 属于概念类 C。然而，机器学习过程中经常受到许多因素制约，导致我们无法精确地学到目标概念 c。因此，我们希望以比较大概率学到比较好的模型来接近目标概念 c，且模型的误差应满足预设上限，这就是“概率近似

正确”的含义。泛化误差（Generalization Error）和经验误差（Empirical Error）是衡量模型 h 与目标概念 c “接近”程度的两个标准。以二分类问题为例，模型 h 的泛化误差为

$$\mathrm{R}(h) = \mathrm{E}_{x \sim D}[I(h(\boldsymbol{x}) \neq c(\boldsymbol{x}))] \tag{3-24}$$

h 在 D 上的经验误差为

$$\hat{\mathrm{R}}(h) = \frac{1}{m}\sum_{i=1}^{m} I(h(\boldsymbol{x}) \neq c(\boldsymbol{x})) \tag{3-25}$$

因此，经验误差实际上是 h 在数据集 D 上的平均错误，而泛化误差是 h 在分布 D 下的期望错误，并且二者有如下关系：

$$\begin{aligned} E[\hat{\mathrm{R}}(h)] &= \frac{1}{m}\sum_{i=1}^{m} E_{x \sim D}[I(h(\boldsymbol{x}) \neq c(\boldsymbol{x}))] \\ &= E_{x \sim D}[I(h(\boldsymbol{x}) \neq c(\boldsymbol{x}))] \\ &= \mathrm{R}(h) \end{aligned} \tag{3-26}$$

在此基础上，PAC 学习（PAC-learning）有如下定义：

定义 3-2（PAC 学习） 若存在学习算法 A 和多项式函数 poly（.，.，.，.），使得对于任意 $\varepsilon>0$ 和 $0<\delta<1$，并对于所有输入空间 X 的分布 D 和所有目标概念 $c \in C$，以下不等式对于任何样本量 $\mathrm{poly}(1/\varepsilon, 1/\delta, n, \mathrm{size}(c))$ 成立：

$$P[\mathrm{R}(h) \leqslant \varepsilon] \geqslant 1 - \delta \tag{3-27}$$

如果算法 A 运行时间也是 $\mathrm{poly}(1/\varepsilon, 1/\delta, n, \mathrm{size}(c))$，则称概念类 C 是高效 PAC 可学（Effectively PAC-learnable），称算法 A 为概念类 C 的 PAC 学习算法。

PAC 学习给出了一个抽象刻画机器学习能力的框架，首先，该框架对分布 D 没有任何假设，仅假设该分布存在；其次，用于定义误差的训练集和测试集中的样本都从同一分布下采样而得；最后，该框架是针对概念类 C 的可学习问题，而非特定的目标概念。

二、泛化误差上界

PAC 学习中的一个关键因素是假设空间 H 的复杂度。当 $|H|$ 越大时，则其包含目标概念的可能性越大，但从中找到目标概念的难度也越大。$|H|$ 有限时，称 H 为有限假设空间，否则为无限假设空间。下面主要基于有限假设空间，考虑一致与不一致情况下的泛化误差上界。

（一）一致情况下的泛化误差上界

在一致情况下，模型在训练集上不犯错误，即 $\hat{\mathrm{R}}(h)=0$，且目标概念在假设空间 H 中。当 H 为一致情况下的有限假设空间时，有下面的定理成立：

定理 3-1 令 H 为有限假设空间，D 为从 D 独立同分布采样得到的大小为 m 的训练集，学习算法 A 能够基于训练集 D 输出一致假设 $h: \hat{\mathrm{R}}(h)=0$，对于任意 $\varepsilon>0$ 和 $0<\delta<1$，不等式 $P[\mathrm{R}(h) \leqslant \varepsilon] \geqslant 1-\delta$ 成立的必要条件为

$$m \geqslant \frac{1}{\varepsilon}\left(\log|H| + \log\frac{1}{\delta}\right) \tag{3-28}$$

证明：固定 $\varepsilon>0$，将泛化误差大于 ε 的假设集合记为 H_ε，即 $H_\varepsilon=\{h\in H: R(h)>\varepsilon\}$。$H_\varepsilon$ 中的假设 h 在训练集 D 上经验误差为零，因此有

$$P[\hat{R}(h)=0] \leqslant (1-\varepsilon)^m \tag{3-29}$$

对于假设集合 H_ε，存在假设 h 使得经验误差为零的概率为

$$\begin{aligned} P[\exists h\in H_\varepsilon: \hat{R}(h)=0] &= P[\hat{R}(h_1)=0 \vee \cdots \vee \hat{R}(h_{|H_\varepsilon|})=0] \\ &\leqslant \sum_{h\in H_\varepsilon} P[\hat{R}(h)=0] \leqslant \sum_{h\in H_\varepsilon}(1-\varepsilon)^m \\ &\leqslant |H|(1-\varepsilon)^m \leqslant |H|\mathrm{e}^{-m\varepsilon} \end{aligned} \tag{3-30}$$

将式（3-28）代入上式最右端，可得：

$$P[R(h)>\varepsilon] \leqslant |H|\mathrm{e}^{-m\varepsilon} \leqslant \delta \tag{3-31}$$

从而可知 $P[R(h)\leqslant\varepsilon]\geqslant 1-\delta$，定理 3-1 得证。

定理 3-1 表明，当 H 为有限假设空间时，样本复杂度为 $1/\varepsilon$ 和 $1/\delta$ 的多项式，因此算法 A 为 PAC 学习算法。此外，一致假设 h 的泛化误差上界会随样本量的增加而不断收敛，且收敛率为 $O(1/m)$。

（二）不一致情况下的泛化误差上界

在大多数情况下，假设空间 H 中的假设并不与训练集中的标签一致。因此，在不一致的情况下，模型会在训练集上犯错，即 $\hat{R}(h)\neq 0$，且会导致目标概念不在假设空间 H 中，即 $c\notin H$。以下推论能够将泛化误差 $R(h)$ 和经验误差 $\hat{R}(h)$ 联系起来。

推论 3-1　固定 $\varepsilon>0$，对于任意假设 $h: X\to\{0,1\}$，以下不等式成立：

$$P[\hat{R}(h)-R(h)\geqslant\varepsilon] \leqslant \mathrm{e}^{-2m\varepsilon^2} \tag{3-32}$$

$$P[\hat{R}(h)-R(h)\leqslant-\varepsilon] \leqslant \mathrm{e}^{-2m\varepsilon^2} \tag{3-33}$$

联立式（3-31）和式（3-33），以下不等式成立：

$$P[|\hat{R}(h)-R(h)|\geqslant\varepsilon] \leqslant 2\mathrm{e}^{-2m\varepsilon^2} \tag{3-34}$$

在概率论中，Hoeffding 不等式给出了随机变量的和与其期望偏差的概率上限，而定理 3-1与 Hoeffding 不等式一致，Hoeffding 不等式即为以下不等式：

$$P[\overline{X}-E[\overline{X}]\geqslant\varepsilon] \leqslant \mathrm{e}^{-2m\varepsilon^2} \tag{3-35}$$

其中，$X\to\{0,1\}$ 为 m 个独立随机变量的集合，且 $\overline{X}=\sum_{i=1}^{N} X_i/m$。

将式（3-34）右端设为 δ 并对 ε 进行求解，可以得到以下推论。

推论 3-2　固定假设 $h: X\to\{0,1\}$，则至少以 $1-\delta$ 的概率有

$$R(h) \leqslant \hat{R}(h) + \sqrt{\frac{1}{2m}\log\frac{2}{\delta}} \tag{3-36}$$

根据以上推论，当 H 为不一致情况下的有限假设空间时，有下面的定理成立：

定理 3-2 令 H 为有限假设空间，D 为从 D 独立同分布采样得到的大小为 m 的训练集，h 为不一致假设，对于任意 $\varepsilon>0$ 和 $0<\delta<1$，至少有 $1-\delta$ 的概率使以下不等式成立：

$$\forall h \in H,\quad \mathrm{R}(h) \leqslant \hat{\mathrm{R}}(h) + \sqrt{\frac{1}{2m}\left(\log|H| + \log\frac{2}{\delta}\right)} \tag{3-37}$$

证明： 令 $h_1, h_2, \cdots, h_{|H|}$ 为假设空间 H 中的元素，结合定理 3-1，可得：

$$\begin{aligned} & P[\exists h \in H: |\hat{\mathrm{R}}(h) - \mathrm{R}(h)| > \varepsilon] \\ & = P[(|\hat{\mathrm{R}}(h_1) - \mathrm{R}(h_1)| > \varepsilon) \vee \cdots \vee (|\hat{\mathrm{R}}(h_{|H|}) - \mathrm{R}(h_{|H|})| > \varepsilon)] \\ & \leqslant \sum_{h \in H_\varepsilon} P[|\hat{\mathrm{R}}(h) - \mathrm{R}(h)| > \varepsilon] \\ & \leqslant 2|H|\mathrm{e}^{-2m\varepsilon^2} \end{aligned} \tag{3-38}$$

将上式右端设为 δ 并对 ε 进行求解即可证明定理 3-2。

定理 3-2 推导出的泛化误差上界与定理 3-1 相比更加宽松，因此也适用于一致情况下的泛化误差上界。定理 3-2 表明，对于有限假设空间 H，随着训练集样本数量的逐渐增加，泛化误差上界会以 $O(1/\sqrt{m})$ 的速率收敛，但上界会随着假设空间大小 $|H|$ 的增大而增大。因此，对假设空间大小 $|H|$ 进行惩罚能够帮助减少经验误差，对于同样的经验误差，也应该选择更小的假设空间。所以，定理 3-2 也能在理论上对正则化或“奥卡姆剃刀”进行解释。

第五节　应用案例

作为招商银行智能投顾系统，摩羯智投是以现代投资组合理论为基础，运用机器学习算法，融入招商银行十多年财富管理实践及基金研究经验，并在此基础上，为使用者构建以公募基金为基础的、全球资产配置的智能基金组合配置服务。摩羯智投会帮助使用者在确定投资期限和可承受风险等级后自动构建出相应的基金组合，用户点击“立即购买”后即可按其建议比例购入不同类型的基金，并享受风险预警、调仓提示、一键优化等售后服务。

机器学习为摩羯智投提供了重要技术支撑。第一层次基础技术支撑来源于数据和运算平台，包括数据传输、运算、存储等，摩羯智投基于招行强大的客户和产品数据，已经积累较为丰富的数据分析经验。第二层次人工智能技术利用基础资源和大数据进行机器学习建模，包括感知智能和认知智能，摩羯智投在投资建模方面取得了较好的效果，并且在语音语义识别等感知领域加快步伐。第三层次人工智能应用是将人工智能实现多场景应用，与传统业务更紧密的结合，基于公募基金组合配置场景的应用逐步优化完善，在更多场景的应用也在持续不断地探索。此外，在管理方面，摩羯智投依托招商银行的资源和技术以及管理经验，发展迅速。招商银行拥有大量优质客户，并且非常注重线下服务，在私募与公募的代销方面，也具有突出的影响力。摩羯智投融合了招行多年的基金研究与财富管理经验、得天独厚的优质客户资源、良好的品牌效应和机器学习、大数据，并跟随全球金融科技的步伐，不断发展。

同时，作为机器学习的重要元素，数据同样引起了摩羯智投的重视。根据 DCMM㊀ 的评估，摩羯智投的数据管理能力处于受管理级，即第 2 级。DCMM 将受管理级描述为组织已意识到数据是资产，根据管理策略的要求制定了管理的流程，指定了相关人员进行初步管理，具体特征如下：意识到数据的重要性，并制定部分数据管理规范，设置了相关岗位；意识到数据质量和数据孤岛是一个重要的管理问题，但目前没有解决问题的办法；组织进行了初步的数据集成工作，尝试整合各业务系统的数据，设计了相关数据模型和管理岗位；开始进行了一些重要数据的文档工作，对重要数据的安全、风险等方面设计相关管理措施。摩羯智投能够意识到数据的重要性。依托于招商银行的管理经验，摩羯智投非常注重数据的相关应用，并利用大数据的支撑，进行客户挖掘、优化资产组合、客户体验、服务模式等方面的创新。

为了达到下一级别，即稳健级，摩羯智投可以尝试从以下方面进行努力。首先是在银行内部建立系列的标准化管理流程并建立数据管理的规章和制度，然后要建立相关数据管理组织，培训数据管理人员，使银行在日常的决策，业务开展过程中能获取更多数据支持，明显提升工作效率。

◎ 思考与练习

1. 试讲述机器学习在商务领域的应用。
2. 说明精确率、召回率与真正例率（TPR）、假正例率（FPR）之间的关系。
3. 说明错误率与 ROC 曲线的关系。
4. 如何判断模型是否发生过拟合现象？若发生过拟合，应该怎么解决？
5. 说明一致假设和不一致假设之间的区别和联系。

◎ 本章扩展阅读

[1] 李航. 统计学习方法 [M]. 北京：清华大学出版社，2012.

[2] 周志华. 机器学习 [M]. 北京：清华大学出版社，2016.

[3] MITCHELL T M. Machine learning [M]. New York：McGraw-Hill，1997：432.

[4] BISHOP C. Pattern recognition and machine learning [M]. Berlin：Springer-Verlag，2006.

[5] HASTIE T，TIBSHIRANI R，FRIEDMAN J. The elements of statistical learning：data mining inference and prediction [M]. 2nd ed. Berlin：Springer-Verlag，2009.

[6] ABUMOSTAFA Y S，MAGDONISMAIL M，LIN H T. Learning from data：a short course [EB/OL]. (2012-09-01) [2012-09-02]. http://amlbook. com/.

㊀ DCMM 在第十四章有详细介绍。

[7] MURPHY K P. Machine learning: aprobabilistic perspective [M]. Cambridge: MIT Press, 2012.
[8] MOHRI M, ROSTAMIZADEH A, TALWALKARa A. Foundations of machine learning, [M]. 2nd ed. Cambridge: MIT Press, 2018.
[9] VALIANT L G. A theory of the learnable [J]. Communications of the ACM, 1984, 27 (11): 1134-1142.
[10] JORDAN M I, MITCHELL T M. Machine learning: trends, perspectives and prospects [J]. Science, 2015, 349 (6245): 255-260.

P A R T 3

第三部分

技 术 篇

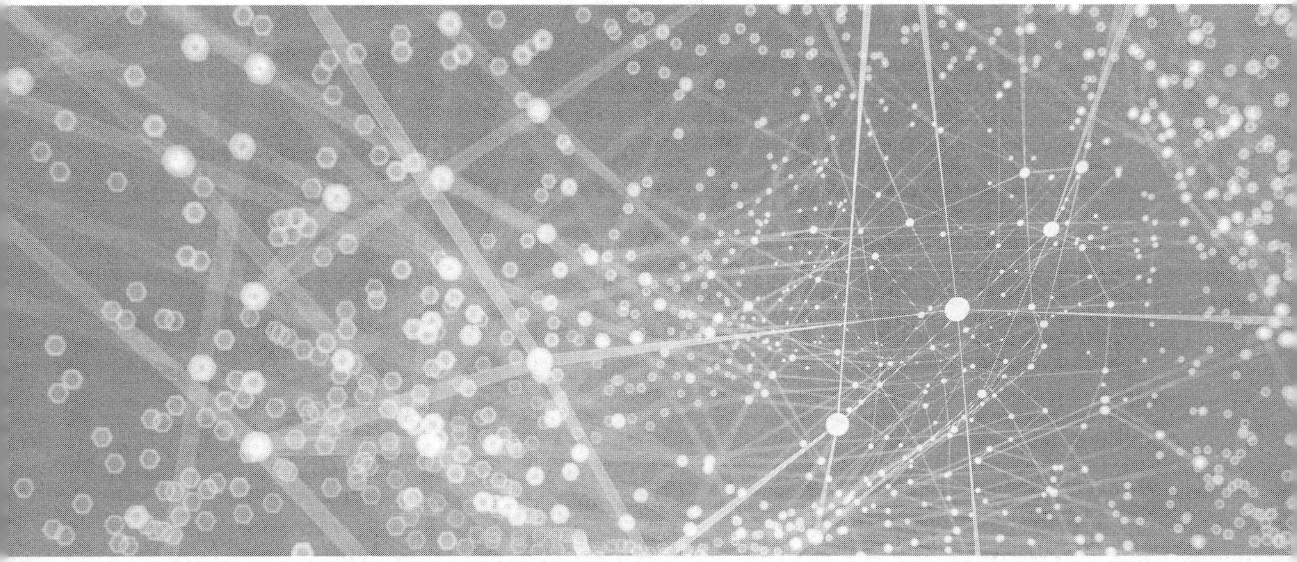

C H A P T E R 4

第四章

数据采集与数据存储

数据是信息世界的基础性资源，但由于体量巨大、种类繁多、变化迅速、真实质差等问题导致其价值难以得到充分的发挥。为此，诞生了数据采集与数据仓储技术，主要用于研究如何管理、分析和利用数据。该技术是计算机核心技术之一，以其为核心的各种数据库，无可争议地改变了政府部门和企事业单位的运营和管理方式，随着数据库的广泛应用和深度扩展，不仅是计算机和信息技术行业，包括技术管理、工程管理甚至决策人员在内的众多行业都开始关注数据库技术的应用价值。在本章你将掌握数据采集、关系型数据存储、非关系型数据存储和数据仓库。

■ 学习目标

- 理解数据采集的概念、系统及企业数据采集
- 掌握关系型数据存储的关系模型及关系规范化方法
- 掌握非关系型数据存储和基本数据存储模型
- 理解数据仓库的特征、系统、决策与支持

■ 知识结构图

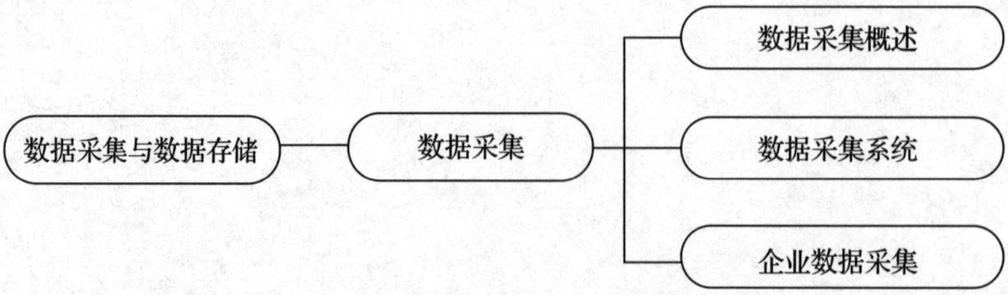

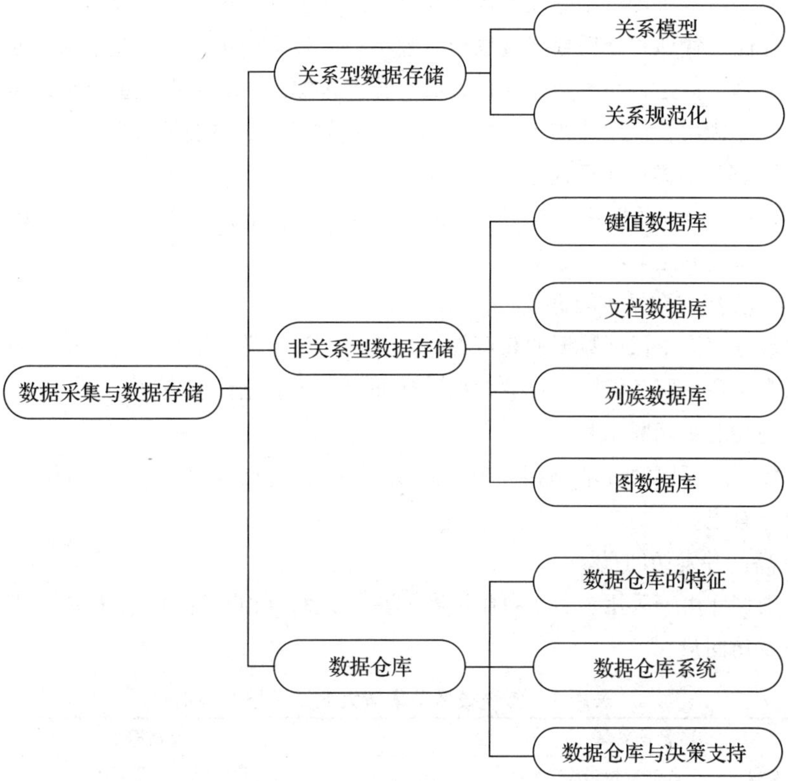

第一节　数据采集

一、数据采集概述

数据采集（Data Acquisition）是指将要获取的信息通过传感器转换为信号，并经过对信号的调整、采样、量化、编码和传输等步骤，最后送到计算机系统中进行处理、分析、存储和显示的过程。

数据采集是数据分析中的重要一环，它首先通过传感器或社交网络、移动互联网等方式获得各种类型的结构化、半结构化及非结构化的海量数据。由于采集的数据种类错综复杂，对于不同种类的数据进行数据分析，必须通过提取技术对复杂格式的数据进行数据提取，从数据原始格式中提取出需要的数据，丢弃一些不重要的字段。同时，数据源的采集可能存在不准确性，所以对于提取后的数据，还要进行数据清洗，对于那些不准确的数据进行过滤、剔除。针对不同的应用场景，对数据进行分析的工具或者系统也不同，因此还需要对数据进行数据转换操作，将数据转换成不同的数据格式，最终按照预先定义好的数据仓库模型，将数据加载到数据仓库中去。

传统数据采集是从传感器等设备自动采集信息的过程。这种方法数据来源单一，数据结构简单，且存储、管理和分析数据量也相对较小，大多采用集中式的关系型数据库或并行数据仓库即可处理。但是，在大数据时代，面对数据来源广泛、数据类型复杂以及海量数据的井喷式增长和不断增长的用户需求，传统的集中式数据库的弊端日益显现，于是基于分布式数据库的大数据采集方法应运而生。

表4-1 展示了传统数据采集与大数据采集的区别，基于分布式数据库的大数据采集方法相比传统数据采集方法的特点如下。

（1）具有更高的数据访问速度。

分布式数据库为了保证数据的高可靠性，往往采用备份的策略实现容错，因此客户端可以并发地从多个备份服务器同时读取数据，从而提高了数据访问速度。

（2）具有更强的可扩展性。

分布式数据库可以通过增添存储节点来实现存储容量的线性扩展，而集中式数据库的可扩展性十分有限。

（3）更高的并发访问量。

分布式数据库由于采用多台主机组成存储集群，所以相对集中式数据库，它可以提供更高的用户并发访问量。

表 4-1　传统数据采集与大数据采集的区别

传统数据采集	大数据采集
来源单一，数据量相当小	来源广泛，数量巨大
结构单一	数据类型丰富
关系数据库和并行数据库	分布式数据库

大数据采集是在确定用户目标的基础上，针对该范围内的海量数据进行智能化识别、跟踪及采集的过程。实际应用中，大数据所采集的可能是企业内部的经营交易信息，比如联机交易数据和联机分析数据；也可能是源于各种网络和社交媒体的半结构化和非结构化数据，比如 Web 文本、手机呼叫详细记录、GPS 和地理定位映射数据、通过管理文件传输协议传送的海量图像文件、评价数据等；还有源于各类传感器的地址数据，比如摄像头、可穿戴设备、智能家电、工业设备等收集的数据。

大数据采集的技术则是对数据进行 ETL 操作，通过对数据进行提取、转换、加载，挖掘出数据的潜在价值，为用户提供解决方案或决策参考。ETL 是英文 Extract-Transform-Load 的缩写，用来描述将数据从来源端经过抽取（Extract）、转换（Transform）、加载（Load）到目的端，然后进行处理分析的过程。用户从数据源抽取出所需的数据，经过数据清洗，最终按照预先定义好的数据模型，将数据加载到数据仓库中，最后对数据仓库中的数据进行分析和处理。

二、数据采集系统

数据采集使用的系统称为数据采集系统，具体地说，数据采集系统的任务是指采集传感器输出的模拟信号并将其转换成计算机能识别的数字信号，然后送入计算机进行相应的计算和处理，得到所需的数据。与此同时，将计算得到的数据进行存储、显示或打印，以便实现对某些物理量的监视，其中一部分数据还将被生产过程中的计算机控制系统用来控制某些物理量。

（1）传统数据采集系统。

数据采集系统性能的好坏，主要取决于它的精度和速度。在保证精度的条件下，应该尽可能提高采样速度，以满足实时采集、实时处理和实时控制等对速度的要求。传统数据采集系统都具有以下几个特点。

1）一般都包含有计算机系统，这使得数据采集的质量和效率等大为提高，同时节省了硬件投资。

2）软件在数据采集系统中的作用越来越大，增加了系统设计的灵活性。

3）数据采集与数据处理相互结合日益紧密，形成了数据采集与处理相互融合的系统，可完成从数据采集、处理到控制的全部工作。

4）速度快，数据采集过程一般都具有“实时”特性。

5）随着微电子技术的发展，电路集成度的提高，数据采集系统的体积越来越小，可靠性越来越高。

（2）大数据采集系统。

对于大数据采集系统而言，由于数据产生的种类很多，并且不同种类的数据产生的方式不同，所以大数据采集系统主要分为以下三类。

1）日志采集系统。

许多公司的业务平台每天都会产生大量的日志数据，从这些日志信息中可以得到很多有价值的数据。通过对这些日志信息进行日志采集、收集，然后进行数据分析，挖掘出公司业务平台日志数据中的潜在价值，可以为公司决策和公司后台服务器平台性能评估提供可靠的数据保证。日志采集系统就是收集日志数据并提供离线和在线的实时分析，目前常用的开源日志收集系统有Flume、Scribe等。

Apache Flume是一个分布式、可靠、可用的服务，用于高效地收集、聚合和移动大量的日志数据，具有基于流式数据流的简单灵活的架构。Flume的可靠性机制和故障转移与恢复机制，使其具有强大的容错能力。Scribe是Facebook㊀的开源日志采集系统。Scribe实际上是一个分布式共享队列，可以从各种数据源上收集日志数据，然后放入它上面的共享队列中。Scribe可以接受Thrift Client发送过来的数据，将其放入它上面的消息队列中，然后通过消息队列将数据推送到分布式存储系统中，并且由分布式存储系统提供可靠的容错性能。如果最后的分布式存储系统宕机，Scribe中的消息队列还可以提供容错能力，会将日志数据写入本地磁盘中。Scribe支持持久化的消息队列，来提高日志收集系统的容错能力。

2）网络数据采集系统。

网络数据采集系统是指通过网络爬虫和一些网站平台提供的公共API（如Twitter和新浪微

㊀ 于2021年更名为Meta。

博 API）等方式从网站上获取数据。这样就可以将非结构化和半结构化的网络数据从网页中提取出来，并对其进行提取、清洗，转换为结构化的数据，再储存为统一的本地文件数据。

网络爬虫是具有自动下载网页功能的计算机程序，按照 URL 的指向，在互联网上“爬行”，由低到高、由浅入深，逐渐扩充至整个 Web。在科学计算、数据处理及网页开发等多个方面，网络爬虫有着十分重要的应用价值，根据其技术原理，科学、合理地加以应用，可以充分发挥其功能与价值。

网络爬虫的原理 网络爬虫的工作原理是按照一定的规则，自动抓取 Web 信息的程序或者脚本。Web 网络爬虫可以自动采集所有其能够访问到的页面内容，为搜索引擎和大数据分析提供数据来源。从功能上来讲，爬虫一般有数据采集、处理和存储三部分功能。

网页中除了包含供用户阅读的文字信息外，还包含一些超链接信息，网络爬虫系统正是通过网页中的超链接信息不断获得网络上的其他网页的。网络爬虫从一个或若干个初始网页的 URL 开始，获得初始网页上的 URL，然后在抓取网页的过程中，不断从当前页面上抽取新的 URL 放入队列，直到满足系统的一定停止条件。

网络爬虫系统一般会选择一些比较重要的、出度（网页中链出的超链接数）较大的网站的 URL 作为种子 URL 集合，以这些种子集合作为初始 URL 开始数据的抓取。因为网页中含有链接信息，所以通过已有网页的 URL 会得到一些新的 URL。如果把网页之间的指向结构视为一个森林，那么每个种子 URL 对应的网页是森林中的一棵树的根结点，这样网络爬虫系统就可以根据广度优先搜索算法或者深度优先搜索算法遍历所有的网页。由于深度优先搜索算法可能会使爬虫系统陷入一个网站内部，这不利于搜索比较靠近网站首页的网页信息，因此一般采用广度优先搜索算法采集网页。

网络爬虫系统首先将种子 URL 放入下载队列，并简单地从队首取出一个 URL 下载其对应的网页，在得到网页的内容并将其存储后，经过解析网页中的链接信息得到一些新的 URL。然后根据一定的网页分析算法过滤掉与主题无关的链接，保留有用的链接并将其放入等待抓取的 URL 队列。最后，取出一个 URL，对其对应的网页进行下载、解析，如此反复进行，直到遍历了整个网络或者满足某种条件后才会停止下来，网络爬虫示意图如图 4-1 所示。

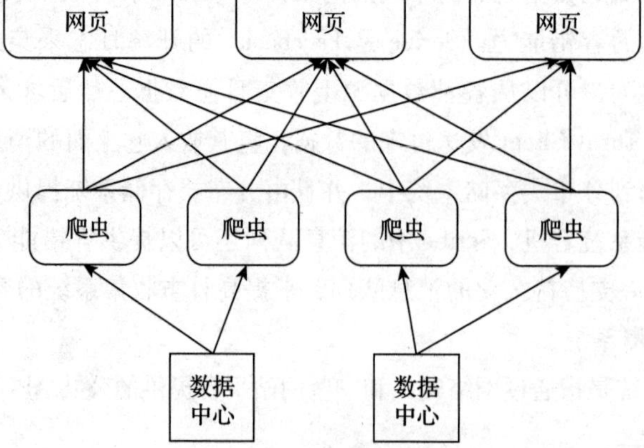

图 4-1　网络爬虫示意图

网络爬虫的类型 作为一种计算机程序，网络爬虫具有自动下载网页功能，可以在互联网里采集数据，满足科学计算、数据处理以及网页开发等多个方面的用途。网络爬虫有着通用网络爬虫、聚焦网络爬虫、增量式网络爬虫以及深层网络爬虫等多种类型。

通用网络爬虫：是根据 URL 指向爬行的过程中，采取深度优先、广度优先的策略。由 URL 扩充至 Web，逐级、逐层访问网页链接，适用于某一主题的广泛搜索，一般应用于搜索引擎。在大型 Web 服务商中，往往也需要应用通用网络爬虫。

聚焦网络爬虫：是根据内容评价、链接结构评价，按照预设的主题，有选择性地爬行的策略。在输入某一个查询词时，所查询、下载的网络页面均以查询词作为主题。而在评价链接的过程中，对于需要应用到半结构化文档的 Web 页面，并应用 Pagerank 算法。在聚焦网络爬虫中，引入增强学习、建立语境图，均是制定爬行策略的有效途径。

增量式网络爬虫：其在爬行过程中，网页发生增量式的更新变化。应用统一更新法，按照固定的频率进行网页访问，不会因网页的更新、变化而改变频率。应用个体更新法，遵循个体网页的频率，根据频率的改变情况进行各页面的重新访问，或根据网页变化频率的差异性进行分类更新。

深层网络爬虫：通过传统搜索引擎和静态链接获取的页面多为表层页面，而为了获取深层页面，需要利用深层网络爬虫。深层网络爬虫在爬行过程中，会基于领域知识进行表单填写，然后进行语义分析，获取关键词，最后在提交关键词后，获取 Web 页面。或是基于网络结构分析，进行表单填写，利用 DOM 树形式，表示 HTML 网页。

网络爬虫的工具 目前常用的网页爬虫系统有 Apache Nutch、Crawler4j、Scrapy 等框架。Apache Nutch 是一个高度可扩展和可伸缩的分布式爬虫框架，由 Hadoop 提供支持，通过提交 Mapreduce 任务来抓取网页数据，并可以将网页数据存储在 HDFS 分布式文件系统中。Nutch 可以进行分布式多任务数据爬取、存储和索引。Nutch 利用多个机器的计算资源和存储能力并行完成爬取任务，大大提高了系统爬取数据的能力。Crawler4j、Scrapy 都是爬虫框架，给开发人员提供了便利的爬虫 API 接口。开发人员只需要关心爬虫 API 接口的实现，不需要关心具体框架如何爬取数据，就可以很快地完成一个爬虫系统的开发。

网络爬虫工作流程 网络爬虫基本工作流程主要包含四步，如图 4-2 所示。

第一步：选取一部分种子 URL。

第二步：将这些 URL 放入待抓取 URL 队列。

第三步：从待抓取 URL 队列中取出待抓取 URL，解析 DNS，得到主机的 IP 地址，并将 URL 对应的网页下载下来，存储到已下载网页库中。此外，再将这些 URL 放进已抓取 URL 队列。

第四步：分析已抓取 URL 队列中的 URL，分析其中的其他 URL，并且将这些 URL 放入待抓取 URL 队列，从而进入下一个循环。

3）数据库采集系统。

一些企业会使用传统的关系型数据库比如 Mysql、Oracle 等存储数据，此外，Redis 和 Mongodb 的 NoSQL 数据库也常用于企业数据的采集。企业每时每刻产生的业务数据，都会通过数据库采集系统与企业业务后台服务器结合，将业务后台产生的大量业务记录写入到数据库中，最后由特定的处理分析进行分析与处理。

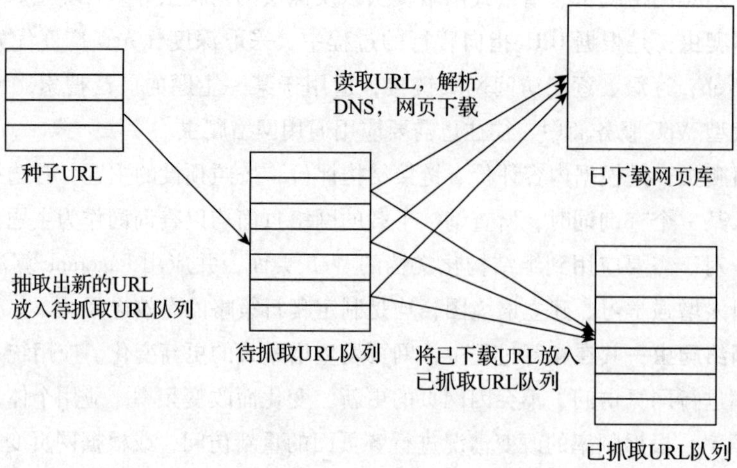

图 4-2　网络爬虫的基本工作流程

针对此类大数据采集技术，目前主要流行的大数据采集分析技术是 Hive。Hive 是 Facebook 团队开发的一个可以支持拍字节（PB）级别的、可伸缩的数据仓库。它是建立在 Hadoop 架构之上的开源数据仓库基础架构，提供了一系列的工具，可以用来进行数据提取转化加载（ETL），这是一种可以存储、查询和分析存储在 Hadoop 中的大规模数据的机制。Hive 依赖 HDFS 存储数据，依赖 Mapreduce 处理数据，在 Hadoop 中用来处理结构化数据。Hive 定义了简单的类 SQL 查询语言，称为 HQL（Hive Query Language），它允许熟悉 SQL 的用户查询数据。同时，该语言也允许熟悉 Mapreduce 的开发者开发自定义的 Mapper 和 Reducer 来处理内建的 Mapper 和 Reducer 无法完成的复杂分析工作。HQL 不是实时查询语言。Hive 降低了那些不熟悉 Hadoop Mapreduce 接口的用户的学习门槛，并提供一些简单的 Hiveql 语句，可以对数据仓库中的数据进行简要分析与计算。

另外，在大数据采集技术中还有一个关键环节是转换操作，即将清洗后的数据转换成不同的数据形式，由不同的数据分析系统和计算系统进行分析和处理。将批量数据从生产数据库加载到 Hadoop HDFS 分布式文件系统中或者从 Hadoop HDFS 文件系统将数据转换到生产数据库中。这项任务非常复杂，用户在进行数据转换操作时，必须考虑数据一致性、生产系统资源消耗等细节问题，使用脚本传输数据效率低且耗时，而 Apache Sqoop 能够很好地解决这个问题。Sqoop 是一个用来将 Hadoop 和关系型数据库中的数据相互转移的开源工具，它可以将一个关系型数据库（例如：Mysql、Oracle、Postgres 等）中的数据导入到 Hadoop 的 HDFS 中，也可以将 HDFS 的数据导入到关系型数据库中。运行 Sqoop 时，被传输的数据集被分割成不同的分区，一个只有映射任务的作业被启动，映射任务负责传输这个数据集的一个分区。Sqoop 使用数据库的元数据来推断数据类型，因此每条数据记录都以一种类型安全的方式进行处理。

三、企业数据采集

在企业管理中，数据采集系统是一项高效的工具，可以协助企业获取所需类目的信息，包括企业内部的生产、经营信息，自己行业的上下游信息、同行竞争对手的信息等。

（一）企业内部数据采集

企业内部数据来源于各个业务生产系统，包括 CRM 数据、CC（呼叫中心）数据、财务数据、仓储数据、门店数据、销售数据、OA 数据、物流数据、网站数据。

CRM 数据，即企业客户管理系统的相关数据，包含客户所有的人口属性、订单属性、营销属性、状态属性、标签属性等数据。

CC（呼叫中心）数据，即企业呼叫中心系统的相关数据，包含语音数据、话务录音、呼叫接通、投诉等数据。

财务数据，包括现金流、资产管理、盈利、负债等数据。财务数据是企业数据的核心，也是成本结算的最终依据。任何业务系统的费用、考核、结算都要以财务数据的核算结果为准。

仓储数据，包括库存周转、库存结构、畅销、滞销等数据。仓储数据是传统品牌商和渠道商企业运转的关键枢纽。

门店数据，除线下销售外，还包括 POS 数据、顾客动线视频数据等非结构化数据。

销售数据，包括渠道、平台、品类等维度的销售数据。销售数据是零售企业数据的核心。

OA 数据，是企业内部办公系统的相关数据，该数据可以为优化企业内部流程服务。

物流数据，包括出库、配送、调度、退换货等数据。

网站数据，即流量数据，包括网站所有营销数据、用户数据、运营数据、在线销售等行为日志。网站数据量庞大且大多是半结构化数据。

（二）企业外部数据采集

企业外部数据是指数据由企业外部产生，是企业通过合作、购买、采集等形式获得的。企业外部数据通常包括竞争数据、营销数据、物流数据、行业数据等。

竞争数据，通常是通过购买或程序采集等形式，获得关于竞争对手的流量、销售、产品、营销等方面的数据，如竞争对手产品价格、竞争对手会员数据、营销投放渠道等。

营销数据，指企业通过营销或推广合作，获取自身或站外相关媒体、渠道的曝光、点击、投放等详细数据。

物流数据，是指第三方的物流数据。

行业数据，是指通过购买、调研等获得关于市场整体行情、市场趋势、用户结构、竞争环境等信息，常见于行业报告数据。

第二节　关系型数据存储

一、关系模型

关系模型是目前使用最广泛的数据模型。美国 IBM 公司的研究员 E. F. 科德（E. F. Codd）于 1970 年发表题为“大型共享系统的关系数据库的关系模型”的论文，文中首次提出了数据库系统的关系模型。20 世纪 80 年代以来，计算机厂商新推出的数据库管理系统（DBMS）几乎都支持关系模型，非关系系统的产品也大都加上了关系接口。数据库领域当前的研究工作都是以关系方法为基础的。

（一）关系模型的数据结构

关系模型与层次模型和网状模型不同，关系模型中数据的逻辑结构是一张二维表，它由行和列组成。每一行称为一个元组，每一列称为一个属性（或字段）。简单地说，用二维表格（关系）表示实体和实体间关系的模型称为关系模型。如表4-2 学生基本信息表所示。每位学生在具体属性上的取值就是一个分量。学号就是此关系的主码。

表 4-2　学生基本信息表

主码　元组　属性

学号	姓名	性别	年龄	民族	班级	学院
20130101	王祥	男	19	汉族	信息管理1班	管理学院
20130304	马丽	女	18	回族	财务管理1班	管理学院
20132321	王文兵	男	20	汉族	经济学2班	经济学院

分量

（二）关系模型的数据操作与约束条件

关系模型的操作主要包括查询、插入、删除和修改四类，其中查询是最重要、最基本的操作。

关系模型的操作特点：其一，一次操作可以存取多个元组；其二，隐蔽存取数据的路径，使操作语言具有非过程化特点，即用户只需告诉数据库该做什么，而无须告诉数据库该怎样做。关系操作的这些特点有力地增强了系统功能和数据独立性，提高了使用的方便性，简化了程序设计。

关系模型为关系的操作提供了三类数据完整性的控制，包括实体完整性、参照完整性和用户定义完整性。

（三）关系模型优缺点

（1）关系模型的主要优点。

1）关系模型与非关系模型不同，它建立在严格的数学概念的基础上。

2）无论实体还是实体之间的联系都用关系来表示。对数据的检索结果也是关系（即表），概念单一，其数据结构简单、清晰。

3）关系模型的存取路径对用户透明，从而具有更高的数据独立性和更好的安全保密性，简化了程序员的工作和数据库开发建立的工作。

4）数据模型具有丰富的完整性，如实体完整性、参照完整性和用户定义的完整性，大大降低了数据的冗余和数据不一致的概率。

（2）关系模型的主要缺点。

1）关系模型数据库的运行效率不高。

2）不能直接描述复杂的数据对象和数据类型。

二、关系规范化

范式（Normal Forma，NF）是一种关系的状态，也是衡量关系模式好坏的标准。根据关系模式满足的不同性质和规范化的程度，关系模式被分为第一范式、第二范式、第三范式、BC 范式、第四范式和第五范式等，其中范式越高则规范化的程度越高，关系模式也就越好。在函数依赖范畴内讨论规范化最高到 BC 范式，本章将只讨论函数依赖规范化，且大部分情况下符合第三范式的关系都能够满足应用需求。

（一）第一范式

定义 4-1　在关系模式 R 的每个关系 R 中，如果每个属性值都是不可再分的原子值，那么称 R 是第一范式（1NF）的模式。

如表 4-3a 所示的表格就不是规范化的关系，因为在这个表格中，“负责人”不是最小数据项，它是由“姓名”和“电话”两个基本数据项组成的。因此，将其转换成规范化关系也非常简单，只需要将所有数据项都表示为不可分的最小数据项即可。将表 4-3a 转换成表 4-3b后就是规范化的 1NF 关系了。

表 4-3a　非规范化关系

仓库编号	负责人	
	姓名	电话
W1	李明	1304560001
W2	王红	
W3	张小兵	1881001001

表 4-3b　规范化关系

仓库编号	负责人姓名	负责人电话
W1	李明	1304560001
W2	王红	
W3	张小兵	1881001001

（二）第二范式

如果关系模式中存在部分函数依赖，那它就不是一个好的关系模式，因为它很可能出现数据冗余和操作异常现象。因此，我们需要对这样的关系模式进行分解，以排除局部函数依赖，使模式达到2NF的标准。

定义4-2 如果一个关系模式R为第一范式（1NF），并且R中的每个非主属性（不是组成主键的属性）都完全函数依赖于R的每个候选关键字（主要是主关键字），则称R是第二范式（2NF）的模式。

例如：在关系模式入库清单R中，Gno、Gdate、Wno、Wmanager、Pno、Pname、QTY，分别表示入库单号、入库时间、仓库号、仓库负责人、货物号、货物名和入库数量，此关系满足第一范式，关系的关键字是（Gno，Pno），这是一个复合属性关键字，简称复合关键字，其中Gdate、Wno、Wmanager函数依赖于Gno，Pname函数依赖于Pno，即存在非主属性部分地依赖于关键字（Gno，Pno）情况，因此这个“入库清单”关系不满足第二范式的要求。

“入库清单”关系之所以不是第二范式是因为有以下部分函数依赖：

$(Gno, Pno) \xrightarrow{p} Gdate, (Gno, Pno) \xrightarrow{p} Wno, (Gno, Pno) \xrightarrow{p} Wmanager, (Gno, Pno) \xrightarrow{p} Pname$

出现操作异常现象也是由这些部分函数依赖造成的，为了解决这些操作异常现象，只需要设法消除这些部分函数依赖就可以了，为此可以把“入库清单”关系分解为如下“入库信息”、“货物信息”和“入库明细”三个关系：

入库信息（Gno，Gdate，Wno，Wmanager），货物信息（Pno，Pname），入库明细（Gno，Pno，QTY）

分解后的“入库明细”关系的关键字是（Gno，Pno），非主属性QTY完全函数依赖于关键字，所以此时的“入库明细”是2NF关系；“入库信息”和“货物信息”关系的关键字分别是Gno和Pno，都是单属性关键字关系，所以它们的关系自然是2NF关系。

（三）第三范式

定义4-3 如果一个关系模式R为2NF，且R中所有非主属性都不传递依赖于关键字，则称R是第三范式（简记为3NF）的模式。

从定义中可以看出，在第三范式（3NF）关系中不存在非主属性对关键字的传递函数依赖情况，或者说不存在非主属性对另一个非主属性的函数依赖情况。

上节分解的关系中，货物信息（Pno，Pname）和入库明细（Gno，Pno，QTY）的非主属性都是单属性，不存在传递依赖的情况，所以它们都属于第三范式。入库信息（Gno，Gdate，Wno，Wmanager）是第二范式却不是第三范式，因此它的关键字是Gno，其他3个属性均为非主属性。但是这里Wno可以函数决定Wmanager，即“仓库负责人”函数依赖于

“仓库号”，或者“仓库负责人”传递依赖于关键字“入库单号”。因此，这个关系不是3NF关系。

当关系不满足第三范式时，也会出现数据冗余和操作异常的情况。解决非第三范式关系的操作异常现象的方法仍是分解，即消除非主属性对关键字的传递函数依赖情况。为此，可以将关系“入库信息”分解成如下两个关系：

入库单（Gno，Gdate，Wno）、仓库信息（Wno，Wmanager）

这里，“入库单”关系的关键字是Gno，非主属性Gdate、Wno都函数依赖于关键字Gno，且不存在传递依赖的情况。“仓库信息”关系的关键字是Wno，非主属性只有Wmanager，这时，两个关系都满足了第三范式要求。同样，分解前的“入库信息”可以通过将这两个关系进行自然连接来恢复成原来的信息。

（四）BC范式

定义4-4　如果关系模式R为1NF，X⊆U，且每个属性都不传递依赖于R的候选键，那么称R是BCNF的模式。

BC范式是由Boyce和Codd共同提出而得名，从BC范式的定义知，如果关系模式R属于BCNF，则在R中每一个决定因素都包含关键字。

通常情况下，第三范式已经解决了关系模式中大部分的数据冗余和操作异常现象，但是有些关系模式还可能会出现其他问题。

设有关系模式SRC（教师，教室，课程），用于描述教师、教室和课程三实体间的联系，判断其是否属于BC范式。关系SRC包含的语义约束如下：

1）每位教师不重名；

2）一名教师可以负责多门课程，但一门课程仅由一名教师负责；

3）每位教师在一个教室只能上一门课程，但一门课程在不同时间会安排在不同的教室。

根据以上的语义，得出关系模式SRC上的函数依赖有：

（教师，教室）→课程，（课程、教室）→教师，课程→教师

由此可以判断关系模式SRC的关键字是（教师，教室）或（课程、教室），在这个关系模式SRC中属性都是主属性，不存在非主属性对关键字的部分函数依赖和传递函数依赖，因此这个关系模式属于第三范式关系。

但关系模式SRC不属于BCNF，因为该关系模式中存在函数依赖：课程→教师，其决定因素“课程”不包含任何关键字。

若一个模式为3NF但非BCNF，其仍可能存在操作异常。例如，在上面关系模式SRC中，如果某门课程确定了负责教师，但这门课程还没安排教室教学。会因为关键字“教室”信息是空，这个课程安排教师会无法在关系SRC中进行表示。仍可通过模式分解的方法消除异常。如可将SRC模式分解为以下两个关系模式：

CS（课程，教师）、RC（教室、课程）

关系模式 CS 的关键字为“课程”，存在函数依赖：课程→教师，可以得出 CS 属于 BCNF。关系模式 RC 的关键字为“教室、课程”，是个全码关系，所以 RC 也属于 BCNF。

由上面的例子可以得出，BCNF 的限制条件比 3NF 的限制条件更高一些。关于 3NF 与 BCNF 之间，存在如下的关系：

如果关系模式 R∈BCNF，则必有 R∈3NF。

如果关系模式 R∈3NF，则 R 不一定属于 BCNF。

同 BCNF 相比，3NF 的区别在于它可能存在主属性对不包含自己的关键字的部分或传递函数依赖。BCNF 是在函数依赖的范围内，对属性关联进行了彻底的分离，消除了数据冗余和操作异常的情况。

（五）关系模式的规范化要求

满足范式要求的数据库设计是结构清晰的，同时可避免数据冗余和操作异常，这意味着不符合范式要求的设计一定是错误的。

关系规范化的基本思想是通过逐步消除不合适的数据依赖，使原模式中的各种关系模式达到某种程度的分离。规范化使得分离后的一个关系只描述一个概念、一个实体或实体间的一种联系，采用“一事一地”的模式设计原则，把多于一个概念的关系模式分离成多个单一的关系模式。因此对关系模式的规范化实质上是对概念的单一化过程。

关系模式的规范化是个逐步求精的过程，通常的规范化过程如图4-3 所示。

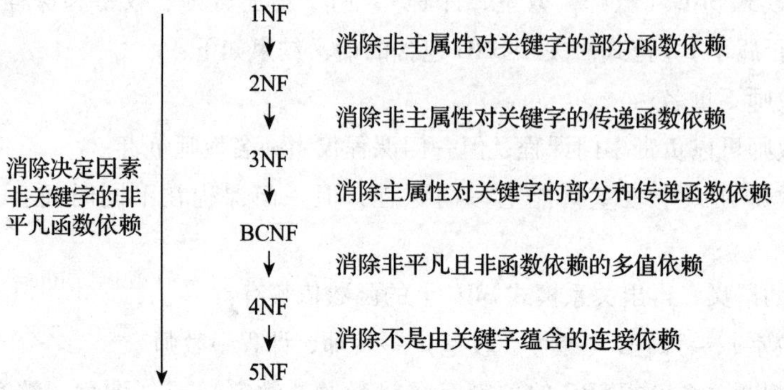

图 4-3　关系模式的规范化过程

关系模式的规范化过程是通过对关系模式的分解来实现的，即把属于较低范式的关系模式分解为若干个属于高一级范式的关系模式，但需要注意的是，一个关系模式分解可以得到不同关系模式集合，也就是说分解方法不是唯一的。

第三节　非关系型数据存储

在互联网行业，通常需要高并发、高性能、高可用性的数据库系统。传统的关系型数据库主要以表（Table）的形式来存储数据，无法应对非结构化数据的挑战，比如表连接运算的性能瓶颈、表数据的底层存储导致的IO瓶颈、表的模式定义带来的设计问题等。在处理大数据时，关系型数据库遭遇了瓶颈，这就促使我们思考从数据存储模式的根源入手，来解决性能上的问题。

从数据存储模型的角度来看，NoSQL可以主要划分为四个基本数据存储模型，包括键值存储、文档存储、列族存储和图存储等。本节就将对这四个典型数据存储模型进行讨论。

一、键值数据库

（一）基本概念

键值存储，也称关联数组，从本质上来讲就是<键，值>对的组合，可理解为一类两列的数组。键值存储没有查询语言，它们提供了一种从数据库中新增和移除键值对的方式。键值存储是NoSQL中最基本的数据存储模式，在键和值之间建立映射关系。

键值存储就像一个字典，一个字典包含很多单词，每个单词都有多个定义。一个字典就是一个简单的键值存储，单词条目即为键，每个词条下的定义条目即为值。而所有的单词按照字母顺序排好序，所以检索起来很快，并且为了找到你想要的单词不需要遍历整个字典。键值存储也按照键建立索引，键关联值，这样就能进行快速检索。

键值存储的优势是处理速度非常快，而且不用为值指定一个特定的数据类型，但也具有很明显的缺点，它只能通过键的查询来获取数据，而无法使用查询语言。若键值不可知，则无法进行查询。根据键值对数据的保存方式，键值对存储分为临时性、永久性和两者兼有三类。临时性键值存储把数据存储在RAM里，可以进行非常快的存取，但是容易造成数据丢失；永久性键值存储将数据存放在硬盘；两者兼有的键值存储则同时在内存和硬盘上进行存储，融合两者的优势。

键值存储还有两个重要准则。一是键不能重复。键作为键值数据库的唯一标志，永远不会有两行一模一样的键值。只有这样才能唯一地确定一个键值对，并返回一个单一的结果。二是不能按照值来查询。键值存储解决的是通过向应用层传递与值相对应的键，以从大型数据库集中检索和获取数据的问题，这使得键值存储保持了一个简单灵活的结构，但也导致没有基于值的检索。有的时候需要在事先不知道键名的情况下，查找与某个对象相关的信息。在最为基本的键值数据库，这是不可能做到的。所幸，键值数据库的开发者添加了一些功能，使得该限制得以缓解。

1. “键”的处理

在使用键值数据库时，我们通过键来标识和检索某个值。由于键值存储的一个基本准则便是键不能重复，所以键值存储中所有的键都是唯一的。键值存储中的键是很灵活的，并且可以用多种格式来表示，如图片或者文件的逻辑路径名、根据值的散列值人工生成的字符值、REST Web服务调用和SQL语句查询等。

设计键的名称时，有一条重要原则，就是这些名称必须起得互不相同才行。与之类似，对于关系数据库的每张表格来说，每一行的主键也必须各有不同。如果使用关系数据库来保存键值，那么可以通过计数器或者序列来生成键。利用计数器和序列每次均能利用函数返回新值的特性，来确保某行数据具有独特的标识符。但是由于关系数据库要通过键来彼此连接，所以这种数据库应该使用无意义的值充当键名，例如：Cart[12346] = 'SKU AK58964'（其中 SKU AK58964 表示库存运输中某种具体的产品类型）。

上面的例子便是关系数据库中常用的主键标识符，其中 12346 便是计数器随机生成的序列号。但是这样的键命名方式在键值数据库的键命名时却行不通，因为在实际应用中它无法告诉我们购物车具体对应哪一位顾客，也没有指出该产品应送往何处等。

通常情况下，我们考虑的一种键名构造方法就是将与属性有关的信息囊括进来，使得键名变得更有意义。可以把实体类型、实体标识符、实体属性等信息拼接在一起，比如，Cust:12346:Firstname。

根据上面这种方式，可以储存一名为“Firstname”的顾客，该顾客的 ID 号为“12346”，这样便使得创建的键名是有意义的，从而益于简化程序的代码，开发者只需编写少量的代码便可获取及设置相应数值的函数。

2. “值”的处理

值就是与键相关联的存储数据。键值数据库中的值，可以保存很多不同的内容。简单的值可以是字符串，用来表示名称；也可以是数字，用来表示顾客购物车中的商品数量。而复杂的值，则可能用来存放图像及二进制对象等数据。因为这种存储模型的目的是能够存储和检索大量数据，而不是元素之间的关系，受到键值数据库的限制，比如，某些键值数据库通常会限制值的长度。有的数据库允许键值的长度达到数百个字节，有的数据库则不允许这么长。

（二）键值存储的重要特性

1. 简洁

键值存储使用的是一种非常简单的数据结构。在某些情况下我们用不到复杂数据库提供的附加功能。比如 PS 程序具有很多强大的功能，它提供了多种图片处理方式，可用来进行平面设计、修复图片、网页制作或处理三维图等。当你需要制作一幅海报或者设计一个网页时，固然 PS 会是个不错的选择，但是，当你只是想要修改一下图片的格式或者进行剪裁时，就不需要图片处理软件所提供的其他强大功能了，一个简单的 Windows 自带的图片编辑器即可满足你的需求。在给应用程序选择合适的数据存储方式时，也是如此。

一般来说，开发者用不到关系数据库表格的 Join 操作，也不会同时查询数据库里的许多种实体，如果想要用数据库来保存与顾客的网络购物车有关的数据，固然可以考虑关系数据库，但用键值数据库做起来会更简单一些，因为键值数据库既不需要用 SQL 来定义数据库的结构，也不需要为待保存的每个属性指定数据类型。

简洁的数据结构使我们可以更为迅速地操作它，因此键值存储使用起来更为灵活，规则也比较宽松，可以通过编写简单的代码添加或修改键值对数据。同时，键值存储的简易性和通用性使得开发者的注意力能够从架构设计转移到其他更多的性能上面。

2. 高速

键值存储就是以高速著称，由于使用了较为简单的关联数组做数据结构，而且又为提升操作速度进行了一些优化，因此键值数据库能够应用高吞吐量的数据密集型操作。

提升操作速度的一种方法便是把数据保存在内存中。在 RAM 进行读写要比在硬盘中进行读写快很多。由于随机存取存储器（RAM）并非持久化存储介质，因此当服务器断电之后，其存储的内容会消失。键值数据库可以同时在 RAM 和硬盘中进行数据存储，因此既可以利用 RAM 进行快速存取，又可以利用硬盘持久化储存数据。RAM 管理图如 4-4 所示。

值得注意的一个问题是数据大小可能会超过内存的大小，因此键值存储需要对内存的数据进行管理操作。当键值数据库得到一块内存后，键值数据库系统有时需要先释放这些内容中的某些数据，以便存储新数据的副本。

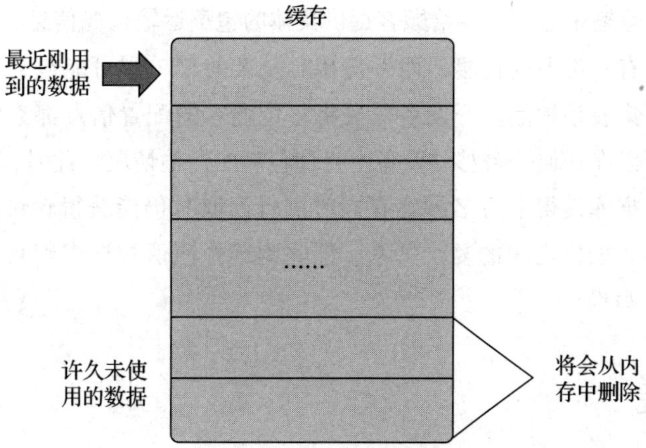

图 4-4　RAM 管理图

3. 可扩展性和可靠性

如果数据库接口很简单，就会使系统具有更好的可扩展性和可靠性，这意味着人们可以更方便地调用解决方案来满足需求。保持接口简单可以使新手和高级数据建模师更好构建系统。唯一的任务就是要明白如何使用这种能力来解决业务问题。

一个简单的接口会使开发者专注于其他更加重要的性能问题。由于键值存储非常容易建立，开发者可以将更多的时间放在关注数据读写所耗费的时间上。

（三）应用实例

1. 保存网页信息

像谷歌这样的搜索引擎就是使用一个叫 Web 爬虫的工具自动访问某个站点来提取和保

存每个网页的内容，让每个网页上的单词都为快速关键词搜索建立好索引。

其实当在使用Web浏览器时，我们输入的网址，如https://www.sina.com.cn这种统一资源定位器（URL）代表一个网址或者网页的键，而值便是键所在的网页或资源，如果在网络中所有网页都被存储在一个简单的键值存储系统中，那么系统可能会保存数十亿或者数万亿键值对。但是每个键都是唯一的，就像每个URL对于一个网页来说也是唯一的。

许多网站使用URL作为键，这样可以用键值存储来保存网站中所有静态或者不变的部分，包括图像、静态HTML页、CSS和Javascript代码。网站的动态部分不会被保存到键值存储中，因为它们是通过脚本生成的。

2. 用户配置信息

几乎所有用户都有Userid、Username或其他独特的属性，而且其配置信息也各自独立，如语言、时区、访问过的产品等。这些内容全部放在一个对象里，以便使用一次GET操作就能获取某位用户的全部配置信息。同理，产品信息也是这样存放的。

3. 物流运输订单信息

在大型的物流运输中心，需要给顾客提供具体的包裹运输情况信息。通常情况下，一份简单的订单可能只有一份国内包裹，而一份相对复杂的订单则可能包含上百件需要跨国运输的大宗货物或者集装箱货品。开发者需要将每位顾客的配置信息都集中存放在一个数据库中，以便顾客可以在任何一台移动设备上查询包裹的运输情况。此时，开发者关注的问题是选择什么样的数据库使得上万名顾客在同时进行读取时仍能获得较快的速度。关系数据库确实适合管理多张表格之间的复杂关系，但此刻选择键值数据库则具有更好的可缩放性以及快速响应的读写操作。

二、文档数据库

（一）基本概念

文档数据库也称为面向文档的数据库，面向文档的数据库是一类以键值数据库为基础，不需要定义表结构，可以使用复杂查询条件的NoSQL数据库。文档数据库的值是以文档的形式来存储的，主要用来存储、索引并管理面向文档的数据或者类似的半结构化数据。文档存储是NoSQL数据库中最通用、最灵活、最流行的领域。

文档存储的结构主要分为四个层次，从小到大依次是：键值对、文档、集合、数据库。

1. 键值对

键值对是文档存储的基本单位，包含数据和类型。键值对的数据包括键和值，键用字符串表示，确保一个键值结构里数据记录的唯一性，同时也能记录信息。值可以是数值、字符串、布尔型等基本数据类型，也可以是数组、对象等结构化数据类型，是键所对应的数值。键值对可以分为基本键值对和嵌套键值对，嵌套键值对即文档中又包含了相关的键值对。

2. 文档

文档是文档存储的核心概念，是数据的基本单元。文档数据库并不会把实体的每个属性都单独与某个键相关联，而是会把多个属性存储到同一份文档里面，也就是让多个键以及其相关值有序地储存在一起。这里的文档与日常所见的文字处理软件或其他办公软件所制作的文件意义完全不同，但文档数据库可以保存传统文档。文档的数据结构与 JSON 基本相同，所有存储在集合中的数据都是 BSON 格式。

JSON 是一种轻量级的数据格式，是基于 Javascript 语法的子集，用数组和对象表示。BSON 是 Mongodb 中常用的一种数据类型，是一种类 JSON 的二进制形式的存储格式，它和 JSON 一样，支持内嵌的文档对象和数组对象。

3. 集合

文档数据库比较适合存储较多的文档，一般我们会把相似的文档纳入一个集合。集合是指一组文档，一个集合里的文档可以是各种各样的，在某些情况下，文档存储中的集合会作为一个 Web 应用包的容器，被打包的应用可以包含脚本及数据。这些打包的特性使文档存储更加通用，在扩展了它们的功能使其作为文档存储的同时也变成了应用服务器。

4. 数据库

在文档存储中，数据库由集合组成。这种数据库能够在文档中写入多项属性，并且提供了查询这些属性的功能。一个文档存储实例可承载多个数据库，它们互相之间彼此独立，在开发过程中，通常将一个应用的所有数据存储到同一个数据库中，文档存储将不同数据库存放在不同文件中。

（二）特性

1. 无须定义表结构

文档存储在保存数据时会将数据和其结构完整地以 BSON 或 JSON 的形式保存下来，并把这些作为值和特定的键相关联。文档中的键和值不再是固定的类型和大小，开发者在使用时无须预定义关系型数据库中的表对象，更新字段时没有表结构的变更，可以大大提升开发进度，节省精力。

2. 易于查询

文档存储是以文档的形式存储数据，不支持事务和表连接，因此查询的编写、理解和优化都容易得多。虽然它无法进行 JOIN 查询，但可以在标准的对象中事先嵌入其他对象，也能获得同样效果。文档存储可以灵活地指定查询条件，比如正则表达式查询或者对数组中特定数据的判断。

3. 易于拓展

应用数据集的大小在飞速发展，如果只靠不断地添加磁盘容量和内存容量是不现实的，且手工的分库分表又会带来非常繁重的工作量和技术复杂度。文档存储可以在多台服务器上分散数据，自动重新分配文档，平衡集群的数据和负载，这样当数据飞速增长时只需要在集群中添加新机器既可实现。

4. 功能丰富

文档存储除了能够创建、读取、更新和删除数据之外，还能提供索引、聚合、文件存储等功能。它试图保留关系型数据库的许多特性，但并不追求具备所有功能。只要有可能，数据库服务器就会将复杂操作通过驱动程序或用户的应用程序代码来实现。

（三）应用实例

文档存储最主要的数据库就是 CouchDB 和 MongoDB，它们都十分强大且容易上手。

1. CouchDB

CouchDB 是一种分布式的数据库，作为一个开源的文档存储发行，可以把存储系统分布到多台物理的节点上面，并且能很好地协调和同步节点之间的数据读写，保障一致性。对于基于 Web 的大规模应用文档应用，分布式可以让它不必像传统的关系数据库那样分库拆表，在应用代码层就可以进行大量的改动。同时它也是面向文档的数据库，存储半结构化的数据，很适合 CMS、电话本、地址本等应用，在这些应用场合，文档数据库要比关系数据库更加方便，性能更好。

CouchDB 构建在强大的 B 树储存引擎之上。这种引擎负责对 CouchDB 中的数据进行排序，并提供一种能够在对数均摊时间内执行搜索、插入和删除操作的机制。CouchDB 将这个引擎用于所有内部数据、文档和视图。

因为 CouchDB 数据库的结构独立于模式，所以它依赖于使用视图创建文档之间的任意关系，以及提供聚合和报告的功能特性，可以使用 Map/Reduce 来计算这些视图的结果。Map/Reduce 是一种使用分布式计算来处理和生成大型数据集的模型。Map/Reduce 模型由 Google 引入，可分为 Map 和 Reduce 两个步骤。在 Map 步骤中，由主节点接收文档并将问题划分为多个子问题。然后将这些子问题发布给工作节点，处理后再将结果返回给主节点。在 Reduce 步骤中，主节点接收来自工作节点的结果并合并它们，以获得能够解决最初问题的总体结果和答案。

CouchDB 中的 Map/Reduce 特性生成键值对，CouchDB 将它们插入到 B 树引擎中并根据它们的键进行排序。这就实现了通过键进行高效查找，并且提高 B 树中的操作性能。此外，这还意味着可以在多个节点上对数据进行分区，而不需要单独查询每个节点。

2. MongoDB

MongoDB 是一个介于关系数据库和非关系数据库之间的产品，是非关系数据库当中功能最丰富的，也是最像关系数据库的。它内置了自动分区、复制、负载均衡、文件存储和数据聚合等功能。它支持的数据结构非常松散，因此可以存储比较复杂的数据类型。适用于内容管理、实时操作型智能、产品数据管理、用户数据管理以及大容量数据存储传输等场景应用。

三、列族数据库

列族数据库也许是最复杂的一种 NoSQL 数据库，至少从基本的构建单元来看，它的结构是最复杂的。列族存储使用行和列的标识符作为通用的键来查找数据。列族存储兼有传统关系型数据库面向行的存储方式与键值存储方式的部分特点，列族数据库类似于关系型表格，仍然以表的方式组织数据，由行和列组成，但不同的是列相当于键值对，并且引入了列族和时间戳。

（一）基本概念

1. 行

每一行代表一个数据对象，包含了若干列族，且每一行中列族及数量可以不同。行键是对行进行唯一标识的任意字符串，按照字典顺序存储在表中。针对行键建立索引，可以提高检索数据的速度。每一行可以有不同的列。

2. 列族

列族将一列或多列组织在一起，每个列必须属于一个列族。列族是访问控制的基本单位。列族支持动态扩展，无须预先定义列的数量和类型，就能够在任意列族下添加任意的列。但是列族使用之前必须先创建，然后才能在列族中任何列下存放数据。一般来说，经常需要同时查询的列被组织为一个列族，以便于高效的查询，存储在同一列族下的所有数据通常属于同一类型。

3. 时间戳

列的数据项可以有多个版本，不同版本的数据通过时间戳来索引。Bigtable 用精确到毫秒的时间给时间戳赋值，或由用户程序自己给时间戳赋唯一的值。数据项中，不同版本的数据按照时间戳降序排列，最新的数据排在最前面。Bigtable 对每个列族有垃圾收集机制，只会保存最后几个版本或最近几天写入的数据。

（二）特性

1. 容量巨大

列族存储的文件系统如 GFS（Google File System）、HDFS（Hadoop Distributed File System）支持 GB 甚至 TB 级别的文件，整个集群可以存储 TB 级别甚至 PB 级别的数据，读取大文件时采用并行的方式提高吞吐量，所以不会对读写性能造成很大的影响。

2. 读写高效

列族存储将相似的、经常需要同时查询的列组织在一起，这样能节省大量输入/输出（I/O）操作，提高了这些列的存储和查询效率。实际存储中，数据按照行键的字典顺序排列，支持行键单一索引，从而获得较快的读写速度。

3. 高可扩展性

列族存储在向系统中添加更多数据时，可以通过将增加新节点加入集群来分担存储和处理任务。在不停止现有服务的前提下，可随时增加或删除节点，操作方便。通过保持接口简单，后端系统可以将查询分发至大量处理节点而不执行任何连接操作。所以列族存储具有较强的可扩展性，在管理海量数据方面具有优良的特性。

4. 高可用性

列族存储是在分布式网络上扩展的系统，在保持系统内通信高效的同时，能够以较低的开销在各节点之间复制数据。不做连接操作也可以在远程计算机中存储一个列族矩阵的任何部分。各节点间有一定的容灾能力，当某一存储部分数据的节点崩溃了，其他节点仍能够提供这部分的数据服务。

5. 稀疏性

在传统关系型数据库中，如列在预先定义时被设置了一定的字段长度，创建表时就会为所有列预备足量的存储空间，并且空值以 NULL 值占用存储空间。所以对于存储稀疏数据，关系型数据库会存储大量的 NULL 值，浪费大量的存储空间。而在列族数据库中，不会为空值预留分配存储空间，即不存储空键值对，能够节省大量存储空间。

（三）应用实例

1. Google Earth

Google 公司的产品 Google Earth 能够为用户提供高分辨率地球表面卫星图像。对于数量巨大的卫星图像数据，Google 在 Bigtable 中使用一张 Imagery 表存储预处理数据，使用另外一组表存储用户数据。

以 Imagery 表为例，每一行对应一个地理区域，行键的特殊设计确保了毗邻的区域存储在了一起。每行包含一个记录每个区域数据源的列族，列族之下包含了许多列，每一列存储一个原始图像数据。由于每个区域下只有很少几张图片，所以这张表非常稀疏。

此外，还需要使用一张表来索引 Google 文件系统（GFS）中的数据。这个表相对较小（大约 500GB），但是这张表的读取和写入的延迟必须很小，这样才能应对每个数据中心每秒处理几万次的查询请求。因此，这张表必须存储在上百个服务器中，并且包含 In-Memory 的列族。

2. 个性化查询服务

Google 提供的个性化查询服务，记录用户的各种查询和点击的行为，如查询网页、查看图片和新闻等。用户可以重新访问他们历史上的查询，也可以请求基于他们历史上的 Google 惯用模式的个性化查询结果。

个性化查询使用 Bigtable 中的一张表存储每个用户的行为数据。每一行对应一个用户对象，行键是唯一的用户 ID，一个单独的列族被用来储存各种类型的行为，每个数据项将相应的用户动作发生的时间作为时间戳。个性化查询在 Bigtable 上使用 Mapreduce 生成用户配置文件，实现个性化当前的查询结果。个性化查询的数据会在多个集群上备份，以便在提高数据可用性的同时减少由客户端的距离而造成的延时。

四、图数据库

NoSQL 数据库还有一种特殊的数据存储模式，即图存储。图存储在那些需要分析对象之间的关系或者是通过一个特定的方式遍历图中所有节点的应用中十分重要。在当今的大数据时代背景下，如社交网络、金融、地理信息系统等领域对图数据存储的要求已经超过了传统关系型数据库的承载范围，而前面三种 NoSQL 数据库在处理图关系数据时表现并不出色，因此图数据库作为新型的数据库系统，可以说是为专门处理这种复杂关系网而诞生的。

图数据库是 NoSQL 世界中的例外。因为想要在集群环境上运行，所以很多 NoSQL 数据库都因之而生，它们使用面向聚合的模型来描述一些具备简单关联的大型记录组。图数据库的催生动机与之不同，它是为解决关系型数据库的另外一项缺点而设计的，其数据模型适合处理相互关系比较复杂的一小组记录。因此其数据模型也与其他 NoSQL 数据库不同。

（一）图存储概述

1. 图

顾名思义，图存储的“图”字，会让人联想到图形、图片或图像，然而此“图”非彼“图”。在图论中，图是节点与边（或者是节点与关系）的集合，一般用来分析实体之间的联系及链接。图数据库是基于图论构建的，节点是具有标识符和一系列属性的对象。边是两个节点之间的链接，它可以包含与本条边有关的一些特征。

（1）节点。

节点可以用来表示各种事物，例如城市、公司职员、蛋白质、电路、生态系统中的生物、社交网络的用户等。这些事物有一个共同点就是可以和其他事物建立联系，大多数情况下与之相关联的事物也是同类，如城市与城市之间道路相通、公司职员之间相互合作、蛋白质与蛋白质之间发生交互、生态系统中的生物间存在捕食关系等。

（2）边。

节点之间的联系用边来表示，边的始端和末端都必须是节点。有些事物之间某些联系会比较突出，而另外一些事物之间的联系则不是那么清晰，比如蛋白质之间的交互作用。

（3）属性。

属性表示节点和边所具有的特征，节点和边都可以包含多个属性。权重即是一种常见的属性。例如，社交网络中的节点表示人，每个节点可以有姓名、年龄等属性。在家谱数据库中，边的属性可以用来表示两人之间是血缘关系还是婚姻关系等。

一个图包含节点和边两种数据类型，节点和边可以具备属性，节点通过边相连形成关系型网络。

2. 图存储

图存储是包含一连串的节点和边的系统，当它们结合在一起时，就构成了一个图。图存储一般有三个数据字段，分别是节点、边、属性。除了这个共同的基本特征外，图存储所用的数据模型有很多种变化，尤其是在节点和边的数据存储机制上。例如，Flockdb 只存储节点和边，没有用于存储附加属性的机制；Neo4j 可以用无模式的方式将 Java 对象作为属性，附加到节点与边之中；Infinit Graph 可以把 Java 对象作为其内建类型的子类对象，存储成节点与边。

（1）图计算引擎。

与关系型数据库类似，图存储的核心也是建立在一个引擎之上的，这就是图计算引擎。图计算引擎多种多样，目前比较流行的有内存的、单机的图计算引擎 Cassovary 和分布式的图计算引擎 Pegasus 和 Giraph。

图计算引擎技术使我们可以在大数据集上使用全局图算法，旨在识别数据中的集群，即类似回答“在一个社交网络中，平均每个人有多少联系”这样的问题。图4-5 展示了一个图计算引擎的工作流程。它包括一个具有联机事物处理过程的数据库记录系统，图计算引擎用于响应用户终端或应用进程运行时发来的查询请求。它会周期性地从记录系统中进行数据抽取、转载，然后将数据从记录数据系统读入到图计算引擎并进行离线查询和分析，最后将查询、分析的结果返回给用户终端或应用进程。

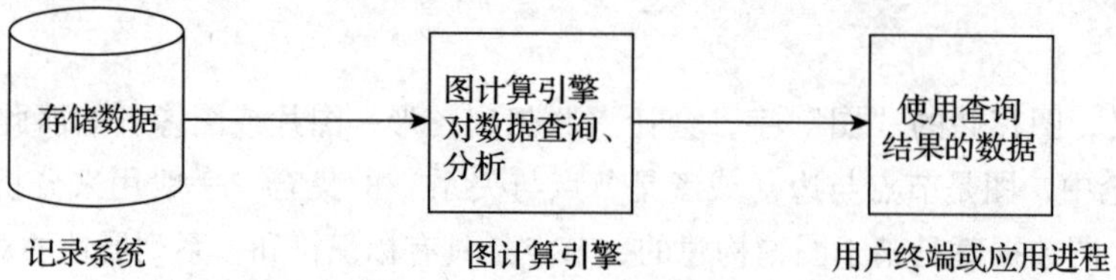

图 4-5　典型图计算引擎工作流程图

（2）查询语言。

采取图存储的数据库能够更加高效地查询图中各个节点之间的路径。目前常用的查询语言是 Neo4j 推出的 Cyper，它具有丰富的表现力，能高效地查询和更新图数据。Cyper 借鉴了 SQL 语言的结构，查询可由各种各样的语句组合而成。语句被链接在一起，相互之间传递中间结果集。但是目前类似这种查询语言并不成熟而且缺乏通用性，因此在使用上存在局限性。

（3）索引机制。

基于图数据模型的 NoSQL 系统提供 Hash 索引或者是 Full-Text 索引以检索节点和边。如 Neo4j 主要提供基于 Lucene 的 Full-Text 索引机制，以实现对节点和边的搜索。按照索引的对象可以将索引分为两类，分别是基于节点的索引和基于关系（边）的索引。与传统 RDBMS 不同的是，图存储模式的每个索引具有一个名称，可以根据名称来查找或者创建索引。

（二）图存储特性

1. 快速查询

想要在关系型数据库中寻找联系或链接，就必须执行一种名为 Join（连接）的操作。这种操作能够根据一张表格里的值来查询另一张表格的内容。但是频繁地对两张或者多张表格执行连接操作会花费很长时间，而极速变动的图存储模式无须执行连接操作，只需要沿着节点之间的边来查找即可，这样找起来比关系型数据库更简单、更快捷。如图4-6 所示，通过学生与课程之间的边，用户可以快速查询出某位学生所参加的全部课程，相比于关系型数据库的操作，使用图数据库更占据优势。

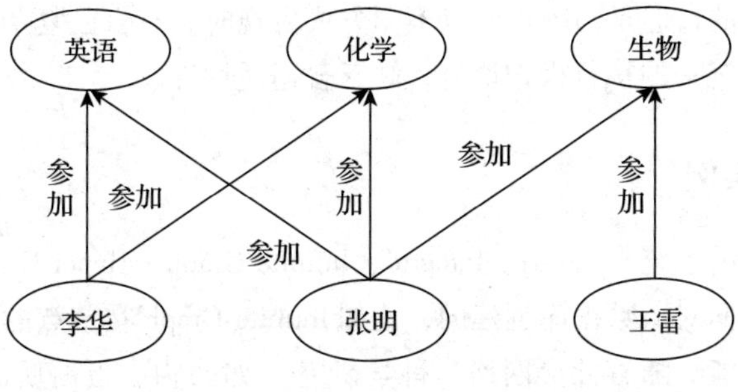

图 4-6　用图数据库表示学生与课程之间的关系

2. 建模简单

图存储支持非常灵活的数据模型，可以用简单直观的方式对数据应用进行建模和管理，更方便地将数据单元小型化、规范化；同时还能实现丰富的关系连接，在对数据查询时，可以使用很多方法执行查询操作。传统的关系型数据库，一般从领域中的主要实体开始建模。例如，社交网络中，主要实体是人和帖子。多位用户可能为同一篇帖子点赞，同一个用户也可点赞多篇帖子，这就涉及多对一、一对多甚至多对多的问题，使用关系型数据库建模十分复杂，而使用图数据库来建模，不需要为多对多的关系创建表格，图中的各条边可以明确表述这些关系。

图存储在建模上还具备一个明显的优势就是支持实体之间的关系多样性，因为图数据模型可以有各种类型的边，数据库设计者能够很容易对实体之间的多种关系进行建模。虽然关系型数据库也可以对多种类型的关系进行建模，但是使用图数据库表述会更加明确、易于理解。

3. 灵活性

图的灵活源自其可扩展的优势，意味着我们可以对已经存在的结构添加不同种类的新关系、新节点、新标签和新子图，而不用担心会因此破坏已有的查询或应用程序的功能。图存储的灵活性使我们能增加新的节点和新的关系，并且做到不影响现有网络，也不需要做数据迁移，即原始数据和其意图都保持不变，降低了维护开销和风险。

4. 敏捷性

图数据库可以让我们使用平滑的开发方式，配以优雅的系统维护。尤其是图数据库缺乏以模式为导向的数据管理机制，即在关系型世界中我们已经熟知的机制，这促使我们采用一种更直观可见、可操作的管理方式。通过对图数据库的进一步学习我们会发现图存储的管理通常作用于编程方式，利用测试来驱动数据模型和查询，以及依靠图来断言业务规则。图数据库开发方式非常符合当今的敏捷软件开发和测试驱动软件开发实践，这使得以图数据库为后端的应用程序可以跟上不断变化的业务环境。

图存储与其他NoSQL模式不同的是，由于图中每个节点都有密切的连通性，导致图存储很难扩展到多台服务器上。数据可以被复制到多台服务器来增强读和查询功能，但是对多台服务器进行写操作和跨多个节点的查询还比较复杂。此外，尽管图存储是围绕节点-边-节点的数据结构建立的，但是当图存储以不同方式表现时，有自己复杂和不一致的术语。这就导致图存储出现不统一的执行操作语言，缺乏普通适用性。

（三）图存储应用实例

目前基于图存储的系统有 Neo4j、Infogrid、Infinite Graph、Hyper Graph DB、Titan 等。有些图数据库是基于面向对象数据库创建的，比如 Infinite Graph 在节点的遍历等图数据的操作中，表现出优异的性能。随着社交网络、科学研究（如药物、蛋白质研究等）以及其他应用领域不断发展的需要，更多的数据以图作为基础模型进行表达会更为自然，而且这些数据的数据量极其庞大。如果要处理的问题是由相互连接的实体所构成的网络，则非常适合用图数据库来解决。下面我们将从三个方面对图存储在解决特定业务问题时的应用场景展开叙述。

1. 连接分析

连接分析用于想要进行搜索并从中寻找模式和关系的场景，如社交网络、电话记录或电子邮件记录。以社交网络分析为例，当向朋友列表中添加新的联系人时，我们一般会想知道彼此之间是否有共同的朋友。为了获得这一信息，首先需要获得一个朋友列表，对于列表中的每一位朋友再获得一个他们各自的朋友列表。虽然可以在关系型数据库中执行这样的搜索，但经过第一轮搜索朋友列表之后，系统的性能会急速下降。而对于NoSQL的图存储模式来说，由于使用了一些从内存中移除不必要的节点的技术，它能够快速执行这些操作。

2. 规则和推理

规则和推理用于对复杂结构（如类库、分类学和基于规则的系统）进行查询。资源描述框架（Resource Description Framework，RDF）是一种为在图存储中用来表述问题的多种类型而设计的标准方法，主要用在存储逻辑和规则上。一旦将这些规则建立起来就能使用一个规则或推理引擎来发现系统的其他事实。以产品评论为例，我们知道信任对于想要吸引并留住客户的业务来说是很重要的，假设存在一个允许任何人发布关于奶茶店的评论的网站，当外出遇到需要在多家奶茶店之间做出选择的情况时，我们该如何使用简单的推理来帮我们决定去哪家奶茶店呢？在推理的第一阶段，能看到自己的朋友是否评论了奶茶店；第二阶段可以看到自己朋友的朋友是否评论了奶茶店。这就是一个使用网络、图和基于某个主题做出推理去获得额外信息的简单例子，图存储模式的数据库能够帮助快速实现这些推理目标。

3. 集成关联数据

集成关联数据用于将大量公开的关联数据实时整合并直接生成一些组合。具体来说就是组织如何结合一些领域（如媒体、医疗和环境科学、出版物等）公开的可用数据集（关联的开放数据）来执行实时抽取、转换和展示操作。用图来处理公开数据集十分有用，目前使用图存储来处理公开数据集的集成工具 LOD 就是一个很好的例子。LOD 集成通过连接两个或多个符合 LOD 结构的公共数据集来创建新的数据集。LOD 研究主题包括顾客目标、趋势分析、舆情分析或者创建新的信息服务。将已有可用的公开数据重新组合成新的结构化数据，能够为新业务提供机会。

第四节　数据仓库

数据库自产生以来，就主要用于事务型处理，即日常业务操作处理。当前企业越来越关注如何对管理信息做进一步分析，即分析型处理，来支持企业管理决策。分析型处理与事务型处理的性质完全不同。

用户行为方面，事务型处理的用户对数据系统的要求是数据存取频率高，操作响应速度快，且每次操作持续时间短；而分析型处理中有些决策问题的分析，可能需要运行系统长达数小时，这会消耗大量的系统资源。

数据期限方面，事务型处理只需要当前数据，所以数据库只存储短期数据，且不同数据的保存期限不一样；而分析型处理以大量历史数据为依托，且存储的数据永远不会删除，随着时间的推移，数据量不断增加，传统数据库满足不了存储的需求。

数据粒度方面，事务型处理需要记录日常运营过程中非常详细的数据；而分析型处理需要的是与决策问题有关的经过高度汇总、概括的集成数据。

两类处理因以上几点差异，无法共用事务型处理环境来支持决策，而必须将分析型处理及数据、事务型处理及数据分离开来，构建一种新的分析处理环境，即数据仓库。

“数据仓库之父伊蒙”（W. H. Inmon）对数据仓库（Data Warehouse）做了这样的描述：数据仓库是 20 世纪 90 年代信息技术构架的新焦点，它提供集成化的和历史化的数据，集成种类不同的应用系统。数据仓库从事物发展和历史的角度来组织和存储数据以供信息化和分析处理之用。伊蒙又在《数据仓库》（*Building the Data Warehouse*）一书中将数据仓库定义为：一个面向主题的、集成的、随时间变化的、非易失性的数据集合，用于支持管理层的决策过程。

一、数据仓库的特征

（一）面向主题

主题是一个抽象的概念，是一个在较高管理层次上描述决策分析问题的综合数据集合。面向主题是数据仓库中最基本的数据组织原则，按一个个独立而明确的主题组织数据仓库中的数据，能够保证其内容逻辑清晰，从而使操作效率更高。数据仓库的创建和使用都是围绕主题来实现的。因此，其数据必须按主题来组织，即在较高层次上对分析对象的数据进行一个完整、一致的描述，统一地刻画各个分析对象所涉及的各项数据，以及数据之间的角度和层次关系。

（二）集成性

集成性是指数据仓库构建的过程中，多个外部数据源中的不同类型和定义的数据，经过提取、清洗和转换等一系列处理，最终构成一个有机整体。在数据存储到数据仓库前的预处理的过程中，需要解决数据格式、定义、计量单位和属性名称等在不同系统中不一致的问题。所谓数据集成，就是根据决策分析的主题需要，把原先分散的事务数据库、数据文件、Excel 文件等多个异种数据源中的数据，收集并汇总起来形成一个统一并且一致的数据集合的过程。

（三）时变性

时变性是指数据仓库中的数据随着时间的变化不断得到定期的增补和更新，以保证决策的正确性。数据时变性的实质是对既定时点的业务数据库生成“快照”，经过处理后导入数据仓库，各个时点的“快照”综合起来后构成了动态变化的数据仓库。

（四）非易失性

数据非易失性又称稳定性，一旦数据被导入数据仓库，就永远不会被删除。数据仓库的数据主要供企业决策分析之用，其数据处理主要是数据查询和相关的统计分析，因此，基于数据仓库的决策分析处理本身不涉及数据的修改操作。

二、数据仓库系统

数据仓库系统是计算机系统、DW、DWMS、应用软件、数据库管理员和用户的集合，即数据仓库系统一般由硬件、软件（包括开发工具）、数据仓库、数据仓库管理员等构成。

（一）二层体系结构

二层的数据仓库体系结构包括相互分离的数据源层和数据仓库层，由四个连续的数据流阶段组成，如图 4-7 所示。

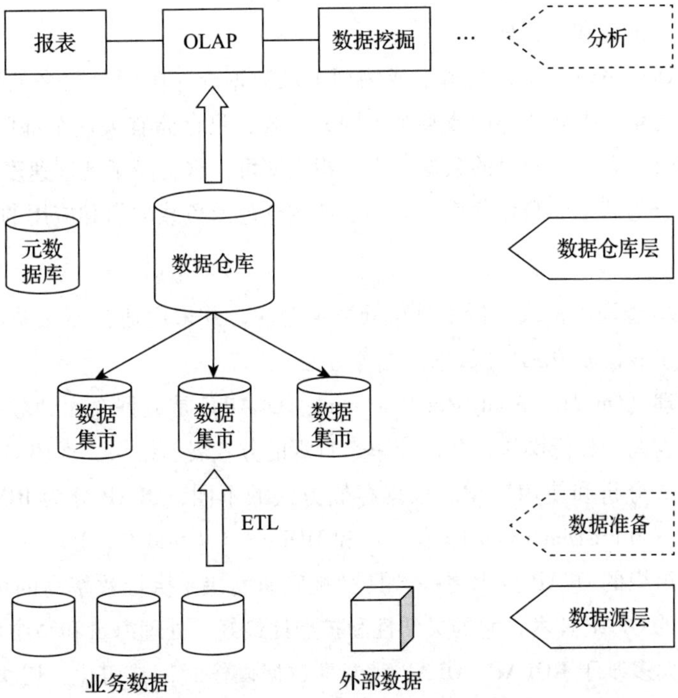

图 4-7　数据仓库二层体系结构示意图

1. 数据源层

数据仓库中的数据由来自不同数据源的异构数据组成，主要的数据源有企业内部数据和企业外部数据。企业内部数据包括企业内部业务系统中的操作型数据和文件系统中的数据文件；企业外部数据包括市场信息、行业报告、统计数据等。企业外部数据格式多样，有文本、表格和图片等。

2. 数据准备

系统会定期从数据源中抽取源数据进入数据准备阶段，并进行数据清洗、转换和集成等处理，按照主题重新组织数据，最终将数据加载至数据仓库，并组织存储数据仓库的元数据。这个过程一般会用到 ETL 工具（Extraction Transformation and Loading Tools，ETL），每个 ETL 过程都有着各自的规则、策略和标准等，这些规则和标准可能会根据具体的 ETL 实现，方法或业务需求而有所变化，但总体上它们可以帮助维护数据的质量并最终实现成功的数据准备。

3. 数据仓库层

数据仓库层是数据仓库的主体，其中存储的数据包括元数据经数据准备后的集成数据和数据集市。

元数据（Meta-Data）是关于数据的数据。在数据仓库中，元数据描述了数据结构和构建方法，如数据的来源、价值、用法和特点，定义在体系结构的每层如何更改和处理数据。元数据存储在单独的元数据储存库中，在数据仓库系统中的作用不可忽视。它和数据仓库有着密切的联系，能帮助系统管理和开发人员方便地找到所需的数据，并且应用程序大量使用元数据来执行数据准备和分析任务。

数据集市（Data Mart）是在逻辑上或物理上从数据仓库中划分出来的数据子集，这样的划分是基于面向企业中某个部门或某个主题的需要，只存储有关这个部门或主题的数据，在处理相关查询时，只需在相应的数据集市中检索即可，这提高了处理速度和效率。所以通常将数据仓库划分为若干个数据集市，有利于数据仓库的负载均衡和应用的执行效率。

4. 分析

用户通过SQL查询语言或分析工具访问数据仓库，并采用适当方法展示查询和分析的结果，如报表、仪表盘、OLAP和数据挖掘等方法。

联机分析处理（On-Line Analytical Processing，OLAP）是数据仓库的数据分析技术。该技术支持复杂的查询、分析操作，并以简单、直观的方式展示结果。运用OLAP可以在多维环境下以交互方式分析和使用数据。根据存储方式的不同，OLAP分为ROLAP（Relational OLAP）、MOLAP（Multi-Dimensional OLAP）和HOLAP（Hybrid OLAP）三类。其中MOLAP是基于多维数据组织的OLAP技术之一，具有响应速度快，执行效率高的优点。ROLAP是基于关系数据库的OLAP技术，它的灵活性和扩展性最好，处理海量和高维数据能力强，现实应用中OLAP大多基于ROLAP。OLAP对多维数据操作时，有切片、切块、旋转、上卷、下钻、钻取和钻透等典型操作。OLAP工具还可以和数据挖掘工具、统计分析工具等结合起来，增强决策分析功能。

（二）三层体系结构

三层体系结构和二层体系结构不同的是在数据源层和数据仓库层之间增加了操作型数据存储（Operational Data Store，ODS），用于存储元数据处理、集成后获得的操作型数据，并将数据填充到数据仓库中，如图4-8所示。ODS的提出是源于企业介于业务型和分析型之间的处理需求，即对短期的数据进行分析，同时要求较快的响应速度。

ODS数据是面向主题的、集成的、可变的、当前的或接近当前的数据。“面向主题”和“集成的”与数据仓库相同，“可变的”是指可以联机进行增加、删除和更新等操作，“当前的或接近当前的”是指存取的是短期数据。

ODS将源数据抽取与集成和数据仓库填充清晰地分离开来，减轻数据仓库抽取数据的工作量。ODS与数据仓库的不同之处在于，ODS保存短期的细节数据，且数据量远少于数据仓库，支持企业的全局联机事务处理（On-Line Transaction Processing，OLTP）和即时决策分析应用。

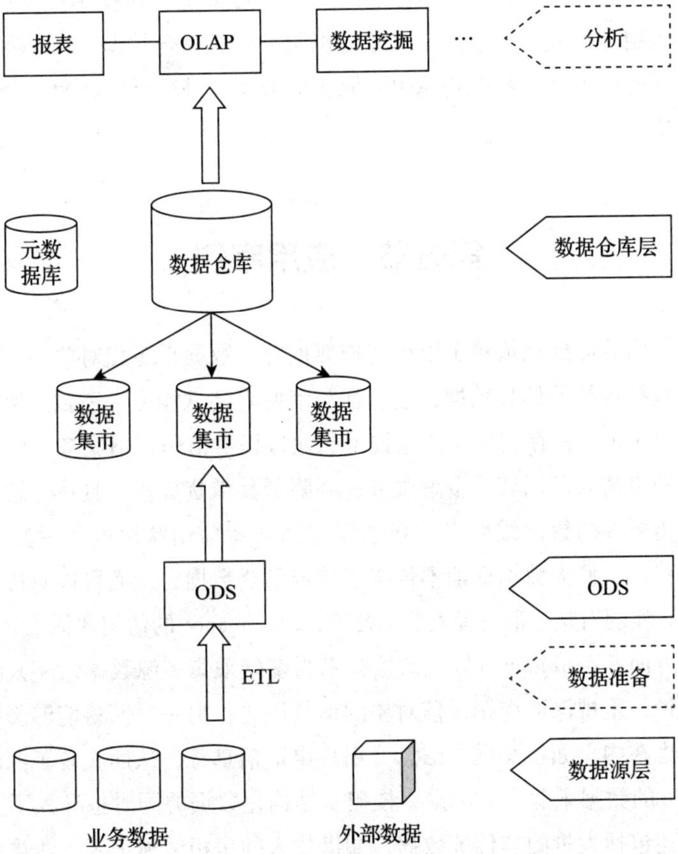

图 4-8　数据仓库三层体系结构示意图

三、数据仓库与决策支持

(一) 决策支持系统

决策支持系统（Decision Support System，DSS）是管理信息系统（Management Information System，MIS）的高级发展形式，DSS 是可扩展交互式 IT 技术和工具的集合，处理和分析获得的数据，辅助管理人员决策。20 世纪 80 年代提出了基于关系型数据库的四库结构，即数据库、模型库、方法库和知识库。但基于这种结构实现的 DSS 只限于简单的查询与报表功能，无法辅助决策，原因主要在于：DSS 需要以大量的历史数据和集成的数据组织形式为基础，而传统数据库存储的数据量有限，且大多数据分散在异构数据平台中，无法满足 DSS 对数据的要求。

(二) 数据仓库在 DSS 中的应用

20 世纪 90 年代起数据仓库系统开始用于管理 DSS 的数据后台，为 DSS 提供了适当的数据组织形式。数据仓库从各个数据源中抽取数据，经过清洗、转换等处理后成为基本数据。基本数据在时间机制下生成历史数据，在综合机制下生成综合数据。DSS 接受到用户的决策请求后，通过数据挖掘工具从数据仓库中获取相关数据，进行后续处理、分析，并将结果提交给用户辅助其决策。

第五节 应用案例

传统征信所使用的数据只依赖于银行信贷数据等，数据来源相对单一，而大数据征信所使用的数据不仅包括传统的信贷数据，也包括与消费者还款能力、还款意愿相关的一些描述性风险特征。ZestFinance 旨在利用大数据技术，通过提供信用评估服务，使原先传统信用评估服务无法覆盖的申请人可以获得金融服务，并降低其借贷成本。具体来说，ZestFinance 利用大数据技术搜集更多的数据维度来加强数据与消费者信用状况的相关性，并提取与筛选出描述性的风险特征，使大数据征信不依赖于传统信贷数据，从而可以对传统征信无法服务的人群进行征信，实现对整个消费者人群的覆盖，ZestFinance 的信用评估模型如图 4-9 所示。

在数据采集方面，ZestFinance 以大数据技术为基础采集多源数据，一方面继承了传统征信体系的决策变量，重视深度挖掘授信对象的信贷历史；另一方面将能够影响用户信贷水平的其他因素也考虑在内，如社交网络信息、用户申请信息等，从而实现了深度和广度的高度融合。ZestFinance 的数据来源十分丰富，依赖于结构化数据的同时也导入了大量的非结构化数据。另外，它还包括大量的非传统数据，如借款人的房租缴纳记录、典当行记录、网络数据信息等，甚至将借款人填写表格时使用大小写的习惯、在线提交申请之前是否阅读文字说明等极边缘的信息作为信用评价的考量因素。类似地，非常规数据是客观世界的传感器，反映了借款人的真实状态，是用户真实的社会网络的映射。只有充分考察借款人借款行为背后的线索及线索间的关联性，才能提供深度、有效的数据分析服务，更好地降低贷款违约率。

ZestFinance 的数据来源的多元化体现在以下几个方面。首先，对于 ZestFinance 进行信用评估最重要的数据还是通过购买或者交换来自第三方的数据，既包含银行和信用卡数据，也包括法律记录、搬家次数等非传统数据。其次，是网络数据，如 IP 地址、浏览器版本甚至电脑的屏幕分辨率，这些数据可以挖掘出用户的位置信息、性格和行为特征，有利于评估信贷风险。此外社交网络数据也是大数据征信的重要数据源。最后，直接询问用户，为了证明自己的还款能力，用户会有详细、准确回答的激励，另外用户还会提交相关的公共记录的凭证，如水电气账单、手机账单等。多维度的征信大数据可以使 ZestFinance 不完全依赖于传统的征信体系，对个人消费者从不同的角度进行描述和进一步深入地量化信用评估。此外，ZestFinance 在延续评分卡决策变量的基础上，导入了大量结构化和非结构化数据，包括借款人的消费、纳税等信息，以及借款人输入习惯、网页浏览时间、日常关注的网站等极边缘信息。传统的评分模型大约收集了 500 个数据项，而 ZestFinance 大约需要收集 1 万条信息，它们认为这些看似和借款没有关系的信息也是借款人真实状态的表现，对预测违约概率具有重要参考价值。对于易出现的数据丢失现象，ZestFinance不仅改进其评分模型，增强其处理丢失数据的能力，还在理解消费者的行为模式的基础上充分利用丢失数据之间的关联和正常数据的交叉以探寻数据丢失的原因。

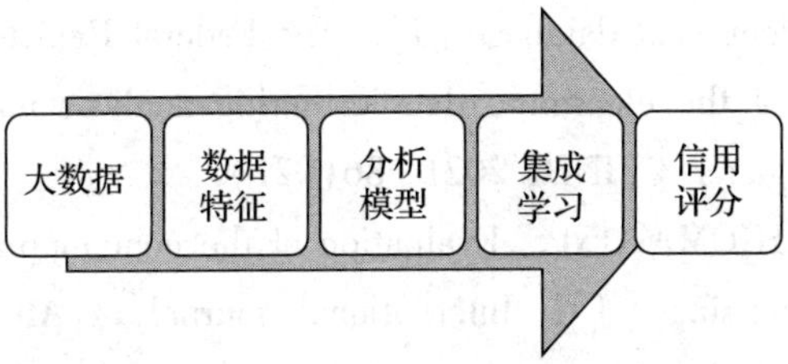

图4-9　ZestFinance的信用评估模型

在模型建立方面，ZestFinance所采用的信用评估分析方法，融合多源信息，采用了先进机器学习的预测模型和集成学习的策略，进行大数据挖掘。首先，应用大数据将数千种来源于第三方（如电话账单和租赁历史等）和借贷者的原始数据输入系统；其次，寻找数据间的关联性并对数据进行转换，将相关变量整合成反映申请人特征的测量指标，找出数据特征；再次，在关联性的基础上将变量重新整合成较大的测量指标，每一种变量都反映借款人某一方面的特点，如诈骗概率、长期和短期内的信用风险和偿还能力等，然后分析模型，根据不同分析模型的需要选取相应的测量指标，将这些指标输入不同的数据分析模型中，例如欺诈模型、身份验证模型、预付能力模型、还款能力模型、还款意愿模型以及稳定性模型等；最后，将每一个模型输出的结论按照模型投票的原则体现集成学习并进行信用评分，形成最终的信用分数。模型的类型由原先的信贷审批模型，向市场营销、助学贷款、法律催收等方面扩展。ZestFinance开发了10个基于机器学习的分析模型，从超过1万条信息中抽取超过7万个变量进行分析，且在5秒钟内就能全部完成。

◎ 思考与练习

1. 什么是数据采集？大数据采集方法和传统数据采集方法有什么区别？
2. 什么是数据采集系统，包含哪些类型？
3. 网络爬虫的工作原理是什么，有哪些类型？
4. 范式是根据什么来进行划分的？简述关系模式的规范化过程。
5. 关系型数据库有哪些类型？请简要介绍。
6. 数据库的适用范围是什么，有什么优势？
7. 什么是数据仓库，具有哪些特征？
8. 简述数据仓库的两层体系结构和三层体系结构。
9. 数据库在各行各业中都得到了广泛的应用，比如学校的教务系统、图书馆的档案管理系统等，请搜集一个数据库设计应用的案例并进行讨论。

◎ 本章扩展阅读

[1] 查伟. 数据存储技术与实践 [M]. 北京：清华大学出版社，2016.

[2] 周林. 数据采集与分析技术 [M]. 西安：西安电子科技大学出版社，2005.

[3] New guidance document database [J]. The Federal Register / FIND, 2020.

[4] Administration of the electronic data gathering analysis and retrieval system [J]. The Federal Register / FIND, 2021, 86(021).

[5] KALU A B, CHIOMA ONP. Evaluation of the contemporary issues in data mining and data warehousing [J]. International Journal of African and Asian Studies, 2017.

[6] PARK C S, LIM S. Efficient processing of keyword queries over graph databases for finding effective answers [J]. Information Processing and Management, 2015, 51 (1): 42-57.

[7] DILLING T J. Artificial intelligence research: The utility and design of a relational database system [J]. Advances in Radiation Oncology, 2020, 5(6): 1280-1285.

[8] GUPTA N, JOLLY S. Enhancing data quality at ETL stage of data warehousing [J]. International Journal of Data Warehousing And Mining (IJDWM), 2021, 17 (1): 73-91.

[9] RAJIV S, NAVANEETHAN C. Keyword weight optimization using gradient strategies in event focused web crawling [J]. Pattern Recognition Letters, 2021, 142: 3-10.

[10] LOUIS D. Pro SQL server relational database design and implementation [M]. California: Berkeley, 2021.

C H A P T E R 5

第五章

数据预处理

当前，在各行各业中正不断累积海量的数据资源，受到采集方式、存储手段等各种因素的影响，实践中所收集到的原始数据信息往往容易出现数据缺失、解释性不足等问题，利用这些低质量的数据进行分析将会影响后续分析的有效性和合理性。而数据预处理的目标就是要以数据分析所要解决的问题为出发点，通过相应的预处理，从而产生高质量、满足分析需求的数据资源。在本章中你将理解数据预处理中数据质量的相关性质、掌握数据清洗的方式和方法、数据变化的相关策略、数据集成及其他预处理方法。

■ **学习目标**

- 理解数据预处理中数据质量的相关性质
- 掌握数据清洗的方式和方法
- 掌握数据变化的相关策略
- 掌握数据集成及其他预处理方法

■ **知识结构图**

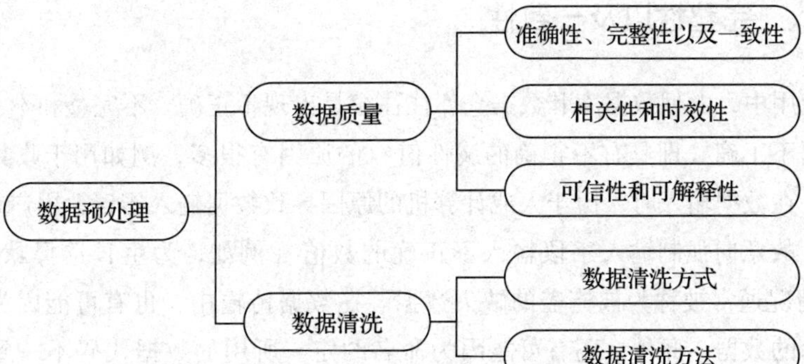

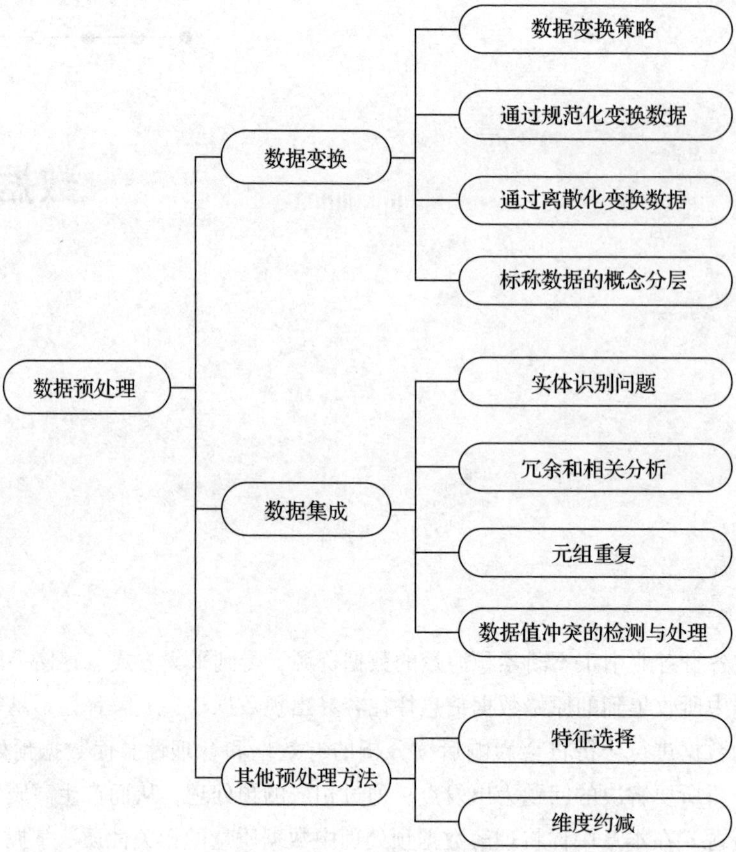

第一节　数据质量

数据质量是指在具体的业务场景或环境中，数据符合数据使用者的预期，并能满足相应需求的程度。数据质量涉及许多因素，包括准确性、完整性、一致性、时效性、相关性、可信性和可解释性。

一、准确性、完整性以及一致性

在实际应用中，大型数据库和数据仓库往往容易出现不正确、不完整和不一致等情况。

出现数据不正确（即具有不正确的属性值）的原因有很多，例如用于收集数据的设备出现了故障；在数据输入时，由于人或计算机的原因导致数据输入错误；用户在不希望提交个人信息时，故意向强制输入字段输入不正确的数值（例如，为生日选择默认值“1月1日”），这种情况通常被称为被掩盖的缺失数据。在数据传输中，也有可能因为技术的限制而出现不正确的数据。此外，还有可能因为命名约定、所用的数据代码不一致或输入字段

（如日期）的格式不一致而产生不正确的数据。

不完整数据的出现可能有多种原因：由于涉及个人隐私等原因有些属性无法获得，如销售事务数据中客户的收入和年龄等信息；在输入记录时由于人为（认为不重要或理解错误等）的疏漏或机器的故障使得数据不完整，这些不完整的数据需要进行重新构建。

不一致数据也有可能因为多种原因导致：例如，在我们采集的客户通讯录数据中，地址字段列出了邮政编码和城市名，但是有的邮政编码区域与相应的城市并不对应，导致这种原因的出现可能是因为人工输入该信息时颠倒了两个数字，或是在手写体扫描时错读了一个数字。但无论使得数据不一致的原因是什么，我们都需要事先检测出这些不一致的数据并加以纠正。

有些不一致的数据容易被检测，例如对人的身高进行采集，身高不应该是负的；当保险公司处理理赔要求时，相关人员会对照客户数据库核对赔偿单上的姓名与地址。检测到采集数据的不一致后，我们需要对数据进行更正，通过一个备案的已知产品代码列表或者“校验”数字来复核产品代码，一旦发现它不正确但接近某一个一致代码时，我们就可以对它进行纠正。但是，纠正不一致的数据往往需要额外的信息。

二、相关性和时效性

对采集到的数据加以应用时，会涉及数据的相关性与时效性，而且这两个因素直接关系到数据是否具备应有的价值。

在工商业界，对数据质量的相关性要求一直是一个重要问题。类似的观点也出现在统计学和实验科学中，强调用精心设计的实验来收集与特定假设相关的数据。与测量和数据收集一样，许多数据质量问题都与特定的应用和领域有关。例如，我们考虑构造一个模型，预测交通事故发生率。如果忽略了驾驶员的年龄和性别信息，并且这些信息不可以间接地通过其他属性得到，那么模型的精度可能就是有限的。在这种情况下，我们需要尽量采集全面的、相关的数据信息。此外，对某个公司的大型客户数据库来说，由于时间和统计的原因，客户地址列表的正确性为80%，部分地址可能是过时或不正确的。当市场分析人员访问公司的数据库，获取客户地址列表时，基于目标市场营销考虑，市场分析人员对该数据库的准确性满意度较高。而当销售经理访问该数据库时，由于地址的缺失和过时，销售经理对该数据库的准确性满意度较低。我们可以从以上的例子中发现，对给定的数据库，两个不同的用户可能有完全不同的评估，这主要归因于这两个用户所面向的应用领域的不同。

有些数据会在收集后就开始老化，使用老化后的数据进行数据分析、数据挖掘，将会产生不一样的分析结果。如果数据提供的是正在发生的现象或过程的快照，如客户的购买行为或Web 浏览模式，则快照只代表有限时间内的真实情况；如果数据已经过时，基于它的模型和模式也就过时，在这种情况下，我们需要考虑重新采集数据信息，及时对数据进行更新。在没有智能手机和智能汽车的时代，交管中心收集的路况信息最快也要滞后20 分钟，这意味着用户所看到的，很有可能已经是半小时前的路况了，这样的信息几乎不具备相应的价值。后来，能定位的智能手机开始普及，大部分用户开放了实时位置信息，这样就能获取实时的人员流动信息，并且根据流动速度和所在位置，区分步行的人群和汽车，然后提供实时的交通路况信息，给用户带来便利，这就是大数据的时效性带来的好处。

三、可信性和可解释性

影响数据质量的另外两种因素是可信性和可解释性。数据的可信性是指数据在适用性、准确性、完整性、及时性和有效性方面是否能满足用户的应用要求。它能反映出有多少数据是用户信赖的。如果把数据可信性定义得过窄，会使得人们感觉问题来自数据采入或者系统误差，而导致数据的可信性差。这是一种影响数据可信性的情况，还有更多的情况是由于系统之间的尺度不一致（比如在消费者和产品检验人之间），或者在各部门之间所采集的数据的标准定义不一致。所以使得尺度一致化，对于企业获取数据和分析数据来说非常重要。

数据的可解释性反映了数据是否容易被理解，是在数据科学的“有用性”中至关重要的方面之一。它能确保使用的数据与想要解决的问题保持一致。当某一数据库在某一时刻存在错误，恰巧该时刻销售部门使用了该数据库的数据，虽然数据库的错误在之后被及时修正，但之前的错误已经给销售部门造成困扰。此外，数据还存在许多销售部门难以读懂的会计编码，即便该数据库经过修正后，现在是正确的、完整的、一致的、及时的，但由于很差的可信性和可解释性，销售部门依然可能会把它当作低质量的数据。

第二节　数据清洗

在收集数据时，由于收集条件的限制或者人为的原因，通常会存在部分数据元组出现数据缺失的情况。数据缺失会造成原始数据集中信息量的减少，影响数据挖掘的结果，因此需要在进行数据挖掘前对缺失的数据进行处理。

大型数据库和数据仓库往往容易出现不正确、不完整和不一致等情况。为了提高数据的质量，需对数据进行清洗处理。数据清洗（Data Cleaning）能够填补空缺数据，平滑噪声，识别、去除孤立点，纠正不一致的数据，从而改善数据质量，提高数据挖掘的精度和性能。

一、数据清洗方式

对数据进行清洗时，必须以分析数据源的特点为出发点，利用回溯的思想，深入分析产生数据质量问题的原因。仔细分析数据流经的每一个环节，不断归纳相应的方法、方案，建立理论清洗模型，逐渐转化出可应用于实际的清洗算法和方案，并将这些算法、策略、方案应用到对数据的识别、处理中，实现对数据质量的控制。数据清洗一般有全人工、全机器、人机同步、人机异步四种清洗方式，原理如图5-1所示。

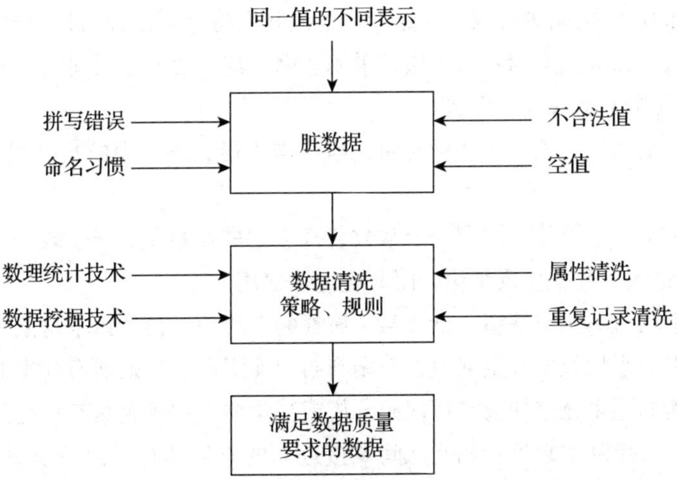

图 5-1　数据清洗原理

（1）全人工清洗。

这种清洗方式的特点是速度慢，准确度较高，一般应用于数据量较小的数据集中。在庞大的数据集中，由于人的局限性，清洗的速度与准确性会有明显下降。因此一般只在某些小的公司业务系统中会用到这种清洗方式。

（2）全机器清洗。

这种清洗方式的优点是清洗完全自动化，可以将人从繁杂的逻辑任务中解脱出来，去完成更重要的事。该方式主要是根据特定的清洗算法和清洗方案，编写清洗程序，使其自动执行清洗过程。缺点是实现过程难度较大，后期维护困难。

（3）人机同步清洗。

由于某些特殊的清洗要求，无法单纯依靠清洗程序，这时需要人工和机器同步合作的方式，通过设计一个供人机交互的界面，在遇到清洗程序无法处理的情况时，由人工干预进行处理。该方式不仅降低了编写程序的复杂度和难度，同时也不需要大量的人工操作，但缺点是人必须要实时参与清洗过程。

（4）人机异步清洗。

这种清洗的原理与人机同步清洗基本一致，唯一的不同是在遇到程序不能处理的问题时，不直接要求人工参与，而是以生成报告的形式记录下异常情况，然后继续进行清洗工作。人工只需要根据清洗报告在后期进行相应处理即可。这是一种非常可行的清洗方式，既节约了人力，又提高了清洗效果，目前多数清洗软件采用这种方式设计。

二、数据清洗方法

（1）填补空缺值。

当数据集过于庞大时，常常会存在数据缺失的情况，我们在对这些不完整的数据进行分析时，需要对这些数据进行填补。但是在进行数据填补时，我们需要在估计数据带来的风险和数据空缺造成的误解之间进行权衡与选择，下面我们将介绍几种填补空缺值的方法。

1）忽略元组：当缺少类标号时，通常采用忽略元组的方法。除非元组中空缺值的属性较多，否则忽略元组不是有效的方法。

2）人工填写空缺值：该方法耗费时间，当数据集很大、缺少的数据很多时，该方法可能行不通。

3）全局常量填充空缺值：用同一个常数替换空缺的属性值，该方法虽然简单，但可能得出有偏差甚至错误的数据挖掘结论，因此应谨慎使用。

4）属性的平均值填充空缺值：计算某一属性的平均值，再用该平均值来进行填充。

5）同类样本的平均值填补空缺值：使用与给定元组同一类的所有样本的平均值。

6）用最可能的值填充空缺值：用回归分析或决策树归纳确定最有可能的值。

7）最近邻方法填补空缺值：相互之间“接近”的对象具有相似的预测值。如果知道一个对象的值，就可以预测其最近的邻居对象。但该方法在预测之前必须确定数据之间的距离，且距离的定义对最近邻的预测结果影响很大。

（2）消除噪声数据。

噪声是测量中的随机错误或偏差，常使用数据平滑技术来消除噪声，主要方法如下。

1）分箱：分箱是通过考察周围的值来平滑存储的数据值。它将存储的值分布到一些箱中，由于分箱需要参考相邻的值，因此它能对数据进行局部平滑。

2）聚类：聚类是按照个体相似性把它们划归到若干类别/簇中，使同一类数据之间的相似性尽可能大，不同类数据之间的相似性尽可能小。如果产生的模式无法理解或不可以使用，则该模式可能毫无意义。在这种情况下，我们就需要回到上阶段重新组织数据，通过聚类形成一些簇，落在簇之外的值称为孤立点，孤立点被视为噪声。

3）计算机与人工检查结合：识别孤立点还可以利用计算机和人工检查结合的办法。例如在针对银行信用欺诈行为的探测中，孤立点可能包含有用的信息，也可能包含噪声。计算机会将差异程度大于阈值的模式记录到一个表中，通过审查表中的模式可以识别真正的噪声。在搜索数据库的过程中，计算机与人工检查相结合会比人工检查更有效。

4）回归：可以采用线性回归和非线性回归找出合适的回归函数，用以平滑数据、消除噪声等。

（3）实现数据一致性。

从多数据源集成的数据可能存在语义冲突，因此我们需要定义完整性约束来检测不一致性，或者通过分析数据，发现联系，从而使得数据保持一致。对于数据集中存在的不一致数据，我们可以使用纠正编码不一致问题的程序，也可以用知识工程工具来检测不符合条件约束的数据。例如，若我们已知属性间的函数依赖关系，就可以查找出不满足函数依赖的值。

第三节　数据变换

数据变换是将数据从一种表现形式变成另一种表现形式的过程，通过对数据进行规范化处理，让数据达到适用于后续标准的数据挖掘。各行各业中时刻都在产生海量的数据，为了对这些数据进行管理，需要依据每个行业的需求和个人喜好设计与之匹配的数据管理系统，由此产生的数据格式千差万别。在对这些数据进行挖掘时，挖掘算法对数据的格式有着一定的限制，所以我们会要求在进行数据挖掘时，对这些格式不一样的数据集进行数据格式转换，使得所有数据的格式统一化。

数据变换是将数据集中数据的表示形式转换成便于数据挖掘的形式。如使用基于距离的数据挖掘算法时，将数据项进行归一化，即映射到［0,1］之间。这样能够使得数据挖掘产生较好的结果。数据变换主要包含数据平滑、数据聚集、数据概化和数据规范化。经过数据转换后的数据集，能够使得数据分析过程更为方便，分析结果更为准确。

一、数据变换策略

数据变换策略包括如下 6 种。

（1）光滑：目的是去掉数据中的噪声，这种技术包括分箱、聚类和回归。

（2）属性构造（或特征构造）：可以由给定的属性构造新的属性并添加到属性集中，以帮助挖掘过程。

（3）聚集：对数据进行汇总和聚集，例如可以聚集日销售数据，计算月和年销售量。通常，这一步用来为多个抽象层的数据分析构造数据立方体。

（4）规范化：把属性数据按比例缩放，使之落入一个特定的小区间，如0.0～1.0。

（5）离散化：数值属性的原始值用区间标签或概念标签替换，这些标签可以递归地组织成更高层概念，导致数值属性的概念分层。

（6）由标称数据产生概念分层：例如关于销售的数据挖掘模式除了在单个分店挖掘之外，还可以针对指定的地区或国家挖掘。

二、通过规范化变换数据

数据规范化的方法有很多种，在这里我们主要介绍 3 种常用的规范化方法：最小－最大规范化、Z-score 规范化和小数定标规范化。在我们的讨论中，令 A 是数值属性，同时具有 n 个观测值 $v_1, v_2, \cdots, v_n$。

最小－最大规范化是对原始数据进行线性变换。假定 $\min_A$ 和 $\max_A$ 分别为属性 A 的最小值和最大值，最小－最大规范化通过如下公式计算，把 A 的值 v 映射到区间［new_min_A，new_max_A］中的 v'。

$$v' = \frac{v - \min_A}{\max_A - \min_A}(\text{new\_max}_A - \text{new\_min}_A) + \text{new\_min}_A \tag{5-1}$$

最小－最大规范化保持原始数据值之间的联系，如果今后的输入实例落在 A 的原数据值域之外，则该方法将面临“越界”错误。

在 Z-Score 规范化（或零－均值规范化）中，主要基于 A 的平均值和标准差进行规范化。A 的值 v 被规范化为 v'，由式（5-2）计算。

$$v' = \frac{v - \bar{A}}{\sigma_A} \tag{5-2}$$

当属性 A 的实际最大和最小值未知或离群点左右了最小－最大规范化时，该方法是有用的。

小数定标规范化通过移动属性 A 的值的小数点位量进行规范化，小数点的移动位数依赖于 A 的最大绝对值，V 被规范化为 v'，由下式计算。

$$v' = \frac{v}{10^j} \tag{5-3}$$

式中，j 是使 $\max(|v'|) < 1$ 的最小整数。

三、通过离散化变换数据

（1）通过分箱离散化。

分箱是一种基于指定箱个数的自顶向下的分裂技术，而分箱离散化是一种无监督离散化方法，主要分为三类。

1）等宽分箱：将变量的取值范围分为 k 个等宽的区间，每个区间当作一个分箱。

2）等频分箱：把观测值按照从小到大的顺序排列，根据观测的个数等分为 k 部分，每部分当作一个分箱，例如，数值最小的 $1/k$ 比例的观测形成第一个分箱等。

3）基于 k 均值聚类的分箱：使用 k 均值聚类法将观测值聚为 k 类，但在聚类过程中需要保证分箱的有序性：第一个分箱中所有观测值都要小于第二个分箱中的观测值，第二个分箱中所有观测值都要小于第三个分箱中的观测值等。

这些方法也可以用作数据归约和概念分层产生的离散化方法。例如，通过使用等宽或等频分箱，然后用箱均值或中位数替换箱中的每个值，可以将属性值离散化，就像用箱的均值或箱的中位数光滑一样。分箱并不使用类信息，因此是一种无监督的离散化技术，它对用户指定的箱个数很敏感，也容易受离群点的影响。

（2）通过直方图分析离散化。

像分箱一样，直方图分析也是一种无监督的离散化技术，因为它也不使用类信息。直方图把属性 A 的值划分成不相交的区间，称为桶或箱。

可以使用各种划分规则定义直方图，例如等宽直方图将值分成相等分区或区间。在理想情况下，使用等频直方图，值会被均匀划分，每个分区都会包括相同个数的数据元组。

直方图分析算法可以递归地用于每个分区，自动产生多级概念分层，直到达到一个预先设定的概念层数，过程终止。也可以对每一层使用最小区间长度来控制递归过程。最小区间长度设定每层每个分区的最小宽度，或每层每个分区中值的最少数目。此外，直方图也可以根据数据分布的聚类分析进行划分。

（3）通过聚类、决策树和相关性分析离散化。

聚类分析是一种常见的离散化方法，可以通过将属性 A 的值划分成簇或组来离散化数值属性 A。聚类考虑 A 的分布及数据点的邻近性，因此可以产生高质量的离散化结果。由图 5-2 可以看出，聚类将类似的值组织成群或簇，因此落在簇集合之外的值被视为离群点。

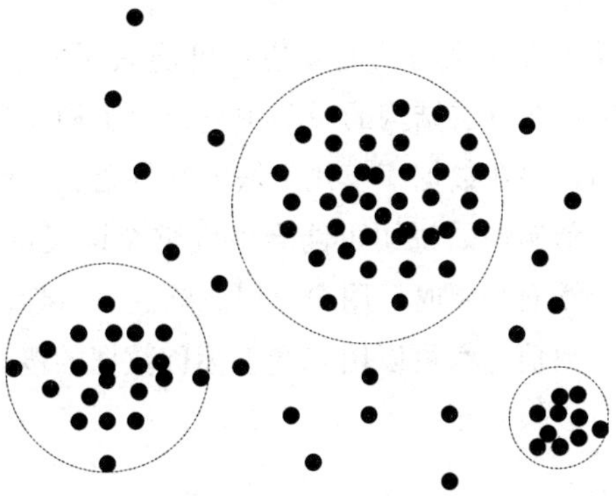

图 5-2　基于聚类分析的数据离散化

主要用于处理模式分类问题的决策树生成技术同样也可用于离散化分析，这类技术使用自顶向下的划分方法。离散化的决策树方法是监督学习方法之一，因为它使用类标号，其主要思想是选择划分点使一个给定的结果分区包含尽可能多的同类元组。

相关性分析是指对两个或多个具备相关性的变量元素进行分析，从而衡量变量之间的相关密切程度。在进行离散变量之间的相关性分析时，我们常常用到卡方检验。卡方检验是一种用途很广的计数资料的假设检验方法，属于非参数检验的范畴，主要用于比较两个及两个以上样本率（构成比）以及两个分类变量的关联性分析，根本思想在于比较理论频数和实际频数的吻合程度或拟合优度程度。

四、标称数据的概念分层

概念分层可以用来把数据变换到多个粒度值，下面是 4 种标称数据的概念分层的产生方法。

（1）由用户或专家在模式级显式地说明属性的部分序。通常分类属性或维的概念分层涉及一组属性，用户或专家在模式级通过说明属性的部分序或全序，可以很容易地定义概念分层。

（2）通过显式数据分组说明分层结构的一部分。这基本上是人工定义概念分层结构的一部分。在大型数据库中，通过显式的值枚举定义整个概念分层是不现实的，然而对一小部分中间层数据，我们可以很容易地显式说明分组。

（3）说明属性集，但不说明它们的偏序。用户可以说明一个属性集，形成概念分层，但并不显式说明它们的偏序，然后系统可以试图自动地产生属性的序，构造有意义的概念分层。由于一个较高层的概念通常包含若干从属的较低层概念，定义在高概念层的属性与定义在较低概念层的属性相比，通常包含较少数目的不同值。根据这一事实，可以根据给定属性集中每个属性不同值的个数，自动地产生概念分层。具有最多不同值的属性放在分层结构的最低层。一个属性的不同值个数越少，它在所产生的概念分层结构中所处的层就越高，在许多情况下，这种启发式规则都很有用。在进行分层之后，在必要的情况下，局部层次交换或调整可以由用户或专家来做。

（4）只说明部分属性集。在定义分层时，用户可能只对分层结构中应当包含什么有一个很模糊的想法，或者说用户在分层结构的说明中只包含了相关属性的一部分。这时，为了处理这部分说明的分层结构，要在数据库模式中嵌入数据语义，使语义密切相关的属性能够在一起。利用这种办法，一个属性的说明可能会触发整个语义密切相关的属性被“拖进”，形成一个完整的分层结构。然而必要时，用户可以忽略这一特性。

总之，模式和属性值计数信息都可以用来产生标称数据的概念分层，使用概念分层变换数据使得较高的知识模式可以被发现。

第四节　数据集成

数据挖掘经常需要数据集成——合并来自多个数据源的数据。数据往往是来自多个数据源，如数据库、数据立方、普通文件等，通过结合在一起形成一个统一的数据集合，以便为数据处理工作的顺利完成提供完整的数据基础。数据集成有助于减少结果数据集的冗余和不一致，这有助于提高其后挖掘过程的准确性和速度。数据集成过程如图5-3所示。

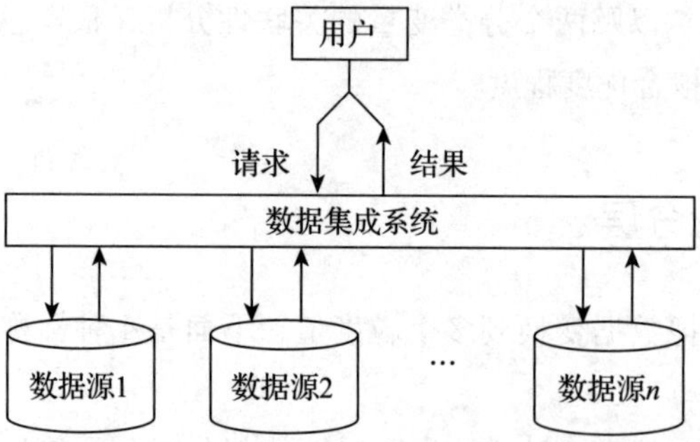

图5-3　数据集成过程

一、实体识别问题

在实际应用中，来自多个信息源的等价实体如何进行匹配涉及实体识别问题。例如，每个属性的元数据包括名字、含义、数据类型和属性的允许取值范围，以及处理空白、零或NULL值的空值规则。通常数据库和数据仓库有元数据，即关于数据的数据，这种元数据可以帮助避免模式集成的错误，还可以用来帮助变换数据。在集成期间，当一个数据库的属性与另一个数据库的属性匹配时，必须特别注意数据的结构，这旨在确保源系统中的函数依赖和参照约束与目标系统中的匹配。

数据实体识别是提高数据实体同一性质量的一个重要步骤，最早关于实体识别问题的研究是独立于数据可用性概念的，到目前为止，之前的研究工作已经提出了解决该问题的很多方法和框架。解决实体识别问题一般需要匹配及消解过程，这个过程也被称作清洗或合并。在关系数据中，实体匹配可以用于比较两个数据实体是否有可能表示一个物理实体，消解匹配的过程是对匹配结果做出最优的识别结果解释。具体地说，实体识别问题的任务就是要寻获数据中描述同一实体的若干元组。解决实体识别问题的常用方法有两类：第一类是实体匹配+实体消解，该方法通过逐对比较实体来判定实体之间的两两关系，再利用匹配结果的消解方法得到实体识别问题的结果，也就是基于规则的实体识别方法；第二类方法是利用统计模型直接求解实体识别结果，也就是基于统计方法的实体识别。

(1) 基于规则的实体识别方法。

利用相似函数度量数据实体之间的相似性是解决实体识别问题的重要思路，然而在大多数时候，我们无法在现实世界中找到一个完美的相似性度量函数来衡量实体之间的相似性。因此我们需要利用语义规则引入额外的专家用户信息，引导实体识别过程。结合语义规则的方法可以修正相似函数产生的误差，提高识别的精度，该方法的极限情况是完全用语义规则来解决实体识别问题。

(2) 基于统计方法的实体识别。

常规的统计方法需要设置参数或者给定训练数据，而有专家提出了一种两阶段的统计学 习方法，可完全自动地执行实体识别过程，其思想是将第一阶段在数据实体上两两匹配结果中较好的一部分抽取出来，并将其作为第二阶段的支持向量机方法的训练数据。该工作基于最近邻方法和支持向量机方法分别给出了对应的实体识别算法。

二、冗余和相关分析

冗余是数据集成的另一个重要问题，一个属性如果能由另一个或另一组属性推断出，则这个属性可能是冗余的，属性命名的不一致也有可能导致数据集中的冗余。

有些冗余可以被相关分析检测到，例如给定两个属性，根据可用的数据，这种分析可以度量一个属性能在多大程度上蕴涵另一个。对标称数据，我们使用卡方检验；对数值属性，我们使用相关系数和协方差，它们都能评估一个属性的值如何随另一个变化。

(1) 标称数据的卡方相关检验。

属性 A 有 $\{a_1,a_2,\cdots,a_c\}$，属性 B 有 $\{b_1,b_2,\cdots,b_r\}$，(A_i,B_j) 代表属性 A 取 a_i，属性 B 取 b_j 时的联合事件，那么：

$$\chi^2 = \sum_{i=1}^{c}\sum_{j=1}^{r}\frac{(o_{ij}-e_{ij})^2}{e_{ij}} \tag{5-4}$$

式中，o_{ij}是联合事件 (A_i,B_j) 的观测频数，e_{ij}是联合事件的期望频数。

$$e_{ij} = \frac{\text{count}(A = a_i) \times \text{count}(B = b_j)}{n} \tag{5-5}$$

式中，n 是数据元组个数，$\text{count}(A=a_i)$ 是 A 上具有值 a_i 元组个数，B 也是同理。该卡方检验的自由度为（r=1）(c=1)，最后可以通过假设检验来判断属性之间是否具有相关性。

（2）数值数据的相关系数。

$$r_{A,B}=\frac{\sum_{i=1}^{n}(a_i-\overline{A})(b_i-\overline{B})}{n\sigma_A\sigma_B}=\frac{\sum_{i=1}^{n}(a_ib_i)-n\overline{A}\overline{B}}{n\sigma_A\sigma_B} \tag{5-6}$$

式中，$\overline{A}$是属性A的均值，σ_A是属性A的标准差。$-1\leqslant r_{A,B}\leqslant 1$。如果$r_{A,B}$大于0，$A$和$B$正相关，值越大相关性越强，否则为负相关。具有较高相关系数说明，某个属性可以作为冗余剔除。

（3）数值数据的协方差。

$$\mathrm{Cov}(A,B)=E((A-\overline{A})(B-\overline{B}))=\frac{\sum_{i=1}^{n}(a_i-\overline{A})(b_i-\overline{B})}{n} \tag{5-7}$$

$$R_{A,B}=\frac{\mathrm{Cov}(A,B)}{\sigma_A\sigma_B} \tag{5-8}$$

式中，Cov(A,B)表示属性A与属性B之间的协方差，$R_{A,B}$是相关系数和协方差之间的关系。

三、元组重复

除了检测属性间的冗余外，还应当在元组间进行重复性的检测。例如对给定的唯一数据实体，检测是否存在两个或多个相同的元组。我们把对表示同一现实实体的多个记录进行识别的过程称为记录的匹配过程，相似重复记录的匹配过程为相似重复记录的清洗工作奠定了基础，并对相似重复记录的检测工作进行了总结。

（1）数据准备。

数据准备阶段又称为数据的预处理阶段，在相似重复数据检测工作中用来解决结构方面的异质问题，从而使得来自不同数据源的数据以统一的方式存储在一个数据库中，主要包括解析、数据转换和标准化等阶段。

（2）减小查询空间。

由于数据库存储的信息量巨大，如果所有的元组都进行相似重复检测，不仅耗费大量的时间，效率也比较低，因此通常使用启发式的搜索方法来缩小检测的空间。采用临近分类法可以大幅度地减少计算次数并提高检测的效率。

（3）相似重复记录的识别。

虽然在数据准备阶段对数据进行了一系列的标准化操作，但是记录中还是会存在一些语义或者语法上的不规范，因此需要使用一些技术手段进一步对相似重复记录进行检测。相似重复记录的检测过程分为属性值的相似度度量和记录的相似度度量两个阶段，记录的相似度通常由一个或多个属性的相似度来决定：如果只考虑单属性记录的相似度，可以直接使用某一种匹配算法计算记录的相似度；对于多属性的记录，需要分别计算各属性的相似度，然后使用某种特定规则对这些属性相似度进行综合计算。

（4）验证。

为了验证检测方法的有效性和准确性，有专家制定了查准率和查全率两个度量标准。如果对于检测的结果不满意，则需要进一步设定更合适的阈值，采用更合适的方法重新处理，以达到满意的效果。

四、数据值冲突的检测与处理

在数据库集成领域内建立异构数据源之间的语义互操作越来越成为一个核心问题，而语义互操作问题最后归结为解决数据冲突的问题，这是数据集成最主要的任务。数据冲突包括模式层次和语义层次上的冲突，相比较而言，后者更难解决。在异构和分布式数据库系统中，各局部数据库均是独立运行、独立管理的，具有自治性，因而造成局部数据库的数据彼此之间的语义和数据值有可能不一致，进而造成各局部数据库中的数据源冲突，从而使得对象的描述产生二义性。

语义互操作问题一般有两种解决方法：全局模式和域本体方法。全局模式方法是指通过构建一个全局模式来建立全局模式和局部数据源模式之间的映射关系，这种方法的缺点是严重依赖相关的应用系统或者是参与的局部数据源模式。域本体方法是利用机器可理解的概念以及概念之间的关系，这些概念和概念之间的关系可以用一个共享本体来表示，各个数据源都可以理解该本体的含义。这种方法中的知识在特定的域当中，但是独立于特定的应用系统和模式。在这种方法中还需要辅助工具来捕获和表示各种知识，从而解决语义冲突。

第五节 其他预处理方法

一、特征选择

特征选择是一个很重要的数据预处理过程，主要作用有：选择出重要的特征来缓解维数灾难问题、去除不相关特征以及降低学习任务的难度。特征选择的基本流程如图5-4 所示。虽然现实中存在特征不足和特征冗余两种情况，但是在实际应用中，往往都是特征冗余的情况，这就需要我们减少一些特征。

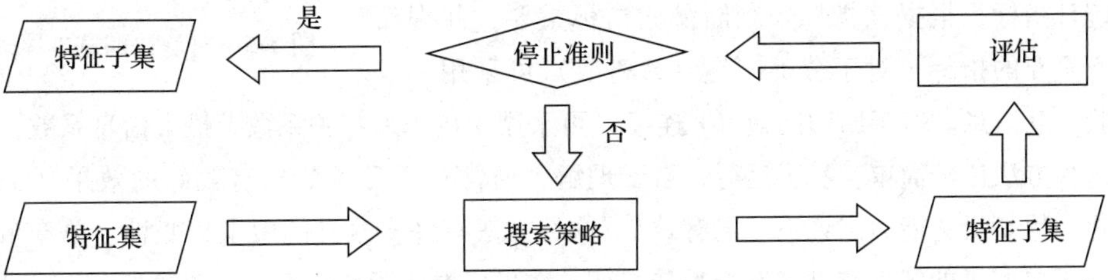

图5-4 特征选择的基本流程

首先，需要筛选出无关的特征，例如通过空气的湿度、环境的温度、风力和当地人口的男女比例来预测明天是否会下雨，其中男女比例就是典型的无关特征。

其次，还需要剔除掉一些多余的特征，例如通过房屋的面积、卧室的面积、车库的面积、所在城市的消费水平、所在城市的税收水平等特征来预测房价，那么消费水平（或税收水平）就是多余特征。证据表明，税收水平和消费水平存在相关性，我们只需要其中一个特征就足够了，因为另一个特征能从中推演出来。（若是线性相关，用线性模型做回归时会出现多重共线性问题，将会导致过拟合。）

减少特征具有重要的现实意义，不仅可以减少过拟合、减少特征数量（降维）、提高模型泛化能力，而且还可以使模型获得更好的解释性，增强对特征和特征值之间的理解，加快模型的训练速度。但是在减少特征时，也会面临一些问题。在面对未知领域时，判断特征与目标之间的相关性，以及特征与特征之间的相关性是一件很困难的事，这时候就需要用一些数学或工程上的方法来帮助我们更好地进行特征选择。

根据特征选择的形式又可以将特征选择方法分为3 种：过滤法，按照发散性或者相关性对各个特征进行评分，设定阈值或者待选择阈值的个数，选择特征；包裹法，根据目标函数，每次选择若干特征或者排除若干特征，直到选择出最佳的子集；嵌入法，先使用某些机器学习的算法和模型进行训练，得到各个特征的权值系数，根据系数从大到小选择特征，类似于过滤法，但是需要通过训练来确定特征的优劣。

（1）过滤法。

在去掉取值变化小的特征中，假设某特征的特征值只有 0 和 1，并且在所有输入样本中，95% 实例的该特征取值都是 1，在这种情况下可以认为这个特征作用不大。如果 100% 都是 1，则表明这个特征没有意义。此外，当特征值都是离散型变量的时候，这种方法才能被使用，如果是连续型变量，需要先将连续变量离散化。实际中，95% 实例的该特征取值都是 1 的可能性很小，因此这种方法虽然简单，但是实际能用到的场景很少，可以把它作为特征选择的预处理，先去掉那些取值变化小的特征，再从接下来提到的特征选择方法中选择合适的进行进一步的特征选择。过滤法的基本原理如图 5-5 所示。

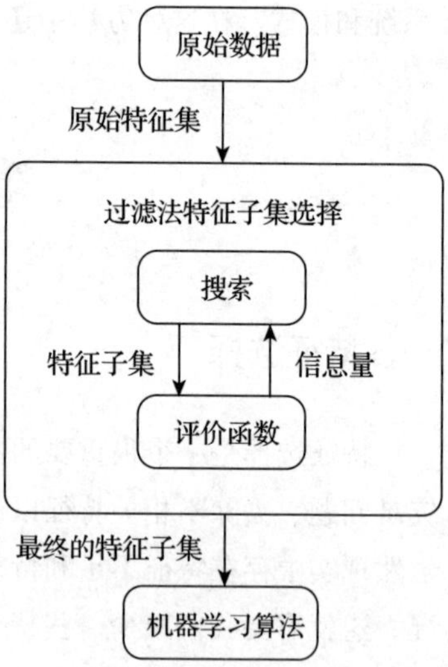

图 5-5　过滤法的基本原理

单变量特征选择的原理是分别单独地计算每个变量的某个统计指标，根据该指标来判断哪些指标重要，并剔除那些不重要的指标。对于分类问题（Y 离散）可采用：卡方检验、互信息。对于回归问题（Y 连续）可采用：皮尔森相关系数、最大信息系数。

这种方法比较简单，易于运行，易于理解，通常对于理解数据有较好的效果（但对特征优化、提高泛化能力来说不一定有效）。这种方法有许多改进的版本、变种。单变量特征选择基于单变量的统计测试来选择最佳特征，它可以看作预测模型的一项预处理。

（2）包裹法。

递归消除特征法属于包裹法中的一种，递归消除特征法使用一个基模型来进行多轮训练，每轮训练后，移除若干权值系数的特征，再基于新的特征集进行下一轮训练。对特征含有权重的预测模型，通过递归缩小考察的特征集规模来选择特征。首先，预测模型在原始特征上训练，每个特征指定一个权重。之后，那些拥有最小绝对值权重的特征被踢出特征集。如此往复递归，直至剩余的特征数量达到所需的特征数量。

（3）嵌入法。

单变量特征选择方法独立地衡量每个特征与响应变量之间的关系，常用的特征选择方法是基于机器学习模型的方法。有些机器学习方法本身就具有对特征进行打分的机制，或者很容易将其运用到特征选择任务中，例如回归模型、支持向量机、决策树、随机森林等。其中相关系数等价于线性回归里的标准化回归系数。

如果特征对应的值低于设定的阈值，那么这些特征将被移除。除了手动设置阈值，也可通过字符串参数调用内置的启发式算法来设置阈值，包括：平均值、中位数以及它们与浮点数的乘积。

基于L1 的特征选择是使用 L1 范数作为惩罚项的线性模型会得到稀疏解，大部分特征对应的系数为0。当希望减少特征的维度以用于其他分类器时，可以来选择不为0 的系数。特别指出，常用于此目的的稀疏预测模型有回归。

随机稀疏模型基于 L1 的稀疏模型的局限在于，当面对一组互相关的特征时，它们只会选择其中一项特征。为了减轻该问题的影响可以使用随机化技术，我们可以通过多次重新估计稀疏模型来扰乱设计矩阵，或多次下采样数据来统计一个给定的回归量被选中的次数。

此外，基于树的特征选择能够用来计算特征的重要程度，因此能用来去除不相关的特征。

二、维度约减

（1）线性降维方法。

1）主成分分析。

主成分分析（Principal Components Analysis，PCA）是最重要的降维方法之一。在数据压缩消除冗余和数据噪声消除等领域都有广泛的应用。

在介绍 PCA 之前，不妨先考虑这样一个问题：对于正交属性空间中的样本点，我们该如何用一个超平面（直线的高维推广）对所有样本进行恰当的表达？若存在这样的超平面，那么它大概应具有以下性质。

最近重构性：样本点到这个超平面的距离都足够近。

最大可分性：样本点在这个超平面上的投影能尽可能分开。

有趣的是，基于最近重构性和最大可分性，能分别得到主成分分析的两种等价推导，首先从最近重构性来推导。

假定数据样本进行了中心化，即 $\sum_i \boldsymbol{x}_i = 0$；再假定投影变换后得到的新坐标系为 $\{\omega_1,\omega_2,\cdots,\omega_d\}$，其中 $\boldsymbol{\omega}_i$ 是标准正交基向量，$\|\boldsymbol{\omega}_i\|^2=1$，$\boldsymbol{\omega}_i^{\mathrm{T}}\boldsymbol{\omega}_i=0(i\neq j)$。若丢弃新坐标系中的部分坐标，即将维度降低到（$d'<d$），则样本点 $\boldsymbol{x}_i$ 在低维坐标系中的投影是 $z_i=(z_{i1},z_{i2},\cdots,z_{id'})$，其中 $z_{ij}=\boldsymbol{\omega}_j^{\mathrm{T}}x_i$ 是 $\boldsymbol{x}_i$ 在低维坐标系下第 j 维的坐标。若基于 z_i 来重构 $\boldsymbol{x}_i$，则会得到 $\hat{\boldsymbol{x}}_i=\sum_{j=1}^{d'} z_{ij}\boldsymbol{\omega}_j$。

考虑到整个训练集，原样本点 $\boldsymbol{x}_i$ 与基于投影重构的样本点 $\hat{\boldsymbol{x}}_i$ 之间的距离为

$$\sum_{i=1}^{m}\left\|\sum_{j=2}^{d'} z_{ij}\boldsymbol{w}_i-\boldsymbol{x}_i\right\|_2^2=\sum_{i=1}^{m} z_i^{\mathrm{T}}z_i-\sum_{i=1}^{m} z_i^{\mathrm{T}}\boldsymbol{w}^{\mathrm{T}}\boldsymbol{x}_i+\mathrm{const}\infty-\mathrm{tr}\Big(\boldsymbol{w}^{\mathrm{T}}\Big(\sum_{i=1}^{m}\boldsymbol{x}_i\boldsymbol{x}_i^{\mathrm{T}}\Big)\boldsymbol{w}\Big) \tag{5-9}$$

$\boldsymbol{W}=\{\omega_1,\omega_2,\cdots,\omega_d\}$，根据最近重构性，上式应被最小化，考虑到 $\boldsymbol{\omega}_j$ 是标准正交基，$\sum_i^m \boldsymbol{x}_i\boldsymbol{x}_i^{\mathrm{T}}$ 是协方差矩阵，则有

$$\begin{aligned}&\min_w -\mathrm{tr}(\boldsymbol{W}^{\mathrm{T}}\boldsymbol{X}\boldsymbol{X}^{\mathrm{T}}\boldsymbol{W})\\&\text{s.t. } \boldsymbol{W}^{\mathrm{T}}\boldsymbol{W}=1\end{aligned} \tag{5-10}$$

这就是主成分分析的优化目标。

从最大可分性出发，能得到主成分分析的另一种解释。样本点 $\boldsymbol{x}_i$ 在新空间中超平面上的投影是 $\boldsymbol{W}^{\mathrm{T}}\boldsymbol{x}_i$，若所有样本点的投影能尽可能分开，则应该使投影后样本点的方差最大化。

投影后的样本点的方差使 $\sum_i \boldsymbol{W}^{\mathrm{T}}\boldsymbol{x}_i\boldsymbol{x}_i^{\mathrm{T}}\boldsymbol{W}$，于是优化目标可以写为

$$\begin{aligned}&\min_w -\mathrm{tr}(\boldsymbol{W}^{\mathrm{T}}\boldsymbol{X}\boldsymbol{X}^{\mathrm{T}}\boldsymbol{W})\\&\text{s.t. } \boldsymbol{W}^{\mathrm{T}}\boldsymbol{W}=1\end{aligned} \tag{5-11}$$

显然，上面表达的两式等价。对其中一个式子使用拉格朗日乘子法可得

$$\boldsymbol{X}\boldsymbol{X}^{\mathrm{T}}\boldsymbol{\omega}_i=\lambda_i\boldsymbol{\omega}_i \tag{5-12}$$

于是，只需对协方差矩阵 $\boldsymbol{X}\boldsymbol{X}^{\mathrm{T}}$ 进行特征值分解，将求得的特征值排序：$\lambda_1\geqslant\lambda_2\geqslant\cdots\geqslant\lambda_d$，再取前 d' 个特征值对应的特征向量构成 $\boldsymbol{W}^*=\{\omega_1,\omega_2,\cdots,\omega_d\}$，这就是主成分分析的解。

降维后低维空间的维数 d' 通常是由用户事先指定，或通过在 d' 值不同的低维空间中对 k 近邻分类器（或其他开销较小的学习器）进行交叉验证来选取较好的 d' 值。对 PCA 来说，还可从重构的角度设置一个重构阈值，例如 $t=95\%$，然后选取使下式成立的最小 d' 值：

$$\frac{\sum_{i=1}^{d'}\lambda_i}{\sum_{i=1}^{d}\lambda_i}\geqslant 1 \tag{5-13}$$

PCA 仅需保留 $\boldsymbol{W}^*$ 与样本的均值向量即可通过简单的向量减法和矩阵 - 向量乘法将新样本投影至低维空间中，显然低维空间与原始高维空间必有不同，因为对应于最小的 d-d' 个特征值的特征向量被舍弃了，这是降维导致的结果。但舍弃这部分信息往往是必要的：一方面，舍弃这部分信息之后能使样本的采样密度增大，这正是降维的重要动机；另一方面，当

数据受到噪声影响时，最小的特征值所对应的特征向量往往与噪声有关，将它们舍弃能在一定程度上起到去噪的效果。

2）线性判别。

在自然语言处理领域，隐含狄利克雷分布（Latent Dirichlet Allocation，LDA）是一种处理文档的主题模型。而我们这里只讨论线性判别分析，因此后面所有的 LDA 均指线性判别分析。

LDA 是一种监督学习的降维技术，也就是说它的数据集的每个样本是有类别输出的。这点和 PCA 不同，PCA 是不考虑样本类别输出的无监督降维技术。LDA 的思想可以用一句话概括，就是“投影后类内方差最小，类间方差最大”。我们需要将数据在低维度上进行投影，投影后希望每一种类别数据的投影点能尽可能地接近，而不同类别的数据的类别中心之间的距离尽可能得大。

LDA 的原理是，将带上标签的数据点通过投影的方法，投影到维度更低的空间中，使得投影后的点会形成按类别区分，一簇一簇的情况，相同类别的点将会在投影后的空间中更接近。要说明白 LDA，首先得弄明白线性分类器：因为 LDA 是一种线性分类器。对于 K-分类的一个分类问题，会有 K 个线性函数：

$$y_k(\boldsymbol{x}) = \boldsymbol{w}_k^{\mathrm{T}} + \boldsymbol{w}_{k_0} \tag{5-14}$$

当满足条件：对于所有的 j，都有 $Y_k > Y_j$ 的时候，我们就说 x 属于类别 k。对于每一个分类，都有一个公式去算一个分值。在所有的公式得到的分值中，找一个最大的，就是所属的分类了。

（2）基于核函数的非线性降维方法。

线性降维方法假设从高维空间到低维空间的函数映射是线性的，然而在有些时候，高维空间是线性不可分的，需要找到一个非线性函数映射才能进行恰当的降维，这就是非线性降维。核化线性降维方法是一种典型的非线性降维方法，它基于核技巧对线性降维方法进行“核化”，然后再降维。下面介绍的核主成分分析（Kernel Principal Components Analysis，KPCA）就是一种经典的核化非线性降维方法。

核主成分分析利用核技巧将 d 维线性不可分的输入空间映射到线性可分的高维特征空间中，然后对特征空间进行 PCA 降维，将维度降到 d' 维，并利用核技巧简化计算。也就是一个先升维后降维的过程，这里的维度满足 $d' < d < D$。

KPCA 原理是原始输入空间中的样本 $\boldsymbol{X} = \{\boldsymbol{x}_1, \boldsymbol{x}_2, \cdots, \boldsymbol{x}_m\}$ 通过映射 $\boldsymbol{\Phi}$ 得到的高维（D 维）特征空间的样本 $\boldsymbol{\Phi}(\boldsymbol{X}) = (\boldsymbol{\Phi}(\boldsymbol{x}_1), \cdots, \boldsymbol{\Phi}(\boldsymbol{x}_i), \cdots, \boldsymbol{\Phi}(\boldsymbol{x}_m))$（假设高维空间的数据样本已经进行了中心化），之后利用投影矩阵 $\boldsymbol{W} = \{\omega_1, \omega_2, \cdots, \omega_{d'}\}$ 将高维空间的样本投影到低维空间。

我们只需要对高维空间的协方差矩阵 $\boldsymbol{\Phi}(\boldsymbol{X})\boldsymbol{\Phi}(\boldsymbol{X})^{\mathrm{T}}$ 进行特征值分解，将求得的特征值排序，取前 d' 个特征值对应的特征向量构成 $\boldsymbol{W} = \{\omega_1, \omega_2, \cdots, \omega_{d'}\}$，这就是 KPCA 的解。

首先求解式（5-15）：

$$\boldsymbol{\Phi}(\boldsymbol{X})\boldsymbol{\Phi}(\boldsymbol{X})^{\mathrm{T}}\boldsymbol{W} = \lambda \boldsymbol{W} \tag{5-15}$$

由上式可得式（5-16）：

$$\boldsymbol{W} = \frac{1}{\lambda}\boldsymbol{\Phi}(\boldsymbol{X})\boldsymbol{\Phi}(\boldsymbol{X})^{\mathrm{T}}\boldsymbol{W} = \boldsymbol{\Phi}(\boldsymbol{X})\boldsymbol{A} \tag{5-16}$$

其中，投影矩阵的第 j 维为：

$\boldsymbol{\omega}_j = \frac{1}{\lambda_j}\left(\sum_{i=1}^{m}\boldsymbol{\Phi}(\boldsymbol{x}_i)\boldsymbol{\Phi}(\boldsymbol{x}_i)^{\mathrm{T}}\right)\omega_j = \sum_{i=1}^{m}\boldsymbol{\Phi}(\boldsymbol{x}_i)\frac{\boldsymbol{\Phi}(\boldsymbol{x}_i)^{\mathrm{T}}\boldsymbol{\omega}_j}{\lambda_j} = \sum_{i=1}^{m}\boldsymbol{\Phi}(\boldsymbol{x}_i)\alpha_i^j$，而 $\alpha_i^j = \frac{\boldsymbol{\Phi}(\boldsymbol{x}_i)^{\mathrm{T}}\boldsymbol{\omega}_j}{\lambda_j}$ 是 α_i 的第 j 个分量，矩阵 $\boldsymbol{A} = (\alpha_1,\cdots,\alpha_i,\cdots,\alpha_m)$。

高维空间的样本内积计算量非常大，在这里，需要利用核技巧避免对特征空间上的样本内积直接进行计算，于是需要引入核函数：

$$k(\boldsymbol{x}_i,\boldsymbol{x}_j) = \boldsymbol{\Phi}(\boldsymbol{x}_i)^{\mathrm{T}}\boldsymbol{\Phi}(\boldsymbol{x}_j)$$

和核矩阵 $\boldsymbol{K}$，其中 $(\boldsymbol{K})_{ij} = k(\boldsymbol{x}_i,\boldsymbol{x}_j)$。

先将式（5-16）代入式（5-15）得到：

$$\boldsymbol{\Phi}(\boldsymbol{X})\boldsymbol{\Phi}(\boldsymbol{X})^{\mathrm{T}}\boldsymbol{\Phi}(\boldsymbol{X})\boldsymbol{A} = \lambda\boldsymbol{\Phi}(\boldsymbol{X})\boldsymbol{A} \tag{5-17}$$

两边都乘以 $\boldsymbol{\Phi}(\boldsymbol{X})^{\mathrm{T}}$：

$$\boldsymbol{\Phi}(\boldsymbol{X})^{\mathrm{T}}\boldsymbol{\Phi}(\boldsymbol{X})\boldsymbol{\Phi}(\boldsymbol{X})^{\mathrm{T}}\boldsymbol{\Phi}(\boldsymbol{X})\boldsymbol{A} = \lambda\boldsymbol{\Phi}(\boldsymbol{X})^{\mathrm{T}}\boldsymbol{\Phi}(\boldsymbol{X})\boldsymbol{A} \tag{5-18}$$

构造出 $\boldsymbol{\Phi}(\boldsymbol{X})^{\mathrm{T}}\boldsymbol{\Phi}(\boldsymbol{X})$，进一步用核矩阵 $\boldsymbol{K}$ 代替：

$$\begin{gathered}\boldsymbol{K}^2\boldsymbol{A} = \lambda\boldsymbol{K}\boldsymbol{A} \\ \boldsymbol{K}\boldsymbol{A} = \lambda\boldsymbol{A}\end{gathered} \tag{5-19}$$

由此，式（5-15）中的特征值分解问题就变成了式（5-19）中的特征值分解问题。将求得的特征值排序：$\lambda_1 \geqslant \lambda_2 \geqslant \cdots \geqslant \lambda_d$，取 $\boldsymbol{K}$ 最值的 d' 个特征值对应的特征向量。注意这里的特征向量是核矩阵 K 的特征向量，而不是投影矩阵 $\boldsymbol{W}$ 的特征向量，接下来我们还要代回到式（5-16）中，得到从高维输入空间到低维空间的投影矩阵 $\boldsymbol{W}$。

对于一个新样本 $\boldsymbol{x}$，假设其投影后为 z，其第 j 维坐标为：

$$z_j = \boldsymbol{\omega}_j^{\mathrm{T}}\boldsymbol{\Phi}(\boldsymbol{x}) = \sum_{i=1}^{m}\alpha_i^j\boldsymbol{\Phi}(\boldsymbol{x}_i)^{\mathrm{T}}\boldsymbol{\Phi}(\boldsymbol{x}) = \sum_{i=1}^{m}\alpha_i^j k(\boldsymbol{x}_i,\boldsymbol{x}) \tag{5-20}$$

（3）基于特征值的非线性降维方法。

1）等度量映射。

等度量映射（Isometric Mapping，ISOMAP）算法是在 MDS 算法的基础上衍生出来的一种算法，MDS 算法保持降维后的样本间距离不变，而 LSOMAP 算法则是引进了邻域图，样本只与其相邻的样本连接，它们之间的距离可直接计算，较远的点可通过最小路径算出距离，在此基础上进行降维保距。

计算流程如下：

a. 设定邻域点个数，计算邻接距离矩阵，不在邻域之外的距离设为无穷大；

b. 求每对点之间的最小路径，将邻接矩阵转换为最小路径矩阵；

c. 输入 MDS 算法，得出结果，即为 LSOMAP 算法的结果。

在计算最小路径时采用 Floyd 算法：输入邻接矩阵，邻接矩阵中，除了邻域点之外，其余距离都是无穷大，输出完整的距离矩阵。

2）局部线性嵌入。

局部线性嵌入（Locally Linear Embedding，LLE）在处理所谓流形降维的时候，效果比PCA要好很多。所谓流形，我们脑海里最直观的印象就是瑞士卷，在吃它的时候可以把它整个摊开成一张饼再吃，其实这个过程就实现了对瑞士卷的降维操作，即从三维降到了两维。降维前，我们看到相邻的卷层之间看着距离很近，但摊开成饼状后才发现其实距离很远，所以如果不进行降维操作，而是直接根据近邻原则去判断相似性其实是不准确的。

3）拉普拉斯特征映射。

拉普拉斯特征映射（Laplacian Eigenmaps，LE）与LLE算法有些相似，是从局部近似的角度去构建数据之间的关系。LE是基于图的降维算法，它把要降维的数据构建成图，图中的每个节点和距离它最近的K个节点建立边关系。然后它希望图中相连的点（原始空间中相互靠近的点）在降维后的空间中也尽可能地靠近，从而在降维后仍能保持原有的局部结构关系以及得到一个能反映流形的结构的解。

拉普拉斯特征映射通过构建邻接矩阵为$\boldsymbol{W}$的图来重构数据流形的局部结构特征$\boldsymbol{L}=(\boldsymbol{D}-\boldsymbol{W})$，如果两个数据实例$i$和$j$很相似（具有边），那么$i$和$j$在降维后目标子空间中应该尽量接近。拉普拉斯特征映射优化的目标函数如下：

$$\min \sum_{i,j} \| y_i - y_j \|^2 \boldsymbol{w}_{ij} \tag{5-21}$$

它可推导为拉普拉斯矩阵的特征值矩阵的迹，即特征值的和。为了找到使目标函数最小化的降维向量，同时又不让降维后的向量坍塌到过低的维度，故此设置了一个约束条件 YDY = 1，再根据拉格朗日乘子法求解带约束的优化问题，得到 LY = −ΛDY 的广义特征值问题。

4）局部保留投影算法。

局部保留投影算法（Locality Preserving Projections，LPP）主要是通过线性近似LE算法来保留局部信息。

在高维空间中，数据点x_i和数据点x_j是相邻关系，在降维空间后y_i和y_j必须跟其对应高维x_i和x_j的关系相同。

LPP的思路和拉普拉斯特征映射类似，核心思想为通过最好地保持一个数据集的邻居结构信息来构造投影映射，但LPP不同于LE的直接得到投影结果，它需要求解投影矩阵，即

$$\boldsymbol{W}_{ij} = \mathrm{e}^{\frac{-\| \boldsymbol{x}_i - \boldsymbol{y}_i \|^2}{t}} \tag{5-22}$$

其中，$\boldsymbol{W}_{ij}$表示的是原始空间中i和j之间的距离权重系数组成的矩阵，如果i和j是近邻关系，那么$\boldsymbol{W}_{ij}$的值就比较大；反之如果原始空间中i和j是比较远的，那么$\boldsymbol{W}_{ij}$的值就比较小。

第六节　应用案例

东莞证券公司经过多年的信息化建设发展，已积累了海量的数据，但并未有效利用这些数据来支持公司决策。为了解决数据分散化、数据标准不统一、数据质量低等问题，让数据发挥价值为企业的经营服务，证券公司亟须开展数据治理工作。东莞证券从2017年开始提

出数据治理工作计划，并启动大数据平台建设工作，基于大数据平台来开展数据治理工作。

为了进行数据治理，东莞证券实施了多项措施。第一，建立数据治理组织架构与制度，明确职责。为有效开展数据治理工作，东莞证券借鉴银行业数据治理的经验，依据公司实际情况，建立了科学合理的数据治理委员会、工作小组、专员三层组织架构，制定了围绕数据生命周期管理的数据治理制度，形成了较为完备的数据治理管理体系。数据治理委员会主要进行数据治理战略上的规划，包括规划公司数据治理工作蓝图，发挥企业数据价值；制定数据治理战略、方针及政策；领导、协调开展数据治理具体工作；审议数据治理制度、组织架构、管理流程；评审数据应用规划；听取和指导数据治理工作小组的工作；制定数据治理工作考核机制。数据治理工作小组是数据治理委员会的下设机构，负责制定数据治理的相关制度、流程；负责掌握公司数据治理现状，评估数据治理方法，制定可行的实施方案；负责评估公司各单位数据治理工作；负责组织和牵头数据治理评估、建设、推广工作，形成数据治理文化。为将数据治理工作落到实处，东莞证券特别要求各单位设置一名“数据治理专员”来落实本单位的数据治理相关工作。数据治理专员负责梳理本单位常用业务指标，定义指标口径标准，掌握自助数据分析平台工具的使用，负责本单位的业务数据分析工作。其中分支机构的数据分析需求，由经纪业务管理总部数据治理专员负责。

第二，业务驱动治理，咨询与实施并行。数据治理的一大难点是业务单位在一开始很难看到治理的直接成效，因此东莞证券优先深入挖掘业务人员数据使用的痛点：不能及时获取数据、不能清晰理解数据指标的含义、由于业务人员与技术人员的理解差异获取了错误的数据。上述痛点问题，归根结底是数据标准的问题，因为缺乏统一的标准，对数据没有统一的认识，所以存在理解差异的风险，需要做好数据标准管理。东莞证券通过建设标准化数据指标池，构建自助数据分析平台，业务人员可以直接获取并清楚理解自己使用的是什么数据。在向业务单位推广自助数据分析平台的过程中，业务人员能够真实地体会什么是数据治理，理解数据治理的文化及其价值。考虑到证券行业数据治理起步较晚，相关咨询公司案例缺乏且咨询费用较高两个因素，数据治理管理单位牵头组织各公司各业务单位数据治理专员，组成数据治理业务咨询与实施团队。数据治理管理单位依据过往三年全公司的数据分析需求和已有的数据分析报表，梳理出常用的业务数据指标，整理出业务数据指标口径。口径包含两种描述，一种是业务定义，具体到系统、菜单、字段名、加工过程，这种口径是业务人员和技术人员都能理解的；另一种是技术口径，是具体的SQL 加工语句，是技术人员能理解的。将整理出来的业务数据指标标准文档发送给各业务单位，与各业务单位数据治理专员沟通确认，数据治理专员在整理的数据标准文档基础上补充所需的业务数据指标标准描述，删除已不再使用的数据口径，修正口径有误的数据指标标准。

第三，建立公司业务数据字典。利用大数据平台的海量存储能力，把各业务系统数据采集到大数据平台，经过数据清洗、整合，数据治理管理单位依据业务数据指标标准文档，加工出对应的数据标准指标池，将指标池数据部署到自助数据分析平台，给到各相关业务单位进行测试。测试完成后，将业务数据指标标准给到各单位进行最后评审，评审通过后，将业务数据指标标准发布为公司业务数据字典。后续公司涉及数据开发相关的需求，以公司业务数据字典为依据进行开发，如果涉及新指标，业务人员需要描述清楚指标标准口径，后续统一纳入公司业务数据字典进行管理。

第四，制定质量保障规范，加强源头系统质量治理。在案例实施过程中，质量问题主要分为两类：数据源质量和加工逻辑问题。源头问题需要反馈到业务单位，通过数据治理委员会进行督办整改，从根本上解决问题，形成良性循环；针对加工逻辑问题，要做好血缘分析、代码复核、数据质量稽核规则配置及监控，保障数据质量。最后在制度上将质量问题与各单位考核挂钩，保证问题得到治理。

第五，上线自助数据分析平台，推广数据治理文化。以日常实际数据需求为例，通过视频、操作指引、远程培训等方式，为各单位数据治理专员指导自助数据分析平台的使用，提高各单位自助数据分析能力。让各单位的数据获取从流程等待转变为自己动手，体会自助数据分析的便捷。

通过以上措施，东莞证券形成了公司级业务数据字典，提高了业务人员数据分析便捷性，提高了数据共享能力并降低了使用风险，未来将进一步利用数据治理发挥数据价值，助推公司转型。

◎ 思考与练习

1. 试分析大数据环境下，海量数据预处理的发展趋势。
2. 请简述规范化变化数据与离散化变化数据的区别与联系。
3. 在对高维数据降维前应该先进行“中心化”，常见的方法是将协方差矩阵 $\boldsymbol{XX}^{\mathrm{T}}$ 转换为 $\boldsymbol{XHH}^{\mathrm{T}}\boldsymbol{X}^{\mathrm{T}}$，式中 $\boldsymbol{H}=\boldsymbol{I}-\frac{1}{m}11^{\mathrm{T}}$，试分析其效果。
4. 表5-1是三个用户2018年9月1日到2018年9月10日的用电情况，有部分数据存在缺失情况，请使用属性的平均值填充空缺值的方法对其进行填充。

表5-1 用电情况

日期	用电量（kW·h）			
	用户A	用户B	用户C	线路供入
2018.9.1	235.153 4	324.582	201.009 5	877.558 9
2018.9.2	234.254	324.035 4	478.323 4	1166.054 4
2018.9.3	238.421	325.425	515.456 4	1208.717 3
2018.9.4	236.278 2	328.421	517.592 5	1247.392
2018.9.5	236.760 4		514.592 2	1252.342
2018.9.6	235.835 4	268.524		1151.349 5
2018.9.7	237.142 2	312.554	492.358 2	1170.042 7
2018.9.8	236.465 8	396.422 1	516.548	1291.756 3
2018.9.9		352.542 6	496.257 6	1273.394 1
2018.9.10	237.416 7	206.452 2	516.254 2	1257.069 4

5. 表 5-2 中存在数据冗余的情况，试分析如何进行处理可以消除以下数据的冗余。

表 5-2 张三李四的考试情况

学号	姓名	课程名	成绩
001	张三	数学	90
001	张三	语文	91
002	李四	数学	89
002	李四	语文	93

◎ 本章扩展阅读

[1] 马秀麟，姚自明，邬彤，等. 数据分析方法及应用［M］. 北京：人民邮电出版社，2015.

[2] 吕晓玲，宋捷. 大数据挖掘与统计机器学习［M］. 北京：中国人民大学出版社，2016.

[3] 任永功，王玉玲，刘洋，等. 基于用户相关性的动态网络媒体数据无监督特征选择算法［J］. 计算机学报，2018，41(7)：1517-1535.

[4] 李学龙，龚海刚. 大数据系统综述［J］. 中国科学：信息科学，2015，45(1)：1-44.

[5] 徐林明，李美娟. 动态综合评价中的数据预处理方法研究［J］. 中国管理科学，2020，28 (1)：162-169.

[6] LABORDA J, RYOO S. Feature selection in a credit scoring model［J］. Mathematics, 2021, 9(7): 746.

[7] LI Y, LI T, LIU H. Recent advances in feature selection and its applications［J］. Knowledge and Information Systems, 2017, 53(3): 551-577.

[8] HOLLOWAY B J, HELMSTEDT K J, MENGERSEN K L. Spatial random forest (S-RF): a random forest approach for spatially interpolating missing land-cover data with multiple classes［J］. International Journal of Remote Sensing, 2021, 42(10): 3756-3776.

[9] WITTEN D M, TIBSHIRANI R. A framework for feature selection in clustering［J］. Journal of the American Statistical Association, 2010, 105(490): 713-726.

[10] WANG T, KE H, ZHENG X, et al. Big data cleaning based on mobile edge computing in industrial sensor-cloud［J］. IEEE Transactions on Industrial Informatics, 2019, 16(2): 1321-1329.

[11] JIMENEZ A, MORALES J M, PINEDA S. A novel embedded min-max approach for feature selection in nonlinear support vector machine classification［J］. European Journal of Operational Research, 2021, 293(1): 24-35.

CHAPTER 6

第六章

数据回归分析

数据回归分析作为大数据分析中的一个重要的分支，在管理科学、社会经济学领域中被广泛使用。在本章中你将了解数据回归分析的整体概述，掌握常用的回归分析方法，包括线性回归分析、岭回归分析、LASSO 回归分析、广义线性回归、非线性回归的基本概念以及建模过程，进而结合线性回归的案例分析进一步深入讨论线性回归的实际应用。

■ 学习目标

- 理解数据回归分析基本概念及基本类型
- 掌握线性回归方法建模过程
- 掌握岭回归和 LASSO 回归建模过程
- 掌握广义线性回归建模过程
- 掌握非线性回归建模过程
- 理解线性回归应用案例

■ 知识结构图

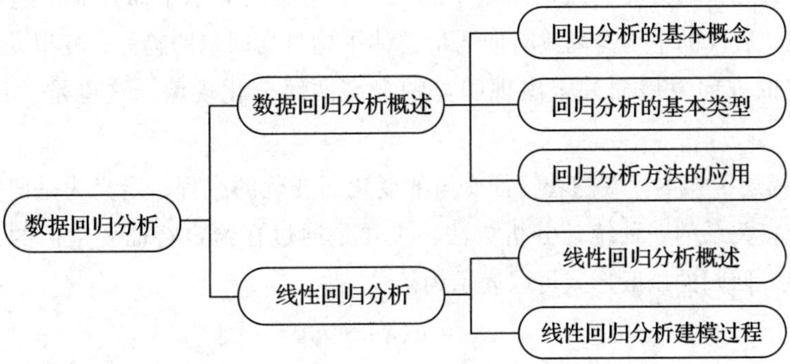

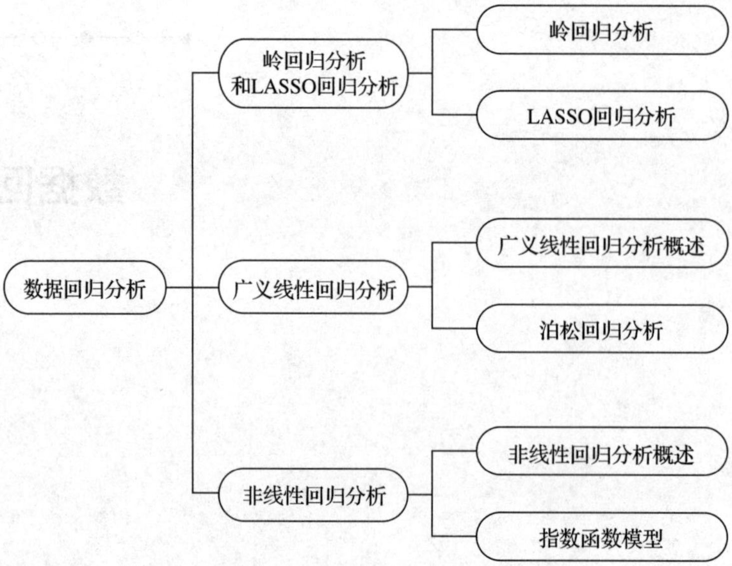

第一节　数据回归分析概述

一、回归分析的基本概念

“回归”是由英国著名统计学家弗朗西斯·高尔顿（Francis Galton，1822—1911）提出的“Regression”一词演变而来。1855 年，高尔顿发表了《遗传的身高向平均数方向的回归》，文中主要从生物遗传问题中发现了关于父母身高，儿女身高以及总人口平均身高的关系，并用“回归”这一概念拟合了关于儿女身高和父母身高之间的关系。具体来看，高尔顿选取了 1 078 对夫妇来研究关于儿女身高与父母身高之间的关系，以每对夫妇的平均身高作为特征变量，以儿女的身高作为样本标签，得到了关于父母身高和儿女身高的回归方程，发现父母身高每增加一个单位，儿女身高仅增加半个单位左右。此外，高尔顿发现在父母的身高已知的条件下，其儿女的身高仍是趋向于总人口平均身高的，即在父母处于异常高或者矮的条件下，其儿女的身高仍然是回归于总人口平均身高的水平而并非普遍地异常高或者矮。总的来说，后代的平均身高具有向人口总体平均身高回归的趋势，使得人类身高始终是向着相对稳定的方向发展而并未出现明显的身高两级分化现象，这也是“回归”一词的由来。

“回归”描述了样本标签随着特征变量的变化而变化的过程，定义为是研究样本标签对特征变量的依赖关系的一种统计分析方法，主要是通过在给定特征变量值的条件下估计或预测样本标签。回归的一般形式可以表示为

$$y = h(\boldsymbol{x}) + \varepsilon \tag{6-1}$$

式中，y 表示样本标签，$\boldsymbol{x}$ 表示特征向量。ε 为随机误差项，各 ε 相互独立且服从正态分布 $N(0,\sigma^2)$，随机误差项包括了在描述某一现象中可能存在着由于认识的局限性或者其他客观原因而未考虑到的某种偶然因素，包括时间、费用的制约、样本采集过程中的误差等。

二、回归分析的基本类型

根据回归的定义，回归描述了两种及两种以上的变量间的相关关系。因而，按照涉及的特征变量的多少，可以将回归分为一元回归分析和多元回归分析；按照变量间的关系类型，可以将回归分析分为线性回归分析和非线性回归分析。具体回归分析的类型如表6-1所示。此外，岭回归分析及LASSO回归分析是基于正则化的回归方法。并且，由于线性回归模型通常需要满足样本标签服从正态分布的假设前提，然而在实际问题中，样本标签的分布有时并不能满足上述假设，因而可以用来分析连续型样本标签和任意型特征变量之间关系的广义线性回归方法，也是回归分析中的一类经典方法，后续我们将依次对其进行介绍。

表6-1 回归分析基本类型

变量间关系	变量的数量	回归类型
线性回归	单个样本标签，单个特征变量	一元线性回归
	单个样本标签，多个特征变量	多元线性回归
	多个样本标签，多个特征变量	多个样本标签与多个特征变量的回归
非线性回归	单个样本标签，单个特征变量	一元非线性回归
	单个样本标签，单个特征变量	多元非线性回归

三、回归分析方法的应用

回归分析方法是用来研究变量间关系、结构分析以及模型预测的有效工具，在经济、管理、金融等各个领域中应用广泛。回归分析方法主要通过借助于对已经发生的活动现象的历史数据进行模拟，找出其变化规律，再通过特征变量的未来估计值来实现对样本标签的预测。回归分析方法和理论在200多年来不断发展和完善，目前仍然是统计学中的研究热点，这一方法不仅在方法上具有不同的应用形式，也具有广泛的应用场景，为解决实际问题提供了良好的思路。

从回归分析方法应用的形式来看，利用回归分析方法可以描述各个变量之间的关系，研究对样本标签造成影响的最主要因素，其影响方向以及影响程度等。回归分析方法可以用来进行结构分析，即利用回归模型的回归系数来解释各变量之间的数量关系，以消费支出与收入之间的线性模型为例，当其回归系数为0.5时，则说明居民收入每增加1个单位，消费支出将平均增加0.5个单位。此外，回归分析方法通常是利用历史数据对已经发生的现象活动进行模拟，找出变化的规律，进而通过特征变量在未来一段时间的估计值来预测样本标签，达到模型预测的目的。

从回归分析方法应用的场景来看，回归分析方法的应用涉及多个方面，是辅助管理决策的有效工具。例如，回归分析方法是进行人口预测分析的一类经典方法，由于人口自然增长率与多种因素有关，如经济整体增长、居民消费水平、文化程度、人口分布、非农业与农业人口的比例等。回归分析方法可以有效地探究影响人口增长的相关因素，进而利用历史数据分析，对未来某一时期的人口增长率进行预测。此外，回归分析方法在辅助市场参与者进行需求预测以及规划仓储方案上具有实际的应用，在市场中所产生的关于交易双方的历史交易数据的基础上，利用回归分析方法即可以有效地对某一商品未来的需求量进行预测，进而辅助市场参与者在进行交易中的决策过程，从而有效降低运营成本、提高仓储效率等。另外，可以利用学生的校园行为数据，结合回归分析方法，优化学生培养和管理工作。具体来看，利用学生在图书馆的进出记录、一卡通消费记录、图书馆借阅记录以及综合成绩的相对排名来研究各因素与学生最终成绩排名之间的关系，并据此来对学生未来成绩的排名进行预测，以此可以实现对学生成绩异常情况的提前预测，从而辅助教师对学生的学习情况进行干预指导，有助于优化对学生的教育管理。

第二节　线性回归分析

一、线性回归分析概述

线性回归（Linear Regression）分析是回归分析方法中的一类，主要是对一个或多个特征变量和样本标签之间的关系进行建模的一种回归分析方法。在线性回归过程中，使用线性回归方程对已知数据进行建模，并利用这些数据对未知的模型参数进行估计，最终模拟关于特征变量和样本标签的线性变化关系。线性回归函数是一个或多个回归系数与特征变量的线性组合，当线性回归函数中只有一个特征变量时，称为一元线性回归，当有大于一个特征变量的情况时，称为多元线性回归。

线性回归分析具有实现方法直接、建模速度快、计算简单的特点。此外，线性回归分析方法还具有可解释性强的优点，各个特征变量对样本标签的影响强弱都可以通过特征变量前面的系数进行体现。因而线性回归函数在实际应用中被广泛使用。当使用线性函数进行预测时，线性回归能够根据观测的数据集中的特征变量和样本标签的关系拟合出线性预测模型，特征变量的每一个新增单位值都能够得到预测的样本标签的对应变化量。除此之外，当使用线性回归进行变量间的相关性描述时，线性回归可以用来对特征变量和样本标签之间的相关性进行量化，从而识别出与样本标签不相关的特征变量以及对样本标签具有重要影响力的特征变量。线性回归分析的应用场景广泛，在金融预测、经济预测以及探究观测数据因果关系的观察性研究中被普遍应用。

二、线性回归分析建模过程

（一）一元线性回归模型

1. 数据

对于 m 个样本组成的训练数据集 $D=\{(\boldsymbol{x}_1,y_1),(\boldsymbol{x}_2,y_2),\cdots,(\boldsymbol{x}_m,y_m)\}$，$(\boldsymbol{x}_i,y_i)$ 表示第 i 个样本点，其中样本 $\boldsymbol{x}_i\in\mathbf{R}$ 是样本的属性特征，$y_i\in\mathbf{R}$ 表示样本 $\boldsymbol{x}_i$ 的标签。

2. 模型

一元线性回归函数主要是通过一个特征变量与回归系数的线性组合拟合真实样本的特征变量与样本标签之间的关系，如图 6-1 所示，特征变量与样本标签之间的关系可以近似用拟合的线性关系进行表示，从而在已知某一特征变量的条件下，对未知的样本标签进行预测。

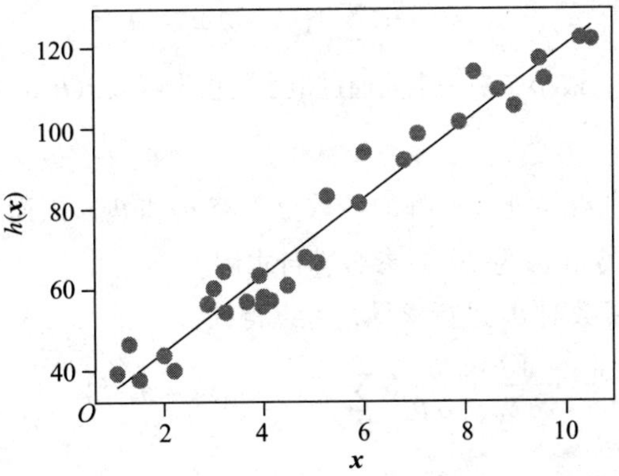

图 6-1　一元线性回归模型

由上述可知，一元线性回归的模型是指只含有单个特征变量和样本标签的线性组合函数，可用函数形式表示为

$$h(\boldsymbol{x}_i)=\theta_1\boldsymbol{x}_i+\theta_0 \tag{6-2}$$

式中，θ_1 为线性回归模型的权重系数，θ_0 为线性回归模型的偏置。

3. 策略

为使得估计的 $h(\boldsymbol{x})$ 更加接近真实值 y_i，采用最小二乘法策略对模型参数进行估计。最小二乘法（Least Squares）最早出现在法国数学家勒让德（A. M. Legendre）1805 年发表的论著《计算彗星轨道的新方法》的附录中。勒让德在该书第 72 ~ 75 页描述了最小二乘法的思想、具体做法及其优点，但没有进行误差分析。1809 年德国数学家高斯（C. F. Gauss，1777—1855）在其著作《天体运动论》中发表了最小二乘法，其中包括了最小二乘的误差分析。该方法的核心思想如图 6-2 所示。最小二乘法的主要思想是试图找到一条直线，与观察样本足够接近，即使得所有样本的真实值与估计值之差（残差）的平方和达到最小。

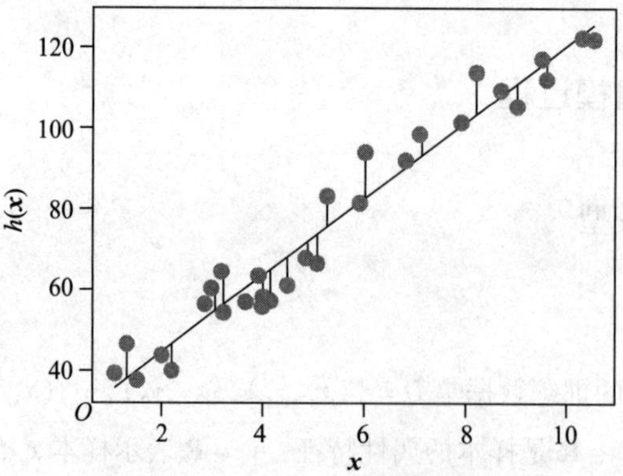

图 6-2 最小二乘法参数估计

由图 6-2 可知，最小二乘法策略实现公式可表示如下：

$$\begin{aligned} J(\theta_1,\theta_0) &= \sum_{i=1}^{m} (y_i - h(\boldsymbol{x}_i))^2 \\ &= \sum_{i=1}^{m} (y_i - \theta_1\boldsymbol{x}_i - \theta_0)^2 \end{aligned} \tag{6-3}$$

式中，m 表示所有样本数，最小二乘法主要通过最小化损失函数 $J(\theta_1,\theta_0)$ 对模型参数进行估计。

4. 算法

最小二乘法的策略中需要进行求解的参数分别有 θ_1 和 θ_0，因而可以利用损失函数分别对 θ_1 和 θ_0 进行求导，并令导数为 0，对参数进行求解。

接下来，利用损失函数对 θ_0 进行求导，可以得到：

$$\begin{aligned} \frac{\partial J}{\partial \theta_0} &= \frac{\partial}{\partial \theta_0}\left(\sum_{i=1}^{m} (y_i - \theta_1\boldsymbol{x}_i - \theta_0)^2\right) \\ &= \sum_{i=1}^{m} 2(y_i - \theta_1\boldsymbol{x}_i - \theta_0)(-1) \\ &= 2\left(m\theta_0 - \sum_{i=1}^{m} (y_i - \theta_1\boldsymbol{x}_i)\right) \\ &= 0 \end{aligned} \tag{6-4}$$

据此可以得到：

$$\theta_0 = \frac{1}{m}\sum_{i=1}^{m} (y_i - \theta_1\boldsymbol{x}_i) \tag{6-5}$$

接下来，利用损失函数对 θ_1 进行求导，并令其为 0，可以得到：

$$\begin{aligned} \frac{\partial J}{\partial \theta_1} &= \frac{\partial}{\partial \theta_1}\left(\sum_{i=1}^{m} (y_i - \theta_1\boldsymbol{x}_i - \theta_0)^2\right) \\ &= \sum_{i=1}^{m} (2(y_i - \theta_1\boldsymbol{x}_i - \theta_0)(-\boldsymbol{x}_i)) \\ &= 2\left(\theta_1\sum_{i=1}^{m} \boldsymbol{x}_i^2 - \sum_{i=1}^{m} (y_i - \theta_0)\boldsymbol{x}_i\right) \\ &= 0 \end{aligned} \tag{6-6}$$

据此可以得到：

$$\theta_1=\frac{\sum_{i=1}^{m}\boldsymbol{x}_i y_i-\theta_0\sum_{i=1}^{m}\boldsymbol{x}_i}{\sum_{i=1}^{m}\boldsymbol{x}_i^2}=\frac{\sum_{i=1}^{m}\boldsymbol{x}_i y_i-\sum_{i=1}^{m}\boldsymbol{x}_i\left(\frac{1}{m}\sum_{i=1}^{m}y_i-\theta_1\frac{1}{m}\sum_{i=1}^{m}\boldsymbol{x}_i\right)}{\sum_{i=1}^{m}\boldsymbol{x}_i^2} \tag{6-7}$$

得到：

$$\theta_1\sum_{i=1}^{m}\boldsymbol{x}_i^2=\sum_{i=1}^{m}\boldsymbol{x}_i y_i-\frac{1}{m}\sum_{i=1}^{m}\boldsymbol{x}_i\sum_{i=1}^{m}y_i+\theta_1\frac{1}{m}\left(\sum_{i=1}^{m}\boldsymbol{x}_i\right)^2 \tag{6-8}$$

求得：

$$\theta_1=\frac{m\sum_{i=1}^{m}\boldsymbol{x}_i y_i-\sum_{i=1}^{m}\boldsymbol{x}_i\sum_{i=1}^{m}y_i}{m\sum_{i=1}^{m}\boldsymbol{x}_i^2-\left(\sum_{i=1}^{m}\boldsymbol{x}_i\right)^2} \tag{6-9}$$

根据式（6-9）以及式（6-5），即可得到关于简单线性回归的参数 θ_1 和 θ_0 的解。

（二）多元线性回归模型

1. 数据

对于 m 个样本组成的训练数据集 $D=\{(\boldsymbol{x}_1,y_1),(\boldsymbol{x}_2,y_2),\cdots,(\boldsymbol{x}_i,y_m)\}$，$(\boldsymbol{x}_i,y_i)$ 表示第 i 个样本点，其中样本 $\boldsymbol{x}_i=[x_i^{(1)},x_i^{(2)},\cdots,x_i^{(n)}]^{\mathrm{T}}\in\mathbf{R}^n$，$x^{(j)}$ 是样本 $\boldsymbol{x}_i$ 在第 j 个属性上的取值。$y_i\in\mathbf{R}$ 表示样本的标签。

2. 模型

多元线性回归的模型指多个特征变量和单个样本标签的线性组合函数，可表示为

$$h(\boldsymbol{x})=\theta^{(1)}x^{(1)}+\theta^{(2)}x^{(2)}+\cdots+\theta^{(n)}x^{(n)}+\theta_0 \tag{6-10}$$

一般向量形式写成：

$$h(\boldsymbol{x})=\boldsymbol{\theta}^{\mathrm{T}}\boldsymbol{x} \tag{6-11}$$

式中，为了更好地表示，将 $\boldsymbol{x}_i$ 进行了扩充，$\boldsymbol{x}_i=[x_i^{(1)},x_i^{(2)},\cdots,x_i^{(n)},1]^{\mathrm{T}}\boldsymbol{\theta}=[\theta^{(1)},\theta^{(2)},\cdots,\theta^{(n)},\theta_0]^{\mathrm{T}}$ 为线性回归模型的权重向量，式中 θ_0 为线性回归模型的偏置。

3. 策略

多元线性回归对参数的求解所采用的策略同样是最小二乘法，使得估计的 $h(\boldsymbol{x}_i)$ 更加接近真实值 y_i。如上所述，最小二乘法的主要思想是利用均方误差最小化进行模型求解，将最小二乘法运用到线性回归中的主要目的是通过寻找一条直线，能够使所有样本的均方误差最小化。最小二乘法实现公式如下所示：

$$J(\boldsymbol{\theta})=\|h(\boldsymbol{x})-\boldsymbol{y}\|_2^2 \tag{6-12}$$

其中，m 表示所有样本数，n 表示样本 $\boldsymbol{x}_i$的 n 个属性，最小二乘法主要通过最小化损失函数 $J(\boldsymbol{\theta})$ 对模型参数进行估计。

4. 算法

同理，最小二乘法的策略中需要进行估计的参数是 $\boldsymbol{\theta}=[\theta^{(1)},\theta^{(2)},\cdots,\theta^{(n)},\theta_0]^{\mathrm{T}}$，因而接下来利用损失函数对 $\{\theta^{(1)},\theta^{(2)},\cdots,\theta^{(n)},\theta_0\}$ 的每一项分别进行求导，并令导数为0，对参数进行求解。

$$\begin{aligned}\arg\min_{(\boldsymbol{\theta})} J(\boldsymbol{\theta}) &= \arg\min_{(\boldsymbol{\theta})}(\|\hat{\boldsymbol{y}}-\boldsymbol{y}\|_2^2)\\ &= \arg\min_{(\boldsymbol{\theta})}(\|\boldsymbol{X\theta}-\boldsymbol{y}\|_2^2)\\ &= \arg\min_{(\boldsymbol{\theta})}((\boldsymbol{X\theta}-\boldsymbol{y})^{\mathrm{T}}(\boldsymbol{X\theta}-\boldsymbol{y}))\\ &= \arg\min_{(\boldsymbol{\theta})}(\boldsymbol{\theta}^{\mathrm{T}}\boldsymbol{X}^{\mathrm{T}}\boldsymbol{X\theta}-\boldsymbol{\theta}^{\mathrm{T}}\boldsymbol{X}^{\mathrm{T}}\boldsymbol{y}-\boldsymbol{y}^{\mathrm{T}}\boldsymbol{X\theta}+\boldsymbol{y}^{\mathrm{T}}\boldsymbol{y})\end{aligned} \tag{6-13}$$

利用矩阵求导对参数 $\boldsymbol{\theta}$ 进行求解，可以得到：

$$\frac{\partial}{\partial\boldsymbol{\theta}}(\boldsymbol{\theta}^{\mathrm{T}}\boldsymbol{X}^{\mathrm{T}}\boldsymbol{X\theta}) = (\boldsymbol{X}^{\mathrm{T}}\boldsymbol{X}+(\boldsymbol{X}^{\mathrm{T}}\boldsymbol{X})^{\mathrm{T}})\theta = 2\boldsymbol{X}^{\mathrm{T}}\boldsymbol{X\theta} \tag{6-14}$$

$$\frac{\partial}{\partial\theta}(\boldsymbol{\theta}^{\mathrm{T}}\boldsymbol{X}^{\mathrm{T}}\boldsymbol{y}) = \frac{\partial}{\partial\boldsymbol{\theta}}(\boldsymbol{y}^{\mathrm{T}}\boldsymbol{X\theta}) = \frac{\partial}{\partial\boldsymbol{\theta}}(\boldsymbol{\theta y}^{\mathrm{T}}\boldsymbol{X}) = (\boldsymbol{y}^{\mathrm{T}}\boldsymbol{X})^{\mathrm{T}} = \boldsymbol{X}^{\mathrm{T}}\boldsymbol{y} \tag{6-15}$$

$$\frac{\partial}{\partial\boldsymbol{\theta}}(\boldsymbol{y}^{\mathrm{T}}\boldsymbol{X\theta}) = \frac{\partial}{\partial\boldsymbol{\theta}}(\theta\boldsymbol{y}^{\mathrm{T}}\boldsymbol{X}) = (\boldsymbol{y}^{\mathrm{T}}\boldsymbol{X})^{\mathrm{T}} = \boldsymbol{X}^{\mathrm{T}}\boldsymbol{y} \tag{6-16}$$

即

$$2\boldsymbol{X}^{\mathrm{T}}\boldsymbol{X\theta}+\boldsymbol{X}^{\mathrm{T}}\boldsymbol{y} = 0 \tag{6-17}$$

最终 $\boldsymbol{\theta}$ 的表达式为

$$\boldsymbol{\theta} = (\boldsymbol{X}^{\mathrm{T}}\boldsymbol{X})^{-1}\boldsymbol{X}^{\mathrm{T}}\boldsymbol{y} \tag{6-18}$$

线性回归的算法伪代码如算法6-1所示。

算法6-1：线性回归算法

输入：训练集 $D=\{(\boldsymbol{x}_1,y_1),(\boldsymbol{x}_2,y_2),\cdots,(\boldsymbol{x}_m,y_m)\}$；

　　　特征集 $A=\{\boldsymbol{x}^{(1)},\boldsymbol{x}^{(2)},\cdots,\boldsymbol{x}^{(n)}\}$；

过程：函数 linear_regression(D)

1. 令 $\boldsymbol{X}=\{(1,\boldsymbol{x}_1),(1,\boldsymbol{x}_2),\cdots,(1,\boldsymbol{x}_m)\}$，$\boldsymbol{y}=\{y_1,y_2,\cdots,y_m\}$；
2. 根据式（6-18）计算 $\boldsymbol{\theta}$；

输出：$h(\boldsymbol{x})=\boldsymbol{\theta}^{\mathrm{T}}\boldsymbol{x}$

第三节　岭回归分析和 LASSO 回归分析

一、岭回归分析

（一）岭回归分析概述

多元线性回归分析运用最小二乘法进行估计过程中得到权重向量的表达式 $\boldsymbol{\theta}=(\boldsymbol{X}^{\mathrm{T}}\boldsymbol{X})^{-1}\boldsymbol{X}^{\mathrm{T}}\boldsymbol{Y}$，

可以看出，当X^TX不可逆时无法求出$\boldsymbol{\theta}$，并且当X^TX趋近于0时，$\boldsymbol{\theta}$会趋向于无穷大，说明此时的回归系数是没有意义的，使得传统的普通最小二乘法的效果会受到影响。基于此，霍尔（A. E. Hoerl）在1962年首先提出岭回归（Ridge Regression）方法，这是一种改良的最小二乘估计法，是通过损失部分信息、降低精度为代价获得回归系数更为符合实际、更可靠的回归方法。岭回归的主要思想是通过对普通最小二乘法引入$L2$正则化项来对相关系数进行收缩，为改善传统的多元线性回归问题提供思路。

（二）岭回归分析建模过程

1. 数据

对于m个样本组成的训练数据集$D=\{(\boldsymbol{x}_1,y_1),(\boldsymbol{x}_2,y_2),\cdots,(\boldsymbol{x}_i,y_m)\}$，$(\boldsymbol{x}_i,y_i)$表示第$i$个样本点，其中样本$\boldsymbol{x}_i=[x_{\mathrm{i}}^{(1)},x_{\mathrm{i}}^{(2)},\cdots,x_{\mathrm{i}}^{(n)}]^{\mathrm{T}}\in\mathbf{R}^n$，$x_i^{(j)}$是样本$\boldsymbol{x}_i$在第$j$个属性上的取值。$y_i\in\mathbf{R}$表示样本的标签。

2. 模型

岭回归的模型表达形式与线性回归相同，可以表示为

$$h(\boldsymbol{x}_i)=\theta^{(1)}x_i^{(1)}+\theta^{(2)}x_i^{(2)}+\cdots+\theta^{(n)}x_i^{(n)}+\theta_0 \tag{6-19}$$

一般向量形式写成：

$$h(\boldsymbol{x})=\boldsymbol{\theta}^{\mathrm{T}}\boldsymbol{x} \tag{6-20}$$

其中，为了更好地表示，将$\boldsymbol{x}_i$进行了扩充，$\boldsymbol{x}_i=[x_i^{(1)},x_i^{(2)},\cdots,x_i^{(n)},1]^{\mathrm{T}}\boldsymbol{\theta}=[\theta^{(1)},\theta^{(2)},\cdots,\theta^{(n)},\theta_0]^{\mathrm{T}}$为线性回归模型的权重向量，其中$\theta_0$为线性回归模型的偏置。

3. 策略

岭回归采用的策略主要是在普通最小二乘法的基础上加入了对系数的$L2$正则约束，因而岭回归的损失函数可以表示为

$$J(\boldsymbol{\theta})=\|h(\boldsymbol{x})-\boldsymbol{y}\|_2^2+\lambda\|\boldsymbol{\theta}\|_2^2 \tag{6-21}$$

其中，L是普通最小二乘法损失函数，$\sum_{j=1}^{n}(\theta^{(j)})^2$表示的是$L2$正则化项。$\lambda$是惩罚系数，当$\lambda=0$时，得到最小二乘解。当$\lambda$值趋向更大时，$\theta^{(j)}$值估计趋向于0。

4. 算法

岭回归的损失函数可以用向量形式表示为

$$\begin{aligned}\arg\min_{(\theta)}J(\boldsymbol{\theta})&=\arg\min_{(\theta)}(\|h(\boldsymbol{x})-\boldsymbol{y}\|_2^2+\lambda\boldsymbol{\theta}^{\mathrm{T}}\boldsymbol{\theta})\\&=\arg\min_{(\theta)}(\|\boldsymbol{X\theta}-\boldsymbol{y}\|_2^2+\lambda\boldsymbol{\theta}^{\mathrm{T}}\boldsymbol{\theta})\\&=\arg\min_{(\theta)}((\boldsymbol{X\theta}-\boldsymbol{y})^{\mathrm{T}}(\boldsymbol{X\theta}-\boldsymbol{y})+\lambda\boldsymbol{\theta}^{\mathrm{T}}\boldsymbol{\theta})\\&=\arg\min_{(\theta)}(\boldsymbol{\theta}^{\mathrm{T}}\boldsymbol{X}^{\mathrm{T}}\boldsymbol{X\theta}-\boldsymbol{\theta}^{\mathrm{T}}\boldsymbol{X}^{\mathrm{T}}\boldsymbol{y}-\boldsymbol{y}^{\mathrm{T}}\boldsymbol{X\theta}+\boldsymbol{y}^{\mathrm{T}}\boldsymbol{y}+\lambda\boldsymbol{\theta}^{\mathrm{T}}\boldsymbol{\theta})\end{aligned} \tag{6-22}$$

进而，对$\boldsymbol{\theta}$进行求导，并令其导数为0，可以得到：

$$\begin{aligned}\frac{\partial J(\boldsymbol{\theta})}{\partial \boldsymbol{\theta}} &= \frac{\partial}{\partial \boldsymbol{\theta}}(\boldsymbol{\theta}^{\mathrm{T}} \boldsymbol{X}^{\mathrm{T}}\boldsymbol{X}\boldsymbol{\theta} - \boldsymbol{\theta}^{\mathrm{T}} \boldsymbol{X}^{\mathrm{T}}\boldsymbol{y} - \boldsymbol{y}^{\mathrm{T}}\boldsymbol{X}\boldsymbol{\theta} + \boldsymbol{y}^{\mathrm{T}}\boldsymbol{y} + \lambda\boldsymbol{\theta}^{\mathrm{T}}\boldsymbol{\theta}) \\ &= \frac{\partial}{\partial \boldsymbol{\theta}}(\boldsymbol{\theta}^{\mathrm{T}} \boldsymbol{X}^{\mathrm{T}}\boldsymbol{X}\boldsymbol{\theta}) - \frac{\partial}{\partial \boldsymbol{\theta}}(\boldsymbol{\theta}^{\mathrm{T}} \boldsymbol{X}^{\mathrm{T}}\boldsymbol{y}) - \frac{\partial}{\partial \boldsymbol{\theta}}(\boldsymbol{y}^{\mathrm{T}}\boldsymbol{X}\boldsymbol{\theta}) + \frac{\partial}{\partial \boldsymbol{\theta}}(\lambda\boldsymbol{\theta}^{\mathrm{T}}\boldsymbol{\theta}) \\ &= 0\end{aligned} \tag{6-23}$$

由矩阵求导公式可得相关项的求导结果如式（6-24）~式（6-27）所示：

$$\frac{\partial}{\partial \boldsymbol{\theta}}(\boldsymbol{\theta}^{\mathrm{T}} \boldsymbol{X}^{\mathrm{T}}\boldsymbol{X}\boldsymbol{\theta}) = (\boldsymbol{X}^{\mathrm{T}}\boldsymbol{X} + (\boldsymbol{X}^{\mathrm{T}}\boldsymbol{X})^{\mathrm{T}})\boldsymbol{\theta} = 2\boldsymbol{X}^{\mathrm{T}}\boldsymbol{X}\boldsymbol{\theta} \tag{6-24}$$

$$\frac{\partial}{\partial \boldsymbol{\theta}}(\boldsymbol{\theta}^{\mathrm{T}} \boldsymbol{X}^{\mathrm{T}}\boldsymbol{y}) = \frac{\partial}{\partial \boldsymbol{\theta}}(\boldsymbol{y}^{\mathrm{T}}\boldsymbol{X}\boldsymbol{\theta}) = \frac{\partial}{\partial \boldsymbol{\theta}}(\boldsymbol{\theta}\boldsymbol{y}^{\mathrm{T}}\boldsymbol{X}) = (\boldsymbol{y}^{\mathrm{T}}\boldsymbol{X})^{\mathrm{T}} = \boldsymbol{X}^{\mathrm{T}}\boldsymbol{y} \tag{6-25}$$

$$\frac{\partial}{\partial \boldsymbol{\theta}}(\boldsymbol{y}^{\mathrm{T}}\boldsymbol{X}\boldsymbol{\theta}) = \frac{\partial}{\partial \boldsymbol{\theta}}(\boldsymbol{\theta}\boldsymbol{y}^{\mathrm{T}}\boldsymbol{X}) = (\boldsymbol{y}^{\mathrm{T}}\boldsymbol{X})^{\mathrm{T}} = \boldsymbol{X}^{\mathrm{T}}\boldsymbol{y} \tag{6-26}$$

$$\frac{\partial}{\partial \boldsymbol{\theta}}(\lambda\boldsymbol{\theta}^{\mathrm{T}}\boldsymbol{\theta}) = 2\lambda\boldsymbol{\theta} \tag{6-27}$$

此时，式（6-23）可表示为

$$2\boldsymbol{X}^{\mathrm{T}}\boldsymbol{X}\boldsymbol{\theta} - 2\boldsymbol{X}^{\mathrm{T}}\boldsymbol{y} + 2\lambda\boldsymbol{\theta} = 0 \tag{6-28}$$

$$2(\boldsymbol{X}^{\mathrm{T}}\boldsymbol{X} + \lambda\boldsymbol{I})\boldsymbol{\theta} = 2\boldsymbol{X}^{\mathrm{T}}\boldsymbol{y} \tag{6-29}$$

进而得到关于 $\boldsymbol{\theta}$ 的表达式：

$$\theta = (\boldsymbol{X}^{\mathrm{T}}\boldsymbol{X} + \lambda\boldsymbol{I})^{-1}\boldsymbol{X}^{\mathrm{T}}\boldsymbol{y} \tag{6-30}$$

其中，$\boldsymbol{X} = \begin{pmatrix}(\boldsymbol{x}_1)^{\mathrm{T}} \\ (\boldsymbol{x}_2)^{\mathrm{T}} \\ \vdots \\ (\boldsymbol{x}_m)^{\mathrm{T}}\end{pmatrix}$，$\boldsymbol{y} = [y_1, y_2, \cdots, y_m]$，$\boldsymbol{I}$ 是 $(n+1) \times (n+1)$ 维的单位矩阵。

从式（6-30）可以看出，随着 λ 值的不断增加，$\boldsymbol{\theta}$ 值趋于不断变小，当 λ 趋于无穷大时，$\boldsymbol{\theta}$ 值趋于 0。其中，θ 值随 λ 的变化而进行变化的轨迹，称为岭迹。

岭回归的算法伪代码如算法 6-2 所示。

算法 6-2：岭回归算法

输入： 训练集 $D = \{(\boldsymbol{x}_1, y_1), (\boldsymbol{x}_2, y_2), \cdots, (\boldsymbol{x}_m, y_m)\}$；
特征集 $A = \{x^{(1)}, x^{(2)}, \cdots, x^{(n)}\}$；
迭代次数 m_iter；

过程： 函数 ridge_regression(D)

1. 令 $\boldsymbol{X} = \{(1, \boldsymbol{x}_1), (1, \boldsymbol{x}_2), \cdots, (1, \boldsymbol{x}_m)\}$，$\boldsymbol{Y} = \{y_1, y_2, \cdots, y_m\}$；
2. 根据式（6-30）计算 $\boldsymbol{\theta}$；

输出： $h(\boldsymbol{x}) = \boldsymbol{\theta}^{\mathrm{T}}\boldsymbol{x}$

二、LASSO 回归分析

（一）LASSO 回归分析概述

LASSO（Least Absolute Shrinkage and Selection Operator），是 1996 年由 Robert Tibshirani

首次提出的，其主要是通过在最小二乘法的基础上添加一个惩罚函数，压缩回归系数，使得其同时具有子集选择和岭回归的优点。LASSO 回归的主要思想是通过限制回归系数绝对值之和小于某个固定值来实现对最小二乘的约束，其同时能够使一些回归系数为零，从而实现其变量选择的作用。由此可以看出，LASSO 具有较好的防止过拟合的作用，如第三章所提及，这是因为在样本的特征变量过多的情况下，通过训练模型能够较好地拟合训练数据，达到损失函数接近于0，而这一过程也会造成训练的模型无法在新的数据样本中继续保持较好的预测效果。在这种情况下，LASSO 通过加入正则项，对样本的特征变量实现变量选择的作用，降低在训练模型过程中的过拟合风险。

（二）LASSO 回归建模过程

1. 数据

对于 m 个样本组成的训练数据集 $D=\{(\boldsymbol{x}_1,y_1),(\boldsymbol{x}_2,y_2),\cdots,(\boldsymbol{x}_i,y_m)\}$，$(\boldsymbol{x}_i,y_i)$ 表示第 i 个样本点，其中样本 $\boldsymbol{x}_i=[x_i^{(1)},x_i^{(2)},\cdots,x_i^{(n)}]^{\mathrm{T}}\in\mathbf{R}^n$，$x_i^{(j)}$ 是样本 $\boldsymbol{x}_i$ 在第 j 个属性上的取值。$y_i\in\mathbf{R}$ 表示样本的标签。

2. 模型

LASSO 回归的模型表达形式与线性回归相同，可以表示为

$$\begin{aligned}h(\boldsymbol{x})&=\theta^{(1)}x^{(1)}+\theta^{(2)}x^{(2)}+\cdots+\theta^{(n)}x^{(n)}+\theta_0\\&=\sum_{j=1}^{n}\theta^{(j)}x^{(j)}+\theta_0\end{aligned}\tag{6-31}$$

3. 策略

LASSO 回归采用的策略主要是在普通最小二乘法的基础上加入了对系数的 $L1$ 正则约束，因而 LASSO 回归的损失函数可以表示为

$$\begin{aligned}J(\boldsymbol{\theta})&=\sum_{i=1}^{m}(h(\boldsymbol{x}_i)-y_i)^2+\lambda\sum_{j=1}^{n}|\theta^{(j)}|\\&=\sum_{i=1}^{m}\Big(\sum_{j=1}^{n}\theta^{(j)}\boldsymbol{x}_i^{(j)}+\theta_0-y_i\Big)^2+\lambda\sum_{j=1}^{n}|\theta^{(j)}|\end{aligned}\tag{6-32}$$

式中，$\lambda\sum_{j=1}^{n}|\theta^{(j)}|$ 表示的是 $L1$ 正则化项，为回归系数 $\theta^{(j)}$ 的绝对值之和。λ 是惩罚系数，当 $\lambda=0$ 时，得到最小二乘解。当 λ 值趋向更大时，$\theta^{(j)}$ 值估计趋向于0。

图6-3 是假设当只有两维特征变量的条件下，左图为 LASSO 模型，右图为岭回归模型，实心部分为约束区域，分别代表着 $|\theta^{(1)}|+|\theta^{(2)}|\leqslant\lambda$ 以及 $|\theta^{(1)}|+|\theta^{(2)}|\leqslant\lambda^2$，椭圆线则代表着最小二乘误差函数的等值线。由图6-3 可以看出，LASSO 和岭回归模型中椭圆线都会与约束区域相交，然而区别于岭回归的圆形约束区域，LASSO 中的菱形约束区域有棱角，当出现最优参数估计在棱角点时，有参数 $\boldsymbol{\theta}$ 会置于0；当参数维度持续增加时，会出现更多的棱角点，从而使更多的估计参数置于0，以此实现特征稀疏的目的。接下来对 LASSO 的参数估计过程进行详细说明。

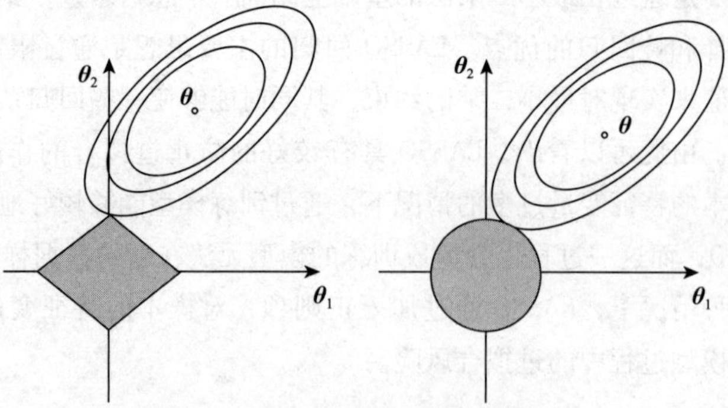

图 6-3　LASSO 及岭回归模型示意图

4. 算法

由 LASSO 回归的损失函数可以看出，由于 LASSO 采用的是 $L1$ 范数，为所有回归系数的绝对值之和，因而损失函数不是连续可导的，依照岭回归的求解算法直接对 LASSO 回归进行求解是不可行的。因而，对于 LASSO 的求解算法通常采用的方法有坐标下降法和最小角回归法，本章以坐标下降法为例对 LASSO 求解过程进行阐述。坐标下降法由 Wu 和 Lange 在 Coordinate Descent Method for LASSO Penalized Regression 一文中提出，主要思想是在对多元函数进行最小化求解时，每一次迭代的过程中固定其他变量，只改变某一特征变量的值，在该变量维度上寻找使函数达到最小的值。

对于目标函数：

$$\arg\min_{\theta} J(\theta) = \arg\min_{\theta}\left(y_i - \sum_{j=1}^{n}\theta^{(j)}x_i^{(j)} - \theta_0\right)^2 + \lambda\sum_{j=1}^{n}\left|\theta^{(j)}\right| \tag{6-33}$$

基于坐标下降法的思想，在每轮迭代过程中对 $\theta^{(j)}$ 进行优化而固定 $\theta^{(k)} \neq \theta^{(j)}$ 的变量，从 $j=1$ 依次到 $j=n$ 进行迭代。因此，当其他变量固定时，对目标函数的求解等价于一元 LASSO 求解：

$$\arg\min_{\theta} J(\boldsymbol{\theta}) = \arg\min_{\theta}\frac{1}{M}\sum_{i=1}^{m}\left(r_i - \theta^{(j)}x_i^{(j)}\right)^2 + \lambda\theta^{(j)} \tag{6-34}$$

式中，$r_i = y_i - \sum_{k\neq j}\theta^{(k)}x_i^{(k)} - \theta^{(0)}$ 表示除 $\theta^{(j)}$ 外其他变量对目标变量 y_i 拟合的残差。

对式（6-34）进行化简，得到：

$$\arg\min_{\theta} J(\boldsymbol{\theta}) = \arg\min_{\theta}\left((\theta^{(j)})^2\frac{\sum_{i=1}^{m}(x_i^{(j)})^2}{m} - 2\theta^{(j)}\frac{\sum_{i=1}^{m}r_ix_i^{(j)}}{m} + \frac{\sum_{i=1}^{m}r_i^2}{m}\right) + \lambda\left|\theta^{(j)}\right| \tag{6-35}$$

由于式（6-35）存在绝对值，因此需对它们分别进行讨论。

1）当 $\theta^{(j)}>0$ 时，对式（6-35）的 $\theta^{(j)}$ 进行求导，并令其为 0，可以得到：

$$\theta^{(j)} = \frac{2\sum_{i=1}^{m}r_i\boldsymbol{x}_i^{(j)} - m\lambda}{2\sum_{i=1}^{m}(\boldsymbol{x}_i^{(j)})^2} \tag{6-36}$$

由于此时对 $\theta^{(j)}$ 的定义域为 $\theta^{(j)}>0$，因此：

$$当\ 2\sum_{i=1}^{m} r_i \boldsymbol{x}_i^{(j)} - m\lambda > 0\ 时, \theta^{(j)} = \frac{2\sum_{i=1}^{m} r_i x_i^{(j)} - m\lambda}{2\sum_{i=1}^{m} (x_i^{(j)})^2}, 否则\ \theta^{(j)} = 0$$

2）当 $\theta^{(j)}<0$ 时，对式（6-35）的 $\theta^{(j)}$ 进行求导，可以得到：

$$\theta^{(j)} = \frac{2\sum_{i=1}^{m} r_i x_i^{(j)} + m\lambda}{2\sum_{i=1}^{m} (x_i^{(j)})^2} \tag{6-37}$$

由于此时对 $\theta^{(j)}$ 的定义域为 $\theta^{(j)}<0$，因此：

$$当\ 2\sum_{i=1}^{m} r_i x_i^{(j)} - m\lambda < 0\ 时, \theta^{(j)} = \frac{2\sum_{i=1}^{m} r_i x_i^{(j)} + m\lambda}{2\sum_{i=1}^{m} (x_i^{(j)})^2}, 否则\ \theta^{(j)} = 0$$

综上，可以得到关于 $\theta^{(j)}$ 的估计值：

$$\theta^{(j)} = \begin{cases} \dfrac{2\sum_{i=1}^{m} r_i x_i^{(j)} - m\lambda}{2\sum_{i=1}^{m} (x_i^{(j)})^2}, \lambda < \dfrac{2}{m}\sum_{i=1}^{m} r_i x_i^{(j)} \\ 0, -\lambda < \dfrac{2}{m}\sum_{i=1}^{m} r_i x_i^{(j)} < \lambda \\ \dfrac{2\sum_{i=1}^{m} r_i x_i^{(j)} + m\lambda}{2\sum_{i=1}^{m} (x_i^{(j)})^2}, \lambda > \dfrac{2}{m}\sum_{i=1}^{m} r_i x_i^{(j)} \end{cases} \tag{6-38}$$

LASSO 回归的算法伪代码如算法 6-3 所示。

算法 6-3：LASSO 回归算法

输入： 训练集 $D=\{(\boldsymbol{x}_1,y_1),(\boldsymbol{x}_2,y_2),\cdots,(\boldsymbol{x}_m,y_m)\}$；
　　迭代次数 n_iter；
过程： 函数 Lasso_regression(D)
1. 初始化当前拟合回归系数 $\boldsymbol{\theta}$
2. 令 $\boldsymbol{X}=\{(1,\boldsymbol{x}_1),(1,\boldsymbol{x}_2),\cdots,(1,\boldsymbol{x}_m)\}$，$\boldsymbol{Y}=\{y_1,y_2,\cdots,y_m\}$；
3. **for** $i\in\{1,2,\cdots,\text{n\_iter}\}$ **do**：
4. 　**for** $j\in\{1,2,\cdots,m\}$ **do**：
5. 　　根据式（6-38）计算 $\theta^{(j)}$；
6. 　**end for**
7. **end for**

输出： $h(\boldsymbol{x})=\boldsymbol{\theta}^{\mathrm{T}}\boldsymbol{x}$

第四节　广义线性回归分析

一、广义线性回归分析概述

（一）概念

线性回归模型通常需要满足样本标签服从正态分布的假设前提，然而在实际问题中，样本标签的分布有时并不能满足上述假设。例如，样本标签 $y_1, y_2, \cdots, y_m$ 可能服从的是伯努利分布、二项分布、泊松分布等形式，而不仅仅局限于正态分布。除此之外，由于样本标签和特征变量之间并不总呈现出线性相关的特点，因而将 y_i 的期望 $E(y_i)$ 表示为关于特征变量之间的线性相关关系也并不总是成立的，并且 y_i 的方差 $\mathrm{Var}(y_i)=\boldsymbol{\mu}_i(1-\boldsymbol{\mu}_i)$ 是关于期望 $\boldsymbol{\mu}_i$ 的函数。因而当 $\boldsymbol{\mu}_i(i=1,2,\cdots m)$ 不全相等时，方差 $\mathrm{Var}(y_i)$ 同样也不能保证完全相等。综上，线性问题在应用到实际中时仍存在局限性，因而对线性模型进行相应推广有助于满足实际应用问题的复杂性要求。对此，Nelder 和 Wedderburn 提出了广义线性模型（Generalized Linear Model，GLM），对线性回归模型进行推广。具体来看，在广义线性回归模型中，y_1，$y_2, \cdots, y_m$ 不再仅限于满足于正态分布，其满足的分布是一类更广泛的单参数指数族分布，并且，均值 $\boldsymbol{\mu}_i$ 不再是关于特征变量的简单线性函数，而是通过一个单调可微函数将 $\boldsymbol{\mu}_i$ 与线性预测 $\sum_{j=1}^{n}\theta^{(j)}\boldsymbol{x}_i^{(j)}+\theta_0(i=1,2,\cdots,m)$ 联系起来。因此，广义线性回归不再假设 $y_1, y_2, \cdots, y_m$ 具有等方差性，而是假定 y_i 的方差是关于 $\boldsymbol{\mu}_i$ 的函数。

（二）一般方程

假定 $(\boldsymbol{x}_i, y_i)(i=1,2,\cdots,m)$ 表示第 i 个样本点在特征变量和样本标签上的观测值，$\boldsymbol{x}_i=[x_i^{(1)};\cdots;x_i^{(j)};\cdots;x_i^{(n)}]^{\mathrm{T}}\in\mathbf{R}^n$ 是由 n 个属性描述的 n 维列向量，$\boldsymbol{y}=[y_1, y_2, \cdots, y_m]$，若满足：

1）$y_1, y_2, \cdots, y_m$ 相互独立，且对于所有样本点，$\boldsymbol{y}$ 服从指数族分布，即

$$y_i \sim f(y_i;\beta_i,\phi_i)=\exp\left(\frac{y_i\beta_i-b(\beta_i)}{a(\phi_i)}+c(y_i,\phi_i)\right) \tag{6-39}$$

式中，$a(\cdot), b(\cdot), c(\cdot,\cdot)$ 为已知连续函数，β_i 和 ϕ_i 为未知参数。

指数族分布包含了多种类型的分布如正态分布、二项分布、泊松分布、伽马分布等，以正态分布为例，设 $y\sim(\mu,\boldsymbol{\sigma}^2)$，则 $\boldsymbol{y}$ 的概率密度可以表示为

$$f(y_i;\beta_i,\phi_i)=\frac{1}{\sqrt{2\pi}\sigma_i}\exp\left(-\frac{(y_i-\mu_i)^2}{2\sigma_i^2}\right)$$

$$= \exp\left(\ln\left(\frac{1}{\sqrt{2\pi}\sigma_i}\right) + \left(-\frac{(y_i-\mu_i)^2}{2\sigma_i^2}\right)\right)$$

$$= \exp\left(-\frac{1}{2}\ln(2\pi\sigma_i^2) - \frac{y_i^2}{2\sigma_i^2} + \frac{y_i\mu_i}{\sigma_i^2} - \frac{u_i^2}{2\sigma_i^2}\right) \tag{6-40}$$

$$= \exp\left(\frac{y_i\mu_i - \frac{1}{2}u_i^2}{\sigma_i^2} - \frac{1}{2}\left(\frac{y_i^2}{\sigma_i^2} + \ln(2\pi\sigma_i^2)\right)\right)$$

令 $\beta_i=\mu_i$，$\phi_i=\sigma_i^2$，$a(\phi_i)=\phi_i$，则满足指数族分布形式：

$$b(\beta_i) = \frac{1}{2}u_i^2 = \frac{1}{2}\beta_i^2, c(y_i,\phi_i) = -\frac{1}{2}\left(\frac{y_i^2}{\phi_i} + \ln(2\pi\phi_i)\right) \tag{6-41}$$

以泊松分布为例，设 $Y\sim \text{Possion}(\mu)$ 则 Y 的概率分布可以表示为：

$$P(Y=y) = \frac{\mu^y}{y!}\exp(-\mu) = \exp(y\ln\mu - \mu - \ln(y!)) \tag{6-42}$$

服从指数族分布形式，其中：

$$\beta = \ln\mu, \phi = 1, a(\phi) = \phi, b(\beta) = \mu, c(y,\phi) = -\ln(y!) \tag{6-43}$$

2）$g(\mu_i) = \sum_{j=1}^{n}\theta^{(j)}x_i^{(j)} + \theta_0$,式中,$\mu_i = E(y_i)(i=1,2,\cdots,m)$,连接函数 $g(\cdot)$ 定义为将 μ_i 与线性预测 $\sum_{j=1}^{n}\theta^{(j)}x_i^{(j)} + \theta_0,(i=1,2,\cdots,m)$ 联系起来,特别地,当 $g(\mu_i)=\mu_i$ 时,则 $\mu_i = E(y_i) = \sum_{j=1}^{n}\theta^{(j)}x_i^{(j)} + \theta_0$,满足的是线性回归模型中的假设。当 $g(\mu_i)=\ln(\mu_i)$ 时,$\ln(\mu_i) = \sum_{j=1}^{n}\theta^{(j)}x_i^{(j)} + \theta_0$,满足的是泊松回归中的假设。

综上所述，当样本标签 $\boldsymbol{y}$ 与样本 $\boldsymbol{x}_1,\boldsymbol{x}_2,\cdots,\boldsymbol{x}_m$ 之间满足条件①和②时，则称 $\boldsymbol{y}$ 与样本 $\boldsymbol{x}_1,\boldsymbol{x}_2,\cdots,\boldsymbol{x}_m$ 服从广义线性模型。

二、泊松回归分析

（一）泊松回归概述

在实际应用中，对离散型变量进行建模时，普通的线性回归模型尚且无法完全满足对这类变量的建模过程。如当样本标签是记录某个特定事件出现的次数，其表现为有序的非负整数，若按照普通的线性回归模型进行建模，参照多元线性回归模型，可以表示为

$$h(\boldsymbol{x}_i) = \theta^{(1)}x_i^{(1)} + \theta^{(2)}x_i^{(2)} + \cdots + \theta^{(n)}x_i^{(n)} + \theta_0 \tag{6-44}$$

可以看出，式（6-44）右项可以表示任意连续值，而左项需满足非负实数的条件，普通的线性回归模型无法对这类计数型离散数据进行建模。基于此，泊松回归是一类可以用来对当样本标签是计数型离散数据的情况下对其进行建模的方法，特别地，样本标签服从泊松分布。泊松分布是由法国数学家西莫恩 · 德尼 · 泊松于1838 年提出，主要适用于描述单位时间内随机事件发生的次数。

（二）泊松回归建模过程

1. 数据

对于 m 个样本组成的训练数据集 $D=\{(\boldsymbol{x}_1,y_1),(\boldsymbol{x}_2,y_2),\cdots,(\boldsymbol{x}_m,y_m)\}$，$(x_i,y_i)$ 表示第 i 个样本点，其中样本 $\boldsymbol{x}_i=[x_i^{(1)},x_i^{(2)},\cdots,x_i^{(n)}]^{\mathrm{T}}\in\mathbf{R}^n$，$x_i^{(j)}$ 是样本 $\boldsymbol{x}_i$ 在第 j 个属性上的取值。$y_i\in\mathbf{R}$ 表示样本 $\boldsymbol{x}_i$ 的标签。

2. 模型

泊松回归假设因变量服从泊松分布，并假设其期望值的对数可被未知参数的线性组合建模，因而又被称作对数-线性模型。在 $y_1,y_2,\cdots,y_m$ 相互独立，且分别服从参数为 $\boldsymbol{\mu}_i=E(y_i)$的泊松分布条件下，泊松回归模型可以表示如下：

$$E(\boldsymbol{y})=h_\theta(\boldsymbol{x})=\exp(\boldsymbol{\theta}^{\mathrm{T}}\boldsymbol{x}) \tag{6-45}$$

式中，$\boldsymbol{\theta}=(\theta^{(1)},\theta^{(2)},\cdots,\theta^{(n)},\theta_0)^{\mathrm{T}}$表示的是泊松回归中的权重向量，同样地，对向量 $\boldsymbol{x}_i$ 进行扩充，得到 $\boldsymbol{x}_i=[x_i^{(1)};\cdots;x_i^{(j)};\cdots;x_i^{(n)},1]^{\mathrm{T}}$。

3. 策略

在对泊松回归的参数进行估计时，运用最大似然估计法对参数 $\boldsymbol{\theta}$ 进行拟合，假设数据的标签服从的是泊松分布，即

$$L(\boldsymbol{y}\mid\boldsymbol{x})=\frac{h_\theta(\boldsymbol{x})^y}{y!}\mathrm{e}^{-h_\theta(\boldsymbol{x})} \tag{6-46}$$

假设 m 个样本独立同分布，泊松回归模型的似然函数形式可以表示为

$$L(\boldsymbol{\theta})=\prod_{i=1}^{m}P(y_i\mid\boldsymbol{x}_i;\theta)=\prod_{i=1}^{m}\frac{h_\theta(\boldsymbol{x}_i)^{y_i}}{y_i!}\mathrm{e}^{-h_\theta(\boldsymbol{x}_i)} \tag{6-47}$$

对式（6-47）两边同时取对数，即可得到关于该似然函数的对数形式：

$$l(\boldsymbol{\theta})=\ln L(\boldsymbol{\theta})=\sum_{i=1}^{m}(y_i\ln(h_\theta(\boldsymbol{x}_i))-h_\theta(\boldsymbol{x}_i)-\ln(y_i!)) \tag{6-48}$$

最大化该似然函数等同于最小化损失函数对参数 $\boldsymbol{\theta}$ 进行估计，定义式（6-48）的损失函数为

$$J(\boldsymbol{\theta})=-\sum_{i=1}^{m}(y_i\ln(h_\theta(\boldsymbol{x}_i))-h_\theta(\boldsymbol{x}_i)-\ln(y_i!)) \tag{6-49}$$

4. 算法

使用梯度下降法对泊松回归进行求解，即对式（6-49）的参数进行估计，得到相应的 θ^*，首先在式（6-49）的基础上对 θ 进行求导，得到：

$$\frac{\partial}{\partial\theta^{(j)}}J(\boldsymbol{\theta})=-\sum_{i=1}^{m}\left(y_i\frac{1}{h_\theta(\boldsymbol{x}_i)}h_\theta(\boldsymbol{x}_i)x_i^{(j)}-h_\theta(\boldsymbol{x}_i)x_i^{(j)}\right) \tag{6-50}$$

对式（6-50）进行化简，可以得到：

$$\frac{\partial}{\partial\theta^{(j)}}J(\boldsymbol{\theta})=\sum_{i=1}^{m}(h_\theta(\boldsymbol{x}_i)-y_i)x_i^{(j)} \tag{6-51}$$

最后，使用梯度下降迭代法对参数$\theta^{(j)}$进行更新，得到：

$$\theta^{(j)} = \theta^{(j)} - \alpha \frac{\partial}{\partial \theta_j} J(\boldsymbol{\theta}) = \theta^{(j)} - \alpha \sum_{i=1}^{m} (h_\theta(\boldsymbol{x}_i) - y_i) x_i^{(j)} \tag{6-52}$$

式中，α 为学习率。

泊松回归算法的伪代码如算法 6-4 所示。

算法 6-4：泊松回归算法

输入： 训练集 $D = \{(\boldsymbol{x}_1, y_1), (\boldsymbol{x}_2, y_2), \cdots, (\boldsymbol{x}_m, y_m)\}$；

学习率 α；

迭代次数 m_iter；

过程： 函数 poisson_regression(D)

1. 初始化权重向量 $\boldsymbol{\theta}$；
2. **for** $j \in \{1, 2, \cdots, \text{m\_iter}\}$ **do**：
3. $\theta^{(j)} = \theta^{(j)} - \alpha \sum_{i=1}^{m} (h_\theta(x^{(i)}) - y_i) x_i^{(j)}$；
4. **end for**

输出： $h_\theta(\boldsymbol{x}) = \exp(\boldsymbol{\theta}^{\mathrm{T}} \boldsymbol{x})$

第五节　非线性回归分析

一、非线性回归分析概述

在现实社会经济生活中，许多现象之间并不是简单的线性关系，回归模型的样本标签与特征变量之间可能会呈现出形态各异的各种曲线型。非线性回归是线性回归分析的一种扩展，当非线性回归中只有单个特征变量时，它被称为一元非线性回归；当含有多个特征变量时则被称为多元非线性回归。部分非线性回归问题可以通过变量转化成为线性回归模型加以解决。非线性回归问题一般可分为将非线性变换成线性和不能变换成线性两大类，常用的可转换为线性回归模型的非线性回归模型有幂函数、指数函数、对数函数等。各非线性函数表达式、具体的曲线图形以及转换成为的线性模型的表达式如表6-2 所示。

表 6-2　可转换为线性函数的非线性函数

非线性函数	非线性函数曲线	变换后的线性函数
$y = ax^b$	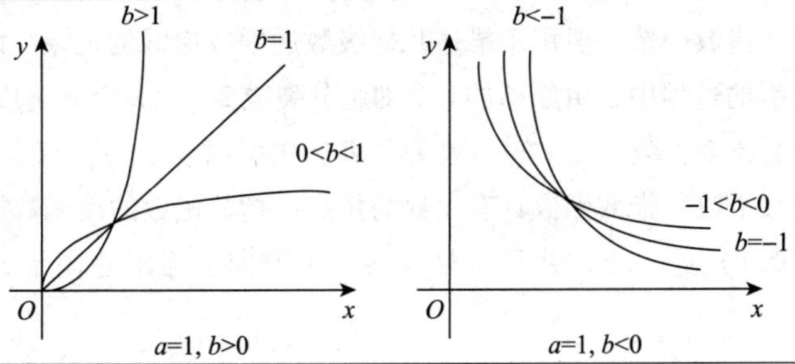	$p = \ln a$ $q = \ln x$ $u = \ln y$ ↓ $u = p + bq$

（续）

非线性函数	非线性函数曲线	变换后的线性函数
$y = ae^{bx}$	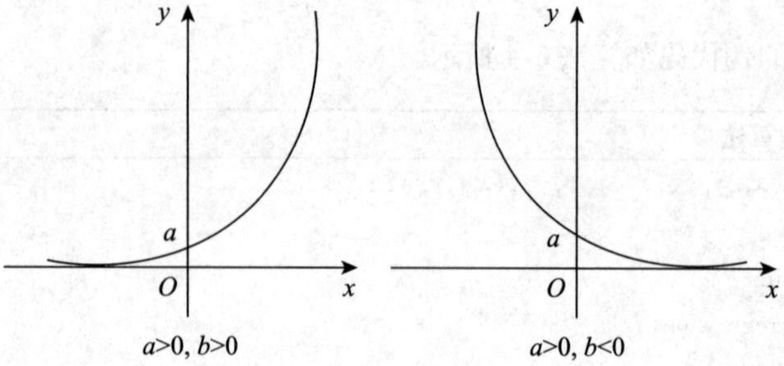	$p = \ln a$ $q = x$ $u = \ln y$ ↓ $u = p + bq$
$y = a\,\frac{b}{e^{x}}$	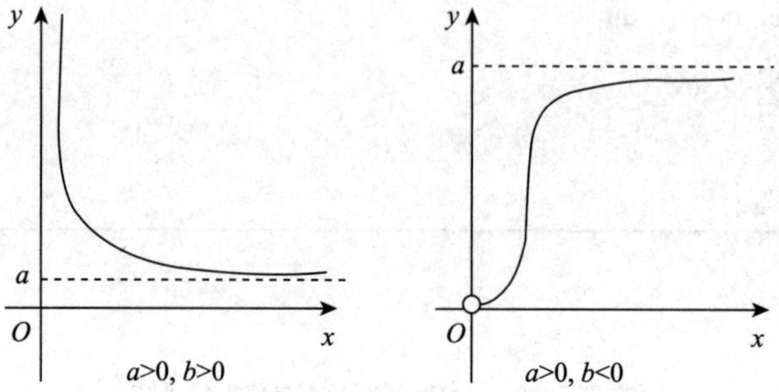	$p = \ln a$ $q = \frac{1}{x}$ $u = \ln y$ ↓ $u = c + bv$
$y = a + b\ln x$	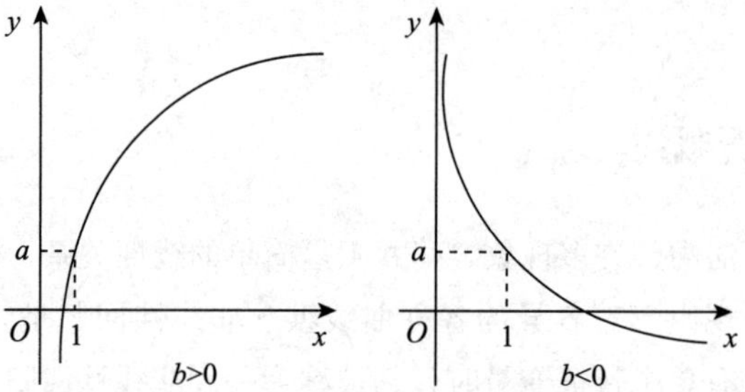	$q = \ln x$ $u = y$ ↓ $u = a + bq$

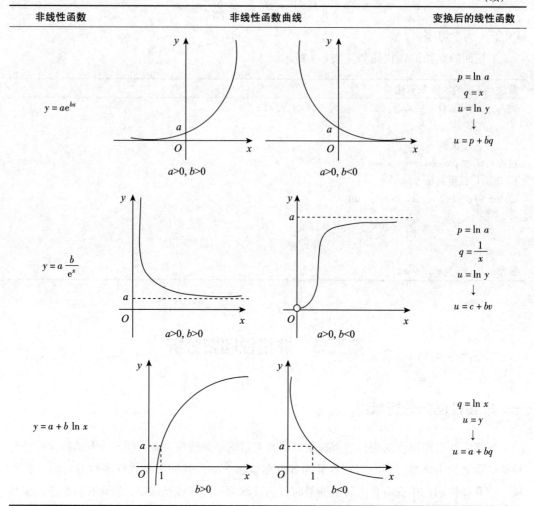

二、指数函数模型

（一）指数函数概述

本章以指数函数为例对可以转换为线性函数的非线性回归函数进行阐述。指数函数是典型的非线性函数。指数函数一般用于描述几何级数递增或递减的现象。以细胞分裂过程为例，细胞在进行分裂的过程中，由原始的1个细胞分裂成2个，2个分裂成4个，依此类推，第x次分裂所得到的新细胞数y与x的函数关系表达式可以表示为$y = 2^x$。这一形式所表示的函数即称之为指数函数。指数函数具有无界的特点，指数函数的反函数即是对数函数，指数函数总是通过（0,1）这一点，并且总是在某一个方向上无限趋向于x轴，不会与x轴相交。

（二）指数函数的建模过程

1. 数据

对于 m 个样本组成的训练数据集 $D=\{(\boldsymbol{x}_1,y_1),(\boldsymbol{x}_2,y_2),\cdots,(\boldsymbol{x}_m,y_m)\}$，$(\boldsymbol{x}_i,y_i)$ 表示第 i 个样本点，其中样本 $\boldsymbol{x}_i\in\mathbf{R}$ 是样本的属性特征，$y_i\in\mathbf{R}$ 表示样本 $\boldsymbol{x}_i$ 的标签。

2. 模型

指数函数模型表示了样本标签一般会随着 x 的增加呈现出指数型增加，如图 6-4 所示，当 x 趋于正无穷时，$h_\theta(\boldsymbol{x})$ 趋于正无穷，当 x 趋于负无穷时，$h_\theta(\boldsymbol{x})$ 趋于 0。

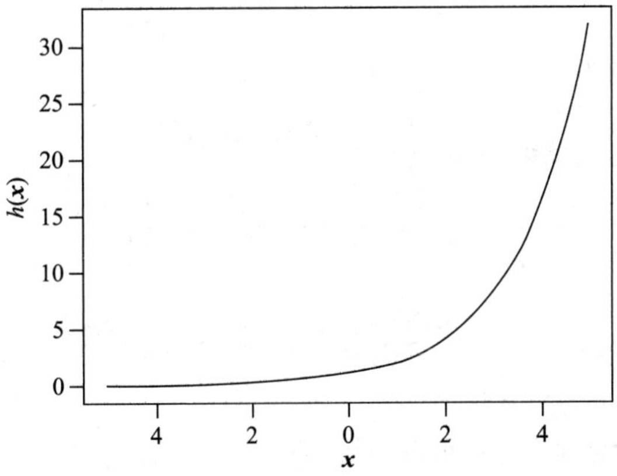

图 6-4　指数函数模型图

指数函数的一般形式可以表示为

$$\hat{h}(\boldsymbol{x}_i)=\theta_0 e^{\theta \boldsymbol{x}_i} \tag{6-53}$$

可以看出，函数呈现出单调递增形式，其中 e 称为“底数”，对该形式进行线性转换，令 $h(\boldsymbol{x}_i)=\ln\hat{h}(\boldsymbol{x}_i)$，$\theta_0'=\ln\theta_0$，$\boldsymbol{x}_i'=\boldsymbol{x}_i$，则该指数函数可以转换为的线性表达形式如下所示：

$$h(\boldsymbol{x}_i)=\theta_0'+\boldsymbol{\theta}\boldsymbol{x}_i' \tag{6-54}$$

3. 策略

对已经转换为线性形式的指数函数进行求解，我们采用的策略与前面章节提及的线性回归求解策略相同，即采用最小二乘法对该函数的参数进行估计，具体过程如下：

$$\begin{aligned} J(\boldsymbol{\theta}) &= \sum_{i=1}^{m}(y_i-h(\boldsymbol{x}_i))^2 \\ &= \sum_{i=1}^{m}(y_i-\theta_0'-\boldsymbol{\theta}\boldsymbol{x}_i')^2 \end{aligned} \tag{6-55}$$

最小二乘法主要通过最小化损失函数 $J(\boldsymbol{\theta})$ 对模型参数进行估计，即可得到关于指数函数所涉及的参数的估计。

4. 算法

利用最小二乘法对需要估计的参数进行求导，利用损失函数对 θ_0' 进行求导，并令导数为 0，可以得到：

$$\begin{aligned}\frac{\partial J}{\partial \theta_0'} &= \frac{\partial}{\partial \theta_0'}\left[\sum_{i=1}^{n}(y_i - \boldsymbol{\theta}\boldsymbol{x}_i' - \theta_0')^2\right] \\ &= \sum_{i=1}^{m}(-2)(y_i - \boldsymbol{\theta}\boldsymbol{x}_i' - \theta_0') \\ &= 2\left[m\theta_0' - \sum_{i=1}^{n}(y_i - \boldsymbol{\theta}\boldsymbol{x}_i')\right] \\ &= 0\end{aligned} \tag{6-56}$$

化简可得关于 θ_0' 的表达式：

$$\theta_0' = \ln \theta_0 = \frac{1}{m}\sum_{i=1}^{m} y_i - \boldsymbol{\theta}\frac{1}{m}\sum_{i=1}^{m}\boldsymbol{x}_i' \tag{6-57}$$

进而对 θ 进行求导，得到：

$$\begin{aligned}\frac{\partial J}{\partial \boldsymbol{\theta}} &= \frac{\partial}{\partial \boldsymbol{\theta}}\left[\sum_{i=1}^{m}(y_i - \theta_0' - \boldsymbol{\theta}\boldsymbol{x}_i')^2\right] \\ &= \sum_{i=1}^{m}\left[2(y_i - \theta_0' - \boldsymbol{\theta}\boldsymbol{x}_i')(-\boldsymbol{x}_i')\right] \\ &= 2\left(\boldsymbol{\theta}\sum_{i=1}^{m}(\boldsymbol{x}_i')^2 - \sum_{i=1}^{m}(y_i - \theta_0')\boldsymbol{x}_i'\right) \\ &= 0\end{aligned} \tag{6-58}$$

对式（6-58）进行化简，据此可以得到

$$\begin{aligned}\boldsymbol{\theta} &= \frac{\sum_{i=1}^{m}\boldsymbol{x}_i' y_i - \theta_0'\sum_{i=1}^{m}\boldsymbol{x}_i'}{\sum_{i=1}^{m}(\boldsymbol{x}_i')^2} \\ &= \frac{\sum_{i=1}^{m}\boldsymbol{x}_i' y_i - \sum_{i=1}^{m}\boldsymbol{x}_i'\left[\frac{1}{m}\sum_{i=1}^{m} y_i - \boldsymbol{\theta}\frac{1}{m}\sum_{i=1}^{m}\boldsymbol{x}_i'\right]}{\sum_{i=1}^{m}(\boldsymbol{x}_i')^2}\end{aligned} \tag{6-59}$$

化简可以得到：

$$\boldsymbol{\theta}\sum_{i=1}^{m}(\boldsymbol{x}_i')^2 = \sum_{i=1}^{m}\boldsymbol{x}_i' y_i - \frac{1}{m}\sum_{i=1}^{m}\boldsymbol{x}_i'\sum_{i=1}^{m} y_i + \boldsymbol{\theta}\frac{1}{m}\left(\sum_{i=1}^{m}\boldsymbol{x}_i'\right)^2 \tag{6-60}$$

最终求得关于 $\boldsymbol{\theta}$ 的表达式：

$$\boldsymbol{\theta} = \frac{m\sum_{i=1}^{m}\boldsymbol{x}_i' y_i - \sum_{i=1}^{m}\boldsymbol{x}_i'\sum_{i=1}^{m} y_i}{m\sum_{i=1}^{m}(\boldsymbol{x}_i')^2 - \left(\sum_{i=1}^{m}\boldsymbol{x}_i'\right)^2} = \frac{m\sum_{i=1}^{m}\boldsymbol{x}_i y_i - \sum_{i=1}^{m}\boldsymbol{x}_i\sum_{i=1}^{m} y_i}{m\sum_{i=1}^{m}\boldsymbol{x}_i^2 - \left(\sum_{i=1}^{m}\boldsymbol{x}_i\right)^2} \tag{6-61}$$

可以求得：

$$\theta_0 = \exp\left(\frac{1}{m}\sum_{i=1}^{m} y_i - \boldsymbol{\theta}\frac{1}{m}\sum_{i=1}^{m}\boldsymbol{x}_i'\right) = \exp\left(\frac{1}{m}\sum_{i=1}^{m} y_i - \boldsymbol{\theta}\frac{1}{m}\sum_{i=1}^{m}\boldsymbol{x}_i\right) \tag{6-62}$$

根据式（6-61）以及式（6-62），可以得到关于指数回归的参数 $\boldsymbol{\theta}$ 和 θ_0 的解。

指数函数模型的算法伪代码如算法 6-5 所示。

算法 6-5：指数函数模型算法

输入： 训练集 $D=\{(\boldsymbol{x}_1,y_1),(\boldsymbol{x}_2,y_2),\cdots,(\boldsymbol{x}_m,y_m)\}$；

迭代次数 m_iter；

过程： 函数 exponential_regression(D)

1. 根据式（6-62）计算 $\boldsymbol{\theta}$，θ_0；

输出： $h(\boldsymbol{x}_i)=\theta_0'+\boldsymbol{\theta}\boldsymbol{x}_i'$

第六节　应用案例

回归分析在宏观经济指标预测中发挥着重要作用，通过对国内生产总值（GDP）、工业增加值、消费水平、投资水平等宏观指标的预测，可以有效掌握不同指标的未来发展趋势，为宏观经济提供预警。

中国科学院预测科学研究中心作为中国经济与社会发展领域的一个重要预测研究中心，为中央和政府进行重大决策提供科学依据和重要建议。其能够针对经济与社会发展中的重大决策问题与基本科学问题开展预测理论、方法与技术的创新研究，推动预测科学的研究与发展。通过利用回归预测方法对居民消费价格指数进行预测，确定影响消费价格指数的相关因素如商品价格因素、节日因素等，通过对高频数据观察以及综合判断，引领消费增速稳步向好。除此之外，通过对财政收入的回归预测，判断影响财政收入的经济形势、减税降费、特殊事件等因素对财政收入的影响，进而合理预测出财政收入。2014 年，中国科学院预测科学研究中心对当年中国经济增长、投资、消费、进出口、物价、农业、工业、大宗商品、行业用水、房地产、物流等方面做出回归预测，预计汽车行业景气在 2014 年第一季度将继续小幅上升，之后进入平稳运行阶段。2019 年，中国科学院预测科学研究中心举办了“2019 年中国经济预测发布与高端论坛”，发布了关于 GDP、进出口总额、粮食产量、全国商品房销售均价等重要经济指标的预测结果，探讨供给侧改革与需求管理之间的相关关系，预测精度得到广泛关注与认可。2021 年，中国科学院预测科学研究中心举办了“2020 年中国经济预测发布与高端论坛”，对 2021 年经济回归预测结果进行讨论，并预计 2021 年我国最终消费将出现恢复性增长，成为拉动经济增长的主要动力，其中影响经济增长的主要因素有政策利好因素、数字经济快速发展因素、减税降费持续推进因素、境外消费因素。同时，也存在相关因素制约消费增长，如居民收入增长缓慢、家庭债务较重等。全国商品房平均销售价格将保持平稳，房地产开发投资完成额增速、商品房销售面积增速和房屋新开工面积增速均比2020 年有所回升。

可以看出，对经济管理活动中的数量关系进行计算与分析，将复杂相关的经济现象用精确简便的回归模型进行建模与预测，能够揭示有关经济对象之间的内在联系与关系。通过回归模型预测宏观经济指标有利于加强国家对国民经济的宏观调控、增强预见性，使现代管理建立在对客观对象进行科学分析和精确计算的基础之上，有效地发挥现代管理方法在管理现代经济中的作用，达到提高经济效益的目的。

◎ 思考与练习

1. 请利用最小二乘法计算二元线性回归模型 $h(\boldsymbol{x}) = \theta^{(1)}x^{(1)} + \theta^{(2)}x^{(2)} + \theta^{(0)}$ 的参数 $\theta^{(1)}$、$\theta^{(2)}$ 以及 $\theta^{(0)}$ 的估计值。
2. 请说明岭回归和 LASSO 回归分析的区别和联系。
3. 请说明广义线性回归与非线性回归的区别与联系。
4. 请对非线性函数中的对数函数进行建模求解。

◎ 本章扩展阅读

[1] 周志华. 机器学习 [M]. 北京：清华大学出版社，2016.

[2] 李航. 统计学习方法 [M]. 2 版. 北京：清华大学出版社，2019.

[3] 何晓群，刘文卿. 应用回归分析 [M]. 4 版. 北京：中国人民大学出版社，2015.

[4] FREEDMAN D，PISANI R，PURVES R.，et al. Statistics [M]. New York：W. W. Norton & Company，2007.

[5] MURPHY K P. Machine Learning：a probabilistic perspective [M]. Cambridge：The MIT Press，2012.

[6] TIBSHIRANI R. Regression shrinkage and selection via the lasso：A retrospective [J]. Journal of the Royal Statistical Society：Series B (Statistical Methodology)，2011，73(3)：267-288.

[7] SAPATINAS T. The elements of statistical learning [J]. Journal of the Royal Statistical Society：Series A (Statistics in Society)，2004，167(1)：192.

[8] EFRON B，HASTIE T，JOHNSTONE I，et al. Least angle regression [J]. Annals of statistics，2004，32(2)：407-499.

[9] COHEN W W. Fast effective rule induction [M]. Machine learning proceedings 1995. California：Morgan Kaufmann，1995：115-123.

[10] SIMON N，FRIEDMAN J，HASTIE T，et al. A sparse-group lasso [J]. Journal of Computational and Graphical Statistics，2013，22(2)：231-245.

[11] TIBSHIRANI R. Regression shrinkage and selection via the lasso [J]. Journal of the Royal Statistical Society. Series B (Methodological)，1996，58(1)：267-288.

[12] WU T T，LANGE K. Coordinate descent algorithm for lasso penalized regression [J]. The Annals of Applied Statistics，2008，2(1)：224-244.

C H A P T E R 7

第七章

数据分类分析

分类分析是一种对离散标签进行预测的监督学习方法，其目的是从给定的分类训练数据中学习分类模型。数据分类分析在许多场景下都有重要应用，如客户流失预测、客户信用风险等级预测和国家电网客户用电异常行为分析等。在本章中你将了解数据分类分析的基本概念，掌握数据分类分析的6种基本类型及其典型方法，并了解数据分类分析如何应用于实际场景。

■ 学习目标

- 掌握数据分类分析的基本概念
- 掌握数据分类分析的基本类型及典型方法
- 理解数据分类分析在实际中的应用

■ 知识结构图

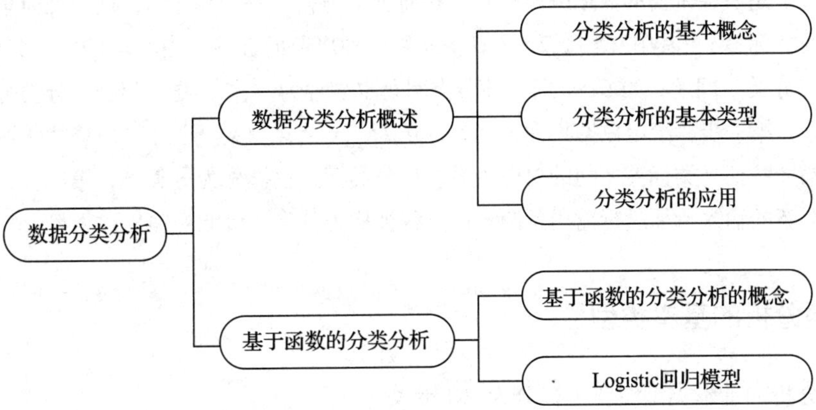

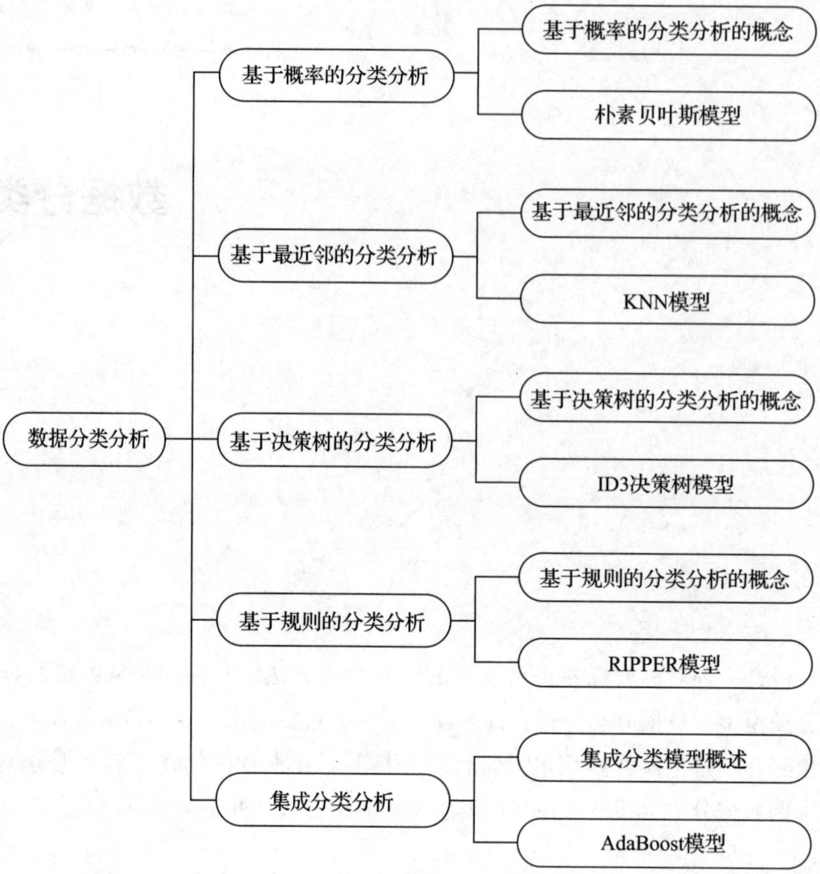

第一节　数据分类分析概述

一、分类分析的基本概念

分类分析是一种重要的数据分析形式，它通过学习得到一个模型 h，把特征向量 $\boldsymbol{x}$ 映射到预先定义的类标签 y，其中 $y\in\{1,2,\cdots,C\}$ 包含 C 种离散的标签。当 $C=2$ 时，该分类问题也被称为“二分类”问题；当 $C>2$ 时，该分类问题也被称为“多分类”问题。分类分析主要包含两个步骤：第一步，给定数据集 $D=\{(\boldsymbol{x}_1,y_1),(\boldsymbol{x}_2,y_2),\cdots,(\boldsymbol{x}_m,y_m)\}$，构建并学习一个分类模型 h 来描述特征与类标签之间的对应关系，该分类模型也被称为分类器；第二步，利用学到的分类器对新的输入特征进行输出预测，该过程被称为分类，可能的输出称为类。

二、分类分析的基本类型

分类分析的基本类型主要可以分为以下 6 类。

（1）基于函数的分类分析。在基于函数的分类分析中，分类模型 h 能够通过显式的函数解析式对分类数据的决策边界直接进行表示。

（2）基于概率的分类分析。基于概率的分类分析对训练数据集的联合概率分布 $P(X,Y)$ 或条件概率分布 $P(Y|X)$ 进行建模，从而得到样本在不同类别下的概率分布。

（3）基于最近邻的分类分析。基于最近邻的分类分析利用距离样本最近的若干个训练样本的标签来确定其预测分类。

（4）基于决策树的分类分析。决策树模型是一种由一个根节点、若干个内部节点和叶节点构成的树形结构，从根节点到叶节点的不同路径能够对应不同的判别规则。

（5）基于规则的分类分析。基于规则的分类分析利用由一组“if…then…”构成的规则集合来对新样本的类别进行预测。

（6）集成分类分析。集成分类模型是由多个分类器组成，这些分类器称为基分类器，集成分类则利用基分类器的准确性和多样性来提升分类模型的预测性能。

三、分类分析的应用

分类分析在许多领域都有重要的应用。例如，在客户流失预测中，企业可以利用大量的销售数据构建客户流失分类模型，帮助业务人员识别哪些客户有流失的风险，并找出客户流失的原因，从而能够及时采取相应的措施挽留客户；在客户信用风险等级预测中，银行可以基于客户的基本信息、银行流水记录和借贷信息等相关数据构建信用风险等级分类模型，对客户的信用风险等级进行划分，从而确保信用风险较低的客户能够得到贷款；在国家电网客户用电异常行为分析中，电网公司可以通过收集海量的用电数据构建用电行为特征，如周统计指标、月统计指标和季度用电量等，并基于这些特征来构建客户用电异常行为分类模型，从而保证正常的供电秩序。分类分析同样广泛应用于其他领域，如电子商城的优惠券使用预测、商品图片分类、中文语料的类别分析和情感分析、基于文本内容的垃圾短信识别、自动驾驶场景中的交通标志检测、监控场景下的行人精细化识别、生物学领域中待测微生物种类判别等。

第二节　基于函数的分类分析

一、基于函数的分类分析的概念

在基于函数的分类分析中，分类模型能够通过函数解析式进行表示。例如，二维平面上的两类数据，可以通过一条显式的直线 $h_\theta(\boldsymbol{x})=\boldsymbol{\theta x}+b$ 将两类数据进行划分。比较常见的基于函数的分类分析方法有 Logistic 回归、支持向量机（Support Vector Machine，SVM）、感知机（Perceptron）以及更复杂的函数模型如多层感知机（Multilayer Perceptron，MLP）等。下面主要对 Logistic 回归模型进行介绍。

二、Logistic 回归模型

（1）Logistic 回归模型概述。

Logistic 回归模型是一种用于估计某种事件在二值变量上发生概率的机器学习方法。逻辑回归与线性回归都是一种广义线性模型，该方法的名字虽然是“回归”，但实际上它是一种用于二分类任务的机器学习方法。

Logistic 回归模型起源于 19 世纪 50 ~ 60 年代统计学家对流行病的研究。在流行病的研究中，一个人不患病或患病是一个离散的变量，即 $y \in \{0,1\}$。当标签为离散值的时候，直接使用线性回归的方法效果较差，因此统计学家开始尝试使用逻辑函数（Logistic Function）将离散的二值变量转换为 0 至 1 之间的概率值。统计学家戴维 · 罗克斯比 · 考克斯（David Roxbee Cox）在 19 世纪 60 年代发表了一系列关于回归模型中离散标签处理的论文，逐渐形成了现在看到的 Logistic 回归模型。

（2）Logistic 回归的建模过程。

1）数据。

对于 m 个样本组成的训练集 $D=\{(\boldsymbol{x}_1,y_1),(\boldsymbol{x}_2,y_2),\cdots,(\boldsymbol{x}_m,y_m)\}$，$(\boldsymbol{x}_i,y_i)$ 表示第 i 个样本点，其中 $\boldsymbol{x}_i=[x_i^{(1)},\cdots,x_i^{(j)},\cdots,x_i^{(n)}]^{\mathrm{T}} \in \mathbf{R}^n$ 是由 n 个特征描述的 n 维列向量，$x_i^{(j)} \in \mathbf{R}$ 是第 i 个样本在第 j 个特征上的取值，$y_i \in \{0,1\}$ 表示样本的类别标签。

2）模型。

Logistic 回归模型使用逻辑函数实现对线性回归模型的非线性转换，可表示为

$$h_\theta(\boldsymbol{x}) = g(\boldsymbol{\theta}^{\mathrm{T}}\boldsymbol{x}) = \frac{1}{1+\mathrm{e}^{-(\boldsymbol{\theta}^{\mathrm{T}}\boldsymbol{x}+b)}} \tag{7-1}$$

式中，$\boldsymbol{\theta}$ 为 Logistic 回归的权值向量，且 $\boldsymbol{\theta} \in \mathbf{R}^n$。为表示方便，将 $\boldsymbol{x}_i$ 与 $\boldsymbol{\theta}$ 进行扩充，即 $\boldsymbol{\theta}=(\theta_1,\theta_2,\cdots,\theta_n,b)^{\mathrm{T}}$，$\boldsymbol{x}_i=[x_i^{(1)},x_i^{(2)},\cdots,x_i^{(n)},1]^{\mathrm{T}}$。这时，Logistic 回归模型可表示为

$$h_\theta(\boldsymbol{x}) = g(\boldsymbol{\theta}^{\mathrm{T}}\boldsymbol{x}) = \frac{1}{1+\mathrm{e}^{-\boldsymbol{\theta}^{\mathrm{T}}\boldsymbol{x}}} \tag{7-2}$$

函数 $g(z)$ 表示为

$$g(z) = \frac{1}{1+\mathrm{e}^{-z}} \tag{7-3}$$

这个函数就是逻辑函数，或者叫双弯曲 S 形函数（Sigmoid Function）。$g(z)$ 的函数图像如图 7-1所示。

从图 7-1 中可以看到，当 $z \to \infty$ 时，$g(z) \to 1$，而当 $z \to -\infty$ 时，$g(z) \to 0$。因此，无论 $\boldsymbol{\theta}^{\mathrm{T}}\boldsymbol{x}$ 多大，$g(\boldsymbol{\theta}^{\mathrm{T}}\boldsymbol{x})$ 始终能将其转换到 0 至 1 之间的概率值。逻辑函数 $g(z)$ 具有良好的数学性质：

$$
\begin{aligned}
g'(z) &= \frac{\mathrm{d}}{\mathrm{d}z}\frac{1}{1+\mathrm{e}^{-z}} = \frac{1}{(1+\mathrm{e}^{-z})^2}(\mathrm{e}^{-z}) \\
&= \frac{1}{(1+\mathrm{e}^{-z})}\cdot\left(1-\frac{1}{(1+\mathrm{e}^{-z})}\right) \\
&= g(z)(1-g(z))
\end{aligned} \tag{7-4}
$$

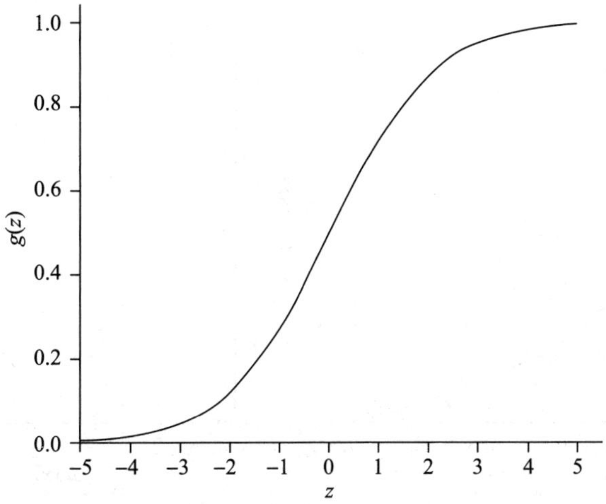

图 7-1　逻辑函数的图像

3）策略。

在估计 Logistic 回归模型的参数时，需要对其进行一些统计学假设，然后使用极大似然估计法对参数 θ 进行拟合。假设数据的标签服从伯努利分布，即

$$
\begin{aligned}
P(y=1 \mid \boldsymbol{x}) &= h_\theta(\boldsymbol{x}) \\
P(y=0 \mid \boldsymbol{x}) &= 1-h_\theta(\boldsymbol{x})
\end{aligned} \tag{7-5}
$$

式（7-5）也可写为

$$
P(y \mid \boldsymbol{x}) = (h_\theta(\boldsymbol{x}))^y(1-h_\theta(\boldsymbol{x}))^{1-y} \tag{7-6}
$$

假设 m 个训练样本独立同分布，Logistic 回归模型的似然函数可以写为

$$
\begin{aligned}
L(\boldsymbol{\theta}) &= \prod_{i=1}^{m} P(y_i \mid \boldsymbol{x}_i;\boldsymbol{\theta}) \\
&= \prod_{i=1}^{m} (h_\theta(\boldsymbol{x}_i))^{y_i}(1-h_\theta(\boldsymbol{x}_i))^{1-y_i}
\end{aligned} \tag{7-7}
$$

对式（7-7）两边同时取对数，得到该式的对数似然函数：

$$
\begin{aligned}
l(\boldsymbol{\theta}) &= \ln L(\boldsymbol{\theta}) \\
&= \sum_{i=1}^{m} y_i \ln h_\theta(\boldsymbol{x}_i) + (1-y_i)\ln(1-h_\theta(\boldsymbol{x}_i))
\end{aligned} \tag{7-8}
$$

最大化式（7-8）等价于最小化其相反数，于是可以得到 Logistic 回归模型的损失函数：

$$
J(\boldsymbol{\theta}) = \sum_{i=1}^{m}(-y_i\ln h_\theta(\boldsymbol{x}_i) - (1-y_i)\ln(1-h_\theta(\boldsymbol{x}_i))) \tag{7-9}
$$

式（7-9）又被称为交叉熵损失函数。因此这种损失函数可以看成是数据标签在伯努利分布假设下的最大对数似然。下面我们从函数观点解释交叉熵损失函数。对于训练样本（$\boldsymbol{x}_i$，y_i），当 $y_i=1$ 时，损失为 $-\ln h_\theta(\boldsymbol{x}_i)$，其函数图像如图 7-2 左图所示，若 $h_\theta(\boldsymbol{x}_i)$ 接近 1，损失趋向于 0，否则损失越来越大；$y_i=0$ 时，损失为 $-\ln(1-h_\theta(\boldsymbol{x}_i))$，其函数图像如图 7-2 右图所示，若 $h_\theta(\boldsymbol{x}_i)$ 接近 0，损失趋向于 0，否则损失越来越大。

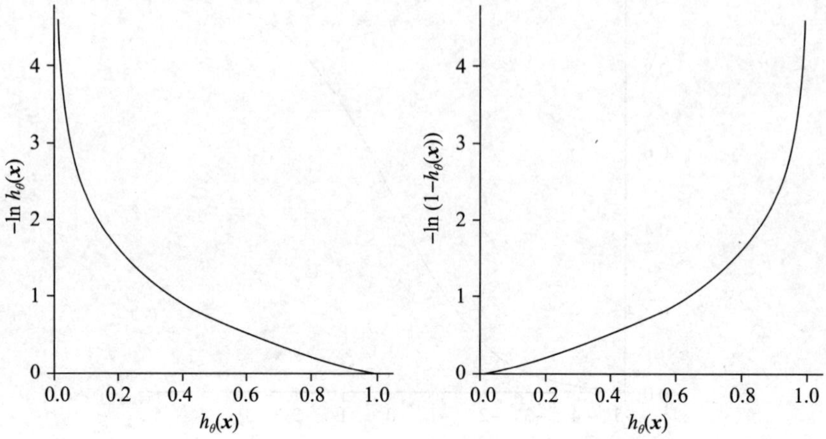

图 7-2　交叉熵损失函数的图像

4）算法。

下面使用梯度下降方法使 Logistic 回归模型的损失函数最小，并得到相应的 θ^*。首先对损失函数进行求导：

$$\begin{aligned}\frac{\partial}{\partial \boldsymbol{\theta}}J(\boldsymbol{\theta}) &= \sum_{i=1}^{m}\left(-y_i\frac{1}{g(\boldsymbol{\theta}^{\mathrm{T}}\boldsymbol{x}_i)}+(1-y_i)\frac{1}{1-g(\boldsymbol{\theta}^{\mathrm{T}}\boldsymbol{x}_i)}\right)\frac{\partial}{\partial \boldsymbol{\theta}}g(\boldsymbol{\theta}^{\mathrm{T}}\boldsymbol{x}_i)\\ &= \sum_{i=1}^{m}\left(-y_i\frac{1}{g(\boldsymbol{\theta}^{\mathrm{T}}\boldsymbol{x}_i)}+(1-y_i)\frac{1}{1-g(\boldsymbol{\theta}^{\mathrm{T}}\boldsymbol{x}_i)}\right)g(\boldsymbol{\theta}^{\mathrm{T}}\boldsymbol{x}_i)(1-g(\boldsymbol{\theta}^{\mathrm{T}}\boldsymbol{x}_i))\frac{\partial}{\partial \boldsymbol{\theta}}\boldsymbol{\theta}^{\mathrm{T}}\boldsymbol{x}_i\\ &= \sum_{i=1}^{m}(-y_i(1-g(\boldsymbol{\theta}^{\mathrm{T}}\boldsymbol{x}_i))+(1-y_i)g(\boldsymbol{\theta}^{\mathrm{T}}\boldsymbol{x}_i))\boldsymbol{x}_i\\ &= \sum_{i=1}^{m}(h_\theta(\boldsymbol{x}_i)-y_i)\boldsymbol{x}_i\end{aligned}\tag{7-10}$$

上面的求导过程使用了逻辑函数的数学性质 $g'(z)=g(z)(1-g(z))$，因此得到了权值参数的更新规则：

$$\begin{aligned}\boldsymbol{\theta} &= \boldsymbol{\theta}-\alpha\frac{\partial}{\partial \theta}J(\boldsymbol{\theta})\\ &= \boldsymbol{\theta}-\alpha\sum_{i=1}^{m}(h_\theta(\boldsymbol{x}_i)-y_i)\boldsymbol{x}_i\end{aligned}\tag{7-11}$$

式中，α 为学习率。Logistic 回归模型的算法伪代码如算法 7-1 所示。

算法 7-1： Logistic **回归模型的算法**

输入： 训练集 $D=\{(\boldsymbol{x}_1,y_1),(\boldsymbol{x}_2,y_2),\cdots,(\boldsymbol{x}_m,y_m)\}$；

学习率 α；

迭代次数 n_iter；

过程： 函数 logistic_regression(D)

1. 初始化权重向量 $\boldsymbol{\theta}$；
2. 令 $X=\{(1,\boldsymbol{x}_1),(1,\boldsymbol{x}_2),\cdots,(1,\boldsymbol{x}_m)\},\cdots,\boldsymbol{y}=\{y_1,y_2,\cdots,y_m\}$；
3. **for** $k\in\{1,2,\cdots,\text{n\_iter}\}$ **do**：
4. $\boldsymbol{\theta}=\boldsymbol{\theta}-\alpha\,\boldsymbol{x}^{\mathrm{T}}(h_\theta(\boldsymbol{x})-\boldsymbol{y})$；
5. **end for**

输出： $h_\theta(\boldsymbol{x})=g(\boldsymbol{\theta}^{\mathrm{T}}\boldsymbol{x})$

第三节　基于概率的分类分析

一、基于概率的分类分析的概念

基于概率的分类分析假设训练数据集是由联合概率分布 $P(X,Y)$ 独立同分布产生的，其中 $P(X,Y)$ 是 X 和 Y 的联合概率分布，X 和 Y 分别表示定义在输入空间 X 和输出空间 Y 上的随机变量。在贝叶斯定理中，先验概率是基于已有知识对随机事件进行概率预估，不考虑任何相关因素；后验概率则是基于已有知识对随机事件进行概率预估，并且考虑相关因素。贝叶斯定理允许我们通过计算取得先验概率 $P(Y)$、类条件概率 $P(X|Y)$ 和归一化证据因子 $P(X)$ 来表示后验概率：

$$P(Y|X)=\frac{P(X|Y)P(Y)}{P(X)} \tag{7-12}$$

因此，基于概率的分类分析对训练数据集的联合概率分布 $P(X,Y)$ 或条件概率分布 $P(Y|X)$ 进行建模，能够得到样本在不同类别下的概率分布。比较常见的基于概率的分类分析方法有朴素贝叶斯（Naive Bayes）模型、隐马尔可夫模型（Hidden Markov Model，HMM）和最大熵（Maximum Entropy）模型等。下面我们主要对朴素贝叶斯模型进行介绍。

二、朴素贝叶斯模型

（1）朴素贝叶斯模型概述。

朴素贝叶斯模型是一种简单而高效的分类模型，可以基于贝叶斯定理和条件独立假设计算出待分类项在其当前条件下各个可能类别出现的概率，并将取得最大值的那个类别作为最终输出结果。

朴素贝叶斯模型主要的思想就是在已给定特征属性值的前提下找到出现概率最大的类

别标签。“朴素”是指其在估计类条件概率时，假设各个特征属性之间条件独立，这也是其易于操作的原因。

（2）朴素贝叶斯模型的建模过程。

1）数据。

对于 m 个样本组成的训练集 $D=\{(\boldsymbol{x}_1,y_1),(\boldsymbol{x}_2,y_2),\cdots,(\boldsymbol{x}_m,y_m)\}$，$(\boldsymbol{x}_i,y_i)$ 表示第 i 个样本点，其中 $\boldsymbol{x}_i\in\{1,2,\cdots,K\}^n$ 是由 K 种离散的特征值描述的 n 维列向量，$\boldsymbol{x}_i^{(j)}$ 表示样本在第 j 个特征上的取值，$y_i\in Y=\{1,2,\cdots,C\}$ 表示样本的 C 个可能的类别。

2）模型。

朴素贝叶斯模型假设特征在类标签的情况下条件独立，其目的是在给定样本 $\boldsymbol{x}$ 的前提下得到每个类的概率，使用贝叶斯定理，朴素贝叶斯模型可以表示为

$$\begin{aligned} h_\theta(\boldsymbol{x}) &= \arg\max_c P(y=c\mid \boldsymbol{x},\boldsymbol{\pi},\boldsymbol{\theta}) \\ &= \arg\max_c P(y=c\mid \boldsymbol{\pi})P(\boldsymbol{x}\mid y=c,\boldsymbol{\theta}) \\ &= \arg\max_c P(y=c\mid \boldsymbol{\pi})\prod_{j=1}^{n}P(\boldsymbol{x}^{(j)}\mid y=c,\boldsymbol{\theta}) \end{aligned} \tag{7-13}$$

其中，先验概率 $P(y=c\mid \boldsymbol{\pi})$ 表示在知道样本特征 $\boldsymbol{x}$ 之前，该样本被分到第 c 个类的概率，$P(y=c\mid \boldsymbol{x},\boldsymbol{\theta})$ 表示在使用样本特征 $\boldsymbol{x}$ 中包含的信息通过贝叶斯定理修正的后验概率。

3）策略。

朴素贝叶斯模型采用最大似然估计对模型的参数进行估计。假设样本标签的先验服从范畴（Multinoulli）分布，对于任意一个样本 $(\boldsymbol{x}_i,y_i)$，其概率可以表示为

$$\begin{aligned} P(\boldsymbol{x}_i,y_i\mid \boldsymbol{\theta}) &= P(y_i\mid \boldsymbol{\pi})\prod_{j=1}^{n}P(x_i^{(j)}\mid y_i,\boldsymbol{\theta}_j) \\ &= \prod_{c=1}^{C}\pi_c^{(y_i=c)}\prod_{j=1}^{n}\prod_{c=1}^{C}P(x_i^{(j)}\mid \boldsymbol{\theta}_{jc})^{(y_i=c)} \end{aligned} \tag{7-14}$$

假设 m 个训练样本独立同分布，朴素贝叶斯模型的对数似然函数可以写为

$$\begin{aligned} l(\boldsymbol{\pi},\boldsymbol{\theta}) &= \ln P(D\mid \boldsymbol{\theta}) \\ &= \sum_{i=1}^{m}\sum_{c=1}^{C}m_c\ln\pi_c + \sum_{i=1}^{m}\sum_{j=1}^{D}\sum_{c=1}^{C}\sum_{i:y_i=c}\ln P(x_i^{(j)}\mid \boldsymbol{\theta}_{jc}) \end{aligned} \tag{7-15}$$

式中，$m_c=\sum_{i=1}^{m}(y_i=c)$ 表示训练集 D 中被分为第 c 类的样本个数。因此，朴素贝叶斯模型的策略为最大化式（7-15）中的对数似然函数。

4）算法。

下面利用拉格朗日法使朴素贝叶斯模型的对数似然函数最大，注意到 $\boldsymbol{\pi}$ 的限制条件 $\sum_{c=1}^{C}\pi_c=1$，式（7-15）可表示为以下拉格朗日函数的形式：

$$L(\boldsymbol{\pi},\boldsymbol{\theta},\alpha) = l(\boldsymbol{\pi},\boldsymbol{\theta}) + \alpha\left(1-\sum_{c=1}^{C}\pi_c\right) \tag{7-16}$$

式中，α 为拉格朗日乘子。式（7-16）对 π_c 求偏导，令偏导数为零：

$$\frac{\partial L(\boldsymbol{\pi},\boldsymbol{\theta},\alpha)}{\partial \boldsymbol{\pi}} = \frac{m_c}{\pi_c} - \alpha = 0 \tag{7-17}$$

得到 $\pi_c = m_c/\alpha$。对 $\boldsymbol{\pi}_c$ 求和，有：

$$\sum_{c=1}^{C} \pi_c = \sum_{c=1}^{C} \frac{m_c}{\alpha} = 1 \tag{7-18}$$

可以得到 $\alpha = \sum_{c=1}^{C} m_c = m$。因此，可以得到 π_c 的估计值：

$$\hat{\pi}_c = \frac{m_c}{m} \tag{7-19}$$

同理，假设每个特征的 K 种取值在每个类标签下的条件分布 $P(x_i^{(j)} \mid \theta_{jc})$ 服从范畴分布，可以得到 θ_{jc} 的估计值：

$$\hat{\theta}_{jc} = \frac{m_{jc}}{m_c} \tag{7-20}$$

式中，$m_{jc} = \sum_{i=1}^{m} (x_i^{(j)} = x^{(j)}, y_i = c)$ 表示训练集 D 中被分为第 c 类且第 j 个特征取值为 $x^{(j)}$ 的样本个数。

为避免特征的取值未在训练集中出现而导致所求参数为零的情况，在估计参数时需要对其进行平滑处理，常用方法为“拉普拉斯修正”。假设 m_j 为第 j 个特征可能的取值数，式（7-19）和式（7-20）分别修正为：

$$\hat{P}(y = c \mid \boldsymbol{\pi}) = \hat{\pi}_c = \frac{m_c + 1}{m + C} \tag{7-21}$$

$$\hat{P}(x^{(j)} \mid y = c, \boldsymbol{\theta}) = \hat{\theta}_{jc} = \frac{\sum_{i=1}^{m} (x_i^{(j)} = x^{(j)}, y_i = c) + 1}{m_c + m_j} \tag{7-22}$$

朴素贝叶斯模型的算法伪代码如算法 7-2 所示。

算法 7-2：朴素贝叶斯模型算法

输入： 训练集 $D = \{(\boldsymbol{x}_1, y_1), (\boldsymbol{x}_2, y_2), \cdots, (\boldsymbol{x}_m, y_m)\}$；
　　　新样本 $\boldsymbol{x} = [x^{(1)}, \cdots, x^{(j)}, \cdots, x^{(n)}]^{\mathrm{T}}$；

过程： 函数 naive_bayes(D)

1. 根据式（7-20）计算先验概率 $\hat{P}(y=c)$；
2. **for** $c \in \{1,2,\cdots,C\}$ **do**：
3. 　**for** $j \in \{1,2,\cdots,n\}$ **do**：
4. 　　根据式（7-22）计算条件概率 $\hat{P}(x^{(j)} \mid y=c)$；
5. 　**end for**
6. **end for**
7. 根据式（7-13）计算条件概率；

输出： $h_\theta(\boldsymbol{x}) = \arg\max_c P(y=c \mid \boldsymbol{x}, \boldsymbol{\pi}, \boldsymbol{\theta})$

第四节　基于最近邻的分类分析

一、基于最近邻的分类分析的概念

基于 K 最近邻（K-Nearest Neighbor，KNN）的分类分析将一组已分类点中最接近的分类分配给一个未分类的样本点。与其他分类方法不同，最近邻分类法是一种惰性学习方法，不需要在给定样本的基础上进行训练，而是在给出需要预测的新样本后，通过新样本最邻近的样本标签来确定其预测分类。最近邻分类分析是一种非参数方法，比较简单、直观、易于实现。

为了解决最近邻算法对噪声数据过于敏感的缺陷，可以采用扩大参与决策的样本量的方法，使用 K 个邻近点进行决策，形成了 KNN 分类法。KNN 分类法可以生成任意形状的决策边界，较其他分类器更为灵活，特别适合于多分类问题，目前该方法已广泛应用于新闻文本分类和遥感图像分类等分类中。

二、KNN 模型

（1）KNN 模型概述。

KNN 分类法是一种基于样本的惰性学习方法。如果一个样本在特征空间中的 K 个最邻近的样本中的大多数属于某一个类别，则该样本也属于这个类别。KNN 算法的基本思想：假设给定一个训练数据集，其中的样本类别已定，对于新的样本，根据其 K 个最近邻的训练样本的类别，通过多数表决等方式来进行预测，输出为预测新样本的类别标签。

（2）KNN 模型的建模过程。

1）数据。

对于 m 个样本组成的训练数据集 $D=\{(\boldsymbol{x}_1,y_1),(\boldsymbol{x}_2,y_2),\cdots,(\boldsymbol{x}_m,y_m)\}$，$(\boldsymbol{x}_i,y_i)$ 表示第 i 个样本点，其中 $\boldsymbol{x}_i\in\mathbf{R}^n$ 表示样本特征，$y_i\in Y=\{1,2,\cdots,C\}$ 表示样本的 C 个可能的类别。

2）模型。

KNN 对给定样本几乎没有训练，并且是非参数的方法，其模型的思想是根据距离新样本最近的 K 个样本的标签来确定新样本类别。

令预测样本 $\boldsymbol{x}$ 的 K 个近邻为 $N_K(\boldsymbol{x})$，根据 $N_K(\boldsymbol{x})$ 对应的出现次数最多的标签，确定样本 $\boldsymbol{x}$ 的类别，具体公式如下：

$$h(\boldsymbol{x}) = \arg\max_{c} \sum_{i:\boldsymbol{x}_i\in N_K(\boldsymbol{x})} (y_i = c) \tag{7-23}$$

3）策略。

KNN 模型由 K 值、距离度量和分类决策规则决定。给定训练样本和对应的标签，对于需要预测的输入样本，根据距离其最近的 K 个样本的标签，通过多数投票等决策规则进行预测。

首先，K 值的选择对分类结果有较大影响。如果选择较小的 K 值，则容易发生过拟合，对于邻近点过于敏感，若邻近点是噪声，那么预测结果很可能出错。如果选择较大的 K 值，在选择 K 个近邻的时候，与样本较远的训练样本即实际上并不相似的样本亦被包含进来，造成噪声增加而导致分类效果的降低。因此，对于 K 值的选择需要反复验证，慎重选择。

然后，在距离度量方面，对距离度量进行定义：设实例空间为 H，该空间中的一个距离函数可定义为映射 dis：$\mathrm{H}\times\mathrm{H}\rightarrow\mathbf{R}$，则对任意 $\boldsymbol{x},\boldsymbol{y},\boldsymbol{z}\in\mathrm{H}$，有：

a. 正定性：$\mathrm{dis}(\boldsymbol{x},\boldsymbol{y})\geqslant 0$，当且仅当 $\boldsymbol{x}=\boldsymbol{y}$ 时 $\mathrm{dis}(\boldsymbol{x},\boldsymbol{y})=0$；

b. 对称性：$\mathrm{dis}(\boldsymbol{x},\boldsymbol{y})=\mathrm{dis}(\boldsymbol{y},\boldsymbol{x})$；

c. 三角不等式：$\mathrm{dis}(\boldsymbol{x},\boldsymbol{y})\leqslant\mathrm{dis}(\boldsymbol{x},\boldsymbol{z})+\mathrm{dis}(\boldsymbol{z},\boldsymbol{y})$。

如果把第一条改为：当 $\boldsymbol{x}\neq\boldsymbol{y}$ 时，$\mathrm{dis}(\boldsymbol{x},\boldsymbol{y})=0$ 也成立，则 dis 为伪度量（pseudo-metric）。在 KNN 分类中，一般选取欧氏距离度量两个样本间的距离。

最后，KNN 的分类决策规则一般使用多数投票法，即根据离样本最近的 K 个训练样本中的多数类，决定预测样本类别。此外，还可以根据距离远近进行加权投票，距离越近的样本权重越大。

4）算法。

KNN 分类方法的实现主要分为以下五个步骤：第一步，计算新样本与各个训练样本之间的距离；第二步，按照距离递增关系对训练样本进行排序；第三步，选取距离最小的 K 个训练样本；第四步，确定前 K 个训练样本对应类标签的出现次数；第五步，返回前 K 个训练样本中出现次数最多的类别作为新样本的预测分类。

KNN 模型的算法伪代码如算法 7-3 所示。

算法 7-3：KNN 模型算法

输入： 训练集 $D=\{(\boldsymbol{x}_1,y_1),(\boldsymbol{x}_2,y_2),\cdots,(\boldsymbol{x}_i,y_i),\cdots,(\boldsymbol{x}_m,y_m)\}$；

新样本 $\boldsymbol{x}=[x^{(1)},\cdots,x^{(j)},\cdots,x^{(n)}]^{\mathrm{T}}$；

最近邻个数 K；

过程： 函数 KNN(D)

1. **for** $i\in\{1,2,\cdots,m\}$ **do**：
2. $\mathrm{dis}(\boldsymbol{x},\boldsymbol{x}_i)=\sqrt{(\boldsymbol{x}-\boldsymbol{x}_i)^{\mathrm{T}}(\boldsymbol{x}-\boldsymbol{x}_i)}$；
3. 按 $\mathrm{dis}(\boldsymbol{x},\boldsymbol{x}_i)$ 升序排序，选取距离最小的 K 个样本 $N_K(\boldsymbol{x})$；
4. **end for**

输出： $h(\boldsymbol{x})=\arg\max\limits_{c}\sum\limits_{i:\boldsymbol{x}_i\in N_K(\boldsymbol{x})}I(y_i=c_g)$

第五节 基于决策树的分类分析

一、基于决策树的分类分析的概念

决策树模型是一种呈树形结构的机器学习模型，它由一个根节点、若干个内部节点和叶节点构成，其中根节点和内部节点表示特征，叶节点则表示类标签。从根节点到一个叶节点对应了一条判定规则，决策树模型的学习目标就是通过递归的手段对特征空间进行划分，从而构造一个从根节点联通到不同叶节点的决策树。因此，在分类问题中，决策树模型可以认为是 if - then 规则的集合。决策树模型虽然概念简单，但其学习能力十分强大，并且具有不错的可解释效果。

最早的决策树模型由 Hunt 等人于 1966 年提出，该模型也是许多决策树模型的基础，包括 ID3、C4.5、C5.0 和 CART（Classification And Regression Trees）等。决策树模型的学习分为特征选择、决策树生成和决策树剪枝三个步骤。特征选择是决策树模型进行特征空间划分的依据，也是构建决策树模型的核心。Quinlan 在 1986 年和 1993 年提出的 ID3 和 C4.5 模型分别使用信息增益（Information Gain）和信息增益率（Information Gain Ratio）进行特征选择，Breiman 等人在 1984 年提出的 CART 模型则使用了基尼（Gini）系数作为特征选择的依据。下面我们主要对 ID3 模型进行介绍。

二、ID3 决策树模型

（1）ID3 决策树模型概述。

ID3 决策树模型是一种通过信息增益对特征空间进行划分的决策树模型。ID3 模型的主要思想就是使得最终的叶结点中的样本尽可能为同类样本，即样本尽可能“纯”。但是决策树无法直接得到整个模型的结构，需要采用递归算法通过选择特征不断地对特征空间进行切分，使得切分后得到的子样本集尽可能“纯”。ID3 决策树模型引进信息熵理论描述样本的“不纯度”，即使用信息增益选择最优划分特征。

（2）ID3 决策树模型的建模过程。

1）数据。

对于 m 个样本组成的训练集 $D=\{(\boldsymbol{x}_1,y_1),(\boldsymbol{x}_2,y_2),\cdots,(\boldsymbol{x}_m,y_m)\}$，$(\boldsymbol{x}_i,y_i)$ 表示第 i 个样本点，其中样本 $\boldsymbol{x}_i=[x_i^{(1)},\cdots,x_i^{(j)},\cdots,x_i^{(n)}]^{\mathrm{T}}\in\mathbf{R}^n$ 是由 n 个特征描述的 n 维列向量，$x_i^{(j)}$ 是第 i 个样本在第 j 个特征上的取值，$y_i\in Y=\{1,2,\cdots,C\}$ 表示样本的 C 个可能的类别。令 $\boldsymbol{x}^{(j)}$ 表示训练集的第 j 个特征向量，则特征集可以表示为 $A=\{\boldsymbol{x}^{(1)},\boldsymbol{x}^{(2)},\cdots,\boldsymbol{x}^{(n)}\}$。假设特征 $\boldsymbol{x}^{(j)}$ 中均为离散值，且共有 V 个可能的取值 $\{a^1,a^2,\cdots,a^V\}$，特征 $\boldsymbol{x}^{(j)}$ 中取值为 a^v 的样本集合记为 D_v。

2）模型。

ID3 决策树模型本质上是从训练数据集中归纳出一组分类规则，能对训练数据进行正确分类的决策树可能有多个，要求最终的决策树模型尽量能对大部分训练数据正确分类。假设 ID3 决策树模型 T 共有 $|T|$ 个叶子节点，且模型在第 t 个叶子节点上的特征划分为 R_t，R_t 中有 n_t 个样本。那么在第 t 个叶子节点，模型将样本分为第 c 类的概率可以表示为

$$p_{tc} = \frac{1}{n_t}\sum_{x_i \in R_t}(y_i = c) \tag{7-24}$$

在第 t 个叶子节点，ID3 决策树模型使用多数类投票确定样本的标签，即

$$h_\theta^t(\boldsymbol{x}) = \arg\max_c p_{tc} \tag{7-25}$$

3）策略。

假设在第 t 个叶子节点中，R_t 中有 n_{tc} 个第 c 类样本，ID3 决策树模型的策略是使以下损失函数最小化：

$$J = \sum_{t=1}^{|T|} n_t \cdot \mathrm{Ent}(R_t) + \alpha|T| \tag{7-26}$$

式中，$\mathrm{Ent}(R_t)$ 为 ID3 决策树模型 T 在第 t 个叶子节点上的熵，可定义为

$$\mathrm{Ent}(R_t) = -\sum_c \frac{n_{tc}}{n_t}\log\frac{n_{tc}}{n_t} \tag{7-27}$$

对于式（7-26），其右端第一项表示模型对训练数据的拟合程度，第二项表示模型的复杂度。当决策树模型越大时，即 $|T|$ 越大，往往更加容易拟合训练数据，但是会导致模型的复杂度增加，因此需要调整超参数 α 的取值（$\alpha \geqslant 0$）来权衡两者之间的影响，从而防止过拟合的出现。

4）算法。

为使得式（7-26）中的目标函数最小，需要使得决策树总体的熵最小，因此决策树模型的优化算法是一个使决策树的熵不断减少的过程。然而，对式（7-26）进行最小化是一个复杂的优化问题，ID3 算法采用"分而治之"策略，以递归的手段生成决策树，递归的方向是使得式（7-26）右端第一项最小，然后对生成的决策树进行剪枝（Pruning），使第二项的值减小。递归方法将决策树的每个节点的优化作为子问题，即将每个节点进行特征划分后使得熵减少的程度最大。ID3 算法采用信息增益作为衡量熵减少的程度，则内部结点的最优划分特征可以定义为

$$\boldsymbol{x}^{(*)} = \arg\max_{x^{(j)} \in A} \mathrm{Gain}(R_t, \boldsymbol{x}^{(j)}) \tag{7-28}$$

式中，$\mathrm{Gain}(R_t, \boldsymbol{x}^{(j)})$ 为信息增益，可以表示为

$$\mathrm{Gain}(R_t, \boldsymbol{x}^{(j)}) = \mathrm{Ent}(R_t) - \mathrm{Ent}(R_t \mid \boldsymbol{x}^{(j)}) \tag{7-29}$$

式中，$\mathrm{Ent}(R_t \mid \boldsymbol{x}^{(j)})$ 为条件熵，表示 R_t 以 $\boldsymbol{x}^{(j)}$ 进行划分后的熵，可通过以下方式计算

$$\mathrm{Ent}(R_t \mid \boldsymbol{x}^{(j)}) = \sum_{v=1}^{V}\frac{|D_v|}{|D|}\mathrm{Ent}(D_v) \tag{7-30}$$

生成决策树后还要对其剪枝来减少模型的复杂度，剪枝策略可以从叶节点向根节点递归，将节点的分支减除并在验证集上验证剪枝后精度，若剪枝后模型在验证集上的精度提升

则保留剪枝。ID3 决策树模型的算法伪代码如算法 7-4 所示。

算法 7-4：ID3 决策树模型算法

输入： 训练集 $D=\{(\boldsymbol{x}_1,y_1),\cdots,(\boldsymbol{x}_m,y_m)\}$，特征集 $A=\{\boldsymbol{x}^{(1)},\boldsymbol{x}^{(2)},\cdots,\boldsymbol{x}^{(n)}\}$；

超参数 α；

过程： 函数 ID3(D)

if D 中所有样本属于第 g 类 **then**：

    该节点的类标记为 c_g；

    return ID3；

if A 为空或 D 中样本在 A 上取值相同 **then**：

    $h_\theta^t(\boldsymbol{x})=\arg\max\limits_c p_{tc}$；

    return ID3；

$\boldsymbol{x}^{(*)}=\arg\max\limits_{\boldsymbol{x}^{(j)}\in A}\text{gain}(R_t,\boldsymbol{x}^{(j)})$；

for $v\in\{1,2,\cdots,V\}$ **do**：

    根据 $\boldsymbol{x}^{(*)}$ 中的取值将 D 分为若非空干子集 D_v；

if D_v 为空 **then**：

    $h_\theta^t(\boldsymbol{x})=\arg\max\limits_c p_{tc}$

else：

    以 D_v 为样本集、$A-\{\boldsymbol{x}^{(*)}\}$ 作为特征集构造训练集 D'；

    return ID3(D')；

输出： ID3

第六节 基于规则的分类分析

一、基于规则的分类分析的概念

基于规则的分类分析是从训练数据中学习出一组能够用于对新数据进行判别的规则。“规则”（Rule）使用“if…then…”形式来描述数据中隐含的客观规律。一条规则可以表示为

$$y_i\leftarrow r_i:(f_1\wedge f_2\wedge\cdots\wedge f_L)\tag{7-31}$$

其中，规则左边部分称为“规则头”，表示该条规则的预测类别，右边部分称为“规则体”，表示该条规则的前提。规则体是多个文字 f_j 组成的合取式，f_j 是对样本特征进行检验的布尔表达式，取自 $\{=,\neq,<,>,\leqslant,\geqslant\}$。从训练集中学习到的规则的集合为规则集 R。

比较常见的基于规则的分类分析方法有 RIPPER（Repeated Incremental Pruning to Produce Error Reduction）、序贯覆盖（Sequential Covering）、一阶规则学习（First-Order Inductive

Learner，FOIL）、归纳逻辑程序设计（Inductive Logic Programming，ILP）等。下面主要对RIPPER模型进行介绍。

二、RIPPER模型

（1）RIPPER模型概述。

RIPPER是一种通过利用信息增益构造初始规则集，并通过剪枝对规则集进行优化的规则学习模型。RIPPER模型泛化性能和学习速度远超过很多决策树模型，而且也能很好地处理噪声数据集和非均衡数据集。

规则学习的目标就是产生一个能覆盖尽可能多的样本的规则集R，最直接的做法是通过穷尽搜索的方式不断地生成每条规则，然后将规则覆盖的样本去除。然而，这种方法经常会遇到组合爆炸的问题，容易导致模型的过拟合，因此需要剪枝优化来减缓过拟合的风险。RIPPER模型的主要思想就是将剪枝和后处理优化结合起来，在生成每条规则的同时对其进行剪枝，并在最终得到规则集之后再进行一次剪枝。

（2）RIPPER模型的建模过程。

1）数据。

对于m个样本组成的训练数据集$D=\{(\boldsymbol{x}_1,y_1),(\boldsymbol{x}_2,y_2),\cdots,(\boldsymbol{x}_m,y_m)\}$，$(\boldsymbol{x}_i,y_i)$表示第$i$个样本点，式中$\boldsymbol{x}_i\in\mathbf{R}^n$表示样本特征，$y_i\in\{+1,-1\}$表示样本的类别标签。

2）模型。

RIPPER模型可以表示为规则集R，即

$$h(\boldsymbol{x})=R=(r_1\vee r_2\vee\cdots\vee r_P) \tag{7-32}$$

3）策略。

RIPPER模型使用的规则性能的度量指标可以表示为

$$J=\frac{\hat{m}_{+}+(m_{-}-\hat{m}_{-})}{m_{+}+m_{-}} \tag{7-33}$$

式中，m_+和m_-分别表示训练样集中的正、负样本数量，$\hat{m}_+$和$\hat{m}_-$分别表示规则覆盖的正、负样本数量。RIPPER模型的策略即为R最大化式（7-33）。

4）算法。

RIPPER算法主要分为两个步骤，第一步是规则集的生成，第二步是规则集的优化。

在规则集的生成过程中，RIPPER算法首先使用IREP*剪枝策略得到规则集R。IREP*也是IREP（Incremental Reduced Error Pruning）的改进版，它首先将原始训练集划分为新的训练集和测试集，然后在训练集上生成一条规则后在验证集上利用式（7-33）对该规则进行验证和剪枝得到新规则，最后将新规则覆盖的样本取出后重复上述过程，从而得到规则集R。

在规则集的优化过程中，为了在剪枝的基础上进一步提升性能，RIPPER算法进一步对规则集R进行剪枝。基于生成的规则集R，对r_i覆盖的样本组成的数据集D'使用IREP*进

行剪枝并生成替换规则 r_i'，然后在 r_i 后增加文字并对 r_i' 未覆盖的样本组成的数据集 D'' 使用 IREP * 进行剪枝并生成修定规则 r_i''。接下来将替换规则 r_i' 和修定规则 r_i'' 分别组成规则集进行合并，从而得到优化后的规则集。

RIPPER 模型能够通过局部优化方式得到规则集，然后通过全局优化的方式缓解局部优化的局限性，因而能够取得比较好的学习效果。RIPPER 算法的伪代码如算法 7-5 所示。

算法 7-5：RIPPER 算法

输入：训练集 $D=\{(\boldsymbol{x}_1,y_1),(\boldsymbol{x}_2,y_2),\cdots,(\boldsymbol{x}_m,y_m)\}$；
迭代次数 n_iter；

过程：函数 ripper(D)

1. $R=\text{IREP}*(D)$
2. **for** $k\in\{1,2,\cdots,\text{n\_iter}\}$ **do**：
3. $D_k'=\text{covered}(R,D)$
4. $R_k'=\text{IREP}*(D_k')$；
5. $R_k''=\text{add}(R)$；
6. $D_k''=\text{not\_covered}(R_k',D)$；
7. $R_k''=\text{IREP}*(D_k'')$；
8. $R=R_k'\cup R_k''$；
9. **end for**

输出：规则集 R

第七节　集成分类分析

一、集成分类模型概述

集成分类模型通过训练并组合多个分类器的优势来提升性能，这种组合模型也被称为“委员会”（Committee）。如图 7-3 所示，集成分类模型一般包括两个步骤，首先通过训练集生成一组基分类器（Base Classifier），然后对基分类器的预测结果进行组合。

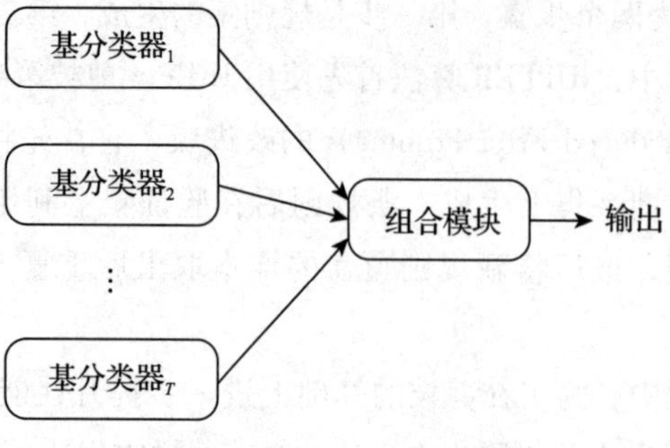

图 7-3　集成分类模型示意图

根据基分类器的生成方式，集成分类模型主要有 Bagging、提升（Boosting）和随机子空间（Random Subspace，RS）三类方法。下面主要对 Bagging 集成分类模型中的 AdaBoost 模型进行介绍。

二、AdaBoost 模型

（1）AdaBoost 模型概述。

AdaBoost 模型是 Boosting 集成分类模型的代表，它是一种通过序列方法训练多个基分类器并对这些基分类器进行组合的集成分类模型。AdaBoost 模型的主要思想是利用训练集中的等权重样本训练出基分类器，然后根据基分类器的分类误差率来赋予分错的样本更高的权重，然后在样本更新权重后被用来训练下一个基分类器，重复此过程并将所有基分类器的分类结果进行组合。

（2）AdaBoost 模型的建模过程。

1）数据。

对于 m 个样本组成的训练集 $D=\{(\boldsymbol{x}_1,y_1),(\boldsymbol{x}_2,y_2),\cdots,(\boldsymbol{x}_m,y_m)\}$，$(\boldsymbol{x}_i,y_i)$ 表示第 i 个样本点，其中 $\boldsymbol{x}_i\in\mathbf{R}^n$ 表示样本特征，$y_i\in\{+1,-1\}$ 表示样本的类别标签。

2）模型。

AdaBoost 通过对多个基分类器的学习结果进行建模得到最终输出结果，具体来看，它是若干个基分类器输出结果的线性组合，可表示为

$$f(\boldsymbol{x}) = \sum_{t=1}^{T}\alpha_t h_\theta^t(\boldsymbol{x}) \tag{7-34}$$

式中，$h_\theta^t(\boldsymbol{x})$为第 t 个训练好的基分类器，α_t 表示 $h_\theta^t(\boldsymbol{x})$的权重。最终的分类器为

$$H(\boldsymbol{x}) = \text{sign}\{f(\boldsymbol{x})\} = \text{sign}\{\sum_{t=1}^{T}\alpha_t h_\theta^t(\boldsymbol{x})\} \tag{7-35}$$

3）策略。

AdaBoost 采用指数损失函数，基分类器 $h_\theta^t(\boldsymbol{x})$的指数损失函数的一般形式可表示为

$$L(y,h_\theta^t(\boldsymbol{x})) = \exp(-yh_\theta^t(\boldsymbol{x})) \tag{7-36}$$

令 $\boldsymbol{\Theta}=\{\theta^1,\theta^2,\cdots,\theta^{\mathrm{T}}\}$ 为 T 个基分类器参数向量的集合，因此 AdaBoost 的总体损失函数为

$$J(\boldsymbol{\Theta},\alpha) = \sum_{i=1}^{m}\exp[-y_i\sum_{t=1}^{T}\alpha_t h_\theta^t] \tag{7-37}$$

4）算法。

对式（7-37）进行最小化是一个复杂的优化问题，前向分布算法（Forward Stagewise Algorithm）能够从前向后，每一步只学习一个基分类器及其权重，逐步使得式（7-37）最小化。

假设初始迭代时训练集中每个样本的权重均为$1/m$，经过$t-1$轮迭代能够得到$f_{t-1}(\boldsymbol{x})$，即

$$f_{t-1}(\boldsymbol{x}) = \alpha_1 h_\theta^1(\boldsymbol{x}) + \cdots + \alpha_{t-1}h_\theta^{t-1}(\boldsymbol{x}) \tag{7-38}$$

在第 t 轮迭代中，基分类器 $h_\theta^t(\boldsymbol{x})$ 及其权重 α_t 能够通过解决以下优化问题得到：

$$\arg\min_{h_\theta^t,\alpha_t}\sum_{i=1}^{m}\exp[-y_i(f_{t-1}(\boldsymbol{x}_i)+\alpha_t h_\theta^t(\boldsymbol{x}_i))] \tag{7-39}$$

令 $w_{t,i}=\exp(-y_i f_{t-1}(\boldsymbol{x}_i))$ 表示在第 t 轮迭代中第 i 个样本的权重，则式（7-39）可重写为

$$\begin{aligned}&\arg\min_{h_\theta^t,\alpha_t}\sum_{i=1}^{m}w_{t,i}\exp(-y_i\alpha_t h_\theta^t(\boldsymbol{x}_i))\\ &=\arg\min_{h_\theta^t,\alpha_t}\sum_{i=1}^{m}w_{t,i}[\mathrm{e}^{-\alpha_t}(h_\theta^t(\boldsymbol{x}_i)=y_i)+\mathrm{e}^{\alpha_t}(h_\theta^t(\boldsymbol{x}_i)\neq y_i)]\\ &=\arg\min_{h_\theta^t,\alpha_t}(\mathrm{e}^{\alpha_t}-\mathrm{e}^{-\alpha_t})\sum_{i=1}^{m}w_{t,i}(h_\theta^t(\boldsymbol{x}_i)\neq y_i)+\mathrm{e}^{-\alpha_t}\sum_{i=1}^{m}w_{t,i}\end{aligned} \tag{7-40}$$

对于任意 $\alpha_t>0$，使得式（7-40）最优的基分类器 h_θ^t 能够通过求解以下优化问题得到：

$$\arg\min_{h_\theta^t}\sum_{i=1}^{m}w_{t,i}(h_\theta^t(\boldsymbol{x}_i)\neq y_i) \tag{7-41}$$

将求得的基分类器 h_θ^t 代入式（7-40），对 α_t 求导并将导数设为零，可得：

$$\alpha_t=\frac{1}{2}\log\frac{1-\varepsilon_t}{\varepsilon_t} \tag{7-42}$$

式中，ε_t 为第 t 轮迭代的分类误差率，令归一化的样本权重为 $\overline{w}_{t,i}=w_{t,i}/\sum_{i=1}^{m}w_{t,i}$，$\varepsilon_t$ 可以表示为

$$\varepsilon_t=\sum_{i=1}^{m}\overline{w}_{t,i}(h_\theta^t(\boldsymbol{x}_i)\neq y_i) \tag{7-43}$$

在第 $t+1$ 轮的更新中，样本权重的更新可以由下式计算：

$$\begin{aligned}w_{t+1,i}&=\exp(-y_i(\mathrm{H}_{t-1}(\boldsymbol{x}_i)+\alpha_t h_\theta^t(\boldsymbol{x}_i)))\\ &=w_{t,i}\exp(-y_i\alpha_t h_\theta^t(\boldsymbol{x}_i))\end{aligned} \tag{7-44}$$

AdaBoost 模型的算法伪代码如算法 7-6 所示。

算法 7-6：AdaBoost 模型算法

输入：训练集 $D=\{(\boldsymbol{x}_1,y_1),(\boldsymbol{x}_2,y_2),\cdots,(\boldsymbol{x}_m,y_m)\}$；

基分类器个数 T；

过程：函数 adaboost(D)

1. 初始化样本权重：$\overline{w}_{1,i}=w_{1,i}=1/m$；
2. **for** $t\in\{1,2,\cdots,T\}$ **do**：
3. $h_\theta^t=\arg\min_{h_\theta^t}\sum_{i=1}^{m}w_{t,i}(h_\theta^t(\boldsymbol{x}_i)\neq y_i)$；
4. $\varepsilon_t=\sum_{i=1}^{m}\overline{w}_{t,i}(y_i\neq h_\theta^t(\boldsymbol{x}_i))$；
5. $\alpha_t=\frac{1}{2}\log\frac{1-\varepsilon_t}{\varepsilon_t}$；
6. $f_t(\boldsymbol{x})=\alpha_1 h_\theta^1(\boldsymbol{x})+\cdots+\alpha_t h_\theta^t(\boldsymbol{x})$；
7. $w_{t+1,i}=w_{t,i}\exp(-y_i\alpha_t h_\theta^t(\boldsymbol{x}_i))$；

算法7-6：AdaBoost模型算法（续）

8. $\bar{w}_{t+1,i} = w_{t+1,i} / \sum_{i=1}^{m} w_{t+1,i}$；

9. 按 $\bar{w}_{t+1,i}$ 更新样本权重；

10. **end for**

输出：$H(\boldsymbol{x}) = \text{sign}\{\sum_{t=1}^{T} \alpha_t h_\theta^t(\boldsymbol{x})\}$

第八节　应用案例

随着“互保互联”现象的增多，风险在贷款主体和银行间的扩散速度加快，梳理、分析、防范和化解担保圈风险对相关机构十分重要。恒丰银行正处于高速增长的新阶段，信贷业务与日俱增，客户贷后违约案例数量也随之上升。为了控制信贷违约风险，恒丰银行应用了数据分类分析方法，综合客户行内信息、外部数据以及客户担保网络图等信息，深度挖掘和揭示了其担保圈风险，构建了贷后违约风险预警模型。

首先，根据业务流程定位模型数据。模型数据主要包括三大类，分别为行内数据、人行征信数据和外部数据。行内数据直接描述企业在整个业务流程中的行为以及担保关系的形成，从CDM（Common Data Model，对各个系统的数据按主题进行汇总整理的公共数据模型层，模型需要的数据主要从该层获取）中获取客户、担保、贷款以及借据相关的所有数据。人行征信数据记录了企业以及企业法人等相关的信用信息，用外部数据作为补充。企业互联网上面的负面信息，以及企业所在行业的经济趋势对企业是否逾期都会产生一定的影响。数据取出来之后，根据主键进行关联汇总，并对数据进行去噪、去缺省值/异常值等处理，加工成模型标准特征输入表。

然后，对取出的数据进行处理，提取相关输入特征。具体包括数据预处理、特征提取、特征降维与特征选择等。

第一，数据预处理。首先对于类别型的变量，视缺失值为一种特征值进行处理；而对于连续性变量，可以用均值、中位数替代或者运用KNN模型进行预估。其次，数据中违约客户远远少于未违约的客户，针对这种类别不平衡的问题可以进行过采样处理。对数值类型的特征采用等量划分的离散化方式，并对离散特征进行One-Hot编码。为了防止异常值对模型的影响，对离群值进行处理。此外，为了统一量纲，对特征进行了归一化等操作。

第二，特征提取。基于以上处理好的数据，从多个角度提取特征，主要包括以下几类特征。基本信息特征：定性地反映客户的资历、信用及还款能力，描述了授信企业基本情况。行为特征：根据客户的历史行为判断客户未来违约的可能，如历史逾期天数、历史逾期次数、历史逾期本金利息等。图结构特征：描述客户所在担保图的图结构特征，比如企业在图中的影响度值，中心程度等。图行为特征：描述客户所在担保图中客户的行为特征，比如子图违约率、子图违约天数、子图违约额度等。社区行为特征：描述客户所在社区中客户的行为特征，比如客户所在社区的违约率、逾期天数、罚息等。

最后，根据提取的特征进行模型构建。模型训练之前，先提取特征和标签，以每个季度为时间窗提取特征，时间窗设置为一个季度是由于统计发现近几年担保贷款逾期呈现出季节性周期规律，每个季度具有相似的走势和分布。建模过程中，选取多种分类模型，并做相应的融合。其中用到基于决策树的集成分类模型，基本思想是把成百上千个分类准确率较低的决策树模型组合起来成为一个准确率较高的集成模型。它的最大特点在于能够自动利用CPU 的多线程进行并行计算，同时在算法上加以改进提高了精度。考虑到后期数据量会不断增长，因此银行开发了该算法的分布式实现，部署于生产环境。在部署生产环境之前，利用近 3 年的数据进行多次模型验证、优化和调参，以达到较高的精度和模型稳定性。模型用数仓近 3 年的真实数据进行了验证，AUC 均在 0.85 以上。模型上线以来，对客户信贷中后期进行检测，提前发现大量违约风险，贷后违约坏账率逐渐下降，较之前的贷后违约数量平均减少 30%，有效遏制了客户贷后违约风险，极大地减少了贷后违约损失并提升了风险运营效率。

从整个实施过程来看，深入挖掘分析复杂网络对识别企业风险信息至关重要。恒丰银行基于担保网络挖掘风险信息，后期会不断探索交易图谱，供应链图谱，投资、高管任职图谱等对企业风险的影响，进一步提高模型识别违约客户的精度。

◎ 思考与练习

1. Logistic 回归模型在函数和概率视角下有什么联系？
2. 试证明切比雪夫距离的等价形式：

$$\mathrm{dis}_\infty(\boldsymbol{x},\boldsymbol{y}) = \max_i |\boldsymbol{x}_i - y_i| = \lim_{p\to\infty}\left(\sum_{i=1}^{n} |\boldsymbol{x}_i - y_i|^p\right)^{1/p}$$

3. ID3 决策树使用的信息增益有什么缺点？可以如何改进？
4. 令规范化因子 $Z_t = \sum_{i=1}^{m} w_{t,i}\exp(-y_i\alpha_t h_\theta^t(\boldsymbol{x}_i))$，试证明 AdaBoost 模型的训练误差上界：

$$\frac{1}{m}\sum_{i=1}^{m}(H(\boldsymbol{x}_i)\neq y_i) \leqslant \frac{1}{m}\sum_{i=1}^{m}\exp(-y_i f(\boldsymbol{x}_i)) = \prod_{t=1}^{T} Z_t$$

5. 试讲述关于数据分类分析在商务领域应用的例子。

◎ 本章扩展阅读

[1] 李航. 统计学习方法 [M]. 北京：清华大学出版社，2012.
[2] 周志华. 机器学习 [M]. 北京：清华大学出版社，2016.
[3] BISHOP C. Pattern Recognition and Machine Learning [M]. Berlin：Springer，2006.
[4] MURPHY K P. Machine larning：A pobabilistic prspective [M]. Cambridge：The

MIT Press, 2012.

[5] HOSMER D W, LEMESHOW S, STURDIVANT R X. Applied logistic regression [M]. New York: John Wiley & Sons, 2013.

[6] RISH I. An empirical study of the naive bayes classifier [J]. IJCAI 2001 Workshop on Empirical Methods in Artificial Intelligence, 2001: 41-46.

[7] COVER T, HART P. Nearest neighbor pattern classification [J]. IEEE transactions on information theory, 1967, 13(1): 21-27.

[8] QUINLAN J R. Induction of decision trees [J]. Machine learning, 1986, 1(1): 81-106.

[9] COHEN W W. Fast effective rule induction [M]. California: Morgan Kaufmann, 1995.

[10] BREIMAN L. Bagging predictors [J]. Machine learning, 1996, 24(2): 123-140.

[11] FREUND Y, SCHAPIRE R E. A decision-theoretic generalization of on-line learning and an application to boosting [J]. Journal of Computer and System Sciences, 1997, 55(1): 119-139.

[12] HO T K. The random subspace method for constructing decision forests [J]. IEEE Transactions on Pattern Analysis and Machine Intelligence, 1998, 20(8): 832-844.

[13] BAPNA R, GOES P, WEI K K, et al. A finite mixture logit model to segment and predict electronic payments system adoption [J]. Information Systems Research, 2011, 22(1): 118-133.

[14] ABBASI A, ALBRECHT C, VANCE A, et al. Metafraud: a meta-learning framework for detecting financial fraud [J]. Mis Quarterly, 2012, 36(4): 1293-1327.

C H A P T E R 8

第八章

数据聚类分析

聚类分析方法能够不依赖数据的标签信息，将大量数据归并成若干个性质相同的簇，已经成为大数据管理与应用的一个重要方法。在本章中你将了解聚类分析的基本概念、相似性度量、聚类分析的基本类型、性能度量，认识不同类型聚类分析的主要特点，掌握典型聚类分析算法的主要思想和建模过程，以及如何在实际场景中对其进行应用。

■ 学习目标

- 理解聚类分析的基本概念、相似性度量和性能度量方法
- 掌握不同类型聚类算法的特点
- 掌握 AGNES、K-Means、DBSCAN 等多种常用聚类算法的主要思想和建模过程
- 理解聚类算法在实际场景中的应用

■ 知识结构图

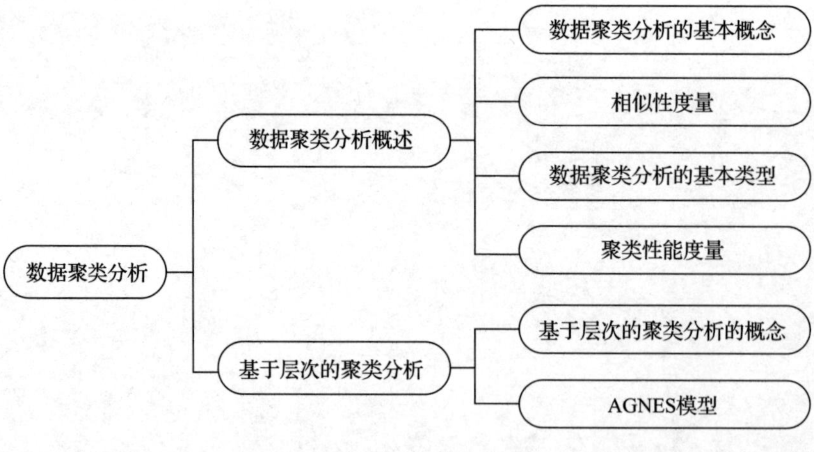

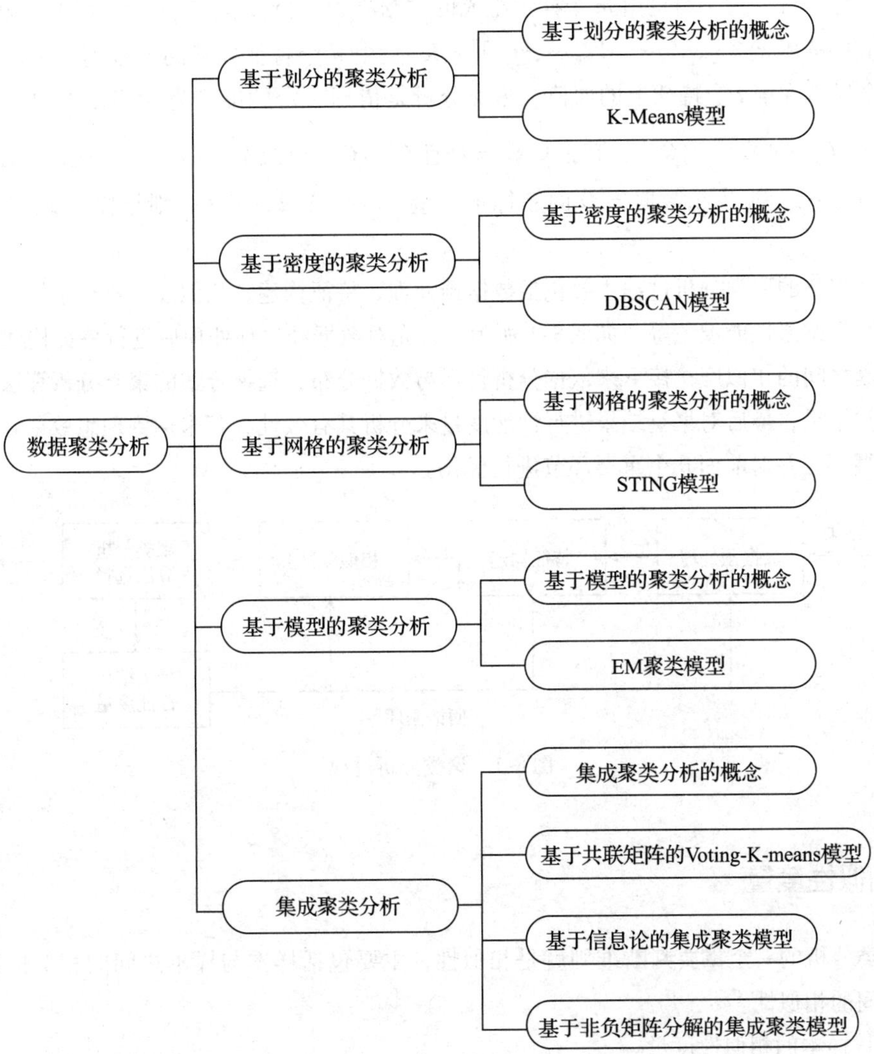

第一节　数据聚类分析概述

一、数据聚类分析的基本概念

聚类分析（Clustering Analysis）是大数据管理与应用的一个重要内容。它能够依据一定的准则将大规模杂乱无序的数据归并成若干个有意义的类别，使得同一个类别内数据的差异尽可能小，不同类别间数据的差异尽可能大，进而揭示出海量数据之间的深层次结构信息。聚类分析中得到的一组数据对象的集合，称为簇（Cluster）。同一簇中的数据彼此相似，不同簇的数据彼此相异，具有良好的簇内相似性与簇间分离性。

形式化来说，对于给定由 m 个样本组成的数据集 $D=\{\boldsymbol{x}_1,\boldsymbol{x}_2,\cdots,\boldsymbol{x}_m\}$，$\boldsymbol{x}_i$ 表示第 i 个样本点，其中样本 $\boldsymbol{x}_i=[x_i^{(1)},\cdots,x_i^{(j)},\cdots,x_i^{(n)}]^{\mathrm{T}}\in\mathbf{R}^n$ 是由 n 个特征描述的 n 维列向量，$x_i^{(j)}\in\mathbf{R}$ 是第 i 个样本在第 j 个特征上的取值，聚类分析是依据一定的准则将这些样本归并成若干个簇 $\boldsymbol{C}=\{C_1,\cdots,C_k,\cdots,C_K\}$，其中 $\bigcup_{k=1}^{K}\boldsymbol{C}_k=D$ 且 $\boldsymbol{C}_k\cap\boldsymbol{C}_k{}'=\varnothing(k\neq k')$。相应地，可以用 $y=\{y_1,\cdots,y_i,\cdots,y_m\}$ 表示数据集 D 的簇标记向量，$y_i\in\{1,2,\cdots,K\}$ 则是样本 $\boldsymbol{x}_i$ 对应的簇标记。

一个完整的聚类分析过程主要包括数据预处理、特征构建、相似度计算、聚类分析算法选择、聚类结果性能度量等，如图 8-1 所示。首先对数据经过预处理后进行特征构建，计算样本或簇之间的相似度；接下来依据分析目标与数据分布，选择合适的聚类分析算法得到相应的聚类结果；最后对聚类结果进行性能度量来分析其有效性，若未达到理想效果，需要进行回馈循环，并对前面几个重要环节进行优化。

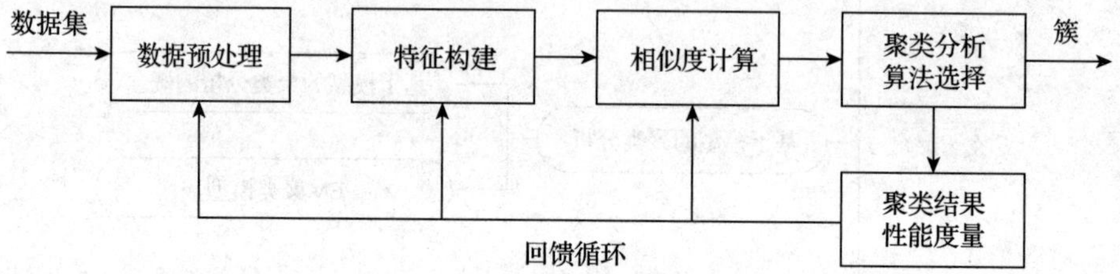

图 8-1　聚类分析过程

二、相似性度量

聚类分析的一个重要判断准则就是相似性，主要包括样本与样本之间的相似性以及簇与簇之间的相似性。

（1）样本的相似性度量。

样本之间的相似性描述样本之间的亲疏远近程度，是归并类的一个重要准则。其中，距离是把样本看成向量空间中的点，以该空间点与点之间的距离描述样本与样本之间的相似性程度，这是一种常用的度量样本相似性的方法。

对于函数 $d(\cdot,\cdot)$，若满足以下四个条件，则为距离函数：

1）非负性：$d(\boldsymbol{x}_i,\boldsymbol{x}_j)\geqslant 0$；

2）同一性：$d(\boldsymbol{x}_i,\boldsymbol{x}_j)=0$，当且仅当 $\boldsymbol{x}_i=\boldsymbol{x}_j$；

3）对称性：$d(\boldsymbol{x}_i,\boldsymbol{x}_j)=d(\boldsymbol{x}_j,\boldsymbol{x}_i)$；

4）直递性：$d(\boldsymbol{x}_i,\boldsymbol{x}_q)+d(\boldsymbol{x}_q,\boldsymbol{x}_j)\geqslant d(\boldsymbol{x}_i,\boldsymbol{x}_j)$。

$d(\cdot,\cdot)$越接近于 0，说明这两个样本越相似。常用的距离函数是闵可夫斯基距离（Minkowski Distance）：

$$d_{mk}(\boldsymbol{x}_i,\boldsymbol{x}_j)=\left(\sum_{u=1}^{n}|x_i^{(u)}-x_j^{(u)}|^p\right)^{1/p} \tag{8-1}$$

当 $p \geqslant 1$ 时，式（8-1）显然满足距离函数的上述四个条件。

当 $p=1$ 时，闵可夫斯基距离又称为曼哈顿距离（Manhattan Distance）。

$$d_{\text{man}}(\boldsymbol{x}_i,\boldsymbol{x}_j) = \|\boldsymbol{x}_i - \boldsymbol{x}_j\|_1 = \sum_{u=1}^{n} |x_i^{(u)} - x_j^{(u)}| \tag{8-2}$$

当 $p=2$ 时，闵可夫斯基距离又称为欧氏距离（Euclidean Distance）。

$$d_{\text{ed}}(\boldsymbol{x}_i,\boldsymbol{x}_j) = \|\boldsymbol{x}_i - \boldsymbol{x}_j\|_2 = \sqrt{\sum_{u=1}^{n} |x_i^{(u)} - x_j^{(u)}|^2} \tag{8-3}$$

当 $p \to \infty$ 时，闵可夫斯基距离又称为切比雪夫距离（Chebyshev Distance）。

$$d_{\text{che}}(\boldsymbol{x}_i,\boldsymbol{x}_j) = \lim_{p\to\infty}\left(\sum_{u=1}^{n} |x_i^{(u)} - x_j^{(u)}|^p\right)^{1/p} = \max_u |x_i^{(u)} - x_j^{(u)}| \tag{8-4}$$

（2）簇间的相似性度量。

除了需要定义样本之间相似度，聚类分析中还需要度量簇与簇之间的相似度。簇是一组相似样本的集合。令 C 表示有若干个样本的集合，$\boldsymbol{x}_i$ 与 $\boldsymbol{x}_j$ 表示集合 C 中的样本，$d(\boldsymbol{x}_i,\boldsymbol{x}_j)$ 表示两样本的距离，T 和 V 为给定的两个正数，则可以进行以下定义。

1）若对于任意两个样本 $\boldsymbol{x}_i$，$\boldsymbol{x}_j \in C$，都有 $d(\boldsymbol{x}_i,\boldsymbol{x}_j) \leqslant T$，则称 C 为一个簇；

2）若对于任意样本 $\boldsymbol{x}_i \in C$，一定存在另一样本 $\boldsymbol{x}_j \in C$ 满足 $d(\boldsymbol{x}_i,\boldsymbol{x}_j) \leqslant T$，则称 C 为一个簇；

3）若对于任意样本 $\boldsymbol{x}_i \in C$，都有另一样本 $\boldsymbol{x}_j \in C$ 满足 $\frac{1}{|C|}\sum_{\boldsymbol{x}_j \in C} d(\boldsymbol{x}_i,\boldsymbol{x}_j) \leqslant T$，则称 C 为一个簇；

4）若对于任意两个样本 $\boldsymbol{x}_i$，$\boldsymbol{x}_j \in C$，都有 $\frac{1}{|C|(|C|-1)}\sum_{\boldsymbol{x}_i \in C}\sum_{\boldsymbol{x}_j \in C} d(\boldsymbol{x}_i,\boldsymbol{x}_j) \leqslant V$ 且 $d(\boldsymbol{x}_i,\boldsymbol{x}_j) \leqslant T$，则称 C 为一个簇。

上述四种定义皆是通过样本之间的距离来定义簇。第一个定义可以推出其他定义，且相对简洁，因此更为常用。

簇的特征可以从不同角度进行构建，常用的有以下几种。

1）簇中心 $\text{avg}(C)$，即簇中所有样本的均值。

$$\text{avg}(C) = \frac{1}{|C|}\sum_{i=1}^{|C|} \boldsymbol{x}_i \tag{8-5}$$

2）簇直径 $\text{diam}(C)$，即簇中任意两个样本的最大距离。

$$\text{diam}(C) = \max_{\boldsymbol{x}_i,\boldsymbol{x}_j \in C} d(\boldsymbol{x}_i,\boldsymbol{x}_j) \tag{8-6}$$

簇间的相似性一般采用距离进行度量，一般有以下几种。

1）最小距离：通过两个簇的最近样本的距离描述簇间的相似性，也称单连接（Single Link）或最近邻连接。

$$d_{\min}(C_i,C_j) = \min(d(\boldsymbol{x},\boldsymbol{y}) \mid \boldsymbol{x} \in C_i, \boldsymbol{y} \in C_j) \tag{8-7}$$

2）最大距离：通过两个簇的最远样本的距离描述簇间的相似性，也称全连接（Compete Link）或最远近邻连接。

$$d_{\max}(C_i,C_j) = \max(d(\boldsymbol{x},\boldsymbol{y}) \mid \boldsymbol{x} \in C_i, \boldsymbol{y} \in C_j) \tag{8-8}$$

3）平均距离：通过两个簇的所有样本的平均距离描述簇间的相似性，也称均连接（Average Link）。

$$d_{\text{avg}}(C_i,C_j) = \frac{1}{|C_i| \times |C_j|}\sum_{\boldsymbol{x} \in C_i}\sum_{\boldsymbol{y} \in C_j} d(\boldsymbol{x},\boldsymbol{y}) \tag{8-9}$$

4）中心距离：通过两个簇中心的距离描述簇间的相似性。

$$d_{\text{cent}}(C_i,C_j) = d(\text{avg}(C_i),\text{avg}(C_j)) \tag{8-10}$$

三、数据聚类分析的基本类型

在聚类研究领域中，已经存在大量的聚类算法，具体选择哪种聚类算法主要取决于数据的类型和聚类分析的场景。大体上，现有的聚类分析方法可以分为：基于划分的聚类分析、基于层次的聚类分析、基于密度的聚类分析、基于网格的聚类分析、基于模型的聚类分析以及基于集成的聚类分析。

(1) 基于划分的聚类分析。

基于划分的聚类分析采用目标函数最小化的策略，把 m 个样本数据划分成 $k(k \leqslant m)$ 个簇，并同时满足：①每个簇至少包含一个样本；②每个样本属于且仅属于一个簇。值得注意的是，在某些模糊划分聚类算法中，第二个要求可以适当放宽。该算法简单高效，适用于任意规模的数据集，但只能发现球形簇，聚类结果受初始划分影响较大，不够稳定，且对噪声敏感，鲁棒性差。

(2) 基于层次的聚类分析。

基于层次的聚类分析对样本数据进行层次分解，创建一个树状结构层次，根据树状结构层次判断聚类结果。根据层次分解的形成方式，可进一步分为自上而下的分裂式聚类和自下而上的凝聚式聚类。该算法能够在不同粒度上对数据进行聚类，但一旦凝聚或分裂的步骤完成，该操作难以撤销，且算法复杂度较高，因此不适合大规模数据集。

(3) 基于密度的聚类算法。

基于密度的聚类分析以样本的密度判断样本之间的可连接性，并基于可连接样本不断扩展簇，使得每一簇中的样本密度超过某个阈值，即给定簇中的每个数据，在一个给定范围的区域中必须至少包含某个数目的样本。该算法可以过滤噪声数据，有效处理异常数据，并能够发现任意形状的簇，但对参数比较敏感，算法的稳定性一般。

(4) 基于网格的聚类分析。

基于网格的聚类分析将样本数据量化成有限数目的单元，形成多分辨率的网格结构，所有的聚类操作都是在这个网格结构上进行的。该算法的执行时间与样本数据的数目无关，只受网格单元数目的影响，计算速度快，且对输入顺序和噪声不敏感，可以进行增量更新，但由于网格的确定化导致聚类精度难以达到很好的效果。

(5) 基于模型的聚类分析。

基于模型的聚类分析根据“数据是由潜在的概率分布生成的”这一假设，先假定每一目标簇满足某种分布，再根据样本数据对给定模型进行最佳拟合，实现对数据的聚类。该算法通过构建反映数据在空间分布的密度函数来定位聚类，考虑到噪声和异常值，鲁棒性较高，但现有算法大都假设每一簇的分布是高斯分布，这使得该算法仅在具有凸形结构的数据上有良好的聚类效果，难以推广到具有任意分布的复杂形式聚类问题上。

（6）基于集成的聚类分析。

基于集成的聚类分析通过合并多个好而不同的聚类结果得到最终的簇标记，使得最终的簇标记中共享所有聚类结果的信息，进而提供一个性能更好的结果。该算法基于集成学习的理论，先生成多个聚类结果，得到聚类成员，然后对这些聚类结果进行有效合并集成，来获得更好的聚类性能。关于集成聚类的有效性已经存在一定的理论分析与实验证明，但集成聚类算法计算的复杂度也会有相应提高。

四、聚类性能度量

聚类的性能度量大致可以分为两类：一类是外部指标（External Index），需要利用数据结构的先验知识进行评价，即将聚类结果与某个参考标签进行比较；另一类是内部指标（Internal Index），直接利用数据的内在结构的特性进行评价，即直接考察聚类结果而不利用任何参考标签。

（1）外部指标。

对数据集 D，假设参考标签对应的簇划分为 $C^*=\{C_1^*,\cdots,C_s^*,\cdots,C_S^*\}$，聚类算法得到的簇划分为 $C=\{C_1,\cdots,C_k,\cdots,C_K\}$，$\boldsymbol{y}^*$ 和 $\boldsymbol{y}$ 分别表示样本在簇划分集合 C^* 和 C 中的簇标记。可以通过样本的两两对比得到：

$$m_{00}=|SS|,SS=\{(\boldsymbol{x}_i,\boldsymbol{x}_j)\,|\,y_i=y_j,y_i^*=y_j^*,i<j\} \tag{8-11}$$

$$m_{01}=|SD|,SD=\{(\boldsymbol{x}_i,\boldsymbol{x}_j)\,|\,y_i=y_j,y_i^*\neq y_j^*,i<j\} \tag{8-12}$$

$$m_{10}=|DS|,DS=\{(\boldsymbol{x}_i,\boldsymbol{x}_j)\,|\,y_i\neq y_j,y_i^*=y_j^*,i<j\} \tag{8-13}$$

$$m_{11}=|DD|,DD=\{(\boldsymbol{x}_i,\boldsymbol{x}_j)\,|\,y_i\neq y_j,y_i^*\neq y_j^*,i<j\} \tag{8-14}$$

式中，集合 SS 包含在 C^* 和 C 都属于相同簇的样本对，集合 SD 包含在 C 属于相同簇而在 C^* 属于不同簇的样本对，集合 DS 包含在 C 属于不同簇而在 C^* 属于相同簇的样本对，集合 DD 包含在 C^* 和 C 都属于不同簇的样本对。考虑到每一样本对仅能出现在一个集合中，则可以得到 $m_{00}+m_{01}+m_{10}+m_{11}=\frac{1}{2}m(m-1)$。

根据以上四个集合可以得到以下外部指标。

1）兰德系数（Rand Index，RI）。

$$\mathrm{RI}=\frac{m_{00}+m_{01}}{m_{00}+m_{01}+m_{10}+m_{11}} \tag{8-15}$$

2）杰卡德相似系数（Jaccard Coefficient，JC）。

$$\mathrm{JC}=\frac{m_{00}}{m_{00}+m_{01}+m_{10}} \tag{8-16}$$

3）FM 指数（Fowlkes and Mallows Index，FMI）。

$$\mathrm{FMI} = \sqrt{\frac{m_{00}^2}{(m_{00}+m_{01})\times(m_{00}+m_{02})}} \tag{8-17}$$

在上述式中，外部指标的值域是［0,1］，值越大说明聚类效果越好。

（2）内部指标。

对数据集 D 以及聚类算法得到的簇划分 $C=\{C_1,\cdots,C_k,\cdots,C_K\}$，定义：

1）DB 指数（Davies-Bouldin Index，DBI）。

$$\mathrm{DBI} = \frac{1}{K}\sum_{k=1}^{K}\max_{k'\neq k}\left(\frac{\mathrm{avg}(C_k)+\mathrm{avg}(C_{k'})}{d_{\mathrm{cent}}(C_k,C_{k'})}\right) \tag{8-18}$$

2）Dunn 指数（Dunn Index，DI）。

$$\mathrm{DI} = \min_{1\leqslant k\leqslant K}\left\{\min_{k'\neq k}\left(\frac{d_{\min}(C_k,C_{k'})}{\max_{1\leqslant l\leqslant K}\mathrm{diam}(C_l)}\right)\right\} \tag{8-19}$$

3）Calinski-Harabasz 指数（Calinski-Harabasz Index，CHI）。

$$\mathrm{CHI} = \frac{\mathrm{Tr}\left(\sum_{k=1}^{K}|C_k|\left(\mathrm{avg}(C_k)-\sum_{i=1}^{m}x_i\right)\left(\mathrm{avg}(C_k)-\sum_{i=1}^{m}x_i\right)^{\mathrm{T}}\right)}{\mathrm{Tr}\left(\sum_{k=1}^{K}\sum_{x_i\in C_k}(x_i-\mathrm{avg}(C_k))(x_i-\mathrm{avg}(C_k))^{\mathrm{T}}\right)}\times\frac{m-K}{K-1} \tag{8-20}$$

其中，DI 和 CHI 的值越大越好，而 DBI 则相反，值越小越好。

第二节　基于层次的聚类分析

一、基于层次的聚类分析的概念

基于层次的聚类分析通过对样本数据的递归划分创建一个相应的树状结构层次进行聚类。对于样本数据的划分，可以采用自下而上的凝聚策略，也可以采用自上而下的分裂策略。具体而言，自下而上的凝聚式聚类首先将数据集中的每个样本分别视为一个初始簇，然后根据距离大小不断迭代合并相近的两个簇，直至达到预设的簇个数，或者所有的样本都在一个簇中。绝大多数的层次聚类算法都属于这一类，如 AGNES（AGlomerative NESting）、ROCK（RObust Clustering using linKs）等。自上而下的分裂式聚类则与凝聚式聚类相反，它首先将数据集中的所有样本视为一个初始簇，然后逐渐迭代分裂成越来越小的簇，直到达到预设的簇个数，或者每个样本自成一簇。常见的分裂式聚类算法有单元分裂方法、DIANA（DIvisive ANAlysis）等。

以在由 5 个样本组成的数据集中进行层次聚类为例，图 8-2 具体描述了凝聚式聚类分析和分裂式聚类分析的过程。在凝聚式聚类过程中，样本 $\boldsymbol{x}_1 \sim \boldsymbol{x}_5$ 分别视为一个簇，接着不断迭代合并两个距离相近的簇，直至合并成一个簇中。若设定簇的数目是 2 个，则 $\boldsymbol{x}_1$ 与 $\boldsymbol{x}_2$ 属于同一个簇，其余样本属于一个簇。在分裂式聚类过程中，所有样本视为同一个簇，接着不断分裂直至每个簇只有一个样本。若设定簇的数目是3个，则 $\boldsymbol{x}_1$ 与 $\boldsymbol{x}_2$ 属于同一个簇，$\boldsymbol{x}_4$ 与 $\boldsymbol{x}_5$ 属于同一个簇，$\boldsymbol{x}_3$ 为一个簇。

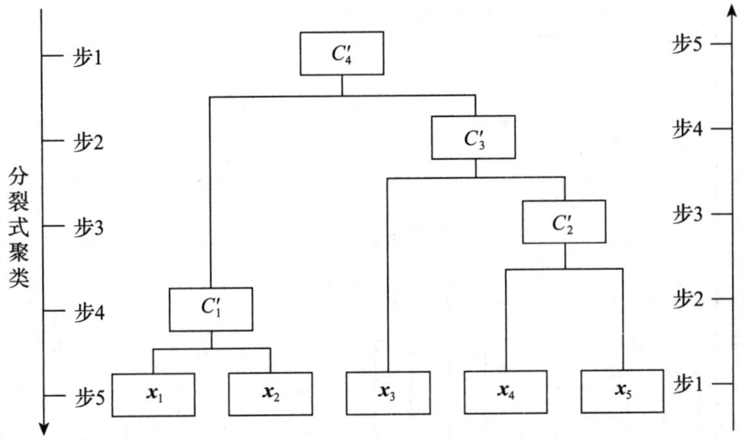

图 8-2　层次聚类的简单例子

二、AGNES 模型

（1）AGNES 模型概述。

AGNES 模型是一种典型的自底向上的凝聚式聚类分析方法。该聚类模型历史比较悠久，1951 年 Florek 等人依据最小距离作为簇距离来实现聚类目标。不久，不同学者纷纷尝试选择不同指标度量簇距离，这些可以理解为 AGNES 模型的雏形。1990 年，Kaufman 和 Rousseeuw 对这些凝聚策略进行总结，提出 AGNES 模型以及建模过程。

AGNES 模型的主要思想是采用自底向上的凝聚策略创建树状层次结构，先对样本数据进行初始化，即把每个样本当成一个簇，然后不断重复迭代合并簇间距离最小的两个簇，直至达到终止条件。这样一个树状的层次结构已经形成，每层链接一组聚类簇，在特定层次下进行分割就可以得到相应的聚类结果。

（2）AGNES 模型的建模过程。

1）数据。

对于 m 个样本组成的数据集 $D=\{\boldsymbol{x}_1,\boldsymbol{x}_2,\cdots,\boldsymbol{x}_m\}$，$\boldsymbol{x}_i$ 表示第 i 个样本点，其中样本 $\boldsymbol{x}_i=[x_i^{(1)},\cdots,x_i^{(j)},\cdots,x_i^{(n)}]^{\mathrm{T}}\in\mathbf{R}^n$ 是由 n 个特征描述的 n 维列向量，$x_i^{(j)}\in\mathbf{R}$ 是第 i 个样本在第 j 个特征上的取值。

2）模型。

AGNES 模型主要通过在给定数据集 D 上形成的层次树状结构进行聚类。先将 D 中每一个样本当成一个簇，再依据簇与簇之间的距离不断合并两个相近的簇，进而构建一个层次树状结构，并根据该结构实现聚类目标，即簇标签的确定。图 8-3 是一个对于 20 个随机数样本上形成的树状结构，每层链接一组类簇，根据给定聚类数目进行分割，即可得到每一样本相应的簇标签。综上所述，AGNES 也是一个构建层次树状结构的过程，其模型是一种特定的树状层次结构。

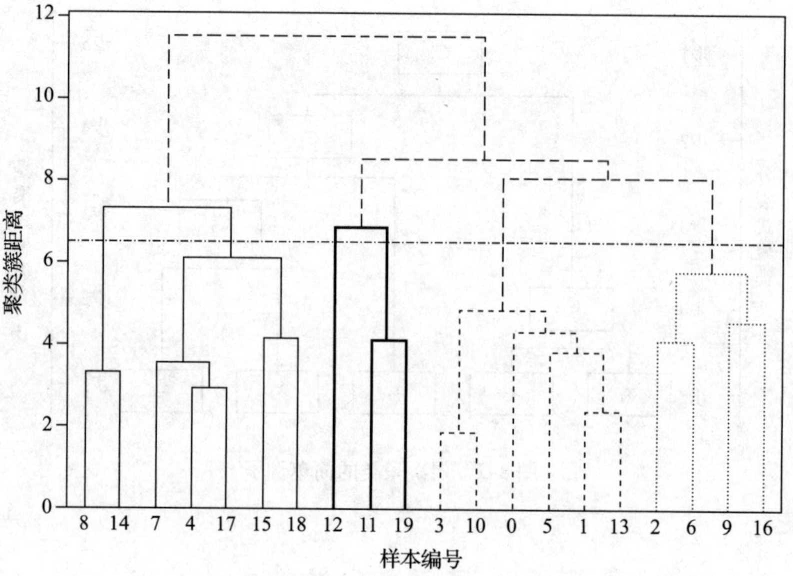

图 8-3 AGNES 树状图

3）策略。

AGNES 模型首先需要确定簇间距离的度量标准，当根据式（8-7）、式（8-8）、式（8-9）计算簇间距离时，AGNES 模型又可分别称为“单链接”“全链接”“均链接”算法。AGNES 模型主要采用贪心策略来实现合并各个簇的，即每次合并簇间距离最小的两个簇。最终形成一种层次的树状结构，使得该树状结构在任一层次的同一分支上的簇内距离最小，且每一层次对应的簇的数目也不相同。

4）算法。

AGNES 模型会先初始化数据集中的簇，再通过不断迭代地遍历所有簇并合并最小簇间距离的两个簇，直至达到一定停止条件。算法 8-1 详细描述了其具体流程。第一步是将数据集中每一样本初始化为一个簇并对簇间距离矩阵进行初始化，主要在第 1 ~ 8 行；第二步是不断迭代合并最小簇间距离的两个簇，并更新簇间距离矩阵，直至达到预设的聚类数目，主要在第 9 ~ 15 行。

算法 8-1：AGNES 模型算法

输入： 训练集 $D=\{\boldsymbol{x}_1,\boldsymbol{x}_2,\cdots,\boldsymbol{x}_m\}$；
聚类数目 K；
簇间距离函数 d；

过程： 函数 AGNES(D,K,d)

1. **for** $i\in\{1,2,\cdots,m\}$ **do**：
2. $C_i=\{\boldsymbol{x}_i\}$ % 把训练集 D 中每个样本都初始化为一个簇；

算法 8-1：AGNES 模型算法（续）

3. **end for**
4. **for** $i \in \{1,2,\cdots,m\}$ **do**:
5. 　**for** $j \in \{i+1,i+2,\cdots,m\}$ **do**:
6. 　　$\boldsymbol{M}(i,j)=\boldsymbol{M}(j,i)=d(C_i,C_j)$ 　% 计算簇之间的距离；
7. 　**end for**
8. **end for**
9. 令当前簇的数目 $q=n$；
10. **do**:
11. 　找到距离最近的两个簇 C_i 和 C_j，并进行合并，赋值给 C_i；
12. 　在集合 C 中删除 C_j，并更新 C_{j+1} 至 C_q 的下标；
13. 　删除距离矩阵 $\boldsymbol{M}$ 的第 j 行和第 j 列，并更新 $\boldsymbol{M}$ 的第 i 行和第 i 列；
14. 　$q=q-1$；
15. **until** $q=K$

输出：簇划分 $C=\{C_1,C_2,\cdots,C_K\}$。

第三节　基于划分的聚类分析

一、基于划分的聚类分析的概念

基于划分的聚类分析把聚类问题转化成一个组合优化问题，一般先对数据集进行初始划分，接下来通过不断迭代优化目标函数来调整划分，直至逐渐收敛，得到一个最终划分作为聚类结果。该方法需要事先确定初始聚类划分和聚类数目，根据一定的划分准则，使得每个样本与其簇中心的差异性之和最小，进而实现簇内样本相似、簇间样本相异的目标。根据在聚类过程中样本是否仅能属于一个簇，可以进一步分为硬划分聚类分析和模糊划分聚类分析。硬划分聚类分析方法假定样本能够明确地划分到一个簇中，如 K-Means、K-Medoids 等；模糊划分聚类分析方法则以隶属度将样本分配到不同的簇中，簇与簇之间边界的严格性大大降低，如 Fuzzy C-Means（FCM）等。下面主要对 K-Means 模型进行介绍。

二、K-Means 模型

（1）K-Means 模型概述。

K-Means 模型的发展历史比较悠久。在 20 世纪 50 年代，雨果·斯坦豪斯（Hugo Steinhaus）提出 K-Means 模型的基本想法，1957 年斯图尔特·劳埃德（Stuart Lloyd）设计出第一个可行的算法，1967 年詹姆斯·麦奎因（James MacQueen）正式提出并使用这一术语。经过 60 多年的发展，K-Means 模型已经被公认为经典的划分聚类方法，在图像分割、模式识别、客户行为分析等领域中有着广泛的应用。此外，针对该算法存在的缺陷以及为了日益变化的数据分析需求，不同领域的学者不断对其进行改进，衍生出多个变体。

K-Means 模型中的“K”指划分簇的数量，即聚类类别数目，“Means”则代表选择平均值作为定义聚类中心的策略。其主要思想是先对给定的数据集初始划分成 K 个互斥子集，构成 K 个簇，使得每个簇至少包含一个对象，每个对象仅属于一个簇，然后不断迭代更新求解，使得每个簇内数据的相似度尽可能高，每个簇间数据的相似度尽可能低。

（2）K-Means 模型的建模过程。

1）数据。

对于 m 个样本组成的数据集 $D=\{\boldsymbol{x}_1,\boldsymbol{x}_2,\cdots,\boldsymbol{x}_m\}$，$\boldsymbol{x}_i$ 表示第 i 个样本点，其中样本 $\boldsymbol{x}_i=[\boldsymbol{x}_i^{(1)},\cdots,\boldsymbol{x}_i^{(j)},\cdots,\boldsymbol{x}_i^{(n)}]^{\mathrm{T}}\in\mathbf{R}^n$ 是由 n 个特征描述的 n 维列向量，$\boldsymbol{x}_i^{(j)}\in\mathbf{R}$ 是第 i 个样本在第 j 个特征上的取值。

2）模型。

K-Means 模型的目标是把 m 个样本分到 K 个簇中，一般假设 $K<m$。K-Means 模型寻找一个合适的多对一的映射函数将样本映射到相应的簇中，得到最终的样本划分集合，即簇集合 $C=\{C_1,\cdots,C_k,\cdots,C_K\}$，其中 $\bigcup_{k=1}^{K}C_k=D$ 且 $C_k\cap C_k'=\varnothing(k\neq k')$。也就是说，K-Means 的模型是一个从样本到类的函数。具体来说，K-Means 选择距离样本最近的簇中心作为其簇标记，这里采用欧氏距离即式（8-3）来度量样本间距离，所以，K-Means 的模型可具体表示为

$$h(\boldsymbol{x}) = \arg\min_{k} \|\boldsymbol{x}-\boldsymbol{u}_k\|^2 \tag{8-21}$$

式中，$\boldsymbol{u}_k$ 是簇 C_k 的均值向量，即簇中心。

3）策略。

K-Means 模型可以归结为样本集合的划分问题，或者样本到类的映射问题。而 K-Means 模型的策略是通过最小化损失函数选择最优的样本集合划分或映射函数。一般选择欧氏距离即式（8-3）度量样本之间的距离，再使用所有样本与其所属簇中心的距离之和作为损失函数，即

$$J(C) = \sum_{k=1}^{K}\sum_{\boldsymbol{x}_i\in C_k}\|\boldsymbol{x}_i-\boldsymbol{u}_k\|^2 = \|\boldsymbol{x}-\boldsymbol{Z}\boldsymbol{Z}^{\mathrm{T}}\boldsymbol{x}\|_F^2 \tag{8-22}$$

式中，$\boldsymbol{u}_k=\frac{1}{|C_k|}\sum_{\boldsymbol{x}_i\in C_k}\boldsymbol{x}_i$ 是簇 C_k 的簇中心，$\boldsymbol{Z}\in\mathbf{R}^{m\times K}$ 是表示样本到类关系的指示矩阵，且满足 $\boldsymbol{z}_i^{(k)}=\begin{cases}1/\sqrt{|C_k|},\ \boldsymbol{x}_i\in C_k\\0,\ \boldsymbol{x}_i\notin C_k\end{cases}$。

该模型的策略是求解最小化损失函数 $J(C)$。不难发现，这个损失函数的优化是个组合优化问题，将 m 个样本分配到 K 类，可能分法的数量为 $S(m,k)=\frac{1}{K!}\sum_{k=1}^{K}(-1)^{K-1}\binom{K}{k}K^m$，已经达到指数级。因此，考虑样本集 D 所有可能的簇划分是个 NP 难问题。所以，在实际解决这一优化问题时，一般采用迭代的方法进行求解，即在每一次迭代步骤中最小化 $J(C)$。

4）算法。

K-Means 模型的算法是一种迭代求解的过程，需要不断更新簇中心和簇集合，其具体过程如算法 8-2 所示。该算法主要包括两个步骤：选择 K 个簇的中心，根据距离度量准则将样本逐一分配到距其最近的中心的簇中，得到一个聚类结果，主要在第 1 ~ 7 行；更新每个簇的均值向量，作为新的簇中心，主要在第 8 ~ 12 行。重复上述两个步骤，直到达到收敛或符合停止条件。

算法 8-2：K-Means 模型算法

输入： 训练集 $D=\{\boldsymbol{x}_1,\boldsymbol{x}_2,\cdots,\boldsymbol{x}_m\}$；

聚类数目 K；

过程： K-Means(D,K)

1. 随机选择 K 个样本初始化聚类中心 $\boldsymbol{u}=(\boldsymbol{u}_1,\cdots,\boldsymbol{u}_k,\cdots,\boldsymbol{u}_K)$；
2. 初始化簇集合 $C=\{C_1,C_2,\cdots,C_K\}=\{\varnothing,\varnothing,\cdots,\varnothing\}$；
3. **do**：
4.   **for** $i\in\{1,2,\cdots,m\}$ **do**：
5.   根据式（8-21）将样本 $\boldsymbol{x}_i$ 指派到距其最近的中心的簇 $h(\boldsymbol{x}_i)$；
6.   将样本 $\boldsymbol{x}_i$ 划分到相应的簇里 $C_{h(\boldsymbol{x}_i)}=C_{h(\boldsymbol{x}_i)}\cup\{\boldsymbol{x}_i\}$；
7.   **end for**
8.   **for** $k\in\{1,2,\cdots,K\}$ **do**：
9.   计算各个簇的新的均值向量 $\boldsymbol{u}'_k=\dfrac{1}{|C_k|}\sum_{\boldsymbol{x}_i\in C_k}\boldsymbol{x}_i$；
10.   更新各个簇的中心 $\boldsymbol{u}_k\leftarrow\boldsymbol{u}'_k$；
11.   **end for**
12. **until** 达到停止条件或已经收敛

输出： 簇划分 $C=\{C_1,C_2,\cdots,C_K\}$。

第四节 基于密度的聚类分析

一、基于密度的聚类分析的概念

基于密度的聚类分析假设数据分布的紧密程度能够确定隐藏的聚类结构，那么可以基于样本密度来考察样本之间的可连接性，并根据可连接样本不断扩展聚类簇，使得高密度的数据集合成为一个簇，不同簇由低密度的区域分割开来。该算法能够过滤噪声或异常点，很好地识别出任意形状的聚类簇，对数据分布没有偏好。其代表算法有：DBSCAN（Density-Based Spatial Clustering of Applications with Noise）、OPTICS（Ordering Point To Identify the Cluster Structure）等。下面我们主要对 DBSCAN 模型进行介绍。

二、DBSCAN 模型

（1）DBSCAN 模型概述。

DBSCAN 模型是一种经典的密度聚类算法。它在 1996 年被 Ester 等人提出，自发表后受到学术界的广泛关注，也得到不断地改进。2014 年，该算法在国际数据挖掘与知识发现大会获得经典论文奖（SIGKDD Test of Time Award），再次说明该算法的重要程度。

该模型使用一组“邻域”参数（ε,minPts）来刻画样本的紧密程度，并定义簇为密度相连的样本的最大集合。该算法根据样本的可连接性从密度足够高的核心样本出发不断扩展簇，不包含在任何簇内的样本则被视为噪声，进而得到最终的聚类结果。该模型在噪声干扰和不同数据分布情况下也可以很好地识别簇，如图 8-4 所示，可以识别出环状和半环状簇。

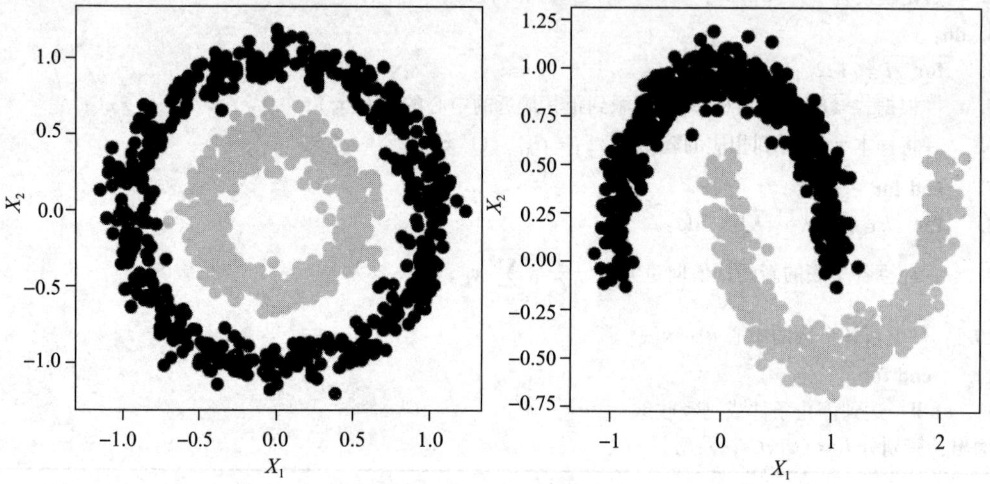

图 8-4　DBSCAN 聚类效果图

（2）DBSCAN 模型的建模过程。

在介绍 DBSCAN 模型的建模过程之前，先简单定义以下几个概念。

1）ε 邻域：对于样本 $\boldsymbol{x}_i \in D$，给定半径 ε 内的邻域称为该样本 $\boldsymbol{x}_i$ 的 ε 邻域，可以用 $N_\varepsilon(\boldsymbol{x}_i)=\{\boldsymbol{x}_j \mid d(\boldsymbol{x}_i,\boldsymbol{x}_j)\leqslant\varepsilon,\boldsymbol{x}_j\in D\}$ 表示样本 $\boldsymbol{x}_i$ 的 ε 邻域内的样本集合。

2）核心对象：对于样本 $\boldsymbol{x}_i \in D$，如果样本 $\boldsymbol{x}_i$ 的 ε 邻域至少包含 minPts 个样本，即 $|N_\varepsilon(\boldsymbol{x}_i)|\geqslant \text{minPts}$，则称样本 $\boldsymbol{x}_i$ 为核心对象。

3）边界对象：对于样本 $\boldsymbol{x}_i \in D$，如果样本 $\boldsymbol{x}_i$ 不是核心对象但属于某个核心对象的 ε 邻域内，即 $|N_\varepsilon(\boldsymbol{x}_i)| < \text{minPts}$，$\boldsymbol{x}_i \in N_\varepsilon(\boldsymbol{x}_j)$，且 $|N_\varepsilon(\boldsymbol{x}_j)|\geqslant \text{minPts}$，则称样本 $\boldsymbol{x}_i$ 为边界对象。

4）噪声对象：对于样本 $\boldsymbol{x}_i \in D$，如果样本 $\boldsymbol{x}_i$ 既不是核心对象也不是边界对象，则称样本 $\boldsymbol{x}_i$ 为噪声对象。

5）密度直达：如果样本 $\boldsymbol{x}_j$ 位于样本 $\boldsymbol{x}_i$ 的 ε 邻域，且样本 $\boldsymbol{x}_i$ 是核心对象，即 $\boldsymbol{x}_j \in N_\varepsilon(\boldsymbol{x}_i)$ 且 $|N_\varepsilon(\boldsymbol{x}_i)|\geqslant \text{minPts}$，则称 $\boldsymbol{x}_j$ 由 $\boldsymbol{x}_i$ 密度直达。

6）密度可达：对于样本 $\boldsymbol{x}_i$，$\boldsymbol{x}_j \in D$，如果存在样本序列 $\boldsymbol{p}_1, \boldsymbol{p}_2, \cdots, \boldsymbol{p}_t$，满足 $\boldsymbol{p}_1 = \boldsymbol{x}_i$，$\boldsymbol{p}_t = \boldsymbol{x}_j$，$\boldsymbol{p}_{r+1}$ 由 $\boldsymbol{p}_r$ 密度直达，则称 $\boldsymbol{x}_j$ 由 $\boldsymbol{x}_i$ 密度可达。

7）密度相连：对于样本 $\boldsymbol{x}_i$，$\boldsymbol{x}_j \in D$，如果存在核心对象 $\boldsymbol{x}_r$，使 $\boldsymbol{x}_i$ 和 $\boldsymbol{x}_j$ 均由 $\boldsymbol{x}_r$ 密度可达，则称 $\boldsymbol{x}_i$ 与 $\boldsymbol{x}_j$ 密度相连。

图 8-5 形象化显示了上述的基本概念。我们不难发现，密度相连、密度可达、密度直达依次对样本之间的可连接性条件逐渐严格。其中，密度直达关系通常不满足对称性；密度可达关系满足直递性，但可能不满足对称性；密度相连关系满足对称性。

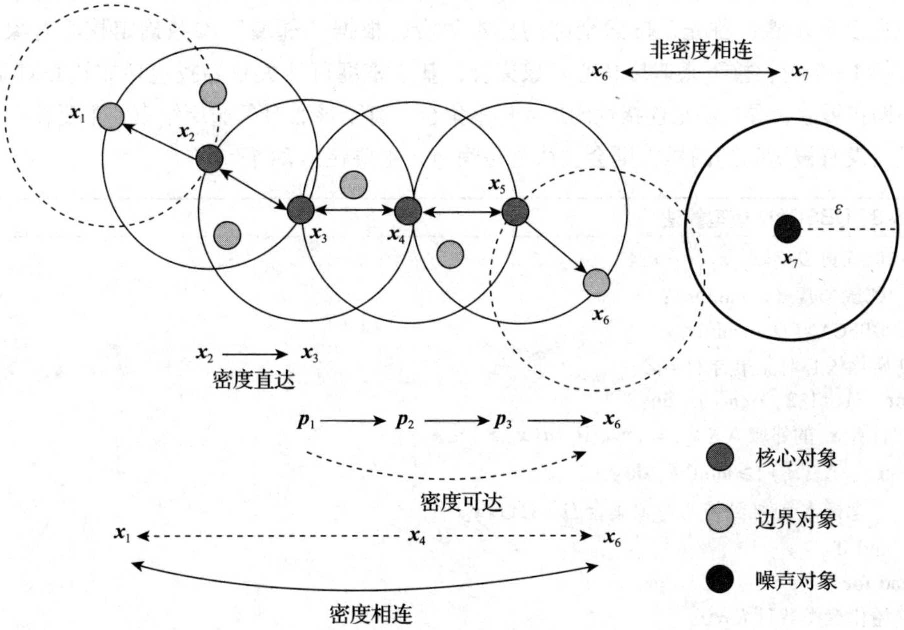

图 8-5　DBSCAN 模型基本概念（minPts = 4）

下面分别从数据、模型、策略和算法方面介绍 DBSCAN 模型的建模过程。

1）数据。

对于 m 个样本组成的数据集 $D = \{\boldsymbol{x}_1, \boldsymbol{x}_2, \cdots, \boldsymbol{x}_m\}$，$\boldsymbol{x}_i$ 表示第 i 个样本点，其中样本 $\boldsymbol{x}_i = [x_i^{(1)}, \cdots, x_i^{(j)}, \cdots, x_i^{(n)}]^{\mathrm{T}} \in \mathbf{R}^n$ 是由 n 个特征描述的 n 维列向量，$x_i^{(j)} \in \mathbf{R}$ 是第 i 个样本在第 j 个特征上的取值。

2）模型。

DBSCAN 模型选择由密度可达关系扩展的最大的密度相连的样本集合为簇集合，实现样本到簇的映射。也就是说，簇需要满足两个性质：连接性与最大性。

连接性：$\boldsymbol{x}_i \in C$，$\boldsymbol{x}_j \in C \Rightarrow \boldsymbol{x}_i$ 与 $\boldsymbol{x}_j$ 密度相连

最大性：$\boldsymbol{x}_i \in C$，$\boldsymbol{x}_j$ 由 $\boldsymbol{x}_i$ 密度可达 $\Rightarrow \boldsymbol{x}_j \in C$

由核心对象 $\boldsymbol{x}_i$ 密度可达的所有样本组成的集合则是一个满足连接性与最大性的簇，即 DBSCAN 的模型可以表示为：若 $\boldsymbol{x}_j$ 由 $\boldsymbol{x}_i$ 密度可达且 $|N_\varepsilon(\boldsymbol{x}_i)| \geqslant \mathrm{minPts}$，则 $y_j = y_i$。

3）策略。

DBSCAN 模型是在满足密度可达关系的基础上寻找最大的密度相连的样本，也就是说，DBSCAN 模型的策略是通过遍历搜索的策略，探索数据集合中的每一样本和核心对象的密度关系，寻找与核心对象密度可达的最大的样本集合，生成最终的聚类簇集合，而不属于任何簇的样本则会被认为是噪声或异常样本。可以发现，通过这种策略得到的簇集合是满足连接性和最大性的簇。

4）算法。

DBSCAN 模型主要通过遍历搜索显式产生最佳的类簇集合，具体过程如算法 8-3 所示。主要包括以下步骤：首先，搜索全部的样本集合，根据“邻域”参数确定核心对象集合，主要在第 1 ~ 7 行；接下来遍历核心对象集合，基于密度可达关系寻找包括非核心对象的样本，不断扩展簇，寻找满足连接性的最大样本集合，直至核心对象遍历结束，主要在第 8 ~ 23 行。最后没有被访问到的样本则会被认为是噪声，主要在第 24 行。

算法 8-3：DBSCAN 模型算法

输入： 训练集 $D=\{\boldsymbol{x}_1,\boldsymbol{x}_2,\cdots,\boldsymbol{x}_m\}$；
邻域参数（ε, minPts）；

过程： DBSCAN(D, ε, minPts)

1. 初始化核心对象集合 $\Omega=\varnothing$；
2. **for** $i\in\{1,2,\cdots,m\}$ **do**：
3. 计算 $\boldsymbol{x}_i$ 的邻域 $N_\varepsilon(\boldsymbol{x}_i)=\{\boldsymbol{x}_j\in D \mid d(\boldsymbol{x}_i,\boldsymbol{x}_j)\leqslant\varepsilon\}$；
4. **if** $|N_\varepsilon(\boldsymbol{x}_i)|\geqslant$ minPts **do**：
5. 把样本 $\boldsymbol{x}_i$ 加到核心对象集合 $\Omega=\Omega\cup\{\boldsymbol{x}_i\}$；
6. **end if**
7. **end for**
8. 初始化聚类数目 $K=0$；
9. 初始化未访问样本集合 $D^{(0)}=D$；
10. **do**：
11. 记录当前未访问的样本集合 $D^{(0)}_{\text{old}}=D^{(0)}$；
12. 随机选择一个核心对象 $\alpha\in\Omega$，初始化队列 $Q\leqslant\alpha>$；
13. 在未访问样本集合中删除 α，即 $D^{(0)}=D^{(0)}\setminus\{\alpha\}$；
14. **while** $Q\neq\varnothing$ **do**：
15. 取出队列 Q 的首个样本 q，即 $Q=Q-\{q\}$；
16. **if** $|N_\varepsilon(\boldsymbol{x}_q)|\geqslant$ minPts **then**：
17. 将 $N_\varepsilon(\boldsymbol{x}_q)\cap D^{(0)}$ 的样本加入到队列 Q 中；
18. 更新未访问样本集合 $D^{(0)}=D^{(0)}\setminus(N_\varepsilon(\boldsymbol{x}_q)\cap D^{(0)})$；
19. **end while**
20. 更新聚类数目 $K=K+1$；
21. 生成新的聚类簇 $C_K=D^{(0)}_{\text{old}}\setminus D^{(0)}$；
22. 更新核心对象集合 $\Omega=\Omega\setminus C_K$；
23. **until** $\Omega=\varnothing$
24. 生成噪声对象的聚类簇 $C_0=D^{(0)}$；

输出： 簇划分 $C=\{C_0,C_1,\cdots,C_K\}$。

第五节　基于网格的聚类分析

一、基于网格的聚类分析的概念

基于网格的聚类分析将数据空间划分成有限数目的网格单元，形成多分辨率的网格结构，并在这个网格结构上执行所有的聚类操作，发现任意形状的簇。一般而言，该算法在每一网格单元中保存落入其中的数据的相关统计信息，并假设在同一网格单元的数据属于同一个簇。这种方式具有更快的处理速度，独立的计算时间与样本数量，只与网络结构上的单元数目有关。但簇划分的准确度与精度也与网格单元的大小紧密相关，若网格单元的粒度较细，则聚类结果的准确性较高，同时也会提高算法的计算复杂度。网格聚类方法适用于比较分散、并不密集的对空间多维数据的挖掘，具有广阔的发展空间。目前常见的网格聚类方法有STING（Statistical Information Grid）、WaveCluster、CLIQUE（Clustering In Quest）等。下面我们主要对 STING 模型进行介绍。

二、STING 模型

（1）STING 模型概述。

STING 模型是一个典型的基于网格的聚类分析方法。它于1997 被 Wang 等人提出，通过创建多层次的网格结构将空间区域划分为多分辨率的矩形单元，每一单元都存放着关于数据的统计信息。该模型中，网格计算与查询处理这两步骤彼此独立、效率较高，但聚类质量受网格结构最底层的粒度影响较大。

（2）STING 模型的建模过程。

1）数据。

对于 m 个样本组成的数据集 $D=\{\boldsymbol{x}_1,\boldsymbol{x}_2,\cdots,\boldsymbol{x}_m\}$，$\boldsymbol{x}_i$ 表示第 i 个样本点，其中样本 $\boldsymbol{x}_i=[x_i^{(1)},\cdots,x_i^{(j)},\cdots,x_i^{(n)}]^{\mathrm{T}}\in\mathbf{R}^n$ 是由 n 个特征描述的 n 维列向量，$x_i^{(j)}\in\mathbf{R}$ 是第 i 个样本在第 j 个特征上的取值。

2）模型。

STING 模型基于多分辨率网格结构进行聚类的操作，所以其模型是数据的多分辨率网格结构。该网格结构在每一个分辨率下将空间区域划分为互不相交的矩形单元，不同分辨率下的单元形成一个层次结构，且一个高层的矩形单元可以相应地被划分成低层的多个矩形单元（一般是 4 个单元，称为四象限子单元）。每一矩形单元需要预先计算并存储一些统计信息用以描述单元属性，一般最底层单元的统计信息从数据中计算得到，而高层单元则从其对应的底层单元中计算出相应的统计信息。图 8-6 显示一个简单的多分辨率网格结构。

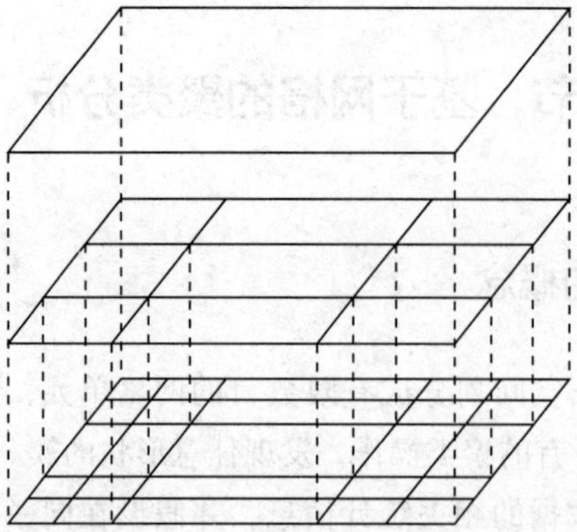

图 8-6 STING 模型的多分辨率网格结构

每一矩形单元的统计信息主要包括样本数量、平均值、标准差、最小值、最大值和分布类型。分布类型指正态分布、均匀分布、指数分布或 NONE（未知分布类型），其余统计信息可从单元中的数据进行计算。当已知第 l 层单元的统计信息时，可以得到第 $l-1$ 层单元的统计信息，即

$$m^{(l-1)} = \sum_j m_j^{(l)} \tag{8-23}$$

$$\text{avg}^{(l-1)} = \frac{1}{m^{(l-1)}} \sum_j \text{avg}_j^{(l)} m_j^{(l)} \tag{8-24}$$

$$\text{std}^{(l-1)} = \sqrt{\frac{1}{m^{(l-1)}} \sum_j \left((\text{std}_j^{(l)})^2 + (\text{avg}_j^{(l)})^2 \right) - (\text{avg}^{(l-1)})^2} \tag{8-25}$$

$$\min^{(l-1)} = \min(\min_j^{(l)}) \tag{8-26}$$

$$\max^{(l-1)} = \max(\max_j^{(l)}) \tag{8-27}$$

第 $l-1$ 层单元的分布类型可以基于它对应的第 l 层单元的多数分布类型和一个给定阈值判断计算得到。若非未知分布类型阈值检验失败，则认为其分布类型为 NONE。

3）策略。

STING 模型一般采取自上向下的策略对预先存储数据统计信息的网格结构进行查询处理，得到相应的聚类结果。一般采用类似 SQL 的查询语言进行自上而下的单元查询，选定其中一层（并非一定是根层）作为查询处理的起点，对当前层次的每一单元计算其与查询条件的置信水平，并依据置信水平分为相关单元和无关单元，接下来对相关单元的下一层矩形单元进行上述步骤，直至查询到最底层。

4）算法。

STING 模型主要包括网格结构建立和自顶向下查询的过程，具体流程如算法 8-4 所示。其中，第 1 ~4 行是建立多分辨率网格结构的过程，第 5 ~ 11 行是查询处理和得到聚类结果的过程。

算法 8-4：STING 模型算法

输入： 训练集 $D=\{\boldsymbol{x}_1,\boldsymbol{x}_2,\cdots,\boldsymbol{x}_m\}$；

网格层次 L；

过程： STING(D,L)

1. 根据数据集进行单元划分，确定 L 层网格结构；
2. **for** $i\in\{L,L-1,\cdots,1\}$ **do**：
3. 　计算第 i 层网格单元的统计信息；
4. **end for**
5. 选择第 l 层作为开始点，记该层为 $U_{\text{cor}}^{(l-1)}$；
6. **do**：
7. 　对 $U_{\text{cor}}^{(l-1)}$ 中每一单元计算其与给定查询的置信水平；
8. 　根据置信水平把单元标记为相关或不相关，相关单元记为 $U_{\text{cor}}^{(l)}$；
9. 　$l=l+1$；
10. **until** $l>L$
11. 基于单元邻接性和区域密度阈值对 $U_{\text{cor}}^{(L)}$ 中单元进行合并，找到最底层相关单元格的区域，作为同一个簇；

输出： 簇划分 C。

第六节　基于模型的聚类分析

一、基于模型的聚类分析的概念

基于模型的聚类分析为每个簇假定了一个模型，根据数据对模型参数进行不断优化得到最佳拟合，进而实现聚类的目标。该算法可以通过数据的特定模型来定位聚类，考虑到噪声和异常值，可以产生更加鲁棒健壮的聚类算法。但现有算法大都假设每一簇的分布是高斯分布，这使得该算法仅在具有凸形结构的数据上有良好的聚类效果，难以推广到具有任意分布的复杂形式的聚类问题上。常用的基于模型的聚类算法有：COBWEB、SOM 聚类（Self-organizing Maps Clustering）、EM 聚类（Expectation-maximization Clustering）等。下面主要对 EM 聚类模型进行介绍。

二、EM 聚类模型

（1）EM 聚类模型概述。

EM 聚类模型是 EM 算法在无监督学习的一个重要应用。EM 算法是 1997 年由 Dempster 等人总结提出的一种迭代算法，主要用于解决含有隐变量的概率模型的参数估计问题。EM 聚类模型首先假设数据的分布满足某一种有限混合模型，一般为高斯混合模型，如图 8-7 所示。每个簇都可以用高斯密度函数进行描述，主要参数有均值和协方差矩阵，不同簇之间相互独立。接下来，通过拟合该混合模型的参数计算出样本属于每一簇的概率，进而得到相应的簇标记。由于在优化过程中使用EM 算法进行参数估计，因此该方法称为 EM 聚类模型。

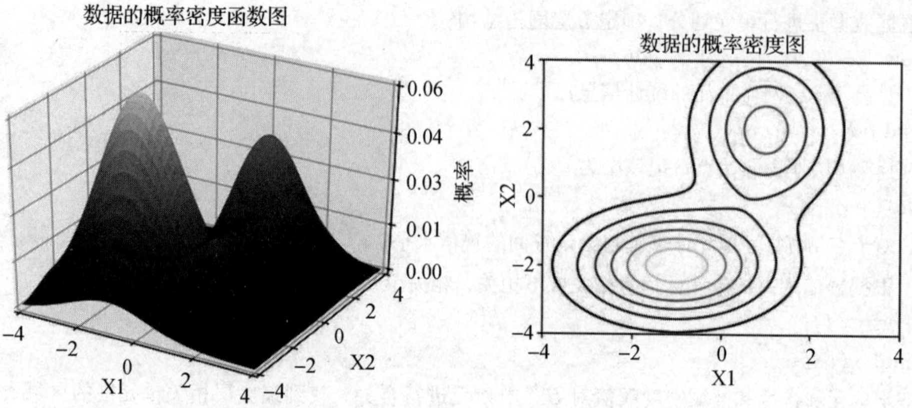

图 8-7　混合高斯分布的概率密度函数图

（2）EM 聚类模型的建模过程。

1）数据。

对于 m 个样本组成的训练集 $D=\{\boldsymbol{x}_1,\boldsymbol{x}_2,\cdots,\boldsymbol{x}_m\}$，$\boldsymbol{x}_i$ 表示第 i 个样本点，其中样本 $\boldsymbol{x}_i=[x_i^{(1)},\cdots,x_i^{(j)},\cdots,x_i^{(n)}]^{\mathrm{T}}\in\mathbf{R}^n$ 是由 n 个特征描述的 n 维列向量，$x_i^{(j)}\in\mathbf{R}$ 是第 i 个样本在第 j 个特征上的取值。

2）模型。

EM 聚类模型假设数据集的样本由高斯混合分布生成，即根据先验分布（$\alpha_1,\cdots,\alpha_k,\cdots,\alpha_K$）选择高斯混合成分，$\alpha_k$ 表示选择第 k 个混合成分的概率；然后根据选定的高斯混合成分 z_k 的概率密度函数 $p(\boldsymbol{x}|\boldsymbol{u}_k,\sum_k)$ 进行采样，生成相应的样本，其中 $\boldsymbol{u}_k$ 是均值向量，$\sum_k$ 是协方差矩阵。该高斯混合分布可以表示为

$$p(\boldsymbol{x})=\sum_{k=1}^{K}\alpha_k p(\boldsymbol{x}|\boldsymbol{u}_k,\textstyle\sum_k) \tag{8-28}$$

式中，该分布共有 K 个混合高斯成分，α_k 为相应的混合系数，满足 $\sum\limits_{k=1}^{K}\alpha_k=1$ 且 $\alpha_k\geqslant 0$，每一混合成分对应一个高斯分布，$\boldsymbol{u}_k$ 和 $\sum_k$ 是第 k 个混合成分的参数。

若数据集按上述过程生成，令混合高斯成分的数量与簇的数量相同，先对满足混合高斯分布的数据集的模型参数 $\boldsymbol{\theta}=(\boldsymbol{\alpha},\boldsymbol{u},\sum)$ 进行参数估计，再根据贝叶斯定理计算样本属于每一簇的后验概率，并将其判断为后验概率值最大的簇。

具体来说，首先引入隐向量 $\boldsymbol{c}_i=[c_i^{(1)},\cdots,c_i^{(k)},\cdots,c_i^{(K)}]$ 来表示样本 $\boldsymbol{x}_i$ 对混合高斯成分（簇）的隶属关系，即 $c_i^{(k)}=\begin{cases}0, & x_i\notin C_k\\ 1, & x_i\in C_k\end{cases}$ 且 $\boldsymbol{z}_i$ 中仅有一个标量为 1。考虑到 $\boldsymbol{c}_i$ 是一组相互独立的随机变量，则 $\boldsymbol{c}$ 服从多项分布，其概率分布列为（$\alpha_1,\cdots,\alpha_k,\cdots,\alpha_K$）。接下来，根据贝

叶斯公式，可以计算出样本 $\boldsymbol{x}_i$ 属于第 k 簇的后验概率：

$$\begin{aligned}\gamma(c_i^{(k)}) &= E(c_i^{(k)} \mid \boldsymbol{x}_i) = p(c_i^{(k)} = 1 \mid \boldsymbol{x}_i) \\ &= \frac{p(c_i^{(k)} = 1)p(\boldsymbol{x}_i \mid c_i^{(k)} = 1)}{p(\boldsymbol{x}_i)} \\ &= \frac{\alpha_k p(\boldsymbol{x}_i \mid \boldsymbol{u}_k, \Sigma_k)}{\sum_{l=1}^{K} \alpha_l p(\boldsymbol{x}_i \mid \boldsymbol{u}_l, \Sigma_l)}\end{aligned} \tag{8-29}$$

最后，将其判断为概率值最大的类，这也是 EM 聚类的模型。

$$h_\theta(\boldsymbol{x}_i) = \arg\max_k \gamma(c_i^{(k)}) \tag{8-30}$$

3）策略。

对于样本 $\boldsymbol{x}_i$ 和其对应的隐变量 $\boldsymbol{c}_i$，可以得到似然函数：

$$L(\boldsymbol{x}_i, \boldsymbol{c}_i; \boldsymbol{\theta}) = \prod_{k=1}^{K} (\alpha_k p(\boldsymbol{x}_i \mid \boldsymbol{u}_k, \Sigma_k))^{c_i^{(k)}} \tag{8-31}$$

接下来，可以得到完全数据（$\boldsymbol{x}, \boldsymbol{c}$）的似然函数：

$$\begin{aligned}L(\boldsymbol{x}, \boldsymbol{c}; \boldsymbol{\theta}) &= \prod_{k=1}^{K} \prod_{i=1}^{m} (\alpha_k p(\boldsymbol{x}_i \mid \boldsymbol{u}_k, \Sigma_k))^{c_i^{(k)}} \\ &= \prod_{k=1}^{K} \prod_{i=1}^{m} \alpha_k^{c_i^{(k)}} (p(\boldsymbol{x}_i \mid \boldsymbol{u}_k, \Sigma_k))^{c_i^{(k)}} \\ &= \prod_{k=1}^{K} \alpha_k^{m_k} \prod_{i=1}^{m} (p(\boldsymbol{x}_i \mid \boldsymbol{u}_k, \Sigma_k))^{c_i^{(k)}}\end{aligned} \tag{8-32}$$

式中，$m_k = \sum_{i=1}^{m} c_i^{(k)}$。那么，完全数据（$\boldsymbol{x}, \boldsymbol{c}$）的对数似然函数

$$LL(\boldsymbol{x}, \boldsymbol{c}; \boldsymbol{\theta}) = \sum_{k=1}^{K} \left(m_k \ln \alpha_k + \sum_{i=1}^{m} c_i^{(k)} \ln p(\boldsymbol{x}_i \mid \boldsymbol{u}_k, \Sigma_k) \right) \tag{8-33}$$

根据极大似然估计原理，EM 聚类模型的策略是最大化上述的对数似然函数式（8-33）。

4）算法。

在 EM 聚类模型的算法求解中，由于式（8-33）存在连加符号，直接求解难以得到解析解，因此我们采用 EM 算法进行迭代优化求解。该算法主要通过不断迭代 E 步和 M 步实现模型参数 θ 的优化更新以及样本属于某一簇的后验概率的计算。

首先，在 E 步，根据样本 $\boldsymbol{x}$ 和当前的模型参数 $\boldsymbol{\theta}^{(t)}$ 计算完全数据的对数似然函数 $LL(\boldsymbol{x}, \boldsymbol{c}; \boldsymbol{\theta})$ 对隐变量数据 $\boldsymbol{z}$ 的条件概率分布 $p(\boldsymbol{c} \mid \boldsymbol{x}, \boldsymbol{\theta}^{(t)})$ 的期望，又称为 Q 函数，即

$$\begin{aligned}Q(\boldsymbol{\theta}, \boldsymbol{\theta}^{(t)}) &= E[LL(\boldsymbol{x}, \boldsymbol{c}; \boldsymbol{\theta}) \mid \boldsymbol{x}, \boldsymbol{\theta}^{(t)}] \\ &= E\left(\sum_{k=1}^{K} \left(m_k \ln \alpha_k + \sum_{i=1}^{m} c_i^{(k)} \ln p(\boldsymbol{x}_i \mid \boldsymbol{u}_k, \Sigma_k) \right) \right) \\ &= \sum_{k=1}^{K} \left(\sum_{i=1}^{m} E(c_i^{(k)}) \ln \alpha_k + \sum_{i=1}^{m} E(c_i^{(k)}) \ln p(\boldsymbol{x}_i \mid \boldsymbol{u}_k, \Sigma_k) \right) \\ &= \sum_{k=1}^{K} \left(\sum_{i=1}^{m} \gamma(c_i^{(k)}) \ln \alpha_k + \sum_{i=1}^{m} \gamma(c_i^{(k)}) \ln p(\boldsymbol{x}_i \mid \boldsymbol{u}_k, \Sigma_k) \right)\end{aligned} \tag{8-34}$$

接下来，在 M 步，求使式（8-34）最大对应的模型参数，即

$$\theta^{(t+1)} = \arg\max_{\theta} Q(\boldsymbol{\theta}, \boldsymbol{\theta}^{(t)}) \tag{8-35}$$

具体来说，需要对（$\boldsymbol{\alpha}, \boldsymbol{u}, \sum$）进行分别求解。对 $\boldsymbol{u}_k$ 直接求偏导并令其为 0，即

$$\frac{\partial Q}{\partial \boldsymbol{u}_k} = \sum_{i=1}^{m} \gamma(c_i^{(k)})(\boldsymbol{x}_i - \boldsymbol{u}_k) = 0 \tag{8-36}$$

求解可得：

$$\boldsymbol{u}_k = \frac{\sum_{i=1}^{m} \gamma(c_i^{(k)}) \boldsymbol{x}_i}{\sum_{i=1}^{m} \gamma(c_i^{(k)})} \tag{8-37}$$

同理，对 $\sum_k$ 直接求偏导并令其为 0 可得：

$$\sum\nolimits_k = \frac{\sum_{i=1}^{m} \gamma(c_i^{(k)})(\boldsymbol{x}_i - \boldsymbol{u}_k)(\boldsymbol{x}_i - \boldsymbol{u}_k)^{\mathrm{T}}}{\sum_{i=1}^{m} \gamma(c_i^{(k)})} \tag{8-38}$$

此外，考虑到 α_k 需要满足非负且和为 1 的条件，构建 $Q(\boldsymbol{\theta}, \boldsymbol{\theta}^{(t)})$ 的拉格朗日形式，即

$$Q(\boldsymbol{\theta}, \boldsymbol{\theta}^{(t)}) + \lambda\left(\sum_{k=1}^{K} \alpha_k - 1\right) \tag{8-39}$$

对 α_k 直接求偏导并令其为 0 可得：

$$\alpha_k = \frac{1}{m} \sum_{i=1}^{m} \gamma(c_i^{(k)}) \tag{8-40}$$

EM 聚类的具体流程如算法 8-5 所示。第一步是不断迭代 E 步和 M 步拟合模型参数，主要在第 1 ~ 13 行，其中 E 步是计算样本属于第 k 类的后验概率，主要在第 4 ~ 6 行，M 步是优化模型参数，主要在第 7 ~ 12 行；第二步是根据贝叶斯定理计算后验概率并将其归并到概率值最大的相应簇中，确定样本的簇标记，主要在第 14 ~ 17 行。

算法 8-5：EM 聚类模型算法

输入：训练集 $D = \{\boldsymbol{x}_1, \boldsymbol{x}_2, \cdots, \boldsymbol{x}_m\}$；
　　聚类数目/高斯混合成分数量 K；
过程：EM(D, K)
1. 初始化模型参数 $\{(\boldsymbol{\alpha}, \boldsymbol{u}, \sum)\}$；
2. 初始化簇集合 $C = \{C_1, \cdots, C_k, \cdots, C_K\} = \{\varnothing, \cdots, \varnothing, \cdots, \varnothing\}$；
3. **repeat**
4. 　**for** $i \in \{1, 2, \cdots, m\}$ **do**：
5. 　　根据式（8-29）计算样本属于第 k 类的后验概率 $\gamma(c_i^{(k)})$；
6. 　**end for**
7. 　**for** $k \in \{1, 2, \cdots, K\}$ **do**
8. 　　根据式（8-37）更新 $\boldsymbol{u}'_k$；
9. 　　根据式（8-38）更新 $\sum'_k$；

算法 8-5：EM 聚类模型算法（续）

10. 根据式（8-40）更新 α_k'；
11. **end for**
12. 更新模型参数 $\{(\boldsymbol{\alpha},\boldsymbol{u},\sum)\}\leftarrow\{(\boldsymbol{\alpha}',\boldsymbol{u}',\sum')\}$；
13. **until** 达到停止条件
14. **for** $i\in\{1,2,\cdots,m\}$ **do**：
15. 根据式（8-30）计算样本 $\boldsymbol{x}_i$ 的簇标记 y_i；
16. 将样本 $\boldsymbol{x}_i$ 划分到相应的簇 $C_{y_i}=C_{y_i}\cup\{\boldsymbol{x}_i\}$；
17. **end for**

输出：簇划分 $C=\{C_1,\cdots,C_k,\cdots,C_K\}$。

第七节　集成聚类分析

一、集成聚类分析的概念

将聚类算法应用于实际问题时，单一的聚类算法往往难以获得满意的性能，主要存在以下局限性：①参数及初始化对聚类结果影响较大；②难以确定真实的簇的个数；③同一问题上的不同聚类算法可能产生不同的结果。因此，在现实世界的数据集中，使用单一的聚类器来识别其簇结构是一个很困难的任务。集成学习通过集成多个不同的学习器来解决同一个问题，能够提高其学习能力和表现性能，已经逐渐成为机器学习中最热门的研究领域之一，被广泛用于神经网络、统计学等领域。它于 20 世纪 90 年代中期被提出，最开始主要研究有监督学习的集成，后来在 21 世纪开始逐渐研究无监督学习的集成。其中，集成聚类的概念是在 2002 年被 Strehl 等人首次提出。大量的理论分析与实验结果证明集成聚类方法在稳定性和鲁棒性等方面都超越了单个聚类算法，可以在一定程度上解决单一聚类算法的局限性。

集成聚类将多个聚类结果进行合并找到一个新的数据划分，使得最终的划分最大程度上共享了所有的聚类结果隐含的聚类信息。可以形式化表述为：对于给定数据集 $D=\{\boldsymbol{x}_1,\boldsymbol{x}_2,\cdots,\boldsymbol{x}_m\}$，首先对该数据集进行 T 次聚类算法得到 T 个聚类结果，即得到聚类集体 $\boldsymbol{\pi}=\{\boldsymbol{\pi}^1,\cdots,\boldsymbol{\pi}^t,\cdots,\boldsymbol{\pi}^T\}$（又称为聚类成员），其中 $\boldsymbol{\pi}^t=\{C_1^t,C_2^t,\cdots,C_{K^t}^t\}$，$K^t$ 是 $\boldsymbol{\pi}^t$对应的类簇数目，相应地可以得到样本的簇标记集合，即 $\boldsymbol{y}=\{\boldsymbol{y}^1,\cdots,\boldsymbol{y}^t,\cdots,\boldsymbol{y}^T\}$，$\boldsymbol{y}^t\in\mathbf{R}^{m\times 1}$；接下来，设计一个共识函数对这个聚类成员进行合并集成，得到一个最终集成聚类结果 $\boldsymbol{\pi}^*$，如图 8-8 所示。

从集成聚类的定义与过程可知，集成聚类需要两个关键步骤：一是生成多个聚类结果，二是对这些聚类结果进行集成。相应地，集成聚类主要研究两方面的问题：其一是如何生成多个不同的聚类结果，其二是如何设计有效的共识函数对聚类结果进行集成，得到一个能反映数据集结构的数据划分。

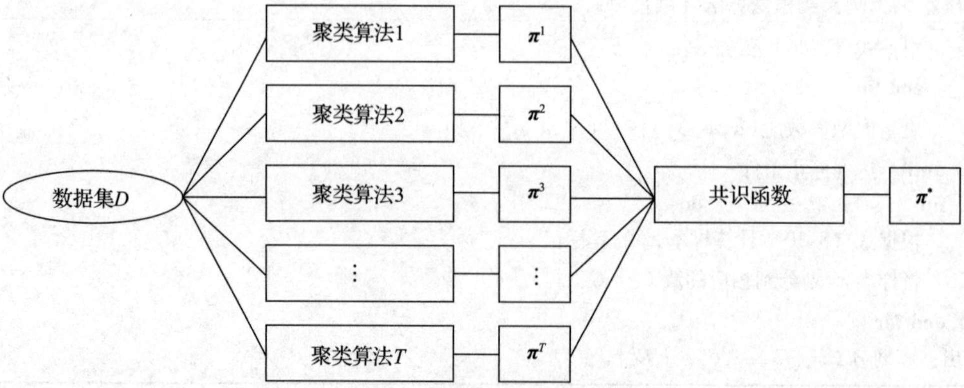

图 8-8　集成聚类过程图

（1）聚类成员生成。

集成聚类的第一步就是生成多个聚类结果，即生成聚类成员。考虑到集体的差异度是影响集成结果的关键因素之一，在生成聚类成员的这一步骤中，我们希望聚类结果间具有一定的差异度，这样可以从不同方面反映数据的结构，进而能够提高最终的集成聚类的效果。一般而言，生成聚类成员的方法如图8-9 所示，主要包括：

1）使用同一个聚类算法，每次运行都设置不同的参数和随机初始化；

2）使用不同的聚类算法产生多个不同的聚类；

3）在数据集的子集进行聚类，可通过如 Bagging、Bootstrap 和随机采样等方法获得数据子集；

4）对数据集的特征空间投影到不同的子空间，可通过随机投影和一维投影等获得子空间。

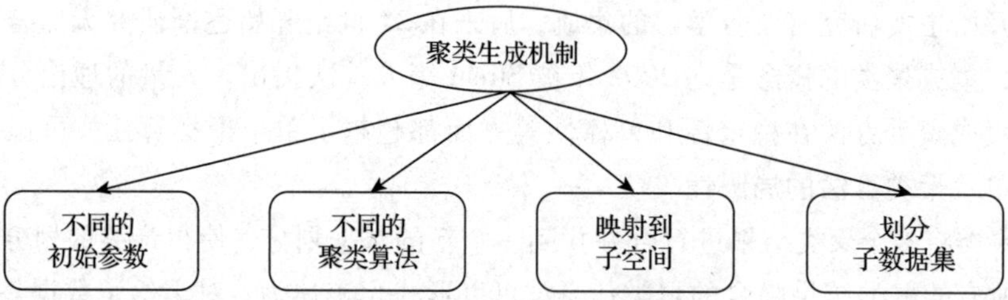

图 8-9　聚类成员生成方式图

（2）共识函数设计。

共识函数是对聚类成员进行集成进而得到统一的聚类结果的函数。一般而言，共识函数的方法主要分为基于 Objects Co-Occurrence 的方法和基于 Median Partition 方法，分别对应两种解决集成问题的思路，如图 8-10 所示。基于 Objects Co-Occurrence 的方法是在通过聚类成员之间的投票过程中获得标签的共识，也就是说，每个聚类成员都投票赞同它在共识分区所属的类簇。主要方法有投票方法、共联矩阵、图形划分、信息论、有限混合模型等。基于 Median Partition 的方法是通过优化算法找到一个中间划分的结果，使得该结果与聚类成员中的所有聚类结果保持相似性，主要方法有遗传算法、非负矩阵分解、核方法、Mirkin 距离等。

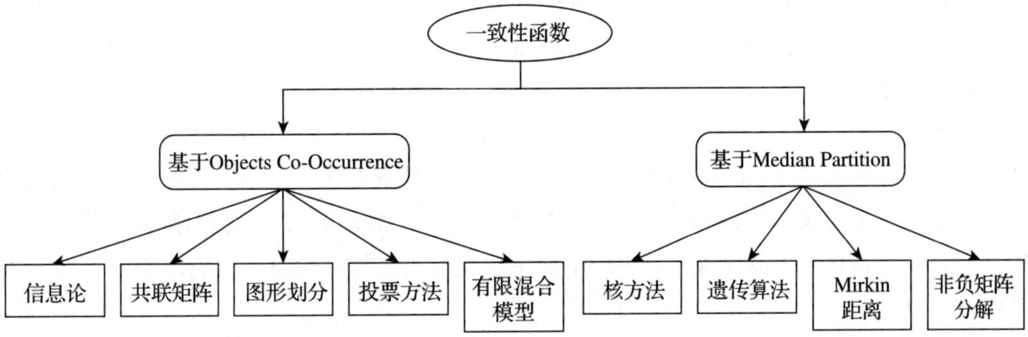

图 8-10　共识函数设计图

二、基于共联矩阵的 Voting-K-means 模型

（1）基于共联矩阵的 Voting-K-means 概述。

2001 年，Fred 提出一种基于共联矩阵的共识函数，并在此基础上实现 Voting-K-means 模型。这是一种基于 Objects Co-Occurrence 的集成聚类模型，主要通过把聚类集体中的成员映射到一种中间表示形式，即共联矩阵，再根据多数投票法进行集成，并得到最终的聚类结果。该模型利用 K-means 算法的随机性生成具有差异度的聚类集体，以样本对在同一类出现的比例构建共联矩阵并作为标准化的投票，根据一定阈值确定最终的集成聚类结果。这种共联矩阵的形式可以很好地避免标签对应问题，直接计算出样本之间的相似程度，易于实现和理解，有着良好的集成聚类效果，但难以应用在大型数据集中。图 8-11 简单介绍共联矩阵的构建过程。

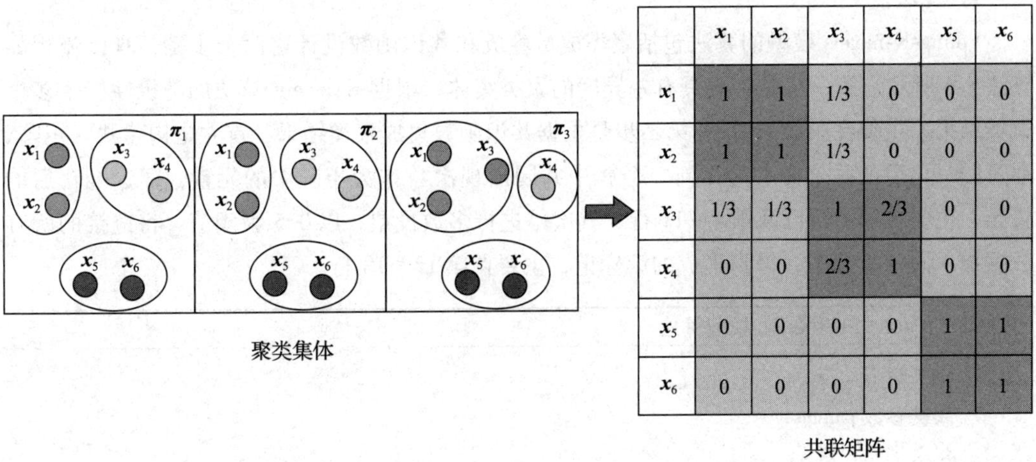

图 8-11　共联矩阵构建过程图

（2）基于共联矩阵的 Voting-K-means 模型的建模过程。

1）数据。

对于 m 个样本组成的训练集 $D=\{\boldsymbol{x}_1,\boldsymbol{x}_2,\cdots,\boldsymbol{x}_m\}$，$\boldsymbol{x}_i$ 表示第 i 个样本点，其中样本 $\boldsymbol{x}_i=[x_i^{(1)},\cdots,x_i^{(j)},\cdots,x_i^{(n)}]^{\mathrm{T}}\in\mathbf{R}^n$ 是由 n 个特征描述的 n 维列向量，$x_i^{(j)}\in\mathbf{R}$ 是第 i 个样本在第 j 个特征上的取值。

2）模型。

Voting-K-means 模型将 T 个基聚类器预测的聚类集体 $\boldsymbol{\pi}=\{\boldsymbol{\pi}^1,\cdots,\boldsymbol{\pi}^t,\cdots,\boldsymbol{\pi}^{\mathrm{T}}\}$ 组合问题转化为构建样本共联矩阵的问题，并通过多数投票法求解出最佳的聚类结果。共联矩阵 $M_{\text{co-assoc}}\in\mathbf{R}^{m\times m}$ 可以在不需要标签对齐的情况下反映聚类集体的信息，该矩阵中的每一元素可以表示为：

$$M_{\text{co-assoc}}(i,j)=\frac{1}{T}\sum_{t=1}^{\mathrm{T}}I(\boldsymbol{y}_i^t=\boldsymbol{y}_j^t) \tag{8-41}$$

式中，$\boldsymbol{y}_i^t$ 是在聚类成员 $\boldsymbol{\pi}_t$ 中样本 $\boldsymbol{x}_i$ 对应的簇标签，$I(a,b)=\begin{cases}0, & a\neq b\\ 1, & a=b\end{cases}$ 是指示函数，用以判断样本 $\boldsymbol{x}_i$ 与 $\boldsymbol{x}_j$ 是否同时出现在一个簇中。这时，共联矩阵可以理解为样本之间的相似度矩阵，作为归一化后的投票。接下来，基于多数投票法的策略得到共联矩阵中的共享信息，以 0.5 为阈值，将链接的所有数据加入同一类簇中，最终得到每一样本的最终标签。

$$\boldsymbol{y}^*=f(M_{\text{co-assoc}}) \tag{8-42}$$

3）策略。

Voting-K-means 模型遍历聚类集体中所有样本，计算任意两个样本共同出现在同一个簇的次数，并进行归一化，得到样本的共联矩阵。矩阵中的每一元素都可以理解为归一化后的投票，然后根据多数投票的策略选择一定的阈值判断样本是否属于同一个簇，生成最终的集成聚类结果。这样的策略可以不需要对聚类集体中的标签进行预处理便能得到反映样本之间相似度的信息，再根据投票的策略集成聚类集体中共同信息，得到最终的预测结果。

4）算法。

Voting-K-means 模型的算法包括聚类成员生成和共识函数设计这两个步骤，具体流程如算法 8-6 所示。第一步是生成具有差异度的聚类集体，根据 K-means 算法的随机性产生多个聚类结果，主要在第 2 ~ 3 行；第二步是根据共识函数集成聚类结果，首先是构建共联矩阵，通过归一化后的每个样本对在同一个簇中共同出现次数作为矩阵中的元素，即标准化后的投票，主要在第 1 行以及第 4 ~ 11 行；其次是进行多数投票，以 0.5 为阈值，将链接的所有数据加入同一类簇中，得到集成的簇标记，主要在第 12 ~ 18 行。

算法 8-6：Voting-K-means 模型算法

输入： 训练集 $D=\{\boldsymbol{x}_1,\boldsymbol{x}_2,\cdots,\boldsymbol{x}_m\}$；

聚类参数 params；

聚类集体个数 T；

过程： Voting k_ means(D, params, T)

算法 8-6：Voting-K-means 模型算法（续）

初始化共联矩阵 $M_{co-assoc}=[0]_{m\times m}$；
for $t\in\{1,2,\cdots,T\}$ **do**：
　运行不同参数的 K-means 得到聚类结果 $y^t=kmeans(D,params)$；
　for $i\in\{1,2,\cdots,m\}$ **do**：
　　for $j\in\{i+1,\cdots,m\}$ **do**：
　　　if $\boldsymbol{y}_i^t=\boldsymbol{y}_j^t$ **then**：
　　　　更新共联矩阵 $M_{co-assoc}(i,j)=M_{co-assoc}(i,j)+1/T$；
　　　　$M_{co-assoc}(j,i)=M_{co-assoc}(j,i)+1/T$；
　　end for
　end for
end for
初始化标签矩阵 $\boldsymbol{y}^*=[0,\cdots 0]_{m\times 1}$；
for $i\in\{1,2,\cdots,m\}$ **do**：
　for $j\in\{1,2,\cdots,m\}$ **do**：
　　if $M_{co-assoc}(i,j)>0.5$ **then**：
　　　更新标签矩阵，使 $\boldsymbol{y}_i^*=\boldsymbol{y}_j^*$；
　end for
end for
输出：簇划分 $\boldsymbol{y}^*$。

三、基于信息论的集成聚类模型

（1）基于信息论的集成聚类概述。

2005 年，Tophy 等人把集成聚类问题当成基于互信息的优化问题，提出了基于信息论的集成聚类方法，称为 Quadratic Mutual Information clustering（QMI）。虽然该方法解决了基于 Median Partition 的共识函数问题，但所提的启发式解决方案是基于 K-means 算法来确定集成的簇标记，所以仍将其归为基于 Objects Co-Occurrence 的集成聚类模型。该模型以互信息度量两个聚类结果的相似程度，将最大化集成聚类结果与聚类集体的总相似度确定为最终目标函数。而当集成聚类的簇数已知时，基于互信息的目标函数等同于最小化平方误差的函数，因此选择在标准化聚类集体的簇标记特征上应用 K-means 算法得到最终的聚类结果。

（2）基于信息论的集成聚类的建模过程。

1）数据。

对于 m 个样本组成的训练集 $D=\{\boldsymbol{x}_1,\boldsymbol{x}_2,\cdots,\boldsymbol{x}_m\}$，$\boldsymbol{x}_i$ 表示第 i 个样本点，其中样本 $\boldsymbol{x}_i=[x_i^{(1)},\cdots,x_i^{(j)},\cdots,x_i^{(n)}]^{\mathrm{T}}\in\mathbf{R}^n$ 是由 n 个特征描述的 n 维列向量，$\boldsymbol{x}_i^{(j)}\in\mathbf{R}$ 是第 i 个样本在第 j 个特征上的取值。

2）模型。

在信息论中，熵（Entropy）是表示随机变量不确定性的度量。令 X 是取有限离散值的

随机变量，则随机变量 X 的香农熵定义为

$$H(X) = -\sum_{x\in X} p(x)\log p(x) \tag{8-43}$$

当 $p(x)=0$ 时，则定义 $0\log 0=0$。熵越大，表示随机变量的不确定性也越大。

设有两个随机变量 X 与 Y，条件熵（Conditional Entropy）$H(Y|X)$ 表示在已知随机变量 X 的条件下随机变量 Y 的不确定性，可以定义为 X 给定条件下 Y 的条件概率分析的熵对 X 的数学期望

$$H(Y|X) = \sum_{x\in X} p(x)H(Y|X=x) \tag{8-44}$$

互信息量（Mutual Information）表示得知随机变量 X 的信息后，另一随机变量 Y 不确定性减少的程度，可以定义为

$$\begin{aligned} I(X;Y) &= H(X) - H(X|Y) \\ &= H(Y) - H(Y|X) \end{aligned} \tag{8-45}$$

互信息量可以用来度量两个随机变量的相关程度，互信息量越大，表示两个随机变量的相关程度越大。

基于 Median Partition 的集成聚类就是想找一个与所有聚类成员相关程度最大的聚类结果，能够共享所有聚类成员的信息，即

$$\boldsymbol{\pi}^* = \arg\max_{\pi} \sum_{t=1}^{T} I(\boldsymbol{\pi},\boldsymbol{\pi}^t) \tag{8-46}$$

但式（8-46）难以直接优化求解。为此，接下来将从另一种信息论的定义进行分析与讨论。根据离散随机变量的广义熵，可以得到

$$H^\alpha(X) = (2^{1-\alpha}-1)^{-1}\Big(\sum_{x\in X} p(x)^\alpha - 1\Big) \tag{8-47}$$

式中，α 是熵的序，$\alpha>0$ 且 $\alpha\neq 1$。可以发现，香农熵是广义熵在 $\alpha\to 1$ 的特例。

$$\lim_{\alpha\to 1} H^\alpha(X) = -\sum_{x\in X} p(x)\log p(x) \tag{8-48}$$

那么，广义信息量可以定义为

$$\begin{aligned} I^\alpha(X;Y) &= H^\alpha(X) - H^\alpha(X|Y) \\ &= H^\alpha(Y) - H^\alpha(Y|X) \end{aligned} \tag{8-49}$$

当 $\alpha=2$ 时，广义信息量可以表示为

$$\begin{aligned} I^2(\boldsymbol{\pi}^s,\boldsymbol{\pi}^t) &= -2\Big(\sum_{q=1}^{K^t} p(C_p^t)^2 - 1\Big) + 2\sum_{q=1}^{K^s} p(C_q^s)\Big(\sum_{p=1}^{K^t} p(C_p^t|C_q^s)^2 - 1\Big) \\ &= 2\sum_{q=1}^{K^s} p(C_q^s)\sum_{p=1}^{K^t} p(C_p^t|C_q^s)^2 - 2\sum_{p=1}^{K^t} p(C_p^t)^2 \end{aligned} \tag{8-50}$$

式中，$p(C_p^s) = |C_p^s|/m$，$p(C_q^t|C_p^s) = |C_q^t \cap C_p^s|/|C_p^s|$，$p(C_p^t) = |C_p^t|/m$。

接下来，根据式（8-50）得到聚类成员相似度度量的效用函数，即

$$U(\boldsymbol{\pi}^s,\boldsymbol{\pi}^t)=\frac{1}{2}I^2(\boldsymbol{\pi}^s,\boldsymbol{\pi}^t)$$
$$=\sum_{p=1}^{K^s}p(C_p^s)\sum_{q=1}^{K^t}p(C_q^t\mid C_p^s)^2-\sum_{q=1}^{K^t}p(C_q^t)^2 \tag{8-51}$$

为尽可能获得聚类集体中的共享信息，集成聚类结果应与聚类集体尽可能相似，则 QMI 模型可以表达为

$$\boldsymbol{\pi}^*=\arg\max_{\boldsymbol{\pi}}\sum_{t=1}^{T}U(\boldsymbol{\pi},\boldsymbol{\pi}^t) \tag{8-52}$$

3）策略。

在求解式（8-52）中，若集成聚类结果中簇的数目 K^* 固定，且数据是一组满足标准正态分布的离散变量，则该式可退化为最小化平方误差的目标函数。因此，首先对聚类集体中的成员进行编码化使其成为二值特征，再对每个二值特征进行标准化，即

$$f_p^t(\boldsymbol{x}_i)=\tilde{\boldsymbol{\pi}}_p^t(\boldsymbol{x}_i)-\frac{1}{m}\sum_{i=1}^{m}f_p^t(\boldsymbol{x}_i) \tag{8-53}$$

式中，$f_p^t(\boldsymbol{x}_i)$ 是预处理后样本 $\boldsymbol{x}_i$ 在聚类成员 $\boldsymbol{\pi}^t$ 中第 p 个取值（$p\in\{1,2,\cdots,K^t\}$），$\tilde{\boldsymbol{\pi}}(\boldsymbol{x}_i)$ 是编码化后的聚类结果。若对上述标准化后的编码化数据进行聚类，得到聚类的簇划分 $C=\{C_1,\cdots,C_k,\cdots,C_K\}$，则

$$u_{kp}^t=\frac{1}{|C_k|}\sum_{x_i\in C_k}f_p^t(\boldsymbol{x}_i)=\frac{p(C_p^t,C_k)}{p(C_k)}-p(C_p^t) \tag{8-54}$$

对于任意聚成若干簇的训练集和其对应的簇中心，可以发现

$$\sum_{k=1}^{K}\sum_{x_i\in C_k}\|\boldsymbol{x}_i-\boldsymbol{u}_k\|^2=\sum_{k=1}^{K}\sum_{x_i\in C_k}\|\boldsymbol{x}_i\|^2-\sum_{k=1}^{K}|C_k|g\,\|\boldsymbol{u}_k\|^2 \tag{8-55}$$

这时，通过对上述标准化后的编码化数据进行计算，可以得到

$$\sum_{k=1}^{K}|C_k|g\,\|\boldsymbol{u}_k\|^2=\sum_{t=1}^{T}\sum_{k=1}^{K}\sum_{p=1}^{K^t}m\left(\frac{1}{p(C_k)}p(C_p^t,C_k)-p(C_p^t)\right)^2p(C_p^t)$$
$$=m\sum_{t=1}^{T}\left(\sum_{k=1}^{K}p(C_k)\sum_{p=1}^{K^t}p(C_p^t\mid C_k)^2-\sum_{p=1}^{K^t}p(C_p^t)^2\right) \tag{8-56}$$
$$=m\sum_{t=1}^{T}U(\boldsymbol{\pi},\boldsymbol{\pi}^t)$$

根据式（8-55）和式（8-56），可以得到最大化效用函数等价于最小化平方误差函数，即 QMI 模型的损失函数可以表示为

$$J(C)=\sum_{k=1}^{K}\sum_{x_i\in C_k}\|f(\boldsymbol{x}_i)-\boldsymbol{u}_k\|^2 \tag{8-57}$$

综上所述，QMI 模型的策略是最小化式（8-57）。

4）算法。

考虑到式（8-56）与 K-means 的损失函数保持一致，对标准化编码化的簇标记数据进行 K-means 聚类，能够得到共享聚类集体信息的聚类结果。具体来说，QMI 模型的完整过程

如算法 8-7 所示，主要分为两步：第一步是聚类集体的生成，通过投影到不同的低维空间得到有差异度的聚类集体，主要在第 1 ~ 6 行；第二步是共识函数的设计，通过将聚类结果融合的问题转化为在构建新特征上进行 K-means 的问题进行求解，主要在第 7 ~ 8 行。

算法 8-7：QMI 模型算法

输入： 训练集 $D=\{\boldsymbol{x}_1,\boldsymbol{x}_2,\cdots,\boldsymbol{x}_m\}$；
　　聚类参数 params；
　　聚类集体个数 T；
过程： QMI(D, params, T)
1. 初始化聚类集体 $\Pi=\varnothing$；
2. **for** $t\in\{1,2,\cdots,R\}$ **do**：
3. 　将数据集 D 随机投影到低维空间 D'；
4. 　运行 K-means 得到聚类结果 $\boldsymbol{\pi}^t=\text{kmeans}(D',\text{params})$；
5. 　$\Pi=\{\Pi,\boldsymbol{\pi}^t\}$；
6. **end for**
7. 根据式（8-53）创建新的特征 f；
8. 在 f 上运行 K-means 聚类得到 $\boldsymbol{\pi}^*$；

输出： 簇划分 $\boldsymbol{\pi}^*$。

四、基于非负矩阵分解的集成聚类模型

（1）基于非负矩阵分解的集成聚类概述。

2007 年，Li 等人设计出一种基于非负矩阵分解的共识函数，这是一种基于 Median Partition 的集成聚类方法，它将一个最佳的集成聚类结果作为 Median Partition，使其聚类集体中的距离之和最小。该模型在求解过程中，将所求集成聚类结果的邻接矩阵进行非负矩阵分解，通过相应算法进行迭代优化，所以可以称为基于非负矩阵求解的集成聚类（Nonnegative Matrix Factorization based Consensus Clustering，NMFC）。

（2）基于非负矩阵分解的集成聚类的建模过程。

1）数据。

对于 m 个样本组成的训练集 $D=\{\boldsymbol{x}_1,\boldsymbol{x}_2,\cdots,\boldsymbol{x}_m\}$，$\boldsymbol{x}_i$ 表示第 i 个样本点，其中样本 $\boldsymbol{x}_i=[x_i^{(1)},\cdots,x_i^{(j)},\cdots,x_i^{(n)}]^{\mathrm{T}}\in\mathbf{R}^n$ 是由 n 个特征描述的 n 维列向量，$x_i^{(j)}\in\mathbf{R}$ 是第 i 个样本在第 j 个特征上的取值。

2）模型。

NMFC 模型依据聚类结果与聚类集体的距离之和优化出集成的聚类结果。首先，定义聚类成员之间的距离为：

$$d(\boldsymbol{\pi}^t,\boldsymbol{\pi}^{t'})=\sum_{i=1}^{m}\sum_{j=1}^{m}d_{ij}(\boldsymbol{\pi}^t,\boldsymbol{\pi}^{t'}) \tag{8-58}$$

其中，$d_{ij}(\boldsymbol{\pi}^{t},\boldsymbol{\pi}^{t'})=\begin{cases}0,\ (y_i^t=y_j^{t'} \text{和}\ y_i^t=y_j^{t'})\ \text{或}\ (y_i^t\neq y_j^{t'}\ \text{and}\ y_i^t\neq y_j^{t'})\\1,\ \text{其他}\end{cases}$，即若样本在两个聚类成员中同时属于或不属于一个簇则 $d_{ij}(\boldsymbol{\pi}^{t},\boldsymbol{\pi}^{t'})=0$，否则为1。若令第 t 个聚类成员的邻接矩阵为 $M_{ij}(\boldsymbol{\pi}^{t})=I(\boldsymbol{y}_i^t=\boldsymbol{y}_j^{t'})$，很容易得出 $d_{ij}(\boldsymbol{\pi}^{t},\boldsymbol{\pi}^{t'})=|M_{ij}(\boldsymbol{\pi}^{t})-M_{ij}(\boldsymbol{\pi}^{t'})|=|M_{ij}(\boldsymbol{\pi}^{t})-M_{ij}(\boldsymbol{\pi}^{t'})|^2$。

基于上述概念，可以得到集成聚类结果与聚类集体的距离，即

$$\begin{aligned}\frac{1}{T}\sum_{t=1}^{T}d(\boldsymbol{\pi}^{t},\boldsymbol{\pi}^{*})&=\frac{1}{T}\sum_{t=1}^{T}\sum_{i=1}^{m}\sum_{j=1}^{m}d_{ij}(\boldsymbol{\pi}^{t},\boldsymbol{\pi}^{*})\\&=\frac{1}{T}\sum_{t=1}^{T}\sum_{i=1}^{m}\sum_{j=1}^{m}|M_{ij}(\boldsymbol{\pi}^{t})-M_{ij}(\boldsymbol{\pi}^{*})|^2\end{aligned}\tag{8-59}$$

令 $\widetilde{M}_{ij}=\frac{1}{T}\sum_{t=1}^{T}M_{ij}(\boldsymbol{\pi}^{t})$，式(8-59)可进一步转化为：

$$\begin{aligned}\frac{1}{T}\sum_{t=1}^{T}d(\boldsymbol{\pi}^{t},\boldsymbol{\pi}^{*})&=\frac{1}{T}\sum_{t=1}^{T}\sum_{i=1}^{m}\sum_{j=1}^{m}|M_{ij}(\boldsymbol{\pi}^{t})-\widetilde{M}_{ij}+\widetilde{M}_{ij}-M_{ij}(\boldsymbol{\pi}^{*})|^2\\&=\sum_{i=1}^{m}\sum_{j=1}^{m}|\widetilde{M}_{ij}-M_{ij}(\boldsymbol{\pi}^{*})|^2+\frac{1}{T}\sum_{t=1}^{T}\sum_{i=1}^{m}\sum_{j=1}^{m}|M_{ij}(\boldsymbol{\pi}^{t})-\widetilde{M}_{ij}|^2\\&=\sum_{i=1}^{m}\sum_{j=1}^{m}|\widetilde{M}_{ij}-M_{ij}(\boldsymbol{\pi}^{*})|^2+\Delta M^2\end{aligned}\tag{8-60}$$

式中，ΔM^2 为常数，在优化求解中可以不考虑。所以，模型可表达为：

$$\arg\min_{\boldsymbol{\pi}^{*}}\sum_{i=1}^{m}\sum_{j=1}^{m}|\widetilde{M}_{ij}-\boldsymbol{M}_{ij}(\boldsymbol{\pi}^{*})|^2\tag{8-61}$$

3）策略。

在式（8-60）中，令$\boldsymbol{U}_{ij}=\boldsymbol{M}_{ij}(\boldsymbol{\pi}^{*})$，得：

$$J(\boldsymbol{U})=\sum_{i=1}^{m}\sum_{j=1}^{m}|\widetilde{M}_{ij}-M_{ij}(\boldsymbol{\pi}^{*})|^2=\|\widetilde{M}-\boldsymbol{U}\|_2\tag{8-62}$$

接下来，用矩阵 $\boldsymbol{Q}$ 和 $\boldsymbol{S}$ 表示 $\boldsymbol{U}$，将其转化为

$$\begin{aligned}&J(\boldsymbol{Q},\boldsymbol{S})=\|\widetilde{M}-\boldsymbol{QSQ}^{\mathrm{T}}\|_2\\&\text{s. t. }\boldsymbol{Q}^{\mathrm{T}}\boldsymbol{Q}=\boldsymbol{I},\boldsymbol{Q}\geqslant 0,\boldsymbol{S}\geqslant 0\end{aligned}\tag{8-63}$$

也就是说，NMFC 模型的策略是最小化式（8-63）。

4）算法。

求解式（8-62），可以通过乘子更新法不断迭代优化上述目标函数：

$$\boldsymbol{Q}_{ab}\leftarrow\boldsymbol{Q}_{ab}\sqrt{\frac{(\widetilde{M}\boldsymbol{QS})_{ab}}{(\boldsymbol{Q}\boldsymbol{Q}^{\mathrm{T}}\widetilde{M}\boldsymbol{QS})_{ab}}}\tag{8-64}$$

$$S_{bc}\leftarrow S_{bc}\sqrt{\frac{(\boldsymbol{Q}^{\mathrm{T}}\widetilde{M}\boldsymbol{Q})_{bc}}{(\boldsymbol{Q}^{\mathrm{T}}\boldsymbol{QS}\boldsymbol{Q}^{\mathrm{T}}\boldsymbol{Q})_{bc}}}\tag{8-65}$$

具体来说，NMFC 模型的算法包括聚类成员生成和共识函数设计这两个步骤，流程如算

法 8-8 所示。第一步是生成具有差异度的聚类集体，根据 K-means 算法固有的随机性产生多个聚类结果，主要在第 1 ~5 行；第二步是根据共识函数集成聚类结果，首先是不断迭代更新矩阵 $\boldsymbol{Q}$ 和 $\boldsymbol{S}$，主要在 6 ~9 行，其次是计算矩阵 $\boldsymbol{U}$ 并得到集成的簇标记，主要在第 10 ~11 行。

算法 8-8：NMFC 模型算法

输入： 训练集 $D=\{\boldsymbol{x}_1,\boldsymbol{x}_2,\cdots,\boldsymbol{x}_m\}$；
　　聚类参数 params；
　　聚类集体个数 T；
过程： NMFC(D, params, T)
1. 初始化聚类集体 $\boldsymbol{\Pi}=\varnothing$；
2. **for** $t\in\{1,2,\cdots,\mathrm{T}\}$ **do**：
3. 　运行不同参数的 K-means 得到聚类结果 $\boldsymbol{\pi}^t=\mathrm{kmeans}(D,\mathrm{params})$；
4. 　$\boldsymbol{\Pi}=\{\boldsymbol{\Pi},\boldsymbol{\pi}^t\}$；
5. **end for**
6. **do**：
7. 　根据式（8-64）更新 $\boldsymbol{Q}$；
8. 　根据式（8-65）更新 $\boldsymbol{S}$；
9. **until** 达到收敛
10. 计算 $\boldsymbol{U}=\boldsymbol{QSQ}^{\mathrm{T}}$；
11. 根据 $\boldsymbol{U}$ 得到集成聚类结果 $\boldsymbol{\pi}^*$；

输出： 簇划分 $\boldsymbol{\pi}^*$。

第八节　应用案例

随着信息技术的快速发展，移动设备和移动互联网已经普及到千家万户。随着用户使用移动网络，大量的时空数据也相应产生。这类时空数据具有时间和空间属性，隐藏着丰富的时间变化与空间位置距离信息，吸引了各类企业的研究兴趣。其中，百度公司推出一款“百度地图慧眼”产品，依托百度地图中大量的 POI 数据、道路数据、路况数据、位置数据等时空大数据，赋能多个行业应用场景，应用聚类等多种大数据管理与应用方法，提供城市研究、商圈分析、人群热力分布、人群洞察、目标人群识别、地块价值分析等多重功能。

在城市研究这一应用中，百度地图慧眼曾与济南市规划设计研究院进行联合研究，探索济南都市圈时空联系特征，更全面地把握济南都市圈发展趋势，推动都市圈内交通系统与社会经济的协调发展。该案例使用定位、地理、画像和交通路况等多源时空大数据，对济南都市圈圈层 - 市域 - 县区等层面进行全方位、多尺度的关联分析，进一步从时空格局和内在因素等方面探索都市圈出行规律。济南都市圈由济南、淄博、泰安、德州、聊城 5 市和滨州邹平市构成，形成了以济南为中心，以淄博、泰安、德州、聊城、邹平的中心城区为节点的辐射圈层。按照都市圈人口空间热力图分布强度、各区域间的出行联系度、与济南城区间的通勤规律以及各区域边界等综合因素，将都市圈划分为5大圈层。在人口分布研究中，以各圈层为研究对象，对常住人口进行聚类发现。一般先在地图标注各圈层用户6个月的定位数据，然后基于定位数据识别停留点，去掉路上其他地方噪点，接着利用DBSCAN空间聚类算法得到簇，最后对簇进行特征提取，分析不同簇的信息。结果发现，都市圈内各区县常住人口规模和密度差异显著，中心圈层人口密度最大，外围圈层人口数量最多。中心圈层人口主要由天桥区、槐荫区、历下区、市中区、历城区（简称“济南五城区”）组成；由于第四圈层包含了外围主要节点的中心区域，如淄博中心城区、德州中心城区、聊城中心城区和泰安中心城区等区域，所以外侧圈层人口最多。在空间联系结构上，发现都市圈空间人口热力分布图与各区县间的空间联系规律一致。除济南五城区联系最为紧密外，其他区域以各城市的中心城区为中心，向周边的区县辐射，形成了以济南为核心，相对集聚的“多中心”网状放射分布。济南处于都市圈客流联系网络的辐射核心区域，与德州、泰安等城市都有较强的客流流入与流出联系，其次为淄博、聊城；在济南都市圈内部各城市之间的联系中，除淄博—邹平、聊城—德州之间的联系稍强外，其他城市之间的联系较弱。在时间特征上，都市圈内各区县间跨区出行呈现M形双峰趋势及白天出行均衡化特征，区域间出行量日变趋势较平稳。在济南市对外联系分析上，以济南为中心，各城市与济南间的客流按照流量大小依次为德州、泰安、聊城、淄博和邹平。综上所述，本案例细化了人口特征、空间特征、出行规律、产业联系等综合因素；融合了多元大数据，深化了研究济南都市圈各区域间的关联分析及现状发展水平。

◎ 思考与练习

1. 证明簇的四个定义中，第一个定义可推出其他三个定义。
2. 说明AGNES模型中采用最小距离、最大距离、平均距离的区别。
3. 说明K-means与EM聚类模型的异同。
4. 证明由核心对象密度可达的所有样本组成的集合满足连接性与最大性。
5. 证明香农熵是广义熵在$\alpha \to 1$的特例。

◎ 本章扩展阅读

[1] 周志华. 机器学习[M]. 北京：清华大学出版社，2016.
[2] 李航. 统计学习方法[M]. 2版. 北京：清华大学出版社，2019.
[3] KAUFMAN L，ROUSSEEUW P J. Finding groups in data：an introduction to cluster analysis[M]. New York：John Wiley & Sons，2009.
[4] MAC Q J. Some methods for classification and analysis of multivariate observations[J]. Proceedings of the fifth berkeley symposium on mathematical statistics and probability，1967，1(14)：281-297.
[5] ESTER M，KRIEGEL H P，SANDER J，et al. A density-based algorithm for discovering

clusters in large spatial databases with noise [J]. In Proceedings of the 2nd International Conference on Knowledge Discovery and Data Mining (KDD), 1996, 96(34): 226-231.

[6] WANG W, YANG J, MUNTZ R. STING: A statistical information grid approach to spatial data mining [J]. Proceedings of the 23th Very Large Data Bases Conferences, 1997, 97: 186-195.

[7] VEGA S, RUIZ J. A survey of clustering ensemble algorithms [J]. International Journal of Pattern Recognition and Artificial Intelligence, 2011, 25(3): 337-372.

[8] FRED A. Finding consistent clusters in data partitions [J]. International Workshop on Multiple Classifier Systems, 2001: 309-318.

[9] TOPCHY A, JAIN A K, PUNCH W. Clustering ensembles: Models of consensus and weak partitions [J]. IEEE transactions on pattern analysis and machine intelligence, 2005, 27(12): 1866-1881.

[10] LI T, DING C, JORDAN M I. Solving consensus and semi-supervised clustering problems using nonnegative matrix factorization [J]. Proceedings of the 7th IEEE International Conference on Data Mining (ICDM 2007), 2007: 577-582.

[11] SHI J, MALIK J. Normalized cuts and image segmentation [J]. IEEE Transactions on pattern analysis and machine intelligence, 2000, 22(8): 888-905.

CHAPTER 9

第九章

数据关联分析

在现实世界中，两件事很可能会同时发生。人们可以通过发现其中的关联关系，由一件事情的发生来推测另一件事情的发生，从而更好地了解和掌握事物的发展和动向，这就是数据挖掘中进行数据关联分析的基本意义。在本章中你将了解数据关联分析的基本概念与应用场景，讨论关联规则分析与序列模式分析的经典算法，掌握数据关联分析的基本流程。

■ 学习目标

- 理解数据关联分析的基本概念与应用场景
- 掌握关联规则分析流程与 Apriori 算法、FP-growth 算法
- 掌握序列模式分析流程与 GSP 算法

■ 知识结构图

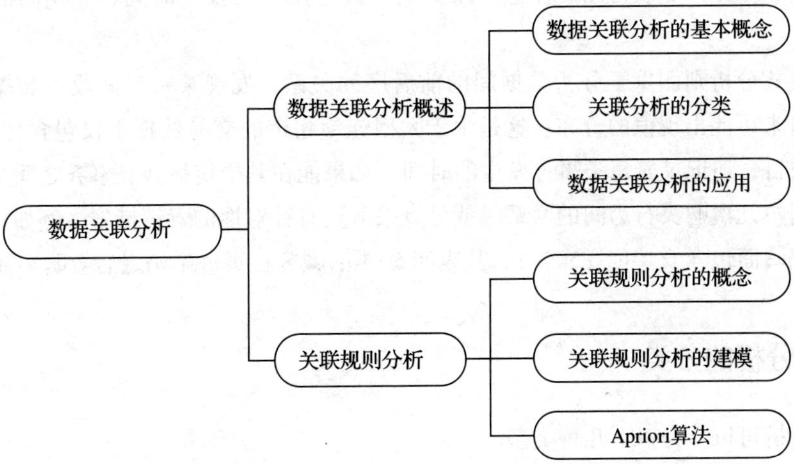

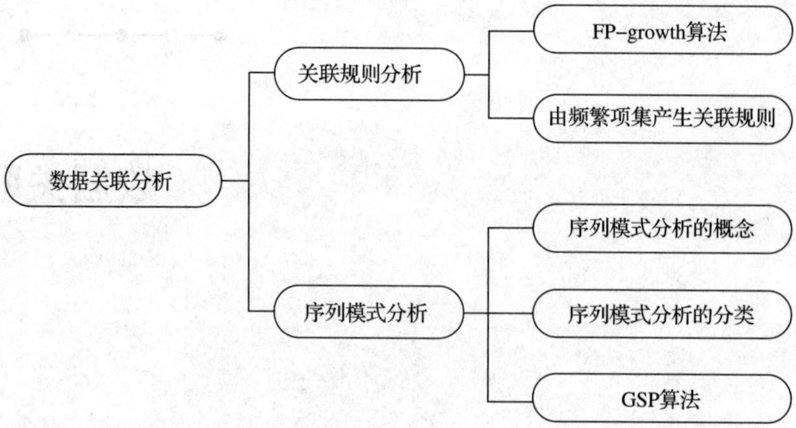

第一节 数据关联分析概述

一、数据关联分析的基本概念

数据关联分析（Data Association Analysis）又称数据关联挖掘，是数据挖掘（Data Mining）中一项基础又重要的方法，旨在挖掘隐藏在数据间的相互关系，即通过对给定的一组项目和一个记录集的分析，得出项目集中项目之间的相关性。其包括两个方面，即关联规则分析（Association Rules Analysis）与序列模式分析（Sequence Pattern Analysis）。

关联规则分析用于寻找数据集中各项之间的关联关系。例如，某条关联规则为牛奶⇒面包（支持度：30%，置信度：60%），支持度30%表明30%的顾客会同时购买牛奶和面包，置信度60%则表明购买牛奶的顾客中有60%也会购买面包。关联分析对商业决策具有重要的价值，常用于实体商店或电商的跨品类推荐、购物车联合营销、货架布局陈列等，以达到关联项销量互相提升、改善用户体验、减少上货员与用户的投入时间、寻找高潜力用户的目的。

序列模式分析则侧重于分析数据间的前后序列关系，发现某一时间段内数据的相关处理，预测将来可能出现值的分布。这是由于大型连锁超市的交易数据不仅包含用户ID及事务涉及的项目，还记录着每条事务发生的时间。如果能在其中挖掘涉及事务之间关联关系的模式，即用户几次购买行为间的联系，就可以采取更有针对性的营销措施。例如，某条序列模式为牛奶⇒面包（支持度：50%），其表明50%的顾客在买过牛奶之后会购买面包。

二、关联分析的分类

关联分析可以分为以下几种类型。

（1）按照规则中处理的变量类型，关联规则可以分为布尔型和数值型。

布尔型关联规则处理的是离散的、种类化的值，它显示了这些变量之间的关系；而数值型关联规则可以和多维关联或多层关联规则结合起来，对数值型字段进行处理，将其进行动态的分割，或者直接对原始的数据进行处理，当然数值型关联规则中也可以包含种类变量。例如，（性别=“女”）⇒（职业 = “秘书”）是布尔型关联规则；（性别 = “女”）⇒（平均收入 =2 300）涉及的收入是数值类型，所以是一个数值型关联规则。

（2）按照规则中数据的抽象层次，可以分为单层关联规则和多层关联规则。

在单层的关联规则中，所有的变量都没有考虑到现实的数据是具有多个不同的层次的。而在多层的关联规则中，对数据的多层性进行了充分的考虑。例如，（IBM 台式机）⇒（Sony 打印机）是一个细节数据上的单层关联规则，而（台式机）⇒（Sony 打印机）是一个较高层次和细节层次之间的多层关联规则。

（3）按照规则中涉及数据的维数，关联规则可以分为单维的和多维的。

在单维的关联规则中，只涉及数据的一个维度，而在多维的关联规则中，要处理的数据将会涉及多个维度，即单维关联规则处理单个属性中的一些关系，多维关联规则处理多个属性之间的某些关系。例如，对于啤酒⇒尿布，这条规则只涉及用户购买的物品这一个维度；对于（性别 = “女”）⇒（职业 = “秘书”），这条规则涉及两个字段的信息，是两个维度上的一条关联规则。

三、数据关联分析的应用

关联分析中最有名的案例是“啤酒与尿布”的故事，沃尔玛超市的“啤酒与尿布”案例正式刊登在 1998 年的《哈佛商业评论》上面。该故事发生在 20 世纪 90 年代的美国沃尔玛超市，沃尔玛超市的管理人员分析销售数据时发现了一个令人难以理解的现象：在某些特定的情况下，“啤酒”与“尿布”这两种看上去毫无关系的商品会经常出现在同一个购物篮中，这种独特的销售现象引起了管理人员的注意。经过后续调查发现，这种现象通常出现在年轻的父亲身上。在美国有婴儿的家庭中，一般是母亲在家中照看婴儿，年轻的父亲前去超市购买尿布。父亲在购买尿布的同时，往往会顺便为自己购买啤酒，这样就会出现啤酒与尿布这两件看上去毫不相干的商品经常会被同时购买的现象。如果这个年轻的父亲在卖场只能买到两种商品之一，则他很有可能会放弃到本商店购物而到另一家商店，直到可以一次同时买到啤酒与尿布为止。沃尔玛超市发现了这一独特的现象，开始在卖场尝试将啤酒与尿布摆放在相同的区域，让年轻的父亲可以同时找到这两件商品，并很快地完成购物；沃尔玛超市也从中获得了很好的商品销售收入。将关联度高的商品放在一起促销或者捆绑消费可以提高营业额，同时电商平台也可以捆绑推荐提高成交量。当商品非常多，人工已经无法分析出众多商品的关联性时，就需要计算机的辅助了。在当今互联网时代，关联分析已经成为一种常用的挖掘算法，其逻辑简单、功能强大，被广泛应用于如下场景。

1）产品推荐与引导。根据购买记录，通过关联分析发现群体购买习惯的内在共性，指导超市产品摆放。对于偏个性化场景，如给目标用户推荐产品，可以先找出购买习惯与目标用户相似的人群，对此特定人群的购买记录进行关联分析，然后将分析出的规则与目标用户的购买记录结合，进行推荐。

2）特征筛选。在特征工程中，需要对特征进行筛选。对特征筛选包括保留与目标变量关联大的特征，删除高度相关的特征。在一般使用的相关性系数方法中，只能判断两个变量间的相关性，而通过关联分析得到的规则，可以判断多个变量之间的关系。比如针对规则 $\{x_1,x_2\}\Rightarrow\{x_3\}$，则可能存在 x_3 不能与 $\{x_1,x_2\}$ 同时放入模型中的可能性；针对规则 $\{x_4,x_5\}\Rightarrow\{y_1\}$，则将 x_4 和 x_5 同时放入模型时会有较好的结果。

第二节　关联规则分析

一、关联规则分析的概念

关联规则是形如 $X\rightarrow Y$ 的蕴涵式，其中，X 和 Y 分别称为关联规则的先导（Antecedent 或 Left-Hand-Side，LHS）和后继（Consequent 或 Right-Hand-Side，RHS）。关联规则的挖掘过程主要包含两个阶段。

第一阶段，从事务数据库中找出所有的频繁项集（Frequent Itemset），以下称“频繁项集集合”。其中，事务数据库中每一条事务被称为一个项集，项集是项的集合，包含 k 个项的项集称为 k-项集。频繁项集中“频繁”是指某一项集出现的频率（该项集出现频次与所有事务数的比值）必须达到某一水平。项集出现的频率称为支持度（Support）（式（9-1）），若某项集支持度大于等于所设定的最小支持度阈值，则该项集为频繁项集。一个满足最小支持度的 k-项集，则被称为频繁 k-项集。以一个包含 X 与 Y 两个项目的 2-项集为例，该项集的支持度为

$$\text{Support}(X,Y) = P(XY) = \frac{\text{Number}(XY)}{\text{num}(\text{AllSamples})} \tag{9-1}$$

式中，Number(XY) 代表同时出现 X 与 Y 的项集数量，num(AllSamples) 代表事务数据库中所有事务（项集）的数量。

第二阶段，基于频繁项集集合产生关联规则（Association Rules）。该步骤基于前一步骤的频繁 k-项集集合，利用置信度（Confidence）（式（9-2））产生规则。若某频繁项集的置信度大于等于最小置信度，则关联规则成立。置信度是指一个项（集）出现后，另一个项（集）出现的概率，即该项（集）的条件概率。例如，购买牛奶的顾客中有50%的顾客也购买了面包，那么 Confidence（牛奶⇒面包）=50%，其计算表达式为

$$\text{Confidence}(X\Rightarrow Y) = P(Y|X) = \frac{P(XY)}{P(X)} \tag{9-2}$$

尽管最小支持度和置信度阈值有助于排除大量无趣规则，但仍然会产生一些没有价值

的规则。尤其当设置的支持度阈值较低时，这种情况特别严重，这是关联规则挖掘应用的主要瓶颈之一。所以我们引入提升度（Lift）（式（9-3））以判断该关联规则是否有效。提升度是指含有 X 的条件下同时含有 Y 的概率，与含有 Y 的概率之比。提升度反映了关联规则中 X 与 Y 的相关性，提升度 >1 且越高表明 X 与 Y 正相关性越高，提升度 <1 且越低表明 X 与 Y 负相关性越高，提升度 =1 表明 X 与 Y 没有相关性，即相互独立。

$$\text{Lift}(X \Rightarrow Y) = \frac{\text{Confidence}(X \Rightarrow Y)}{P(Y)} = \frac{P(Y \mid X)}{P(Y)} \tag{9-3}$$

判断关联规则的有效因素可以总结为以下两条：

（1）满足最小支持度和最小置信度的规则，叫作“关联规则”。

（2）关联规则也分有效的关联规则和无效的关联规则。如果 $\text{Lift}(X \Rightarrow Y) > 1$，则规则“$X \Rightarrow Y$”是有效的关联规则；如果 $\text{Lift}(X \Rightarrow Y) \leqslant 1$，则规则“$X \Rightarrow Y$”是无效的关联规则；特别地，$\text{Lift}(X \Rightarrow Y) = 1$ 则表示 X 与 Y 相互独立。

二、关联规则分析的建模

（1）数据。

关联规则分析用到的基本数据集记为 D，它由事务构成，一般多储存于事务数据库中，表示为 $D = \{t_1, t_2, \cdots, t_m, \cdots, t_q\}$，其中 $t_m(m = 1, 2, \cdots, q)$ 称为事务。每个事务可以用唯一的 TID 来标识。每个事务可再细分，表示为 $t_m = \{i_1, i_2, \cdots, i_n, \cdots, i_p\}$，其中 $i_n(n = 1, 2, \cdots, p)$ 称为项（Item），即事务是由若干项组成的集合，称为项集。

（2）模型。

关联规则分析的模型是基于数据发现的关联规则，如牛奶⇒面包（支持度：30%，置信度：60%）。

（3）策略。

关联规则分析主要分为两步，首先，利用频繁项集挖掘相关算法找出事务数据库中的频繁项集集合。本章对于频繁项集挖掘算法主要讲解 Apriori 算法（详见本节第三部分）和 FP-growth算法（详见本节第四部分）。然后，基于频繁项集集合通过置信度的计算产生关联规则（详见本节第五部分）。

（4）算法。

关联规则最为经典的算法是 Apriori 算法，由 Agrawal 等人在 1993 年提出，其使用的一个典型的关联规则的例子是在购买轮胎和自动配件的顾客中 98% 的顾客将倾向于同时接受汽车的保修和保养服务。随后，Agrawal 等人在先前工作的基础上，进一步完善了 Apriori 算法。Apriori 算法需要多次扫描数据库，并且当设置的支持度阈值较小时，容易出现呈爆炸式增长的“长”关联规则。因此，包括 Agrawal 在内的许多学者提出了对 Apriori 算法的改进方法，主要包括控制候选集的规模，减少数据库的扫描次数等。其中，Han 提出的 FP-growth 算法应用十分广泛。FP-growth 算法采用分而治之的策略，只需要扫描两次原始数据集，它不适用候选集，直接将数据库压缩成一个 FP-Tree（频繁模式树），最后通过这棵树生成关联规则。实验表明，FP-growth 对不同长度的规则都有很好的适应性，同时在效率上较 Apriori 算法有巨大的提高。

三、Apriori 算法

（1）Apriori 算法概述。

Apriori 算法是一种最有影响力的挖掘关联规则中频繁项集的算法。假设一个商店中有 4 种在售商品，工作人员想分析出顾客经常同时购买哪几种商品，从而确定销售策略。假设这 4 种商品分别为商品 1、商品 2、商品 3、商品 4，那么一位顾客可能购买的商品组合如图 9-1 所示。

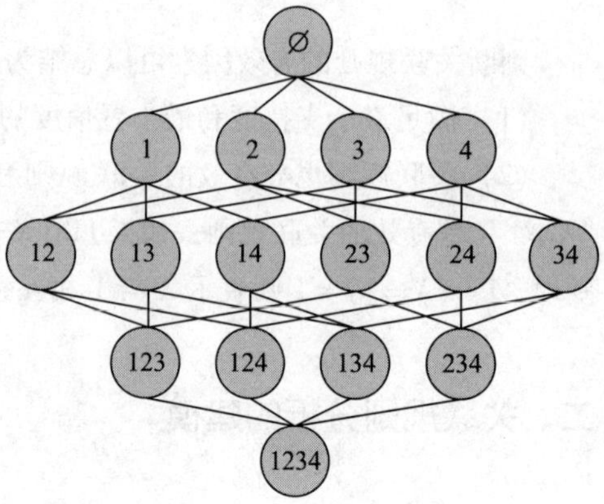

图 9-1　可能购买的商品组合

如何计算每一个购买组合的支持度呢？以 {1,3} 这个项集为例，我们需要遍历每条交易记录并检查该记录是否同时购买了商品 1 和商品 3，如果记录中确实包含这两项，那么就增加 {1,3} 购买次数的总计数值。扫描完所有交易记录后，利用式（9-1），即通过项集 {1,3} 出现的次数除以事务总数则可以计算项集 {1,3} 的支持度。上述过程只得到了一个项集的支持度，由此可知，要完成一家只售卖 4 种商品的频繁项集挖掘，需要扫描全部交易记录 15 次。随着商店中商品种类的增长，需要遍历的次数呈现指数增长。

为了提高频繁项集挖掘的效率，Agrawal 提出了一种名为 Apriori 的原理，其可以大大减少扫描次数。具体原理为：如果某个项集是频繁的，那么它的所有子集都是频繁的。对于图 9-1 的例子，如果 {1,2,3} 是频繁项集，那么它的子集 {1,2}、{1,3}、{2,3}、{1}、{2}、{3} 都是频繁项集。这个原理反过来也非常有价值，即如果某个项集不是频繁项集，那么它所有含有该项集的子集也都不是频繁项集，其作用如图 9-2 所示。

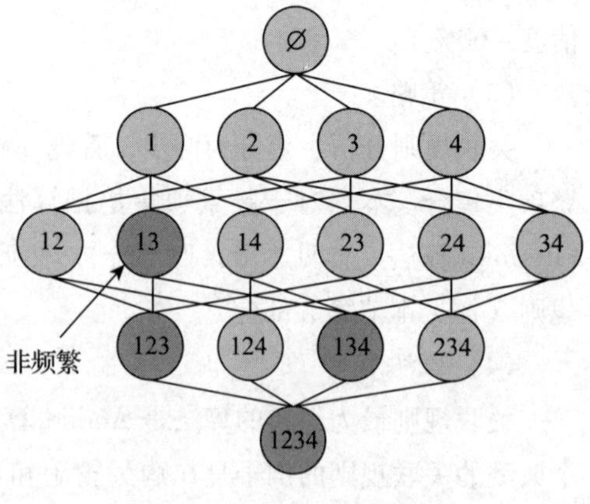

图 9-2　Apriori 原理示例

在图 9-2 中，如果已知 {1,3} 是非频繁项集，利用 Apriori 原理，可以推理出 {1,2,3} {1,3,4} {1,2,3,4} 都是非频繁项集，这样就可以减少三次扫描。使用该原理可以避免项集数量的指数增长，也可以避免极长的项集出现，从而可以在合理时间内找到频繁项集集合。

（2）Apriori 算法建模。

Apriori 性质 1：如果一个集合是频繁项集，则它的所有子集都是频繁项集。举例来说，集合 $\{A,B\}$ 是频繁项集，即 $\{A,B\}$ 的支持度大于等于最小支持度，也就是说，A、B 同时出现的事务数与总事务数的比大于等于最小支持度，由于总事务数是固定的，则它的子集 $\{A\}\{B\}$ 出现次数与总事务数的比必定大于等于最小支持度，因此是频繁项集。

Apriori 性质 2：如果一个集合不是频繁项集，则它的所有超集都不是频繁项集。例如，集合 $\{A\}$ 不是频繁项集，即 A 出现的次数与总事务数的比小于最小支持度，由于总事务数是固定的，则它的任何超集如 $\{A,B\}$ 出现的次数与总事务数的比必定小于最小支持度，因此必定不是频繁项集。

Apriori 算法的基本思路是采用层次搜索的迭代方法，由频繁 $(k-1)$-项集来寻找候选 k-项集，并判断其是不是频繁 k-项集。设 C_k 是长度为 k 的候选项集集合，L_k 是长度为 k 的频繁项集集合。首先扫描全部事务数据库，找出频繁 1-项集，用 L_1 表示；由 L_1 寻找 C_2，再由 C_2 产生 L_2，依此类推，直到不能发现新的候选 k-项集。确定每个频繁 k-项集时都要对所有数据进行一次完全的扫描。在上述步骤中，利用 L_{k-1} 寻找 C_k 为 Apriori 算法中的连接步，从 C_k 确定 L_k 是 Apriori 算法中的剪枝步。这里通过例 9-1 对 Apriori 算法中的连接步和剪枝步进行解释。

例 9-1：表 9-1 表示事务数据库 D，频繁项集挖掘中最小支持度为 50%，请利用 Apriori 算法挖掘 D 中的频繁项集集合。

表 9-1 事务数据库 D

TID	项集
1	面包、牛奶、啤酒、尿布
2	面包、牛奶、啤酒
3	啤酒、尿布
4	面包、牛奶、花生

首次扫描全部数据集，生成候选 1-项集 $C_1=\{\{$面包$\},\{$牛奶$\},\{$啤酒$\},\{$花生$\},\{$尿布$\}\}$。扫描数据集，计算 C_1 中每个项集在 D 中的支持度。从事务数据库 D 中可以得出每个项集的支持数分别为 3，3，3，1，2，事务数据库 D 的项集总数为 4，由式（9-1）计算得出 C_1 中项集的支持度分别为 75%，75%，75%，25%，50%。由于最小支持度为 50%，可以得出频繁 1-项集 $L_1=\{\{$面包$\}$，$\{$牛奶$\}$，$\{$啤酒$\}$，$\{$尿布$\}\}$。

然后 L_{k-1}（频繁 $k-1$ 项集集合）通过连接步产生候选 k-项集集合，即 C_k。设 t_1 和 t_2 是 L_{k-1} 中的成员，$t_i[j]$ 表示 t_i 中的第 j 项。假设 Apriori 算法对事务中的项按字典次序排序，即对于 $(k-1)$-项集 t_i，$t_i[1]<t_i[2]<\cdots<t_i[k-1]$。将 L_{k-1} 与自身连接，如果 $(t_1[1]=t_2[1])\&\&(t_1[2]=t_2[2])\&\&\cdots\&\&(t_1[k-2]=t_2[k-2])\&\&(t_1[k-1]=t_2[k-1])$，则认为 t_1 和 t_2 是可连接的，连接 t_1 和 t_2 产生的结果是 $\{t_1[1],t_1[2],\cdots,t_1[k-1],t_2[k-1]\}$。

就例 9-1 而言，第一次进行连接步操作时根据 L_1 生成候选 2-项集。组成 L_1 的都是频繁

1-项集，那么直接将两两连接得到候选 2-项集集合 C_2 = {{面包,牛奶}，{面包,啤酒}，{面包,尿布}，{牛奶,啤酒}，{牛奶,尿布}，{啤酒,尿布}}。

连接步 Apriori_gen(L_{k-1})的伪代码如算法 9-1 所示，其中 has_infrequent_subset(c,L_{k-1})的功能是确认 c(k-候选项集）是否要被剪枝，详见算法 9-2。

算法 9-1：Apriori_gen(L_{k-1}) 连接步

输入：L_{k-1} 项集集合；

过程：Apriori_gen(L_{k-1})

```
C_k = {};
for  t_1 ∈ L_{k-1}  do:
  for  t_2 ∈ L_{k-1}  do:
    if  t_1[1] = t_2[1] && t_1[2] = t_2[2] &&…&& t_1[k-2] = t_2[k-2]  then:
      c = t_1 ⋈ t_2;          // 执行连接，产生候选
      if  has_infrequent_subset(c, L_{k-1})  == False  then:
        add c to C_k;
  end for
end for
```

输出：候选 k-项集集合 C_k。

其中 C_k 是 L_k 的超集，也就是说，C_k 的成员可能是，也可能不是频繁的。通过扫描所有的事务数据，确定 C_k 中每个候选项集的支持度，判断其是否满足最小支持度，如果满足，则该候选项集是频繁的。为了压缩 C_k，减少扫描的次数，Apriori 算法利用 Apriori 性质 2，如果通过自连接生成的 c 存在不属于 L_{k-1} 的非空子集时，c 肯定不是频繁项集，因此不会被加入到候选项集集合 C_k 中。剪枝步 has_infrequent_subset(c,L_{k-1}) 伪代码如算法 9-2 所示。

算法 9-2：has_infrequent_subset(c,L_{k-1}) 剪枝步

输入：L_{k-1} 项集

过程：has_infrequent_subset(c,L_{k-1})

```
for  (k-1)-subsets s of c  do:
  if  s ∉ L_{k-1}  then:
    return True
end for
return False
```

输出：是否要进行剪枝。

在例 9-1 中，通过扫描事务数据库 D，计算 C_2 中每个项集在 D 中的支持度。从事务数据库 D 中利用式（9-1）可以得出 C_2 中每个项集的支持数分别为 3，2，1，2，1，2，事务数据库 D 的项集总数为 4，因此可得出 C_2 中每个项目集的支持度分别为 75%，50%，25%，50%，25%，50%。由于最小支持度阈值是 50%，因此频繁 2-项集结合 L_2 = {{面包,牛奶}，{面包,啤酒}，{牛奶,啤酒}，{啤酒,尿布}}。重复进行连接步和剪枝步，直到没有频繁项集生成。根据 L_2 生成候选 3-项集 C_3 = {{面包,牛奶,啤酒}，{面包,牛奶,尿布}，{面包,啤

酒,尿布$\}$,$\{$牛奶,啤酒,尿布$\}\}$,由于C_3中项目集$\{$面包,牛奶,尿布$\}$中的2-项子集$\{$牛奶,尿布$\}$在L_2中不存在,$\{$面包,牛奶,尿布$\}$将不会加入C_3中,同理,项集$\{$面包,啤酒,尿布$\}$和$\{$牛奶,啤酒,尿布$\}$也不会加入C_3。因此,$C_3 = \{$面包,牛奶,啤酒$\}$。再次扫描事务数据库D,计算C_3中每个项集在D中的支持度。从事务数据库D中可以得出此3-项集的支持数为2,事务数据库D的项目集总数为4,因此可得出C_3中项集的支持度为50%;根据最小支持度阈值为50%,可以得出频繁3-项集集合$L_3 = \{\{$面包,牛奶,啤酒$\}\}$。

最终生成的频繁项集的集合$L = L_1 \cup L_2 \cup L_3 = \{\{$面包$\}$,$\{$牛奶$\}$,$\{$啤酒$\}$,$\{$尿布$\}$,$\{$面包,牛奶$\}$,$\{$面包,啤酒$\}$,$\{$牛奶,啤酒$\}$,$\{$啤酒,尿布$\}$,$\{$面包,牛奶,啤酒$\}\}$。

Apriori 算法产生频繁项集的伪代码如算法9-3所示,其中$\sigma(c)$表示项集c在事务数据库中出现的次数。

算法9-3:Apriori 算法

输入:事务数据库$D = \{t_1, t_2, \cdots, t_m, \cdots, t_q\}$;

最小支持度阈值 min_support;

过程:Apriori$(D, \text{min\_support})$

1. $L_1 = \{i \mid \sigma(i) \geqslant q \times \text{min\_support}\}$;   //发现所有的频繁1-项集

2. $L = L_1$;

3. $k = 2$;

4. **while** $L_{k-1} \neq \varnothing$:

5. $C_k = \text{apriori\_gen}(L_{k-1})$;   (算法9-1)

6.   **for** $c \in C_k$ **do**:

7. $\sigma(c) = 0$;

8.   **for** $t \in D$ **do**:

9.   **if** subset(c, t) **then**:   //判断c是不是t的子集

10. $\sigma(c) = \sigma(c) + 1$;

11.   **end for**

12.   **end for**

13. $L_k = \{c \in C_k \mid \sigma(c) \geqslant q \times \text{min\_support}\}$;   //提取频繁$k$-项集集合

14. $L = L \cup L_k$;

15. $k = k + 1$;

输出:频繁项集集合L。

四、FP- growth 算法

FP-growth 算法是2000年由韩家炜等提出来的。FP-growth 不同于 Apriori 的"试探"策略,其只需扫描原始数据库两遍,不使用候选集,直接将数据库压缩成一个FP-Tree,然后通过这棵树生成频繁项集。FP-growth 算法(伪代码如算法9-4所示)主要分为两个步骤:FP-Tree 构建 insert_FP(s_t, root),具体建树过程如算法9-5所示)和挖掘频繁项集(search

_FP（FP_Tree,α,min_support)，如算法 9-6 所示)。由于 FP-growth 算法构造 FP-Tree 和挖掘频繁项集的过程比较抽象，因此我们引入例 9-2 加以说明。

算法 9-4：FP-growth 算法

输入：事务数据库 $D=\{t_1,t_2,\cdots,t_m,\cdots,t_q\}$；
最小支持度阈值 min_support；

过程：FP_growth(D,min_support)

$LS=\{\}$；
$L_1=\{i\,|\,\sigma(\mathrm{i})\geqslant q\times \mathrm{min\_support}\}$；　　//发现所有的频繁 1-项集
$S\_L_1=\mathrm{sort}\ L_1$；
创建 FP-Tree 的根结点 ϕ；
for t in D **do**：
　for i in t **do**：
　　$t=\{i\,|\,i \text{ in } L_1\}$；
　end for
　$S\_t=\mathrm{sort}\ t$；
　在 FP-Tree 上执行 insert_FP(s_t,ϕ)；　　（算法 9-5）
end for
LS = search_FP(FP_tree,ϕ,min_support)；　　（算法 9-6）

输出：频繁项集集合 LS。

例 9-2：基于表 9-2 所示的事务数据库，假设最小支持度阈值为 40%，构建 FP 树的过程如下：

表 9-2　事务数据库

TID	事务
001	R, Z, H, J, P
002	Z, Y, X, W, V, U, T, S
003	Z
004	R, X, N, O, S
005	Y, R, X, Z, Q, T, P

第一步，扫描一次事务数据库，找出频繁 1-项集集合L_1，并按总计数降序排序L_1中的频繁项。对于表 9-2 的数据集，经过上述处理的结果如表 9-3 所示。

表 9-3　第一次扫描后的排序结果

TID	事务	扫描和排序后结果
001	R, Z, H, J, P	Z, R, P
002	Z, Y, X, W, V, U, T, S	Z, X, Y, T, S
003	Z	Z
004	R, X, N, O, S	R, X, S
005	Y, R, X, Z, Q, T, P	Z, R, X, Y, T, P

第二步，第二次扫描事务数据集，构造 FP-Tree。首先，创建 FP 树的根结点，用“ϕ”标记。然后，参与扫描的是过滤后的数据，如果某个数据项是第一次遇到，则创建该结点，并在 headTable 中添加一个指向该结点的指针；否则按路径找到该项对应的结点，修改该结点的计数。其中，headTable 表中记录着项、项的出现次数和指向 FP-Tree 中该项链表表头的指针，见图 9-3 中左侧框内部分（包含表头指针）。构建 FP-Tree 的过程如图 9-3 所示。

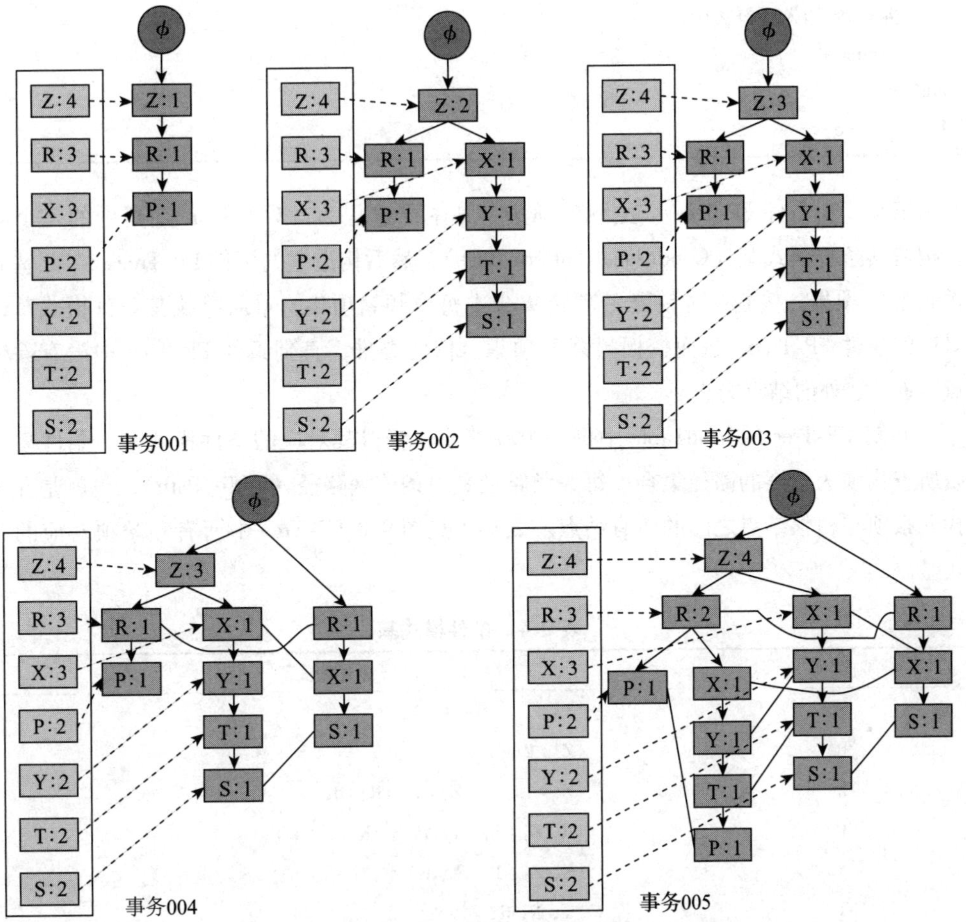

图 9-3　FP-Tree 构建过程

其中，headTable 并不是随着 FP-Tree 一起创建，而是在第一次扫描时就已经创建完毕，在创建 FP-Tree 时只需要将指针指向相应结点即可。从事务 004 开始，需要创建节点间的连接，使不同路径上的相同项连接成链表，称其为项链表。FP-Tree 构建过程 insert_FP(s_t, root) 算法的伪代码如算法 9-5 所示。

算法 9-5：insert_FP(s_t,root)

输入： 已排序频繁 1-项集 L_1，FP-Tree 的根结点 root；

过程： insert_FP(s_t,root)

1. **for** i in s_t **do**:

算法 9-5：insert_FP(s_t,root)（续）

```
2.   if  root 的某个子结点 node 为 i  then：
3.       node. sup_count = node. sup_count + 1
4.   else：
5.       创建 root 的子结点 node 为 i
6.       node. sup_count = 1
7.       将 node 加入项链表中
8.   root = node
9. end for
```

输出：FP-Tree。

第三步，由条件 FP-Tree 产生频繁项集。其主要过程为：对频繁 1-项集中的每个频繁项，构造其条件模式基（Conditional Pattern Base），然后构造它的条件 FP-Tree，在此基础上挖掘频繁 2-项集。接着，对频繁 2-项集集合中每个频繁项集，重新寻找其条件模式基，构造对应的条件 FP-Tree，进而挖掘频繁 3-项集。依此类推，直到条件 FP-Tree 中没有除树根结点（ϕ）之外的结点为止。

（1）对 FP-Tree 的 headTable 中每一个频繁项，获得其对应的条件模式基。条件模式基是以所查找项为结尾的路径集合，每一条路径是一条前锻路径（Perfix Path），也就是介于所查找元素项与树根结点之间的所有结点。表 9-4 是图 9-3 FP-Tree 中所有频繁项对应的条件模式基。

表 9-4　条件模式基

频繁项	条件模式基
Z	{}：4
R	{Z}：2
X	{Z}：1，{R，Z}：1，{R}：1
P	{R，Z}：1，{T，Y，X，R，Z}：1
Y	{X，Z}：1，{X，R，Z}：1
T	{Y，X，R，Z}：1，{Y，X，Z}：1
S	{T，Y，X，Z}：1，{X，R}：1

（2）利用条件模式基来创建条件 FP-Tree，对每一个频繁项都要创建一棵条件 FP-Tree。以频繁项 T 为例，因为支持度为 40%，所以计算所有 T 条件模式基中项的支持度，R 不满足最小支持度，所以删除 R，得到条件模式基 {Y,X,Z}：2，建立 T 的条件 FP-Tree，如图 9-4 所示。

（3）根据如图 9-4 所示的条件 FP-Tree 挖掘得到频繁 2-项集集合 {{T,Z}：2，{T,X}：2，{T,Y}：2}，对每个频繁 2-项集分别建立其频繁项集的条件 FP-Tree，进而得到频繁 3-项集。

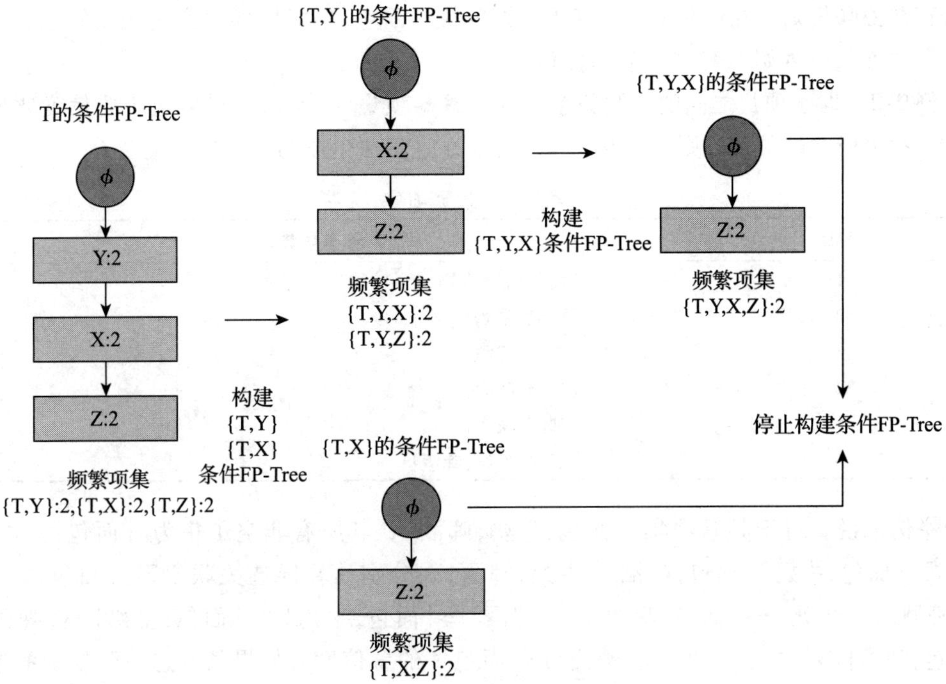

图 9-4　T 的条件 FP-Tree

重复此过程，直到条件 FP-Tree 中没有除树根结点（ϕ）之外的结点为止。由（条件）FP-Tree 产生频繁项集的伪代码表示如算法 9-6 所示。

算法 9-6：search_FP(FP_Tree，α，min_support)

输入：（条件）FP_Tree T；

　　后缀模式 α；

　　最小支持度 min_support；

过程： search_FP(FP_Tree，α，min_support)

$LS = \{\}$；

for $\alpha_i \in$ {T 的 head Table 的每一个表项} **do**：

　$y = \{\{\alpha_i\} \cup \alpha \mid \text{support}(\{\alpha_i\} \cup \alpha) > \text{min\_support}\}$；

　$LS = LS \cup y$；

　寻找 y 的条件模式基，然后创建 y 的条件 FP_Tree T_y；

　if $T_y \neq \phi$ **then**：

　　search_FP(T_y，y，min_support)；

end for

输出： 频繁项集集合 LS。

五、由频繁项集产生关联规则

从数据库 D 中的事务找出频繁项集后，就可以在此基础上通过置信度计算来确定其是否存在关联规则。在例 9-1 中，基于频繁项集｛面包,牛奶｝能够产生两条候选关联规则，即“面包⇒牛奶”和“牛奶⇒面包”。

例 9-3：对于项目之间的关联关系，只考虑 k-项集（$k>1$），设置最小置信度阈值为 70%，找出所有的关联规则。表 9-5 表示已经通过算法生成的频繁项集集合 L。

表 9-5 频繁项集

TID	频繁项集
1	｛面包｝，｛牛奶｝，｛啤酒｝，｛尿布｝
2	｛面包,牛奶｝
3	｛面包,啤酒｝
4	｛牛奶,啤酒｝
5	｛啤酒,尿布｝
6	｛面包,牛奶,啤酒｝

举例来说，对于频繁项集｛面包,牛奶,啤酒｝，其所有非空子集为｛面包｝｛牛奶｝｛啤酒｝｛面包,牛奶｝｛面包,啤酒｝｛牛奶,啤酒｝。分别计算候选关联规则｛面包｝⇒｛牛奶,啤酒｝，｛牛奶｝⇒｛面包,啤酒｝，｛啤酒｝⇒｛面包,牛奶｝，｛面包,牛奶｝⇒｛啤酒｝，｛面包,啤酒｝⇒｛牛奶｝，｛牛奶,啤酒｝⇒｛面包｝的置信度。如果某候选关联规则的置信度大于等于最小置信度阈值，则其是一条关联规则。

$$\text{Confidence}(\{\text{面包}\}\Rightarrow\{\text{牛奶,啤酒}\}) = \frac{2}{3} = 67\% \tag{9-4}$$

$$\text{Confidence}(\{\text{牛奶}\}\Rightarrow\{\text{面包,啤酒}\}) = \frac{2}{3} = 67\% \tag{9-5}$$

$$\text{Confidence}(\{\text{啤酒}\}\Rightarrow\{\text{面包,牛奶}\}) = \frac{2}{3} = 67\% \tag{9-6}$$

$$\text{Confidence}(\{\text{面包,牛奶}\}\Rightarrow\{\text{啤酒}\}) = \frac{2}{3} = 67\% \tag{9-7}$$

$$\text{Confidence}(\{\text{面包,啤酒}\}\Rightarrow\{\text{牛奶}\}) = \frac{2}{2} = 100\% \tag{9-8}$$

$$\text{Confidence}(\{\text{牛奶,啤酒}\}\Rightarrow\{\text{面包}\}) = \frac{2}{2} = 100\% \tag{9-9}$$

以上关联规则的置信度分别为 67%，67%，67%，67%，100%，100%。由于最小置信度阈值为 70%，因此，｛面包,啤酒｝⇒｛牛奶｝，｛牛奶,啤酒｝⇒｛面包｝为关联规则，即顾客在购买面包和啤酒的同时也会购买牛奶，购买牛奶和啤酒的同时也会购买面包。

第三节 序列模式分析

一、序列模式分析的概念

序列模式挖掘（Sequential Pattern Mining，SPM）是指从序列数据库中寻找频繁子序列作为模式的知识发现过程，它是数据挖掘的一个重要的研究课题，在很多领域都有实际的应用价值，如在 DNA 分析等尖端科学研究领域、Web 访问等新型应用。通过对这些领域的数据开展序列模式挖掘，可以发现隐藏的知识，从而帮助决策者做出更好的决策，以获得巨大的社会价值和经济价值。

与关联规则挖掘不同，序列模式挖掘的对象以及结果都是有序的，即序列数据库中每个序列的事件在时间或空间上是有序的，序列模式的输出结果也是有序的。例如，< {1}, {2} > 和 < {2}, {1} > 是两个不同的序列。

但序列模式挖掘与关联规则中挖掘频繁项集又有一定的互通性，其也需要利用支持度的概念，详见式（9-1）。序列模式挖掘的问题可以定义为：给定一个客户交易数据库 D 以及最小支持度阈值，从中找出大于等于最小支持度阈值的频繁序列，这些频繁序列也称为序列模式。

二、序列模式分析的分类

迄今为止，出现了大量的序列模式挖掘算法，主要包括以下 4 种类型。

（1）基于 Apriori 特性的算法。

早期的序列模式挖掘算法都是基于 Apriori 特性发展起来的。Rakesh Agrawal 和 Ramakrishnan Srikan 在 1995 年最早提出了序列模式挖掘的概念，并且提出了 3 个基于 Apriori 特性的算法：AprioriAll、AprioriSome 和 Dynamic-Some。在此基础上，研究者又提出了广义序列模式（Generalized Sequential Patterns，GSP）算法，它对 AprioriAll 算法的效率进行了改进，并且加入了时间限制，放宽了交易的定义，加入了分类等条件，使序列模式挖掘更符合实际需要。GSP 算法是最典型的类 Apriori 算法，后来又提出了 MFS 算法和 PSP 算法以改进 GSP 算法的执行效率。

基于 Apriori 特性的算法思想来源于经典的关联规则挖掘算法 Apriori，使用了 Apriori 算法中的先验知识。这类算法可以有效地发现事务数据库中所有频繁序列，但是与 Apriori 算法相同，这类算法最大的缺点是需要多次扫描数据库并且会产生大量的候选集，当支持度阈值较小或者序列模式较长时这个问题会更加突出。

（2）基于垂直格式的算法。

最典型的基于垂直格式的算法是 SPADE 算法，它的基本思想是：首先把序列数据库转换成垂直数据库格式，然后利用格理论和简单的连接方法挖掘频繁序列模式。SPADE 算法最大的优点是大大减少了扫描数据库的次数，整个挖掘过程仅需要扫描 3 次数据库，比 GSP 算法更优越。然而，SPADE 算法需要额外的计算时间和存储空间，用以把水平格式的数据库转换成垂直格式，并且它的基本遍历方法仍然是广度优先遍历，需要付出候选码巨大的代价。另一个典型的算法是 SPAM 算法，它实施了有效支持度计数与数据库垂直数位映象的表示方法相结合的搜索策略，提高了挖掘长序列模式时的效率。

（3）基于投影数据库的算法。

类 Apriori 算法会产生大量的候选集并且需要多次扫描数据库，因此在挖掘长序列模式时效率很低。为了克服以上缺点，一些研究者开始另辟蹊径，提出了基于投影数据库的算法。此类算法采取了分而治之的思想，利用投影数据库减小了搜索空间，提高了算法的性能。比较典型的算法有 FreeSpan 和 PrefixSpan。

FreeSpan 算法的基本思想是：利用当前挖掘的频繁序列集将数据库递归地投影到一组更小的投影数据库上，分别在每个投影数据库上增长子序列。FreeSpan 算法的优点在于它能够有效地发现完整的序列模式，同时大大减少产生候选序列所需的开销，与典型的类 Apriori 算法 GSP 算法相比性能更优越。然而利用 FreeSpan 可能会产生很多投影数据库，如果一个模式在数据库中的每个序列中都出现，该模式的投影数据库将不会缩减；另外，由于长度为 k 的子序列可能在任何位置增长，搜索长度为（$k+1$）的候选序列需要检查每一个可能的组合，这是相当费时的。

针对 FreeSpan 的缺点，人们提出了 PrefixSpan 算法。它的基本思想是：在对数据库进行投影时，不考虑所有可能的频繁子序列，而只是基于频繁前缀来构造投影数据库，因为频繁子序列总可以通过增长频繁前缀而被发现。PrefixSpan 算法使得投影数据库逐步缩减，比 FreeSpan 效率更高，并且它还采用了双层投影和伪投影两种优化技术以减少投影数据库的数量。PrefixSpan 算法的主要代价是构造投影数据库。在最坏的情况下，PrefixSpan 需要为每个序列模式构造投影数据库，如果序列模式数量巨大，那么代价也是不可忽视的。

（4）基于内存索引的算法。

典型的基于内存索引的算法是 MEMISP。MEMISP 算法整个过程只需要扫描数据库一次，并且不产生候选序列也不产生投影数据库，大大地提高了 CPU 和内存的利用率。实验表明，MEMISP 比 GSP 和 PrefixSpan 更高效，而且对于数据库的大小和数据序列的数量也有较好的线性可伸缩性。

三、GSP 算法

（1）GSP 算法的建模

GSP 是一种宽度优先算法，利用了序列模式的向下封闭性，采用多次扫描、候选产生-测试的方法来产生序列模式。

1）数据。

序列模式挖掘用到的数据集记为 S，表示为 $S=<s_1,s_2,\cdots,s_k,\cdots,s_n>$，$s_k(k=1,2,\cdots,n)$ 称为序列。每个序列由若干事件构成，在序列数据库中每个序列的事件在时间或空间上是有序排列的。序列 $s_k=<t_1,t_2,\cdots,t_m,\cdots,t_q>$，其中 $t_m(m=1,2,\cdots,q)$ 表示为事件，也称为 s_k 的元素。每个事件是一个项集，在购物篮场景中，一个事件表示一个客户在特定商店的一次购物，客户一次可以购买多种商品。所以在序列模式挖掘中，每个事件也可再分，即事件 $t_k=<x_1,x_2,\cdots,x_h,\cdots,x_p>$，即每个事件用一个项集表示，通常用花括号将包含的项括起来，当一个事件只含有一个项时，有时候会简写花括号，如序列 $s=<\{1,2\},\{3\},\{4\}>$，可以简写为 $s=<\{1,2\},3,4>$。项集中的各项是不分前后顺序的，但是为了方便数据处理，一般同一项集中将项按照字母顺序排序。如果一个序列 s 含有项的数量为 k，则称为长度为 k 的序列。

2）模型。

模型是从数据中发现的具有时序先后性的序列模式集合。如一条序列模式为 <{奔腾电脑}，{CPU 芯片}>（min_support = 30%，最小间隔 = 0，最大间隔 maxgap = 1 年），则表示数据集中有 30% 的顾客在购买奔腾电脑后的一年内购买了新的 CPU 芯片。

3）策略。

GSP 算法寻找频繁序列时与 Apriori 算法类似。此外，GSP 引入了时间约束、滑动时间窗和分类层次技术，增加了扫描的约束条件，有效地减少了需要扫描的候选序列的数量，同时还克服了基本序列模型的局限性，更切合实际，减少了多余的无用模式的产生。GSP 利用哈希树来存储候选序列，减小了需要扫描的序列数量，同时对数据序列的表示方法进行了转换，由此可以有效地确定一个侯选项是不是数据序列的子序列。

4）算法。

GSP 算法与 Apriori 算法类似，其主要步骤如下。

第一步，扫描序列数据库，得到长度为 1 的序列模式 L_1，作为初始的种子集。

第二步，基于长度为（$k-1$）的序列模式集 L_{k-1}，通过连接步和剪枝步生成长度为 k 的候选序列模式集合 C_k；然后扫描序列数据库，计算每个候选序列模式的支持度，产生长度为 k 的序列模式集合 L_k，并将 L_k 作为新的种子集。其中，GSP 算法的连接步和剪枝步如下。

连接步：如果去掉序列模式 S_1 的第一个项与去掉序列模式 S_2 的最后一个项所得到的序列相同，则可以将 S_1 与 S_2 进行连接，即将 S_2 的最后一个项添加到 S_1 中。连接步 GSP_gen(L_{k-1}) 的伪代码如算法 9-7 所示。

算法 9-7：GSP_gen(L_{k-1}) 连接步

输入：L_{k-1}序列模式集合；

过程：GSP_gen(L_{k-1})

```
C_k = {};
for s_1 ∈ L_{k-1} do:
  for s_2 ∈ L_{k-1} do:
    if s_1[2] = s_2[1] && s_1[3] = s_2[2] && … && s_1[k-1] = s_2[k-2]   then:
        c = s_1 ⋈ s_2;          // 执行连接，产生候选
        if has_infrequent_subsequence (c, L_{k-1}) == False   then:
           add  c to C_k;
  end for
end for
```

输出：候选序列集合 C_k。

剪枝步：若某候选项序列模式的某个子序列不是序列模式，则此候选序列模式不可能是序列模式，从而通过连接步生成的 c 不会加入候选序列集合 C_k 中。剪枝步 has_infrequent_ subsequence(c, L_{k-1}) 伪代码如算法 9-8 所示。

算法 9-8：has_infrequent_subsequence (c, L_{k-1}) 剪枝步

输入：L_{k-1}序列模式集合；

过程：has_infrequent_subsequence(c, L_{k-1})

1. **for** $(k-1)-$subsequence s of c **do**：
2.   **if** $s \notin L_{k-1}$ **then**：
3.   return True；
4. **end for**
5. return False；

输出：是否要进行剪枝。

重复第二步，直到没有新的候选序列模式产生为止。整个过程为：$L_1 \rightarrow C_1 \rightarrow L_2 \rightarrow C_2 \rightarrow L_3 \rightarrow C_3 \rightarrow L_4 \rightarrow C_3 \rightarrow \cdots$，GSP 算法伪代码如算法 9-9 所示。

算法 9-9：GSP 算法

输入：序列数据库 $S = \{s_1, s_2, \cdots, s_k, \cdots, s_n\}$；

　　　最小支持度阈值 min_support

过程：GSP$(S, \text{min\_support})$

1. $L_1 = \{i \mid \sigma(i) \geqslant n \times \text{min\_support}\}$；　　　　//发现所有的长度为 1 的序列模式
2. $L = L_1$；
3. $k = 2$；
4. **whil** $L_{k-1} \neq \varnothing$：
5. $C_k = \text{GSP\_gen}(L_{k-1})$；　　　　（算法 9-7）
6.   **for** $c \in C_k$ **do**：
7. $\sigma(c) = 0$；
8.   **for** $t \in S$ **do**：
9.   **if** subsequence(c, t) **then**：　　　//判断 c 是不是 t 的子序列
10. $\sigma(c) = \sigma(c) + 1$；
11.   **end for**
12.   **end for**
13. $L_k = \{c \in C_k \mid \sigma(c) \geqslant n \times \text{min\_support}\}$；　// 识别长度为 k 的序列模式
14. $L = L \cup L_k$；
15. $k = k + 1$；

输出：序列模式集合 L。

例 9-4：由表 9-6 所示的长度为 3 的序列模式集合（L_3）生成长度为 4 的序列模式集合（C_4）的连接阶段和剪枝阶段的主要工作如下。

连接阶段：对于序列 $<\{1,2\}, \{3\}>$ 和 $<\{2\}, \{3,4\}>$，由于 $<\{1,2\}, \{3\}>$ 中删除第一项 1 和 $<\{2\}, \{3,4\}>$ 中删除最后一项 4 的结果均为 $<\{2\}, \{3\}>$，所以可以连接。将后者 4 加入前者最后一个事件中作为最后项，从而生成长度为 4 的候选序列 $<\{1,2\}, \{3,4\}>$。对于序列 $<\{1,2\}, \{3\}>$ 和 $<\{2\}, \{3\}, \{5\}>$，由于 $<\{1,2\}, \{3\}>$ 中删除第一个项 1 和 $<\{2\},$

{3},{5}>中删除最后一项5的结果均为<{2},{3}>，所以可以连接。将后者{5}作为前者的最后一个事件，从而生成长度为4的候选序列<{1,2},{3},{5}>。L_3的剩余序列都不满足连接条件，例如，<{1,2},{4}>不能与L_3中任何序列连接，这是因为其他序列没有<{2},{4,*}>或<{2},{4},*>的形式（*表示任意项）。

剪枝阶段：若某候选序列的某个子序列不是序列模式，则此候选序列不可能是序列模式，因此它不会加入候选序列集合中。例如，表9-6中，连接后产生的候选序列<{1,2},{3},{5}>不会被加入C_4，这是因为<{1},{3},{5}>并不在L_3中；而<{1,2},{3,4}>的所有长度为3的子序列都在L_3中，因而被加入到C_4中。

表9-6　由序列模式集合生成候选序列集合

L_3	C_4	
	连接后	剪枝后
<{1,2},{3}> <{1,2},{4}> <{1},{3,4}> <{1,3},{5}> <{2},{3,4}> <{2},{3},{5}>	<{1,2},{3,4}> <{1,2},{3},{5}>	<{1,2},{3,4}>

（2）利用哈希树存储候选序列。

GSP采用哈希树存储候选序列。哈希树的结点分为三类：根结点、内部结点和叶子结点。根结点和内部结点中存放的是一个哈希表，每个哈希表指向其他的结点，而叶子结点内存放的是一组候选序列。对于一组候选序列，其构造哈希树的过程为：从根结点开始，用哈希函数对序列的第一个项做映射来决定从哪个分支向下，依次在第k层对序列的第k个项做映射来决定从哪个分支向下，直到到达一个叶子结点。将候选序列储存在此叶子结点。初始时所有结点都是叶子结点，当一个叶子结点所存放的序列个数达到一个阈值，它将转化为内部结点。

候选序列的支持度计算按照如下方法进行：对于序列数据库S中的每个序列s，对其每一项进行哈希，从而确定应该考虑哈希树哪些叶子结点的候选序列。对于叶子结点中的每个候选序列，需考察其是不是s的子序列；如果是，则该候选序列的支持数增1。这种计算候选序列支持度的方法避免了大量无用的扫描，因为对于一个序列，仅需要检验最有可能是它子序列的候选序列。

（3）GSP中的时间约束技术。

GSP引入了时间约束、滑动时间窗和分类层次技术，为用户提供了挖掘定制模式的方法。例如，通过分析大量曾经患A类疾病的患者的发病记录，发现了如下的症状序列模式<{眩晕}，{两天后低烧37～38℃}>，如果病人具有以上症状，则可能患A类病。用户可以通过设置一些时间参数对挖掘的范围进行限制。常用的时间参数如下。

1）序列时间长度与宽度的约束：序列的时间长度是指序列中事件的个数，宽度是指最长事件的长度。

2）最小间隔的约束：指事件之间的最小时间间隔 mingap。

3）最大间隔的约束：指事件之间的最大时间间隔 maxgap。

4）时间窗口的约束：指整个序列都必须发生在某个时间窗口 ws 内。

基于时间约束的序列模式挖掘问题就是要找到支持度不小于最小支持度阈值且满足时间约束的序列模式。显然，当 mingap = 0，maxgap = ∞，ws = ∞ 的时候就相当于没有时间约束的序列模式挖掘。

在考察某个候选序列 c 是不是某个数据序列 s 的子序列时，需要分成以下两个阶段。

向前阶段：在 s 中寻找从 c 的首项开始的连续子序列 $< t_i, t_j, \cdots, t_n >$，直至 $\text{time}(t_n) - \text{time}(t_{n-1}) > \text{maxgap}$（这里 time($t$) 表示 t 的事件时间），此时转入向后阶段。否则如在 s 中不能找到 c 的某个事件，则 c 不是 s 的子序列。

向后阶段：由于此时 $\text{time}(t_n) - \text{time}(t_{n-1}) > \text{maxgap}$，故此时应从时间值为 $\text{time}(t_n) - \text{maxgap}$ 后重新搜索 t_{n-1}，但同时应该保持 t_{n-2} 位置不变。当新找到的 t_{n-1} 的事件时间，如不满足 $\text{time}(t_{n-1}) - \text{time}(t_{n-2}) \leqslant \text{maxgap}$ 时，从时间值为 $t_{n-1} - \text{maxgap}$ 后重新搜索 t_{n-2}，同时保持 t_{n-3} 位置不变，直至某位置事件 t_{n-i} 满足条件或重新找到 t_1 的事件时间时，返回向前阶段。

例 9-5：如表 9-7 所示，假设 maxgap = 20 天，mingap = 5 天，ws = ∞，考察候选序列 $c = < \{1,2\}, \{3\}, \{5\} >$ 是不是数据序列 s 的子序列。

表 9-7　数据序列 *s*

事件时间	事件
2020-5-10	{1,2}
2020-5-20	{4,5}
2020-6-9	{3}
2020-6-19	{1,2}
2020-6-29	{3}
2020-7-1	{3,4}
2020-7-11	{5}

首先寻找 c 的第一个事件 {1,2} 在该数据序列中第一次出现的位置，对应的事件时间为 5 月 10 日。由于最小时间间隔 mingap = 5，故应在事件时间 5 月 15 日之后寻找 c 的下一个事件 {3}，事件 {3} 在下次出现的时间为 2020 年 6 月 9 日。因为相隔 30 天大于 20 天（maxgap），所以进入向后阶段，在时间 6 月 9 日前 20 天，即 5 月 20 日之后重新寻找第一个事件 {1,2} 出现的位置。下一次 {1,2} 出现的时间为 6 月 19 日，下一步寻找 {3} 在 6 月 24 日之后出现的时间，因为 6 月 29 日与 6 月 19 日相隔 10 天满足最大的时间间隔约束条件。此时转入向前阶段，继续寻找事件 {5}。事件 {5} 下一次出现的时间为 7 月 11 日，因为相隔 12 天小于 20 天，所以候选序列 c 是数据序列 s 的子序列，考察结束。

因为在考察候选序列 c 是不是数据序列 s 的子序列时，需要在数据序列 s 中不断寻找候选序列 c 中的单个事件。所以可以将数据序列 s 做如下转换：针对 s 中每一项建立一个时间链表。若寻找项 x 在事件时间 t 后第一次出现的事件时间，只要顺序遍历 x 的时间链表找到

第一个大于 t 的事务时间。依此类推，直到找完所有的项。

表 9-7 中的数据经转换后如表 9-8 所示。

表 9-8　项的时间链表

项	时间链
1	→2020-5-10→2020-6-19→NULL
2	→2020-5-10→2020-6-19→NULL
3	→2020-6-9→2020-6-29→2020-7-1→NULL
4	→2020-5-20→2020-7-1→NULL
5	→2020-5-20→2020-7-11→NULL

第四节　应用案例

数据关联分析虽然原理简单，但已被应用于多个领域，如目录设计、附加邮递、基于购买模式的顾客划分、异常客户监测、商品个性化推荐。随着技术的不断成熟和发展，它的应用范围也由最初的购物篮扩展到网站路径优化、网络行为挖掘、网络入侵监测、分类关联规则、交通事故模式分析、软件 bug 挖掘等领域。

在商品个性化推荐领域，如果通过数据关联分析发现两个或多个产品同时被观众浏览或订阅，当用户浏览其中一个产品后，其他产品就会被推荐过来，其目的是为用户推荐更适合的个性化内容，增加用户的黏性和活跃度。例如，在喜马拉雅 App 上会出现“听了本节目的人也在听”，如图 9-5 所示。

图 9-5　喜马拉雅的关联推荐

除了喜马拉雅 App，亚马逊有 20% ~30% 的销售来自推荐系统。在它的推荐系统中，有一部分应用了数据关联分析的相关知识与算法。当用户想在亚马逊购买一本书时，在详情页面下方就会出现两部分关联商品推荐：“浏览此商品的顾客也同时浏览”的推荐商品和“购买此商品的顾客也同时购买”的推荐商品，如图 9-6 所示。“浏览此商品的顾客也同时浏览”中的图书有一部分是当前正在浏览图书的相似图书，另一部分可能是与正在浏览图书的内容有补充可以同时购买的图书。而“购买此商品的顾客也同时购买”的图书大部分与目标书目方向相似、内容有所关联或对其有所扩展。

图 9-6　亚马逊的关联推荐

◎ 思考与练习

1. 试说明 Apriori 和 FP-growth 算法的过程。
2. 比较关联分析中挖掘频繁项集的 Apriori 和 FP-growth 算法的不同与优劣。
3. 对于表 9-9 所示的事务数据集，设最小的支持度为 25%，采用 Apriori 算法找到所有的频繁项集。

表 9-9　事务数据集

事务编号	项集
1	{1,2,3}
2	{2,4,5}
3	{2,3}
4	{1,2,4,5}
5	{1,3}
6	{2,3}
7	{1,2,5,6}
8	{1,2,3}

4. 序列模式分析有几种类型？说明这几种类型的特点。
5. 简述序列模式挖掘和关联规则挖掘的异同。
6. 列出序列 <{1,3},{2},{2,3},{4}> 的所有子序列。

◎ 本章扩展阅读

[1] 沈斌．关联规则技术研究 [M]．杭州：浙江大学出版社，2012.
[2] 李春葆，李石君，李筱驰．数据仓库与数据挖掘实践 [M]．北京：电子工业出版社，2014.

[3] 王虎，丁世飞．序列模式挖掘研究与发展［J］．计算机科学，2009，36(12)：14-17.

[4] HARRINGTON P. Machine learning in action [M]. California: Manning Publications Co, 2012.

[5] JIAWEI H, KAMBE M. Data mining: concept and technology [M]. Beijing: Machine industry press, 2001.

[6] AGRAWAL R, IMIELINSKI T, SWAMI A. Mining association rules between sets of items in large databases [J]. Proceedings of the 1993 ACM SIGMOD International Conference on Management of Data, 1993.

[7] AGRAWAL R, SRIKANT R. Fast algorithms for mining association rules [J]. Proceedings of the 20th Very Large Data Bases Conferences, 1994.

[8] SAVASERE A, OMIECINSKI E R, NAVATHE S B. An efficient algorithm for mining association rules in large databases [R]. Georgia Institute of Technology, 1995.

[9] HAN J, PEI J, YIN Y. Mining frequent patterns without candidate generation [J]. ACM Sigmod Record, 2000, 29(2): 1-12.

[10] PASQUIER N, BASTIDE Y, TAOUIL R, et al. Efficient mining of association rules using closed itemset lattices [J]. Information Systems, 1999, 24(1): 25-46.

[11] AGRAWAL R, SHAFER J C. Parallel mining of association rules [J]. IEEE Transactions on knowledge and Data Engineering, 1996, 8(6): 962-969.

[12] ZHAO Y, CHENG S, YU X, et al. Chinese public's attention to the COVID-19 epidemic on social media: observational descriptive study [J]. Journal of Medical Internet Research, 2020.

[13] AGRAWAL R, SRIKANT R. Mining sequential patterns [J]. Proceedings of the Eleventh International Conference on Data Engineering, 1995.

[14] SRIKANT R, AGRAWAL R. Mining sequential patterns: generalizations and performance improvements [J]. International Conference on Extending Database Technology, 1996.

[15] ZAKI M J. SPADE: An efficient algorithm for mining frequent sequences [J]. Machine Learning, 2001, 42(1): 31-60.

[16] HAN J, PEI J, MORTAZAVI A B, et al. FreeSpan: frequent pattern- projected sequential pattern mining [J]. Proceedings of the Sixth ACM SIGKDD International Conference on Knowledge Discovery and Data Mining, 2000.

[17] HAN J, PEI J, MORTAZAVI A B, et al. Prefixspan: mining sequential patterns efficiently by prefix-projected pattern growth [J]. Proceedings of the 17th International Conference on Data Engineering, 2001.

[18] LIN M Y, LEE S Y. Fast discovery of sequential patterns by memory indexing [J]. Proceedings of the International Conference on Data Warehousing and Knowledge Discovery, 2002.

C H A P T E R 1 0

第十章

深度学习

近年来，深度学习在学术界和产业界都取得了极大的成功，它是实现人工智能系统的重要方法。在本章中你将了解深度学习的发展历程及基本概念；学习不同种类的深度学习模型和方法，包括深度前馈网络、卷积神经网络、循环神经网络等；讨论深度学习在实际生活和生产中的应用。

■ 学习目标

- 理解深度学习的发展历程
- 理解深度学习的基本概念
- 掌握不同种类的深度学习方法和模型
- 理解深度学习的实际应用

■ 知识结构图

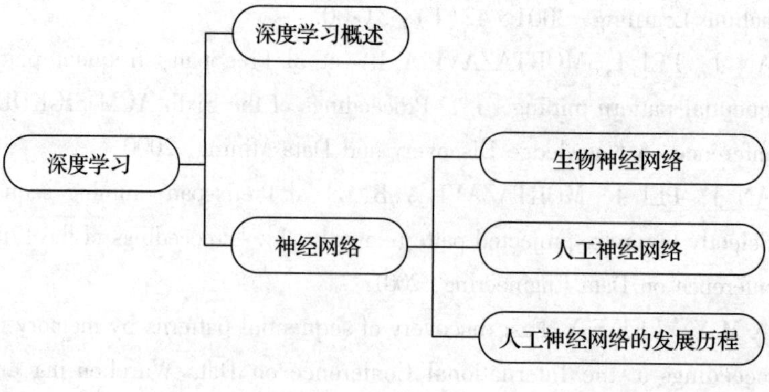

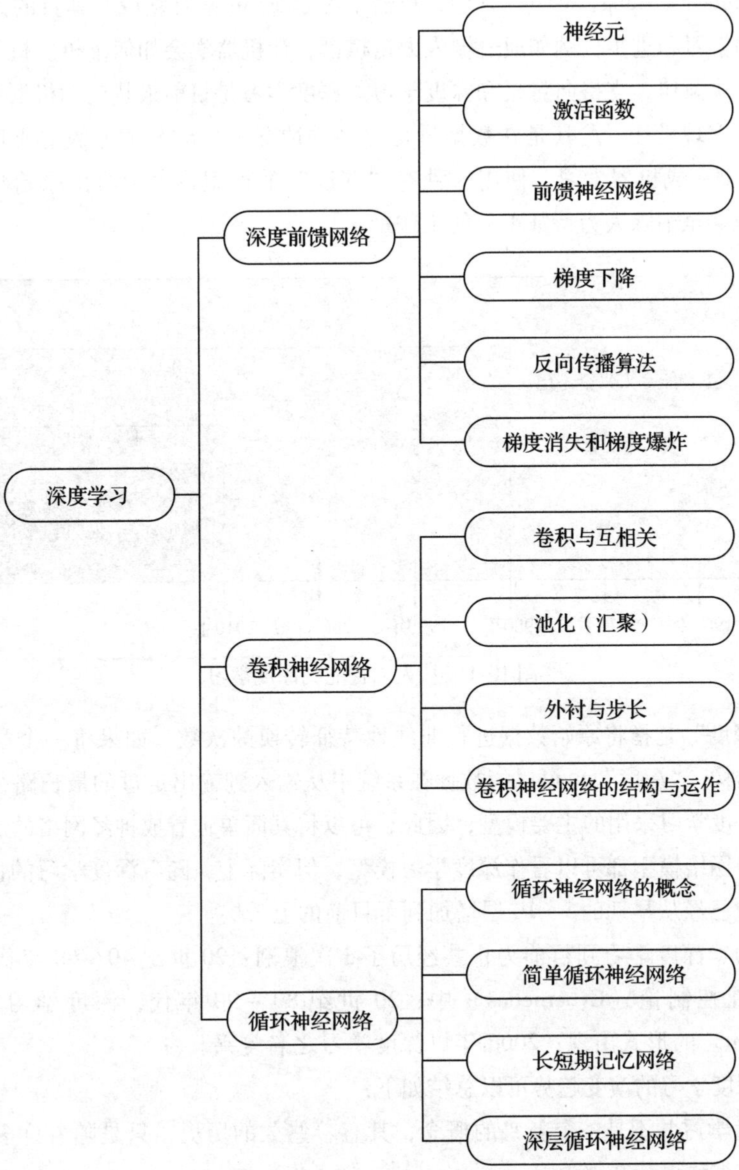

第一节 深度学习概述

从人工智能到深度学习（Deep Learning），其演进过程如图 10-1 所示。

人工智能（Artificial Intelligence，AI）的目的是让机器完成人类的智能工作，例如推理、规划和学习等。目前，AI 中有多个研究热点，例如计算机视觉和自然语言处理。其中，计算机视觉主要包括图像分类、图像分类 + 画框、物体检测、图像分割等；自然语言处理的应用主要包括机器翻译、语音助手等。AI 中有许多方法，如专家系统（Expert Systems）和机器学习（Machine Learning，ML）。其中，机器学习是 AI 的重要领域，其目的是让机器从训练数据中自动学习和进步，例如通过输入大量棋谱，让机器学会如何下棋。机器学习又包括多种方法，如决策树、支持向量机和深度学习。深度学习是目前最热门的机器学习方法，它在诸多问题上表现最佳，尤其是在数据量足够多的情况下。深度学习的主要目标是用一种“深度”的模型完成机器学习，使用这种有“深度”的模型自动学习出原始数据的特征表示，从而削减甚至消除人为特征工程的工作量。

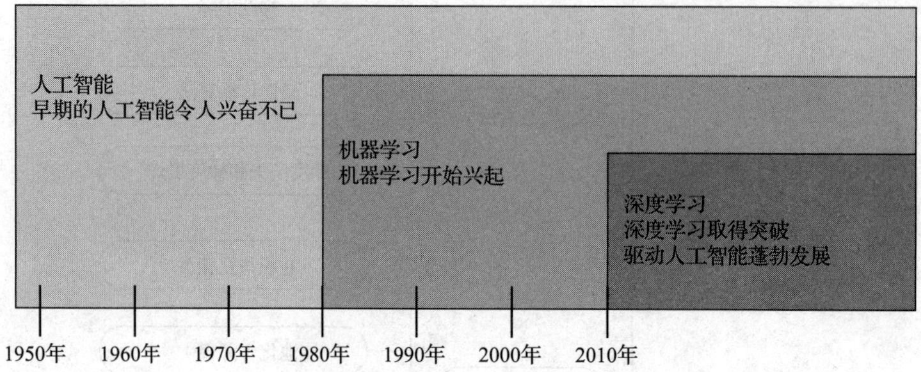

图 10-1　从人工智能到深度学习

所谓“深度”是指将原始数据进行非线性特征转换的次数。如果将一个学习系统看作一个有向图结构，“深度”也可以指数据在系统中从输入到输出走过的最长路径。神经网络模型是目前深度学习采用的主要模型，因此，可以将其简单地看成神经网络的层数。一般超过一层的神经网络模型都可以看作深度学习模型，但实际上，随着深度学习的快速发展，神经网络的层数已经从早期的5～10 层增加到了目前的上千层。

一般认为，深度学习到目前为止共经历了 3 次浪潮：20 世纪 40～60 年代，深度学习的雏形出现在控制论（Cybernetics）中；20 世纪 80～90 年代，深度学习以连接主义（Connectionism）的形式出现；2006 年以深度学习之名复兴。

总之，深度学习的演变趋势可以总结如下：

（1）深度学习并不是一个新兴的概念，其有着悠久的历史，只是随着许多哲学观点的逐渐消逝，其名称也渐渐被尘封。

（2）随着互联网技术的发展，可用的训练数据量不断增加，深度学习也变得更加有用。

（3）随着计算机软硬件基础设施的改善，深度学习模型的规模也随之增长。

（4）随着时间的推移，深度学习已经可以解决日益复杂的问题，并且精度在不断提升。

第二节　神经网络

神经网络模型是目前深度学习采用的主要模型，是早期的神经科学家受到人脑神经系统的启发而构造的一种模仿人脑神经系统的数学模型。因此，神经网络全称为人工神经网络，与生物神经网络相区分。在平时应用中，为了便于使用，大家普遍称其为神经网络。在机器学习领域，神经网络是由人工神经元构成的网络结构模型，这些人工神经元之间的连接强度是可学习的参数。

一、生物神经网络

生物神经网络（Biological Neural Networks）一般指生物的大脑神经元、细胞、触点等组成的网络，用于产生生物的意识，帮助生物进行思考和行动。以人类大脑为例，作为人体最复杂的器官，人类大脑由神经元、神经胶质细胞、神经干细胞和血小板组成。神经元（Neuron），也叫神经细胞（Nerve Cell），是携带和传输信息的细胞，是人脑神经系统中最基本的结构和功能单位。如图 10-2 所示，典型的神经元结构分为细胞体和突起两部分。

（1）细胞体：由细胞核、细胞膜、细胞质组成，具有联络和整合输入信息并传出信息的作用。

（2）突起：突起有树突和轴突两种：①树突短而分枝多，直接由细胞体扩张突出，形成树枝状，其作用是接受其他神经元轴突传来的冲动并传给细胞体；②轴突长而分枝少，为粗细均匀的细长突起，常起于轴丘，其作用是接受外来刺激，再由细胞体传出。

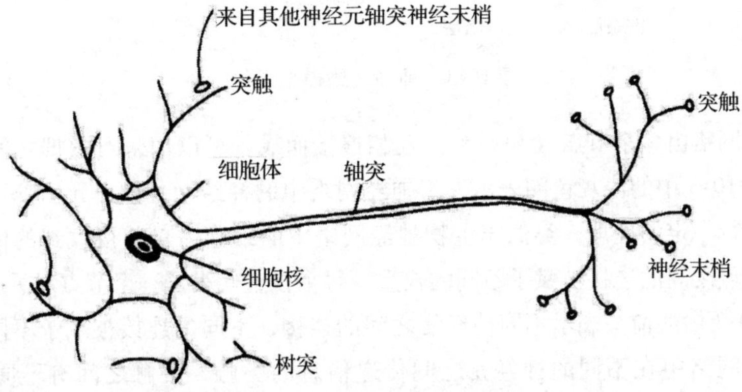

图 10-2　典型的神经元结构㊀

大量神经细胞（神经元）互相连接组成复杂的生物神经系统。据统计，人类大脑有 10^{10} ~ 10^{11} 个神经元，每个神经元与 10^3 ~ 10^5 个其他神经元互相连接，构成一个庞大的复杂网络。相互连接的神经元之间可以进行信息互通，即每一个神经元既可以接受其他神经元传来的信息，也可以向其他神经元传递信息。神经元在突触的接受侧，将信号送入细胞体，信息在细胞体内进行综合，有的信息起刺激作用，有的起抑制作用。当细胞体中接收的累加刺激超过一个阈值时，细胞体被激发，从而沿轴突通过树突向其他神经元传递信息。一个神经元沿轴突通过树突发出的信号是相同的，但这个信号对接收它的神经元所产生的刺激强度

㊀ 资料来源：https://www.mianfeiwendang.com/doc/d8b3723b3201f4987782f644.

可能会不同。这一强度主要由突触决定，突触的“连接强度”越大，接收的信号就越强；反之，“连接强度”越小，接收的信号就越弱。而突触之间的“连接强度”可以随着神经系统受到的训练而改变。因此一个人的记忆能力和智力不完全由遗传因素决定，后天的训练也会起到至关重要的作用㊀。

二、人工神经网络

人工神经网络是为模拟人脑神经网络而设计的一种计算模型，分别从结构、实现机理和功能上模拟人脑神经网络。从系统观点看，人工神经网络是由大量神经元通过极其丰富和完善的连接而组成的自适应非线性动态系统。图 10-3 展示了一个典型的神经网络模型。

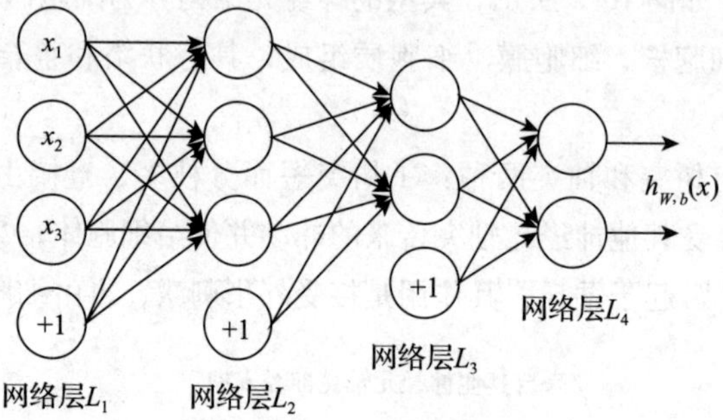

图 10-3　神经网络模型示例

人工神经网络由多个节点（神经元）互相连接而成，可以用来对数据之间的复杂关系进行建模。图 10-3 中的浅灰色圈表示人工神经网络中的神经元，神经元内部可以对输入神经元的信息进行一定的处理，类似于生物神经网络中的细胞体对其接收到的信息进行综合处理。不同节点之间的连接被赋予不同的权重，每个权重代表了一个节点对另一个节点的影响大小。图 10-3 中的箭头表示不同神经元之间的连接，不同的连接被赋予不同的权重，类似于生物神经网络中在不同的神经元之间传递信息的突触，突触之间有不同的“连接强度”。在生物神经网络中，当细胞体接收到的累加刺激超过一定阈值时，该神经元被激活，并向其他神经元传递信息。在人工神经网络中，不同的输入结合不同的连接权重，被输入给神经元进行处理，神经元内部首先对不同的输入和相应的权重进行计算，得到累加输入（生物神经元中的累加刺激），该累加输入再被传递给一个特殊函数，我们称之为激活函数，并得到一个新的活性值（兴奋或抑制）。

除了神经元的内部结构，各个神经元之间的连接规则（即网络结构）也是人工神经网络中至关重要的组成部分。到目前为止，研究者已经发明了多种神经网络结构，常用的神经网络结构主要有三种：前馈网络、记忆网络和图网络。

（1）前馈网络：前馈网络是指整个网络中的信息朝一个方向传播的神经网络。如

㊀ 资料来源：https://wenku.baidu.com/view/d8bb32eadf80d4d8d15abe23482fb4daa48d1d82.html.

图 10-4a展示了一个典型的前馈网络，其中各个神经元按照接收信息的先后顺序分为不同的组，每一组为神经网络的一层。每一层神经元接收上一层的信息，并将经过处理的信息输出到下一层。整个网络中的信息向一个方向传播，没有反向和循环的信息传播，因此前馈网络可以用一个有向无环图表示。目前，常用的前馈网络包括全连接前馈网络（见本章第三节）和卷积神经网络（见本章第四节）。

（2）记忆网络：也称为反馈网络，网络中的神经元不仅可以接收其他神经元的信息，也可以接收自己的历史信息。因此，与前馈网络相比，记忆网络中的神经元拥有记忆功能，因为它可以接收自己的历史信息。如图 10-4b 所示，记忆神经网络中的信息传播方向可以是单向的，也可以是双向的。记忆网络包括循环神经网络、Hopfield 网络、玻尔兹曼机、受限玻尔兹曼机等。其中，最经典的是循环神经网络（见本章第五节）。为了增强记忆网络的记忆容量，可以引入外部记忆单元和读写机制，用来保存网络的中间状态，称为记忆增强网络（Memory Augmented Neural Network，MANN），如神经图灵机。

（3）图网络：图网络指的是定义在图上的神经网络。在实际应用中有不同类型的数据，一些数据可以表示为向量或序列的形式，这样的数据虽然可以作为前馈网络和记忆网络的输入，但是类似于知识图谱、社交网络、分子网络等图结构的数据则很难被前馈网络和记忆网络处理，因此图网络应运而生。如图 10-4c 所示，图网络中的节点可以是一个神经元，也可以由一组神经元构成。节点之间的连接可以是有向的，也可以是无向的。每个节点可以收到来自相邻节点和自身的信息。图网络是前馈网络和记忆网络的泛化，包含很多不同的实现方式，例如图卷积网络（Graph Convolutional Network，GCN）、图注意力网络（Graph Attention Network，GAT）、消息传递神经网络（Message Passing Neural Network，MPNN）等。

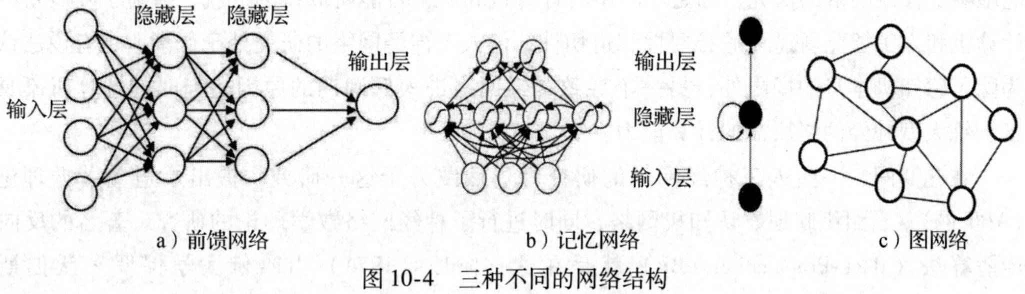

图 10-4 三种不同的网络结构

三、人工神经网络的发展历程

人脑神经网络有很强的学习能力，因此人的智力和记忆能力可以通过后天的学习和训练得到提升。但是，早期的神经网络模型并不具备学习能力。首个可学习的人工神经网络是采用一种基于赫布规则[⊖]的无监督学习方法的网络，被称为赫布网络。感知机是最早的具有

⊖ 赫布规则是一个无监督学习规则，这种学习的结果是使网络能够提取训练集的统计特性，从而把输入信息按照它们的相似性程度划分为若干类。

机器学习思想的神经网络，但其学习方法无法扩展到多层神经网络上。直到20世纪80年代，反向传播算法才有效地解决了多层神经网络的学习问题，并成为直到今天都广为应用的神经网络学习算法。

人工神经网络诞生之初并不是用来解决机器学习问题的。但是由于其可以作为一个通用的函数逼近器（一个两层的神经网络可以逼近任意的函数），因此可以将人工神经网络看作一个可学习的函数，并将其应用到机器学习上。理论上，只要有足够的训练数据和神经元数量，人工神经网络就可以学到很多复杂的函数。一个人工神经网络塑造复杂函数的能力被称为网络容量（Network Capacity），这与可以被存储在网络中的信息的复杂度和数量相关。

总体来看，人工神经网络的发展经历了兴起、低潮、复兴、再低潮、崛起五个阶段。

第一阶段：1943年，心理学家莫克罗（W. S. McCulloch）和数理逻辑学家彼特（W. Pitts）建立了神经网络的数学模型。该模型由可以执行简单逻辑运算的神经元组成，被称为MP模型。至此，人工神经网络研究的时代被开启。1948年，艾伦·图灵（Alan Turing）提出了一种可以基于Hebbian法则进行学习的“B型图灵机”。1949年，心理学家提出了突触联系强度可变的设想。1951年，莫克罗和彼特的学生马文·明斯基（Marvin Minsky）建造了第一台神经网络机SNARC。1958年，Rosenblatt提出了一种可以模拟人类感知能力的神经网络模型，被称为感知机（Perceptron），并提出了接近人类学习过程（试错、迭代）的学习算法。20世纪60年代，人工神经网络得到了进一步发展，提出了更完善的神经网络模型，包括自适应线性元件等。

第二阶段：马文·明斯基等仔细分析了以感知器为代表的神经网络系统的功能及局限后，于1969年出版了*Perceptron*一书，指出感知器不能解决“异或”问题。他们的论点极大地影响了神经网络的研究，加之当时串行计算机和人工智能所取得的成就，掩盖了发展新型计算机和人工智能新途径的必要性和迫切性，使人工神经网络的研究处于低潮。也有说法认为除了感知机本身的局限外，另一个导致神经网络进入低潮期的原因是当时的计算机不具备训练大型神经网络所需的计算能力。

在此期间，一些人工神经网络的研究者仍然致力于这一研究，提出了适应谐振理论（ART网）、自组织映射、认知机网络，同时进行了神经网络数学理论的研究。著名的反向传播算法（Back-Propagation，BP）就是在这一阶段（1974）由哈佛大学保罗·沃伯斯（Paul Werbos）发明的，尽管当时并未得到应有的重视。除此之外，1980年，福岛邦彦提出了一种带卷积子和子采样操作的多层神经网络；福岛邦彦（Fukushima）在受到动物初级视皮层简单细胞和复杂细胞的感受野启发之后提出了新知机（Neocognitron）。以上研究为神经网络的研究和发展奠定了基础。

第三阶段：神经网络在这一阶段得到了极大的发展。1982年，美国加州工学院物理学家约翰·霍普菲尔德（J. J. Hopfield）提出了Hopfield神经网格模型，引入了“计算能量”概念，给出了网络稳定性判断。1984年，他又提出了连续时间Hopfield神经网络模型，为神经计算机的研究做出了开拓性的工作，开创了神经网络用于联想记忆和优化计算的新途径，有力地推动了神经网络的研究。1985年，有学者提出了玻耳兹曼模型，在学习中采用统计热力学模拟退火技术，以保证整个系统趋于全局稳定点。1986 年有研究者进行了认知微观结构的研究，提出了分布式并行处理的理论。1986 年，鲁姆哈特（Rumelhart）、辛顿（Hinton）、威廉姆斯（Williams）发展了 BP 算法。鲁姆哈特和麦克利兰（McClelland）一起出版了 *Parallel Distribution Processing: Explorations in the Microstructures of Cognition*。1988 年，林克斯（Linsker）对感知机网络提出了新的自组织理论，并在香农（Shanon）信息论的基础上形成了最大互信息理论，从而点燃了基于神经网络的信息应用理论的光芒。1988 年，布鲁姆黑德（Broomhead）和洛（Lowe）用径向基函数（Radial Basis Function，RBF）提出了分层网络的设计方法，从而将神经网络的设计与数值分析和线性适应滤波相挂钩。

第四阶段：在该阶段，机器学习领域的支持向量机和线性分类器等方法的流行掩盖了神经网络的光芒。虽然神经网络可以通过增加神经元的数量和网络的层数构造更复杂的网络，但是更复杂的网络也意味着更大的计算开销。相比之下，机器学习领域的支持向量机、线性分类器等方法的计算开销要小得多。因此，20 世纪 90 年代中期，机器学习模型开始兴起，神经网络则因为种种原因（包括理论基础不清晰、优化困难、可解释性差等缺陷）再一次进入低潮期。

第五阶段：自 2006 年辛顿等人通过逐层预训练来学习一个深度信念网络，并将其权重作为一个多层前馈神经网络的初始化权重，再用反向传播算法进行精调开始，研究者就逐渐掌握了训练深层神经网络的方法，使得神经网络重新崛起。这种“预训练 + 精调”的方式可以有效地解决深度神经网络难以训练的问题。随着深度神经网络在语音识别、图像分类等任务上的成功，以神经网络为基础的深度学习迅速崛起。此外，随着大规模并行计算、GPU 等计算设备的普及，训练大规模神经网络所需要的计算性能也得以保证。目前，计算机已经可以实现端到端地训练一个大规模神经网络。神经网络迎来了又一次崛起。

第三节　深度前馈网络

深度神经网络是指具有很多层的神经网络，可以有十几层到上千层。实际上，目前使用的神经网络几乎都是深度神经网络，因此，在提起深度神经网络时，可以省略“深度”二字。同理，“深度”作为修饰词，深度前馈网络是指具有很多层的前馈网络（隐藏层数量大于1）。由于目前所使用的前馈网络基本都是深度前馈网络，因此下文中所称的“前馈网络”就是“深度前馈网络”。

如本章第二节所述，神经网络是由一组神经元组成的网络结构，而神经网络可以有不同的拓扑结构，典型的有前馈网络、记忆网络、图网络三种拓扑结构。其中，前馈神经网络（Feedforward Neural Network，FNN）是最早发明的比较简单的人工神经网络，也经常被称为多层感知机（Multi-Layer Perceptron，MLP）。但多层感知机的叫法并不十分合理，因为前馈神经网络是由多层 Logistic 回归模型组成，Logistic 函数是连续的非线性函数，而感知机是由多层感知器组成，感知器一般是不连续的非线性函数。

如图 10-4a 所示，前馈网络由多层神经元组成，每一层神经元由多个神经元组成。第 0 层（最左边的一层）是输入层，最后一层（最右边的一层）是输出层，中间是隐藏层。整个网络可以表示成一个有向无环图，信号从输入层单向传播向输出层，中间没有反馈。为了对神经网络有进一步的了解，我们先详细介绍单个神经元的内部结构。

一、神经元

人工神经元（Artificial Neuron），简称神经元（Neuron），是人工神经网络的基本组成单元。神经元的基本功能是从一个神经元接收信息，并将处理后的信息输出给另一个神经元。

1943 年，心理学家莫克罗（W. S. McCulloch）和数理逻辑学家彼得（W. Pitts）建立了神经网络的数学模型，该模型由可以执行简单逻辑运算的神经元组成，被称为 MP 模型。今天我们使用的神经网络中的神经元与 MP 模型中的神经元并无太大区别，唯一不同的是 MP 模型中的激活函数是 0 或 1 的阶跃函数，而今天的神经元中的激活函数一般是连续可导的函数。

图 10-5 展示了一个典型的神经元结构。直观地说，每个神经元都是在做加权平均，只是在实际使用中，我们会在加权平均之后加入非线性激活函数。

$$u = \left(\sum_{n=1}^{N} x_n \cdot w_n\right) + b \cdot 1 \tag{10-1}$$

$$y = f(u) \tag{10-2}$$

式中，x_n 是输入，w_n 是权重，b 是偏置，f 是激活函数。

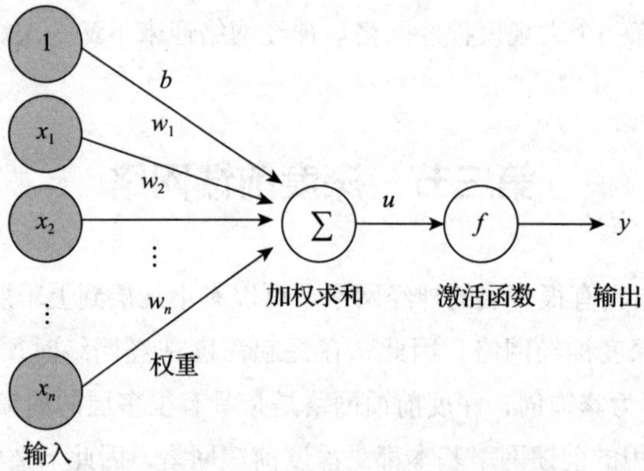

图 10-5　典型神经元结构

一般而言，每个神经元有多个输入 x_n（输入的个数可以根据需求自己设定），一个输出 y（如果需要多个输出，可使用多个神经元），以及以下两类参数。

（1）权重 w_n：神经元的每个输入都会有一个权重（由于神经网络设计的灵活性，有时也可以在多个输入之间共享权重），可以认为该权重表示相应输入的重要程度。权重一般是实数，可以为正数也可以为负数。

（2）偏置 b：每个神经元中，在对输入加权平均之后，一般都会加入一个偏置 b，可以将其看作线性函数中的常数项。当然，偏置 b 有时也可以省略。

在实际的神经网络中，我们会通过训练自动从训练数据中学习到神经元的参数（权重和偏置）。后文会介绍训练过程。

每个神经元除了上述介绍的几个组成部分之外，激活函数也是至关重要的一部分。为了增强网络的表示能力和学习能力，激活函数需要具备以下几点性质。

1）激活函数是连续并可导的非线性函数（可以允许少数几个点上不可导）。连续可导的激活函数可以直接使用数值优化的方法来学习网络参数。

2）激活函数及其导函数应尽可能简单，从而提高网络计算效率。

3）激活函数的导函数的值域要在适当的范围，不能太大也不能太小，否则影响训练的效率和稳定性。

二、激活函数

非线性激活函数在神经网络中是必要的，因为如果只在神经元中使用加权平均计算，神经元的输出是输入的线性函数，而线性函数之间的嵌套仍然是线性函数。因此如果没有非线性激活函数，不管一个神经网络由多少个神经元组成，该神经网络的输出都是线性的，完全等价于一个神经元的效果，这就失去了使用多个神经元的意义。如图 10-6 所示，线性神经网络完全等价于线性神经元。

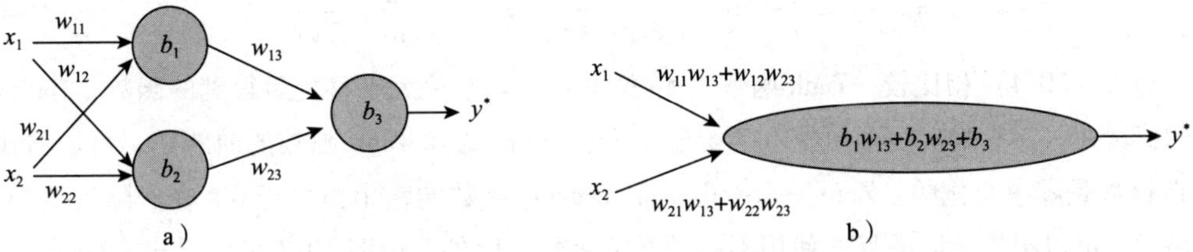

图 10-6　线性神经网络等价于线性神经元

如图 10-6a 所示，x_1、x_2 是两个输入，w_{11}、w_{12}、w_{13}、w_{21}、w_{22}、w_{23} 是权重，b_1、b_2、b_3 是偏置，在该图中也表示三个不同的神经元。在该神经网络中，神经元 b_1 的输出是 $x_1w_{11}+x_2w_{21}+b_1$；神经元 b_2 的输出是 $x_1w_{12}+x_2w_{22}+b_2$；如果没有非线性激活函数，最终的输出为

$$\begin{aligned} y^* &= (x_1w_{11}+x_2w_{21}+b_1)\times w_{13}+(x_1w_{12}+x_2w_{22}+b_2)\times w_{23}+b_3 \\ &= x_1\times(w_{11}w_{13}+w_{12}w_{23})+x_2\times(w_{21}w_{13}+w_{22}w_{23})+(b_1w_{13}+b_2w_{23}+b_3) \end{aligned} \tag{10-3}$$

由此可见，使用图 10-6a 所示的三个神经元的作用完全等价于使用图 10-6b 所示的一个神经元的作用，仍然是一个线性函数，无法处理一些复杂问题。

研究表明，在引入非线性激活函数之后，神经网络能够具有非常强大的表达能力，可拟合比较复杂的数据。理论上可以证明，在加入非线性激活函数之后，一个神经网络只要有一个隐藏层和足够多的隐藏层神经元就可以拟合任何函数。因此，需要在神经元的加权平均之后加入非线性激活函数 f（如图 10-5 所示）。在同一个神经网络中，不同的神经元可以有不同的非线性激活函数。神经网络的激活函数有 Sigmoid 型函数、ReLU 函数、Swish 函数、GELU 函数、Maxout 单元等，最常用的包括 Sigmoid 型函数和 ReLU 函数。

（1）Sigmoid 型函数。

Sigmoid 型函数是指一类 S 形曲线函数。常用的 Sigmoid 型函数有 Logistic 函数和 Tanh 函数。值得注意的是，Sigmoid 型函数包括一类函数，但是在平时使用中，人们普遍认为 Sigmoid 函数一般指的是 Logistic 函数。

1）Logistic 函数。

Logistic 函数的定义为：

$$\sigma(x) = \frac{1}{1 + \exp(-x)} \tag{10-4}$$

Logistic 函数将实数域的值映射到（0,1）之间。当输入在 0 附近时，Logistic 函数近似为线性函数；当输入趋近于负无穷，函数值越接近 0；当输入趋近于正无穷，函数值越接近 1。这类似于生物神经元，对一些输入表现为兴奋（输出为 1），对一些输入表现为抑制（输出为 0）。与感知器所使用的阶跃式激活函数相比，Logistic 函数是连续可导的，其数学性质更好。由于 Logistic 函数可以将输入映射到（0,1）之间，因此，使用 Logistic 函数作为激活函数的神经网络可以更好地拟合函数的概率分布，从而与统计模型更好地结合在一起。

2）Tanh 函数。

Tanh 函数的定义为：

$$\text{Tanh}(x) = \frac{\exp(x) - \exp(-x)}{\exp(x) + \exp(-x)} = \frac{2}{1 + \exp(-2x)} - 1 \tag{10-5}$$

与式（10-4）相比较，Tanh 函数其实是 Logistic 函数放大平移之后得到的函数。Tanh 函数的值域在（-1,1）之间。图 10-7 给出了 Logistic 函数和 Tanh 函数的曲线图，可以看出，Tanh 函数是零中心化的（Zero-centered），而 Logistic 函数的输出恒大于 0。在实际构造神经网络时，可以根据不同的目的使用不同的激活函数。此外，由图 10-7 可以看出，Logistic 函数和 Tanh 函数在 0 附近都近似线性函数，因此，可以使用分段函数对其进行近似表示，相应的函数分别为 hard-Logistic 函数和 hard-Tanh 函数。

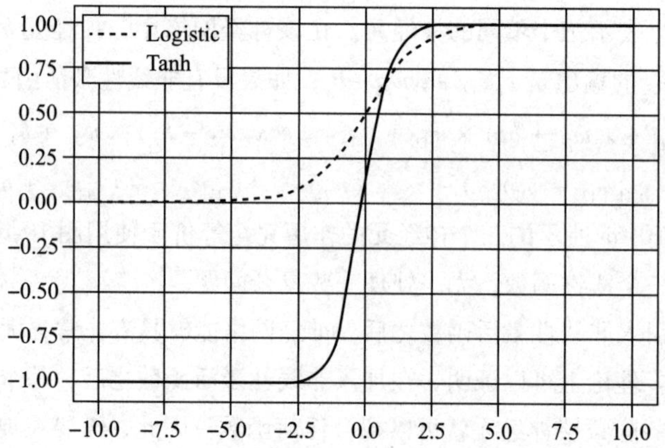

图 10-7　Logistic 函数和 Tanh 函数曲线图

（2）ReLU 函数。

ReLU 函数的定义为：

$$\mathrm{ReLU}(x)=\begin{cases}x, x\geqslant 0\\0, x<0\end{cases}\\=\max(0,x) \tag{10-6}$$

在 Logistic 函数、Tanh 函数和 ReLU 函数中，最常用的是 ReLU 函数。因为 ReLU 函数的运算非常快捷、简单（使用 ReLU 作为激活函数的神经元只需要执行加法、乘法和比较操作），并且可避免“梯度消失”问题。研究表明，使用 ReLU 往往能带来比 Logistic 和 Tanh 函数更好的网络性能。从式（10-6）可以发现，ReLU 只有在 $x>0$ 时才有非 0 输出，在 $x\leqslant 0$ 时输出均为 0，这更类似于生物神经元的工作原理，因为在生物神经元中，只有刺激累积到一定阈值才会被激活。另外，在生物神经网络中，同时处于兴奋状态的神经元是非常稀疏的，人脑中同一时刻大概只有 1% ~4% 的神经元处于兴奋状态。而 Sigmoid 型函数会导致一个非稀疏的神经网络，而 ReLU 则具有很好的稀疏性，当 ReLU 作为激活函数时，同时只有 50% 的神经元处于活跃状态。

但是 ReLU 函数也有一定的缺陷。在训练神经网络时，如果参数在一次不恰当的更新后，第一个隐藏层的某个 ReLU 神经元在所有训练数据上都不能被激活，那么这个神经元在以后的训练中也永远不能被激活，该问题被称为“死亡 ReLU”问题（Dying ReLU Problem），该问题也有可能发生在其他网络层。为了避免 ReLU 的各种缺陷，研究者又提出了很多 ReLU 函数的变种，包括 Leaky ReLU、PReLU、RReLU、ELU、SELU 等。它们会让 ReLU 在 $x\leqslant 0$ 时也有少量的输出，在某些情况下可以略微改善 ReLU 的性能，但是计算开销会加大。

研究人员发现，在许多任务中 Swish 函数会比 ReLU 函数的性能更好，感兴趣的读者可以自己学习包括 Swish 函数在内的多种其他激活函数。

三、前馈神经网络

（1）前馈神经网络模型概述。

前馈神经网络是一个由多层神经元组成的有向无环网络。信号在前馈神经网络中的传输方向是从网络的输入层单向传输向输出层，中间没有反馈。图 10-8 展示了一个典型的前馈神经网络。

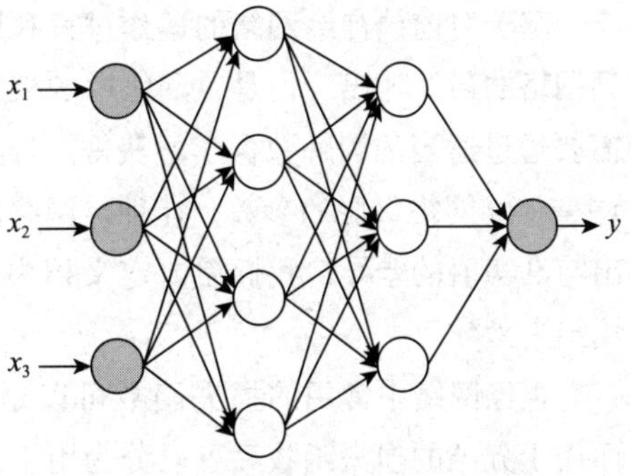

图 10-8　多层前馈神经网络

（2）前馈神经网络模型的建模过程。

1）数据。

训练数据集 $D=\{(\boldsymbol{x}_1,\boldsymbol{y}_1),(\boldsymbol{x}_2,\boldsymbol{y}_2),\cdots,(\boldsymbol{x}_m,\boldsymbol{y}_m)\}$，$(\boldsymbol{x}_i,\boldsymbol{y}_i)$ 表示第 i 个样本。其中，$\boldsymbol{x}_i$ 为 n 维向量，即 $\boldsymbol{x}_i=[x_i^1,x_i^2,\cdots,x_i^n]$，$\boldsymbol{y}_i$ 为 k 维向量，即

$\boldsymbol{y}_i=[y_i^1,y_i^2,\cdots,y_i^k]$，$n$ 和 k 可以为 1。

2）模型。

为了对神经网络的运作过程进行进一步的数学描述，我们需要一些描述神经网络的数学符号，表 10-1 给出了一些前馈神经网络中常用的数学符号及其含义。

表 10-1　前馈神经网络中常用的数学符号及其含义

数学符号	含义
L	神经网络的总层数，层数一般只包括隐藏层和输出层
M_l	第 l 层神经元的个数
$f_l(\cdot)$	第 l 层神经元的激活函数
$\boldsymbol{W}^{(l)}\in\mathbf{R}^{M_l\times M_{l-1}}$	第 $l-1$ 层到第 l 层的权重矩阵
$\boldsymbol{b}^{(l)}\in\mathbf{R}^{M_l}$	第 $l-1$ 层到第 l 层的偏置
$\boldsymbol{z}^{(l)}\in\mathbf{R}^{M_l}$	第 l 层神经元的净输入（净活性值，只经过加权平均，未加入激活函数的结果）
$\boldsymbol{\alpha}^{(l)}\in\mathbf{R}^{M_l}$	第 l 层神经元的输出（活性值，经过激活函数的结果）

前馈神经网络中信息从网络的第 0 层（输入层）单向传递至最后一层（输出层），中间没有任何反馈。该过程可用如下的数学语言表达：

$$\boldsymbol{\alpha}^{(0)}=\boldsymbol{x} \tag{10-7}$$

$$\boldsymbol{z}^{(l)}=\boldsymbol{W}^{(l)}\boldsymbol{\alpha}^{(l-1)}+\boldsymbol{b}^{(l)} \tag{10-8}$$

$$\boldsymbol{\alpha}^{(l)}=f_l(\boldsymbol{z}^{(l)}) \tag{10-9}$$

该组公式的含义是，输入 $\boldsymbol{x}$ 是第 0 层神经元的输出值（也就是活性值），根据第 $l-1$ 层的输出值，结合第 $l-1$ 到第 l 层的权重矩阵及偏置，可以获得第 l 层的净输入（只经过加权平均，未加入激活函数的值），根据第 l 层的净输入和相应的激活函数，可以获得第 l 层的输出。如此，前馈神经网络通过逐层的递归，可以得到神经网络最后的输出 $\boldsymbol{\alpha}^{(l)}$。

如果将整个网络看作一个复合函数，那么该递归过程可以表示如下：

$$\boldsymbol{x}=\boldsymbol{\alpha}^{(0)}\rightarrow\boldsymbol{z}^{(1)}\rightarrow\boldsymbol{\alpha}^{(1)}\rightarrow\boldsymbol{z}^{(2)}\rightarrow\cdots\rightarrow\boldsymbol{\alpha}^{(l-1)}\rightarrow\boldsymbol{z}^{(l)}\rightarrow\boldsymbol{\alpha}^{(l)}=\boldsymbol{\Phi}(\boldsymbol{x};\boldsymbol{W},\boldsymbol{b}) \tag{10-10}$$

式中 $\boldsymbol{x}$ 表示输入，$\boldsymbol{W}$ 表示整个网络的权重矩阵，$\boldsymbol{b}$ 表示整个网络的所有偏置。

3）策略。

基于对前馈神经网络的运作过程和原理的了解，给定网络的输入、权重和偏置就可以得到网络的最终输出。但是，网络中的权重和偏置一般不是自己定义或网络与生俱来的，而是需要通过适当的训练数据学习获得。神经网络训练的目的是在神经网络的训练过程中，逐步调整神经网络每层的参数，让神经网络的网络输出 y 尽可能与真实值相同。为了衡量网络输出与真实值的差异，我们需要定义损失函数（Loss Function），训练神经网络的目标是最小化损失函数。

神经网络中常用的损失函数可以划分为用于分类的损失函数和用于回归的损失函数，而用于分类的损失函数又可以分为用于二分类的损失函数和用于多分类的损失函数。

a. 二分类损失函数。

在二分类的神经网络中，其输出的激活函数一般为 Sigmoid 函数，对应的损失函数是二分类的交叉熵（Binary Cross Entropy），计算公式如式（10-11）所示。

$$L_{BCE} = -l \cdot \log p - (1-l) \cdot \log(1-p) \tag{10-11}$$

由于损失函数是 Sigmoid 函数，输出的结果对应正分类的概率 p，如果训练数据是正分类则 $l=1$，否则 $l=0$。一般深度学习的优化器是使损失函数最小，所以，对正分类和负分类的对数概率取负。当 $l=1$ 时，对数函数单调递增，最小化损失函数意味着输出值 p 尽可能大，让神经网络尽可能预测正样本。反之，$l=0$，优化器会使 $1-p$ 尽可能大，让神经网络偏向于预测负样本。

b. 多分类损失函数。

对于多分类的问题（分类个数为 k），神经网络一般使用 Softmax 函数作为激活函数，输出的是概率分布，对应的损失函数是（多分类）交叉熵函数（Cross Entropy）。交叉熵的计算公式如式（10-12）所示。

$$L_{CE} = -\sum_i l_i \log p_i \tag{10-12}$$

式中，l_i 是 i 号标签对应的独热编码，如果训练数据给出的目标标签是 i，$l_i=1$，其他的标签都等于 0。在给定优化器的情况下，优化器会使模型向着 p_i 变大的方向优化。

c. 回归问题损失函数。

回归问题（需要预测连续的值）对应的损失函数通常是平方损失函数（Square Loss，或称为 Mean Square Error，MSE），其计算公式如式（10-13）所示。

$$L_{MSE} = (y_p - y_t)^2 \tag{10-13}$$

式中，y_p 是神经网络的预测值，y_t 是训练数据的真实值。该损失函数的设计目标是使得神经网络的预测值尽可能与训练数据的真实值接近。

值得注意的是，以上三种损失函数的计算公式都是一个样本数据的损失，如果要计算所有样本的综合损失，可以使用所有样本损失的和或者均值作为最终的综合损失。

4）算法。

前馈神经网络模型的实现过程如下：

a. 搭建网络模型，初始化参数；

b. 根据训练数据的输入和验证数据的输入来计算相应的输出；

c. 根据输出与真实值计算损失；

d. 将训练数据的损失反向传播，根据损失下降的方向，调整参数；

e. 重复第二步，直到验证集数据的损失不再下降，或迭代次数达到设置的上限。

前馈神经网络模型的算法伪代码如算法 10-1 所示。

算法 10-1：前馈神经网络模型算法

输入： 训练集 $D_t = \{(\boldsymbol{x}_1, \boldsymbol{y}_1), (\boldsymbol{x}_2, \boldsymbol{y}_2), \cdots, (\boldsymbol{x}_t, \boldsymbol{y}_t), \cdots, (\boldsymbol{x}_m, \boldsymbol{y}_m)\}$；

验证集 $D_v = \{(\boldsymbol{x}_1, \boldsymbol{y}_1), (\boldsymbol{x}_2, \boldsymbol{y}_2), \cdots, (\boldsymbol{x}_v, \boldsymbol{y}_v), \cdots, (\boldsymbol{x}_n, \boldsymbol{y}_n)\}$；

测试集 $D_{test} = \{(\boldsymbol{x}_1, \boldsymbol{y}_1), (\boldsymbol{x}_2, \boldsymbol{y}_2), \cdots, (\boldsymbol{x}_{test}, \boldsymbol{y}_{test}), \cdots, (\boldsymbol{x}_l, \boldsymbol{y}_l)\}$；

自定义模型结构 model($\boldsymbol{W}, \boldsymbol{b}, \boldsymbol{x}$)；

迭代次数 epoches；

算法 10-1：前馈神经网络模型算法（续）

过程：

1. 初始化模型；
2. **for** epoch $\in \{1,2,\cdots,\text{epoches}\}$ **do**：
3. $\text{out}_t = \text{model}(\boldsymbol{W},\boldsymbol{b},\boldsymbol{x}_t)$，$\text{out}_v = \text{model}(\boldsymbol{W},\boldsymbol{b},\boldsymbol{x}_v)$；
4. 根据所有的输出与真实值计算损失 LOSS_t 和 LOSS_v；
   //LOSS_t 表示训练数据损失值和 LOSS_v 表示验证数据损失值
5. **if** LOSS_v 不再下降 **then**：
6. **break**；
7. **else**：
8. 根据 LOSS_t 的下降方向，更新 $\boldsymbol{W}$ 和 $\boldsymbol{b}$；
9. **end for**

输出：$\text{out}_{\text{test}} = \text{model}(\boldsymbol{W},\boldsymbol{b},\boldsymbol{x}_{\text{test}})$。

神经网络的训练通常需要使用著名的反向传播算法（Back-Propagation，BP）和梯度下降算法（Gradient Descent，GD），接下来对二者进行详细阐述。

四、梯度下降

在训练神经网络时，当首次根据训练数据的输入得到网络输出时，需要将网络输出与真实值比较，得到损失值（本节用 LOSS 表示）。当损失值较大且不符合要求时，需要一种方法优化参数，使得损失减小。早期的调整方法是随机调整参数，重新计算损失，该方法是比较低效的。如果损失减少，保留调整后的参数，如果没有减少，则保留调整前的参数。目前通常采用梯度下降的方法调整参数。

梯度下降（Gradient Descent，GD）指通过求偏导数确定哪个调整参数的方向是“最能使损失减少的方向”，并将参数沿着该方向移动一小步。这个过程就像下山，沿着坡度最陡的方向下山可以最快到达山脚。

为了让大家对梯度下降方法有更深刻的了解，接下来我们会通过数学语言对其进行详细阐述。对于神经网络中的任何参数，使用梯度下降的训练方法都可以得到如下更新方式：

$$\boldsymbol{w}^{\text{new}} = \boldsymbol{w} - \eta \cdot \frac{\partial\,\text{LOSS}}{\partial\,\boldsymbol{w}} \tag{10-14}$$

其中，∂ 是求偏导函数，$\frac{\partial\text{LOSS}}{\partial\boldsymbol{w}}$称为梯度（Gradient）。$\eta$ 称为学习率（Learning Rate），是训练之前就指定的超参数，表示梯度下降的每一步的步长。新的损失值 LOSS^{new} 为

$$\text{LOSS}^{\text{new}} \approx \text{LOSS} - \eta \cdot \left(\frac{\partial\,\text{LOSS}}{\partial\,\boldsymbol{w}}\right)^2 < \text{LOSS} \tag{10-15}$$

式（10-15）实现了 LOSS 的减少，其推导过程如下：

根据导数的定义，对于任何可导函数 f：

$$f(t-\varepsilon) \approx f(t) - \varepsilon \cdot \frac{\partial f}{\partial t} \tag{10-16}$$

$$\boldsymbol{y}(\boldsymbol{w}^{\text{new}},\boldsymbol{x}) = \boldsymbol{y}\left(\boldsymbol{w}-\eta\cdot\frac{\partial\,\text{LOSS}}{\partial\,\boldsymbol{w}},\boldsymbol{x}\right)\approx\boldsymbol{y}(\boldsymbol{w},\boldsymbol{x})-\eta\cdot\frac{\partial\,\text{LOSS}}{\partial\,\boldsymbol{w}}\cdot\frac{\partial\,\boldsymbol{y}}{\partial\,\boldsymbol{w}} \tag{10-17}$$

$$\begin{aligned}\text{LOSS}^{\text{new}} &= \text{LOSS}(\boldsymbol{y}(\boldsymbol{w}^{\text{new}},\boldsymbol{x}))\approx\text{LOSS}\left(\boldsymbol{y}(\boldsymbol{w},\boldsymbol{x})-\eta\cdot\frac{\partial\,\text{LOSS}}{\partial\,\boldsymbol{w}}\cdot\frac{\partial\,\boldsymbol{y}}{\partial\,\boldsymbol{w}}\right)\\ &\approx\text{LOSS}(\boldsymbol{y}(\boldsymbol{w},\boldsymbol{x}))-\eta\cdot\frac{\partial\,\text{LOSS}}{\partial\,\boldsymbol{w}}\cdot\frac{\partial\,\boldsymbol{y}}{\partial\,\boldsymbol{w}}\cdot\frac{\partial\,\text{LOSS}}{\partial\,\boldsymbol{y}}\\ &=\text{LOSS}(\boldsymbol{y}(\boldsymbol{w},\boldsymbol{x}))-\eta\cdot\left(\frac{\partial\,\text{LOSS}}{\partial\,\boldsymbol{w}}\right)^2\end{aligned} \tag{10-18}$$

以均方差损失（MSE，$\text{LOSS}=(\boldsymbol{y}-\boldsymbol{y}^*)^2$）为例，神经元中具体的梯度下降公式为

$$\frac{\partial\,\text{LOSS}}{\partial\,\boldsymbol{y}}=2(\boldsymbol{y}-\boldsymbol{y}^*) \tag{10-19}$$

对于神经元的权重，其梯度下降公式为

$$\begin{aligned}\boldsymbol{w}_i^{\text{new}} &= \boldsymbol{w}_i-\eta\cdot\frac{\partial\,\text{LOSS}}{\partial\,\boldsymbol{w}_i}\\ &=\boldsymbol{w}_i-\eta\cdot\frac{\partial\,\text{LOSS}}{\partial\,\boldsymbol{y}}\cdot\frac{\partial\,\boldsymbol{y}}{\partial\,\boldsymbol{w}_i}\\ &=\boldsymbol{w}_i-\eta\cdot 2(\boldsymbol{y}-\boldsymbol{y}^*)\cdot\boldsymbol{x}_i\end{aligned} \tag{10-20}$$

对于神经元中的偏置，其梯度下降计算公式为

$$\begin{aligned}\boldsymbol{b}^{\text{new}} &= \boldsymbol{b}-\eta\cdot\frac{\partial\,\text{LOSS}}{\partial\,\boldsymbol{b}}\\ &=\boldsymbol{b}-\eta\cdot\frac{\partial\,\text{LOSS}}{\partial\,\boldsymbol{y}}\cdot\frac{\partial\,\boldsymbol{y}}{\partial\,\boldsymbol{b}}\\ &=\boldsymbol{b}-\eta\cdot 2(\boldsymbol{y}-\boldsymbol{y}^*)\end{aligned} \tag{10-21}$$

五、反向传播算法

在神经网络中，梯度下降是一种沿着目标函数梯度的方向更新参数值以最小化损失函数的优化算法，反向传播是一种计算梯度的手段。因此，神经网络的训练需要结合反向传播和梯度下降来进行。

根据式（10-15），因为神经网络中隐藏层的输出不是显式的，所以如果参数 $\boldsymbol{w}$ 是神经网络中隐藏层神经元的参数，其偏导$\frac{\partial \text{LOSS}}{\partial \boldsymbol{w}}$是很难计算的。解决这一问题的办法是使用求导的链式法则。如果 A 是关于 C_i 的函数，C_i 是关于 B 的函数，则$\frac{\partial A}{\partial B}$的计算方法为

$$\frac{\partial\,A}{\partial\,B}=\sum_i\frac{\partial\,A}{\partial\,C_i}\cdot\frac{\partial\,C_i}{\partial\,B} \tag{10-22}$$

不断运用链式法则的过程就是反向传播的过程。以图 10-6a 中的网络为例，假设图中每个神经元的激活函数是f，网络输出是 y，真实值是 y^*。

$$y=g(f(x_1w_{11}+x_2w_{21}+b_1)\cdot w_{13}+f(x_1w_{12}+x_2w_{22}+b_2)\cdot w_{23}+b_3) \tag{10-23}$$

为了计算方便，定义一些中间变量，用 I_k 表示第 k 个神经元的净输入（使用激活函数前的值），O_k 表示第 k 个神经元的输出（O_k 是 I_k 经过激活函数后的值），那么：

$$I_1 = x_1 w_{11} + x_2 w_{21} + b_1, O_1 = f(I_1) \tag{10-24}$$

$$I_2 = x_1 w_{12} + x_2 w_{22} + b_2, O_2 = f(I_2) \tag{10-25}$$

$$I_3 = O_1 w_{13} + O_2 w_{23} + b_3, y = O_3 = f(I_3) \tag{10-26}$$

以均方差损失（MSE, $\text{LOSS} = (y - y^*)^2$）为例，根据链式法则：

$$\frac{\partial \text{LOSS}}{\partial \boldsymbol{w}} = \frac{\partial \text{LOSS}}{\partial y} \cdot \frac{\partial y}{\partial \boldsymbol{w}} = \frac{\partial \text{LOSS}}{\partial O_3} \cdot \frac{\partial O_3}{\partial \boldsymbol{w}} \tag{10-27}$$

$$\frac{\partial \text{LOSS}}{\partial y} = 2(y - y^*) \tag{10-28}$$

式（10-28）与 $\boldsymbol{w}$ 无关，因此主要计算$\frac{\partial y}{\partial \boldsymbol{w}}$，即$\frac{\partial O_3}{\partial \boldsymbol{w}}$。$O_3$ 对公式中的所有参数求偏导：

$$\frac{\partial O_3}{\partial b_3} = \frac{\partial O_3}{\partial I_3} \cdot \frac{\partial I_3}{\partial b_3} = f'(I_3) \tag{10-29}$$

$$\frac{\partial O_3}{\partial w_{13}} = \frac{\partial O_3}{\partial I_3} \cdot \frac{\partial I_3}{\partial w_{13}} = f'(I_3) \cdot O_1 \tag{10-30}$$

$$\frac{\partial O_3}{\partial w_{23}} = \frac{\partial O_3}{\partial I_3} \cdot \frac{\partial I_3}{\partial w_{23}} = f'(I_3) \cdot O_2 \tag{10-31}$$

$$\frac{\partial O_3}{\partial b_1} = \frac{\partial O_3}{\partial I_3} \cdot \frac{\partial I_3}{\partial O_1} \cdot \frac{\partial O_1}{\partial I_1} \cdot \frac{\partial I_1}{\partial b_1} = f'(I_3) \cdot w_{13} \cdot f'(I_1) \tag{10-32}$$

$$\frac{\partial O_3}{\partial w_{11}} = \frac{\partial O_3}{\partial I_3} \cdot \frac{\partial I_3}{\partial O_1} \cdot \frac{\partial O_1}{\partial I_1} \cdot \frac{\partial I_1}{\partial w_{11}} = f'(I_3) \cdot w_{13} \cdot f'(I_1) \cdot x_1 \tag{10-33}$$

$$\frac{\partial O_3}{\partial w_{21}} = \frac{\partial O_3}{\partial I_3} \cdot \frac{\partial I_3}{\partial O_1} \cdot \frac{\partial O_1}{\partial I_1} \cdot \frac{\partial I_1}{\partial w_{21}} = f'(I_3) \cdot w_{13} \cdot f'(I_1) \cdot x_2 \tag{10-34}$$

$$\frac{\partial O_3}{\partial b_2} = \frac{\partial O_3}{\partial I_3} \cdot \frac{\partial I_3}{\partial O_2} \cdot \frac{\partial O_2}{\partial I_2} \cdot \frac{\partial I_2}{\partial b_2} = f'(I_3) \cdot w_{23} \cdot f'(I_2) \tag{10-35}$$

$$\frac{\partial O_3}{\partial w_{12}} = \frac{\partial O_3}{\partial I_3} \cdot \frac{\partial I_3}{\partial O_2} \cdot \frac{\partial O_2}{\partial I_2} \cdot \frac{\partial I_2}{\partial w_{12}} = f'(I_3) \cdot w_{23} \cdot f'(I_2) \cdot x_1 \tag{10-36}$$

$$\frac{\partial O_3}{\partial w_{22}} = \frac{\partial O_3}{\partial I_3} \cdot \frac{\partial I_3}{\partial O_2} \cdot \frac{\partial O_2}{\partial I_2} \cdot \frac{\partial I_2}{\partial w_{22}} = f'(I_3) \cdot w_{23} \cdot f'(I_2) \cdot x_2 \tag{10-37}$$

结合式（10-27）便可以得到所有的$\frac{\partial \text{LOSS}}{\partial w_{ij}}$。

六、梯度消失和梯度爆炸

结合本节第五部分中对 I_k、O_k 和 f（神经元的激活函数）的定义，$O_k = f(I_k)$，令 $G_k = \frac{\partial O_k}{\partial I_k}$，在反向传播过程中 G_k 的绝对值有可能会越来越小（直到变成 0），称为梯度消失（Gradient Vanishing），这会使网络训练停滞不前；G_k 的值也可能越来越大（直到发散），这被称为梯度爆炸（Gradient Explosion），会使网络不稳定，甚至性能崩溃。如果发现网络的训练性能很差，可以首先观察网络内部梯度流动的情况，观察是否出现了梯度消失或者梯度爆炸。改善梯度的技巧有多种，如批规范化、残差网络、梯度截断、梯度惩罚。

第四节 卷积神经网络

本章第三节讨论的前馈神经网络是典型的全连接前馈神经网络。在全连接前馈神经网络中，每一层的所有神经元都与下一层的所有神经元相连接。然而，全连接前馈神经网络在处理图像时具有如下局限性。

（1）全连接前馈神经网络的参数太多。如果给全连接前馈神经网络输入的每张图像大小为 $N \times N \times 3$（图像高度和宽度为 N，采用 RGB 编码的图像每个像素有三个颜色通道）。若神经网络的第一个隐藏层有 M 个神经元，那么从输入层到第一层隐藏层会有 $M \times N \times N \times 3$ 个相互独立的连接，且每个连接都有其相应的权重。训练数据的增加和隐藏层神经元数量的增多都会增加神经网络的计算开销。同时，参数的增加也会导致训练容易出现过拟合。

（2）全连接前馈神经网络不能很好地体现图像的局部不变性特征。图像的局部不变性特征是指对图像进行缩放、平移和旋转等操作不会影响图像的语义信息。

卷积神经网络可以有效避免以上局限，它是受生物学上感受野机制的启发而提出的。卷积神经网络也是一种前馈神经网络，由卷积层、汇聚层（池化层（Pooling））和全连接层交叉堆叠而成。不同于全连接前馈神经网络，卷积神经网络有局部连接、权重共享以及汇聚三个特征。这些特征使得卷积神经网络在处理图像时，可以在一定程度上理解图像的平移、旋转和缩放等处理的不变性，而且相比于全连接前馈神经网络其参数更少。

卷积神经网络主要应用于图像处理任务上，并且在这些任务中的准确率远远超过其他网络模型。近些年，卷积神经网络也应用于自然语言处理和其他任务。

一、卷积与互相关

（1）卷积。

卷积（Convolution）是分析数学中一种重要的运算，在信号处理中经常使用一维或二维卷积，图像处理中使用的通常是二维或三维卷积。若将一幅图像简单地看成二维结构，一般使用二维卷积；当一张图片有多个通道（如用 RGB 表示一张彩色图像）时，则通常使用三维卷积。

给定一个图像 $\boldsymbol{X} \in \mathbf{R}^{M \times N}$（一个用数字表示像素的 $M \times N$ 的像素矩阵）和一个卷积核（Convolution Kernel）$\boldsymbol{W} \in \mathbf{R}^{U \times V}$（一个 $U \times V$ 的矩阵），一般 $U = M$ 且 $V = N$，其二维卷积为

$$y_{ij} = \sum_{U=1}^{U} \sum_{V=1}^{V} \boldsymbol{W}_{UV} \boldsymbol{X}_{i-U+1, j-V+1} \tag{10-38}$$

从式（10-38）可以看出，二维卷积的计算方法是：第一步将卷积核翻转 180 度；第二

步依次将图像像素矩阵中的每个点及其周围的（$U \times V - 1$）个点与卷积核进行点对点相乘，将乘法结果相加，得到结果矩阵中相应位置的值。

在三维卷积的计算中，每个通道都是一个二维卷积，将每个通道中经过二维卷积得到的值相加，便得到相应的三维卷积的值。给定一个图像 $\boldsymbol{X} \in \mathbf{R}^{M \times N \times C}$（一个用数字表示像素的 $M \times N \times C$的像素矩阵，C 表示通道数）和一个卷积核（Convolution Kernel）$\boldsymbol{W} \in \mathbf{R}^{U \times V \times K}$（一个 $U \times V \times K$ 的矩阵），一般 $U = M$，$V = N$，$C = K$，其三维卷积为

$$y_{ij} = \sum_{C=1}^{C} \sum_{U=1}^{U} \sum_{V=1}^{V} \boldsymbol{W}_{UVC} \boldsymbol{X}_{i-U+1, j-V+1, C} \tag{10-39}$$

为了对二维卷积和三维卷积的运算过程有更直观的认识和理解，下面我们举例说明。定义一个像素矩阵（如图 10-9a 所示）和一个 3×3 的卷积核（如图 10-9b 所示），该卷积核是一个对称矩阵，因此省略了卷积计算中卷积翻转的步骤。

0.5	0	0	0.5	0	0.5	0	0
1	1	1	0	1	0	0	0
0	0	0	1	0.5	0.5	0	0
0	0	0	0	0.5	0.5	0	1
1	0	1	0	0	0	0.5	1
0	1	0	0	0.5	0	0	0
1	0	1	0	0	0	0	0
0	0	0	0	0	0	0	0

a）

1	−1	1
−1	1	−1
1	−1	1

b）

图 10-9　待计算的像素矩阵与卷积核

图 10-9b 中大小为 3×3 的卷积核与图 10-9a 中的阴影部分做卷积运算的过程如图 10-10 所示。

$$\begin{bmatrix} 0.5 & 0 & 0 \\ 1 & 1 & 1 \\ 0 & 0 & 0 \end{bmatrix} \times \begin{bmatrix} 1 & -1 & 1 \\ -1 & 1 & -1 \\ 1 & -1 & 1 \end{bmatrix} = \begin{bmatrix} 0.5 & 0 & 0 \\ -1 & 1 & -1 \\ 0 & 0 & 0 \end{bmatrix} \Rightarrow 0.5+0+0-1+1-1+0+0+0=-0.5$$

图 10-10　卷积运算

像素矩阵中的阴影部分是以第 2 行第 2 列的数字作为中心值，选取包括该值在内的周围 3×3 个值。对该像素矩阵中的每个值都进行该操作（忽略像素矩阵中最外围的值，因为它周围不够 3×3 个值），则可以得到如图 10-11 所示的结果。

−0.5	−1.5	−3	3	−1.5	1
1	−1	3	−2	1	1
2	0	0	1	0.5	−0.5
−3	2	0	−0.5	0	1
5	−3	1.5	0.5	0	0.5
−3	2	−0.5	−0.5	0.5	0

图 10-11　图 10-9a 与图 10-9b 卷积运算结果

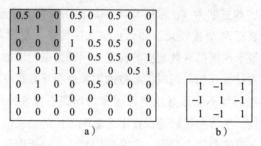

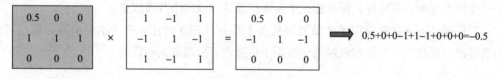

三维卷积的计算过程与二维卷积类似。给定一个有三个通道的图像（7×7×3）和一个3×3×3的三维卷积核，其三维卷积计算过程如图10-12所示。不同的通道分别进行二维卷积计算，将不同通道进行二维卷积得到的值相加，得到三维卷积相应位置的值。

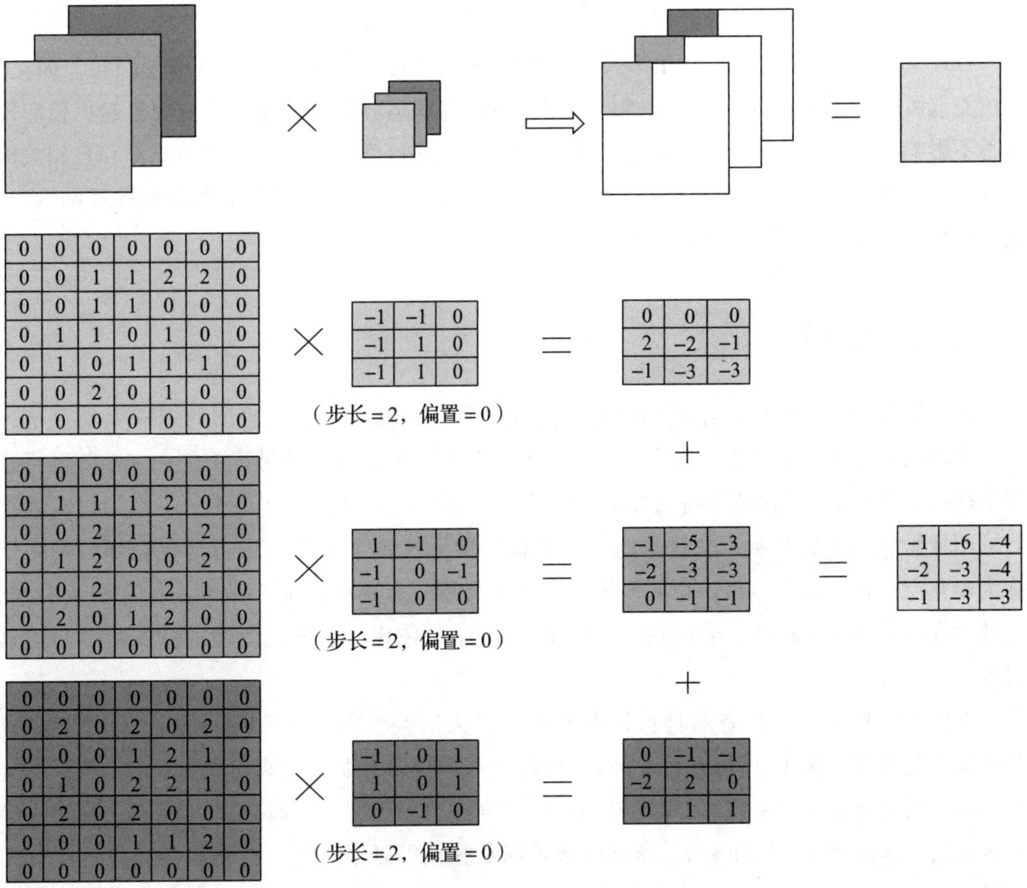

图10-12　三维卷积计算过程示意

在图像处理中，卷积是一种有效的特征提取方法，可用于识别图像的纹理和形状。不同的卷积核可用于识别不同的目标。一般来说，卷积神经网络中的卷积核是不需要人为构造的，其可以通过训练自动地学习到。对一幅图像进行卷积操作得到的结果叫作特征映射。

由上述例子可以看出，卷积操作后的图像会变小一圈，因为最外围的值作为中心值时，不能构造出一个与卷积核同样大小的矩阵。因此，如果在$n \times n$的图像上，使用$k \times k$的卷积核，输出的图像大小会变成$(n-k+1) \times (n-k+1)$的图像。为了使卷积操作后的图像不变小，可以在原图像外围加一圈外衬（Padding），其值可以是0（称为补零外衬），也可以是非0。

（2）互相关。

在卷积运算过程中，需要对卷积核进行翻转。但是在具体实现卷积操作时，为了减少不必要的操作和开销，我们会用互相关操作代替卷积操作。互相关（Cross-Correlation）是一个函数，可以用来衡量两个序列的相关性，其计算方法通常是滑动窗口的点积。给定一个图像 $\boldsymbol{X} \in \mathbf{R}^{M \times N}$（一个用数字表示像素的 $M \times N$ 的像素矩阵）和一个卷积核 $\boldsymbol{W} \in \mathbf{R}^{U \times V}$（一个$U \times V$ 的矩阵），一般 $U = M$ 且 $V = N$，其互相关计算方式为：

$$y_{ij} = \sum_{U=1}^{U} \sum_{V=1}^{V} \boldsymbol{W}_{UV} \boldsymbol{X}_{i-U+1, j-V+1} \tag{10-40}$$

与式（10-37）进行对比，互相关与卷积的区别仅在于是否对卷积核进行翻转，因此，互相关也可以称为不翻转卷积。在神经网络中进行卷积运算的目的是特征抽取，卷积核翻转与否不影响其特征抽取的能力。由于一般来说卷积核是可学习的参数，卷积操作和互相关操作的特征抽取能力是等价的。为了方便起见，很多深度学习的工具在实现卷积神经网络时，通常会使用互相关，而非卷积。

二、池化（汇聚）

深度学习的运算量与运算过程中矩阵的大小有关，且通常最终输出的矩阵大小总是远远小于输入的矩阵大小。为了减少深度学习的运算量，可以对运算过程中的中间矩阵进行特征采样（下采样），从而减少特征数量，降低运算量。在深度卷积网络中，一般通过对卷积后的图像做进一步的变换，也就是池化（也称汇聚）实现下采样。进行池化操作的网络层称为池化层（Pooling Layer），也叫汇聚层或子采样层（Subsampling Layer）。在每个 $n \times n$ 的区域中取最大值或平均值，会得到一个缩小 $n \times n$ 倍的图像，这样，图像的特征数量会显著减少。

常用的池化（汇聚）有两种：最大池化（最大汇聚，Maximum Pooling 或 Max Pooling）和平均池化（平均汇聚，Mean Pooling），也就是上述提到的取最大值和取平均值。假设池化层的输入特征组是 $\boldsymbol{X} \in \mathbf{R}^{M \times N \times D}$，对于其中每一个特征$\boldsymbol{X}^d \in \mathbf{R}^{M \times N}$，$1 \leqslant d \leqslant D$，将其划分为很多区域 $R^d_{m,n}$，$1 \leqslant m \leqslant M$，$1 \leqslant n \leqslant N$，这些区域可以重叠也可以不重叠。池化层的具体计算方式如下。

（1）最大池化：对于每一个区域 $R^d_{m,n}$，用该区域的最大值表示该区域的特征：

$$y^d_{m,n} = \max_{i \in R^d_{m,n}} \boldsymbol{X}_i \tag{10-41}$$

（2）平均池化：对于每一个区域 $R^d_{m,n}$，用该区域的平均值表示该区域的特征：

$$y^d_{m,n} = \frac{1}{|R^d_{m,n}|} \sum_{i \in R^d_{m,n}} \boldsymbol{X}_i \tag{10-42}$$

三、外衬与步长

在卷积操作之后，图像尺寸会缩小。但有时我们希望图像尺寸不变，这是因为如果在一次卷积操作之后，图像大小不变，就可以堆叠多个卷积操作，使得网络性能更好。为了使图像在卷积操作之后的大小不变，可以在卷积操作之前，给图像加入补零外衬（Zero padding），即使用 0 在上下左右的四个边缘填充 p 个像素，让待卷积的图像变大，这样在卷积之后图像大小可以保持不变。当然，也可以使用非0的值作为外衬，如采用其他固定值、重复边缘值、在边缘做镜像等方法。

然而，在某些情况下，我们也可能希望图像在卷积之后尺寸缩小得更快，例如在卷积之后图像大小直接变为原来的一半。除了前面提到的池化操作可以达到这样的效果外，还可以使用卷积的步长（Stride）。卷积的步长是指卷积核每步移动的距离，例如，在图10-11里假定的卷积步长是1。一般而言，边长为n的图像，经过大小为k，步长为s的卷积操作之后，得到的是边长为$\frac{n-k}{s}+1$的图像。

四、卷积神经网络的结构与运作

（1）卷积神经网络模型概述。

本章第三节介绍了全连接前馈神经网络。全连接指每一层的每一个神经元都与前一层的每一个神经元有连接，且每个连接都有各自的权重。而卷积神经网络的本质就是用卷积代替全连接，卷积核相当于全连接中的权重。与全连接前馈神经网络相似，在卷积操作之后也可以加入激活函数。由卷积的定义及其计算方法可以发现，每一个卷积核的每一次操作只与输入数据中的一部分数据进行计算，且每一个卷积核在整个输入数据集上是一样的，这体现了卷积的两个重要特征，即局部连接和权重共享。

（2）卷积神经网络模型的建模过程。

1）数据。

训练数据集$D=\{(\boldsymbol{x}_1,\boldsymbol{y}_1),(\boldsymbol{x}_2,\boldsymbol{y}_2),\cdots,(\boldsymbol{x}_m,\boldsymbol{y}_m)\}$，$(\boldsymbol{x}_i,\boldsymbol{y}_i)$表示第$i$个样本。其中，$\boldsymbol{x}_i$为$n$维向量，即$\boldsymbol{x}_i=[x_i^1,x_i^2,\cdots,x_i^n]$，$\boldsymbol{y}_i$为$k$维向量，即$\boldsymbol{y}_i=[y_i^1,y_i^2,\cdots,y_i^k]$，$n$和$k$可以为1。

2）模型。

卷积神经网络中，第l层神经元的净输入为

$$\boldsymbol{z}^{(l)}=\boldsymbol{W}^{(l)}\otimes\boldsymbol{\alpha}^{(l-1)}+\boldsymbol{b}^{(l)} \tag{10-43}$$

其中，$\boldsymbol{W}^{(l)}$为卷积核，是可学习的权重矩阵，$\boldsymbol{b}^{(l)}$是可学习的偏置，$\otimes$是卷积操作。

目前，使用较多的卷积神经网络的整体结构如图10-13所示。

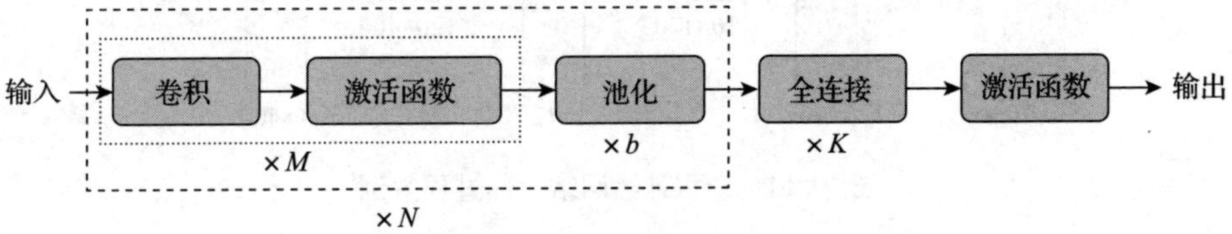

图10-13 卷积神经网络的结构

如图10-13所示，黑色虚线框表示一个卷积块，包括M个卷积层和b个池化层（汇聚层），M经常取值为2~5，b经常设置为0~1。一个卷积网络可以包括N个连续的卷积块，N的取值一般根据需要自己调整，且取值空间较大，比如1~100，甚至更大。在卷积块之后，可以连接K个全连接层，K一般取值为0~2。

目前，卷积神经网络的整体结构趋向于选择更小的卷积核（如1×1或者3×3）以及更多的卷积层层数（如大于50层）。并且，由于卷积操作变得越来越灵活（如不同的步长），池化层（汇聚层）的作用越来越小。因此，在目前比较流行的卷积网络中，池化层的比例正在逐渐降低，趋向于全卷积网络。

本部分以手写数字的识别为例（判断图像中的手写数字是0~9中的哪一个），阐述基于卷积神经网络模型对样本进行预测的运作过程。在图像处理中，卷积经常作为特征提取的有效方法，可用于识别图像的纹理和形状，而不同的卷积可用于识别不同的目标。因此，本例中会使用多个卷积核处理图像。假定输入图像是一张大小为32×32×3的图像，卷积网络中的卷积核的大小用f表示，卷积核移动的步长用s表示，每个卷积层中卷积核的数量用c表示，padding的个数用p表示，每个卷积层用conv_i表示，每个池化层用Pooling_i表示，全连接层的权重矩阵用$\boldsymbol{W}$表示。卷积神经网络的运作过程如图10-14所示。值得注意的是，通常神经网络中的超参不能自己随意取值，而是要在现有研究成果的基础上，选择可以使网络性能更好的超参（超参指需要事先人为设置的参数）。

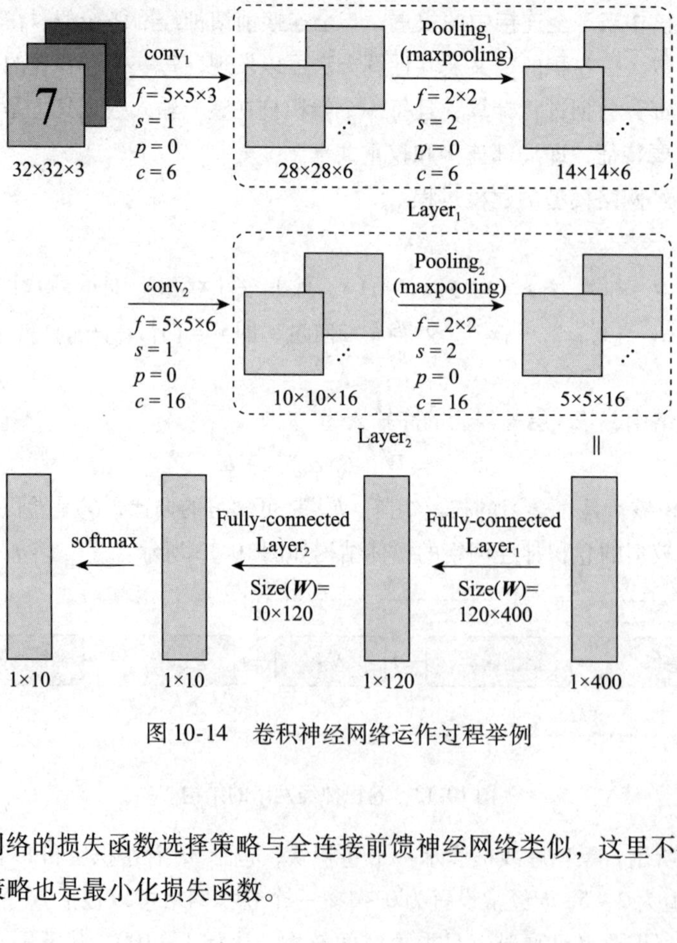

图10-14 卷积神经网络运作过程举例

3）策略。

卷积神经网络的损失函数选择策略与全连接前馈神经网络类似，这里不再赘述。卷积神经网络的训练策略也是最小化损失函数。

4）算法。

卷积神经网络主要由卷积层和汇聚层两种不同功能的网络层组成，汇聚层通常没有参数，因此，卷积神经网络在训练过程中只需更新卷积层中的参数（卷积核的权重和偏置），从而只需要计算卷积层中参数的梯度。卷积神经网络也通过误差反向传播算法进行训练。卷积神经网络往往由汇聚层与卷积层交叉堆叠构成，虽然不需要更新汇聚层的参数，但是如果要计算卷积层参数的梯度，必须先将损失通过汇聚层传递到卷积层，而损失在卷积层和汇聚层反向传播时的计算方式是不同的。

因为池化层会进行下采样，从而降低矩阵大小。因此在已知第l层池化层，反向推导第$l-1$层时，先要还原上一层矩阵的大小（即上采样）。从反向传播相关章节可知，反向传播过程中总是要计算激活函数的导数。由于池化层没有激活函数，可以令池化层的激活函数为$f(x)=x$，则池化层的激活函数的导数为1。卷积神经网络的卷积层是通过若干个矩阵卷积求和而得的当前层的输出，而前馈神经网络中的全连接层是直接进行矩阵乘法得到当前层的输出。因此，与全连接前馈神经网络不同，在卷积神经网络中求权重和偏置的梯度时，需要综合考虑不同卷积运算的梯度（输入矩阵的同一个像素单元，会参与同一个卷积核或者不同卷积核的不同次运算，如图10-9a中第1行第2列的元素不仅参与了图10-11中第1行第1列的卷积运算，同时也参与了第1行第2列和第3列的卷积运算）。

利用验证集和训练集训练卷积神经网络的过程请参考算法10-1。

第五节　循环神经网络

信息在前馈神经网络中的传播是单向的，从输入层单向传递至输出层。这种网络结构是简单易学习的，但是网络能力有限。人脑神经网络的结构要复杂得多，因此，通过前馈神经网络模拟人脑神经网络是远远不够的。已经训练完成的前馈神经网络可以被看作一个函数，给定输入，会得到相应的输出。也就是说，在前馈神经网络中，网络的输出只与当前的输入有关。但是，在现实世界中存在很多与时间相关的任务。在这些任务中，网络的输出不仅和当前时刻的输入相关，也和过去时刻网络的输出相关。例如，在有限状态自动机中，当前时刻的状态（输出）不仅和当前时刻的输入相关，也和上一时刻的状态（输出）相关。同时，前馈神经网络的输入和输出都是固定长度的，但是在一些与时间相关的任务中，输入和输出的长度可能是不固定的。如在翻译任务中，输入文本和输出文本的长度一般是不固定的。因此，处理视频、语音和文本等时序数据需要更加强大的模型。

为了处理时序数据并利用其历史信息，需要让网络具有记忆能力。一般可以通过三种方式给网络增加记忆能力，包括延时神经网络、有外部输入的非线性自回归模型和循环神经网络，本节主要介绍循环神经网络。

一、循环神经网络的概念

循环神经网络（Recurrent Neural Network，RNN）作为一种具有短期记忆能力的神经网络，它的神经元不仅可以接收其他神经元的信息，也可以接收自身的信息。因此可以用一种有环路的网络结构来表示循环神经网络。与前馈神经网络相比，循环神经网络更加符合生物神经网络的结构，其神经元带有自反馈能力，可以处理任意长度的时序数据。目前，循环神经网络已经被广泛应用于语音识别、自然语言处理等任务中。

给定一个输入序列 $x_{1:T}=(x_1,x_2,\cdots,x_t,\cdots,x_T)$，在循环神经网络中，可以通过如下方式更新带自反馈的隐藏层神经元的活性值 h_t，也称为状态（State）或隐状态（Hidden State）：

$$h_t = f(h_{t-1},x_t) \tag{10-44}$$

其中，当 $t=0$ 时 $h_0=0$，$f(\cdot)$ 是一个非线性函数，可以是一个前馈网络，h_t 是当前时刻隐藏层神经元状态，h_{t-1}是上一时刻隐藏层神经元状态，x_t 是当前时刻的输入。可见，循环神经网络中带自反馈的神经元的活性值不仅与当前的输入有关，还与该神经元上一个时刻的状态（活性值）有关。循环神经网络的示意图如图 10-15 所示，图中延迟器是一个虚拟单元，可以记录神经元最近一次甚至几次的输出。

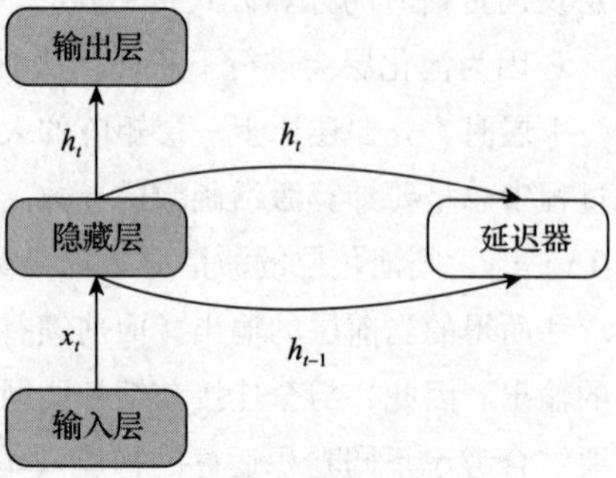

图 10-15 循环神经网络示意图

二、简单循环神经网络

简单循环神经网络是指只有一个隐藏层和一个输出层的循环神经网络。前馈神经网络中，只有不同层之间存在连接，同一层的神经元之间是没有连接的。但是，循环神经网络中存在从隐藏层到隐藏层的连接。

假设向量 $\boldsymbol{x}_t$ 表示在时刻 t 时网络的输入，$\boldsymbol{h}_t$ 表示隐藏层在 t 时刻的状态（活性值），则简单循环神经网络在 t 时刻的更新方式为

$$\boldsymbol{z}_t = \boldsymbol{U}\boldsymbol{h}_{t-1} + \boldsymbol{W}\boldsymbol{x}_t + \boldsymbol{b} \tag{10-45}$$

$$\boldsymbol{h}_t = f(\boldsymbol{z}_t) \tag{10-46}$$

式中，$\boldsymbol{z}_t$ 是隐藏层的净输入，$\boldsymbol{U}\in\mathbf{R}^{D\times D}$为状态 - 状态权重矩阵，$\boldsymbol{W}\in\mathbf{R}^{D\times M}$为状态 - 输入权重矩阵，$\boldsymbol{b}\in\mathbf{R}^{D}$ 为偏置向量，$f(\cdot)$是一个非线性激活函数。

图 10-15 表示一个时刻（t 时刻）的循环神经网络，但是时序数据通常包括多个时刻。在循环神经网络中，时间维度上权值是共享的，即网络中不同时刻的参数相同。网络中每个时刻都有输出，每一时刻的输出除了与该时刻的输入相关，同时与且仅与前一时刻的状态相关，如图 10-16 所示。

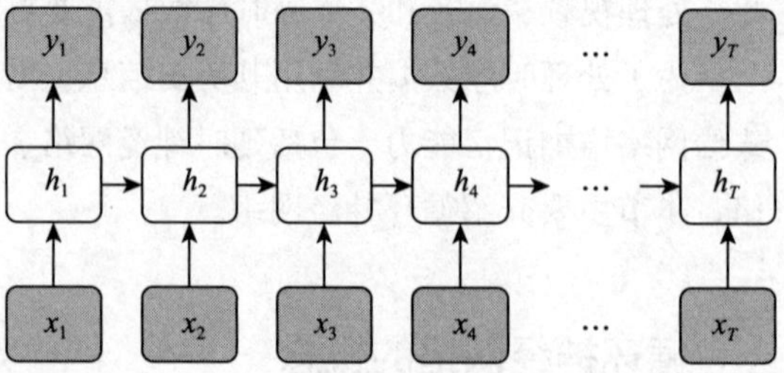

图 10-16 按时间展开的简单循环神经网络

三、长短期记忆网络

由于梯度消失和梯度爆炸问题，简单循环网络只能记忆较短时间内的历史状态，不能建立长时间间隔状态之间的依赖关系（长程依赖问题）。为了解决这一问题，比较好的办法是选取合适的参数，在采用非饱和的激活函数的同时引入门控机制。门控机制的作用是控制信息的积累速度（有选择地记忆新的信息，且有选择地遗忘旧的信息）。这类网络叫作基于门控的循环神经网络（Gated RNN），如长短期记忆网络和门控循环单元网络。本节主要介绍长短期记忆网络（Long Short-Term Memory Network，LSTM）。

在数字电路中，门（Gate）是一个二值变量 $\{0,1\}$，其中 0 代表关闭状态，1 代表开启状态。关闭状态的门不允许任何信息通过，开启状态的门可以通过任何信息。LSTM 网络引入了门控机制来控制信息的传递，包括输入门、输出门和遗忘门三个门，本节后文会结合具体的循环单元结构阐述其作用。

与数字电路中的门不同，LSTM 中的门不是一个二值变量，而是介于（0,1）之间的值，我们称为“软门”。用 $\boldsymbol{f}_t$ 表示遗忘门，$\boldsymbol{i}_t$ 表示输入门，$\boldsymbol{o}_t$ 表示输出门，这三个门的计算公式为

$$\boldsymbol{i}_t = \sigma(\boldsymbol{W}_i\boldsymbol{x}_t + \boldsymbol{U}_i\boldsymbol{h}_{t-1} + \boldsymbol{b}_i) \quad (10\text{-}47)$$

$$\boldsymbol{f}_t = \sigma(\boldsymbol{W}_f\boldsymbol{x}_t + \boldsymbol{U}_f\boldsymbol{h}_{t-1} + \boldsymbol{b}_f) \quad (10\text{-}48)$$

$$\boldsymbol{o}_t = \sigma(\boldsymbol{W}_o\boldsymbol{x}_t + \boldsymbol{U}_o\boldsymbol{h}_{t-1} + \boldsymbol{b}_o) \quad (10\text{-}49)$$

式中，$\sigma(\cdot)$ 为 Logistic 函数，取值范围在（0,1）之间，$\boldsymbol{x}_t$ 为当前时刻的输入，$\boldsymbol{h}_{t-1}$ 为上一时刻的外部状态，$\boldsymbol{W}_i$ 为输入门的状态 - 输入权重矩阵，$\boldsymbol{U}_i$ 为输入门的状态 - 状态权重矩阵，$\boldsymbol{W}_o$ 为输出门的状态 - 输入权重矩阵，$\boldsymbol{U}_o$ 为输出门的状态 - 状态权重矩阵，$\boldsymbol{W}_f$ 为遗忘门的状态 - 输入权重矩阵，$\boldsymbol{U}_f$ 为遗忘门的状态 - 状态权重矩阵，$\boldsymbol{b}_i$、$\boldsymbol{b}_f$ 和 $\boldsymbol{b}_o$ 分别表示输入门、遗忘门和输出门的偏置。

为了对 LSTM 的运作机理有更深入的了解，图 10-17 给出了 LSTM 网络中一个循环单元的结构。

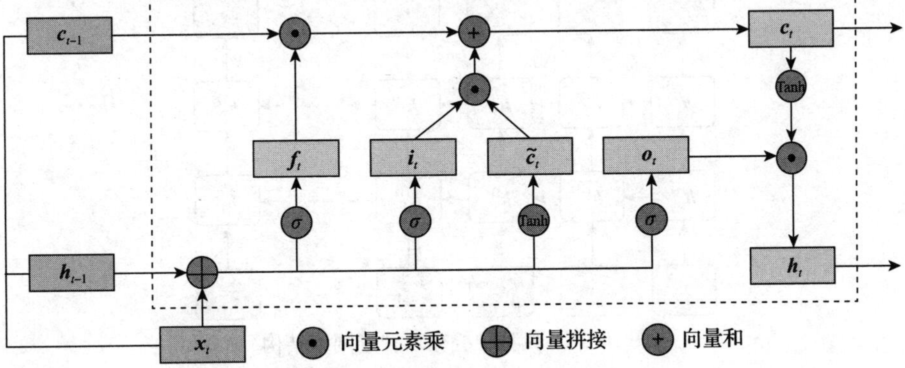

图 10-17　LSTM 中一个循环单元的结构

如图 10-17 所示，$\boldsymbol{f}_t$ 表示遗忘门，$\boldsymbol{i}_t$ 表示输入门，$\boldsymbol{o}_t$ 表示输出门，$\tilde{\boldsymbol{c}}_t$ 表示候选状态。$\boldsymbol{c}_t$ 表示通过门控机制过滤得到的内部状态，$\boldsymbol{h}_t$ 表示输出到外部的状态。如果没有门控机制，候选状态就是整个网络的内部状态 $\boldsymbol{c}_t$；由于门控机制的存在，候选状态需要通过输入门来决定其可以保存多少信息。$\tilde{\boldsymbol{c}}_t$，$\boldsymbol{c}_t$，$\boldsymbol{h}_t$ 的计算方式为：

$$\tilde{\boldsymbol{c}}_t = \tanh(\boldsymbol{W}_c\boldsymbol{x}_t + \boldsymbol{U}_c\boldsymbol{h}_{t-1} + \boldsymbol{b}_c) \tag{10-50}$$

$$\boldsymbol{c}_t = \boldsymbol{f}_t \odot c_{t-1} + \boldsymbol{i}_t \odot \tilde{\boldsymbol{c}} \tag{10-51}$$

$$\boldsymbol{h}_t = \boldsymbol{o}_t \odot \mathrm{Tanh}(\boldsymbol{c}_t) \tag{10-52}$$

由此可见，在 LSTM 的循环单元中，信息的传递方式是：①前一时刻的外部状态 $\boldsymbol{h}_{t-1}$ 和当前时刻的输入 $\boldsymbol{x}_t$ 共同决定了输入门 $\boldsymbol{i}_t$、输出门 $\boldsymbol{o}_t$、遗忘门 $\boldsymbol{f}_t$ 和候选状态 $\tilde{\boldsymbol{c}}_t$；②遗忘门 $\boldsymbol{f}_t$ 决定上一时刻的内部状态 $\boldsymbol{c}_{t-1}$ 有多少被遗忘；③输入门 $\boldsymbol{i}_t$ 决定这一时刻的候选状态 $\tilde{\boldsymbol{c}}_t$ 有多少被记住；④第 2 步和第 3 步共同决定了该时刻的内部状态 $\boldsymbol{c}_t$；⑤输出门 $\boldsymbol{o}_t$ 决定了该时刻的内部状态 $\boldsymbol{c}_t$ 有多少可以被输出为外部状态 $\boldsymbol{h}_t$。

四、深层循环神经网络

深度神经网络一般指网络层数比较多的神经网络，但是在循环神经网络中，可以有两种理解。一种是在时间维度上，即使循环神经网络只有一个隐藏层，随着时间的推移，状态在不同时刻之间的传递也会经过比较长的路径，可以理解为“深”。另一种理解是对于同一时刻的循环神经网络，只有一个隐藏层的循环神经网络则是一个很“浅”的网络。

本节中，增加循环神经网络的深度，主要是指增加同一时刻从输入到输出的信息传递路径长度。常见的深度循环神经网络有堆叠循环神经网络和双向循环神经网络。

（1）堆叠循环神经网络。

堆叠循环神经网络（Stacked Recurrent Neural Network，SRNN）指将多个循环网络堆叠起来。图 10-18 展示了典型的堆叠循环神经网络结构。

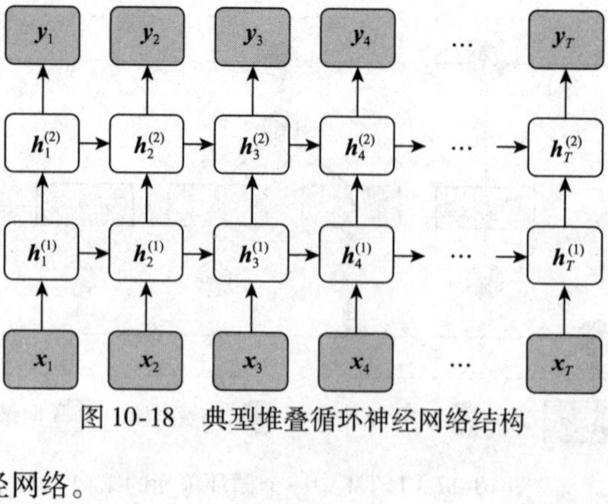

图 10-18　典型堆叠循环神经网络结构

（2）双向循环神经网络。

循环神经网络在处理时序数据时有一个前提假设，即某一时刻的数据只与该时刻之前的状态相关，而不考虑该时刻之后的时刻。但是，在现实世界中，有很多时序数据既要考虑过去时刻的信息也要考虑未来时刻的信息。例如，给定一个句子，句子中的一个词汇的词性信息与其上下文信息相关，即不仅与该词之前的词相关，也与该词之后的词相关。因此我们需要构建一个网络模型，使得信息可以逆时序传播。

双向循环神经网络（Bidirectional Recurrent Neural Network，Bi-RNN）由两层循环神经网络组成。两层神经网络的输入是相同的，但是信息的传递方向不同，一层顺时序传播，而另一层逆时序传播。

在双向循环神经网络中，定义两层循环神经网络在时刻 t 的隐状态分别为 $\boldsymbol{h}_t^{(1)}$ 和 $\boldsymbol{h}_t^{(2)}$，$\boldsymbol{h}_t^{(1)}$ 和 $\boldsymbol{h}_t^{(2)}$ 的计算方式为

$$\boldsymbol{h}_t^{(1)} = f(\boldsymbol{U}^{(1)}\boldsymbol{h}_{t-1}^{(1)} + \boldsymbol{W}^{(1)}\boldsymbol{x}_t + \boldsymbol{b}^{(1)}) \tag{10-53}$$

$$\boldsymbol{h}_t^{(2)} = f(\boldsymbol{U}^{(2)}\boldsymbol{h}_{t-1}^{(2)} + \boldsymbol{W}^{(2)}\boldsymbol{x}_t + \boldsymbol{b}^{(2)}) \tag{10-54}$$

$$\boldsymbol{h}_t = \boldsymbol{h}_t^{(1)} \oplus \boldsymbol{h}_t^{(2)} \tag{10-55}$$

式中⊕表示拼接操作。

为了对双向循环神经网络有一个更直观的了解，图 10-19 给出了一个按时间展开的双向循环神经网络示意图。

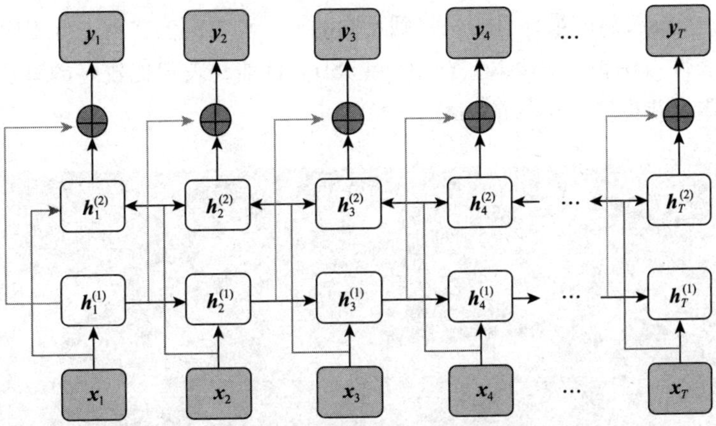

图 10-19　按时间展开的双向循环神经网络

由图 10-19 可知，双向循环神经网络在每一时刻的输出都会考虑该时刻前后两边时刻的状态。信息在该网络中的传递方式是：①第一层网络在某一时刻的状态由该时刻的输入和前一时刻的状态决定；②第二层网络在某一时刻的状态由该时刻的输入和后一时刻的状态决定；③由两层神经网络的状态拼接得到某一时刻最终的输出。

第六节　应用案例

深度学习应用范围很广，包括计算机视觉、自然语言处理、语音处理等。本节将简单介

绍深度学习在计算机视觉和自然语言处理中的实际应用场景。

一、深度学习在计算机视觉中的应用

深度学习在计算机视觉（Computer Vision，CV）方面的应用包括多个方面，例如图像识别、目标检测。

本书从 ImageNet 大规模视觉理解竞赛（ImageNet Large Scale Visual Recognition Challenge，ILSVRC）中使用的算法和准确率来了解深度学习在图像识别上的应用现状。ImageNet 是由普林斯顿大学的课题组收集的大规模数据集，共有 320 万张左右的物体的照片，主要包含 12 大类和 5 247 小类。ILSVRC 大赛的主要任务是物体的分类和物体位置的识别，任务中使用的所有数据集都是 ImageNet 的子数据集。值得注意的是，在 2012 年的比赛中，优胜的模型是基于卷积神经网络的深度学习模型 AlexNet，该模型的分类错误率为 16.4%，较上一年有了质的飞跃。自此以后，在 ILSVRC 比赛中，深度学习模型一直占据着优势地位。在 2015 年的比赛中，ResNet 模型首次将该比赛的错误率降到了 5% 以下（3.56%）。

除了图像识别，在计算机视觉的目标检测领域（Object Detection），深度学习也得到了广泛的应用。目标检测任务的目的是在一张照片中找到所有物体的位置，并对物体分类，如图 10-20 所示。目标检测的最终目的是找到不同的人、动物的位置及进行相应的分类。用于目标检测的代表性算法包括 RCNN、YOLO 和 SSD。目前，表现比较好的算法可以在 COCO 目标检测数据集上获得接近 60% 的 mAP 分数。

图 10-20　目标检测示例

此外，也有研究将深度学习应用于计算机视觉的其他多个领域和任务，如单幅图像去雾与颜色校正、工业生产过程中产品的表面缺陷自动检测、人群异常检测、工业背景下的铸件缺陷检测、电池焊接质量实时检测、水果质量在线监测、水产养殖中鱼类摄食行为的自动识别等。

二、深度学习在自然语言处理中的应用

除了在计算机视觉上的优异表现外，深度学习在自然语言处理（Natural Language Processing，NLP）任务中也有许多优异的表现，如机器翻译、搜索引擎、文献摘要。机器翻译（Machine Translation）作为自然语言处理的核心任务之一，很好地体现了深度学习模型的强大威力，用于机器翻译的模型被称为神经网络机器翻译（Neural Machine Translation，NMT）。早在基于神经网络的机器翻译算法发明之前，人们就开始研究基于机器学习和统计模型的机器翻译，这种机器翻译被称为统计机器翻译（Statistical Machine Translation，SMT）。该算法的原理是创建一个源语言与目标语言对应的数据集，然后构建一个机器学习模型，根据源语言的单词或词组，计算概率最大的目标语言对应的单词或词组。其主要缺点是需要花费大量的时间进行预处理（构建对应的词汇数据库），而且算法很难考虑整个句子中单词之间的相关性（即单词的上下文语义）。相比之下，神经网络机器翻译不需要复杂的预处理（直接使用单词构造词向量），而且能够很容易地考虑上下文中的单词（如使用循环神经网络或注意力机制），从而可以有效地提高翻译结果的准确性和流畅性。

深度学习在自然语言处理中的应用还有很多。例如，分析患者处置的紧急分诊笔记，从而自动地预测合适的处置方式；基于Twitter上的文本数据，识别出女性的不良妊娠反应；应用于家庭服务机器人（DSR），使其能够理解人类指令；分析探索酒店的线上评论和回复，为酒店的升级和管理提供决策支持。

◎ 思考与练习

1. 请说明人工智能、机器学习、深度学习、神经网络之间的区别和联系。
2. 请说出梯度下降与反向传播的关系及各自的计算原理。
3. 请说明卷积神经网络中池化的作用。
4. 请说明长短期记忆网络的循环单元结构。
5. 请分析双向循环神经网络的结构及运作原理。

◎ 本章扩展阅读

［1］彭博．深度卷积网络：原理与实践［M］．北京：机械工业出版社，2018.

［2］邱锡鹏．神经网络与深度学习［M］．北京：机械工业出版社，2020.

［3］BENGIO Y，GOODFELLOW I，COURVILLE A. Deep learning［M］. Massachusetts：MIT press，2017.

［4］ZHANG T，YANG X，WANG X，et al. Deep joint neural model for single image haze removal and color correction［J］. Information Sciences，2020，541：16-35.

[5] DONG H, SONG K, HE Y, et al. PGA-Net: pyramid feature fusion and global context attention network for automated surface defect detection [J]. IEEE Transactions on Industrial Informatics, 2019, 16 (12): 7448-7458.
[6] SANCHEZ F L, HUPONT I, TABIK S, et al. Revisiting crowd behaviour analysis through deep learning: taxonomy, anomaly detection, crowd emotions, datasets, opportunities and prospects [J]. Information Fusion, 2020, 64: 318-335.
[7] HU C, WANG Y. An efficient convolutional neural network model based on object-level attention mechanism for casting defect detection on radiography images [J]. IEEE Transactions on Industrial Electronics, 2020, 67(12): 10922-10930.
[8] ZHANG H, DI X, ZHANG Y. Real-Time CU-Net-Based welding quality inspection algorithm in battery production [J]. IEEE Transactions on Industrial Electronics, 2020, 67 (12): 10942-10950.
[9] FAN S, LI J, ZHANG Y, et al. On line detection of defective apples using computer vision system combined with deep learning methods [J]. Journal of Food Engineering, 2020(286): 110-102.
[10] LI D, WANG Z, WU S, et al. Automatic recognition methods of fish feeding behavior in aquaculture: A review [J]. Aquaculture, 2020.
[11] TAHAYORI B, CHINI-FOROUSH N, AKHLAGHI H. Advanced natural language processing technique to predict patient disposition based on emergency triage notes [J]. Emergency Medicine Australasia, 2020.
[12] KLEIN A Z, GONZALEZ-HERNANDEZ G. An annotated data set for identifying women reporting adverse pregnancy outcomes on twitter [J]. Data in Brief, 2020 (32): 106-249.
[13] OGURA T, MAGASSOUBA A, SUGIURA K, et al. Alleviating the burden of labeling: sentence generation by attention branch encoder-decoder network [J]. IEEE Robotics and Automation Letters, 2020, 5(4): 5945-5952.
[14] CHANG Y C, KU C H, CHEN C H. Using deep learning and visual analytics to explore hotel reviews and responses [J]. Tourism Management, 2020 (80): 104-129.

C H A P T E R 1 1

第十一章

文本分析

文本分析技术是一种分析、挖掘非结构化自然语言文本的方法，其能挖掘出非结构化文本中的深层语义信息，近年来被广泛应用于医疗、金融、管理等诸多领域。在本章中你将理解文本分析的概念，掌握常用的文本预处理技术、特征提取和文本表示技术、文本分类分析技术、文本聚类分析技术以及文本分析应用方法。

■ 学习目标

- 理解文本分析的概念
- 掌握文本预处理技术
- 掌握特征提取和文本表示技术
- 掌握文本分类分析技术
- 掌握文本聚类分析技术

■ 知识结构图

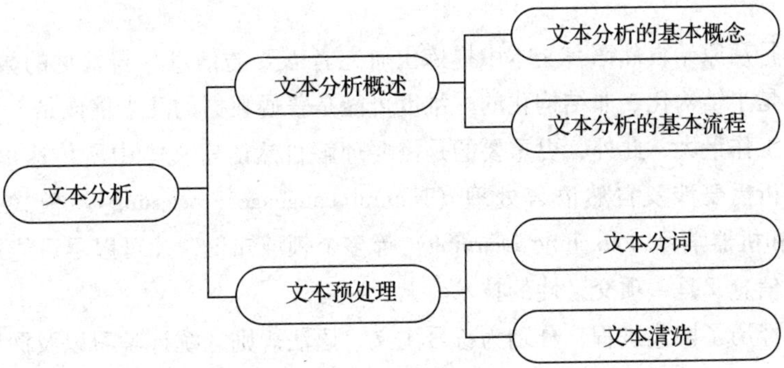

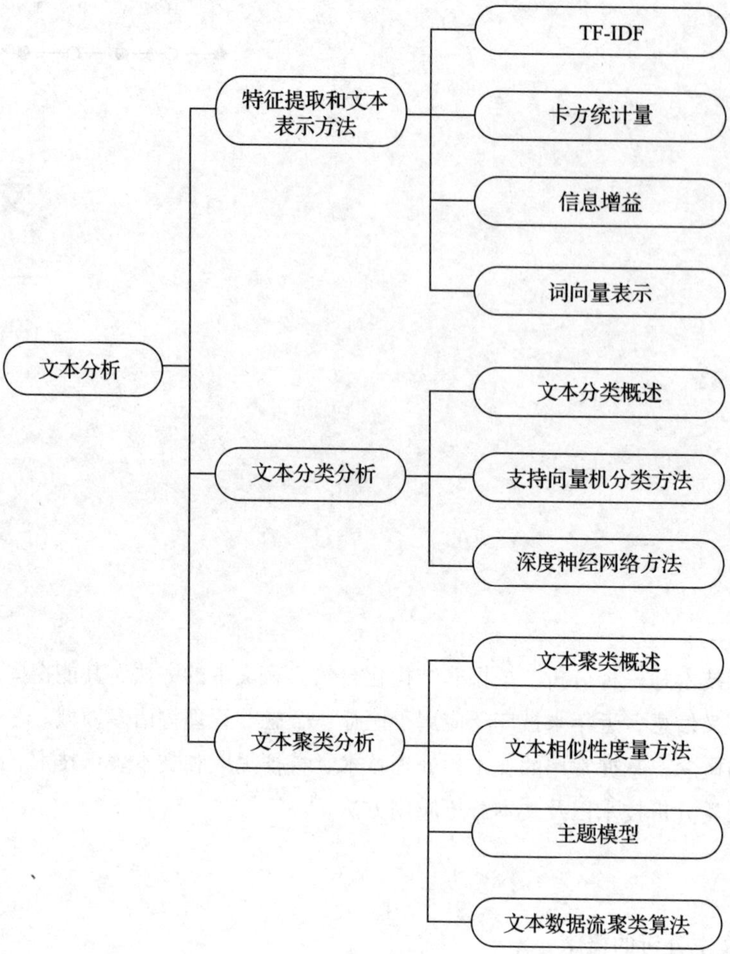

第一节　文本分析概述

一、文本分析的基本概念

文本分析是从原始自然语言文本中提炼出研究者需要的信息。与常见的数据分析相比，文本数据大多是半结构化、非结构化的，维度可能是普通数据的几十倍或是上百倍，数据量庞大，处理的工作量大，此外，更重要的是需要理解自然语言文本中所传达出的语义信息。因此，文本分析需要涉及自然语言处理（Natural Language Processing）、模式识别（Pattern Recognition）和机器学习（Machine Learning）等多个领域知识，才可以尽可能地挖掘出文本中深层的语义信息，是一项交叉性的技术。

文本分析经历了四代进程，分别为符号主义、语法规则、统计学习以及深度学习。符号主义是通过逻辑推理方法来进行文本分析；语法规则是基于专家制定的规则来进行语义的抽取；统计学习通过对文本中词频、词语共现等特征进行语义的抽取；深度学习是通过建立的深度神经网络模型，根据训练语料，自主学习特征，从而完成文本分析任务。

文本分析是大数据分析中的一种重要方法。随着计算机技术与网络技术的快速发展，所产生的应用数据中包含了大量文本类型的数据，如网页新闻报道、用户评论、微博信息发布以及电子文档等，因此文本分析在医疗、金融、社会管理等领域都有着广阔的应用前景。在医疗领域，医学电子诊疗信息大多是以自然语言描述的，研究者通过这些信息建立相关的知识库，提取关键的知识，辅助医生完成诊疗，也方便后续的医学研究；在金融领域，分析新闻报道、经济政策、公司公告等文本，可辅助用户掌握市场动向和股市走向，提高抵抗风险的能力；在社会管理领域，通过社交网络上发布的文本信息，可以获取社会的热点事件和舆情走向。各个品牌公司根据网站上产品的评论，提取消费者对产品的情感倾向，挖掘消费者所关注的重点，设计出更加适合消费者的产品。

目前，文本分析还面临着如下几个方面的挑战：第一，随着计算机技术的快速发展，文本数据的数量呈指数级增长，如何从海量的文本中提取关键信息，成为一个值得研究的问题；第二，文本数据是半结构化或者非结构化的，计算机无法直接理解其中的语义信息，这需要研究者构建基于语义的模型，高效地识别出文本中的内容；第三，简单的一句话中可能包含着多层意思，不仅需要简单的语言处理，还需要进行文本推理等其他技术来挖掘语义信息；第四，标注数据获取十分困难，人工标注语言文本费时费力，并且不能保证标注全部正确，但是有效的模型往往都是在大量的文本中训练而来的；第五，文本分析的目的无法用数学模型直接表示出来。文本分析后的结果有时也需要将其转换成人类能够读懂的自然语言，这中间的转换复杂且困难。

二、文本分析的基本流程

针对文本数据非结构化、高维、具有丰富语义的特征，文本分析流程要比传统的结构化数据分析流程复杂一些，其基本流程如图 11-1 所示，其中包含文本预处理、构建分析挖掘模型及应用三个阶段。在文本预处理阶段通常要将文本数据转换成计算机可以处理的结构化数据，其核心步骤一般包括分词、去除停用词和基本的语义分析，如词性分析及句法分析等，在此基础上针对高维特征利用特征提取方法提取出文本的主要特征，以降低维度。构建分析挖掘模型是在文本预处理的基础之上针对具体的应用问题选取和设计算法，常用的技术包括文本分类、文本聚类等。文本分析典型应用包括信息抽取、情感分析、知识图谱构建、问答系统等。下面我们简要介绍几个典型的文本分析应用场景的含义。

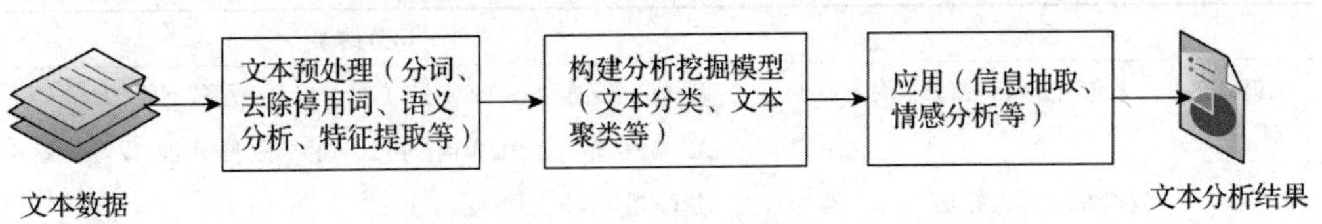

图 11-1　文本分析的一般流程图

（1）信息抽取。信息抽取是指从非结构化或半结构化的自然语言文本中抽取出如实体、关系、事件等实际信息并形成结构化的描述。如我们从新闻文本中抽取出发生的事件信息。

（2）情感分析。情感分析是目前比较常见的一种应用，简单地说就是从非结构化或半结构化的自然语言文本中分析出情感倾向或观点。

（3）知识图谱构建。知识图谱构建中的文本分析应用与信息抽取类似，只是其抽取的是知识。知识图谱是指从非结构化或半结构化的自然语言文本中抽取知识，并以图结构的形式将知识表示出来，即为包括实体及实体关系的语义网络。由于知识图谱含有丰富的语义信息，因此它的应用较为广泛，往往可以辅助其他任务的完成，如在情感分析中引入知识图谱能够更好地提取出在不同语义环境下词语的情感差异，提高情感分析的准确性。

（4）问答系统。问答系统是一种信息检索领域的应用，即通过自然语言回答用户用自然语言产生的询问。这里的重点是对语言语义的理解。

由于文本分析的应用场景通常较为复杂，往往需要分解成多个任务才能得到预期想要的结果，比如构建一个知识图谱，需要进行知识体系构建、实体识别、关系抽取、知识推理等一系列任务才能完成；构建一个问答系统需要完成问句解析、意图识别、知识库搜索、答句推理与生成等任务。针对不同的应用任务形成了一些方法和技术，其中常用的文本分析技术包括文本表示、文本分类和文本聚类，因此本章将重点介绍这些常用技术。

第二节　文本预处理

原始的数据文本往往需要进行预处理才能满足文本分类、文本聚类等下游任务的需求。文本预处理的主要任务包括文本分词和文本清洗。

一、文本分词

文本分词是利用分词方法将文本分成一个字、词语或者短语等词汇单位的过程。文本分词会根据语言的不同而采用不同的分词方法。英语文本词汇与词汇之间用空格分开，因此英文文本可以直接使用空格和标点符号进行分词。然而中文文本字词之间并没有天然的分隔标记，一句话可以根据每个人理解的不同而被切分成不同的词汇单位，如表 11-1 所示。因此，对于中文分词需要额外考虑如何更精准地进行分词操作。

表 11-1　歧义句

原句	切分结果
无鸡鸭亦可，无鱼肉亦可，白菜豆腐不能少。	无/鸡/ 鸭/亦可，无/鱼/肉亦可，白菜/豆腐/不能/少。
	无/鸡鸭/亦可，无/鱼肉/亦可，白菜/豆腐/不能/少。
这个桃子不大好吃。	这个/桃子/不大/好吃。
	这个/桃子/不大好吃。

常用的分词方法主要有基于词典的分词方法、基于统计的分词方法以及基于理解的分词方法三种。

（1）基于词典的分词方法：此类方法依赖于词表，将文本切分的字符串跟词表中的词语进行匹配，如果匹配成功，则按词表中的词语进行切分。这类方法简单、效率高，但是迁移能力差，对于特定领域的词汇以及新涌现的通用词汇的切分能力较差。常用方法有最大匹配、最佳匹配法等。

（2）基于统计的分词方法：此类方法是基于统计的思想，根据大规模语料上表现出来的词汇共现特征，如词频、互信息熵进行分词。这类方法迁移能力较强，但是识别效率较低。常用方法有最大熵模型、隐马尔可夫模型、条件随机场模型等。近年来利用深度学习进行分词的算法也逐渐增多，如长短期记忆网络（LSTM）可以获得较好的分词效果，但是需要大量的语料以及较长的训练时间，并且模型的可解释性较弱。实际应用过程中，此类方法可以与基于词典的分词方法结合，融合两者的优点，更好地进行中文分词。

（3）基于理解的分词方法：此类方法是利用计算机模拟人的思维对句子进行理解，从而达到分词的目的。这类方法需要大量的语言背景知识划分文本结构，分析语义，但是由于汉语语言过于复杂，不能将所有的语言知识信息穷尽，因此这种分词技术还不是很成熟。

常用的开源分词工具有 NLTK、Jieba、Pkuseg、LTP 等。NLTK（Natural Language Toolkit）是自然语言处理领域中最常使用的一个 Python 库，它不仅封装了分词、词性标记等算法的调用函数，而且提供了访问许多常用的语料库和词汇资源的接口，不过现在还不支持中文分词。Jieba 一般是中文分词的首选工具包，分词较为准确，支持精确模式、全模式、搜索引擎模式三种模式。Pkuseg 是由北京大学开发的中文分词工具包，具有较高的分词准确率，它有两个主要特点：一是支持多领域分词，可以根据不同的领域特点，定制不同的分词模型；二是支持用户使用自己的标注数据来进行训练。LTP（Language Technology Platform）是哈尔滨工业大学研发的中文处理系统，Pyltp 是 LTP 的 Python 封装，提供了分词、词性标注等功能，支持用户使用自定义的词典，能较好满足不同用户的个性化需求。表 11-2 是三种分词工具的分词结果。

表 11-2　三种分词工具的分词结果

原句	分词工具		
	Jieba	Pkuseg	Pyltp
2020 年 8 月 8 日天晴	2020/年/8/月/8/日/天晴/	2020 年/8 月/8 日/天晴/	2020 年/8 月/8 日/天晴/
吃葡萄不吐葡萄皮	吃/葡萄/不吐/葡萄/皮/	吃/葡萄/不/吐/葡萄皮/	吃/葡萄/不/吐/葡萄皮/
小明说他想要回家	小/明说/他/想要/回家/	小明/说/他/想要/回家/	小明/说/他/想要/回家/
我爱自然语言处理	我/爱/自然语言/处理/	我/爱/自然/语言/处理/	我/爱/自然/语言/处理/

二、文本清洗

文本清洗是指剔除文本中的无效信息，将词形统一规范化，以此提升文本的质量，确保下游任务的顺利进行。主要过程有去除停用词、非法字符以及网页特殊符号，清除噪声数据，词形统一化（如繁体简体转换），以及词汇还原。

（1）去除停用词：停用词是指一些在文档中频繁出现的、极少表达语义的词汇或者标点符号，如中文中的“的”“哈”“了”，英文中的“Is”“Are”“The”。这些词汇的存在对下游任务没有实用价值，剔除这些词汇可以减少下游任务所占的存储空间，提升下游任务的运行效率。在实际操作过程中会建立一个停用词表，读取文本时会直接删除停用词表中的文本。

（2）去除非法字符、网页特殊符号：实际操作过程中，使用的训练文本数据大多都是从网页上爬取的，会带有很多超文本标记语言（HTML）的标签（如“/B”“/N”“/D”等）、URL 地址等与文本处理工作无关的字符，因此，在进行下游任务前，一般通过正则表达式将这些符号去除。

（3）清除噪声数据：噪声数据会影响下游训练模型的准确性，因此我们要根据文本处理任务去除对应不需要的文本，比如删去较短的无意义文本和没有对应标签的文本。

（4）词形统一化：中文文本一般需要统一转换成简体或者繁体。英文文本需要词形还原以及词干提取，如将“Were”还原成“Are”，提取“Successful”的词干“Success”。词形统一化可以减少数据稀疏问题，提升下游任务的运行效率。NLTK 中提供了相应的 API 可供调用。

第三节　特征提取和文本表示方法

在文本挖掘中，若是将语料中所有出现的特征项作为特征，则输入模型的特征维数将达到几万至几十万维，这会影响到数据处理的效率和准确率。因此，我们需要通过一些特征选择方法或者文本表示方法，在语料中提取合适的特征项，在节省计算资源的同时，也能使模型的性能达到最优。

一、TF-IDF

TF-IDF（Term Frequency-Inverse Document Frequency）是自然语言处理中较为经典的特征权重算法。TF-IDF 算法是给予在当前文本中出现频率较高而在其他文本中出现频率较低的词语更高的权重。该算法由两部分组成：特征频率（Term Frequency，TF）和逆文档频率（Inverse Document Frequency，IDF）。

（1）特征频率（TF）是统计该特征项在当前文档中出现的次数。一个特征项在当前文档中出现的频率越高，则 TF 越大。通常用式（11-1）表示：

$$\mathrm{tf}_{ij} = \frac{n_{i,j}}{\sum_{k} n_{k,j}} \tag{11-1}$$

式中，$n_{i,j}$是特征项 i 在当前文档 j 中出现的次数，$\sum_k n_{k,j}$ 是全部文档包含的特征项的总和。

（2）逆文档频率（IDF）是反映一个特征项在全部语料中的重要程度。文档频率（DF）是包含该特征项的文档数，若一个特征项的 DF 越高，就说明这个特征项携带所在文档的语义信息越少。通常用式（11-2）表示：

$$\mathrm{idf}_i = \log \frac{N}{\mathrm{df}_i} \tag{11-2}$$

式中，N 是当前语料中文档的总数，df_i是包含特征项 i 的文档频率。

（3）特征频率－逆文档频率（TF-IDF）是 TF 和 IDF 的乘积。通常用式（11-3）表示：

$$\mathrm{TF}_i\text{-}\mathrm{IDF}_i = \mathrm{tf}_i \times \mathrm{idf}_i \tag{11-3}$$

TF-IDF 算法综合考虑特征频率和逆文档频率，是给予当前文本中较为常见，而在其他文本中较为少见的特征项更高的权重。但是该算法是基于词袋模型的算法，并没有考虑词语自身以及词语之间的语义信息。

目前很多工具包括 NLTK、Jieba 都封装了 TF-IDF 算法，实际操作中调用该算法十分方便。表 11-3 是使用 NLTK 调用 TF-IDF 算法的一个实例。

表 11-3　NLTK 调用 TF-IDF 算法结果

语料库	“我”的 tf 值	“我”的 idf 值	“我”的 TF-IDF 值
1. 我爱自然语言处理 2. 编程语言，我选 Python 3. 我选择文本挖掘 4. 深度学习很难	0.125	0.693 147	0.086 643

二、卡方统计量

卡方统计量（Chi-Square Statistic，CHI）又称χ^2 统计量，是用来计算类别 C 和特征项 T 之间的相关程度的，通过统计实际观测值和理论期望值之间的差距来确定卡方值的大小。通常用下式表示：

$$\chi^2(T,C) = N \times \left\{ \begin{aligned} &\frac{[p(t,c) - P(t) \times P(c)]^2}{P(t) \times p(c)} + \frac{[p(t,\bar{c}) - P(t) \times P(\bar{c})]^2}{P(t) \times p(\bar{c})} \\ &+ \frac{[p(\bar{t},c) - P(\bar{t}) \times P(c)]^2}{P(\bar{t}) \times p(c)} + \frac{[p(\bar{t},\bar{c}) - P(\bar{t}) \times P(\bar{c})]^2}{P(\bar{t}) \times p(\bar{c})} \end{aligned} \right\} \tag{11-4}$$

经过简化得：

$$\chi^2(T,C) = N \times \frac{[p(t,c) \times p(\bar{t},\bar{c}) - p(t,\bar{c}) \times p(\bar{t},c)]^2}{P(t) \times P(\bar{t}) \times p(c) \times p(\bar{c})} \tag{11-5}$$

式中，N 是文档总数，$p(t,c)$ 是类别 C 和特征项 T 一起出现的概率，$p(t,\bar{c})$ 是特征项 T 出现在不是类别 C 中的概率，$p(\bar{t},c)$ 是特征项 T 不出现在是类别 C 中的概率，$p(\bar{t},\bar{c})$ 是类别 C 和特征项 T 都不出现的概率。而这些概率通常以在所有文档中出现的频率来近似替代，因此χ^2 统计量的计算式如下：

$$\chi^2(T,C) = N \times \frac{[N(t,c) \times N(\bar{t},\bar{c}) - N(t,\bar{c}) \times N(\bar{t},c)]^2}{N(t) \times N(\bar{t}) \times N(c) \times N(\bar{c})} \tag{11-6}$$

式中，N 是文档总数，$N(t,c)$ 是类别 C 和特征项 T 一起出现的频率，$N(t,\bar{c})$ 是特征项 T 出现在不是类别 C 中的频率，$N(\bar{t},c)$ 是特征项 T 不出现在类别 C 中的频率，$N(\bar{t},\bar{c})$ 是类别 C 和特征项 T 都不出现的频率。$\chi^2(T,C)$ 越大，说明实际观测值与理论期望值相差越大，说明类别 C 和特征项 T 越相关，若 $\chi^2(T,C)$ 等于 0，则类别 C 和特征项 T 不相关。

下面是一个卡方计算的例子。在 100 篇文档中，类别有文本挖掘和非文本挖掘，计算特征词“词向量”与类别“文本挖掘”的相关程度。表 11-4 是关于类别和特征项出现的文档频率。

表 11-4　类别和特征项出现的文档频率

特征项	类别		
	文本挖掘	非文本挖掘	总和
出现“词向量”	78	6	84
没有出现“词向量”	6	10	16
总和	84	16	100

通过计算，χ^2（词向量，文本挖掘），约为 30.64，因此特征项“词向量”与类别“文本挖掘”十分相关。但是卡方统计量只是统计了特征项是否出现，并没有计算出现频率，因此有时并不能选择比较具有代表性的特征项，需要加入其他特征来弥补这个缺点。

三、信息增益

信息增益（Information Gain，IG）是指在预测变量 Y 时，当给定随机变量 X 时，Y 不确定状态减少的程度。不确定程度减少的大小由信息熵减少的程度来决定。信息熵的计算公式如下：

$$H = -\sum_{i=1}^{N} p(x_i)\log_2 p(x_i) \tag{11-7}$$

式中，$p(x_i)$ 是 x_i 出现的概率。信息增益的计算公式如下：

$$IG(t_i) = H(C) - H(C \mid t_i) \tag{11-8}$$

式中，$IG(t_i)$ 是特征项 t_i 的信息增益，$H(C)$ 是类别 C 的信息熵，$H(C \mid t_i)$ 是特征项 t_i 在类别 C 下的条件熵。信息增益就是两者的差值，通过信息增益挑选携带信息量较大的特征项 t_i，来达到降维的效果。

下面是在搜狗新闻语料上利用信息增益进行特征选择的一个计算实例。在搜狗新闻语料中一共有 25 910 篇文档，共分为“汽车”“财经”“IT”“健康”“体育”“旅游”“教育”“招聘”“文化”“军事”10 类，利用信息增益来进行特征选择，部分特征的信息增益计算结果如表 11-5 所示。

表 11-5 利用信息增益对搜狗新闻语料数据集进行特征选择的部分结果

	特征	信息增益值（IG 值）
1	汽车	0.202 913 1
2	车型	0.198 643 4
3	轿车	0.128 543 9
4	找到	0.121 639 8
5	比赛	0.110 559 4
6	一页	0.095 270 1
7	发动机	0.094 539 3
8	消费者	0.093 528 2

四、词向量表示

一般我们都将输入到模型的词汇或者句子映射成词向量（Word Embedding）。词向量的表征技术有静态的词向量表征技术和动态的词向量表征技术。

（一）静态词向量表征技术

（1）One-Hot 词向量。

One-Hot 词向量，是最简单的词向量表征技术。该方法可以根据前面的特征选择方法，选择合适的特征项，这些特征项组成的集合就是整个语料的词表。假设词表的长度为 N，则第 i 个词的词向量的长度为 N，向量第 I 位值为 1，其余值为 0，如表 11-6 所示。One-Hot 向量生成的词向量离散稀疏，维度大，且不考虑上下文语义联系。

表 11-6 One-Hot 词向量示例

原句	我爱自然语言处理
词表	{'我'：1，'爱'：2，'自然'：3，'语言'：4，'处理'：5}
'语言'的向量	[0.，0.，0.，1.，0.]

（2）Word2Vec。

2013 年，Mikolov 提出了 Word2Vec：CBOW（Continuous Bag-Of-Words）模型和 Skip-Gram 模型。

1）CBOW 模型。

CBOW 模型的主要思想是用上下文的词语来预测中心目标词语，如图 11-2 所示。输入层为上下文词语的 One-Hot 向量。假设词表大小为 V，上下文单词窗口为 C，示意图中的窗口大小为 2。将每一个输入的 One-Hot 向量乘以一个相同的权重矩阵 W_1，投影层将该窗口所得向量的平均值作为隐层向量，隐层向量乘以权重矩阵 W_2，得到输出层的输出向量，输出向量的维数为 V，最后经过 Softmax 获得每个词的输出概率，概率最大的为预测的中心词。

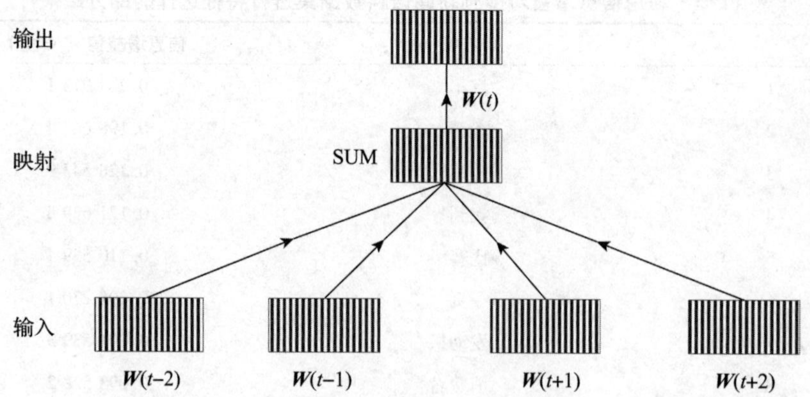

图 11-2　CBOW 模型示意图

2）Skip-Gram 模型。

Skip-Gram 模型的主要思想是用中心目标词语来预测上下文词语，如图 11-3 所示。整体计算过程其实与 CBOW 正好相反。输入层为中心词的 One-Hot 向量，乘以权重矩阵 W_1 得到隐层向量，隐层向量乘以共享的权重矩阵 W_2 得到输出层向量，经过 Softmax 获得每个词的概率，概率最大的为当前节点的词语。

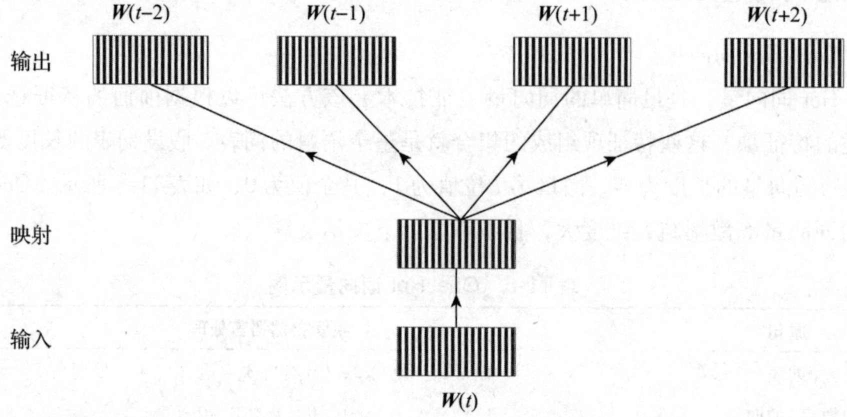

图 11-3　Skip-Gram 模型示意图

Word2Vec 的训练速度很快，不仅考虑了上下文词语之间的联系，而且用低维稠密的向量来取代高维稀疏的 One-Hot 向量。不过 Word2Vec 无法解决多义词的问题，无法根据词语在不同语境中语义的不同做动态优化。

3）Glove。

Glove（Global Vectors）综合了语料库的全局信息和每个词的上下文环境来构建词向量。Glove 引入了共现概率矩阵，通过统计语料库中每个词的上下文词汇共同出现的次数，构建映射函数，来反映每个词汇之间的相关性。Glove 通过统计共现词汇的方法，将注意力放在共现次数多的词汇上，不去计算共现次数为 0 的词汇，极大地减少了计算量，这样很大程度地提升了下游任务的效果。但是 Glove 也无法解决多义词的问题，无法根据语料的不同来动态改变词向量。

（二）动态词向量表征技术

静态词向量表征技术也无法解决一词多义的问题，如英文中的“Bank”，不仅有“银行”的意思，还有“存款”的意思，只有联系这个词汇的上下文，我们才能知道这个词汇的具体含义。动态词向量表征技术能够根据上下文语义来动态地改变词向量，使意思相近的词汇拥有相差不多的词向量。

（1）Elmo。

Elmo（Embeddings From Language Models）是最先提出解决多义词的预训练词向量模型。模型结构如图 11-4 所示。如图所示，Elmo 主要使用了双向的 LSTM 来构建语言模型。通过使用大规模的语料库来训练这个语言模型，获得各层 Bilstm（图中为 2 层）的特征，将这些特征拼接起来，得到的就是 Elmo 词向量。语言模型是根据前面出现的词汇预测下一个词汇来获得语料特征的模型，因此语言模型不需要进行人工标注就可以获得大量的数据。由于 Bilstm 能够同时获取上下文的信息，所以 Elmo 利用 Bilstm 构建语言模型，从中学习语义特征，获取词向量。Elmo 是将每一层 Bilstm 的输出以及最开始的词向量进行线性相加，相加的权重是从下游任务中学习出来的。由于 Elmo 通过考虑上下文语境以及语义，解决了一词多义的问题，不过 Elmo 用的是 Bilstm，训练时间长，不能并行化预算，与 Transformer 等近年来提出的预训练模型相比，提取特征的能力较弱。

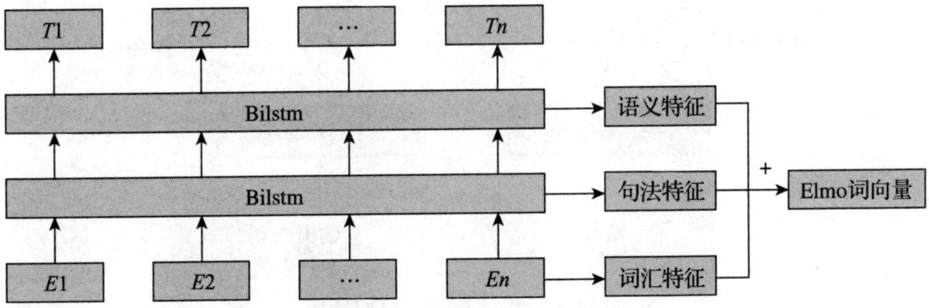

图 11-4　Elmo 模型结构

（2）Bert。

Bert（Bidirectional Encoder Representation From Transformers）是谷歌 2019 年提出的预训练模型。模型是由 Transformer 的 Encoder 部分组成的。Transformer 是谷歌 2017 年在论文 *Attention Is All You Need* 中提出的模型，模型结构如图 11-5 所示。模型由 Encoder（图左边部分）和 Decoder（图右边部分）组成。Encoder 部分由多头注意力层以及前馈神经网络层组成，多层 Encoder 的堆叠就是 Bert 模型的基本架构。

Bert 采用两个特殊的预训练任务进行模型的训练。第一个任务是遮蔽语言模型（MLM，Masked Language Model），用［MASK］随机替换词汇序列中的部分词语，再根据上下文来预

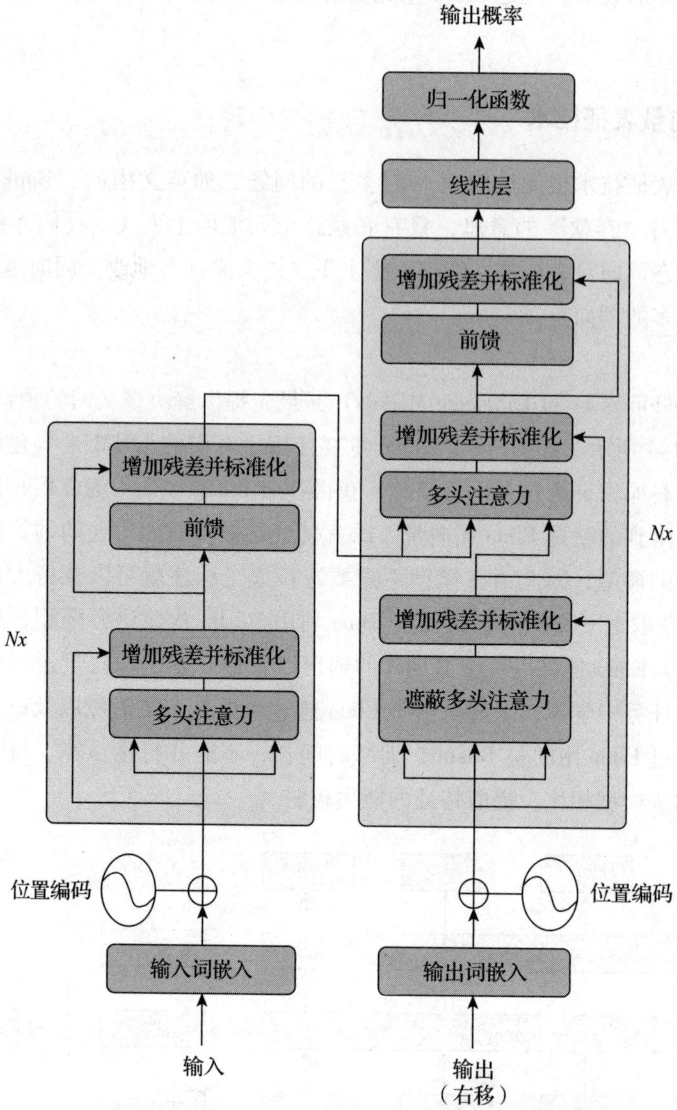

图 11-5 Transformer 模型结构

测［MASK］位置原有的词，如图 11-6 所示。第二个任务是下一句预测（Next Sentence Predict，NSP），给定一篇文章的一句话，判断第二句是否紧跟在第一句之后，并会在句子之前增加一个向量，用来存储判断结果，如图 11-7 所示。预训练完成之后，再根据下游任务微调 Bert 模型。Bert 模型提供了四种微调方式，分别是句对关系判断、单句分类任务、问答类任务以及序列标注任务。

Bert 是在大规模语料库上训练而来的，具有强大的迁移能力。与静态的词向量技术相比，Bert 进一步增加了词向量的泛化能力，可以更加准确地描述字符级、词级、句子级的关系特征，刷新了自然语言处理领域的 11 项基本任务的分数，具有划时代的意义。自此之后，在 Bert 上进行修改的模型层出不穷。

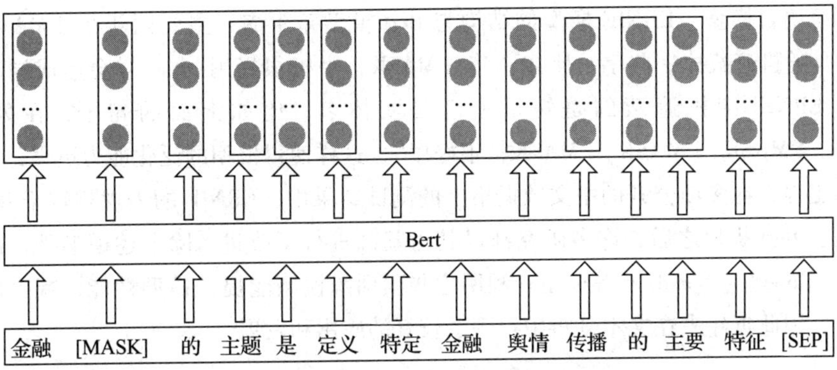

图 11-6 Bert 模型 MLM 输出图

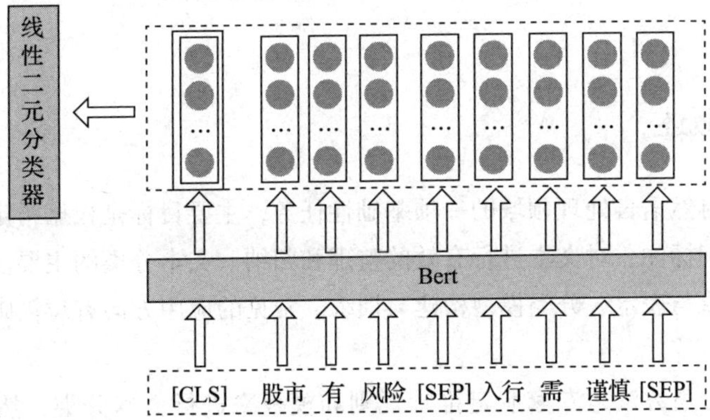

图 11-7 Bert 模型 NSP 输出图

（3）Xlnet。

Xlnet 是一种泛化的自回归语言模型，根据 Bert 存在的一些问题进行了创新性的改进，在 20 个自然语言处理任务上的表现都超过了 Bert。

首先，Bert 是 AE（Autoencoding）模型，虽然可以用上下文来预测［MASK］的原词汇，但是在微调过程中，语料库中并不会有［MASK］这个词汇，这样就会造成预训练过程和微调过程不匹配；其次，Bert 随机遮蔽词汇的前提是假设每个词汇都是独立的，但是实际语料库中，有些词汇是相关的，如“纽约是一座城市”这句话，“纽”和“约”是相关的，并不是相互独立的。

AR 模型是通过上文或者下文来预测目标，是单向的。Xlnet 是 AR（Autoregressive）模型，但是 Xlnet 提出了排列语言模型、双流自注意力机制以及循环机制，将 AR 模型变成了真“双向”预测目标。排列语言模型能够巧妙地获取上下文信息。双流自注意力机制能够将内容信息和位置信息分开，根据预测词汇的不同，决定内容信息和位置信息的使用。循环机制能够使得模型记住长距离的信息，因此 Xlnet 比 Bert 更擅长处理长文本的任务。

（4）ERNIE。

ERNIE（Enhanced Representation Through Knowledge Integration）是百度提出针对中文文

本的预训练语言模型。ERNIE 模型的结构与 Bert 模型差不多，主要创新在［MASK］设置上。Bert 是随机遮蔽掉一些字，比如“华［MASK］手机很好用”，这样会造成词法信息的丢失，而 ERNIE 随机遮蔽的是短语或者是实体名。比如上面的句子，在处理时为“［MASK］［MASK］［MASK］［MASK］很好用”，这样使得模型的泛化能力更强，通用语义表示能力更强，在多项公开的中文数据集上的测试结果中，ERNIE 的表现相较于 Bert 要好。可以看出在 Bert 提出之后，许多研究都以其为基础进行了改进。除上述模型外，还出现了如 Albert、Roberta、Spanbert 等模型。利用这些预训练模型能提升模型性能，减少模型训练收敛速度，因此近年来在文本分析中得到了较好的应用和发展。

第四节　文本分类分析

一、文本分类概述

文本分类是自然语言处理领域的一项基础性任务，主要目标是根据指定的分类体系，对文本进行自动类别标注，对文本进行有效的整理和归纳。文本分类的主要步骤包括文本预处理、文本特征提取与表示、分类模型构建与训练。常见的应用方向有垃圾邮件识别、文本主题分类、情感分析等。

早期的文本分类方法是专家制定推理规则和模板来进行文本分类，然而规则集的建立与更新都会造成人力、物力的大量浪费。直至 20 世纪 90 年代，随着统计机器学习算法的提出与发展，文本分类技术有了一定程度的提升。常见的基于监督的机器学习分类算法有朴素贝叶斯（Naive Bayes，NB）、支持向量机（Support Vector Machines，SVM）、Logistic 回归、K 近邻（K-Nearest Neighbor，KNN）等。统计机器学习主要是利用词频、共现词汇信息进行分类，这会造成文本特征稀疏，影响分类精度。近年来，随着深度学习的兴起，基于卷积神经网络（Convolution Neural Network，CNN）和循环神经网络（Recurrent Neural Network，RNN）的文本分类技术取得了较大的进步，逐渐成为目前的主流方法。

由于本书第五章介绍了常用的数据分类算法，故本节只介绍在文本分类任务上有着良好性能的支持向量机算法及近年来发展起来的基于深度学习的文本分类算法，以及在标记数据较少的情况下使用的半监督学习技术。

二、支持向量机分类方法

支持向量机在文本分类任务上有着良好的性能，具有优异的泛化能力。SVM 的核心思想是根据数据集的分布情况，找到一个划分超平面，使得不同类别之间的距离最大化，如图 11-8 中 $L2$ 所示，到两类训练样本的距离都是最大的。

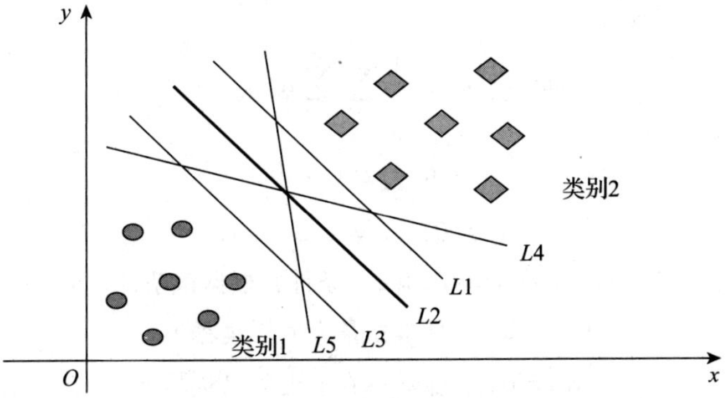

图 11-8　SVM 超平面划分图

假设给定训练样本集合 $D=\{(\boldsymbol{x}_1,y_1),(\boldsymbol{x}_2,y_2),\cdots,(\boldsymbol{x}_m,y_m)\}$，$y_i\in\{-1,+1\}$，$i=1,2,\cdots,m$，在样本空间中，划分超平面方程为

$$\boldsymbol{w}^T\boldsymbol{x}_i+b=0 \tag{11-9}$$

训练样本 $\boldsymbol{x}_i$ 到超平面的距离为

$$d=\frac{|\boldsymbol{w}^T\boldsymbol{x}_i+b|}{\|\boldsymbol{w}\|} \tag{11-10}$$

若使超平面分类能够完全准确，则满足：

$$\begin{cases}\boldsymbol{w}^T\boldsymbol{x}_i+b\geqslant+1, & y_i=+1\\ \boldsymbol{w}^T\boldsymbol{x}_i+b\leqslant-1, & y_i=-1\end{cases} \tag{11-11}$$

根据算法的思想，要使得这个超平面有最大类间距离，则要使两个类别的间距最大，间距方程如下：

$$r=\frac{2}{\|\boldsymbol{w}\|} \tag{11-12}$$

要使得间隔最大，即

$$\begin{aligned}&\max_{\boldsymbol{w},b}\frac{2}{\|\boldsymbol{w}\|}\\ &\text{s.t. } y_i(\boldsymbol{w}^T\boldsymbol{x}_i+b)\geqslant1,\quad i=1,2,\cdots,n\end{aligned} \tag{11-13}$$

这个方程等价于：

$$\begin{aligned}&\min_{\boldsymbol{w},b}\frac{1}{2}\|\boldsymbol{w}\|\\ &\text{s.t. } y_i(\boldsymbol{w}^T\boldsymbol{x}_i+b)\geqslant1,\quad i=1,2,\cdots,m\end{aligned} \tag{11-14}$$

这是一个凸二次规划问题，其目标函数是二次的，第一种方法是可以利用二次规划优化计算包进行计算，第二种方法是通过拉格朗日乘子法转化为对偶问题求解。

该问题的拉格朗日函数为

$$L=\frac{1}{2}\|\boldsymbol{w}\|^2+\sum_{i=1}^{m}\alpha_i(1-y_i(\boldsymbol{w}^T\boldsymbol{x}_i+b)) \tag{11-15}$$

式中，α_i 是拉格朗日乘子，接下来 L 对 $\boldsymbol{w}$ 和 b 求偏导等于 0 得到的方程，代入原方程，将 $\boldsymbol{w}$

和 b 消去可得“对偶问题”：

$$\max_{\alpha}\sum_{i=1}^{m}\alpha_i - \frac{1}{2}\sum_{i=1}^{m}\sum_{j=1}^{m}\alpha_i\alpha_j y_i y_j \boldsymbol{x}_i^T\boldsymbol{x}_j$$

$$\text{s. t. }\sum_{i=1}^{m}\alpha_i y_i = 0$$

$$\alpha_i \geqslant 0,\quad i = 1,2,\cdots,m \tag{11-16}$$

对偶问题符合 KKT（Karush-Kuhn-Tucker）条件，根据该条件，可得出以下结论：

$$\begin{cases}\alpha_i > 0, & \text{样本在最大间隔边界上}\\ \alpha_i = 0, & \text{样本不在最大间隔边界上}\end{cases} \tag{11-17}$$

如果样本在分类边界上，则这就是一个支持向量，划分超平面的方程就由这些在分类边界上的样本决定，支持向量机由此得名。该对偶问题也是二次规划问题，可以使用 SMO（Sequential Minimal Optimization）算法解决。

在实际操作中，问题往往不是线性可分的，因此，支持向量机可以将原始样本空间映射到高维空间，使得样本在这个高维空间线性可分。$\boldsymbol{\phi}(\boldsymbol{x})$ 为 $\boldsymbol{x}$ 在高维空间的映射函数，核函数（Kernel Function）是 $\boldsymbol{\phi}(\boldsymbol{x}_i)^T\boldsymbol{\phi}(\boldsymbol{x}_j)$ 的乘积，于是，该对偶问题就转化为

$$\max_{\alpha}\sum_{i=1}^{m}\alpha_i - \frac{1}{2}\sum_{i=1}^{m}\sum_{j=1}^{m}\alpha_i\alpha_j y_i y_j \boldsymbol{\phi}(\boldsymbol{x}_i)^T\boldsymbol{\phi}(\boldsymbol{x}_j)$$

$$\text{s. t. }\sum_{i=1}^{m}\alpha_i y_i = 0 \tag{11-18}$$

$$\alpha_i \geqslant 0,\quad i = 1,2,\cdots,m$$

常见的核函数有：

（1）线性核函数：$K(\boldsymbol{x}_i,\boldsymbol{x}_j) = \boldsymbol{x}_i^T\boldsymbol{x}_j$

（2）多项式核函数：$K(\boldsymbol{x}_i,\boldsymbol{x}_j) = (\boldsymbol{x}_i^T\boldsymbol{x}_j)^d$

（3）高斯核函数：$K(\boldsymbol{x}_i,\boldsymbol{x}_j) = \exp\left(-\dfrac{\|\boldsymbol{x}_i-\boldsymbol{x}_j\|^2}{2\partial^2}\right)$

支持向量机是由在分类边界上的样本决定的，这样可以只关注关键样本，避免“维数灾难”。并且它有优秀的泛化能力，根据问题的不同，可以替换不同的核函数进行更好的拟合。但是支持向量机对特征的选择十分敏感，当数据量大时，支持向量机的训练时间过长，内存消耗较大。

三、深度神经网络方法

传统的文本分类算法依赖人工构建特征工程，耗时耗力，并且这样的文本表示具有高维稀疏的特点，无法自动捕捉文本中的语义信息。深度神经网络拥有强大的特征自学能力，在文本分类的诸多任务上都有着较成功的应用。下面简要介绍两种常见的深度神经网络模型。

（1）卷积神经网络。

卷积神经网络（Convolutional Neural Network，CNN）是由输入层、卷积层、池化层以及全连接层组成的，如图 11-9 所示。

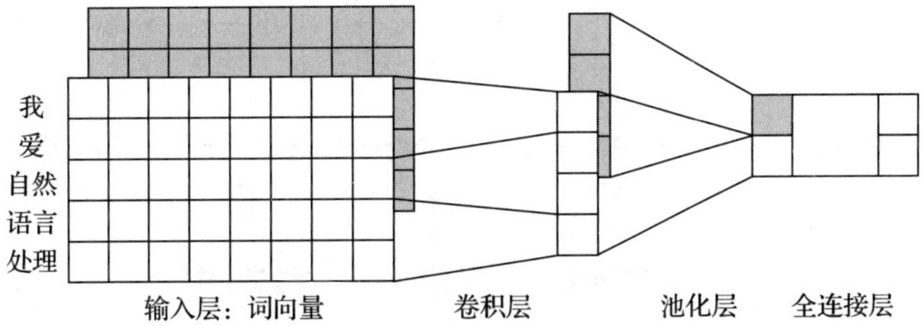

图 11-9　卷积神经网络结构图

1）输入层：用文本进行分词、初始化词向量之后得到的矩阵向量，作为卷积神经网络的输入。实际操作中词向量的维度一般为 100 维、200 维，预训练模型如 Bert 的词向量大小为 768 维。

2）卷积层：卷积层是 CNN 的核心层，具有局部连接、共享权重的特点。通过设置不同大小的卷积核，可以提取不同大小的特征，需根据实际需要进行选择。

3）池化层：对数据进行下采样，之后进行拼接得到语义组合信息。下采样策略有最大池化（Max-Pooling）、平均池化（Mean-Pooling）等。通过池化层可以将不同长度的文本或序列数据转化为相同长度的表示形式。

4）全连接层：通过全连接层，将池化层的输出映射成标签数量大小的输出维度。卷积神经网络所需的参数更少，与循环神经网络相比训练时间更短。但是卷积神经网络不能捕捉长距离的语义信息，因此循环神经网络更适合自然语言处理。

（2）循环神经网络。

循环神经网络（Recurrent Neural Network，RNN）可以存储短距离的信息，擅长处理序列数据。但是最基本的 RNN 网络往往会出现梯度消失或者梯度爆炸问题，长短期记忆网络是 RNN 模型的一种变形，可避免上述问题。

LSTM 由输入门、遗忘门以及输出门来进行信息的存储与遗忘，具体结构可以回顾第十章。与最基本的 RNN 相比，LSTM 能够考虑长距离的语义依赖。

1）输入门：将预先训练好的词向量，按照顺序输入到模型中。

2）遗忘门：决定携带多少信息传送到下一个记忆单元里。

3）输出门：输出当前的隐层状态。

当前位置的文本信息不仅与前文有关，与下文也有关系，因此为了获取更加完整的语义，有研究者提出了双向长短期记忆网络（Bilstm），将前向 LSTM 得到的隐层状态和后向 LSTM 得到的隐层状态拼接起来，共同决定最终的输出，模型结构如图 11-10 所示。

在长文本序列下，并不是所有的记忆单元中的信息都是重要的，因此可以借鉴注意力机制（Attention Mechanism），对不同的记忆单元赋予不同的权重，选择关键的信息进行处理，提高模型的运行效率。

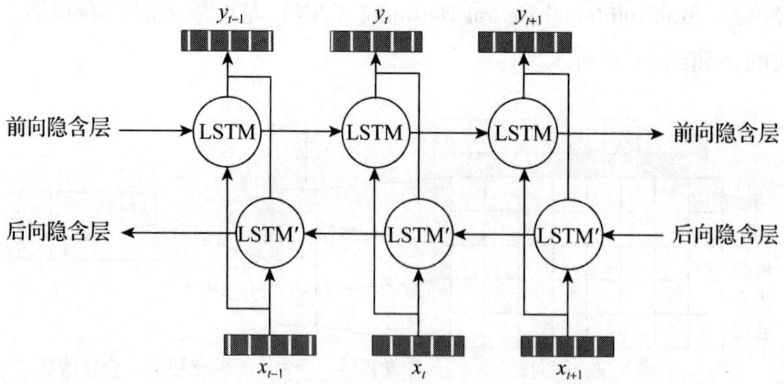

图 11-10 Bilstm 结构图

由于 LSTM 网络结构较为复杂，有研究者提出了门控循环单元（Gated Recurrent Unitl，GRU），GRU 将 LSTM 的遗忘门和输入门合并成更新门，可以在保证性能的情况下优化结构。

第五节 文本聚类分析

一、文本聚类概述

文本分类是一种有监督的分析方法，而文本聚类分析是一种无监督的分析方法。正如第八章中介绍的，文本聚类分析的目的是将文档集合划分成不同的子集，使得同一子集中的文档具有较高的相似性，而不同子集中的文档相似性较低。在此基础上，针对不同子集展开进一步分析，归纳出它们的特点。因此，文本聚类分析有利于我们对文档集合有更全面的认识。

在实际应用中，我们所获取的文本数据很多都是无标签的，因此文本聚类分析的应用场景是比较广泛的。例如在信息检索中，对检索出的文档信息进行聚类，可以使用户快速找到自己所需要的信息，提高检索效率；在电子商务领域中，通过对用户评论的聚类，可以将信息进行有效组织，找出用户评论的主题，有效解决信息过载问题，辅助用户做出决策。此外，还可以通过对用户评论中讨论的产品特征进行聚类，明确用户感兴趣的产品特征；在医学领域中，通过对电子病历文档进行聚类，可以实现对不同病种的归类分析。

在第八章中我们已经对常用的聚类算法和聚类的相似性度量方法进行了介绍。在这里我们将常用的方法分为两大类，一类是基于相似度的聚类算法，另一类是基于模型的聚类算法。第一类是基于相似度的聚类算法，主要利用相似性将相似的样本聚为一类，其核心在于相似度度量方法的定义，第八章中介绍的几种常用聚类算法如基于划分的方法、基于层次的聚类算法、基于密度的聚类算法都属于这一类。第二类是基于模型的聚类算法，其基本思想是具有相似分布的对象可以聚成相同的类。针对文本数据常用的基于模型的聚类方法为主题模型方法，即对文档的生成过程进行建模的概率生成模型。在这种方法中假设文本数据的分布符合一系列的概率分布，用概率分布模型进行聚类。随着互联网技术的不断发展，电商和各类社交媒体平台中产生了大量的文本数据流，为了适应流数据的实时特征，研究者们提出了面向文本数据流特征的聚类算法。文本数据流聚类算法往往是基于传统文本聚类算法的修改，使其适用于动态环境。所采用的策略通常有两种，可扩展方法（Scalable Method）和适应性方法（Adaptive Method），本节将介绍基于相似度的聚类算法中文本相似性度量方法、基于模型聚类算法中的主题模型方法以及数据流环境下几种常见的文本数据流聚类算法。

二、文本相似性度量方法

在聚类算法中，样本之间的相似度度量方法已在第八章中进行了介绍。然而，文本数据具有特殊性，相对于结构化数据，文本数据具有高维、语义相关性等特征，因此如何在充分考虑语义关系的基础上计算文本之间的相似性是一个关键。此外，文本实体的粒度可能是不同的，可以是词项（如单词），也可以是句子、段落甚至整篇文档。根据粒度的不同相似性度量方法可以分为基于词项的相似性度量方法、基于向量的相似性度量方法、基于分布的相似性度量方法、基于深度学习的相似性度量方法。本节将针对文本数据的特征介绍目前主要的文本相似性度量方法。

（1）基于词项的相似性度量方法。

基于词项的相似度也称为字面相似度或关键词相似度，是指原文本中词项之间的相似度。计算词项间的相似度常用的度量方法有如下几种。

1）Jaccard 相似度。

Jaccard 系数度量了两个集合之间的关系，其定义如式（11-19）所示。

$$J(A,B)=\frac{|A\cap B|}{|A\cup B|} \tag{11-19}$$

从式（11-19）可以看出，Jaccard 系数关注的是两个集合中的共有元素。共有元素越多，则 Jaccard 系数越大，两个集合的相似性越大。其中集合中的元素可以是字符、词语、N 元组等，利用 Jaccard 系数计算两个文本的相似度，可先将文本分词，再根据两个文本中共有的词项利用式（11-19）计算相似度。

下面是一个计算实例：假设有两个样本文档 A、B，计算两者的 Jaccard 相似度。其中样本 A 为"文本分析技术非常厉害"，样本 B 为"文本分析技术很实用"。针对这两个样本首先将文档样本分割成词项，这里采用本章第二节介绍的 Jieba 默认的精准模式进行分词，样本 A 和样本 B 的分词结果分别如下：

$$A=\{'文本','分析','技术','非常','厉害'\}$$

$$B=\{'文本','分析','技术','很','实用'\}$$

根据式（11-19）可知，$J(A,B)=\frac{3}{7}=0.428\ 6$。

在实际运用时也可以定义 Jaccard 距离 $J_d(A,B)=1-J(A,B)$，即用 1 减去 Jaccard 系数，

此时J_d越大说明两者相似性越小。

2）编辑距离。

编辑距离又称为 Levenshtein 距离，Levenshtein 距离关注的是两个词项之间的差异性，即由一个词项转换成另一个词项所需要的最小编辑操作次数。这里的编辑操作是基于字符的操作，即一次操作编辑一个字符。编辑操作包括添加、删除或者替换。以两个词项（字符串）A 和 B 为例，它们之间的编辑距离可以定义如下：

$$\mathrm{lev}_{AB}(i,j)=\begin{cases}\max(i,j), & \text{如果 } \min(i,j)=0\\ \min\begin{cases}\mathrm{lev}_{AB}(i-1,j)+1\\ \mathrm{lev}_{AB}(i,j-1)+1\\ \mathrm{lev}_{AB}(i-1,j-1)+1_{(\text{如果}A_i\neq B_j)}\end{cases}, & \text{否则}\end{cases} \tag{11-20}$$

i，j 代表两个词项 A，B 中的第 i 和第 j 个字符。由式（11-20）可知，编辑距离是在上一步最小编辑距离的基础上推导出的，从上一步状态经过任何一种编辑操作得到的当前状态成本都会是加 1 的。编辑距离越大相似度越小。

下面是一个计算实例，假设有两个词项 A = "文本"，B = "文具"，则可知两者的编辑距离为 1，即从词项 A 经过一次替换操作变为词项 B。

3）汉明距离。

汉明距离（Hamming）则是度量两个长度相等的词项之间的距离。根据两个词项中对应位不同的数量来度量相似性大小，汉明距离越大表明相似度越低。假设两个词项 A = "文本分析"，B = "文本挖掘"，则根据汉明距离的定义可知 A 和 B 两者对应位不同的个数为 2，因此 $\mathrm{Hamming}(A,B)=2$；若两个词项 A = "文本分析"，B = "挖掘文本"，则根据汉明距离的定义可知 A 和 B 两者对应位不同的个数为 4，此时 $\mathrm{Hamming}(A,B)=4$。

4）Jaro 距离。

Jaro 距离衡量的是两个字符串之间的距离，其公式定义如下：

$$d_{jd}=\frac{1}{3}\left(\frac{M}{|A|}+\frac{M}{|B|}+\frac{M-T}{M}\right) \tag{11-21}$$

式中，M 代表两个词项 A，B 匹配的字符个数，$|A|$和$|B|$是词项的长度；T 为换位的次数，其计算方法为将两个词项 A，B 中相匹配的字符进行比较，相同位置但字符不同的个数除以 2 即为换位次数。需要注意的是这里的匹配是指来自 A 和 B 两个字符串中的相同字符距离不超过$\left(\frac{\max(|A|,|B|)}{2}\right)-1$时，则认为是匹配字符。例如假设 A = "文本分析"，B = "文本挖掘"，则匹配字符为'文'，'本'，$t=0$，则 $d_{jd}=0.667$。若 A = "文本分析"，B = "本文挖掘"，$t=1$，则 $d_{jd}=0.5$。

（2）基于向量的相似性度量方法。

基于词项的相似度主要用于计算两个词项之间的相似度，而基于向量的相似性度量方法则是将整个文档映射成一个向量再通过计算向量间的距离计算文档之间的相似度，即度量文档与文档之间的相似度。这种方式的基本模型称为向量空间模型，即文档集可以看作是一系列特征词组成的向量空间模型，在向量空间模型中不考虑文档集中词语之间的顺序关系。图 11-11 描述了向量空间模型的构造过程：

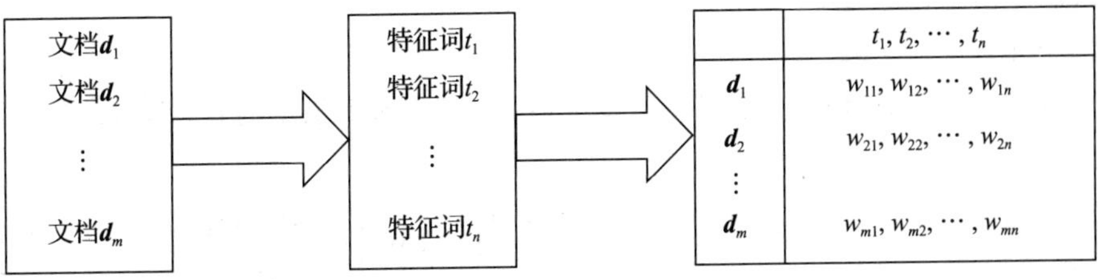

图 11-11　向量空间模型的构造过程

由图 11-11 可知一组文档集合 $\{\boldsymbol{d}_1, \boldsymbol{d}_2, \cdots, \boldsymbol{d}_m\}$，每一篇文档 $\boldsymbol{d}_i$ 可以表示为一组向量 $(w_{i1}, w_{i2}, \cdots, w_{in})$，其中 w_{ij} 表示特征词 t_j 的权重，如图 11-11 所示。通常当特征词表征文档能力越强，所赋予的权重越高。一种最简单的方式就是利用词频来表示特征词的权重，假设文本语料库包含 3 个文档，有 4 个特征词项，分别为"大数据"，"文本"，"分析"，"技术"。利用向量空间模型，表示成如下矩阵形式。

$$\boldsymbol{W} = \begin{pmatrix} 2 & 3 & 5 & 1 \\ 3 & 7 & 2 & 3 \\ 0 & 0 & 0 & 3 \end{pmatrix} \tag{11-22}$$

其中矩阵的行表示文档，列表示特征词项。矩阵中的元素 w_{ij} 表明第 i 篇文档中的第 j 个特征词项出现的次数。通过这样的表示后，每篇文档都可以表示为一个向量，如文档 $\boldsymbol{d}_1 = (2,3,5,1)$。文档与文档之间的相似度计算则变为了向量与向量之间的相似度计算。余弦距离是常用的向量与向量之间的相似计算方法。余弦相似度公式如下：

$$\mathrm{sim}(\boldsymbol{d}_i, \boldsymbol{d}_j) = \cos\frac{\vec{v}(\boldsymbol{d}_i) \cdot \vec{v}(\boldsymbol{d}_j)}{|\vec{v}(\boldsymbol{d}_i)| \cdot |\vec{v}(\boldsymbol{d}_j)|} = \frac{\sum_{t=1}^{n}(w_{it}, w_{jt})}{\sqrt{\sum_{t=1}^{n}(w_{it})^2} \times \sqrt{\sum_{i=1}^{n}(w_{jt})^2}} \tag{11-23}$$

仅仅利用词频作为特征词权重具有一定的缺点，易产生偏斜问题，即易于向文档数量多的方向倾斜。因此有很多其他改进方法计算特征权重，如本章前面介绍的 TF-IDF 方法等。

(3) 基于分布的相似性度量方法。

文档除了表示成上述的向量空间模型以外，还可以利用主题概率模型进行表示。主题概率模型是一种生成式模型，模型中主题表现为文档集合中若干词语的条件概率分布，文档是在多个主题上的概率分布。我们将在后面详细介绍主题概率模型。在此，仅讨论文档表示成概率分布以后如何求解文档与文档之间的相似性。这时可以通过统计距离来度量两者之间的相似度，其中最常使用的两种方法是 K-L 散度和 J-S 散度。

1) K-L 散度。

K-L 散度的定义公式如下：

$$D_{\mathrm{KL}}(P \parallel Q) = \sum_{i=1}^{N} P(x_i)\log\left(\frac{P(x_i)}{Q(x_i)}\right) \tag{11-24}$$

式中 P 和 Q 分别为概率分布，因此 K-L 散度度量了概率分布 P 和概率分布 Q 的对数差的期望，即反映了两者有多大差异。

2）J-S 散度。

由于 K-L 散度不具有对称性，J-S 散度主要用于解决 K-L 散度的非对称性问题，其公式如下：

$$D_{\mathrm{JS}}(P\|Q)=\frac{1}{2}\mathrm{KL}\left(P\left\|\frac{P+Q}{2}\right.\right)+\frac{1}{2}\mathrm{KL}\left(Q\left\|\frac{P+Q}{2}\right.\right) \tag{11-25}$$

通过式（11-25）可以看出 J-S 散度对于 P、Q 来说是对称的。

（4）基于深度学习的相似性度量方法。

向量空间模型和主题概率模型都是基于词的表示，但是未能将文档集合中词与词之间的顺序关系以及上下文的语义关系考虑到建模过程中。为了更好地表达语义关系，近年来深度学习方法得到迅速发展。第三节中我们已经介绍了常用的基于深度学习的词向量表示模型，通过表示后可以直接根据词向量之间的距离计算相似度，其中距离公式仍然可以采用余弦相似度计算公式。下面以 Word2vec 为例介绍相似度的计算过程。还是以两个文档为例，假设文档 A = {"文本聚类十分重要。"}，B = {"文本分类很实用。"}。首先将文档 A 和 B 分别进行分词处理，处理结果如下：

A = {'文本'，'聚类'，'十分'，'重要'}

B = {'文本'，'分类'，'很'，　'实用'}

利用 Word2vec 对词语进行表征，实验中以维基百科语料作为训练语料，选取向量维度为 100 维，使用 Python 中的 Gensim（Http://Pypi. Python. Org/Pypi/Gensim）工具包实现 Word2vec。以特征词"聚类" 为例，最终得到的 100 维词向量示例如下：[−7. 2159378e-01，7. 2500420e-01，4. 5519397e-01，1. 34977223e-01，−4. 4675052e-02，−3. 1165814e-01，…，−3. 9753205e-01，−1. 7396705e-01]。

按照上述方法可以得到 A、B 两个文档中每个特征词的词向量，将词向量取平均值作为每个特征词的表示，这样每个句子可以表示为一个由特征词词向量组成的向量模型，对于向量模型可以采用余弦相似度计算两个向量的相似度，进而计算出两个文档的相似度。A、B 两个文档经过上述步骤得到相似度值为 0. 765 6。

上述例子利用 Word2vec 对词语进行表征，进而计算两个文档的相似性。利用深度学习方法不仅可以对词项进行建模生成词向量，还可以对句子、文档进行建模，得到不同粒度的表示以更准确地计算相似性。

三、主题模型

主题模型是一种基于模型的聚类方法。它是一种生成式模型，模型中主题表现为文档集合中若干词语的条件概率分布。文档是在多个主题上的概率分布，即利用主题模型可以将文档、主题词从原始的基于词项的空间映射到同一个隐形语义空间中，此处的主题又可以称为话题。通过主题模型可以得到文档 - 主题，以及主题 - 词概率，而每一个主题可以被认为是一类，因此通过主题模型就可以得到主题的特征，即每个主题下的文档、词概率分布，进而描述出这一类主题的特征，实现文档的聚类过程，是一种无监督的学习方法。主题模型的基本结构如图 11-12 所示。从图 11-12 我们可以看出在主题模型中认为每篇文档有若干隐含主题，而每个隐含主题又由若干特定词汇组成。

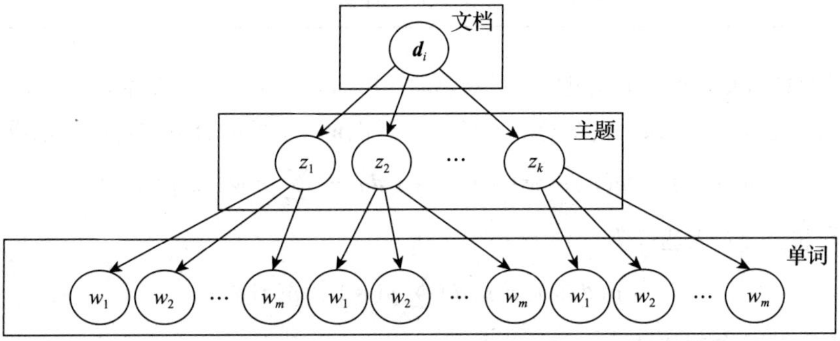

图 11-12　主题模型基本结构

主题模型中两个常用的模型是概率潜在语义分析 PLSA 模型和隐含狄利克雷分布 LDA 模型，其中 LDA 模型是为了解决 PLSA 过拟合问题。本部分将简要介绍这两种方法。

（1）PLSA 模型。

1）PLSA 模型结构。

PLSA 模型是托马斯·霍夫曼于 1999 年提出的。PLSA 模型的基本点是一个被称为方面（主题）的统计模型，方面模型就是关联于潜在类（主题）$\boldsymbol{z} \in Z = \{z_1, z_2, z_3, \cdots, z_k\}$ 的共现词的潜在可变模型，其中 K 为主题的个数。PLSA 的结构如图 11-13 所示。

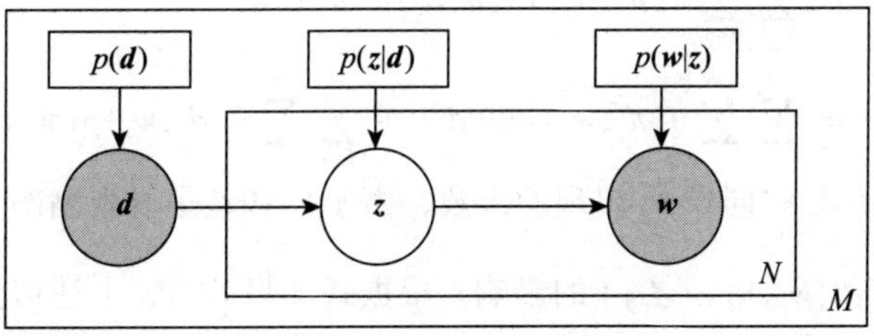

图 11-13　PLSA 模型的表示

其中 $\boldsymbol{d}$ 为文档，$\boldsymbol{w}$ 表示词，$\boldsymbol{z}$ 为潜在主题。$\boldsymbol{d}$ 和 $\boldsymbol{w}$ 为可观测的变量，$\boldsymbol{z}$ 为隐藏变量。N 和 M 分别表示文档集合中文本的总数和文档单词总数。$p(\boldsymbol{z} | \boldsymbol{d})$ 表示主题 $\boldsymbol{z}$ 在给定文档 D 下的概率分布，$p(\boldsymbol{w} | \boldsymbol{z})$ 表示单词在主题 $\boldsymbol{z}$ 下的概率分布。由上述模型结构可以看出 PLSA 被称为方面（主题）模型的意思，即文档被看成潜在的 K 个主题数的混合，每个方面就是单词 $\boldsymbol{w}$ 相对于主题 $\boldsymbol{z}$ 的概率分布，即一个文档的内容由其相关主题决定，一个主题的内容由其相关单词决定。根据 PLSA 模型，文档的生成过程如算法 11-1 所示。

算法 11-1：PLSA 模型的文档生成算法

1. 根据概率分布 $p(\boldsymbol{d})$ 选择一个文档 $\boldsymbol{d}$；
2. 对文档 $\boldsymbol{d}$ 中的每一个词语重复以下过程：
   2.1 根据概率分布 $p(\boldsymbol{z}|\boldsymbol{d})$ 选择一个隐含主题 $\boldsymbol{z}$；
   2.2 根据主题的词分布概率 $p(\boldsymbol{w}|\boldsymbol{z})$ 生成一个单词 $\boldsymbol{w}$。

由上述分析可知，在生成模型中，可观测的是单词变量 $\boldsymbol{w}$ 和文档变量 $\boldsymbol{d}$，生成的是单词-主题-文档三元组（$\boldsymbol{w},\boldsymbol{z},\boldsymbol{d}$）的集合，观测变量（$\boldsymbol{d},\boldsymbol{w}$）上的联合分布可以表示成：

$$p(\boldsymbol{d},\boldsymbol{w}) = p(\boldsymbol{d})p(\boldsymbol{w} \mid \boldsymbol{d}),p(\boldsymbol{w} \mid \boldsymbol{d}) = \sum_{z=Z} p(\boldsymbol{w} \mid \boldsymbol{z})p(\boldsymbol{z} \mid \boldsymbol{d}) \tag{11-26}$$

最终的联合分布表达式为

$$p(\boldsymbol{d},\boldsymbol{w}) = p(\boldsymbol{d}) \sum_{z \in Z} p(\boldsymbol{w} \mid \boldsymbol{z})p(\boldsymbol{z} \mid \boldsymbol{d}) \tag{11-27}$$

2）PLSA 模型参数估计。

根据式（11-26）可知 $p(\boldsymbol{w}|\boldsymbol{z})$、$p(\boldsymbol{z}|\boldsymbol{d})$ 是 PLSA 模型中需要求解的参数。$p(\boldsymbol{w}|\boldsymbol{z})$、$p(\boldsymbol{z}|\boldsymbol{d})$ 两者均服从多项式分布，用最大似然估计求解多项式分布参数估计。为了更好地描述 PLSA 模型参数的估计过程，设单词集合为 $\boldsymbol{w}=\{\boldsymbol{w}_1,\boldsymbol{w}_2,\cdots,\boldsymbol{w}_M\}$，文本集合为 $\boldsymbol{d}=\{\boldsymbol{d}_1,\boldsymbol{d}_2,\cdots,\boldsymbol{d}_N\}$，主题集合为 $\boldsymbol{z}=\{\boldsymbol{z}_1,\boldsymbol{z}_2,\cdots,\boldsymbol{z}_K\}$，构造极大似然函数 $L(\theta)$：

$$\begin{aligned} L(\theta) &= \ln \prod_{i=1}^{N} \prod_{j=1}^{M} p(\boldsymbol{d}_i,\boldsymbol{w}_j)^{n(\boldsymbol{d}_i,\boldsymbol{r}_j)} \\ &= \sum_{i=1}^{N} \sum_{j=1}^{M} n(\boldsymbol{d}_i,\boldsymbol{w}_j) \ln p(\boldsymbol{d}_i,\boldsymbol{w}_j) \\ &= \sum_{i=1}^{N} \sum_{j=1}^{M} n(\boldsymbol{d}_i,\boldsymbol{w}_j) \ln(p(\boldsymbol{d}_i)p(\boldsymbol{w}_j \mid \boldsymbol{d}_i)) \\ &= \sum_{i=1}^{N} \sum_{j=1}^{M} n(\boldsymbol{d}_i,\boldsymbol{w}_j) \ln p(\boldsymbol{d}_i) + \sum_{i=1}^{N} \sum_{j=1}^{M} n(\boldsymbol{d}_i,\boldsymbol{w}_j) p(\boldsymbol{w}_j \mid \boldsymbol{d}_i) \end{aligned} \tag{11-28}$$

式中，$n(\boldsymbol{d}_i,\boldsymbol{w}_j)$ 表示 $\boldsymbol{d}_i$ 中词项 $\boldsymbol{w}_j$ 出现的次数，由于 $\boldsymbol{w}$ 和 $\boldsymbol{d}$ 是可观测的变量，因此模型参数不受前项（$\sum_{i=1}^{N} \sum_{j=1}^{M} n(\boldsymbol{d}_i,\boldsymbol{w}_j) \ln p(\boldsymbol{d}_i)$）的影响。根据式（11-26），上述似然函数的优化问题可以表达为

$$\arg\max_{\theta} L'(\theta) = \arg\max_{\theta} \sum_{i=1}^{N} \sum_{j=1}^{M} n(\boldsymbol{d}_i,\boldsymbol{w}_j) \sum_{k=1}^{k} p(\boldsymbol{w}_j \mid \boldsymbol{z}_k) p(\boldsymbol{z}_k \mid \boldsymbol{d}_i) \tag{11-29}$$

在式（11-29）中 θ 为隐变量，隐变量模型中最大似然估计的标准过程是期望最大化（EM）算法。在第八章 EM 聚类算法中已经介绍了 EM 过程，即在 E 过程中假定参数已知，计算此时隐变量 θ 的后验概率，M 过程中代入隐变量的后验概率，最大化样本分布的对数似然函数，求解相应的参数。

具体地，EM 算法过程描述如算法 11-2 所示。

从上述 PLSA 文档生成过程可以看出它是一个无监督学习过程，且最终可以得到文档-主题概率 $p(\boldsymbol{z} \mid \boldsymbol{d})$，进而在同一主题下的文档可认为是一个簇即实现了文档聚类。同样也可

以得到主题－词概率 $p(\boldsymbol{w}\mid\boldsymbol{z})$，即实现了词语的聚类过程。

算法 11-2：EM 算法估计 PLSA 模型参数

1. 赋值初始参数 $\theta_{(0)}=\{p_0(\boldsymbol{z}\mid\boldsymbol{d}),p_0(\boldsymbol{w}\mid\boldsymbol{z})\}$，即设置 $p_0(\boldsymbol{z}_k\mid\boldsymbol{d}_i)$，$p_0(\boldsymbol{w}_j\mid\boldsymbol{z}_k)$；
2. 循环执行如下步骤直至收敛。

   2.1　在 E 步骤中，直接使用贝叶斯公式计算隐含变量在当前的参数值 $\theta_t=\{p_t(\boldsymbol{z}\mid\boldsymbol{d}),p_t(\boldsymbol{w}\mid\boldsymbol{z})\}$ 条件下的后验概率，即

$$p_t(\boldsymbol{z}_k\mid\boldsymbol{w}_j,\boldsymbol{d}_i)=\frac{p(\boldsymbol{w}_j\mid\boldsymbol{z}_k)p(\boldsymbol{z}_k\mid\boldsymbol{d}_i)}{\sum_{k=1}^{K}p(\boldsymbol{w}_j\mid\boldsymbol{z}_k)p(\boldsymbol{z}_k\mid\boldsymbol{d}_i)}$$

   2.2　在 M 步骤中，最大化对数函数的期望，最终可以估算出新的参数值，即

$$p_{t+1}(\boldsymbol{w}_j\mid\boldsymbol{z}_k)=\frac{\sum_{i=1}^{N}n(\boldsymbol{d}_i,\boldsymbol{w}_j)p(\boldsymbol{z}_k\mid\boldsymbol{d}_i,\boldsymbol{w}_j)}{\sum_{m=1}^{M}\sum_{i=1}^{N}n(\boldsymbol{d}_i,\boldsymbol{w}_m)p(\boldsymbol{z}_k\mid\boldsymbol{d}_i,\boldsymbol{w}_m)},$$

$$p_{t+1}(\boldsymbol{z}_k\mid\boldsymbol{d}_i)=\frac{\sum_{j=1}^{M}n(\boldsymbol{d}_i,\boldsymbol{w}_j)p(\boldsymbol{z}_k\mid\boldsymbol{d}_i,\boldsymbol{w}_j)}{n(\boldsymbol{d}_i)}$$

（2）LDA 主题模型。

1）LDA 模型结构。

LDA（Latent Dirichlet Allocation）主题模型是由 Blei 等学者在 2003 年提出的。LDA 是 PLSA 模型的一种改进，其在 PLSA 的基础上加上了贝叶斯框架。从 PLSA 模型生成文档的过程中可以看出文档 $\boldsymbol{d}$ 产生主题 $\boldsymbol{z}$ 的概率，主题 $\boldsymbol{z}$ 产生单词 $\boldsymbol{w}$ 的概率都是固定的值。在 LDA 中文档 $\boldsymbol{d}$ 产生主题 $\boldsymbol{z}$ 的概率，主题 $\boldsymbol{z}$ 产生单词 $\boldsymbol{w}$ 的概率，不再是固定的，而是服从多项式分布，分别记为 θ 和 φ。同时在贝叶斯学习中，将狄利克雷分布作为多项式分布的先验分布，模型结构如图 11-14 所示。由图 11-14 可知，在 LDA 模型中，可观测变量为 $\boldsymbol{w}$。主题分布是服从参数为 α 的狄利克雷分布的多项分布，而词分布是服从参数为 β 的狄利克雷分布的多项分布。LDA 模型的文档生成过程可以表示成算法 11-3。

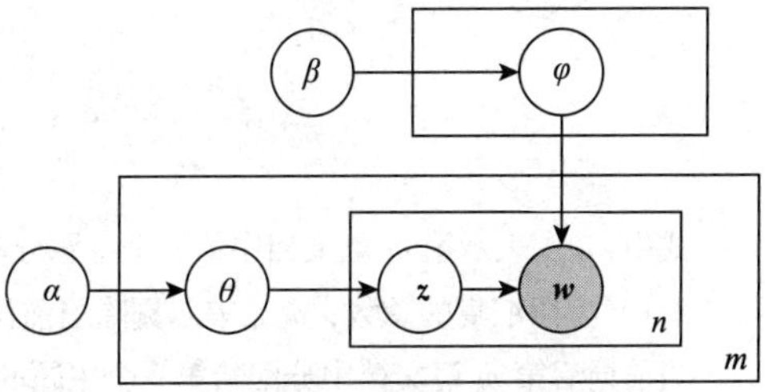

图 11-14　LDA 主题模型概率图

算法 11-3：LDA 模型的文档生成算法

1. 依据 $\theta\sim\text{Dirichlet}(\alpha)$ 生成文档的主题分布 θ；
2. 依据 $\varphi\sim\text{Dirichlet}(\beta)$ 生成词分布 φ；
3. 对文档 $\boldsymbol{d}$ 中的每一个词语重复以下过程：

   3.1　依据主题分布 θ 选择一个主题；

   3.2　依据词分布 φ 选择一个词。

2）LDA 模型参数估计。

求解 LDA 主题模型有两种基本方法。第一种与求解 PLSA 主题模型的方法类似，用 EM 算法进行参数估计。EM 算法虽然可以很快地达到让参数收敛的效果，但也很容易造成参数结果“局部最优”的问题。第二种是吉布斯采样（Gibbs Sampling）法，该方法是利用仿真技术，可以获得全局比较好的参数估计结果。算法 11-4 是对吉布斯采样法的简单描述。

算法 11-4：吉布斯采样法步骤

1. 设置参数：主题数 k 和超参数 α、β；
2. 初始化，将所有文档集合中的词汇随机赋予一个初始的主题，得到 $\mathbf{Z}^{(0)}$：$\{z_1^{(0)}, z_2^{(0)}, \cdots, z_i^{(0)}, \cdots, z_n^{(0)}\}$；
3. 更新词汇的主题编号，重新扫描语料库，对每一个词 w，按照如下的吉布斯公式抽样：

$$p(z_i = k \mid z_{\neg i}, w, \alpha, \beta) \propto p(z_i = k, w_i = t \mid z_{\neg i}, w_{\neg i}, \alpha, \beta)$$
$$\propto \frac{(n_{k,\neg i}^{(t)} + \beta_t)}{\sum_{t=1}^{|V|}(n_{k,\neg i}^{(t)} + \beta_t)} \cdot \frac{n_{m,\neg i}^{(k)} + \alpha_k}{\sum_{k=1}^{K}(n_{m,\neg i}^{(k)} + \alpha_k)}$$

4. 迭代重复第 3 步的基于坐标轮换的吉布斯采样，直至所有词汇的 $p(z_i = k \mid z_{\neg i}, w, \alpha, \beta)$ 达到收敛状态，得到所有词汇确定的主题；
5. 按照下面两个公式计算文档 - 主题分布、主题 - 词语分布的估计值。

$$\theta_{m,k} = \frac{n_{m,\neg i}^{(k)} + \alpha_k}{\sum_{k=1}^{K}(n_{m,\neg i}^{(k)} + \alpha_k)}$$

$$\varphi_{k,t} = \frac{n_{k,\neg i}^{(t)} + \beta_t}{\sum_{t=1}^{|V|}(n_{k,\neg i}^{(t)} + \beta_t)}$$

式中，$\theta_{m,k}$ 表示第 m 篇文档中第 k 个主题分布的概率，$\varphi_{k,t}$ 表示第 k 个主题中词汇 w_t 出现的概率，$|V|$ 为词汇集的总数，$n_{k,\neg i}^{(t)}$ 表示剔除当前词后第 t 个词分配给第 k 个主题的次数，$n_{m,\neg i}^{(k)}$ 表示剔除当前词后第 m 篇文档中分配给第 k 个主题的词汇个数。

在运用 LDA 模型时需要确定主题的个数。通常情况下通过困惑度来判断。在信息论中，困惑度是用来评估一个概率模型或者分布预测样本好坏的程度。其计算公式为

$$\text{perplexity} = \exp\left(-\frac{\sum \log p(w)}{N}\right) \tag{11-30}$$

式中，$p(w)$ 是测试集中每一个词出现的概率，N 是测试集中出现的所有词。困惑度越低说明赋予测试集的词表大小的期望值越高，说明该语言模型较好。因此可以计算不同主题个数下困惑度的值，进而选取合适的主题个数。

四、文本数据流聚类算法

文本数据流聚类要求算法具有实时性、高效性，即算法对大量数据集不能进行多遍扫描。同时算法要能够处理概念漂移问题，即随着数据的流入，数据模式可能会发生改变，因

此算法需要具备自适应性。由于文本数据流比普通数据流具有更高的维数和稀疏性，这使得文本数据流的处理具有较大的挑战性。目前常见的文本数据流聚类算法多是在原有算法上的拓展的。本节将介绍 OSKM 算法和 OLDA 算法。

（1）OSKM 算法。

OSKM（Online Spherical K-Means Clustering）算法是 Zhong 于 2005 年提出的，是目前在处理大规模文本数据流聚类中比较有代表性的一个算法。它是一种可扩展方法，基本思想是将数据流分割成若干个数据子块，分别连续地对各个数据子块进行处理。OSKM 算法是在球面 K-Means 算法上（SPKM）的扩展，采用 WTA（Winner-Take-All）规则在线更新聚类中心。引入权重因素同时考虑历史聚类中心和新进入文本对聚类结果的不同影响，通过衰减因子解决数据流的概念漂移问题。具体的聚类算法可以表示成算法 11-5。

算法 11-5：OSKM 文本数据流聚类算法

输入： 文本数据集 $\boldsymbol{X}=\{\boldsymbol{x}_n\}_{i=1,2,\cdots,N}$，聚类个数 $\boldsymbol{K}$，分段长度 S，迭代次数 M 以及衰减因子 $\gamma(0<\gamma<1)$。

输出： K 个聚类中心 $\{\boldsymbol{\mu}_1,\boldsymbol{\mu}_2,\cdots,\boldsymbol{\mu}_k\}$。

1. 初始化 K 个聚类中心 $\{\boldsymbol{\mu}_1,\boldsymbol{\mu}_2,\cdots,\boldsymbol{\mu}_k\}$，设置初始历史向量 $\{\boldsymbol{c}_1,\boldsymbol{c}_2,\cdots,\boldsymbol{c}_k\}$ 为空向量，相应的权重向量 $\{\boldsymbol{w}_1,\boldsymbol{w}_2,\cdots,\boldsymbol{w}_k\}$ 为 0，分段索引 $T=0$；
2. 按照分段长度读取 S 个数据，$T=T+1$
   2.1　将每个新到达的文本数据的权重设为 1；
   2.2　将新到达的 S 个数据与 K 个聚类中心一起执行 K-Means 聚类算法并迭代更新聚类中心。
   设置 $i=0$；
   迭代执行下述 2 个步骤 M 次：
      2.2.1　对每个新流入的数据 $x_n(n=1,2,\cdots,\boldsymbol{S})$，依据 $y_n=\arg\max\limits_k x_n^T\mu_k$ 找到最近的中心点，依据式（11-31）更新中心点；令 $I=I+1$；

$$\boldsymbol{\mu}_{y_n}^{(\text{new})}\leftarrow\frac{\boldsymbol{\mu}_{y_n}+\boldsymbol{\eta}^{(i)}\boldsymbol{x}_n}{\left\|\boldsymbol{\mu}_{y_n}+\boldsymbol{\eta}^{(i)}\boldsymbol{x}_n\right\|}\tag{11-31}$$

      2.2.2　对每个历史向量 $\boldsymbol{c}_k(k=1,2,\cdots,\boldsymbol{K})$，依据 $y=\arg\max\limits_k c_k^T\mu_k$ 找到最近的中心点，依据式（11-31）更新中心点；令 $I=I+1$；

$$\boldsymbol{\mu}_{y}^{(\text{new})}\leftarrow\frac{\boldsymbol{\mu}_{y}+\boldsymbol{\eta}^{(i)}\boldsymbol{w}_k\boldsymbol{c}_k}{\left\|\boldsymbol{\mu}_{y}+\boldsymbol{\eta}^{(i)}\boldsymbol{w}_k\boldsymbol{c}_k\right\|}\tag{11-32}$$

   2.3　在聚类完成得到 K 个聚类后，更新聚类中心，并通过引入衰减因子按照式（11-33）对权重进行更新：

$$\boldsymbol{c}_k\leftarrow\boldsymbol{\mu}_k,\boldsymbol{w}_k\leftarrow\gamma(\boldsymbol{N}_k+\boldsymbol{w}_k)\tag{11-33}$$

3. 重复整个步骤 2 直到数据流结束或达到人为设定的终止条件。

在上述算法中，样本点之间的距离以余弦相似度进行度量，因此要以寻找最近的中心点以最大化样本到中心点的余弦相似度值为目标。式（11-31）和式（11-32）说明聚类中心更新过程是根据新的聚类结果中数据的权重进行的。式（11-33）引入了衰减因子更新权重，其中 N_K 是指聚类到簇 K 中新流入的数据总数，而 w_K 指聚类到簇 K 中历史数据的权重和。

（2）OLDA 算法。

OLDA 算法也称为 Online LDA 算法，即在线主题建模。在线主题建模考虑文本的流入顺序，将文本集划分到不同的时间窗口中。其基本思想是由 Alsumait 等人于 2008 年提出的。主要流程为首先在每个时间窗口内对新流入的数据进行主题建模，其次将当前生成的模型作为下一时间段的先验知识。在没有从语料库中观察到所有单词之前，超参数 β 可以解释为从主题中抽取的单词次数的先验观察，因此前一个时间段的 LDA 结果可以作为后一个时间段 LDA 模型中的先验参数 β。在上述思想下，OLDA 算法通过定义一个演化矩阵 B 和一个权重向量 w 构造下一个时间段主题模型中的先验参数 β，其中演化矩阵保存了历史主题信息。具体地，设 B_k^{t-1} 为第 $T-1$ 时刻主题 K 的演化矩阵，设 ω^δ 为不同时间片的权重（第 $T-1$ 时间窗口内 δ 个时间片），则 $\varphi_k^t \sim \text{Dirichlet}(B_k^{t-1}\omega^\delta)$。第 T 个时间窗口内 OLDA 算法可以表示成算法 11-6。

算法 11-6：OLDA 模型的文档生成算法（第 T 个时间窗口）

1. 对每一个主题 K，依据 $\varphi_k^t \sim \text{Dirichlet}(B_k^{t-1}\omega^\delta)$ 生成词分布 φ_k^t；
2. 对每一篇文档 d 执行下列操作：
   2.1 依据 $\theta_d^t \sim \text{Dirichlet}(\alpha^t)$ 生成文档的主题分布 θ_d^t；
   2.2 对文档 $\boldsymbol{d}$ 中的每一个词语重复以下两个过程：
      2.2.1 依据主题分布 θ_d^t 选择一个主题；
      2.2.2 依据词分布 φ_k^t 选择一个词；

OLDA 算法在不同时间窗口中进行主题建模，同时利用演化矩阵将主题信息保存起来，因此 OLDA 算法适合从在线的文本数据流中分析主题的变化情况。根据相邻时间段中主题信息间的相似性，可以实现对已有话题演化的分析及新话题的检测。其中相似性度量方法可以采用 K-L 散度或 J-S 散度。

由于 OLDA 算法提供了一个话题演化分析的框架，近年来有很多学者基于此算法框架提出了一些改进策略，包括如何区分不同话题演化能力强弱、传递何种先验信息以及如何更准确度量主题之间的相似度等。

第六节　应用案例

深圳证券交易所（以下简称深交所）建立文本信息数据库，文本挖掘助力证券智能监管。基于各类文本等非结构化、结构化数据进行决策正在变成各行各业的主要信息应用模式，大数据及其处理技术逐渐成为企业的核心价值和技术领先标志，这在金融市场尤其是资本市场中表现得更为明显。资本市场信息流的主体是文本信息，“互联网 +”背景下的文本信息量及传播模式对监管工作形成的挑战凸显，证券价格受信息驱动的影响更为明显，只有在对信息流的运作有相当程度理解的基础上，才能实现风险管理、政策模拟、市场效应等深层次的监管和服务。面对信息驱动模式下经济、金融风险监测工作的严峻形势，如何对非结构化的文本信息进行分析并用于监管已经成为当前深交所必须解决的问题和技术攻关项目。

基于文本挖掘技术的证券智能监管项目以推进监管转型、提升服务质量为总体目标，紧紧把握大数据时代下证券市场监察、上市公司监管、网络舆情监控的信息服务需要，侧重于对信息的快速加工、精准反应应用。项目以“文本信息数据库”为基础构建架构，结合监管转型业务需要，推进完成“抢帽子交易操纵网络信息监测系统”“信息披露直通车公告类别整合系统”和“智能资讯服务系统”等创新应用项目。项目正式启动以来，有效地提升了大数据市场监察水平和上市公司信息披露智能化水平，在证券监管系统内形成了良好的示范效应，促进系统内文本挖掘智能监管平台的建设。

“文本信息数据库”的目标是打造企业级市场资讯存储和服务平台。构建集信息搜集、加工处理和分析、信息服务、评价反馈于一体的资讯管理信息化智能服务平台，通过整合信息搜集渠道和改进信息搜集效率，提高对重要信息采集处理的及时性和有效性，实现对多种类型信息源的采集、分类和存储，建立共享性好、安全性好、可扩展的信息资源库。“文本信息数据库”为市场异常波动期间深交所监控市场风险、分析市场信息传播情况提供了有效的数据支持。在市场异常波动之前，平台基于项目成果每日快速把握市场热点、公司公告、分析师研报、网络舆情等情况，深入分析市场特别是创业板的快速大幅上涨情况，以及各种可能的风险因素。市场异常波动期间，平台能结合微信、微博等新媒体信息传播特点，挖掘出可能引起市场恐慌的负面信息线索，为管理层制定救市对策提供了有效的数据支持。

“抢帽子交易操纵”是指证券公司、咨询机构、专业中介机构及其工作人员，买卖或持有相关证券，并对该证券或其发行人、上市公司公开做出评价、预测或者投资建议，以便通过期待的市场波动获得经济利益的行为。“抢帽子交易操纵网络信息监测系统”旨在利用文本挖掘技术进行证券市场监控的尝试，通过对文本挖掘技术（包括证券行业领域知识库的构建、财经类文本特征的筛选、文本分类算法的构建、文本信息抽取方法）的研究，构建包含文本信息和市场数据信息的综合市场监控模型，逐步探索积累文本挖掘在金融证券领域的应用经验，为防范和打击证券违法犯罪行为起到重要作用。深交所通过“抢帽子交易操纵网络信息监测系统”推送的荐股信息，同时结合账户交易数据，开展了大量抢帽子交易异常账户识别工作，有效打击了投资者在荐股前买入荐股后卖出、买入推荐股票比重大、买入推荐股票放量等各种异常交易行为，有效遏制了市场操纵等违法违规行为。

“信息披露直通车公告类别整合系统”采用历史公告文本数据构建了公告“自动标注机”过滤获取公告类别训练数据文件，采用改进后的机器学习方法（层次分类算法）构建公告文本分类器（如重大资产重组、股东大会等类别公告）。各类公告分类器测试样本召回率达99%以上，有效地排除了多起上市公司直通披露错误类别标注风险，杜绝了类别标注错误可能造成的巨大社会影响，对交易所公司监管提供了有力支持。

“智能资讯服务系统”以网络新闻、电子报、股吧、博客、微信、微博、互动易、券商研究报告和上市公司公告为收集对象，按照公司监管、市场监察、市场分析、舆情监测的业务需求对相应的文本数据进行分类标识、热度分析和情感分析，帮助监管员事前提示监控重点，事中进行快速监控分析，事后进行违规深度分析，有效提升交易所一线监管效率，全面提高深交所风险监测和预研预判的科技监管能力。

深交所在行业内率先构建了统一的文本信息数据库，并建成了集信息搜集、加工处理、智能分析、信息服务于一体的文本信息数据库平台，促进了监管转型，降低了监管成本，全面提高了监管工作的智能化水平。

◎ 思考与练习

1. 文本分析有哪些特点？
2. 文本分析面临的挑战有哪些？
3. 文本分析的基本流程是什么？
4. 常用的分词方法有哪些，分别有什么特点？请利用这些分词工具对“文本分析在医疗、金融、社会管理等领域都有广阔的应用前景”。这句话进行分词处理，并比较结果。
5. 词向量表征技术有哪几类，请简要说明 Word2vec 模型思想。
6. 请简要说明利用卷积神经网络 CNN 进行文本分类的过程。
7. 请简要分析 LDA 模型和 PLSA 模型的区别。
8. 请利用 LDA 模型对 Twitter 中的健康新闻语料进行分析，语料的下载地址为：Https://Archive. Ics. Uci. Edu/。

◎ 本章扩展阅读

[1] 宗成庆. 统计自然语言处理 [M]. 北京：清华大学出版社，2013.

[2] 刘通. 在线文本数据挖掘：算法原理与编程实现 [M]. 北京：电子工业出版社，2019.

[3] 撒卡尔. Python 文本分析 [M]. 闫龙川，高德荃，李君婷，等译. 北京：机械工业出版社，2018.

[4] 李航. 统计学习方法 [M]. 2 版. 北京：清华大学出版社，2019.

[5] 唐琳，郭崇慧，陈静锋. 中文分词技术研究综述 [J]. 数据分析与知识发现，2020，4(1)：1-17.

[6] 裴可锋，陈永洲，马静. 基于 OLDA 的可变在线主题演化模型 [J]. 情报科学，2017(5)：63-68.

[7] YAO L，GE Z. Cooperative deep dynamic feature extraction and variable time-delay estimation for industrial quality prediction [J]. IEEE Transactions on Industrial Informatics，2020，17(6)：3782-3792.

[8] ZHANG N，WANG J，MA Y. Mining domain knowledge on service goals from textual service descriptions [J]. IEEE Transactions on Services Computing，2017，13(3)：488-502.

[9] BOUAKKAZ M, OUINTEN Y, LOUDCHER S, et al. Efficiently mining frequent itemsets applied for textual aggregation [J]. Applied Intelligence, 2018, 48(4): 1013-1019.

[10] ROBINSON R, GOH T T, ZHANG R. Textual factors in online product reviews: a foundation for a more influential approach to opinion mining [J]. Electronic Commerce Research, 2012, 12(3): 301-330.

[11] UR-RAHMAN N, HARDING J A. Textual data mining for industrial knowledge management and text classification: a business oriented approach [J]. Expert Systems with Applications, 2012, 39(5): 4729-4739.

[12] THORLEUCHTER D, VANDENPOEL D, PRINZIE A. Mining ideas from textual information [J]. Expert Systems with Applications, 2010, 37 (10): 7182-7188.

[13] HOCHREITER S, SCHMIDHUBER J. Long short-term memory [J]. Neural Computation, 1997, 9(8): 1735-1780.

[14] ZHONG S. Efficient Streaming Text Clustering [J]. Neural Networks the Official Journal of the International Neural Network Society, 2005, 18 (5-6): 790-798. 2017, 13(3): 488-502.

C H A P T E R 1 2

第十二章

Web 分析

随着互联网在近几十年的飞速发展以及个人上网的普及，互联网已经成为世界上规模最大的公共数据源，它涉及各个领域，如何挖掘和利用互联网中的有用信息和知识成为数据挖掘研究的热点。Web 分析作为数据挖掘的一个应用领域，涉及 Web 技术、数据挖掘、计算机语言、信息学等多个领域的综合技术，已经引起了人们的关注，成为数据挖掘领域研究的前沿主题之一。本章将介绍 Web 分析的概念、分类、基本流程等基础内容，然后通过实例阐明 Web 分析的应用。

■ 学习目标

- 理解 Web 分析的概念
- 理解 Web 分析的种类和功能
- 掌握 Web 内容分析、结构分析和使用分析的基本方法
- 理解 Web 分析在实际场景中的应用

■ 知识结构图

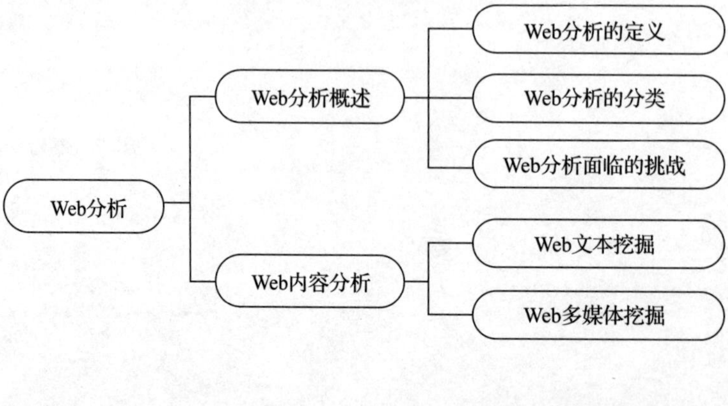

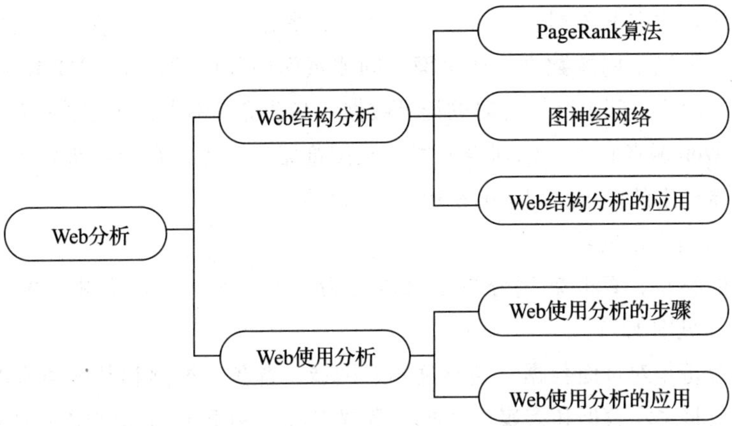

第一节 Web 分析概述

一、Web 分析的定义

美国未来学家奈斯比特曾经说过“我们淹没在信息海洋中，却不得不面临知识的饥渴”。这形象地反映出互联网时代人们所处的环境，即信息的日益泛滥和有用信息的缺失。随着 Web 用户获取有用信息的机会成本不断上升，从这些庞杂的数据中找到有用知识的需求也越来越迫切。而数据挖掘技术的日益成熟为 Web 数据的分析提供了条件。

Web 分析的概念最早是由奥伦埃奇奥尼在 1996 年提出的，现如今它已经发展成为一个涉及数据挖掘、文本挖掘、机器学习等多学科交叉的领域。不同领域的学者对 Web 分析有着不同的定义，以下给出一些具有一定影响力的 Web 分析定义。

奥伦埃奇奥尼在 1996 年将 Web 分析定义为“利用数据挖掘技术自动从 Web 文档与服务中发现或抽取信息”；Srivastava 借鉴数据挖掘的定义，将 Web 分析定义为“从 Web 文档和 Web 活动中抽取感兴趣的、潜在的有用模式和隐藏的信息”。

本节采用的是一种更为一般的定义，即 Web 数据分析是从大量 Web 文档的集合 C 中发现隐含的模式 P。如果将 C 看作是输入，将 P 看作是输出，那么 Web 数据分析的过程就是从输入到输出的一个映射 $C \rightarrow P$。

二、Web 分析的分类

（1）Web 数据的分类。

作为 Web 分析的对象，Web 数据包括内容数据（Content Data）、结构数据（Structure Data）以及日志数据（Usage Data）三种数据类型，分别对应于 Web 数据的语义（Semantic）、语法（Syntactic）与语用（Pragmatic）三个层次。内容数据是指以页面为载体的数据（如半结构化或非结构化的文本数据、图像数据、音视频数据等）及其元数据。结构数据是描述内容格式规定与组织结构的数据，如页面之间或页面内部的超链接、HTML 标签、XML 标签。日志数据是用户访问页面内容时的记录数据。在系统级别中，按照数据产生的位置，日志数据又分为 Web 服务日志、代理服务器以及浏览器端日志；在应用级别中，日志数据主要是应用服务器产生的日志，记录的是用户行为数据。

（2）Web 分析方法的分类。

根据数据的类型，Web 数据分析也可以分为三类：Web 内容分析、Web 结构分析和 Web 使用分析（见图 12-1）。

Web 内容分析是对页面数据（包括文本、图像、音频、视频和其他类型的数据）的分析。针对的对象是文本数据和多媒体数据，数据来源于网页上的非结构化的文本（通常是 HTML 格式）。从信息检索的角度来看，Web 内容分析的任务是帮助用户过滤信息，提高信息检索质量；从数据库的角度来看，Web 内容分析主要是试图建立 Web 站点的数据模型并集成，使其可以支持复杂查询，而不再是简单的基于关键词的搜索。如今，Web 内容分析主要包括页面分类、页面聚类、元数据（Metadata）抽取、实体（Entity）数据抽取、本体学习（Ontology Learning）和数据间隐藏的模式（Pattern）等。

Web 并不是一个简单的页面集合，Web 结构分析的基本思想将 Web 看作一个巨大的以页面为节点、页面之间的超链接作为有向边构成的一个网状结构的有向图。这类结构中往往隐含着大量有价值的信息。利用图论对 Web 拓扑结构进行分析，可以发现重要页面和权威页面，以确定网站合理性。目前，Web 结构分析主要包括页面检索结果的排序、基于主题的页面聚类、Internet 宏观特性（如小世界特性、非尺度特性等）的分析与应用。

Web 使用分析的本质是根据 Web 用户的访问日志来提取用户的特征，所以有的学者也将其称为 Web 日志分析。Web 使用分析在电子商务领域有着重要的研究意义，它能通过挖掘相关的 Web 日志记录，发现用户访问 Web 页面的模式，并通过分析隐藏在用户访问 Web 页面的日志记录中的规律，识别用户的偏好、满意度和忠实度，发现潜在用户，并为用户提供个性化推荐服务。

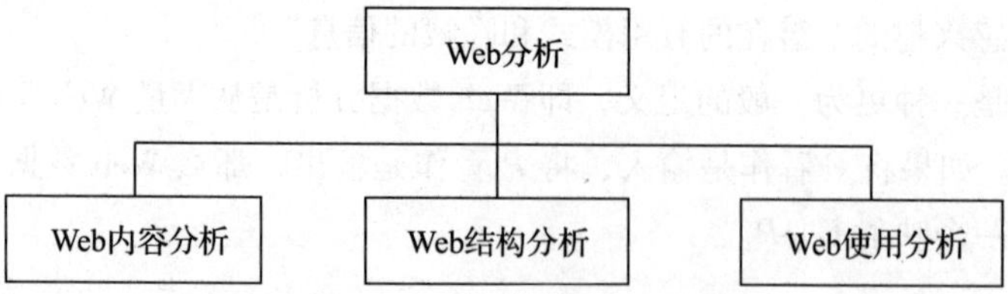

图 12-1　Web 数据分析的分类

三、Web 分析面临的挑战

（1）Web 数据的高度复杂性。

Web 数据的高度复杂性具体体现在数据的异构性、半结构化特性、动态性以及存在噪声数据等多个方面。

1）异构性。

数据的异构性是指数据的结构不同。Web数据的异构性表现在以下两个方面：一方面，作为分析对象的页面数据（包括文本、多媒体等）、超链接数据以及日志数据本身是异构的；另一方面，Web网站作为数据源，其信息组织方式也是异构的。

2）半结构化特性。

按数据结构及其模式的独立性，数据可分为结构化数据、半结构化数据以及非结构化数据。同传统关系型数据库中的数据一样，Web日志数据的数据与模式是完全独立的，这种类型的数据是结构化数据。但对于Web页面数据，模式信息与数据值混合在一起，很难对这类数据进行模式化，这种自描述的数据就是半结构化数据。针对Web页面数据的半结构化特性，需要研究页面数据的建模、集成与检索等方面的问题。

3）动态性。

Web数据具有高度的动态性。这种动态性不仅表现在Web数据量的爆炸性增长上，还表现在网页数据的频繁更新上。Web页面内容经常会动态地发生改变，如新闻、公告、通知、股票等，页面之间的超链接数据以及用户访问的日志数据也会动态更新。Web数据的动态性要求Web分析方法能够发现数据在页面内容动态变化过程中的时序规律，同时还应具有较高的效率，满足时效性需求。

4）存在噪声数据。

互联网数据的快速增长导致大量噪声数据的产生。噪声数据的存在会干扰Web数据挖掘的结果质量，尤其是对于一些噪声敏感的挖掘算法，噪声数据可能会使挖掘结果出现大的偏差。噪声数据主要有两种，一种数据是Web页面中与挖掘应用无关的信息，如广告、版权声明；另一种数据是质量低下的页面信息。由于Web上发布的信息缺乏质量控制机制，所以这些信息的质量与正确性无法得到保证。对于细粒度的Web挖掘，需要研究如何识别并去除噪声数据，以保证挖掘质量。

（2）Web数据检索的局限性。

搜索引擎是获取Web数据的一种重要手段，但是Web数据的复杂性和常用获取数据方法的缺陷，导致搜索引擎在Web数据检索方面还存在以下问题。

1）丰度问题。

丰度问题（Abundance Problem）是由美国康奈尔大学克莱因伯格教授提出的。丰度问题表现为Web信息总量虽然很大，但对于某一个特定的用户来说，能使其感兴趣的Web信息却相对较少，即“99%的Web信息对于99%的Web用户是没有用处的”(Dunham, 2002)。例如，在搜索引擎中检索与“Machine Learning Trend”相关的文献，返回出的结果中排名靠前的几乎没有既符合检索条件又具有一定权威性的文献。因此，丰富的数据资源在为Web用户提供更多感兴趣的资源的同时，也给Web用户带来了严重的信息负荷(Information Overload)。想要解决丰度问题，重点在于如何在页面爬取、索引或检索的过程中识别出权威度较高的页面，然后根据页面的权威度以及与用户检索需求的相关程度对结果进行排序。

2）有限覆盖问题（Limited Coverage Problem）。

根据已有研究表明，现如今搜索引擎对 Web 数据的检索范围只是在 Web 数据海洋的表层页面，这类可以被谷歌、雅虎等搜索引擎的爬虫爬取并进行索引的页面被称为 PIW；但是还有大量的、有价值的 Web 页面却位于深层页面（Deep Web）中。深层页面的数据量要远高于 PIW 中的页面数量，其页面数据大概是 PIW 页面数量的 400～500 倍，这个数量已经远高于各类搜索引擎对 Internet 上页面数量的估计。此外，美国 BrightPlant 公司的研究发现，深层页面中 95% 页面都是面向公众开放的，但由于访问这些页面的时候需要输入特定的信息，并且不同网站页面表格之间存在异构性，让传统搜索引擎无法自动获取这类页面。为解决有限覆盖的问题，需要研究深层页面或隐含 Web（Hidden Web）的爬取方法，其难点在于如何实现表格信息的自动分析与处理。

3）检索接口的局限性。

虽然现在各种主流的搜索引擎进行检索时的检索条件不是完全相同，但一般都采用关键词或者关键词逻辑组合的方法作为检索条件进行检索，可由于自然语言词汇拥有一词多义与一义多词的特性，这类检索接口往往并不能准确地表达出用户的检索意图。一词多义导致搜索引擎返回的很多搜索结果是无用的，降低了检索的精度；一义多词则导致搜索引擎不能将全部的结果返回，降低了检索的召回率。针对这方面问题，一方面，需要研究如何利用语义信息与上下文信息来表达用户的检索意图；另一方面，需要研究支持语义信息与上下文的索引结构与相应的检索方法。

4）缺少个性化检索机制。

目前搜索引擎提供给用户的是无差别的资源检索界面与结果显示。但因为不同用户感兴趣的领域不同，所以用户对相同检索结果的评价也不同。这种不区分检索用户的搜索方式很难真正满足用户的需求。系统对 Web 用户个性特征理解的准确程度将影响个性化检索的质量。为提高个性化检索的质量，研究如何获得用户的知识背景、兴趣等个性特征以及如何根据这些特征对检索结果进行过滤与重新排序显得十分重要。

第二节 Web 内容分析

Web 内容分析是从文档内容或其描述中抽取知识的过程。Web 内容分析主要包括文本挖掘（Text Mining）和多媒体数据挖掘（Multimedia Data Mining）两类。挖掘对象包括文本、图像、音频视频等多种 Web 页面信息。实际应用中分析最多的是对文本信息的分析，所使用到的数据挖掘技术主要是文本分类与文本聚类方法。Web 内容既包括网页，也包括搜索引擎的结果，其中大多数的数据是非结构化或半结构化的。对非结构化的文本进行的 Web 挖掘被称为文本挖掘，是 Web 分析中重要的领域，目前 Web 内容分析的研究以 Web 文本挖掘为主。Web 多媒体数据挖掘可以从多媒体数据中提取隐藏的知识，或其他没有直接存储在多媒体数据库中的模式，它通常先提取多媒体数据的特征，然后再用传统的数据挖掘方法做进一步的分析。

一、Web 文本挖掘

以 Web 文本为分析对象的文本挖掘被称为 Web 文本挖掘。Web 文本挖掘主要通过应用数据挖掘技术从 Web 页面的文本内容中发现有价值的信息，帮助人们从大量的 Web 文本数据中找出隐藏的、潜在的关联模式。Web 文本挖掘的主要功能包括预测和描述。

（1） Web 文本挖掘的过程与方法。

Web 文本数据的种类有很多，因而 Web 文本挖掘的种类也有很多。虽然 Web 文本挖掘的方法之间存在着差异性，但是这些方法遵循的处理过程一般都是相同的，如图 12-2 所示。Web 文本挖掘首先要从 Internet 上抓取 Web 文本，对这些数据进行预处理和分词，然后再把 Web 文本转化成二维表，表格的形式为每一列表示一个特征，每一行表示一个 Web 页面的特征集合。其中 Web 文本挖掘过程中至关重要的一环就是对特征子集的提取。在完成对文档特征子集的提取后，可以利用数据挖掘的方法提取面向特定应用的模式并进行评价。如果评价的结果满足一定的要求，则存储起来；否则返回到前面的某个步骤继续进行新一轮的挖掘工作。

图 12-2 Web 文本挖掘的一般过程

Web 文本挖掘的方法主要包括文本摘要、文本分类和文本聚类等。

1） 文本摘要。

文本摘要是指从文本（集）中抽取关键信息，以简洁的方式对文本（集）中的主体内容进行总结。这样做可以使用户在不阅读全文的情况下对文本（集）的内容有比较全面的了解，使用户可以判断出是否需要对文本（集）做深入阅读。文本摘要在很多情景下十分有用，例如，用户在使用搜索引擎进行检索时，搜索引擎向用户返回检索结果的时候通常需要给出文本的摘要。现在绝大部分搜索引擎返回的文本摘要只截取文本的前几行，但文本的前几行往往并不能对文本进行一个有效的总结，因此这种方法很明显存在一定的缺陷。

2） 文本分类。

分类的方法被广泛地应用于人类社会与科学领域的各个方面，是保存和处理信息与知识的最有效的方式之一。在 Web 数据的处理中，文本分类是把一些被标记的文本作为训练集，按照文本属性和文本类别之间的关系模型预测待标记的文本的类别。文本分类的效果可以用召回率和准确度来衡量。召回率是正确分类的文档数与实际相关文档数之比，准确度是分类中正确分类的文档与总文档数之比。

3） 文本聚类。

文本聚类是指根据文本的不同特征将它们划分为不同的簇，目的是使文档集合分成一个个的文档簇，要求归属于同一簇文本之间的差别尽可能得小，不同簇间的文本差别尽可能得大。文本聚类与文本分类不同，聚类没有预先对主题定义类别标记，这些标记需要通过聚类学习算法自动确定。文本聚类的算法也有很多种，聚类算法大致可以分为两类，即以GHAC 等算法为代表的层次聚类（Hierarchical Clustering）法和以 K-Means 等算法为代表的划分聚类法。

（2）Web 文本挖掘的应用。

Web 文本挖掘在搜索引擎领域和自然语言理解领域有着广泛的应用。

1）搜索引擎领域。

Web 文本挖掘可以充分利用万维网资源，提高搜索效率与精准度，使搜索引擎返回与用户检索条件更加匹配的结果，从而提高 Web 文档的利用价值。Web 文本挖掘对搜索引擎的搜索结果做到了有效的文本聚类，如谷歌的“精化查询”。在信息检索领域中，善用聚类分析产生的聚类文件结构能够改进检索的效果和效率。聚类分析能对搜索结果进行合理的整合：类似文档聚类的过程，按照页面摘要或页面之间的相似程度分为多个簇，相似度高的聚集在一个簇内，使每个簇形成一个中心。用户在检索时，搜索引擎把搜索内容和簇中心进行比较可以更快地得到搜索结果，提高查询的查全率和查准率。

2）自然语言理解领域。

自然语言理解是人工智能领域的一个重要方向，是一门新兴的边缘学科，以语言学为基础，内容涉及语言学、心理学、逻辑学、声学、数学和计算机科学等多个学科。从人工智能的角度来看，自然语言理解的任务是建立一种计算机模型，这种模型的功能要能够给出类似人的理解，可以分析回答自然语言提出的问题。Web 中存在着海量的自然语言数据，如何处理和利用这些数据是一个亟待解决的问题。而利用 Web 文本挖掘的方法可以更有效地处理这些自然语言数据。国内外许多学者提出了结合自然语言处理技术和 Web 文本挖掘技术的模型：先定义敏感数据库，将词库中的敏感词作为关键字；然后利用智能网络机器人，把主流搜索引擎的搜索结果下载到本地数据库进行后台分析；再利用语义模板从被考察对象中提取典型句式，对这些典型句式进行语法、语义分析后再进行分类，判断是不是所需要的对象；最后利用聚类、分类算法把结果返回给用户。

二、Web 多媒体挖掘

随着 Web 的高速发展，互联网上的多媒体信息也在急速增加，人们对多媒体信息检索和挖掘的需求也就随之而来，Web 多媒体挖掘的出现正好满足了这些需求。Web 多媒体挖掘是指通过综合分析视听特性和语义，从大量的多媒体数据中发现隐含的、有价值的和可理解的模式，得出事件的趋向和关联，为用户提供决策支持。多媒体挖掘主要是针对图像、音频、视频以及综合的多媒体数据进行分析的，其包括图像挖掘、音频挖掘和视频挖掘等类型。

（1）多媒体挖掘的主要方法。

主要的多媒体挖掘方法包括多媒体索引和检索、多媒体数据泛化和多维分析、多媒体数据的分类与预测以及多媒体数据的关联分析等。

1）多媒体索引和检索。

多媒体索引和检索系统有两大类：一类是基于描述的检索系统，这种系统会根据多媒体的描述，例如根据关键字、标题、大小和创建时间等建立索引，从而进行相关的操作；另一种则是基于内容的检索系统，利用多媒体数据（如颜色、纹理、形状和对象等）进行检索。两种系统的不同之处在于第一种系统需要大量的人力进行抽取，而第二种系统可以利用可视化特征进行多媒体索引，并能根据特征相似性检索对象。

2）多媒体数据泛化和多维分析。

多媒体数据的挖掘在本质上是对多媒体数据库的挖掘。在对多媒体数据库进行操作时，我们需要设计多媒体数据立方，尤其是为大型的多媒体数据库进行多维分析的时候，这种设计的需求会更高。具体的方法和从关系数据库中设计传统数据立方相似，但多媒体数据立方还可以包含如颜色、纹理、形状等多媒体信息的附加维和度量。

3）多媒体数据的分类与预测。

在多媒体数据挖掘的过程中会使用分类与预测的方法。多媒体数据挖掘中的分类方法是按照事先定义的标准来对数据进行分类，主要分为决策树归纳法、规则归纳法、神经网络法等。在聚类方法上，根据某些属性，可以将多媒体对象的集合分组成若干类。经过聚类分析后，属于同一类数据之间的相似性尽可能大，而不同类别数据之间的相似性尽可能小。

4）多媒体数据的关联分析。

关联分析是用相关系数来度量变量之间的相关程度，用线性回归与非线性回归的数学方程来表达变量之间的数量关系。相关度计算公式如下：

$$\operatorname{corr}(A,B) = \frac{p(A,B)}{p(A)p(B)} \tag{12-1}$$

从图像和视频数据库中可以挖掘关联规则。涉及多媒体对象的关联规则一般可以分为以下几类：图像内容与非图像内容特征之间的关联，没有空间关系的图像内容之间的关联以及有空间关系的图像内容之间的关联。

（2）多媒体挖掘系统的体系结构。

多媒体数据挖掘是一个较新的研究领域，其典型体系结构如图 12-3 所示。

图 12-3 中多媒体挖掘系统的结构组成部分如下。

1）预处理。

多媒体数据挖掘中预处理的主要作用是利用内容处理技术，从大量的多媒体数据或多媒体数据库中提取有效的元数据。这步操作可以有效地筛除无用的数据，获取多媒体数据的有效特征，使数据便于挖掘算法处理。常见的多媒体数据结构化处理包括图像分割、音视频分

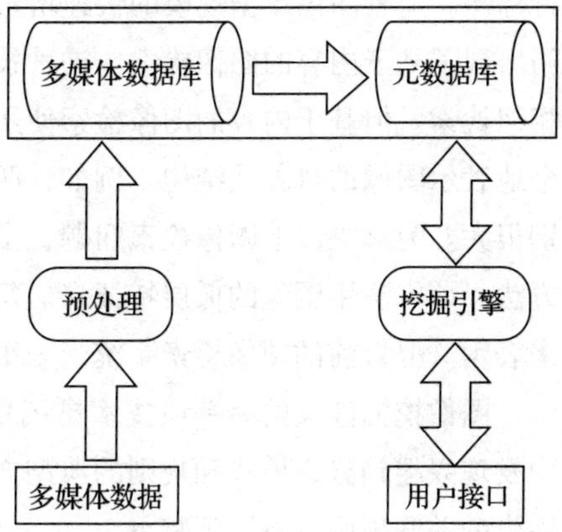

图 12-3　Web 多媒体挖掘系统的典型体系结构

割、视觉听觉特征提取和运动特征提取等。

2）多媒体数据库和元数据库。

多媒体数据库或大型的多媒体数据集包含的多媒体数据十分庞大，有的可能包含几十万张图片、上千小时的音视频甚至更多。它们之间的结构与元数据库中的描述相关联，便于可视化表示和存取。

3）挖掘引擎。

因为多媒体数据与传统数据在很多方面有着不同，除了预处理这种适合处理常规数据挖掘的方法外，还需要适合多媒体数据挖掘的方法。而挖掘引擎内含一组挖掘算法，可以对元数据库和多媒体数据库进行挖掘处理，如进行图像集、音频集的分类或聚类。

4）用户接口。

用户接口为用户提供与多媒体挖掘系统的交互接口。因为多媒体有视听特性，从元数据库中挖掘出的模式能够以可视化方式呈现，而且挖掘的过程也可以用可视化的导航方式来引导用户发现有价值的知识。

（3）多媒体挖掘的典型应用。

随着互联网的高速发展，Web 中的数据呈现趋势是多媒体数据越来越多。多媒体数据相比于文本数据能更加立体且直观地把信息传递给互联网用户，因此我们可以预见在未来多媒体数据将会取代更多 Web 页面中的文本内容。目前在 Web 挖掘与应用的研究领域，对于多媒体数据的挖掘与利用的研究逐渐成为领域内的热点。在这里我们将分别介绍图像挖掘和视频挖掘的应用。

1）图像挖掘的应用。

原始的图像数据并不能直接用于图像挖掘，所以在开始图像挖掘之前，需要对图像数据进行预处理。预处理的结果是生成一个图像特征数据库，让该数据库中的内容可供高层的挖掘模块使用。图像挖掘技术有图像相似搜索、图像关联规则、图像的分类、图像的聚类。

图像相似搜索是一种需要从图像数据库中提取图像数据集来用于模式发现的技术。在 20 世纪 70 年代末就已经出现了基于文本的图像检索。那时的图像检索是使用文本对图像进行标注。随着图像数据规模的快速增长以及在图像标注时的主观性问题，在 20 世纪 90 年代初出现了基于内容的图像检索。这种技术利用颜色、纹理、形状等低层可视特征对图像进行相似检索。但基于内容的图像检索使用的图像特征是比较低层的特征，使用这些特征不能完全地表示图像的对象及结构。例如，两张图像的低层特征可能很相似，但实际上两张图像差别很大。为解决以上图像检索问题，出现了一种新的图像检索方法，即基于区域的图像检索方法。该方法用图像的低层特征来对每个对象进行描述，然后将图像用包含的对象作为特征来表示。但目前的图像检索系统尚未采用图像对象的空间关系特征。

图像挖掘涉及的另一项技术是图像关联规则。图像间关联规则的挖掘是在大型数据库中发现兴趣趋势、模式和规则的典型方法。与传统事务数据库中的关联规则相比，图像数据库中的关联规则具有以下特点。

a. 以可视特征、图像对象、对象空间关系作为特征表示图像，对应于事务数据库中的项。图像中包含的对象是可以重复的。

b. 图像之间的关联涉及对象间的空间关联，如分开、相切、相交、包含、上、下、左、右、环绕等。

c. 图像中的关联关系复杂，包含不同层次特征间的关联。

d. 可在不同的分辨率下对图像进行关联规则挖掘。例如，先在粗分辨率下对图片进行挖掘，在此基础上再对发现的频繁模式在细分辨率下进行挖掘。

图像的分类是基于图像内容，从大型的图像数据集中挖掘有重要价值信息的方法。图像的语义表示可以通过将图像与不同的信息类别相关联。图像分类是有监督的学习方法，分类的过程可以分为三步。

a. 建立图像表示模型，提取样本图像中已进行类别标注的图像的特征，建立每一个图像的属性描述。

b. 对每一类别的样本集进行学习，建立描述预定图像概念集或类集的模型，如规则或公式。

c. 使用模型对未标注图像进行分类预测和标注。图像分类困难在于低层可视特征和高层语义分类间的映射。

常用的分类方法有判定树、贝叶斯方法、神经网络方法，其他方法包括K-近邻分类、遗传算法分类、粗糙集分类、基于关联规则分类等。

图像聚类是依据没有先验知识的图像，将给定的无类标签的图像集合分为有含义的多个簇，常用于挖掘过程的早期阶段。常用于聚类的特征属性是颜色、纹理和形状。目前已有许多可用的聚类算法，包括基于划分方法、基于层次方法、基于密度方法、基于网格方法、基于模型方法等。图像聚类的一般过程包括：图像表示、特征抽取和特征选择；建立适合于特定应用的图像相似度量；图像聚类；分组生成。

图像聚类完成后，需要专家对每个聚簇的图像进行检查，标注这个簇所形成的抽象概念。

2）视频挖掘的应用。

视频挖掘是对大量的视频数据的一种处理方式，强调对视频进行自适应、无监督的内容处理，试图从中获取有价值的信息，并挖掘视频数据内容及其高层语义隐含的模式或知识。视频挖掘技术不仅涉及计算机视觉和数据挖掘，还与图像处理、人工智能、模式识别等技术相关联。智能算法对视频数据内容的处理可以从很多帧的连续视频数据中提取出视频内容可能表达出的一些模式或知识，在这个过程中可能需要底层的目标识别技术来获得这些模式和知识。视频挖掘与这些学科的侧重点不同，传统的模式识别是把具体事物归入某一类别，而在视频挖掘的方法中，更强调算法的效用。

视频挖掘技术根据挖掘对象可以分为视频结构挖掘和视频运动挖掘。视频结构挖掘首先根据某些视频在内容构造上有结构的特性，以一定的规则算法将视频划分为视频帧、镜头或视频段、场景或镜头组、视频剪辑这样几个层次结构单元；然后提取每个层次结构的可用特征（视觉特征、运动特征或其他特征）和结构单元本身特征之间的特征；最后根据各层次单元的相似性或其他规则，获得视频结构的构造模式以及构造模式可能体现的语义信息，如在镜头内容随时间变化时，特征差别体现出的事件变化模式。视频运动挖掘就是从视频中分割并跟踪运动目标，在此过程中提取运动目标的本质特征和运动特征，以及这些特征之间（视频特征之间、视觉特征与听觉特征之间、目标本身属性与视听特征之间）的特征关联规则或者时空关系，得出运动对象特征的含义，或者运动对象行为趋向和事件模式，由此挖掘视频表达的高层语义信息。视频挖掘技术可广泛应用到知识获取、智能决策、安全管理等应用中，辅助政府机关、企业管理、军事情报和指挥、公共安全、国家安全等方面的指挥决策。目前，视频挖掘已经成功应用于多个领域。例如视频挖掘可以对监控视频自动检测分析，检测公共场合的拥挤模式以便发现聚众闹事者；自动识别密集人群中的可疑分子或运动目标的非正常行为；自动检查并鉴别上车、乘飞机或进入公共场所的乘客；检测酒店、火车站、商场的客流模式、危险品携带及小偷等；检测交通模式，实时提取交通监控视频流的运动特征、交通状况和拥堵模式等。

第三节　Web 结构分析

万维网中有许许多多的 Web 站点，这些站点中又有着许许多多的 Web 页面，Web 页面包含的信息由三个部分组成：网页正文、网页的超文本标记和网页之间的超链接。如果将 Web 看作是一个超大规模的有向图，那么有向图的边就是超链接，而 Web 页面则是有向图的节点。在 Web 环境中，有价值的信息不仅是 Web 页面的内容，Web 页面之间的超链接与页面结构中也隐藏着很重要的信息。

Web 结构分析就是利用数据挖掘技术自动地从万维网的宏观整体结构、链接结构以及网页内部结构中发现知识的过程。Web 结构中包含的信息有：URL 字符串中的目录路径结构信息；网页页面内部内容及其结构（可以用 HTML、XML 表示成树形结构）；网页之间的超链接结构。挖掘 Web 结构可以发现大量的高价值的 Web 结构信息，对这些 Web 结构信息再进行挖掘可以发现有用的知识与模式。

一、PageRank 算法

谷歌的创始人之一拉里·佩奇于 1998 年提出了 PageRank，并应用在谷歌搜索引擎的检索结果排序上，该技术也是谷歌早期的核心技术之一。PageRank 并不是一种搜索算法，而是一种在搜索引擎中根据网页之间相互的链接关系计算网页排名的技术。它可以将收集的 Web 中的网页进行换算，使每一个页面对应一个数值，这个数值用来表示网页的重要程度。搜索引擎在用户做出查询操作时，在找到满足用户查询条件的页面后，会根据页面的 PageRank 值的大小对搜索结果排序并将结果返回给用户。

（1）PageRank 算法的概述。

PageRank 算法的思想来源于传统文献计量学中学术引文分析，在学术论文的结尾部分一般会列出本篇论文的参考文献，表示本篇论文从这些参考文献中得到了一些启发和帮助。由此可见，如果一篇论文被引用了很多次，就可以说明这篇论文具有较高的参考和学术价值。PageRank 算法就是借用了这个思想，来衡量一个网页的质量与重要性。如果一个网页被很多其他网页链接，那么这个网页的 PageRank 值就会比较高，表明该网页具有很高的重要性。

在 PageRank 提出之前，已经有研究者提出利用网页的入链数量来进行链接分析计算，早期的很多搜索引擎也采纳了入链数量作为链接分析方法，对于搜索引擎有较明显的提升效果。PageRank 除了考虑到入链数量的影响，还参考了网页质量因素，将两者相结合起来获得了更好的网页重要性评价标准。例如对于某个互联网网页 A 来说，该网页 PageRank 值的计算基于以下两个基本假设。

1）数量假设：在 Web 图模型中，如果一个页面节点接收到的其他网页指向的入链数量越多，那么这个页面越重要。

2）质量假设：指向页面 A 的入链质量不同，质量高的页面会通过链接向其他页面传递更多的权重。所以越是质量高的页面指向页面 A，页面 A 就越重要。

利用以上两个假设，PageRank 算法刚开始赋予每个网页相同的重要性得分，通过迭代递归计算来更新每个页面节点的 PageRank 得分，直到得分稳定为止。PageRank 计算得出的结果是网页的重要性评价，这和用户输入的查询是没有任何关系的，即算法是主题无关的。假设有一个搜索引擎，其相似度计算函数不考虑内容相似因素，完全采用 PageRank 来进行排序，那么这个搜索引擎对于任意不同的查询请求，返回的结果都是相同的，即返回 PageRank 值最高的页面。

PageRank 的计算步骤如下。

1）在初始阶段，网页通过链接关系建立起有向 Web 图，将每个页面赋予相同的 PageRank 值，通过若干轮的计算，会得到每个页面最终的 PageRank 值。随着每一轮计算的进行，网页当前的 PageRank 值会不断得到更新。

2）在一轮更新页面 PageRank 得分的计算中，每个页面将其当前的 PageRank 值平均分配到本页面包含的出链上，这样每个链接即获得了相应的权值。然后每个页面会将所有指向本页面的入链所传入的权值求和，即可得到新的 PageRank 得分。当每个页面都获得了更新后的 PageRank 值时，就完成了一轮 PageRank 计算。

PageRank 算法依赖 Web 的自然性，它利用 Web 的庞大链接结构来作为单个网页质量的参考。本质上，PageRank 算法将网页间的指向关系认为是一种认同的投票行为，但 PageRank 算法不仅仅考虑网页的链接数，还会考虑指向目标网页的网页质量，质量越高的网页对指向的目标网页的影响越大。

（2）PageRank 建模过程。

PageRank 算法简单易懂，其公式如下：

$$\mathrm{PR}_i = \sum_j \frac{\mathrm{PR}_j}{k_j} \tag{12-2}$$

式中，PR_i 是指网页 i 的 PageRank 值，PR_j 是指网页 j 的 PageRank 值，k_j 是指网页 j 的链出页面的数量，即由网页 j 指出的所有网页的数量。

PageRank 算法的策略由两部分组成：第一部分是基于重要性的随机传播扩散，从引用页 j 扩散至网页 i；第二部分是在开始时赋予网页一个初始的重要性均值，所有的网页在计算开始之前都会被赋予这个初始值。可见，某个页面的 PageRank 值可以由其他指向该网页的页面的 PageRank 计算得到。给每一个页面一个大于 0 的数值，通过多次迭代，页面的 PageRank 值就会趋于稳定状态。所以上式可以理解为一个页面被访问的概率等于链入此页面的其他页面的链接被点击之和。事实证明，无论网页的初始值如何选取，算法都能使网页的 PageRank 值收敛。

PageRank 值的计算采用幂迭代方法，它可以计算出特征值为 1 的主特征向量。如算法 12-1 所示。算法可以由任意给定的初始状态开始，直到迭代在 PageRank 值不再明显变化或者收敛的时候结束。

算法 12-1：PageRank 算法

输入： Web 网页 G；
　　　阻尼因子 d；
过程： 函数 PageRank_Iterate(G,d)
1. 初始化 P_0：$P_0 = \boldsymbol{e}/n$　%$\boldsymbol{e}$ 是单位矩阵，n 是网页总数；
2. 初始化 k：$k=1$；
3. 循环：
4. 　$P_k = (1-d)e + dA_{k-1}^{\mathrm{T}}$；
5. 　$k = k+1$；
6. 直到 $\|P_k - P_{k-1}\| < \varepsilon$

输出： P_k。

在 PageRank 算法中，可以将互联网中的网页看作是一个有向图，如图 12-4 所示。其中网页是图中的节点，如果一个网页 A 有链接指向网页 B，则存在一条有向边由 A 指向 B。

在图 12-4 中，4 个网页之间可以通过链接由一个网页跳转到另一个网页。如果用户在浏览 A 网页，在浏览结束后用户可以点击链接跳转到下一个网页，那么用户可以通过网页 A 的链接跳转到 B、C、D 三个网页，假设用户的点击行为是完全随机的，那么跳转到 B、C、D 网页的概率都是 1/3。如果图中每个网页有 k 条出链，那么从该网页跳转到任意一个出链的概率都是 $1/k$，所以可以得出网页 D 到网页 B 和网页 C 的概率都是 1/2，而网页 B 到网页 C 的概率为 0。一般可以用转移矩阵来表示用户的网页跳转概率，如果用 n 表示网页的数目，则转移矩阵 $\boldsymbol{M}$ 是一个 $n\times n$的矩阵；如式（12-2）所示，如果网页 j 有 k 个出链，那么由该网页出链指向的网页 i，有 $\boldsymbol{M}_{ij} = 1/k$，其他没有指向的网页的 $\boldsymbol{M}_{ij}=0$；由图可以得到相应的转移概率矩阵：

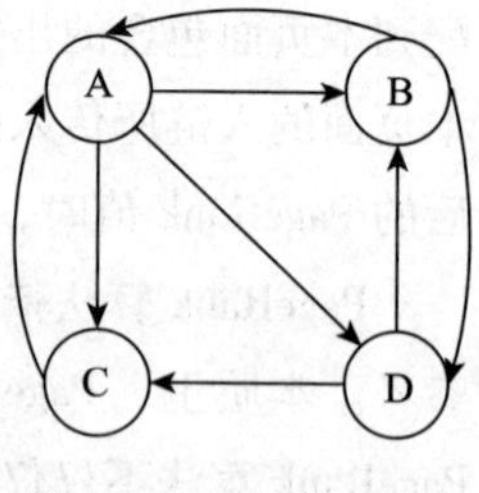

图 12-4　网页有向图

$$M=\begin{bmatrix}0 & 1/2 & 1 & 0\\ 1/3 & 0 & 0 & 1/2\\ 1/3 & 0 & 0 & 1/2\\ 1/3 & 1/2 & 0 & 0\end{bmatrix} \tag{12-3}$$

PageRank 算法在开始计算时，假设用户在每一个网页的概率都是相等的，也就是说用户在每个页面的概率都是 $1/n$。于是初试的概率分布就是一个所有值为 $1/n$ 的 n 维列向量 $\boldsymbol{V}_0$。由转移概率矩阵和初试的列向量 $\boldsymbol{V}_0$ 我们可以得到式（12-4）和式（12-5）：

$$\sum_{i=1}^{n} P_0(i) = 1 \tag{12-4}$$

$$\sum_{i=1}^{n} \boldsymbol{M}_{ij} = 1 \tag{12-5}$$

式（12-5）对于某些网页可能是不成立的，因为这些网页可能没有链出链接。如果矩阵满足式（12-5），我们就可以称矩阵 $\boldsymbol{M}$ 是一个马尔科夫链的随机矩阵。在第一步计算时使用 $\boldsymbol{V}_0$ 右乘转移概率矩阵 $\boldsymbol{M}$，就可以得到第一步之后的用户的概率分布向量 $\boldsymbol{MV}_0$（用 $\boldsymbol{V}_1$ 表示）：

$$\boldsymbol{V}_1=\boldsymbol{MV}_0=\begin{bmatrix}0 & 1/2 & 1 & 0\\ 1/3 & 0 & 0 & 1/2\\ 1/3 & 0 & 0 & 1/2\\ 1/3 & 1/2 & 0 & 0\end{bmatrix}\begin{bmatrix}1/4\\ 1/4\\ 1/4\\ 1/4\end{bmatrix}=\begin{bmatrix}9/24\\ 5/24\\ 5/24\\ 5/24\end{bmatrix} \tag{12-6}$$

在得到了 $\boldsymbol{V}_1$ 后，用同样的方法可以求得 $\boldsymbol{V}_2$、$\boldsymbol{V}_3$ 等。经过多次计算，最终向量 $\boldsymbol{V}$ 会收敛，即 $\boldsymbol{V}_n=\boldsymbol{MV}_{n-1}$。以式（12-6）为例，经过不断迭代，最终的结果为 $\boldsymbol{V}=[3/9\quad 2/9\quad 2/9\quad 2/9]^{\mathrm{T}}$。

但是在 PageRank 算法中存在一个陷阱问题，那就是有些网页不指向其他网页的链接，但存在指向自己的链接。

存在不指向其他网页的网页有向图如图 12-5 所示。与图 12-5 不同的是图 12-4 中存在指向网页 C 的链接，但是图 12-5 中的网页 C 没有指向其他网页的链接。这时网页的转移矩阵 $\boldsymbol{M}'$ 如下：

$$\boldsymbol{M}'=\begin{bmatrix}0 & 1/2 & 0 & 0\\ 1/3 & 0 & 0 & 1/2\\ 1/3 & 0 & 0 & 1/2\\ 1/3 & 1/2 & 0 & 0\end{bmatrix} \tag{12-7}$$

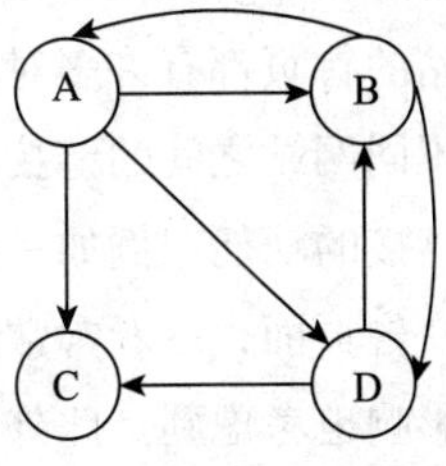

图 12-5　存在不指向其他网页的网页有向图

可以看出，此时转移矩阵第三列全为 0，这表示网页 C 没有链出链接，即网页 C 不指向任何网页。在这种情况下用户在进入网页 C 后，将不能从 C 中出来，经过多次迭代会使最终概率分布值全部转移到网页 C 上，而其他网页的概率分布值为 0，这将会导致整个网页排名失去意义。

所以如果要满足收敛性，需要具备一个条件，即 Web 有向图是强连通的，从任意网页可以到达其他任意网页。我们可以用多种方法解决这种问题，例如将没有链出链接的页面从系统中移除，因为这类页面不会直接影响其他页面的评级，同样，从其他网页指向这些页面的链出链接也将被移除。当 PageRank 被计算出来后，这些网页和指向它们的链接就可以被重新加入进来，那些被移除链接的网页的转移概率只会受到轻微的影响。还有一种方法就是为没有链出链接的页面 i 增加一个指向其他所有 Web 网页的外链集。这样，如果在统一概率分布的情况下，网页 i 到任何其他网页的概率都是 $1/n$。于是，我们就可以将全 0 行替换掉，按这种方法我们就可以得到新的转移概率矩阵 $\boldsymbol{M}''$:

$$\boldsymbol{M}'' = \begin{bmatrix} 0 & 1/2 & 1/4 & 0 \\ 1/3 & 0 & 1/4 & 1/2 \\ 1/3 & 0 & 1/4 & 1/2 \\ 1/3 & 1/2 & 1/4 & 0 \end{bmatrix} \tag{12-8}$$

这时新的转移矩阵是一个满足式（12-5）的随机转移矩阵，经过多次迭代将会收敛得到稳定的概率分布。

（3）PageRank 算法的优点和缺点。

PageRank 算法最主要的优点是它防止作弊的能力。在 PageRank 算法中认为一个网页之所以重要是因为指向它的网页很重要。但是在 Web 环境中一个网页的拥有者很难将指向自己的链入链接强行添加到别人的重要网页中，因此想要影响 PageRank 的值是非常不容易的。

此外 PageRank 算法原理虽然简单，但是效果却惊人得好。PageRank 算法的另一个优点是可以从全局出发进行度量以及具有非查询相关的特性。也就是说，所有网页的 PageRank 值是离线计算并保存下来的，并不是在用户查询的时候才进行计算的。在进行搜索的时候，PageRank 算法只需要进行一个简单的查询，然后再结合其他策略就能够进行网页评级了，所以在搜索的时候非常高效。

但是，PageRank 算法仍存在一些不足。例如 PageRank 算法没有区分站内导航链接，很多网站的首页都有许多对站内其他页面的链接，这些链接被称为站内导航链接。站内导航链接与不同网站之间的链接相比，后者更能体现 PageRank 值的传递关系。PageRank 算法没有过滤链接的功能，例如一些广告链接和分享链接，这些链接通常没有什么实际价值，前者链接到广告页面，后者常常链接到某个社交网站首页，但 PageRank 算法在计算时会把这些链接的影响也考虑到。此外 PageRank 对新网页并不友好，一个新网页的一般入链相对较少，因此即使它的内容质量很高，想要成为一个高 PR 值的页面仍需要很长时间的推广。

二、图神经网络

图是对对象及其相互关系的一种简洁抽象的直观数学表达。具有相互关系的数据——图结构数据在众多领域普遍存在，并得到了广泛应用。随着大量数据的涌现，传统的图算法在解决一些深层次的重要问题，如节点分类和链路预测等方面有很大的局限性。近些年，人们对深度学习方法在图上的扩展越来越感兴趣。研究人员借鉴了卷积网络、循环网络和深度自编码器的思想，定义和设计了用于处理图数据的神经网络结构，由此产生了一个新的研究热点——图神经网络（Graph Neural Networks，GNN)。图神经网络是一种直接作用于图结构上的神经网络。图神经网络模型考虑了输入数据的规模、异质性和深层拓扑信息等，能够挖掘深层次有效拓扑信息，提取数据中的关键复杂特征和实现对海量数据的快速处理。例如，预测化学分子的特性，文本的关系提取，图形图像的结构推理，社交网络的链路预测和节点聚类，缺失信息的网络补全和药物的相互作用预测。

（1）图神经网络的模型。

在了解图神经网络之前，我们需要对图有明确的了解。在计算机科学中，图是由顶点和边两部分组成的一种数据结构，图 G 可以通过顶点集合 V 和它包含的边 E 来进行描述。

$$G = (V,E) \tag{12-9}$$

根据顶点之间是否存在方向依赖关系，边可以是有向的，也可以是无向的，如图 12-6 所示。

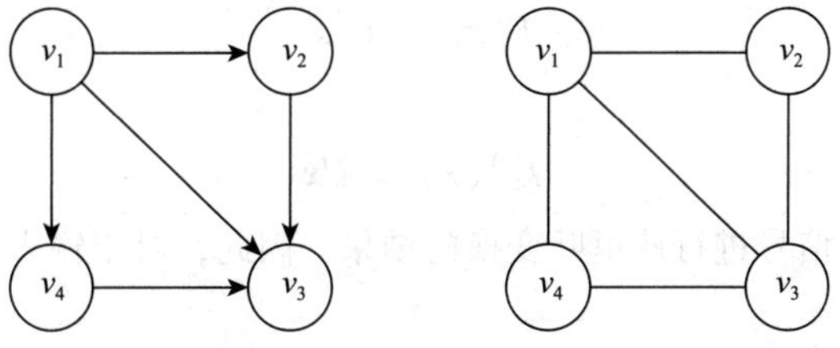

a）有向图　　b）无向图

图 12-6　有向图和无向图

图神经网络是一种直接作用于图结构上的神经网络。图神经网络具有以下特点。

1）忽略节点的输入顺序。

2）在计算过程中，节点的表示受其周围邻居节点的影响，而图本身连接不变。

3）图结构的表示，可以进行基于图的推理。

图神经网络是对卷积神经网络（Convolutional Neural Networks，CNN）的扩展，与卷积神经网络的区别主要体现在对周围邻居信息的吸取。最早的图神经网络主要解决的是如分子结构分类等严格意义上的图论问题。但实际上在许多常见的场景中，非欧式空间的图像或者文本也可以转换成图，然后使用图神经网络来建模。2013 年，Bruna 在图信号处理的基础上，首次提出基于谱域和基于空域的卷积神经网络。托马斯（Kpif）于 2017 年提出了图卷积网络，它为图结构数据的处理提供了一个新的思路，将深度学习中常用于图像的卷积神经网络应用到图数据上，目前图卷积网络已经成为图神经网络中重要的一部分。

图卷积网络可以分为两种，即基于频谱的方法和基于空间的方法。基于频谱的方法，从图信号处理的角度引入滤波器来定义图卷积，进而从图信号中去除噪声。基于空间的图卷积方法，通过汇集邻居节点的信息来构建图卷积。当图卷积在节点级运作时，可以将图池化模块和图卷积进行交错叠加，从而将图粗化为高级的子图。

在基于频谱的图卷积方法中，图被假设为无向图，无向图可以通过 Laplace 矩阵进行表示，拉普拉斯（Laplace）矩阵是图的一种表示方式，其定义如下：

$$\boldsymbol{L} = \boldsymbol{D} - \boldsymbol{W} \tag{12-10}$$

式中 $\boldsymbol{D}$ 为图的度矩阵，是一个对角阵，$\boldsymbol{W}$ 是图的邻接矩阵。图 G 的对称归一化 Laplace 矩阵

可以表示为

$$L = I - D^{-\frac{1}{2}} A D^{-\frac{1}{2}} \tag{12-11}$$

式中 $\boldsymbol{I}$ 是单位矩阵，Laplace 是对称半正定矩阵，因此可以分解为：

$$L = U \Lambda U^{\mathrm{T}} \tag{12-12}$$

式中 $\boldsymbol{\Lambda}$ 是一个对角阵，$\boldsymbol{U}$ 为特征值对应的特征向量矩阵。Laplace 矩阵的特征向量构成了一个标准正交空间，因此：

$$UU^{\mathrm{T}} = I \tag{12-13}$$

对于图中的每一个节点的特征向量 $\boldsymbol{x}$ 而言，对其做傅里叶变换，再将其映射到一个标准的正交空间里。结果有：

$$F(x) = U^{\mathrm{T}} x \tag{12-14}$$

逆傅里叶变换结果为

$$F^{-1}(x) = U\hat{x} \tag{12-15}$$

式中 $\hat{\boldsymbol{x}}$ 表示对原始的图信号进行傅里叶变换的结果。因此，对于输入的信号 $\boldsymbol{x}$，其图卷积可以表示为

$$xGg = F^{-1}(F(x) \odot F(g)) = U(U^{\mathrm{T}} x \odot U^{\mathrm{T}} g) \tag{12-16}$$

式中，g 为滤波器，g 的选择是基于频谱图卷积的关键。基于频谱的图卷积算法有：Spectral CNN、Chebyshev Spectral CNN（ChebNet）、First order of ChebNet、Adaptive Graph Convolution Network。

频谱卷积依赖于 Laplace 矩阵的特征分解，存在一定的缺陷：

1）图的任何扰动都会使得特征值发生变化；

2）所学到的滤波器都是依赖于域的，所以不能拓展应用到不同结构的图中；

3）特征分解的时间复杂度是 N^3，因此对于数据量较大的图而言，计算非常耗时。

基于空间的图卷积网络模仿传统的卷积神经网络中的卷积运算，根据节点的空间关系定义图的卷积。对于图卷积而言，将图中的节点与其邻居节点进行聚合，可以得到该节点的新表示。为了探索节点接收域的深度与广度信息，通常将多个图卷积层叠加在一起。根据卷积层的叠加方式的不同，我们可以将基于空间的图卷积划分为基于递归的空间图卷积和基于合成的空间图卷积，如图 12-7 所示。基于递归的图卷积使用相同的图卷积层对图进行更新，基于合成的图卷积使用不同的卷积层对图进行更新。

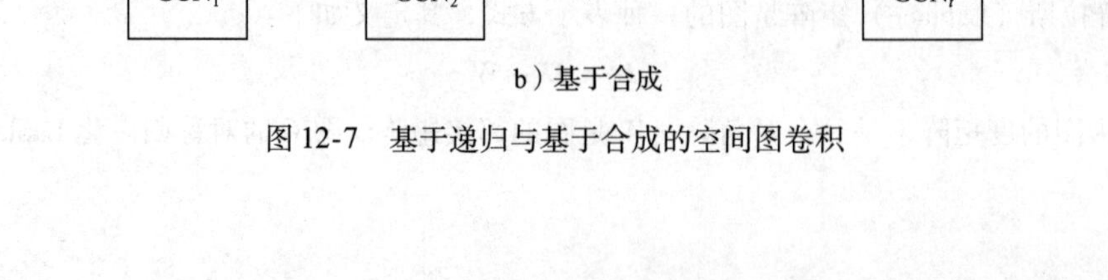

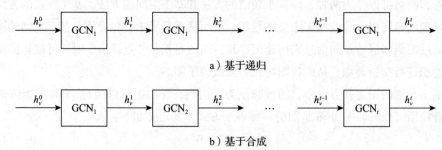

图 12-7　基于递归与基于合成的空间图卷积

基于递归的空间图卷积网络主要思想是更新图节点的潜在表示直至到达稳定。通过对递归函数施加约束，使用门递归单元体系、异步地、随机地更新节点的潜在表示。基于组合的空间图卷积通过堆叠多个不同的图卷积层来更新节点的表示。基于递归的方法试图获得节点的稳定状态，基于组合的方法试图获取图中更高阶的邻域信息。

与传统深度学习中的卷积核类似，在基于空间的图卷积中，图卷积算子的定义如下：

$$h_i^{(l+1)} = \sigma(\sum_{j \in N(i)} \frac{1}{c_{ij}} \boldsymbol{W}^{(l)} h_j^{(l)}) \tag{12-17}$$

式中，$h_i^{(l+1)}$ 表示节点 i 在 $l+1$ 层的特征信息；σ 表示非线性函数；c_{ij}表示归一化因子，比如节点的度数；$\boldsymbol{W}^{(l)}$表示节点直接的权重；$h_j^{(l)}$ 表示节点 j 在 l 层特征信息。因此图卷积的卷积操作有三步：首先每个节点将自身的特征信息传递给邻居节点；然后每个节点将邻居节点及自身的特征信息进行汇集，对局部结构进行融合；最后与传统深度学习中的激活函数类似，在图卷积中同样要加入激活函数，对节点的信息做非线性变换，增强模型的表达能力。因此，图卷积网络的关键是学习到一个函数，将当前节点的特征信息与其邻居节点的特征信息进行汇集。

（2）图神经网络的分类。

图神经网络可以划分为 5 类，分别是图卷积网络（Graph Convolution Networks，GCN）、图注意力网络（Graph Attention Networks）、图自编码器（Graph Autoencoders）、图生成网络（Graph Generative Networks）和图时空网络（Graph Spatial-temporal Networks）。

1）图卷积网络。

图卷积网络将卷积运算从传统数据（例如图像）推广到图数据。其核心思想是学习一个函数映射$f(\cdot)$，通过该映射图中的节点 $\boldsymbol{v}_i$ 可以聚合它自己的特征 $\boldsymbol{x}_i$ 与它的邻居特征 $\boldsymbol{x}_j(j \in N(\boldsymbol{v}_i))$来生成节点 $\boldsymbol{v}_i$ 的新表示，$N(\boldsymbol{v}_i)$ 表示节点 $\boldsymbol{v}_i$ 的邻居节点集合。图卷积神经网络是许多复杂图神经网络模型的基础，包括基于自动编码器的模型、生成模型和时空模型等。

2）图注意力网络。

图注意力网络与图卷积神经网络最大的不同是图注意力网络引入了注意力机制，会给图中重要的节点更大的权重。它通过注意力机制（Attention Mechanism）来对邻居节点做聚合操作，实现不同邻居权重的自适应分配，从而大大提高了图神经网络模型的表达能力。此外，图注意力网络的另一个优点在于，引入注意力机制之后，只与邻居节点相关，即与共享边的节点有关，无须得到整张图的信息。

3）图自编码器。

图自编码器是一种非监督学习框架，目标是通过编码机学习到低维的节点向量，然后通过解码机重构出图数据。自编码器是一种能够通过无监督学习，学到输入数据高效表示的人工神经网络。更重要的是，自编码器可作为强大的特征检测器（Feature Detectors），应用于深度神经网络的预训练。此外，自编码器还可以随机生成与训练数据类似的数据，这被称作生成模型（Generative Model）。比如，用人脸图片训练一个自编码器，它可以生成新的图片。图自编码机作为一种常见的嵌入方法经常被应用到有属性信息和无属性信息的图中。

4）图生成网络。

因为图是一种较为复杂的数据结构，所以要想从数据中生成指定经验分布的图是非常具有挑战性的。图生成网络的目标是在给定一组图的情况下生成新的图。图生成网络的许多方法都是特定于领域的。在自然语言处理中，生成语义图或知识图通常以给定的句子为条件。人们基于图神经网络和其他一些框架提出了 MolGAN、DGMG、GraphRNN、NetGAN 等几种通用图的生成方法。

5）图时空网络。

图时空网络能同时捕捉时空图的时空相关性。时空图具有全局图结构，每个节点的输入会随时间的变化而变化。例如，在交通网络中，每个传感器作为一个节点连续记录某条道路的交通速度，其中交通网络的边由传感器对之间的距离决定。图形时空网络的目标可以是预测未来的节点值或标签，或者预测时空图标签。

（3）图神经网络的应用和发展。

图神经网络在不同的任务和领域中都有广泛的应用。尽管每类图神经网络针对一些通用任务都有具体化的设计和优化，包括节点分类、节点表示学习、图分类、图生成和时空预测，图神经网络仍然可以应用于节点聚类、链接预测和图分区。

1）计算机视觉。

图神经网络的最大应用领域之一是计算机视觉。研究人员在场景图生成、点云分类和分割、动作识别以及许多其他方向中利用图结构来进行探索。在场景图生成中，目标之间的语义关系有助于理解视觉场景背后的语义。给定图像，场景图能生成模型，检测和识别目标，并预测目标之间的语义关系。另一个应用是在给定场景图的情况下生成逼真的图像，与上述过程相反。由于自然语言可以被解析为语义图，其中每个单词代表一个对象，因此可以在给定文本描述的情况下合成图像。此外，在计算机视觉中应用图神经网络的可能方向的数量仍在增长，包括小样本图像分类、语义分割、视觉推理和问答 QA 系统。

2）基于图的推荐系统。

基于图的推荐系统将项目和用户作为节点，通过利用项目和项目、用户和用户、用户和项目以及内容信息之间的关系，基于图的推荐系统能够提供高质量的推荐。推荐系统的关键是将项目的重要性评分推荐给用户，这可以被转换为链接预测问题，目标是预测用户和项目之间缺失的链接。为了解决这个问题，有学者提出了一个基于 GCN 的图自编码器。Monti 等人结合了 GCN 和 RNN 的方法，将基于图的推荐系统用于学习已知评级的基础过程，并且取得了良好的效果。

3）交通。

交通拥堵已成为现代城市的热门社会问题。如何准确预测交通网络中的交通速度、交通量或道路密度对于路线规划和流量控制至关重要，目前人们较多采用的是与时空神经网络结合的图方法。模型输入是时空图，节点表示放置在道路上的传感器，边表示成对节点的距离高于阈值，并且每个节点包含时间序列作为特征，目标是在一个时间间隔内预测道路的平均速度。另一个有趣的应用是出租车需求预测，能够帮助智能交通系统有效利用资源，节约能源。

4）生物化学。

在化学领域，研究人员应用图神经网络来研究分子的图形结构。在分子图中，节点表示原子，边表示化学键。节点分类、图分类和图生成是分子图的三个主要任务，能够学习分子指纹，预测分子特性，推断蛋白质界面，并合成化学品化合物。

在其他领域，图神经网络也有着重要的应用，目前人们初步探索将图神经网络应用于其他问题，如程序验证、程序推理、社会影响预测、对抗性攻击预防、电子健康记录建模、事件检测和组合优化等。

作为当下十分热门的研究领域，图神经网络有着良好的发展前景，未来的研究方向有以下几点。

1）动态模型。

图神经网络目前大部分方法停留在静态图模型，然而现实中遇到的许多需要处理的问题都具有动态的特性，这类问题对图神经网络有更高的需求。例如，在无线通信网络中，用户的位置会随时间变化，则基站服务的用户同样会随时间变化。为解决这类问题，有学者提出了两种可行性方法：一是利用图神经网络的组合泛化能力，将动态时间窗处理成离散的静态模型，再基于训练好的静态模型解决问题；二是建模动态图不断变化的特征，支持逐渐更新的模型参数。

2）可解释性与深层结构。

深度学习的黑箱模型一直存在可解释性低的问题。图神经网络中的实体和关系通常对应于人类所理解的事物（例如，物理对象及它们之间的物理作用），因此，图神经网络支持更多可解释的分析和可视化。进一步探索图网络行为的可解释性是未来研究的一个重要方向。在深度学习领域，深层网络结构较为常见。例如，一种在图像分类领域表现出色的残差神经网络具有152层。但是在图神经网络领域，多数网络不超过3层。有实验表明，随着网络层数增加，同一连通分量内的节点的表征趋向于收敛到同一个值，这种现象也被称为过度平滑。然而较深层的网络可以提供更大的参数空间和更强的表示能力。

3）图对抗"攻防"。

相关研究表明，现代深度网络非常容易受到对抗样本的攻击。这些对抗样本仅有很轻微的扰动，以至于人类视觉系统无法察觉，但就是这样的攻击会导致神经网络完全改变它对图片的分类。这类现象引发了人们在对抗攻击和深度学习安全性领域的研究兴趣。随着深度学习在图上的应用越来越广泛，图对抗攻击日渐引起关注。图对抗攻击对原始图的结构或节点特征进行轻微扰动，以改变网络对特定节点的预测。在对抗防御方面，贝叶斯图卷积网络通过将观测到的图看作一组含参随机图，提升了神经网络在攻击下的鲁棒性。目前这一领域已有一些研究工作，但仍有待进一步探索。

4）可扩展性。

在社交网络和推荐系统等场景下，常常需要对大规模的图结构数据进行处理，现有多数图神经网络并不能满足要求。其原因在于节点邻域具有异质特性使其不能批量计算，以及图Laplace矩阵分解困难等。目前已有快速采样和子图训练的方法用于提升图神经网络的可扩展性，但图神经网络的可扩展性作为一个重要问题还有待研究。除了上述提到的几个方向，处理异质图问题的图神经网络和图神经网络结构的组合也是值得探讨的课题。

三、Web 结构分析的应用

Web 是具有复杂拓扑结构的网络，Web 结构挖掘能有效挖掘出 Web 数据中的结构特征，发现 Web 数据的潜在关系与应用价值。Web 结构分析主要应用于 WWW 上的信息检索领域，可以用来进行信息检索、社区识别、网站优化等。

（1）信息检索。

在信息检索方面，传统的信息检索技术采用的是文本相似度，而在 Web 环境中，网页间的链接结构可以用来进行信息检索，因为 Web 环境中网页的数量很大，想要对全部的页面进行链接分析显然是不现实的，所以可以先用基于关键词的搜索引擎得到一个集合，再应用 PageRank 算法和 HITS 算法对集合进行处理，得到最终的排序结果。在信息检索领域的应用还包括寻找个人主页和相似网页等，根据用户的需要查找某个网页，找出与之相关的网页。

（2）社区识别。

网络上存在大量具有不同主题的社区。虚拟社区是基于某个特定主题的、相互连接的 Web 页面集，且社区内页面的链接密度大。PageRank 算法本身是一个著名的页面排序算法，排序原理与页面主题无关。Haveliwala 认为用户浏览的模型是基于主题的，提倡选择任意一个与感兴趣的主题相关的页面，然后沿着链接到达与该主题相关的其他页面。根据上述思想，他把 PageRank 算法改造为与主题相关的算法。该算法可以发现与主题相关的社区。

（3）网站优化。

网页之间链接的数量应与超文本的内容相匹配，数量过多容易使用户迷失方向。如果节点间的链接数量过少，则会使用户难以迅速找到需要的信息。利用访问时间、访问次数和访问人数等信息可以计算出页面流行度和关注程度，进而调整 Web 页面的链接结构，把更受关注的页面放置到网站更容易被访问到的位置，以获得更好的访问效果。Web 结构分析还用于对 Web 页面或结点进行分类。传统方法是用人工手动进行分类、编辑，这种方法费时费力，而且很难做到全面、准确。通过对网站结构的分析，网站人员可以对网站内相似的页面进行统一修改，或者对相似的链接进行统一的重新定位，不仅能够节省用户的信息查找时间，而且还便于网站的维护。

第四节　Web 使用分析

Web 使用分析是指从用户访问日志中获取有价值的信息，因此也被称为 Web 日志分析。Web 使用分析能通过分析 Web 日志数据，发现用户访问 Web 页面的习惯与偏好，识别并提取用户的兴趣，获取用户访问网站的频率以及用户对访问体验的满意度，进而可以发现潜在用户，吸引更多的用户，增强网站的竞争力。Web 使用分析与 Web 内容分析和 Web 结构分析的研究对象不同，后两者分析的对象是网站的原始数据，而 Web 使用分析的对象是用户与网站交互过程中的数据，包括网站服务器访问记录、代理服务器日志、注册信息、用户对话、交易数据、客户端 cookies 中的信息和用户查询等。

一、Web 使用分析的步骤

Web 使用分析一般有以下 3 个步骤：数据预处理、模式发现和模式分析。

（1）数据预处理。

Web 日志数据中的一部分数据对于 Web 使用分析是没有用的，所以在进行数据挖掘之前需要对数据进行处理，删除掉一部分无用的数据。Web 日志数据的数据预处理分为以下 4 个部分：数据清洗、用户标识、路径补充和事务识别。

1）数据清洗。

数据清洗是在 Web 挖掘前对 Web 日志中的无用数据进行筛除，删除与事务数据库无关的数据，使挖掘后的数据干净、简洁、准确。数据清洗删除的数据主要是图片、框架等非用户请求逻辑单位、Web Robot 的浏览日志记录、噪声和错误信息。

2）用户标识。

用户标识通常用来分析用户的兴趣爱好，也可以用来了解用户在访问哪些信息。用户行为标识会用一系列单独的个体行为来代表一系列的用户行为，这样做可以较为方便地对数据进行整体处理。比较简单的区别不同用户行为的方法是设置时间阈值，如果两个页面之间的请求超过设定的时间阈值，就将其视为是新的用户行为。

3）路径补充。

对于 Web 用户而言，Web 使用分析要得到单个用户的一系列完整的行为。一个完整的路径由一系列访问页面组成，这些页面组成了用户的一个访问页面的集合。根据用户的这些浏览路径能够得出用户的一次完整的访问过程。

4）事务识别。

事务识别方法主要有分割和合并。这两种方法的目的是使事务适合于数据挖掘需求的分析，将其按照 Web 数据挖掘任务的需要做分割或合并处理。

（2）模式发现。

Web 使用分析在模式发现阶段的目的就是挖掘出 Web 日志数据中有效的、新颖的、有价值且可处理的信息和知识。在模式发现阶段常用的技术有统计分析法、关联规则、序列模式、分类、聚类等。

1）统计分析法。

统计分析法是抽取有关网站访问者的知识的最常用方法。通过分析会话文件或事务数据库，可以对网页视图、浏览时间、导航路径长度等做出不同种类的描述性统计分析。很多

Web Traffic 分析工具还提供定期报告，其中包含最大频繁访问页面、平均浏览时间、通过站点的路径的平均长度等统计信息。此类报告还能提供有限、低层次的错误分析，比如检测未授权人口点、找出最常见不变的 URL 等。尽管这种分析缺乏深度，但这类知识有助于改进系统性能、提高系统的安全性、便于站点修改，并能提供决策支持。

2）关联规则。

关联规则主要关注事务内的关系。在 Web 使用挖掘中，关联规则挖掘就是挖掘出用户在一个访问期间从服务器上访问的页面或文件之间的关系，找出在某次服务器会话中最经常一起出现的页面。挖掘发现的关联规则往往是指支持度超过预设阈值的一组访问网页，这些网页之间可能并不存在直接的引用关系。Apriori 算法是挖掘关联规则的常用技术，可从事务数据库中挖掘出最大频繁访问项集，该项集就是关联规则挖掘出来的用户访问模式。这类规则可以用来改进站点的设计结构，更好地为用户推荐相关页面。

3）序列模式。

序列模式主要关注事务之间的关系。序列模式挖掘就是挖掘出交集之间有时间序列关系的模式。在 Web Log 中，用户的访问是以一段时间为单位记载的，经过数据精简和事件交易确认以后是一个间断的时间序列。利用对 Web 日志进行序列模式挖掘所获得的知识，有助于网站管理人员：①改善网站的组织；②根据具有相同浏览模式的访问者所访问的内容来裁减用户与 Web 信息空间的交互，减少用户过滤信息的负担；③预测未来的访问模式，了解 Web 正在发生的变化。

4）分类。

分类技术主要是根据用户群的特征挖掘用户群的访问特征（某些共同的特性），这些特征可用于把数据项映射到预先定义好的类中去，即对新添加到数据库里的数据进行分类。在网络数据挖掘中，分类技术可以根据访问这些用户而得到的个人信息，或共同访问模式得出访问某一服务器文件的用户特征。分类方法有很多种，常使用归纳学习算法，如决策树技术、贝叶斯分类法、K-邻近分类法等。

5）聚类。

聚类技术是对符合某一访问规律特征的用户进行用户特征挖掘。在 Web 使用挖掘中存在两种类型的聚类，即使用聚类（用户聚类）和网页聚类。用户聚类主要是把所有用户划分为若干组，把具有相似特性（或浏览模式）的用户分在一组，这类知识有助于为用户提供个性化的服务。而网页聚类可以找出具有相关内容的网页组，这对搜索引擎及提供上网帮助的应用十分有用。用户聚类和网页聚类都能根据用户的询问，或过去所需信息的历史生成静态或动态 HTML，向用户推荐相关的超链接。目前，许多知名的门户网站，如搜狐、新浪等就是运用了这类技术，在用户浏览网页后给出相关链接推荐。

（3）模式分析。

挖掘出来的用户行为模式（集合），需要合适的工具和技术对其进行分析、解释和可视化，从中筛选出有趣（有用）的模式，使之成为人们可以理解的知识。对于大量挖掘出来的模式，也需要一种技术使用户可以方便地查询其想要的模式，从而使解释和分析更具有针对性。实现这个功能也就是要实现在已经挖掘出来的知识上进行查询。精确的分析方法通常是由网络挖掘的具体应用来控制的。最常见的模式分析方法有两种，一种是像 SQL 那样的知识查询机制，采用 SQL 查询语句进行分析，如 Web Miner 系统提出了一种类似于 SQL 的查询机制；另一种方法是将 Web 使用数据装入数据仓库，以便执行联机分析处理（OLAP），并提供可视化的输出结构。诸如图形化模式或为不同的值赋予不同颜色的可视化技术，可以使数据中的总体模式或趋势变得更突出。目前有 30 多种商业化的 Web Log 挖掘工具，然而这些工具在分析的全面性及深度，结果的合理性与合法性，以及在性能、速度、灵活性、可维护性及包容性等方面均存在着许多不足和限制。

二、Web 使用分析的应用

（1）个性化服务与定制。

对客户的个性化服务与定制目前主要有三个方面。

1）个性化网站。

强调信息个性化，即识别、建立、调整客户的喜好，使客户能以自己的方式来访问。人们越来越希望网页的内容能够从原来的以“网站”为中心转变为以“用户”为中心，让网页尽可能地自动调整以迎合每个用户的浏览兴趣。个性化网站建设是一个具有挑战性的领域。

2）个性化广告。

当打开一个网站时，如果弹出不需要的广告，会使消费者心烦意乱，而且浪费他们宝贵的时间和精力。个性化广告就不同，它是针对用户的需求提供的，能使用户减少搜索的时间，得到想要的东西。有针对性地提供个性化广告条，对那些要通过 WWW 发送广告的企业要比泛泛的、随意的广告有价值得多。

3）在线推荐产品或网页。

根据网络访问者的偏好和导航行为进行个性化营销。把活动用户的短期访问历史与前面挖掘的模式进行匹配，为活动用户预测下一步最有可能访问的页面，并根据得分对页面进行排序，附在现行用户请求访问页面后推荐给用户。

（2）商务智能。

Web 使用分析对大量用户使用记录的分析能够为服务商分析用户行为提供商务智能，使服务商能更方便地实施客户关系管理。Web 使用挖掘对商务管能的研究主要有以下几个方面。

1）分析潜在的目标市场，优化电子商务网站的经营模型。根据客户的历史资料不仅可以预测需求趋势，还可以评估需求倾向，有助于提高企业的竞争力。

2）聚类客户。通过对具有相似浏览行为的客户进行分组，并分析组中客户的共同特征，帮助电子商务的组织者更好地了解自己的客户，向客户提供更适合的服务。销售商可以根据分析出来的聚类信息及时调整页面及页面内容，使商务活动能够在一定程度上满足客户的要求，提升客户和销售商的满意度。

3）确定消费者消费的生命周期，针对不同的产品定制相应的营销策略。

4）了解客户，针对不同客户提供“量身定做”的产品。电子销售商可以获取消费者的个人爱好，以便更加充分地了解客户的需要，给每一位消费者提供独特的个性化产品，有利于提高消费者的满意度，使消费者成为长久的客户。

5）延长客户的驻留时间。对客户来说，传统客户与销售商之间的空间距离在电子商务中已经不存在了，在互联网上每一个销售商对于客户来说都是一样的。通过对客户访问信息的挖掘，就能知道客户的浏览行为，从而了解客户的兴趣及需求。在互联网上的电子商务中的一个典型序列，恰好就代表了一个消费者以页面形式在站点的导航行为，所以可运用数据挖掘中的序列模式技术来留住客户。

6）发现潜在用户。对一个电子商务网站来说，了解、关注在册客户全体非常重要，但从众多的访问者中发现潜在客户群体也同样非常关键。如果发现某些客户为潜在客户群体，就可以对这类客户实施一定策略，使他们尽快成为在册客户群体。对一个电子商务网站来说，也许就意味着订单数的增多、效益的增加。

（3）改善网站结构。

对 Web 站点的链接结构的优化可从两个方面来考虑：①通过对 Web Log 的挖掘，发现用户访问页面的相关性，从而在密切联系的网页之间增加链接，方便用户使用；②通过对 Web Log 的挖掘发现用户的期望位置。如果在期望位置的访问频率高于对实际位置的访问频率，可以考虑在期望位置和实际位置之间建立导航链接，从而实现对 Web 站点的优化。可以找到用户返回点，这个位置可能是期望位置，也可能是目标页面，可以通过确定时间阈值来解决这个问题。当用户在返回点停留的时间较长，超过指定的阈值时，则认为该页面是目标页面，否则可以认为是该页面的期望位置。

Mike Perkowitz 和 Oren Etzioni 最早对自适应网站进行了研究，另外 Ihor Kuz、WenSyan Li 等人也对自适应网站进行了一定的研究。自适应 Web 站点是指 Web 服务器能通过学习用户的访问模式，自动地改进 Web 站点信息的组织（Organization）与显示（Presentation）。不同职业的人群，访问同一站点的目的是不一样的。在间接 URL 聚类中，先对用户的访问进行聚类，由此获得相应的 URL 类。我们可以看出，每类 URL 都代表了某类职业人员访问网站的共同目的，因而可以把每一类 URL 集中放在新的 Web 页面中，由站点管理者分析新 Web 页面的特点，赋予相关标题，这样不同职业的人群可以只访问与自己有关的主题页面。另外，利用 Web 使用分析提高搜索引擎的性能是 Web 使用分析中比较重要的研究领域，如 Dell Zhang 等人对如何利用 Web 使用挖掘提高搜索引擎的性能进行了研究。

第五节 应用案例

亚马逊是美国最大的一家网络电子商务公司，总部位于华盛顿州的西雅图。亚马逊成立于 1995 年，在最开始的时候亚马逊只经营网络的书籍销售业务，后来逐渐多元化，现在已经成为全球商品品种最多的网上零售商和全球最大的互联网企业之一，也是欧洲、美国、加拿大、墨西哥、日本等国的主流网购平台。

如果说全球哪家公司从 Web 大数据发掘出了最大价值，截至目前，答案非亚马逊莫属。作为全球最大的电子商务公司之一，亚马逊在 Web 上有着海量的数据资源。消费者在使用亚马逊后会在平台上留下大量的浏览记录、消费信息等 Web 数据。亚马逊会对这些 Web 数据进行处理，使这些数据发挥巨大的价值。作为一个互联网企业，亚马逊具有很强的 Web 数据搜集能力，因此亚马逊也可以被视为是一家“信息公司”。亚马逊不仅从每个用户的购买行为中获得信息，还将每个用户在其网站上的所有行为都记录下来，包括页面停留时间、用户是否查看评论、每个搜索的关键词、浏览的商品等。亚马逊高度重视这些具有研究价值的 Web 数据，通过使用数据挖掘和分析技术指导企业的营销过程。

亚马逊的管理者清醒地认识到大数据的应用价值。亚马逊的 CTO 在 CeBIT 上关于大数据的演讲，向与会者描述了亚马逊在大数据时代的商业蓝图。长期以来，亚马逊一直通过大数据分析，尝试定位客户和获取客户反馈。“在此过程中，你会发现数据越大，结果越好。为什么有些企业在商业上不断犯错？那是因为它们没有足够的数据对运营和决策提供支持，”他说，“一旦进入大数据的世界，企业的手中将握有无限可能。”在新兴技术的支撑下，亚马逊对互联网环境下的数据挖掘分析能力不断增强。对于 Web 数据的使用与分析已经成为亚马逊的整个营销活动中必不可缺的一环，“数据驱动”体现在亚马逊的各个业务环节中。例如，在推荐环节，亚马逊对用户的数据进行分析，通过分析“买过 X 商品的人，也同时买过 Y 商品”，亚马逊可以向用户推荐具有关联性的产品，虽然这个推荐过程看似简单，但是实际上亚马逊想要得到精准的推荐结果却是一个复杂的过程。亚马逊在 1998 年上线了基于物品的协同过滤算法，将推荐系统推向服务百万级用户和处理百万级商品这样一个前所未见的规模，目前该算法在互联网上仍被广泛应用，包括 YouTube、Netflix 和一些其他公司。该算法的成功来源于以下几个方面：

（1）简单、可扩展；

（2）经常能给出令人惊喜和有用的推荐；

（3）可根据用户的新信息立刻更新推荐；

（4）可解释性强。

亚马逊在其 Web 主页非常显眼的位置放置了基于用户购买历史和浏览行为的个性化推荐模块。搜索结果页会给出和用户搜索相关的推荐；购物车会给用户推荐其他可以加入购物车的商品，可能会刺激用户在最后一刻完成捆绑购买，或者对用户已经打算购买的商品形成补充。在用户订单的尾部，会出现更多的推荐，给出建议用户之后可以购买的东西。借助电子邮件、列表页、商品详情页以及其他页面，很多亚马逊上的页面多少都会有些推荐模块，开始形成一个千人千面的商店。亚马逊收入的 30% 来自个性化推荐系统，由此可见，推荐系统为亚马逊创造了巨额的收益。

现如今对 Web 数据的挖掘利用已成为组织和机构的研究热点，而且对 Web 数据的应用并不仅限于推荐，Web 数据分析技术还被广泛地应用于运输、医疗、安检等领域。随着 Web 的发展，Web 数据越来越多，数据的获取也变得越来越容易，组织和企业可以利用 Web 数据帮助自身更好地了解和定位客户，提供个性化服务，为企业带来更高的效益。因此对 Web 数据的挖掘和利用在未来仍将会是一个热门的研究问题。

◎ 思考与练习

1. 什么是 Web 分析？
2. 谈谈你对 Web 分析的理解，以及 Web 分析对社会生活及经济发展的作用。
3. Web 分析分为哪几类？
4. 简述 Web 文本挖掘的流程。
5. PageRank 算法的原理是什么？
6. Web 使用分析的步骤有哪些？

◎ 本章扩展阅读

[1] 连一峰，戴英侠，王航. 基于模式挖掘的用户行为异常检测 [J]. 计算机学报，2002，5(3)：325-330.

[2] 胡世港. 语义 Web 与下一代互联网搜索引擎 [J]. 软件导刊，2008，7(4)：71-72.

[3] 胡军涛，武德峰，李国辉. 多媒体数据挖掘的体系结构和方法 [J]. 计算机工程，2003，29(9)：149-151.

[4] 蔡晓妍，张阳，李书琴. 商务智能与数据挖掘 [M]. 北京：清华大学出版社，2016.

[5] 郑华为，刘均，田锋，等. Web 知识挖掘：理论、方法与应用 [M]. 北京：科学出版社，2010.

[6] 赵卫东. 商务智能 [M]. 2 版. 北京：清华大学出版社，2011.

[7] 易明. 基于 Web 挖掘的个性化信息推荐 [M]. 北京：科学出版社，2010.

[8] 毛国军，段立娟. 数据挖掘原理与算法 [M]. 3 版. 北京：清华大学出版社，2016.

[9] 马刚. 基于 Web 语义的 Web 数据挖掘 [M]. 大连：东北财经大学出版社，2014.

[10] 王天志. Web 中文舆情信息挖掘 [M]. 北京：科学出版社，2019.

[11] 何慧，陈博，张莹. Web 文本挖掘技术理论与应用 [M]. 北京：电子工业出版社，2017.

[12] 吴瑞. 不确定理论与 Web 挖掘 [M]. 北京：电子工业出版社，2011.

[13] LIU B. Web data mining：exploring hyperlinks，contents and usage data [M].

Berlin: Springer Science & Business Media, 2007.

[14] LIU B. Sentiment analysis and opinion mining [J]. Synthesis Lectures on Human Language Technologies, 2012, 5(1): 1-167.

[15] BERGMAN M K. The deep web: surfacing hidden value [J]. Journal of Electronic Publishing from the University of Michigan. 2001, 7(1): 3-21.

[16] BHARAT K, BRODER A, DEAN J, et al. A comparison of techniques to find mirrored hosts on the WWW [J]. Journal of the American Society for Information Science, 2000, 51(12): 1114-1122.

[17] BUCKLIN R E, SISMEIRO C. A model of web site browsing behavior estimated on clickstream data [J]. Journal of Marketing Research, 2003, 40(3): 249-267.

C H A P T E R 1 3

第十三章

可视化技术

数据可视化为人类洞察数据的内涵、理解数据蕴藏的规律提供了重要手段。把数字置于视觉空间中，大脑就会更容易发现其中潜藏的模式。人类对图形具备较强的理解能力，往往能够从中发现一些通过常规统计方法很难挖掘到的信息，要想探索和理解大型数据集，可视化是最有效的途径之一。在本章中你将理解数据可视化的发展过程、功能和流程，掌握可视化的类型、流程及主要方法，并理解其评测流程与方法的相关知识。

■ 学习目标

- 理解可视化发展过程、功能和流程
- 掌握可视化的三种主要类型
- 掌握可视化的流程及主要方法
- 理解可视化评测的流程与方法

■ 知识结构图

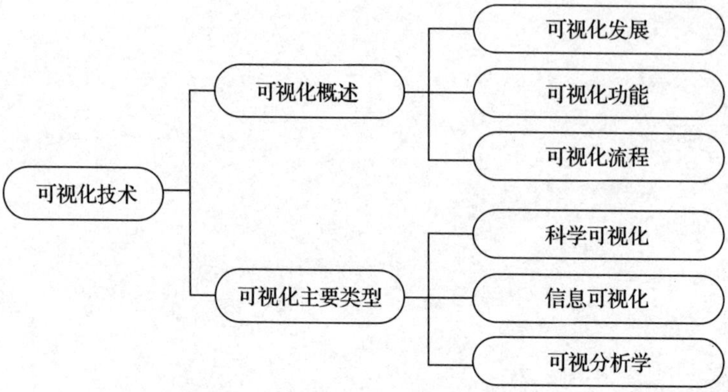

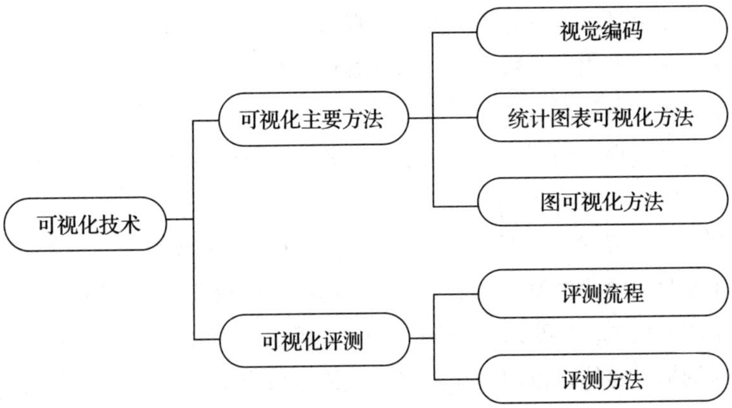

第一节　可视化概述

图形是直观呈现数据的形式，然而，将大量数据在同一个图表中展现出来并不容易。数据可视化就是研究利用图形展现数据中隐含的信息并发掘其中规律的学科。它是一门横跨计算机、统计、心理学的综合学科，并随着数据挖掘和大数据的兴起而进一步繁荣。

一、可视化发展

可视化的历史悠久，从最早用墙上的原始绘图和图像、表中的数字以及黏土上的图像来呈现信息，到数据驱动时代的大数据可视化，大致可分为如图 13-1 所示的 8 个阶段：

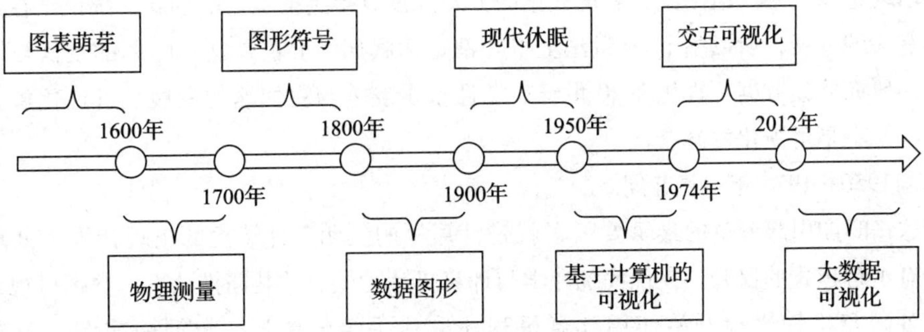

图 13-1　可视化发展时间轴

（1）17 世纪以前：拉开帷幕。

17 世纪之前，由于人类研究的领域有限，总体数据量处于较少的阶段，因此几何学通常被视为可视化的起源，数据的表达形式也较为简单。但随着人类知识的增长，活动范围不断扩大，为了能有效探索其他地区，人们开始汇总信息绘制地图。

（2）1600—1699 年：初露锋芒。

更为准确的测量方式在 17 世纪得到了广泛使用，笛卡儿发展出了解析几何和坐标系，在两个或者三个维度上进行数据分析，成为数据可视化历史中重要的一步。同时，早期概率论和人口统计学研究开始出现。数据的价值开始被人们重视起来，人口、商业等经验数据开始被系统地收集整理，各种图表和图形也开始诞生。这些早期的探索，开启了数据可视化的大门，数据的收集和整理、图表和图形的绘制开始了系统性的发展。

（3）1700—1799 年：新的图形形式。

18 世纪英国的工业革命、牛顿对天体的研究，以及后来微积分方程等的建立，都推动着数据向精准化及量化阶段的发展，统计学研究的需求也越发显著，用抽象图形的方式来表示数据的想法也不断成熟。William Playfair 在 1765 年创造了第一个时间线图，单条线用于表示一个人的生命周期，整体可以用于比较多个人的生命跨度。这些时间线直接启发了他，之后他发明了条形图，以及其他一些至今仍常用的图形。随着数据在经济、地理、数学等领域不同场景下的应用，数据可视化的形式变得更加丰富，也预示着现代化信息图形时代的到来。

（4）1800—1899 年：现代信息图形设计的开端。

19 世纪上半叶，受到 18 世纪视觉表达方法创新的影响，统计图形和专题绘图领域出现爆炸式的发展，目前已知的几乎所有形式的统计图形都是在此时被发明的。在此期间，数据的收集整理从科学技术和经济领域扩展到社会管理领域，对社会公共领域数据的收集标志着人们开始以科学手段进行社会研究。人们开始有意识地使用可视化的方式尝试研究、解决更广泛领域的问题。这一时期一位法国的工程师绘制了多幅有意义的可视化作品，他最著名的作品是于 1861 年绘制的关于拿破仑帝国入侵俄罗斯的信息图。

（5）1900—1949 年：现代休眠期。

数据可视化在这一时期得到了推广和普及，开始被用于解决天文学、物理学、生物学问题，展示理论新成果。但搜集、展现数据的方式并没有得到根本上的创新，统计学在这一时期也没有大的发展，所以整个 20 世纪上半叶都是休眠期。但正是这一时期的蛰伏与统计学者潜心的研究才让数据可视化在 20 世纪后期迎来了复苏与更快速的发展。可视化黄金时代的结束，并不是可视化的终点。

（6）1950—1974 年：复苏期。

在这一时期引起变革的最重要因素就是计算机的发明，计算机的出现让人类处理数据的能力有了跨越式的提升。在现代统计学与计算机计算能力的共同推动下，数据可视化开始复苏，各研究机构逐渐开始使用计算机程序取代手绘的图形。数据缩减图、多维标度（MDS）法、聚类图、树形图等更为新颖复杂的数据可视化形式开始出现。人们开始尝试着在一张图上表达多种类型的数据，或用新的形式表现数据之间的复杂关联，这也成为如今数据处理应用的主流方向。数据和计算机的结合使数据可视化迎来了新的发展阶段。

（7）1975—2011 年：动态交互式数据可视化。

在这一阶段计算机成为数据处理必要的工具，数据可视化进入了新的黄金时代。随着应用领域的增加和数据规模的扩大，更多新的数据可视化需求逐渐涌现。因此人们开始试图实现动态、可交互的数据可视化，动态交互式的数据可视化方式成为新的发展主题。

（8）2012 年至今：大数据时代。

随着全球新增数据量以指数级猛增，用户对数据的使用效率也在不断提升，数据的服务商开始需要从多个维度向用户提供服务，大数据时代就此正式开启。此时试图继续以传统展现形式来表达庞大数据量中的信息是不可能的，大规模的动态化数据要依靠更有效的处理算法和表达形式才能够传达出有价值的信息，因此对大数据可视化的研究成为新的时代命题。

在数据驱动时代，不仅要考虑快速增加的数据量，还需要考虑数据类型的变化；随着数据更新频率的加快和获取渠道的拓展，实时数据的巨大价值只有通过有效的可视化处理才可以体现，动态交互的技术需向交互式实时数据可视化发展。综上，如何建立一种有效的、可交互式的大数据可视化方案来表达大规模、不同类型的实时数据，成为数据可视化这一学科的主要研究方向。

二、可视化功能

在计算机学科的分类中，利用人眼的感知能力对数据进行交互的可视表达以增强认知的技术，被称为可视化。它将不可见或难以直接显示的数据转化为可感知的图形、符号、颜色、纹理等，提高数据识别效率，传递有效信息。

从宏观的角度看，可视化包括以下三个功能。

（1）信息记录：可视化可以将大规模的数据记录下来，最有效的方式就是将信息成像或采用草图记载。不仅如此，可视化呈现还能激发人的洞察力，帮助验证科学假设。如图 13-2 和图 13-3 所示，人们利用可视化图像记录月亮周期。

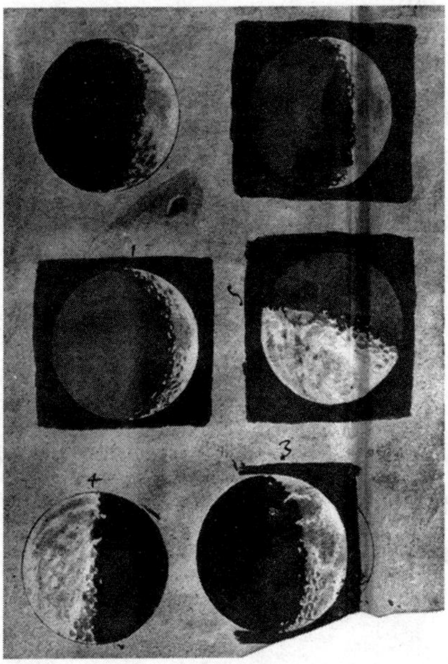

图 13-2　1616 年伽利略关于月亮周期的绘图

图 13-3　月亮周期的拍摄

（2）信息推理与分析：将信息以可视的方式呈现给用户，引导用户从可视化结果分析和推理出有效信息，可以极大降低数据理解的复杂度；同时可以通过扩充人脑记忆来显著提高分析信息的效率（如图形化计算）。数据分析的任务通常包括定位、识别、区分、分类、聚类、分布、排列、比较、内外连接比较、关联和关系等。如图 13-4 所示，斯诺绘制的霍乱“鬼图”清晰地显示了霍乱集中在布拉德街的水井（×）附近。

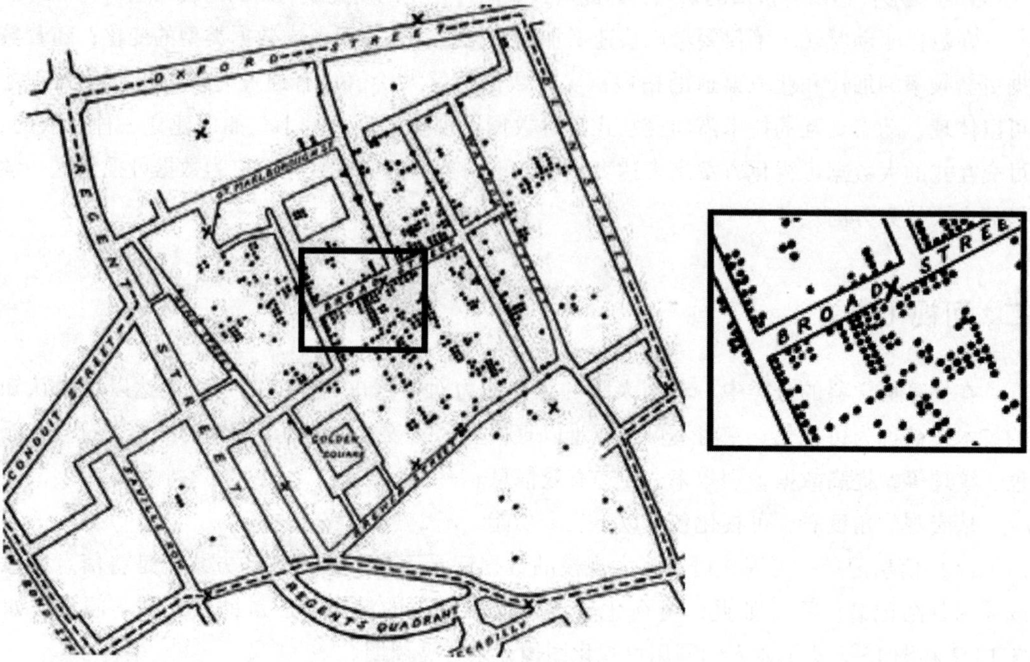

图 13-4　霍乱“鬼图”

（3）信息传播与协同：将复杂信息传播与发布给公众的最有效途径就是将数据进行可视化，以达到信息共享、信息协作、信息修正和信息过滤等目的。2011 年，英国骚乱发生，《卫报》与学术小组合作创建了史无前例的解读骚乱项目，使公众能更好地了解谁是趁乱打劫者。通过深入分析 260 万条参与骚乱的 Twitter 信息的强协同效应，表明了谣言病毒传播的本质，以及谣言的生命周期随时间变化。

三、可视化流程

数据可视化大致可分为信息可视化、科学可视化和可视分析学三大类（在本章第二节进行详细介绍）。由于可视化类型不同，可视化分析的流程模型略有不同，本质上还是离不开四步：分析、处理、生成、交互，如图 13-5 所示。

（一）分析

进行一个可视化任务时，首先要进行一系列分析工作，从总体上看，分析阶段包括三项任务：任务分析、数据分析、领域分析。

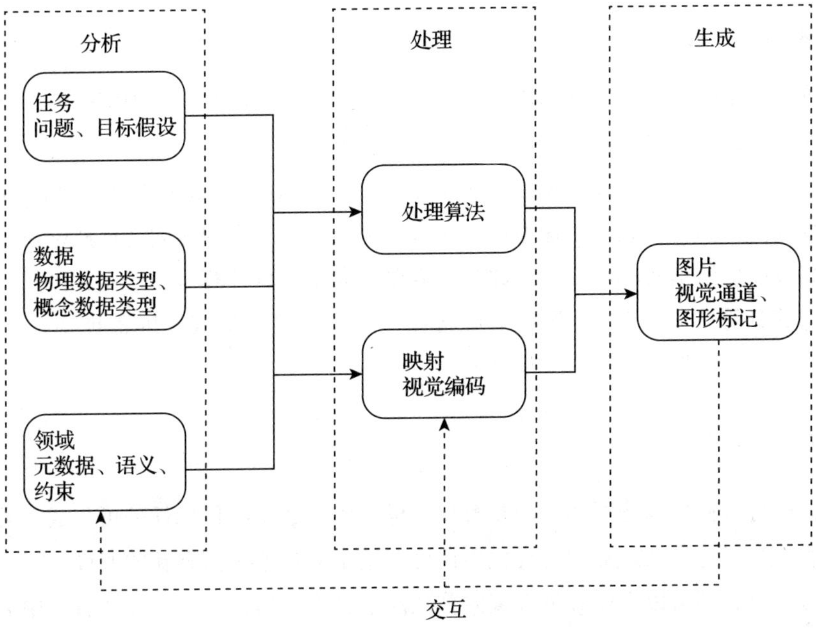

图 13-5　可视化分析的流程

任务分析主要是分析可视化任务的目标和出发点，需要展示什么信息、展示什么样形式的信息、得到什么样的结论以及验证什么假设等，明确需要完成的任务，有助于后续环节的执行。

数据分析包括对数据类型、数据结构、数据维度等数据特征进行分析。数据承载的信息多种多样，不同的展示方式会使侧重点有天壤之别。在这一步需要确定过滤什么数据、用什么算法处理数据、用什么视觉通道编码等。

可视化应用领域广泛，可用于医学、生物学、地理学等领域，对于不同领域，可视化需要展示的侧重点不同，这就决定了在开展可视化任务的时候，必须要对该项任务所处的问题领域进行分析。术业有专攻，可视化的侧重点要跟着领域做出相应的变化。

（二）处理

分析工作完成之后，接下来我们进行对数据的处理和对视觉编码的处理两部分工作。

数据的处理包括数据清洗、数据规范和数据分析。数据清洗和数据规范，即把原始数据中的脏数据以及敏感数据过滤掉，然后剔除冗余数据，最后将数据结构调整为系统可以处理的形式。简单的数据分析就是使用基本的统计学方法分析数据背后蕴含的各种信息，复杂的数据分析方法就是运用数据挖掘的各种算法建立并训练模型。只想通过最后的可视化结果把所有的数据统统展示出来是不现实的，于是数据处理过程又涉及包括标准化或归一化、采样、离散化、降维、聚类等在内的数据处理方法。

视觉编码处理即如何使用位置、尺寸、灰度值、纹理、色彩、方向、形状等视觉通道，来映射要展示的每个数据维度。

（三）生成

生成可视化结果，即将视觉编码设计运用到实践中。从巨大的呈现多样性的空间中选择最合适的编码形式，这也正是数据可视化的核心内容。

大量的数据采集通常是以流的形式实时获取的，针对静态数据发展起来的可视化显示方法不能直接拓展到动态数据。这不仅要求可视化结果有一定的时间连贯性，还要求可视化方法达到高效以便给出实时反馈。因此不仅需要研究新的软件算法，还需要更强大的计算平台（如分布式计算或云计算）、显示平台（如一亿像素显示器或大屏幕拼接）和交互模式（如体感交互、可穿戴式交互）。

（四）交互

对数据进行可视化和分析的目的是解决目标任务。通用的目标任务可分成三类：生成假设、验证假设和视觉呈现。数据可视化不仅可以用于从数据中探索新的假设、证实相关假设与数据是否吻合，还可以帮助数据专家向公众展示其中的信息。在交互的过程中需要对视觉编码的设计进行修改完善，甚至重返第一步分析阶段，整个过程就是各部分的迭代与完善，每一次完善都是建立在出现问题的基础上，最终得到完整的、符合要求的可视化结果。

交互是通过可视的手段辅助分析决策的直接推动力。有关人机交互的探索已经持续很长时间，但智能、适用于海量数据可视化的交互技术，如任务导向的、基于假设的方法还是一个未解难题。

第二节　可视化主要类型

数据可视化的处理对象是数据。自然地，数据可视化包含处理科学数据的科学可视化（Scientific Visualization）与处理抽象的、非结构化信息的信息可视化（Information Visualization）两个分支。面向科学和工程领域的科学可视化重点探索如何有效地呈现数据中几何、拓扑和形状特征，实现科学数据的交互式视觉呈现以加强认知。信息可视化的处理对象是非结构化、非几何的抽象数据，针对大尺度高维数据减少视觉混淆和对有用信息的干扰。除此之外，将可视化与分析结合，形成一个新的学科：可视分析学（Visual Analytics）。如图 13-6 所示，科学可视化、信息可视化和可视分析学三个学科方向通常被看成可视化的三个主要分支。

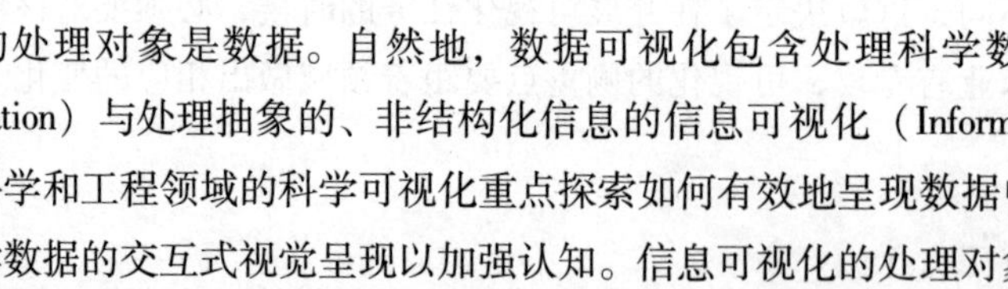

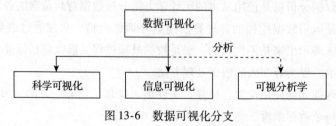

图 13-6　数据可视化分支

一、科学可视化

科学可视化是可视化领域之中最早、最成熟的一个跨学科研究与应用领域。它主要关注三维现象的可视化，如建筑学、气象学、医学或生物学方面的各种系统，重点在于对体、面以及光源等的逼真渲染。科学可视化侧重于利用计算机图形学来创建客观的视觉图像，将这些学科中的数学方程等文字信息大量压缩呈现在一张图纸上，如图 13-7 所示，从而帮助人们理解那些以复杂方程、数字等形式来呈现的科学概念或结果。

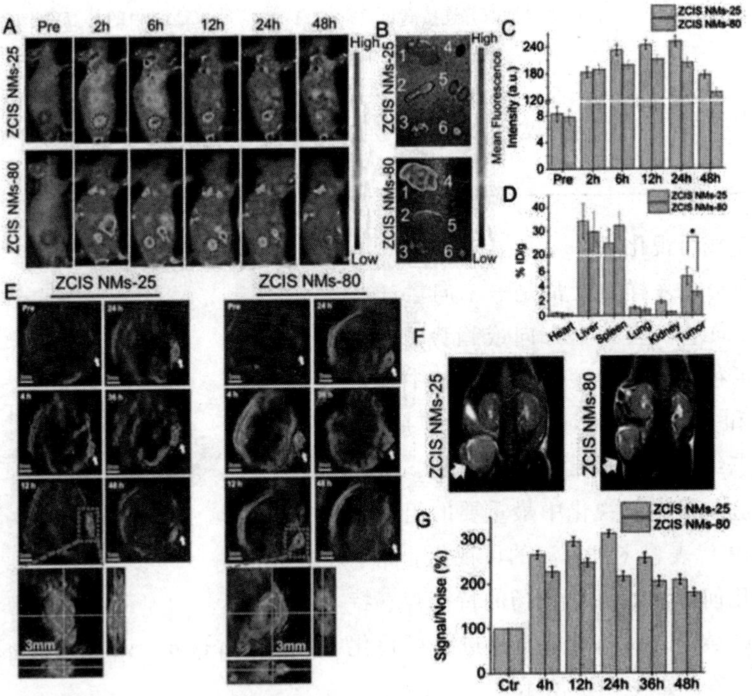

图 13-7　科学可视化视觉图像

科学可视化设计有可视化流程的参考体系模型，并运用在数据可视化的系统中。科学可视化的早期可视化流水线如图 13-8 所示。这条流水线其实是数据处理与图形绘制的嵌套组合。

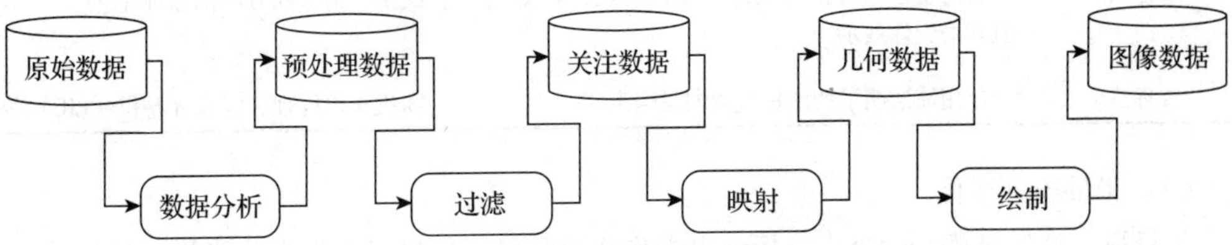

图 13-8　科学可视化的早期可视化流水线

鉴于数据的类别可分为标量（密度、温度）、向量（风向、力场）、张量（压力、弥散）三类，科学可视化也可粗略地分为三类。

（1）标量场可视化。

标量是指单个数值，即在每个记录的数据点上有一个单一的值，标量场是指二维、三维或四维空间中每个采样处都有一个标量值的数据场。可视化数据场 $f(x,y,z)$ 的标准做法有如表 13-1 所示的三种。

表 13-1 标量场可视化方法

方法	原理	具体操作
颜色映射	将数值直接映为颜色或透明度	用颜色表达地球表面的温度分布
等值线或等值面方法	根据需要抽取并连接满足 $f(x,y,z)$ 的点集，并连接为线或面	地图中的等高线，标准的算法有移动四边形或移动立方体
直接体绘制	将三维标量数据场看成能产生、传输和吸收光的媒介，光源透过数据场后形成半透明影像	以透明层叠的方式显示内部结构，为观察三维数据场全貌提供了极好的交互浏览工具

（2）向量场可视化。

向量场在每个采样点处都是一个向量（一维数据组）。向量代表某个方向或趋势，如风向。向量场可视化的主要关注点在于其中蕴含的流体模式和关键特征区域。在实际应用中，由于二维或三维流场是最常见的向量场，所以流场可视化是向量场可视化中最重要的组成部分，如图 13-9 代表着飞机翼流的可视化。除了通过拓扑或几何方法计算向量场的特征点、特征线或特征区域外，对向量场直接进行可视化的方法包括三类，如表 13-2 所示。

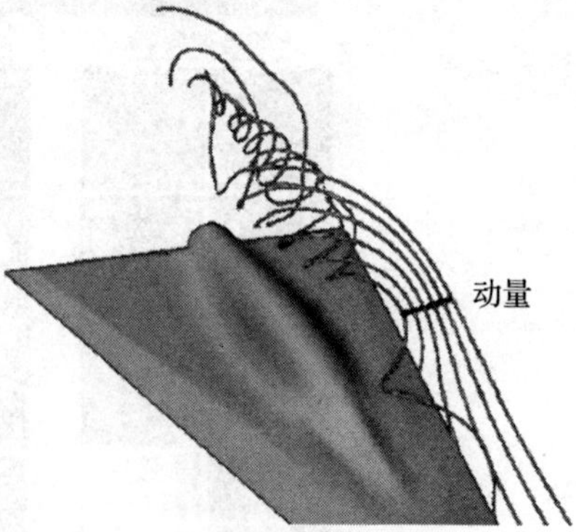

图 13-9 飞机翼流的可视化

表 13-2 向量场可视化方法

方法	原理	具体操作
粒子对流法	模拟粒子在向量场中以某种方式流动，获得的几何轨迹可以反映向量场的流体模式	流线、流面、流体、迹线和脉线等
图标法	将向量数据转换为纹理图像，为观察者提供直观的影像展示	线条、箭头和方向标志符等
纹理法	使用简洁明了的图标代表向量信息	随机噪声纹理、线积分卷积（LIC）等

（3）张量场可视化。

张量概念是矢量概念的推广，标量可看作 0 阶张量，矢量可看作 1 阶张量。张量是一个可用来表示在一些矢量、标量和其他张量之间的线性关系的多线性函数。张量场可视化方法分为基于纹理、几何和拓扑三类，如表 13-3 所示。

表 13-3　张量场可视化方法

方法	原理	具体操作
基于纹理的方法	将张量场转换为静态图像或动态图像序列，图释张量场的全局属性	将张量场简化为向量场进而采用线性积分法、噪声纹理法等方法显示流线、流面、流体、迹线和脉线等
基于几何的方法（图标法）	通过几何表达描述张量场的属性	图标法采用某种几何形式表达单个张量；超流线法将张量转换为向量，使用向量场中的粒子对流法形成流线、流面或流体
基于拓扑的方法	计算张量场的拓扑特征，将区域分为具有相同属性的子区域，并建立对应的图结构	生成多变量场的定性结构，快速构造全局流场结构，特别适用于数值模拟或实验模拟生成的大尺度数据

科学可视化技术的意义重大，它加速了研究者对数据的处理能力，使得日益增长的大数据得到最有效的运用，同时也增强了研究者们观察事物规律的能力。在得到计算结果的同时，也能了解计算过程中发生的各种现象，通过改变参数，观察其影响，对计算过程实现引导和控制。科学可视化面向的领域包括自然科学，如物理、化学、气象气候、航空航天、医学、生物，这些学科通常需要对数据和模型进行解释、操作与处理，旨在找出其中的模式、特点、关系以及异常情况。

二、信息可视化

信息可视化是研究抽象数据的交互式视觉表示以加强人类认知。抽象数据包括数字和非数字数据，如地理信息与文本。柱形图、趋势图、流程图、树状图等都属于信息可视化，这些图形的设计都将抽象的概念转化成为可视化信息。信息可视化的核心问题主要包含高维数据的可视化、数据间各种抽象关系的可视化、用户的敏捷交互和可视化有效性的评断等。

图 13-10 是由 Card 等提出的经典信息可视化参考模型（Reference Model）。目前几乎所有著名的信息可视化系统和工具包都支持这个模型，且绝大多数系统在基础层兼容。信息可视化是从原始数据到可视化形式，再到人的感知认知系统的可调节的一系列转换过程。

（1）转换：将原始数据转换为数据表形式。

（2）映射：将数据表映射为可视化结构，由空间基、标记以及标记的图形属性等可视化表征组成。

（3）视图变换：将可视化结构根据位置、比例、大小等参数设置显示在输出设备上。

此外，信息可视化可以理解为编码（Encoding）和解码（Decoding）两个映射过程。编码是将数据映射为可视化图形的视觉元素，如形状、位置、颜色、文字、符号；解码是对视觉元素的解析，包括感知和认知两部分。一个好的可视化编码需同时具备两个特征：效率和准确性。效率指的是能够瞬间感知大量信息，准确性指的是解码所获得的原始信息是否真实。

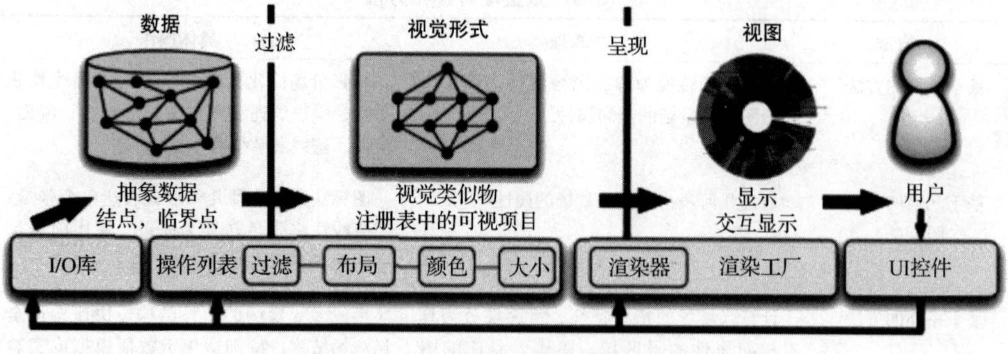

图 13-10 信息可视化参考模型

信息可视化处理的对象是抽象的、非结构化的数据集，如文本、图表、层次结构、地图、软件、复杂系统。与科学可视化相比，信息可视化更关注抽象、高维数据。此类数据通常不具有空间中位置的属性，因此要根据特定数据分析的需求，决定数据元素在空间的布局。因为信息可视化的方法与所针对的数据类型紧密相关，所以通常按数据类型分为时空数据可视分析、层次与网络结构数据可视化、文本和跨媒体数据可视化和多变量数据可视化。

信息可视化与科学可视化有所不同，科学可视化处理的数据具有天然几何结构，如磁感线、流体分布，信息可视化处理的数据具有抽象数据结构。两者的区别如表 13-4 所示。

表 13-4 信息可视化与科学可视化的区别

方法	科学可视化	信息可视化
目标任务	理解、阐明自然界中存在的科学现象	搜索信息中隐藏的模式和信息间的关系
数据类型	具有几何属性的数据	没有几何属性的抽象数据
处理过程	数据预处理→映射（构模）→绘制	信息获取→知识信息多维显示→知识信息分析与挖掘
研究重点	将具有几何属性的科学数据表现在计算机屏幕上	把非空间抽象信息映射为有效的可视化形式
面向用户	高层次的、训练有素的专家	非技术人员、普通用户
应用领域	医学、地质、气象、流体力学等	信息管理、商业、金融等

三、可视分析学

可视分析学是一门以可视交互界面为基础的分析推理科学。它是随着科学可视化和信息可视化发展而形成的新领域，重点是通过交互式视觉界面进行分析推理。它综合了图形学、数据挖掘和人机交互等技术，以可视交互界面为通道，将人的感知和认知能力以可视的方式融入数据处理过程，形成人脑智能和机器智能优势互补和相互提升，建立螺旋式信息交流与知识提炼途径，完成有效的分析推理和决策。

可视分析学可以被看成将可视化、交互和数据分析集成在内的一种新思路，如图 13-11 所示。感知与认知科学的研究人员在可视分析学中具有重要作用；数据管理和知识表达是可视分析构建数据到知识转换的基础理论；地理分析、信息分析、科学分析、统计分析、知识发现等是可视分析学的核心分析方法；在整个可视分析过程中，人机交互用于驾驭模型构建、分析推理和信息呈现等各个过程；而推导出的结构与知识最终需要向用户表达和传播。

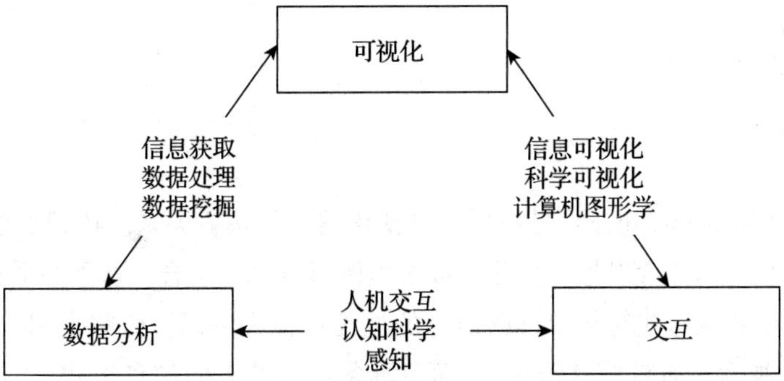

图 13-11　可视分析学的学科集成

从可视分析学标准流程上看，从数据到知识有两种途径：交互的可视化方法和自动的数据挖掘方法。这两种途径的中间结果分别是对数据进行交互可视化得到的结果和从数据中提炼的数据模型。用户既可以对可视化结果进行交互的修正，也可以调节参数以修正模型。如图 13-12 所示，在可视分析学流程中的核心要素包括以下几个方面：

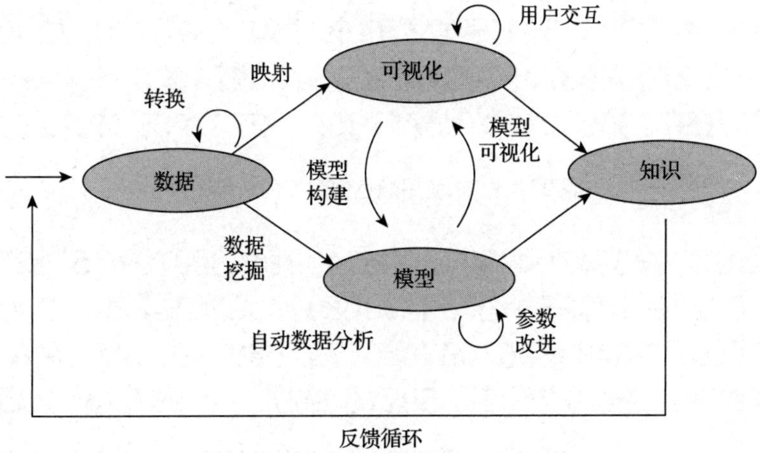

图 13-12　可视化分析学标准流程

（1）数据表示与转换。通过数据表示与转换，既能整合不同类型、不同来源的数据，形成统一的数据表示方式，又能保证数据的原有信息不丢失，此外，还要考虑数据质量问题。

（2）数据的可视化呈现。将数据以一种容易理解的方式呈现给用户。

（3）用户交互。需要考虑交互问题，以满足用户的个性化操作需要。

（4）分析推理。分析推理技术是用户获取深度洞悉的方法，能够直接支持情景评估、计划、决策。在有效的分析时间内，可视化分析能够提高用户判断的质量。

第三节　可视化主要方法

一、视觉编码

视觉编码（Visual Encoding）是数据与可视化结果的映射关系。这种映射关系可促使阅读者迅速获取信息，因此可以把可视化看成一组图形符号的组合。这些图形符号中携带了被编码的信息，阅读者从这些符号中读取信息的过程被称为解码。研究表明，能够在 10 毫秒“解码”，可以被视为“有效信息传达”，而不具备这一特点的信息形式，需要 40 毫秒甚至更长时间。

举一个例子，观察图 13-13 和图 13-14 两张图形中共有多少个 5？显然，第二张图更加“一目了然”，正是因为它使用了“颜色饱和度”视觉编码准确快速地传递信息。人类解码信息靠的是眼睛和视觉系统，如果说图形符号是编码信息的工具或通道，那么视觉就是解码信息的通道。因此，我们通常把这种图形符号 - 信息 - 视觉系统的对应称作视觉通道。

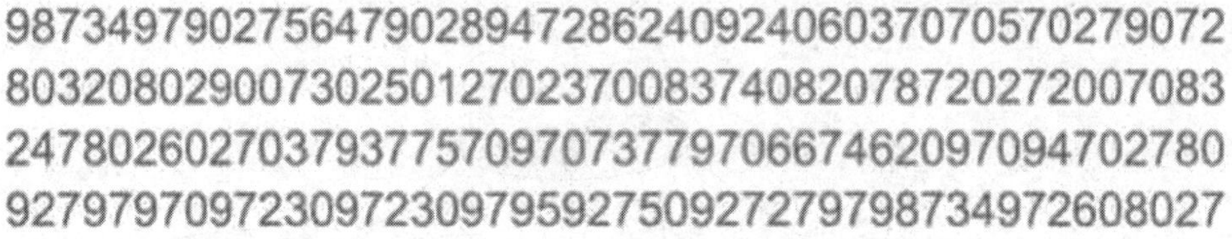

图 13-13　未使用颜色饱和度的效果图

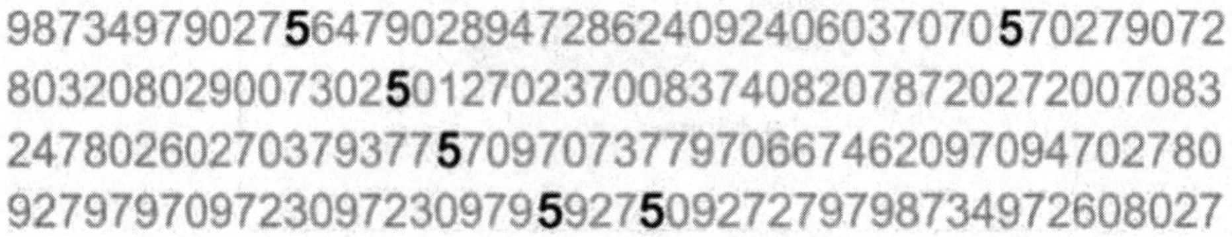

图 13-14　使用颜色饱和度的效果图

1967 年，Jacques Bertin 在 *Semiology of Graphics* 一书中提出了视觉编码与信息的对应关系，这奠定了可视化编码的理论基础。

如图 13-15 所示，书中把图形符号分为位置变量和视网膜变量。位置变量一般是指二维坐标，视网膜变量则包括尺寸、数值、纹理、颜色、方向和形状。

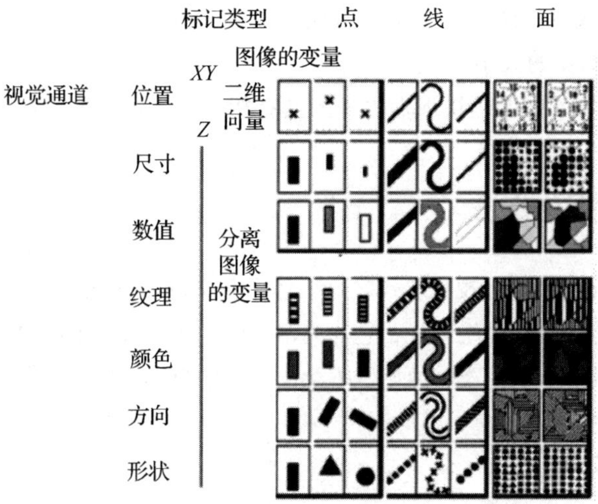

图 13-15 使用颜色饱和度的效果图

以上 7 种图形符号映射到点、线、面之后，就相当于有 21 种编码可用的视觉通道。人们又陆续补充了几种其他的视觉通道：长度、面积、体积、透明度、模糊或聚焦、动画等，所以可用的视觉通道变得非常多。一份具有高度可读性的可视化图表需要慎重选择视觉通道的类型和数量，因为包含的视觉通道太多，会造成视觉系统的混乱。表 13-5 总结出 7 种视觉编码及应用场景。

表 13-5 视觉编码及应用场景

视觉通道	释义	应用场景
位置	数据在空间中的位置，一般指二维坐标	散点图中数据点的位置，可一眼识别出趋势、群集和离群值；在 SWOT 分析中，位于矩阵中数据点的位置标识了数据所在的象限
方向	空间中向量的斜度	折线图每一个变化区间的方向，都用于传达变化趋势以及变化的程度是缓慢上升还是急速下降
长度	图形的长度	条形图与柱形图中柱子的长度代表了数据的大小
形状	符号类别	通常用于地图以区分不同的对象和分类。常出现在散点图中，用不同的形状区分多个类别或对象
色调 饱和度	通常指颜色 色调的程度	色调和饱和度可分开使用也可单独使用。颜色的应用范围比较广泛，几乎适用于各种场景，但是颜色数过多会影响“解码”效率，推荐在同一个图中使用的颜色少于 5 种，同一个仪表板中使用相同色系
面积	二维图像的大小	在二维空间中表示数值的大小，通常用于饼图和气泡图

通过以上总结可以看出不同视觉编码擅于处理的数据是不同的。我们可以结合不同的数据类型，总结出视觉通道的 3 个性质。

（1）定性性质或分类性质，适用于类别型数据。比如形状或颜色，这两个视觉通道，非常容易被人眼识别。比如从一堆正方形中识别一个三角形，或看万绿丛中的一点红，都是眼睛的拿手好戏。

（2）定量性质或定序性质，适用于有序型和数值型数据。比如长度、大小特别适合于衡量编码数值或编码量的大小。

（3）分组性质。人眼能很快识别出来的具有相同视觉通道的数据。

二、统计图表可视化方法

统计图表是最早的数据可视化形式之一，作为基本的可视化元素仍然被非常广泛地使用。对于很多复杂的大型可视化系统来说，它作为基本的组成元素而不可缺少。按照所呈现的信息和视觉复杂程度可将其分为三类：原始数据绘图、简单统计值标绘、多视图协调关联。

（一）原始数据绘图

原始数据绘图是指利用可视化原始数据的属性值，直接呈现数据特征。常见的图表有柱形图、走势图、饼图、散点图和散点图矩阵、热力图等。

1. 柱形图

柱形图是一种以长方形的长度为变量的统计报告图，一般用于表示客观事物绝对数量的比较或者变化规律，显示一段时间内数据的变化。但只适用中小规模的数据集。

文本维度或时间维度通常作为 X 轴，数值型维度作为 Y 轴。柱形图至少需要一个数值型维度。图 13-16 就是柱形图的对比分析，通过不同的图示区分类别。但当需要对比的维度过多时，柱形图是力不从心的。柱形图还有许多丰富的变种，如堆积柱形图、瀑布图、横向条形图、横轴正负图等。

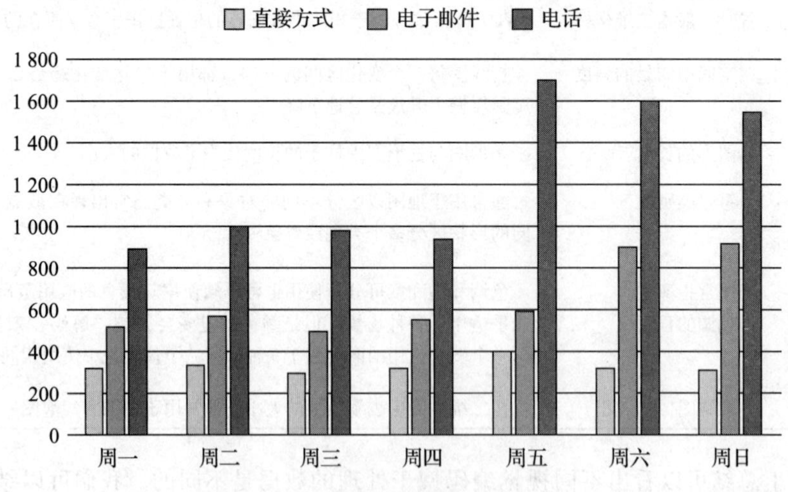

图 13-16　利用柱形图进行对比分析

2. 走势图

走势图通常以折线图为基础，人们使用高密度集的折线图展示数据随某一变量的变化趋势。折线图适用于二维大数据集，尤其是那些趋势比单个数据点更重要的场合。当人们想要了解某一维度在时间上的规律或趋势时可以用折线图，如图 13-17 所示。

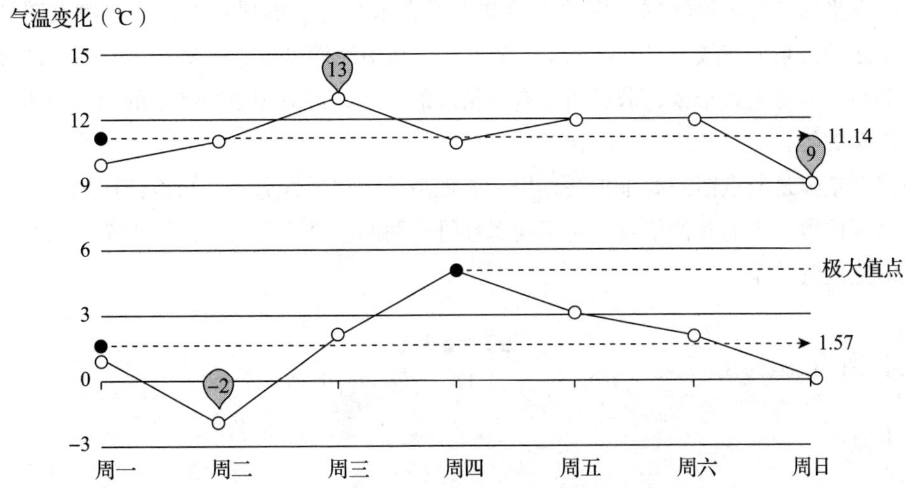

图 13-17 利用折线图研究事物随时间的走势

3. 饼图

饼图适用于一维数据可视化，尤其是能反映数据序列中各项大小、总和以及相互之间比例大小。如图 13-18 所示，饼图以环状形式呈现各分量在整体中的比例。

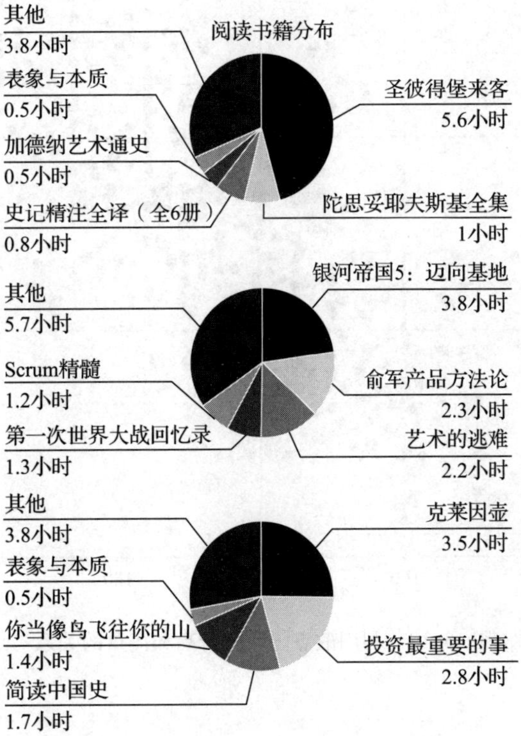

图 13-18 利用饼图研究比例关系

4. 散点图和散点图矩阵

散点图是表示二维数据的标准方法，数据以点的形式出现在笛卡儿坐标系中，每个点所对应的横纵坐标即代表该数据相应的坐标轴上所表示维度上的属性值大小。散点图是观察两个指标之间关系的有效工具，如图 13-19 所示，从中我们可以直观地看出身高和体重两个维度的关系。面对大数据量，散点图会有更精准的结果，可应用于统计中的回归分析、数据挖掘中的聚类等。

散点图矩阵是散点图的高维扩展，用来展现高维数据属性分布。可以使用尺寸、形状和颜色等来编码数据点的其他信息。对不同属性进行两两组合，生成一组散点图，来紧凑地表达属性对之间的关系。

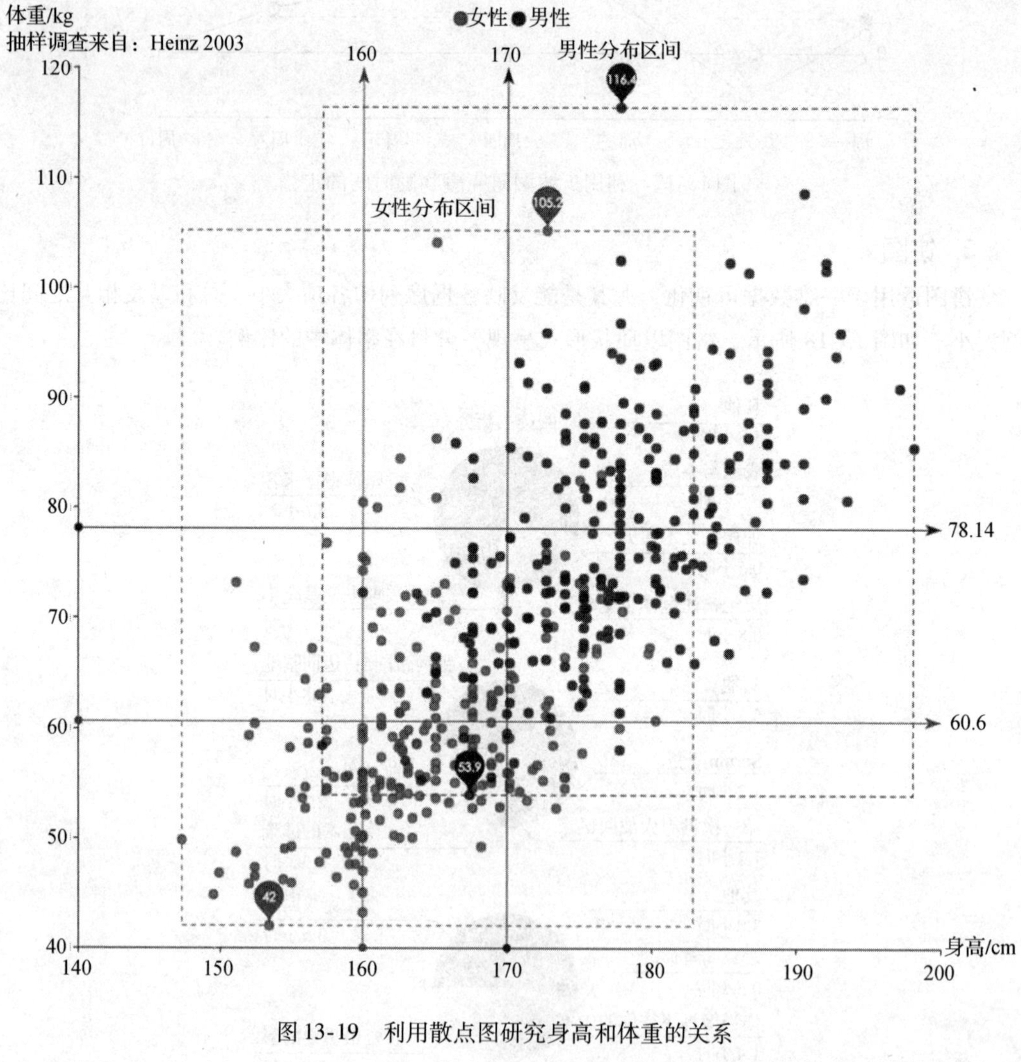

图 13-19　利用散点图研究身高和体重的关系

5. 热力图

热力图使用颜色来表达位置相关的二维数值数据大小。这些数据常以矩阵或方格形式整齐排列，或在地图上按一定的位置关系排列，用每个数据点的颜色编码数值大小。最常见的例子就是用热力图表现道路交通状况。互联网产品中，热力图可以用于网站的用户行为分析，将浏览、点击、访问页面的操作以高亮的可视化形式表现，如图 13-20 所示。

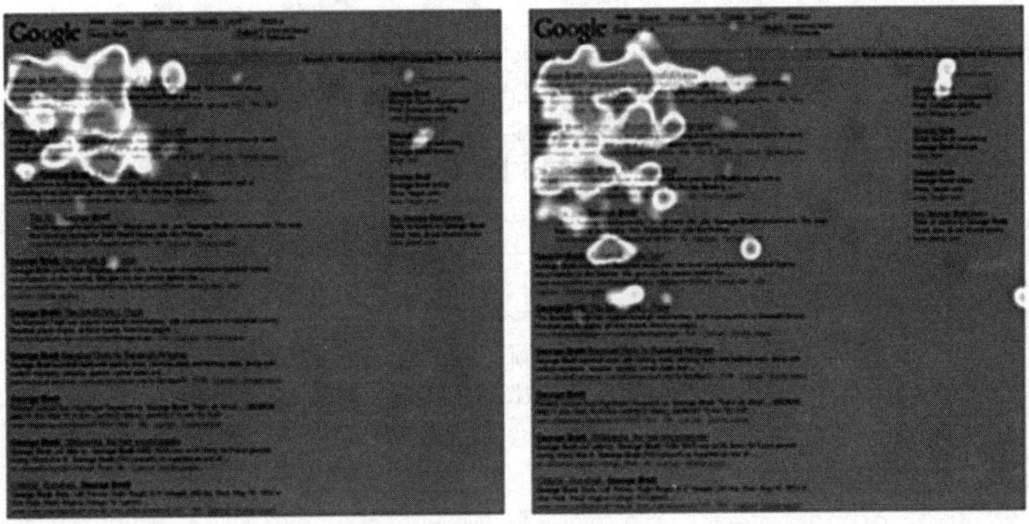

图 13-20　利用热力图分析网站用户行为

（二）简单统计值标绘

利用简单统计值标绘的最经典的图形便是箱线图（盒须图）。箱线图是 John Tukey 发明的通过标绘简单的统计值来呈现一维和二维数据分布的一种方法。它的基本形式是用一个长方形盒子表示数据的大致范围（数据值范围的 25% ~75%），并在盒子中用横线标明均值的位置。同时，在盒子上部和下部分别用两根横线标注最大值和最小值。箱线图在实验数据的分析中非常有用，并产生了如图 13-21 所示的若干变种。

图 13-22 展示的是互联网电商分析师对某商品出售情况的掌握。箱线图能清晰表示出每种商品每天的卖出情况，如该商品被用户最多购买了几个、大部分用户购买了几个、用户最少购买了几个等指标及其变化。

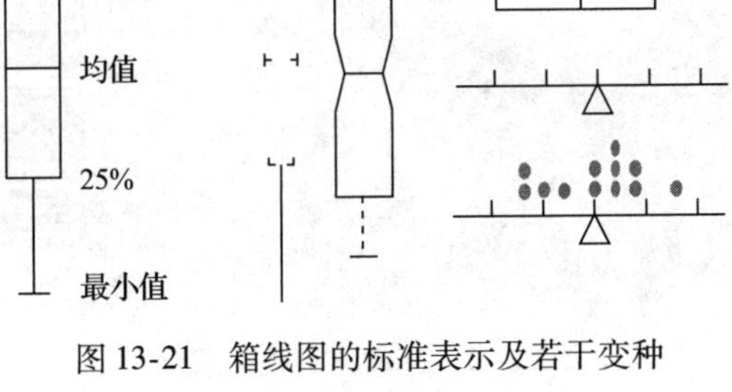

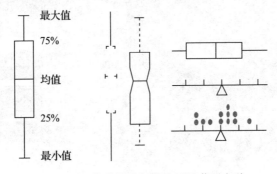

图 13-21　箱线图的标准表示及若干变种

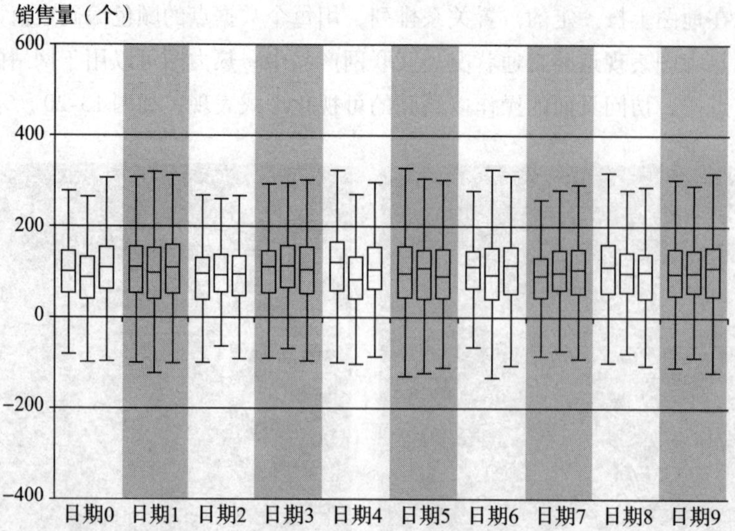

图 13-22　利用箱线图掌握商品出售情况

（三）多视图协调关联

将不同种类的绘图组合起来，每个绘图单元可以展现数据某个方面的属性，并且通常允许用户进行交互分析，提升用户对数据的模式识别能力。在多视图协调关联应用中“选择”操作作为一种探索方法，可以是对某个对象和属性进行“取消选择”的过程，也可以是选择属性的子集或对象的子集，以查看每个部分之间关系的过程。图 13-23 展示了 MizBee 可视化系统，该系统成功地将多视图协调关联应用于探索式基因可视分析过程中。

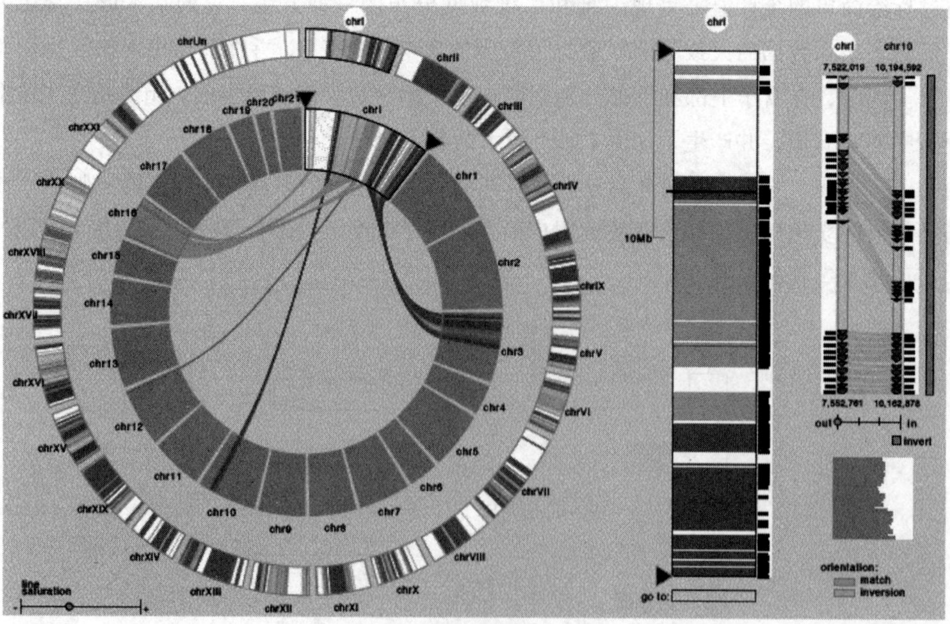

图 13-23　MizBee 可视化系统

可视化的图表花样繁多，根据数据分析的实际情况，我们需要有针对性地选择合适的数据可视化方法。举几个常见的例子，当你需要对不同的类别进行比较时，垂直瀑布图适合用来比较并分析各个组成部分的变化情况，词云图适用于大量文本的分析与比较；当你想要直观反映关键业绩指标随时间的变化情况时，用柱形图或折线图是比较好的选择；而当你希望展示数据之间的联系或关系时，漏斗图和散点图是比较好的选择。

在进行数据可视化的过程中，应该时刻关注数据可视化的目标，只有明确“你想展示什么”这一问题，才能选择出合适的图表，图表建议如图 13-24 所示。

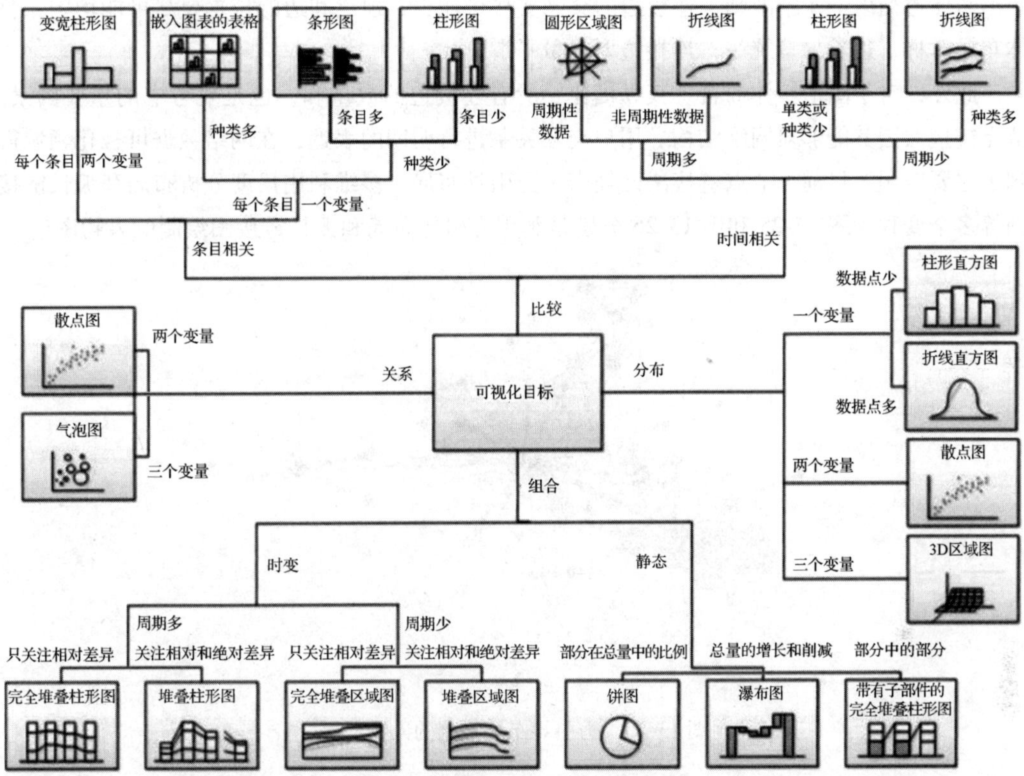

图 13-24　图表建议——思维指南

三、图可视化方法

图可视化是指将图数据通过计算机图形学和图像处理技术，转化成图形或图像，完成信息展示、交互等功能。图可视化作为信息可视化的子领域，通过展示元素、关系，帮助用户获取数据的洞悉能力，已被广泛地应用在流程图、社交网络、因特网、蛋白质网络等关系数据中。

最常用的布局方法主要包括节点链接法（Node Link）、邻接矩阵法（Adjacency Matrix）、混合布局法（Hybrid Layout）三类。三者之间没有绝对的优劣，在实际应用中我们可以针对不同的数据特征以及可视化需求选择不同的可视化表达方式。

(一) 节点链接法

节点链接法具体表现为顶点表示信息实体，边表示信息实体间的关联关系。这样的表达清晰直接，具有较高的可读性，方便用户理解，是最直接的一种可视化方法。

图可视化中的节点链接法对于图中各顶点的位置布局并没有要求，只要将图中的顶点和顶点之间的关系表达清楚即可。为了实现布局的实用性和美观性，创建网络数据可视化的图形需要遵循以下 4 条准则：连接边的交叉要尽可能少；顶点和边的位置要尽可能均匀；整体布局对称，边长尽量统一；连接边要尽量平滑。

此外，对于图形整体而言，其纵横比、所有连接边的数量和，也是要考虑的重要因素。节点链接法因其能够对网络结构、用户交互关系进行明朗的表达，在网络数据可视化领域得到了主要应用。目前，节点链接法已经产生力引导布局、多维利用尺度分析布局和弧长链接图等多个变种。图 13-25 和图 13-26 分别是利用力引导布局和弧长链接图绘制的人物图谱。

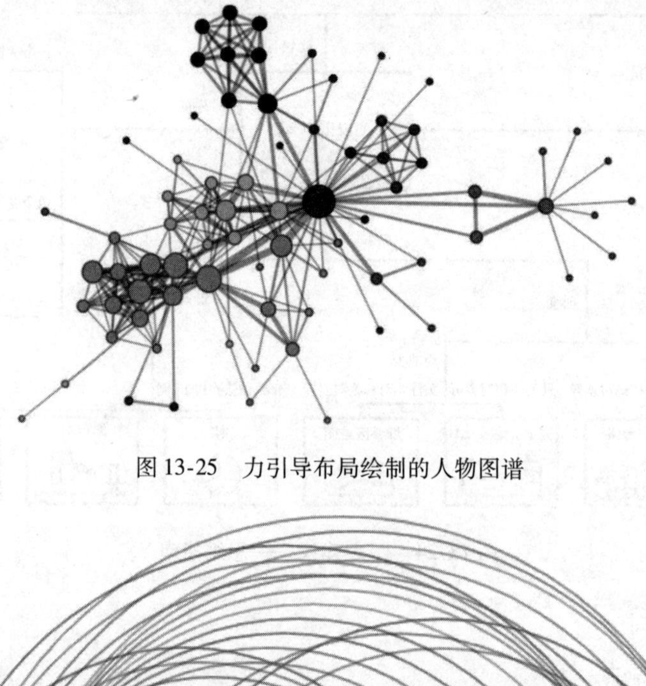

图 13-25　力引导布局绘制的人物图谱

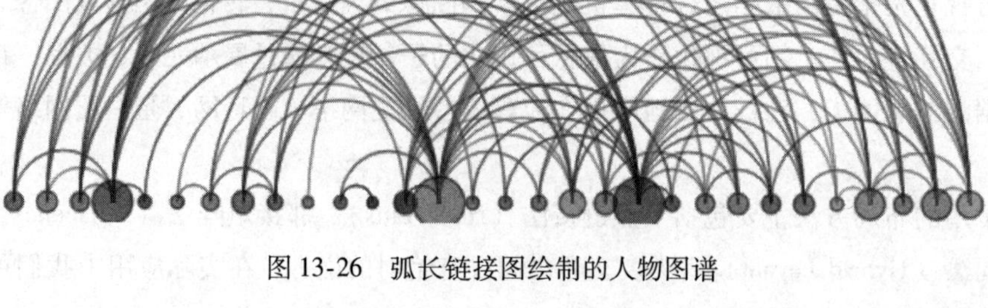

图 13-26　弧长链接图绘制的人物图谱

（二）邻接矩阵法

邻接矩阵法的主要思想是用一个 $N \times N$ 的矩阵来表示网络中的各顶点及顶点关系。矩阵中的一行一列对应一个信息实体，矩阵的位置（i,j）描述了第 i 个信息实体和第 j 个信息实体之间的关系。

邻接矩阵法能很好地表达一个两两关联的网络数据（即完全图），而节点链接法不可避免地会造成极大的边交叉，造成视觉混乱；而在边的规模较小的情况下，邻接矩阵法不能呈现网络的拓扑结构，甚至不能直观地表达网络的中心和关系的传递性，此时节点链接法较优。

邻接矩阵法的另一个优点就是能够利用矩阵形式，即矩阵的对称性，清楚地表达网络关系的方向性。对角线对称矩阵表示网络关系是无向的，而非对称矩阵则可以表达有向关系网络。邻接矩阵法可以用来描述书籍中的人物图谱关系等，如图 13-27 所示，是基于邻接矩阵法对《悲惨世界》中的人物图谱进行可视化的结果。

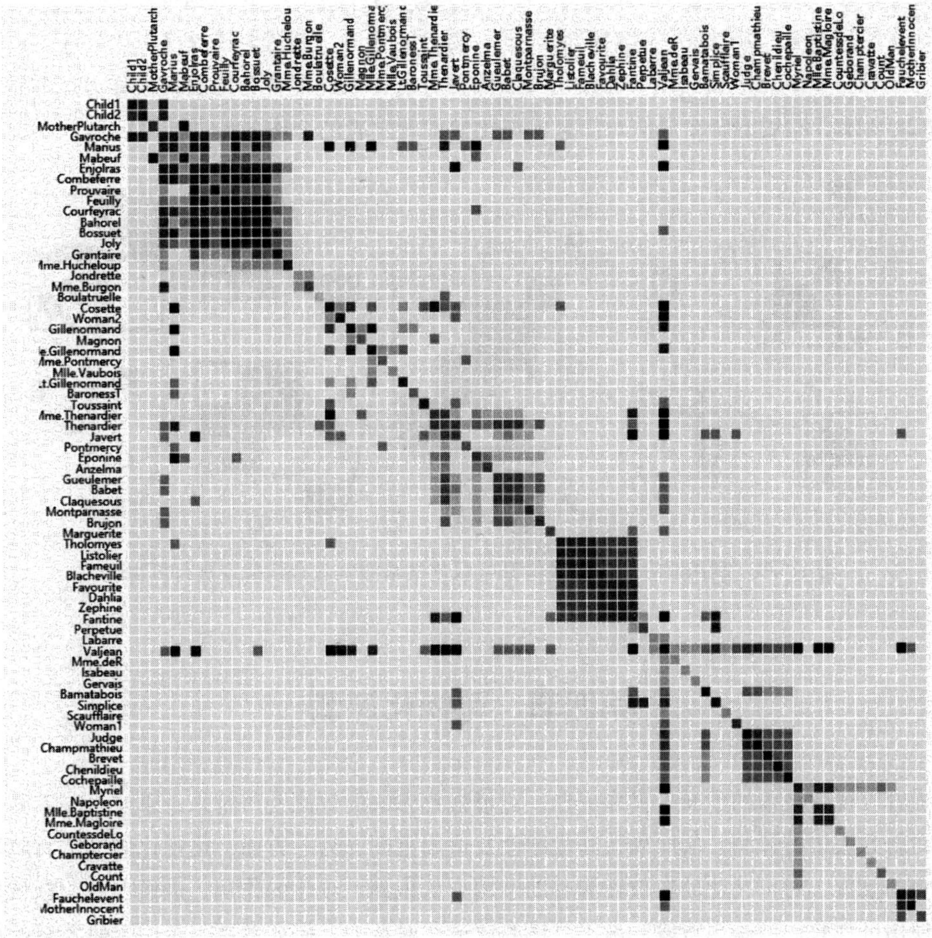

图 13-27 邻接矩阵绘制的《悲惨世界》人物图谱

同时，邻接矩阵的自身性质决定了其可视化效果往往具有稀疏性，空间利用率不高。这是因为，并不是所有的顶点之间都存在着关联关系，体现在矩阵上，就是稀疏矩阵。为了解决这一问题，通常还要采用高维嵌入（High-Dimensional Embedding）方法和最近邻旅行商问题估计（Nearest-Neighbor TSP Approximation）方法对稀疏的邻接矩阵进行排序。

总体来说，邻接矩阵法解决了布局不均匀，边与边可能交叉的问题，适用于深层次的挖掘，但在对网络结构、网络关系的表达上不够清晰明朗，而且，一旦网络结构中的顶点数目规模较大，邻接矩阵就不能保证在有限的屏幕空间将所有的顶点都清晰地表达出来。

（三）混合布局法

通过对以上两种网络数据可视化方法的介绍，我们不难看出，节点链接法适用于节点规模大但边关系较为简单，并且能从布局中看出图的拓扑结构的网络数据，而邻接矩阵法则更适用于节点规模小，但边关系复杂的数据。这两种数据的特点是用户选择布局的首要区分原则。

但在实际生活中，网络数据集并不是一味显示一种特征的，任何一种单一的图可视化方法都不能使其进行很好地表达，因此需要一种新的具备两者优点的网络数据可视化方法——混合布局法。使用混合布局法时，针对局部数据，用户能自由、灵活地选择可视化方法。由于混合布局法综合了节点链接法以及邻接矩阵法两种方法，因此混合布局法又被称为点阵法。如图 13-28 所示，利用混合布局法对信息可视化学术圈学者的合作关系进行可视化。

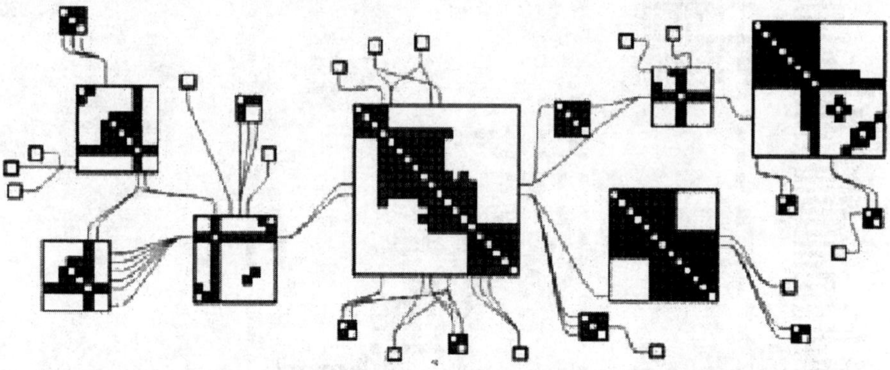

图 13-28 利用混合布局法对信息可视化学术圈学者合作关系进行可视化

第四节 可视化评测

随着可视化技术的不断丰富和成熟，对可视化方法的评测变得越来越重要。一方面，有必要对新方法进行评测，从而确认其优越性及适用范围，另一方面，可视化的推广和应用需要用户的信任，对可视化的有效评测有助于用户认识到可视化的作用，进而在专业领域里接受和使用可视化。但是现阶段，由于严格的评测费时费力，研究者更想专注于研发新的可视化技术，因此评测在可视化研究中没有引起足够重视，可视化评测面临着诸多挑战。

可视化技术的目标是帮助用户分析和解读数据。某些时候，由于评测的数据集太小、参与用户不是目标人群、实验任务设计不当等因素，用户评测并不能有效地回答研究所要解决的问题，因此要完成一个严谨有效的可视化用户评测并非易事。可视化研究者需要具备良好的实证性研究的相关技能训练，以便更好地设计和执行可视化技术的用户评测。

一、评测流程

可视化评测流程通常涉及的几个环节如图 13-29 所示。

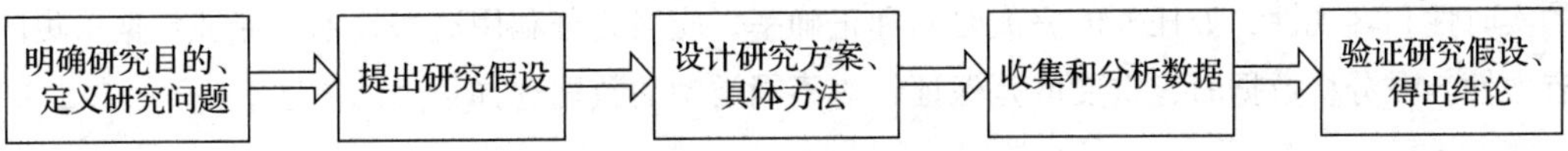

图 13-29　可视化评测流程

(一) 明确研究目的并定义研究问题

用户评测开始的第一步，首先要明确用户评测的目的；然后要围绕研究目的进一步定义研究所要解决的具体问题。研究目的通常是概括性的，而研究问题是具体和清晰的，可能包含几个方面，是对于研究目的的进一步细化和可操作化的定义。假如研究目的是“从用户角度了解某种可视化技术是否比以前的方法更有优势”，那么包含的几个研究问题可能是“新技术是否能帮助目标用户更高效率地完成代表任务 A 和 B”“用户是否对新技术的满意度更高”等。研究问题的定义对于整个研究而言非常关键，定义具体和明确的研究问题是形成好的研究方案的充分条件。

(二) 提出研究假设

在执行实验方案之前，针对研究所要解决的问题，研究者应该结合相关的理论及研究结果给出研究假设。研究假设的提出过程也是一个回顾相关理论的过程，这一过程对研究结果起到积极作用。

在给出研究假设的时候，应尽量避免使用宽泛的命题，太宽泛的命题比较难验证。如果能建立具体的研究假设，接下来的研究方案设计和实施就会更具有针对性。对于可视化技术来说，相对更好的命题是“用户在使用可视化系统甲时，能比使用可视化系统乙时更高效地对某类特定数据进行聚类分析”。这样一个假设事实上对前文中提到的很多评测因素进行了限定：用户所要完成的任务是聚类分析，要评测的指标是效率，即用户完成聚类分析所花的时间和正确率。

(三) 设计研究方案和具体方法

研究假设形成之后，研究者可以着手设计研究的具体方案并选择合适的方法。以上文提到的研究为例，研究方案中应对比几种已有的技术，它们的代表用户、用户的代表任务、衡量不同技术的指标以及如何采集数据都是研究方案应该逐步明确的。当研究方案细化到一定程度、操作性较高时，就进入研究的下一个环节。

（四）收集和分析数据

在实验执行的过程中，有很多细节值得注意，以避免潜在的问题和保证结果的可靠性，如对参与的用户进行必要的指导，安排必要的练习。在比较多种技术或系统时，这些细节方面需尽量保持一致，保持参照的完整性。此外，现有技术已经能很好保证某些用户数据采集的实时性和客观性，如任务的完成时间和正确率，应当充分利用这些技术，保证数据采集的有效性。在分析数据时，重要的是保证针对不同类型的数据选择正确的方法。

（五）验证研究假设并得出结论

得到实验结果之后，需要判断研究假设是否成立，或者说是否有充足的证据来推翻原假设，进而得到研究的主要结论。

二、评测方法

人机交互领域发展出很多成熟的用户评测方法，其中大多数方法都已经被应用到数据可视化系统的评测中。最常见的方法包括以下几种。

（一）可用性测试

可用性测试通常在实验室环境中进行，注重控制无关变量和实验过程，从而确保实验结果的有效性。研究者可以控制实验环境的设置、研究进行的步骤以及用户需要完成的任务，然后通过观察、记录和分析用户的行为指标来得出关于可视化系统可用性的评估。研究通常需要在实验过程中对多个方面进行评估，可以归纳为：有效性（Effectiveness）、效率（Efficiency）和满意度（Satisfaction）。由于研究者的控制权较大，可以进行严格的对比实验，对一些具体问题得出比较精确的答案。但需要注意的是，不要因为高度控制的环境而丧失过多的实际性。

（二）专家评估

专家评估只允许专家级用户参与，从而避免了招募用户参与评测的麻烦。这些评估者是该领域的专家，他们对所使用的数据和需要完成的目标任务非常了解，能够对可视化技术的数据和任务做出比较准确的判断。

可视化技术评测的参与者也可以包含可视化专家，他们对可视化设计有丰富的知识，并具有可视化工具开发经验。可视化专家对可视化的有效性有自己的一套评判标准，并在评测中依据这些标准做出自己的判断。

（三）现场测试

与在实验室环境下进行的可用性测试不同，现场测试通常是指在实际使用环境下对可视化技术的测评。这种测试使评测对用户的干扰降低到最小，从而获得最接近实际情况的评测结果。尽管在测试过程中，有观测者对使用者进行观察和记录，但是他们不对使用者提供指导或建议。为了降低学习效应，现场测试有时会持续较长时间。但由于它在实际使用场景下进行，无法进行严格的对比试验，因此并不适用于需要控制特定变量的可视化技术的评测。

（四）案例研究

除了上述方法中提到的让专家、用户来参与评测之外，很多可视化研究者也试图通过描述可视化技术和系统来帮助解决问题。这样的案例研究的关键在于，案例必须是真实的和有切实需求的，只有这样才能说服有类似需求的用户，使他们有信心尝试使用该技术去解决实际问题。

（五）标注

评估结果的准确性需要基于标准答案。在一些情况下，标准答案可以来自人工标注。标注员对给定事件进行手动标注，并将标注结果作为标准答案，让它与各种可视化方法探测结果进行比较，得出各种可视化方法的正确率，进一步得出最优方法。

（六）指标评估

对于可视化的子模块，如布局和交互，可以通过一些指标来对它们的部分特性进行评估。以图的布局算法为例，算法的时间复杂度、生成结果的易读性或美观程度都可以被用来检验生成的结果。然而，这些指标只能客观地从某个角度进行量化评估。实际上，人的主观认知十分复杂，且具有多样性。对于喜好程度等依赖认知的评估条目来说，根据经验得出的一个或一组指标是无法全面模拟出主观认知过程的，因此也不能完全取代用户实验得出的真实实验结果。

评估的方式有很多种，各种方式都有各自的侧重点，同时也有共性，所有评估都需考虑特定可视化方法的研究目的，该方法相对于现有方法的优越性以及适用数据和用户范围等等。通常研究人员力求可视化评估方法满足以下性质。

（1）通用性。如果一种可视化评估方法适用于多种可视化方法，那么可以节省可视化评估软件的开发时间和投资。

（2）精确性。可视化评估方法越精确，得到的结果越具有可信度，用户越可能接受。定量评估一般比定性评估精确性更高。

（3）实际性。可视化评估方法需要面向实际问题、实际数据和用户等。在实验室环境下得出的评估结果很可能在实际应用中不成立。

第五节 应用案例

2016 年美国大选民调期间，各大媒体纷纷上线了实时的数据可视化页面来追踪大选进程。依据美国大选采取选票“胜者独得”的原则（即若候选人在某一州获得多数选票，则该选举人获得该州的全部选票），如图 13-30 所示“蜂窝状”美国地图能直观呈现各州选举人的票数与其归属情况。六边形数量即为该州拥有的票数，不同灰度代表希拉里和特朗普，颜色越浅则代表不确定性越大。

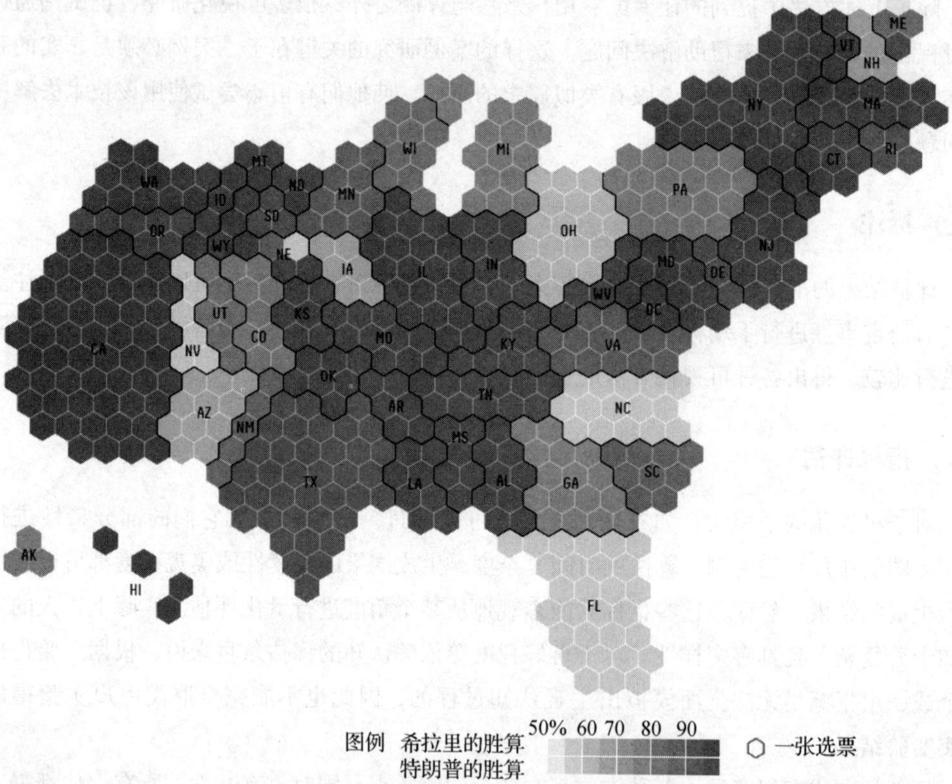

图 13-30 2016 年美国大选民调的“蜂窝”图

如果“蜂窝图”不能一目了然地看出谁更胜一筹，那么如图 13-31 所示的这个类似拔河拉锯的票数“路径图”可以清晰地算出谁的胜算更大——跨过了中间虚线的人是赢家。

为了从各个维度上分析得票情况，媒体们把选民进行了细分，如图 13-32 所示，将各群体从 6 月—10 月对两位候选人的支持程度可视化呈现。图上每一点代表其对应群体倾向某一候选人的百分比。

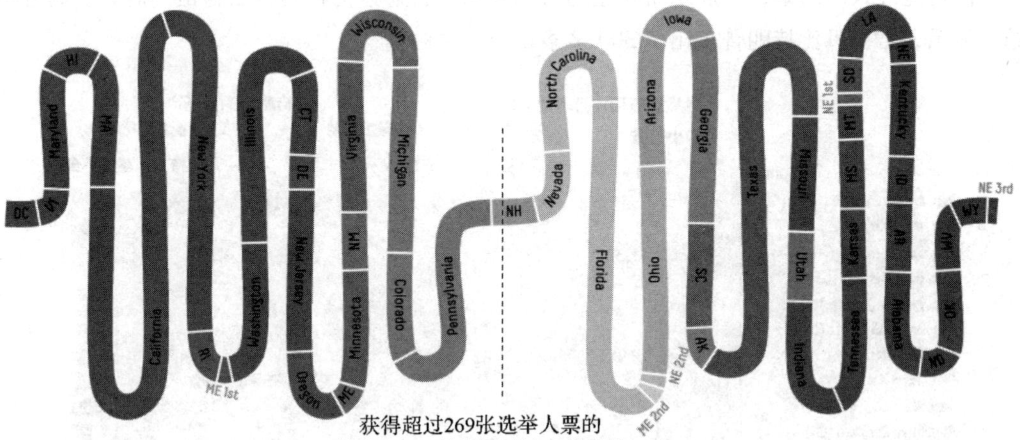

图 13-31 美国大选的路径图

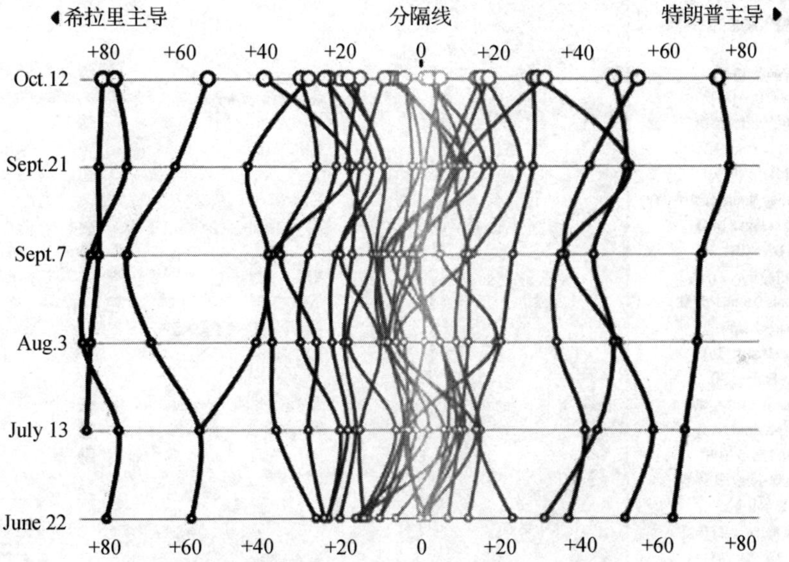

图 13-32 群体对两位候选人的支持程度可视化呈现

从图中可以发现，从 9 月—10 月，多个群体的曲线都以不同程度拐向了希拉里的方向，这表明人们对特朗普的支持率有所下降。这是由于特朗普被曝出在 2005 年某电视节目录制前发表了一通猥亵女性的言论。如图 13-33 中是《经济学人》的信息图，图中记录了在这一视频丑闻发布后，特朗普面对的“众叛亲离”局面。左边一栏展示的是各共和党议员发表声明时距离视频发布的时间，右边栏则清晰反映了特朗普支持率的变化情况。

除此之外，《纽约时报》还做出了希拉里与特朗普的“胜利之路”结构图，如图 13-34 所示。结构图左边列出的是摇摆州，从图中可见 Florida 和 Commonwealth of Pennsylvania 是最关键的两个州，从假设谁能得到 Florida 的选票开始，结构图一步步推理每一个摇摆州的胜负情况可能导致的结果，来展示希拉里与特朗普两人将通过何种路径获得最终胜利。其分析结果显示，希拉里比特朗普多出了 300 多条路径入主白宫 。

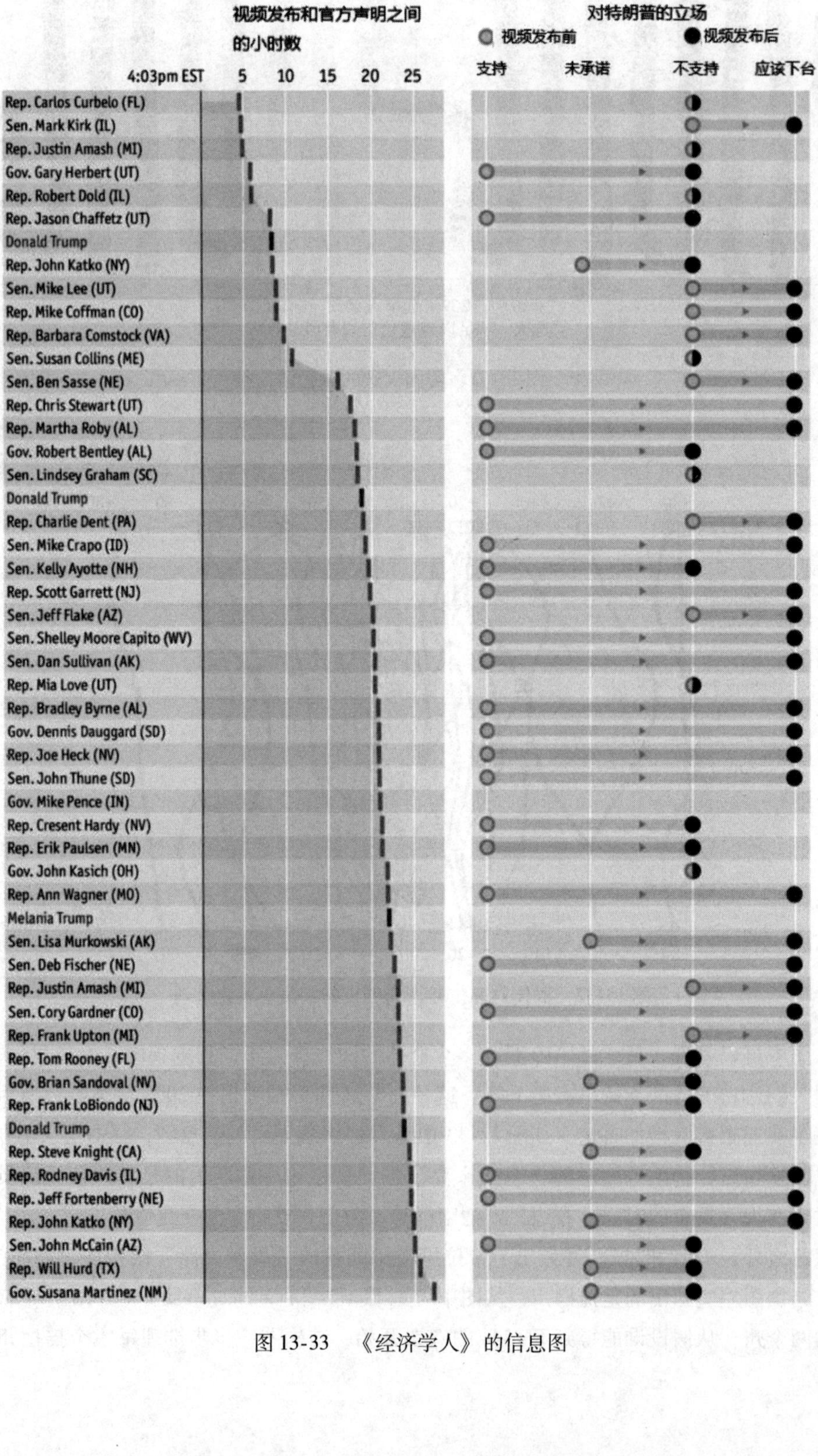

图 13-33 《经济学人》的信息图

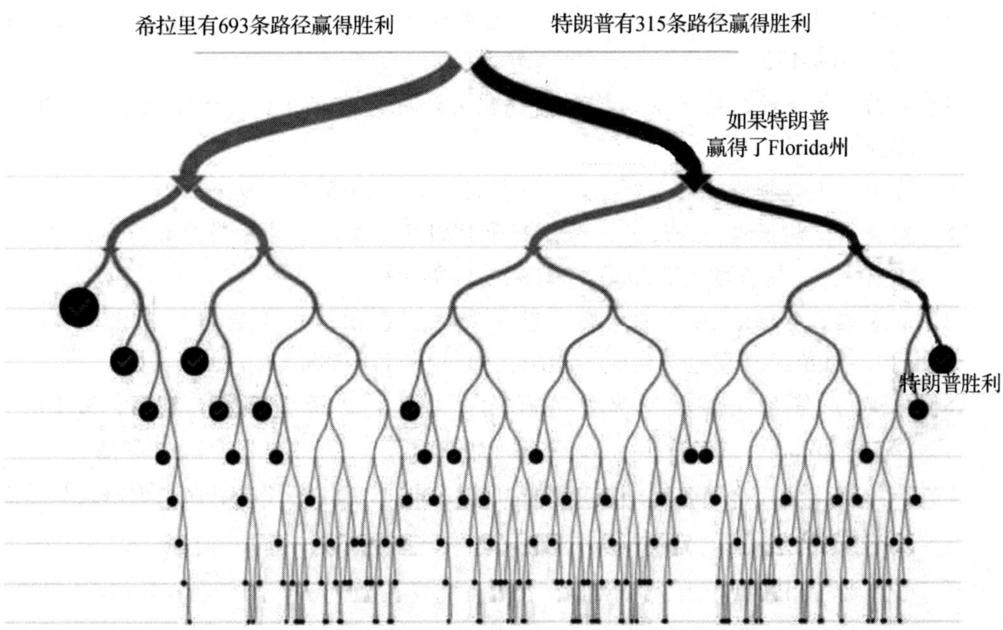

图 13-34　通向“胜利”之路的结构图

数据可视化在美国大选期间发挥着重要作用，帮助美国民众随时掌握大选的各项情况，为普通民众提供了更加直观、省时的途径去了解大选的民调结果。随着可视化技术和交互技术的发展，数据的传输更快，呈现和探索的形式也在不断丰富，这也为民众提供了深入参与重大公共事件的契机。

◎ 思考与练习

1. 各举一个具体的例子说明什么是科学可视化、信息可视化、可视分析学。
2. 选择你感兴趣的一条新闻，提炼其中的数据和概念，制作一条可视化的新闻报道。
3. 试举例说明你生活中所涉及的大数据可视化的应用案例。
4. 通用的可视化流程模型包括哪几步？
5. 不同类型的数据如何选择视觉通道？举 2 ~ 3 个实例。
6. 选择一种可视化工具，分组完成一项可视化工作，按照通用模型的流程进行可视化设计，建议记录每一步的执行过程。

◎ 本章扩展阅读

[1] 陈为，沈则潜，陶煜波．数据可视化［M］．北京：电子工业出版社，2013.
[2] 陈为，张嵩，鲁爱东．数据可视化的基本原理与方法［M］．北京：科学出版社，2010.

[3] 张浩，郭灿．数据可视化技术应用趋势与分类研究 [J]．软件导刊，2012，119(5)：169-172.
[4] 刘勘，周晓峥，周洞汝．数据可视化的研究与发展 [J]．计算机工程，2002，28(8)：1-2.
[5] 陈明．大数据可视化分析 [J]．计算机教育，2015(5)：94-97.
[6] 刘自强，胡正银，许海云，等．基于PWLR模型的领域新兴趋势识别及其可视化研 [J]．情报学报，2020，39(9)：979-988.
[7] 刘文远，李芳，王宝文，等．基于雷达图表示的多维数据可视化分类方法 [J]．系统工程理论与实践，2010，30(1)：178-183.
[8] 朱靖．信息经济学研究的可视化分析 [J]．情报学报，2013，32(11)：1222-1232.
[9] 任磊，杜一，马帅，等．大数据可视分析综述 [J]．软件学报，2014，25(9)：1909-1936.

C H A P T E R 1 4

第十四章

数据治理

随着大数据时代的到来，信息资源日益成为企业不可忽视的生产要素和无形资产。为了使庞大的企业数据发挥更大的价值，企业必须对数据进行治理，以更好地管理数据资产，进而以数据驱动业务创新，提高企业竞争力。在本章中你将理解数据治理的基本概念、目标、原则、流程及挑战，掌握数据治理的关键职能，并理解如何实施数据治理及相关实施工具，掌握数据治理的相关评估模型。

■ 学习目标

- 理解数据治理整体概述
- 掌握元数据治理的定义、基本流程及治理工具
- 掌握数据质量治理的定义、基本流程及治理工具
- 掌握数据安全治理的定义、基本流程及治理工具
- 掌握数据治理的相关评估模型

■ 知识结构图

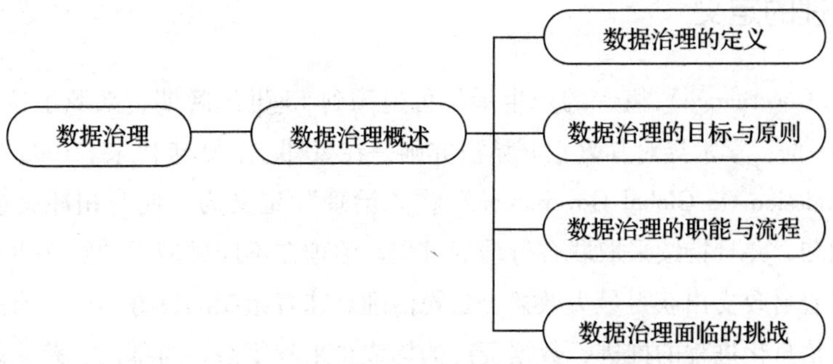

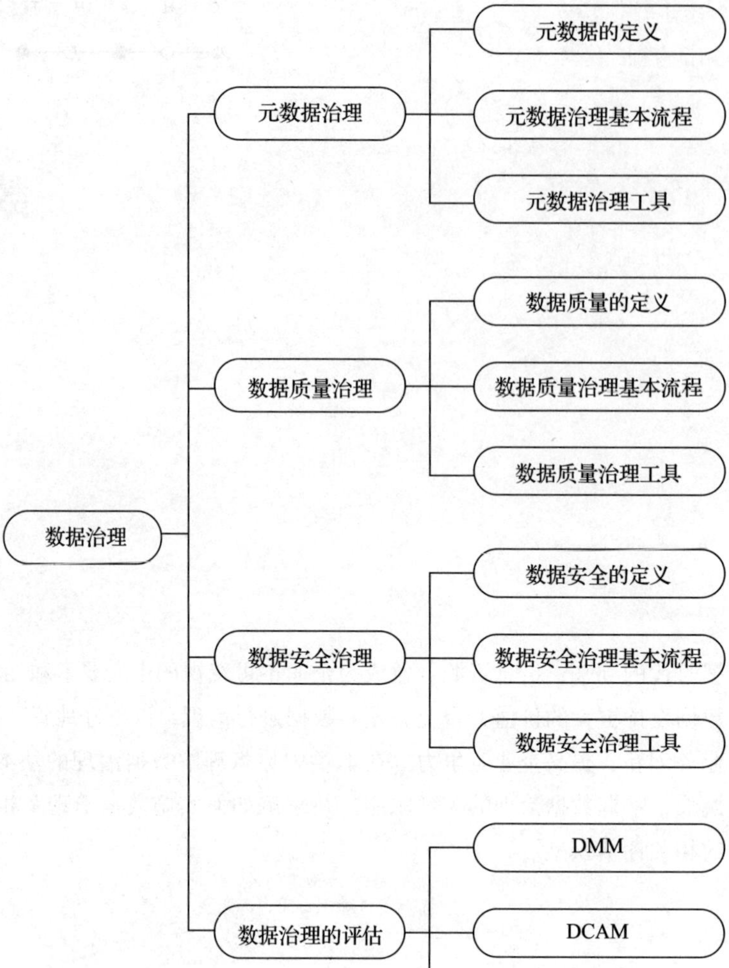

第一节　数据治理概述

一、数据治理的定义

“治理”（Governance）概念的产生最早可追溯到13世纪晚期，来源于拉丁语“统治”（Gubernare）一词，学术界对其真正开始研究则是在20世纪80年代末。1995年，全球治理委员会（Commission On Global Governance）将“治理”定义为：使互相冲突或者不同的利益能够得到调和，并且持续采取联合行动的过程。治理在不同领域中的意义也有所区别，国家的治理意味着财政支出获得最大效益，公司治理意味着组织的良好运营及有效监管。

随着企业信息化进程的推进，数据资产的构成越来越复杂，跨部门、跨系统的协同交互对数据质量提出了越来越高的要求，数据管理成为一项复杂的系统工程。为了对数据进行有效的管理，数据治理的话题受到了越来越多的关注。只有建立了有效的数据治理体系，才能够系统性地提升数据管理的能力，改善数据质量，企业才能真正地进入商业智能时代。

数据治理对于企业来说是十分重要的。在国际数据管理协会（Data Management Association）发布的 DAMA-DMBOK2 数据管理框架中，数据治理是所有数据管理活动的中心，贯彻和辐射到数据管理的各个功能域，是实现各领域内部一致性和领域之间平衡所必需的部分，如图 14-1 所示。框架强调数据治理不能只关注某个方面或某个环节，要通过构建一套治理体系把各方面有机串联起来，才能推动数据高质量发展，有效释放数据价值。此外，商业应用研究中心（Business Application Research Center）发布的研究报告《2020 年商业智能发展趋势检测》（BI Trend Monitor 2020）对重要的商业智能发展趋势进行了调查，结果表明数据治理在众多发展趋势中排名第 4 位，越来越多的企业与组织开始重视数据治理。

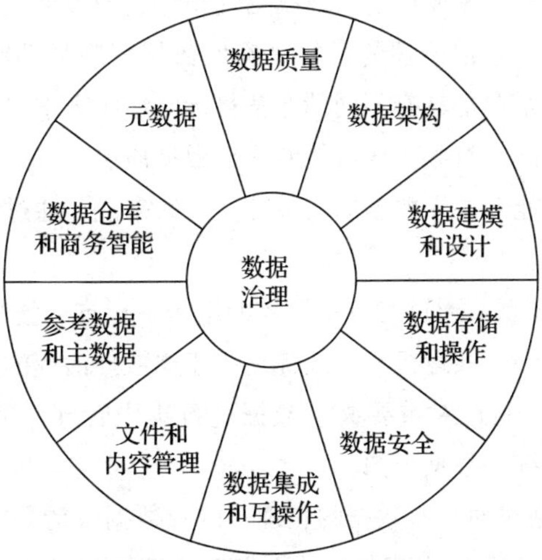

图 14-1　DAMA-DMBOK2 数据管理框架

目前，数据治理和众多的新兴学科一样，也存在很多种定义。国际商业机器公司（International Business Machines Corporation，IBM）认为，数据治理是针对数据管理的质量控制规范，它将严密性和纪律性植入企业的数据管理、利用、优化和保护过程中，涉及以企业资产的形式对数据进行优化、保护和利用的决策权利，以及对组织内的人员、流程、技术和策略的编排。国际数据治理协会（The Data Governance Institute）认为，数据治理是一个通过一系列信息相关的过程来实现决策权和职责分工的系统，这些过程按照达成共识的模型来执行，该模型描述了谁能根据什么信息，在什么时间和情况下，用什么方法，采取什么行动。在我国国家标准 GB/T 34960. 5—2018 中，将数据治理定义为数据资源及其应用过程中相关管控活动、绩效和风险管理的集合。

本书采用国际数据管理协会所提出的定义，认为数据治理是在管理数据资产过程中行使权力和管控，包括计划、监控和实施。数据治理对其他数据管理职能进行指导，并对数据管理状况进行监督、评估与反馈，从而提高企业数据管理水平，充分发挥数据价值。对于所有组织来说，无论它们是否有正式的数据治理职能，都需要对数据进行决策。当企业建立了正式的数据治理规程及有意向性地行使权力和管控的组织结构时，将能够更好地从数据资产中获益。

数据治理几乎覆盖了企业内所有与 IT 相关的工作，不仅包含各类核心业务系统，还包括数据采集、数据存储、数据分析以及其他相关的系统，最终实现数据的全方位治理、全生命周期管控，保证数据的有效性、高价值、一致性与安全性。

二、数据治理的目标与原则

（1）数据治理的目标。

加强数据治理是提升企业信息化水平、管理精细化水平，提高企业业务运作效率，增强企业决策能力和核心竞争力的重要途径。数据治理指导其他数据相关活动的开展，是在更高层次上执行数据管理制度。数据治理的目的是确保数据管理活动能够按照数据管理制度及最佳实践展开。由于每个企业都具有不同的业务目标与组织需求，所以不同企业进行数据治理的方式与焦点都各不相同。有些企业可能专注于数据质量，有些企业专注于数据安全和隐私保护，还有一些企业可能专注于数据的实效性。一般来说，通过数据治理企业可实现以下目标。

1）完善的数据管控体系。通过对数据管控的组织、标准、流程和技术支持的统一规划设计，实现数据管控活动的高效运行和持续优化，建立数据治理的长效机制。

2）统一的数据来源。通过对重要共享数据进行集中管理，确保重要共享数据的一致性，从而构建企业层面的统一数据视图。

3）规范化的数据。通过对现有数据的整理，以及数据申请和数据审批等业务流程对新增数据的控制，实现企业数据的规范化，从而彻底改善数据的不完整、冗余、错误等质量问题。

4）提高工作效率。数据的规范化将使企业内部的信息共享、业务协同更加流畅，从而带来企业整体工作效率的提高。

5）降低数据管理成本。共享数据分散在不同的业务系统中，想要保持数据的一致性，就必须付出大量的管理成本，但这仍然无法根治数据质量问题。数据治理通过对这部分数据进行统一管理，将一致的、规范的数据通过接口自动分发给各个业务系统，从而显著节约管理成本，保证数据质量。

6）满足数据的合规性。数据治理将帮助组织更好地遵从内外部有关数据使用和管理的监管法规，满足合规性要求。

（2）数据治理的原则。

数据治理的原则是指数据治理所遵循的、首要的、基本的指导性法则。数据治理原则对数据治理实践起指导作用，只有将原则融入实践过程中，才能实现数据治理的目标，提高数据运用能力，充分发挥数据价值。为了高效采集、有效整合、充分运用数据，数据治理要坚持以下基本原则。

1）有效性原则。有效性原则体现了数据治理过程中数据的标准、质量、管控的有效性。遵循有效性原则，选择有用数据，淘汰无用数据，识别出有代表性的本质数据，去除细枝末节或无意义的非本质数据。

2）价值化原则。价值化原则指数据治理过程以数据资产为价值核心，实现数据价值最大化。数据本身不会产生价值，只有经过处理后才能给企业带来效益。所有的治理过程，应以价值为导向，不断实现数据的价值增值。

3）一致性原则。一致性原则指在数据标准管理组织的推动和指导下，遵循统一的数据标准规范，借助标准化管控流程得以实现数据一致性的原则。实现企业数据的一致性，能够大大降低管理成本，提高工作效率。

4）安全性原则。安全性原则是指保障业务系统中数据的安全和数据治理过程中数据的安全可控。因为数据的安全性直接关系到相关业务能否顺利开展，所以在数据治理过程中要明确数据的安全性，从技术层面到管理层面采用多种策略来提升数据本身及业务平台的安全性。在大数据时代下，将业务数据和安全需求相结合，才能有效提高企业的安全防护水平，防止数据泄露。

5）持续性原则。数据治理是一个持续性的过程，不能因项目的结束而终止。企业需要把数据治理当作责任，不断改变数据的应用和管理方式，以适应不断变化的企业需求，形成长效的数据改进机制。

6）开放性原则。在当下大数据和云环境的背景下，要以开放的态度树立起信息公开的思想，运用开放、透明、发展、共享的信息资源管理理念对数据进行处理，加强数据治理的透明度，对数据进行开放共享。

三、数据治理的职能与流程

（1）数据治理的职能。

职能（Competency）是指人、事物或机构所应有的作用。对于数据治理来说，其职能可理解为数据治理应该包含的内容及其对企业数据管理所起到的积极影响。在数据治理的诸多职能中，元数据治理、数据质量治理、数据安全治理与企业对数据治理的评估是其关键。

元数据治理主要解决企业元数据管理不规范的问题。其目的在于确保元数据的安全、质量与一致性。通过治理，为使用者提供标准途径来访问元数据，并依据统一的元数据标准来实现数据交换。数据质量治理主要保证企业的数据质量水平。根据数据消费者的需求，制定统一的数据质量控制标准与规范，对数据在整个生命周期内的流通进行有效的管控。

数据安全治理主要维护企业数据资产的安全性，防止信息泄露对企业利益造成损害。数据安全治理应当支持人员对数据的适当访问并防止不当访问；支持对隐私保护和法律法规的遵从；满足利益相关方的保密要求。数据治理的评估主要对企业当前数据管理与治理状况进行评估，以确定企业的相关改进方向与计划，通过评估分析企业具体的优势与弱点，用成熟度水平来衡量，从而帮助企业发现改进机会。

（2）数据治理的流程。

数据治理具有完整的体系结构，企业通过制定数据标准、建立数据组织、健全数据管控流程，对数据进行全面、统一、高效的管理。数据治理正是通过将标准、组织、流程与策略有效地结合，进而实现对企业信息化建设的全方位监控。因此，数据治理项目的实施需要在企业内部进行全面的变革，需要企业高层的授权以及业务部门与 IT 部门的密切协作。一个完整的数据治理流程应该包含如图 14-2 所示的基本过程。

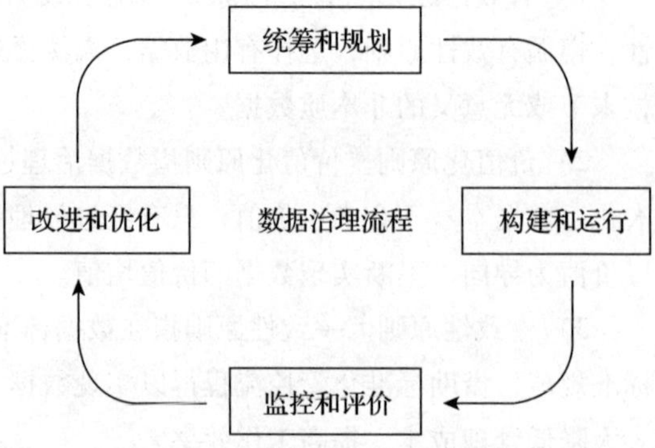

图 14-2 数据治理基本流程

1）统筹和规划。

在此阶段，企业应明确数据治理的目标和任务，营造必要的治理环境，做好数据治理实施的准备，具体包括：评估数据治理的资源、环境和人员能力等现状，分析与法律法规、行业监管、业务发展以及利益相关方需求等方面的差距，为数据治理方案的制定提供依据。指导数据治理方案的制定，包括组织机构和责权利的规划、治理范围和任务的明确以及实施策略和流程的设计。监督数据治理的统筹和规划过程，保证现状评估的客观、组织机构设计的合理以及数据治理方案的可行。

2）构建和运行。

这一阶段主要构建数据治理实施的机制和路径，确保数据治理的有序实施，具体包括：评估数据治理方案与现有资源、环境和能力的匹配程度，为数据治理的实施提供指导，制定数据治理实施的方案，包括组织机构和团队的构建、责权利的划分、实施路线图的制定、实施方法的选择以及管理制度的建立和运行等，监督数据治理的构建和运行过程，保证数据治理实施过程与方案的符合、治理资源的可用和治理活动的可持续。

3）监控和评价。

该阶段主要监控数据治理的过程，评价数据治理的绩效、风险与合规性，保障数据治理目标的实现，主要包括：构建必要的绩效评估体系、内控体系或审计体系，制定评价机制、流程和制度，评估数据治理成效与目标的符合性，必要时可聘请外部机构进行评估，为数据治理方案的改进和优化提供参考，定期评价数据治理实施的有效性、合规性，确保数据及其应用符合法律法规和行业监管要求。

4）改进和优化。

这一阶段企业主要改进数据治理方案，优化数据治理实施策略、方法和流程，促进数据治理体系的完善，具体包括：持续评估数据治理相关的资源、环境、能力、实施和绩效等，支撑数据治理体系的建设，指导数据治理方案的改进，优化数据治理的实施策略、方法、流程和制度，监督数据治理的改进和优化过程，为数据资源的管理和数据价值的实现提供保障。

四、数据治理面临的挑战

数据治理是一个复杂的系统工程，它不仅仅是技术问题，更是管理问题，涉及企业的方方面面。企业既要做好顶层设计，又要解决好统一标准、统一流程、统一管理体系等问题，同时也要解决好数据采集、数据清洗、数据对接和应用集成等相关问题，这些都给数据治理项目带来了不少的挑战。

（1）数据整合挑战。

企业中一般存在多项不同的业务，为了支持各业务的良好运行，建立了多个业务系统。同时，在大数据时代下，企业为了更精准高效地开展业务，所需的数据也越来越多，所要去获取的数据源也会不断增多。如何对多业务系统多数据源进行有效整合，成为企业数据治理过程中急需解决的难题。

（2）数据安全挑战。

数据安全不仅仅是技术上的挑战，更是意识上的挑战。在企业采集、治理、利用数据的过程中，必须符合相关规范，加强敏感字段的审核，不能触碰政策红线。在数据传输过程中，企业也要防止数据的窃取与伪造问题。

（3）组织制度挑战。

部分企业在数据治理的过程中出现速度过慢、成效不好的情况，其中一个很重要的原因是在权责划分、部门配合等方面存在问题。大多情况下，生产数据、使用数据、分析数据的工作人员分布在不同的职能线与部门，他们角色不同，立场也不同，这些客观存在的因素都会影响整个数据治理的最终结果。所以，对多数企业来说，在数据治理时都需要进行组织变革与文化变革。

（4）可持续性挑战。

数据治理不是一次性的行为，是一个持续性的项目集，以确保企业一直聚焦于如何从数据获取价值以及降低数据风险。随着业务的不断迭代变化，数据治理需要企业不断地采取措施去适应这种变化，以确保数据治理的效果。

第二节　元数据治理

一、元数据的定义

元数据是描述数据的数据（Data About Data），是指从信息资源中抽取出来用于描述其特征与内容的数据。一般来说，元数据主要是指数据的类型、名称和值等。在关系型数据库中，元数据常常是指数据表的属性、取值范围、数据来源以及数据之间的关系等。

元数据不仅可以帮助企业理解自身的数据、系统和业务流程，还能帮助企业评估数据质量。元数据能够辅助企业有效集成、处理、维护和治理其他数据，对数据库与信息系统的管理来说是不可或缺的。所有大型企业都会产生和使用大量的数据，在整个企业中，不同的个体拥有不同层面的数据知识，但没有一个个体会了解数据的一切。因此，必须将这些信息记录下来，否则企业就可能会丢失关于自身的宝贵知识。如果没有可靠的元数据，企业就不知道自身拥有哪些数据、这些数据表示什么、数据来自何处、数据如何在系统中流转、谁有权访问它。如果没有元数据，企业就不能将其数据作为资产进行管理。实际上，如果没有元数据，企业可能根本无法管理其数据。

二、元数据治理基本流程

为了更加有效地管理元数据，企业需要对元数据进行治理，并对流程进行规范，形成一套切实可行的治理办法，从而提升企业元数据管理水平。通常，一个完整的元数据治理过程应包含以下几个步骤。

（1）理解元数据需求。

了解元数据需求，可以帮助企业阐明元数据治理战略的驱动力，识别并克服潜在障碍。在这一步骤，企业应清楚需要哪些元数据以及详细到哪种级别。例如，对于表和字段来说，企业需要采集它们的物理名称和逻辑名称。元数据的内容广泛，业务和技术数据使用者都可以提出元数据需求。

（2）定义元数据战略。

元数据战略描述企业应如何治理其自身元数据，以及元数据从当前状态到未来状态的实施路线。元数据战略应该为开发团队提供一个框架，以提升元数据的管理水平与治理能力。随着企业治理能力的改进，元数据质量得到提升，企业也应适时地改变元数据战略，适应当前发展需求。

（3）定义元数据架构。

元数据管理系统必须具有从不同数据源采集元数据的能力，设计架构时应确保可以扫描不同的数据源，并能够定期地更新元数据存储库。元数据架构应为用户访问元数据存储库提供统一的入口，该入口必须向用户透明地提供所有相关元数据资源，方便用户能够在不关注数据源差异的情况下访问元数据。企业应根据具体需求设计元数据架构。

（4）创建和维护元数据。

为保证元数据的质量，需要对元数据的创建进行审核，并对其进行分析和维护。企业需要制定、执行并审计元数据标准，进一步规范元数据的创建过程。元数据通常经过数据建模、业务流程定义等流程产生，因此流程的执行者应对元数据的质量负责，只创建有必要的元数据。在维护过程中，企业应根据需要，对元数据进行整合与删减，精简元数据，避免冗余，适应当前企业发展；建立反馈机制，保障用户可以将不准确或已过时的元数据通知到元数据治理团队。

三、元数据治理工具

元数据治理任务的开展需要相关工具的支持。利用这些工具不仅有助于元数据治理任务的实施，还能确保治理过程的规范。优秀的元数据治理工具可以帮助企业更好更快地实施元数据治理项目。

Apache Atlas 是一个可伸缩可扩展的元数据管理工具，其设计的目的是与其他大数据系统组件交换元数据，改变以往标准各异、各自为战的元数据管理方式，构建统一的元数据定义标准与元数据库，并且与 Hadoop 生态系统中各类组件相集成，可以建立统一、高效且可扩展的元数据管理平台。

对于需要元数据驱动的企业级 Hadoop 系统来说，Atlas 提供了可扩展的管理方式，并且能够支持对新的商业流程与数据资产进行建模。其内置的类型系统（Type System）允许 Atlas 与 Hadoop 大数据生态系统相关的各种组件进行元数据交换，这使得建立与平台无关的大数据管理系统成为可能。同时，对于不同系统之间的差异及需求的一致性问题，Atlas 都提供了十分有效的解决方案。

Atlas 能够与企业平台的所有 Hadoop 生态系统组件进行高效集成。同时，Atlas 还可以通过预先设定的模型在 Hadoop 中实现数据的可视化，提供易于操作的数据审计功能，并根据数据血统查询来追溯数据来源。

（1）Atlas 架构。

Atlas 的整体架构如图 14-3 所示，具体可分为四大模块。

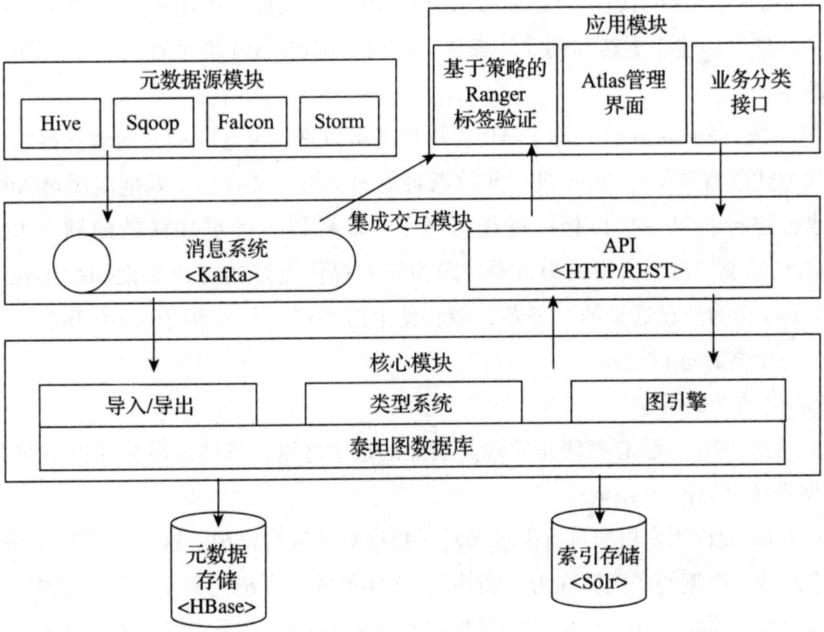

图 14-3　Atlas 整体架构

1）元数据源模块（Metadata Sources）。

Atlas 支持与多种数据源相互整合。目前，Atlas 0.7 版本可导入与管理的数据源有 Hive、Sqoop、Falcon、Storm。这意味着在 Atlas 中定义了原生的元数据模型来表示这些组件的各种对象，并且还提供了相应的模块从这些组件中导入元数据对象。

2）应用模块（Apps）。

在 Atlas 的元数据库中存储着各种组件的元数据，这些元数据将被各种各样的应用所使用，以满足不同现实业务与大数据治理的需要。Atlas 管理界面（Admin UI）是一个基于 Web 的应用程序，它允许管理员与数据科学家查找元数据信息并添加注释。Atlas 提供了搜索接口与结构化查询语言，它们能够帮助用户快速查询 Atlas 中的元数据类型和对象。基于策略的 Ranger 标签验证（Ranger Tag Based Policies）能够使得 Atlas 与 Ranger 进行交互，提高数据的安全性。对于整合了诸多 Hadoop 组件的 Hadoop 生态系统来说，Apache Ranger 是一个高级安全解决方案。通过与 Atlas 集成，Ranger 允许管理员通过自定义元数据的安全驱动策略来对大数据进行高效的治理。当元数据库中的元数据发生改变时，Atlas 会以发送事件的方式通知 Ranger。从各类元数据源中导入 Atlas 的元数据，以最原始的形式存储在元数据库中，这些元数据还保留了许多技术特征。为了加强挖掘与治理大数据的能力，Atlas 提供了一个业务分类接口（Business Taxonomy），允许用户对其业务领域内的各种术语建立一个具有层次结构的术语集合，并将它们与 Atlas 管理的元数据实体相关联。业务分类这一应用，目前是作为 Atlas 管理界面的一部分而存在的，通过 REST API 来与 Atlas 集成。

3）集成交互模块（Integration）。

Atlas 提供了两种方式供用户管理元数据。

a. API。Atlas 的所有功能都可以通过 REST API 的方式提供给用户，以便用户对 Atlas 中的类型和实体进行创建、更新和删除等操作。同时，REST API 也是查询 Atlas 管理的数据类型和实体的主要工具。

b. 消息系统（Messaging）。除了 API，用户还可以选择基于 Kafka 的消息接口来与 Atlas 集成。这种方式既有利于与 Atlas 进行元数据对象的交换，又有利于其他应用对 Atlas 中的元数据更改事件进行获取并执行相应操作。当用户需要以一种更加松散的耦合方式来集成 Atlas 时，消息系统接口就变得尤为重要。因为它能提供更好的可扩展性和稳定性。在 Atlas 中，使用 Kafka 作为消息通知的服务器，能够使上游不同组件的钩子（HOOK）与元数据变更事件的下游消费者进行交互。

4）核心模块（Core）。

在 Atlas 的架构中，核心模块是实现其功能的重中之重，具体又可分为以下四大模块。

a. 类型系统（Type System）。

Apache Atlas 允许用户根据自身需求来对元数据对象进行建模。这样的模型又被称为“类型”的概念组成，类型的实例被称为“实体”，实体能够呈现出元数据管理系统中实际元数据对象的具体内容。同时，Atlas 中的这一建模特点允许系统管理员定义具有技术性质的元数据和具有商业性质的元数据，这也使得在 Atlas 的两个特性之间定义丰富的关系成为可能。

b. 导入或导出（Ingest or Export）。

Atlas 中的导入模块允许将元数据添加到 Atlas 中，而导出模块将元数据的状态暴露出来，当状态发生改变时，便会生成相应的事件。下游的消费者组件会获取并消费这一事件，从而实时地对元数据的改变做出响应。

c. 图引擎（Graph Engine）。

在 Atlas 内部，Atlas 使用图模型（一种数据结构）来表示元数据对象，这一表示方法的优势在于可以获得更高的灵活性，同时有利于在不同元数据对象之间建立丰富的关系。图引擎负责对类型系统中的类型和实体进行转换，并与底层图模型进行交互。除了管理图对象，图引擎也负责为元数据对象创建合适的索引，使得搜索元数据变得更为高效。

d. 泰坦图数据库（Titan）。

Atlas 使用泰坦图数据库来存储元数据对象。泰坦图数据库使用两个数据库来存储数据，分别是元数据库和索引数据库。默认情况下，元数据库使用 HBase，索引数据库使用 Solr。同时，Atlas 也允许更改相应配置文件，将 Berkeleydb 和 Elasticsearch 作为其元数据库和索引数据库。元数据库的作用是存储元数据，而索引数据库的作用是存储元数据各项属性的索引，从而提高搜索的效率。

（2）Atlas 技术优势。

为了解决大数据治理中最为核心的元数据管理问题，Apache Atlas 从理念的提出到具体设计与开发，都致力于定义统一的元数据标准，建立高效的元数据交换体系，提供友好的商业业务定义接口，获取主流大数据组件元数据信息，提供可视化的血统查询显示与数据审计功能。这些特点都成为 Apache Atlas 的优势，能够为企业大数据治理的实际应用提供十分有力的支持。

1）定义统一的元数据标准。

元数据的标准大致可以分为两类：一类是指元数据建模，即对将来的元数据建模规范进行定义，使得元数据建模的标准在制定之后，所产生的元数据都以统一的方式建模和组织，从而保证了元数据管理的一致性；另一类是指元数据的交互，是规范已有的元数据组织方式以及相互交互的格式并加以定义，从而实现不同组件、不同系统之间的元数据交互。Apache Atlas 核心模块中的类型系统为定义统一的元数据标准提供了最重要的支持。在 Atlas 的类型系统中定义了 3 个概念，分别是类型、实体和属性。若将其与面向对象语言中的类、对象和属性类比，这 3 个概念就变得十分易于理解了。在类型系统中，类型是对某一类元数据的描述，定义了某一类元数据由哪些属性组成，属性的属性值也需要定义为某一类型。在元数据管理的实际应用中，Atlas 从数据源获取某个元数据对象时，会根据其隶属的类型建立相应的实体，这个实体就是该元数据对象在 Atlas 中的表示。Atlas 的类型系统中，每一个类型都有一个元型。元型可分为基本元型、集合元型、复合元型，所有的类型都是基于这些元型来定义的。同时，Atlas 中也提供了若干预置的类型，用户可以直接使用这些类型，或者通过继承的方式来复用这些类型。正是由于所有类型的背后都是统一的元型，并且所有类型都是继承自某些预置的类型，这实际上就给元数据对象的建模定义了标准。这样统一的规范和标准使高效且可靠的元数据交换成为可能。

2）高效的元数据交换体系。

为了建立可扩展、松耦合的元数据管理体系，Apache Atlas 支持多种元数据获取方式，并且针对大数据生态系统中的不同组件，其元数据的获取方式是相互独立的，这就满足了大数据系统高内聚和低耦合的要求。另外，Apache Atlas 的元数据库是唯一的，统一的元数据库保证了元数据的一致性，减少了元数据交换过程中不必要的转换，使不同组件之间的元数据交换高效而稳定。

3）针对不同商业对象进行元数据建模。

以往的元数据管理组件考虑了用户的诸多需求，为用户设计了诸多的元数据类型，但这种设计思想往往也限制了元数据管理组件的应用。因为不管元数据管理组件的设计者如何高明，也难以概括实际商业场景中涉及的所有元数据对象，因此在使用以往的元数据管理组件时，用户常常会遇到实际商业场景中的元数据对象与组件提供的建模模型不匹配的情况，只能选择近似的类型对实际场景中的元数据对象进行建模，这使得元数据的管理极为不便。但 Apache Atlas 有所不同，它提供了若干的预置类型，这些类型的背后也定义了统一且易于复用的元数据对象的元型，并且允许用户通过继承的方式来创建符合实际需求的元数据类型，这就极大地满足了用户对于不同商业对象进行建模的需求，解决了其他元数据管理组件难以匹配所有商业场景中元数据对象的难题。

4）可视化的数据血统追溯。

Apache Atlas 能够通过批处理或者 HOOK 的方式从元数据源获取元数据信息，前者需要用户手动运行脚本来执行，后者则会自动监听相应组件的各类操作。无论采取怎样的方式，从各类组件获取的元数据对象是十分丰富与多样的，包括采集数据的数据源和采集方式、被采集数据的结构、数据的状态变化及其相应操作以及数据最后被删除等各种元数据对象信息。这些信息都会被包装成相应的元数据类型，并生成对应的元数据实体，通过消息通知系统发送给 Atlas 并存储到元数据库中。但 Atlas 并不是简单地将这一系列的元数据信息直接存入元数据库中，而是将它们之间的关系也存入元数据库中。同时，为了更好地表示元数据之间的关系，Atlas 在其 Web UI 中提供了对于数据血统的可视化显示，能够为用户提供直观且明晰的数据生命周期图像，使得用户从一幅数据血统图中就能够了解数据从进入大数据系统开始，到中间经历各种变化，到最后从大数据系统中消亡的整个生命周期。

第三节　数据质量治理

一、数据质量的定义

数据本身的可靠性与可信度是实现数据价值的前提，换句话说，数据应是高质量的。《领导者数据宣言》（The Leader's Data Manifesto）中提到，持续性的根本变革需要组织内各级人员的坚定领导和参与。在大多数组织中，使用数据来完成工作的人的比例都非常高。这些人需要去推动变革，而最关键的一步就是关注他们的组织如何管理和提高数据质量。

“数据质量”（Data Quality）一词可以简单定义为：在业务环境下，数据符合数据消费者的使用目的，能满足业务场景具体需求的程度。数据质量若达到数据消费者的期望和需求，就是高质量的；反之，如果不满足数据消费者的应用需求，就是低质量的。因此，数据质量取决于使用数据的场景和数据消费者的需求。

数据质量治理的挑战之一，是与质量相关的期望并不总是已知的。通常，客户可能不清楚自身的质量期望，数据治理专业人员也不会询问这些需求。所以，如果数据是可靠和可信的，那么数据治理专业人员应更好地了解客户对质量的要求，以及如何衡量数据质量。随着时间的推移，业务需求和外部环境在发展，数据质量需求也会不断发生变化，因此数据治理专业人员需要对此进行持续的讨论。

二、数据质量治理基本流程

数据质量治理应包括以下几个基本步骤，从而形成完备的实施路线，进而帮助企业不断改进数据质量。

（1）定义高质量数据。

低质量数据能够很容易被辨识，但是很少有人能够定义高质量数据，或者常用非常不严谨的术语定义它：“数据必须是正确的”“企业需要准确的数据”。高质量的数据应当满足数据消费者的需要。在启动数据质量治理方案之前，有益的做法是了解企业业务需求、定义业务术语、识别企业的数据痛点，并对数据质量改进的驱动因素和优先事项达成共识。了解当前企业状态，评估企业对数据质量改进的准备情况。

（2）定义数据质量战略。

提高数据质量要有一定的战略，应考虑到需要完成的工作以及员工执行这些工作的方式。数据质量战略优先级必须与业务战略一致。采纳或开发一个框架及方法论将有助于指导战略和开展战术，同时提供衡量进展和影响的方法。框架应该考虑如何治理数据质量以及如何利用数据质量治理工具。

（3）识别关键数据和业务规则。

并非所有的数据都同等重要。数据质量治理工作应首先关注企业中最重要的数据，如果这类数据质量更高，将能为企业及其客户提供更多的价值。可以根据监管要求、财务价值和对客户的直接影响等因素对数据进行优先级排序。因为主数据是任何企业中最重要的数据之一，所以通常数据质量改进工作都从主数据开始。重要性分析结果是一个数据列表，数据质量治理团队可以使用该结果聚焦他们的工作。

在确定关键数据之后，数据质量分析人员需要识别能描述或暗示有关数据质量特征要求的业务规则。通常，规则本身并没有明确的文档记录，它们可能需要通过分析现有的业务流程、工作流、政策、标准等进行逆向还原。例如，如果一家营销公司的目标锁定在特定人群上，那么数据质量的潜在指标可能是有关目标客户人口统计信息的合理程度与完备程度。发现和完善规则是一个持续的过程，获得规则的最好方法之一是分享数据质量评估的结果。这些结果通常会让利益相关方对数据产生一个新的视角，告诉他们想知道的数据信息，帮助他们更清晰地阐明规则。

（4）执行数据质量评估。

在确定了关键的业务需求和支持它们的数据后，就需要执行数据质量评估。其中最重要的部分就是实际查看、查询数据，以了解数据的内容和关系，以及将实际数据与规则和期望进行比较。在数据管理专员、其他领域专家和数据消费者的帮助下，数据治理分析人员需要对调查结果进行分类并确定其优先级。数据质量评估的目标是更加清楚地了解数据，以便定义可操作的改进计划。

（5）定义数据质量改进目标。

数据质量评估获得的知识为定义数据质量改进目标奠定了基础。在企业中，许多事情都会阻碍改进工作的展开，如系统限制、数据龄期、正在进行的使用有问题数据的项目、数据环境的总体复杂性、文化变革阻力。为了防止这些因素阻碍质量改进工作的进行，企业需要根据数据质量改进带来的业务价值增益大小来设定具体的、可实现的目标。

（6）识别改进方向并确定优先级。

在确定数据质量改进目标后，接下来的关键就是确立实施方案。在这之前，企业需要识别潜在的改进措施，并确定其优先顺序。对改进方向的识别可以通过对较大数据集进行全面的数据分析来完成，以了解现有问题的广度；也可以就数据的影响问题与利益相关方进行沟通，并跟踪分析这些问题的业务影响。企业需要结合数据分析人员以及利益相关方的综合意见来排定最终的优先顺序。

（7）确定质量提升方案。

数据质量提升可以采取不同的形式，从简单的补救（如纠正记录中的错误）到根本原因的改进。至于采取何种形式，企业应综合考虑快速实现的问题（可以立即以低成本解决问题）和长期的战略性变化。这些实施方案的战略重点应是解决问题的根本原因，并建立起问题的预防机制，防止问题的再次发生。

许多数据质量方案都是从通过数据质量评估结果确定的一组改进项目开始的。为了保证数据质量，企业应围绕数据质量方案制订实施计划，允许团队管理数据质量规则与标准、监控数据与规则的持续一致性、识别和管理数据质量问题，并报告数据质量水平。

三、数据质量治理工具

数据质量治理项目的顺利进行，同样需要相关工具的支持。在这些工具的帮助下，企业可以更加规范有效地开展工作，进而实现数据质量治理的目标。

（1）业务术语表。

由于人们说话用词习惯不同，所以建立术语表是有必要的。在企业中，数据所代表的意义超越了数据本身，更多地表现为反映相关业务的状况，因此数据的明确定义尤为重要。此外，许多企业倾向于使用个性化的内部词汇，术语表也因此成为企业内部数据共享、数据理解的重要参照。开发、记录标准的数据定义，可以减少因企业各部门对数据的理解不同而造成的沟通困难，提高数据质量，提升工作效率。业务术语的定义必须清晰明确，措辞严谨，并能解释任何可能存在的例外、同义词或变体。业务术语表的制定一般遵循以下准则：企业各部门对核心业务概念和术语有共同的理解；降低因各部门对业务概念理解不一致而导致数据被误用的风险；提高技术资产（包括技术命名规范）与业务组织之间的一致性；最大限度提高术语搜索能力，并能够获取记录在案的企业知识。

业务术语表是数据治理的核心工具。它不仅是对业务术语进行定义的列表，还与其他有价值的元数据进行关联，包括同义词、业务规则等。通过将业务术语表放在法规遵从性和数据治理计划的核心位置，可以帮助企业打破组织和技术竖井，实现跨领域的数据可见性、数据控制和协作。此外，通过业务术语表，企业还可以对数据进行一致的交换、理解和处理，实现对数据的统一管理和保护，提高数据质量。IT 部门要认可业务术语的定义，并将定义与数据进行关联。

（2）Apache Falcon。

为了保证数据质量，需要对数据全生命周期进行规范管理，确保数据在从产生到消亡的每个环节都能保持高质量，满足企业需求。

Apache Falcon 作为 Hadoop 集群数据处理和数据生命周期管理的实现工具，通过建立数据生命周期管理方案，解决 Hadoop 的数据复制、业务衔接以及血统追踪等难题。Falcon 主要对数据在生命周期内进行集中管理，加强数据快速复制来实现业务一致性和灾难恢复，并通过实体沿袭追踪和审计日志收集为审计以及数据合规性提供依据，方便用户设计、执行数据管理方案。

1）Falcon 架构。

Falcon 通过标准工作流引擎将用户的数据集及其生成流程转换成一系列重复的活动，所有功能以及工作流状态管理需求都委托工作流调度器执行调度。Falcon 本身并没有对工作流执行额外的操作，它唯一做的就是确保数据流实体之间的依赖和联系。这让开发人员在使用 Falcon 建立工作流时完全感觉不到调度器和其他基础组件的存在，使他们可以将工作重心放在数据及其处理上面，而不需要进行任何其他的操作。虽然 Falcon 将工作流交由调度器进行调度，但是 Falcon 也与调度器之间保持通信（例如 JMS 消息），从而对执行路径下的每一个工作流都会产生消息追踪，进而掌握当前工作流任务的进度以及具体状况。

Falcon 整体架构如图 14-4 所示。通过 Falcon 客户端或者 Rest API，用户将实体声明文件提交至 Falcon 服务器，Falcon 根据声明信息生成工作流实体，并将其存放在 Hadoop 环境的配置存储中。在执行工作流时，Falcon 主要通过 Oozie（Falcon 的默认调度器）进行任务调度，并将实体执行情况存储到 Hcatalog 中。在调度执行任务过程中，Oozie 会返回执行过程中的状态信息以及执行命令消息，并发送至 JMS 消息公告，将结果返回至 Falcon。

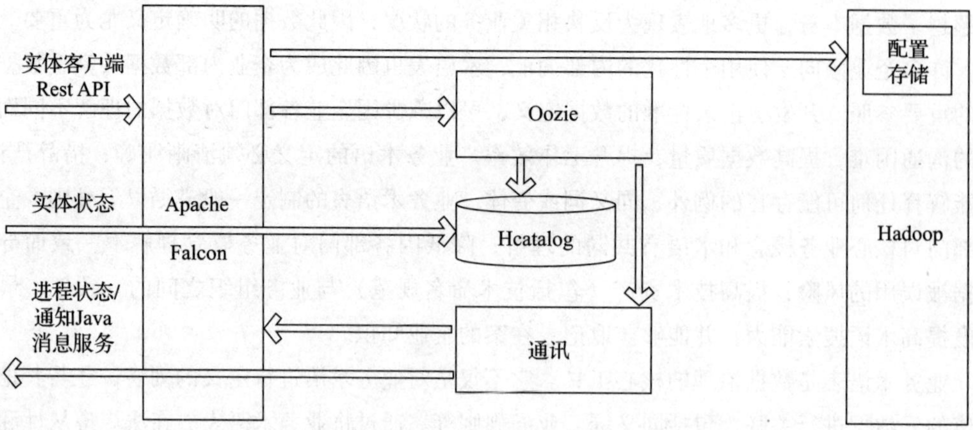

图 14-4 Falcon 整体架构

2）Falcon 技术优势。

Falcon 允许企业以多种方式处理存储在 HDFS（Hadoop Distributed File System）中的大规模数据集，包括批处理、交互和流数据应用等。它提供了对于数据源的管理服务，如数据生命周期管理、备份、存档到云等。通过 Web UI 可以很容易地配置这些预定义的策略，能够大大简化 Hadoop 集群的数据流管理。在大数据时代，Falcon 的数据治理功能对企业有效管理数据发挥了关键性作用。

Falcon 通过更高层次的抽象，简化了数据管道（Data Pipeline）的开发和管理。通过提供简单易用的数据管理服务，在数据处理应用程序的开发过程中省略了复杂的编码，同时也简化了数据移动、灾难恢复和数据备份等工作流的配置和编排。

Falcon 通过提供一个定义—部署—管理数据管道的框架来实现这种简化的管理。作为开源的数据生命周期管理项目，Falcon 能够提供以下服务：建立各种数据之间的关系并处理 Hadoop 环境下的不同元素；有效管理数据集，例如数据保留、跨集群复制以及数据归档等；方便进行新工作流或管道上传，支持后期数据处理和 Retry 策略；集成了元数据库以及数据仓库；为终端用户提供可用的数据集组，大部分同逻辑的相关数据集可以一同使用；获取数据集和处理程序的血统信。

总的来说，Falcon 实现了企业数据治理的以下需求：数据生命周期的统一管理，数据的合规性，数据集的复制、备份与归档。

第四节 数据安全治理

一、数据安全的定义

数据安全主要从以下两方面进行定义：一是数据本身的安全，主要是指采用现代密码算法对数据进行主动保护，如数据保密、数据完整性、双向强身份认证等；二是数据防护的安全，主要是采用现代信息存储手段对数据进行主动防护，如通过磁盘阵列、数据备份、异地容灾等手段保证数据的安全。虽然数据安全的详细情况（如哪些数据需要保护）因行业和国家差异而有所不同，但是数据安全实践的目标是相同的，即根据隐私和保密法规、合同协议和业务要求来保护信息资产。

在大数据时代，企业信息安全面临着多重挑战。企业在获得“大数据时代”信息价值增益的同时，也在不断地累积风险，数据安全方面的挑战日益增大。企业在云系统中进行上传、下载、交换数据的同时，也极易成为黑客与病毒的攻击对象。一旦企业被入侵并产生信息泄露，就会对企业的品牌、信誉、研发、销售等多方面带来严重冲击，并带来难以估量的损失。

二、数据安全治理基本流程

目前还没有一套完备的数据安全治理方案来满足所有必需的隐私和保密要求。监管关注的是安全的结果，而非实现安全的手段。企业应设计自己的安全控制措施，并确保这些措施已达到或超过了法律法规的严格要求，记录这些控制措施的实施情况，并随着时间的推移进行监控和测量。数据安全治理的一般流程主要包括以下几个步骤。

（1）识别数据安全需求。

企业应清楚认识所面临的数据安全需求，并将其划分为业务需求、外部监管需求和应用软件的规则需求三个方面。企业实施数据安全治理的第一步是全面了解企业的业务需求。企业的业务需求、战略及所属行业，决定了企业所需数据安全的严格程度。通过分析业务规则和流程，企业才能更加科学合理地分配用户权限。信息时代的道德与法律问题促使各国政府制定了相关标准与律法，对企业信息管理施加了严格的安全控制，这是企业必须满足的数据安全需求。尽管应用软件只是执行业务规则和过程的载体，但这些系统通常具有超出业务流程所需的数据安全要求的需求，在套装软件和商业化的系统中，这些安全需求变得越来越普遍。

（2）制定数据安全策略。

企业在制定数据安全策略时应以自身的业务和法规要求为前提。策略是对所选行动过程的陈述以及为达成目标所期望行为的顶层描述。数据安全策略所描述的行为应符合企业的最佳利益。制定安全策略需要信息安全管理员、安全架构师、数据治理委员会、数据管理专员、内部和外部审计团队以及法律部门之间的协作。制定安全策略应明确定义所需流程及其背后的原因，以便安全策略易于实现和遵从。策略需要在不妨碍用户访问的前提下保护数据，以确保数据安全，企业应定期重新评估数据安全策略，在所有利益相关方的数据安全要求之间尽量取得平衡。

（3）定义数据安全细则。

策略提供行为准则，但并不能列出所有可能的意外情况。细则是对策略的补充，并提供有关如何满足策略意图的其他详细信息。例如，策略可能声明密码必须遵循强密码准则；强密码准则的细则将单独详细阐述如果密码不符合强密码标准，会通过阻止创建密码的技术强制执行该策略。

（4）评估当前安全风险。

安全风险包括可能危及网络或数据库的因素。识别风险的第一步是确定敏感数据的存储位置，以及这些数据需要哪些保护措施。企业应对每个系统进行以下评估：①存储或传送的数据敏感性；②保护数据的要求；③现有的安全保护措施。然后记录评估结果并以此为将来的评价创建基线。企业需要通过技术支持的安全流程改进来弥补需求与当前措施的差距，并对改进效果进行衡量和监测，以确保风险得到缓解。

（5）实施安全策略。

数据安全策略的实施和管理主要由安全管理员负责，数据治理专员和技术部门进行协作。例如，数据库安全性通常是数据治理专员（DBA）的职责。企业必须实施适当的控制以满足安全策略要求，例如，如何为用户分配并删除角色、如何监控权限级别、如何处理和监控访问变更请求等。企业应建立用于跟踪所有用户权限请求的变更管理系统，验证分配的权限，对每个变更记录进行纸质记录和归档，对工作状态和部门不再适合继续拥有某些访问权限的人取消授权。

三、数据安全治理工具

数据安全的治理，需要适当的工具来支撑。企业使用现有的成熟软件来开展治理工作，既高效快捷、节省成本，又能满足治理需求。

Hadoop 生态系统中的组件就像一个零件包中的零件，每个零件都需要被单独保护。直到 Apache Ranger 诞生，才使得 Hadoop 各个组件的安全性有了保障。Apache Ranger 是用于 Hadoop 的集中式安全管理解决方案，使管理员能够为 Hadoop 平台组件创建和实施安全策略，并且为 Hadoop 的各个组件提供细粒度的安全权限机制。

（1）Ranger 架构。

图 14-5 是 Ranger 安全认证机制的整体架构，主要包括 Ranger Admin、Ranger Plugin 与 Ranger Usersync 三个部分。

1）Ranger Admin。

Ranger Admin 是安全管理的核心接口，也是 Ranger 框架的管理中心。用户可以在它提供的 Web UI 上管理系统用户权限，创建和更新权限认证策略，然后将这些策略存储在数据库中。每个组件的插件会定期监测这些策略。它还提供一个审计服务，可以收集存储在 HDFS（Hadoop 分布式文件系统）或者关系数据库中的数据并进行审计。

2）Ranger Plugin。

Ranger Plugin 是权限安全管理的核心，它是一个轻量级的可以嵌入各个集群组件中的 Java 程序。例如，Ranger 对于其高度支持的 Hive，提供了一个可以嵌入 Hive Server 2 服务中的插件，这个插件能从 Ranger Admin 中提取到关于 Hive 的所有权限认证策略，并将这些策略存储在本地文件中。当用户请求通过 Hive 组件时，这些插件会拦截请求，并安装认证策略进行评估，确认其是否符合设置的安全策略。同时，这个插件还能从用户请求中收集数据，并创建一个单独的线程，将数据传输到审计服务器中。

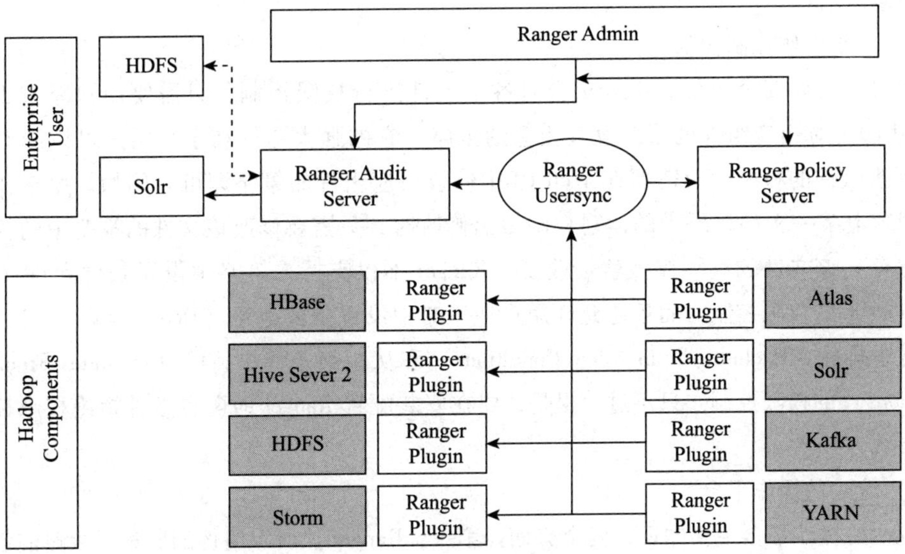

图 14-5 Ranger 安全认证机制的整体架构

3）Ranger Usersync。

Ranger Usersync 是一个非常重要的工具，它可以将用户或用户组从 UNIX 系统或 LDAP（Lightweight Directory Access Protocol）同步到 Ranger Admin。此独立进程也可以用作 Ranger Admin 的身份验证服务器，可以使用 Linux 用户名及密码登录到 Ranger Admin。用户信息存储在 Ranger Admin 中，用于策略定义，而且用户可以手动增加、删除、修改用户或用户组信息，来对这些用户或用户组设置权限。

通过操作 Ranger 控制台，管理员可以轻松地通过配置策略来控制用户访问 HDFS 文件夹、HDFS 文件、数据库、表、字段权限。这些策略可以为不同的用户和用户组设置，同时权限可与 Hadoop 无缝对接。

（2）Ranger 技术优势。

1）细粒度授权。

不同于其他 Hadoop 的安全管理机制，Ranger 支持细粒度的管理，对 Hadoop 组件进行安全保护。Ranger 对不同组件有不同的权限控制，例如对 HDFS 文件读写，对 Hive 和 Hbase 表的增删查改，以及 Kafka 消息发布和消费等不同组件的权限控制。Ranger 对不同的组件，针对不同对象，拥有不同的授权选项。Ranger 不仅能对组件有不同的权限控制，而且还能根据用户所在的地理位置、IP 地址和时间给出不同的权限，这使得 Ranger 用户可以有效地对不同地理位置和不同客户授予不同的权限。

2）集中化审计日志管理和策略管理。

除了细粒度的权限控制，Ranger 还提供了集中化的日志审计功能。所有的不同用户和组对安装 Ranger 的插件的 Hadoop 组件进行操作时，都会生成一次该操作的日志，并存储在数据库中。Ranger 还会更新策略，每次更新策略，之前的策略信息都能查看到，原因在于每次更新策略会创建一个策略，该策略会替换原来的策略，原来的策略将失效，策略信息中会保存所有修改信息。

3）易于操作控制权限。

相对于其他安全组件，Ranger 会对各个组件进行权限控制，只需要用户登录 Ranger Web UI 即可对相应组件的服务设置相应的策略。它的强大之处在于，用户可以随时根据需求更改组件的权限，只需要在 Web UI 中修改对应组件的策略即可。例如，用户在需要对 HDFS 上某一文件权限中的读写权限做出修改时，只需要修改该文件的策略中的权限选项并保存，该文件的读写权限就会改变。Ranger 不仅支持在策略中设置条件允许（Allow Conditions）的权限控制，而且还允许用户在策略中设置条件拒绝（Deny Conditions）、从允许条件中排除（Excludes From Allow Conditions）和从拒绝条件中排除（Excludes From Deny Conditions）的权限控制。只不过前提是，要在安装配置 Ranger 时配置条件拒绝权限控制的相关参数。

4）统一的操作平台。

统一的操作平台主要体现在两个方面：第一，Ranger 让所有组件的服务、策略的创建和更新都在 Ranger Web UI 上完成，而且组件可直接配置，使用非常简单方便；第二，Ranger 安装各个组件的插件时，只需要修改相应的配置文件，就能使权限控制功能生效。当然，也可以通过 REST API 来配置相应组件的策略信息。

第五节　数据治理评估

在数据治理过程中，通过评估不仅可以了解当前数据治理实施的状态和方向，认识数据治理的重要性，为实现数据价值最大化提供依据，还能够确保数据的高质量、时效性、一致性和可分享性，帮助企业管理者更智慧地经营和决策。达成这些目标对企业实现灵活的商业运营和成果丰富的数据分析至关重要，进而企业才能据此做出更有针对性的商业决策。因此，数据治理的评估是实施数据治理过程中至关重要的一步。

能力成熟度模型（Capability Maturity Model，CMM）是由卡内基梅隆大学的软件工程学院（SEI）于 1986 年 11 月提出，并于 1991 年正式发布的。能力成熟度模型可以对软件组织在定义、实施、度量、控制和改善的各个发展阶段进行描述，是一种用于评估软件承包能力并帮助其改善软件质量的方法，侧重于软件开发过程的管理及工程能力的提高与评估。能力成熟度模型经过不断完善和扩充，在世界范围内得到了良好的应用，对于信息化行业的规范化、标准化起到了强有力的推动作用，成为经过实践检验的绩效改善以及软件和系统开发的黄金卓越标准。

鉴于 CMM 所取得的巨大成功，各行各业都在积极建立属于自身领域的成熟度模型。在数据治理领域，目前比较有影响力的评估模型也大多基于 CMM 进行开发。下面我们将对这些模型进行详细介绍。

一、DMM

DMM（Data Management Maturity Model）是由企业数据管理理事会 EDM（Enterprise Data Management）和卡内基梅隆大学合作提出的，用来评估数据的管理能力。DMM 模型是一个能实现业务部门利益与 IT 相互匹配的强大加速器，可为公司组织提供一套最佳实践标准，制定让数据管理战略与单个商业目标相一致的路线图，从而确保能强化、良好地管理，并更好地运用关键数据资产来实现商业目标。该模型继承了能力成熟度模型集成（Capability Maturity Model Integration，CMMI）的原则和框架，划分了 5 个成熟度等级：已执行、已管理、已定义、已测量及已优化。DMM 将数据管理划分为 6 个职能域以及 25 个更为细化的过程域，并说明了它们之间的联系，包括战略、数据质量、操作流程、平台与机构、数据治理和支撑条件。通过制定有关目标、评价标准以及其他核心问题的评估要求来评估数据管理能力成熟度。其职能域划分如图 14-6 所示。

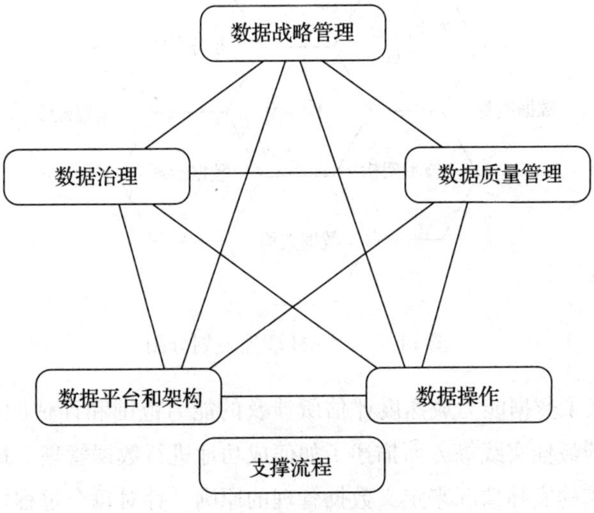

图 14-6　DMM 职能域划分图

该模型的 6 个职能域是开展数据管理工作的体系框架，将平台机构、支持要素等综合考虑其中，使组织各个环节共同参与，形成具有一致性和协同性的数据管理成熟度模型。通过对每个职能域细分的过程域进行评估，获取企业组织数据管理能力的现状与未来状态的差距，评估结果可采用雷达图形象地展现出来。

由于 CMMI 在软件过程成熟度（SWCMM）评估过程中取得了巨大的成功，DMM 一经发布就引起了各方的关注，当前已经在许多国家培训了一批评估师，包括中国、巴西、美国等，并且在房地美（美国联邦住宅贷款抵押公司）、微软等公司进行了模型验证。

二、DCAM

数据管理能力评估（Data Management Capability Assessment Maturity，DCAM）模型是企业数据管理理事会（Enterprise Data Management，EDM）是根据全球范围内较为领先的企业组织的最佳实践所整理的，结合了跨企业的成功数据管理经验。该模型能够实现业务价值和业务目标，通过制定战略，引入数据治理理念，在技术和规程方面进行数据管理。DCAM 主要考虑企业数据环境遗留的一些问题，如缺少技术与操作环境问题、过于简单、业务一致性、数据治理与技术问题。此模型的构建可以为企业数据管理的现状进行指导，为企业数据管理的未来目标规划提供建议。DCAM 包含 8 个核心域（数据战略、数据治理、数据质量、数据生命周期、业务案例、流程保障、数据架构和技术架构）、36 个过程域以及 112 项子功能，划分了 6 个成熟度等级（无意识级、初始级、管理级、定义级、实现级、增强级）。DCAM 职能域划分如图 14-7 所示。

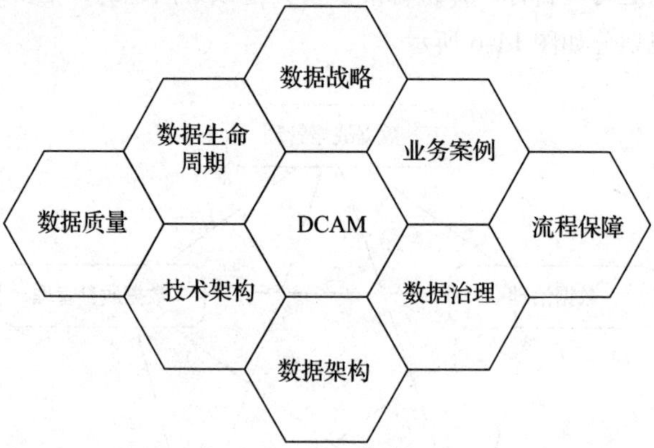

图 14-7 DCAM 职能域划分图

DCAM 首先定义了数据能力成熟度评估所涉及的能力范围和评估的准则，然后从战略、组织、技术和操作的最佳实践等方面描述了如何成功地进行数据管理。最后，又结合数据的业务价值和数据操作的实际情况来定义数据管理的原则。针对每个过程域，DCAM 都设置了相关的问题和评价标准，组织可以根据本功能模型框架进行适当的裁剪和扩展，为组织形成定制化的数据管理能力快速评估模型。

由于金融是监管驱动的行业，各金融公司都会面临大量的监管需求，所以 DCAM 在金融业具有很大的影响力，在 DCAM 的推广过程中，EDM 也在尝试把 DCAM 和监管需求进行映射，从而帮助金融企业更好地满足监管需求。

三、DCMM

我国于 2018 年发布了数据管理能力成熟度评估模型国家标准《数据管理能力成熟度评

估模型》（Data Management Capability Maturity Assessment Model，DCMM），是我国数据管理领域首个正式发布的国家标准。

DCMM 与以上 2 个模型最大的差异在于它既吸收了行业公认的部分，又结合了国内数据发展的现实情况，增添了“数据标准”“数据安全”和“数据应用”3 个独立的能力项。

（1）数据标准。

国外的数据管理相关工作中对于数据标准的强调非常少，DAMA 数据管理知识体系指南（DAMA Guide To The Data Management Body Of Knowledge，DMBOK）、DMM 或者 DCAM 等文件中都没有关于数据标准的内容。而在国内恰恰相反，在国内很多行业，特别是银行、政府等行业在开展数据治理的过程中，往往会首先制定各自的数据标准。2017 年是我国的标准化大年，面对诸多的数据孤岛，数据开放、共享、融合是当前要务，强调数据标准就是强调夯实数据的基础。

（2）数据安全。

随着数据在单位之间的流动性越来越高，特别是《中华人民共和国网络安全法》的发布和施行，数据安全和隐私的保护也引起了大部分单位的重视，国家也在制定数据安全相关的标准。为此，DCMM 也把数据安全作为数据能力的一个重要维度，意图通过评估来提升各单位的数据安全能力状况。

（3）数据应用。

数据应用是数据资产价值体现的重要方式，也是数据管理的重要目标。国内很多单位也把数据管理和数据应用放在统一的团队中进行开展，同时也可以通过数据应用来保证数据管理工作更有针对性，利于体现数据管理工作的价值。

数据管理能力成熟度模型通过一系列的方法、关键指标和问卷来评价某个对象的数据管理现状，从而帮助其查明问题、找到差距、指出方向，并提供实施建议。

DCMM 从组织、制度、流程、技术四个维度提出了 8 个数据管理能力域，包括数据战略、数据治理、数据架构、数据应用、数据安全、数据质量、数据标准和数据生命周期，具体如图 14-8 所示。每个能力域包含若干数据管理领域的能力项，共 29 个，分别是数据战略规划、实施、评估，数据治理沟通，组织与制度，元数据管理，数据模型、分布、集成与共享，数据分析与开发，数据服务、数据安全策略、管理与审计，数据质量需求、检查、分析与提升，业务术语、参考数据和主数据，等等。同时，将成熟度评估等级分为 5 个等级：初始级、受管理级、稳健级、量化管理级、优化级，如图 14-9 所示。

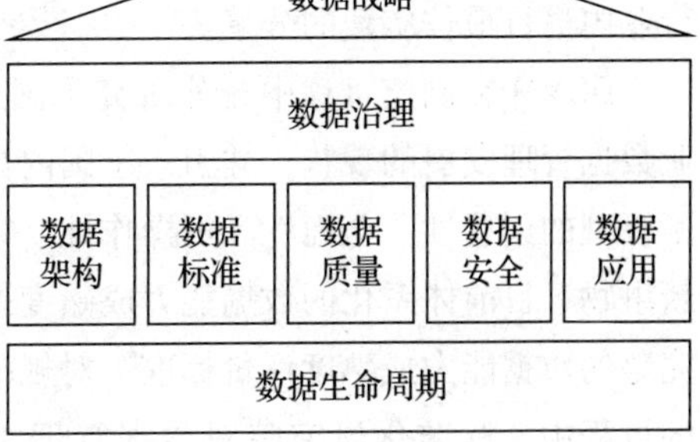

图 14-8　DCMM 职能域划分图

对于不同等级都有其基本特征，具体如下。

等级一：初始级。组织没有意识到数据的重要性，数据需求的管理主要是在项目级来体现，没有统一的数据管理流程，存在大量的数据孤岛，经常由于数据的问题导致客户服务质量低下、人工维护工作繁重等。

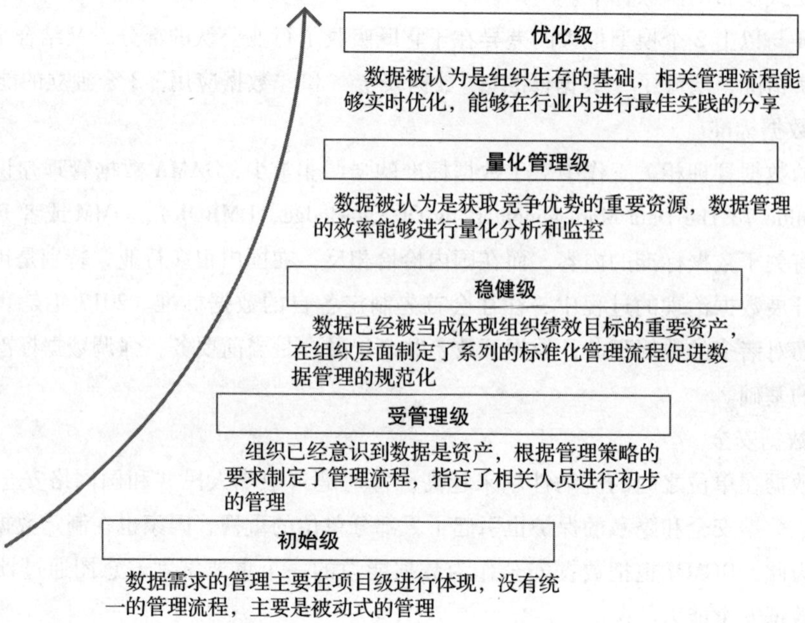

图 14-9　DCMM 等级划分图

等级二：受管理级。组织已经意识到数据是资产，根据管理策略的要求制定了管理流程，指定了相关人员进行初步的管理，并且识别了与数据管理、应用相关的干系人。

等级三：稳健级。数据已经被当作实现组织绩效目标的重要资产，在组织层面制定了系列的标准化管理流程以促进数据管理的规范化。数据的管理者可以快速地满足跨多个业务系统、准确、一致的数据要求，有详细的数据需求响应处理规范、流程。

等级四：量化管理级。数据被认为是获取竞争优势的重要资源，组织认识到数据在流程优化、工作效率提升等方面的作用。组织针对数据管理方面的流程进行全面的优化，对数据管理的岗位进行关键绩效指标（Key Performance Indicator，KPI）的考核，规范和加强数据相关的管理工作，并且根据过程的监控和分析对整体的数据管理制度和流程进行优化。

等级五：优化级。数据被认为是组织生存的基础，相关管理流程能够实时优化，能够在行业内进行最佳实践的分享。

DCMM 在制定过程中充分研究了国外理论和实践的发展，同时，充分考虑了国内各行业数据管理发展的现状，并引入了国内数据管理发展相对领先的金融行业的实践经验，保证了模型的创造性、全面性和可操作性。数据能力成熟度评价模型是国内外数据行业发展的崭新事物，目前体系化的数据能力成熟度评价模型基本都处于起步阶段，该模型是国内第一份完整的数据能力成熟度评价标准，对规范国内大数据行业的发展具有重要意义。在标准研制的过程中，标准化研究院对数据管理相关的理论进行了充分研究，包括 DMBOK、DMM、DCAM、Gartner（高德纳咨询公司）报告等资料，并且充分考虑了国内数据管理行业的发展，包括国家大数据领域的政策以及标杆企业数据管理的整体发展历程。在标准研制的过程中，标准化研究院召集了国内数据管理行业产学研相关的单位，它们都具备丰富的理论和实践经验。同时，进行了多次标准的试点验证工作，结合试点验证工作的总结，有针对性地对标准进行了完善和修改，保证标准的可操作性。DCMM 是数据管理和应用的基础，将在行业里起到很大的作用。

第六节　应用案例

近年来，商业银行在业务快速发展过程中积累了海量的客户数据和交易数据；同时，云计算、大数据等新技术、新业态的发展，使银行有机会与外部机构加强互联互通建设，获取了大量资讯、舆情、工商税务等外部数据。数据正在成为银行的战略资产和核心竞争力，在产品与服务创新、客户获取与营销、财务与绩效管理等方面发挥非常重要的作用。充分发挥数据价值，以数据驱动银行发展与创新，实现数字化经营和精细化管理，已成为银行战略转型的必然之路。

然而，数据使用过程中发生的诸多数据质量问题，例如：数据认责不明、源系统数据质量不高、数据采集时效低下、数据标准缺失、数据重复加工和存放等，已影响了数据深层次的挖掘应用。并且，这些问题随着外部数据的引入和应用表现得更加明显。因此，建立健全数据治理体系已成为当务之急。数据治理是一项复杂、长期、系统性的工程，是指将数据作为商业资产而展开的一系列具体化工作。本案例将对中信银行在数据标准、数据字典和数据模型等方面进行的建设实践经验进行介绍。

中信银行在数据标准化实践过程中引入了数据字典技术和方法，主要是从以下三方面考虑：一是数据标准是针对银行关键、共享类数据项的规范性定义，没有覆盖所有数据项，导致信息系统数据模型设计中部分数据项缺乏数据标准参照；二是数据标准体系由业务部门建立，其计划和节奏不能完全与信息系统建设计划匹配，导致某些信息系统的数据模型设计缺乏数据标准参照；三是信息系统物理模型设计中所参照的某些技术属性（比如字段类型）与具体数据库系统相关，而数据标准无法体现数据库系统的物理特性。数据字典的引入可以很好地解决以上问题。技术部门基于数据标准或根据业务需求建立数据字典，数据模型设计时严格参照数据字典执行。这样，信息系统上线后运行时所产生的数据完全合乎标准规范，保持了数据在采集、交换、共享、加工、使用等整个生命周期过程中的合规性和一致性，减少甚至避免了数据不必要的清洗和转换，提高了数据的质量和可用性。

数据标准在银行信息系统建设中的贯彻标准方式分为两类：一类是在操作型应用系统（包括渠道服务类、客户管理类、流程管理类、产品服务类、运营管理类等）的模型设计过程实施落地。此类系统是数据产生的源头，若能有效贯彻标准，效果将非常理想，对后面的数据整合共享平台及分析型应用系统建设也将非常有利，能为数据采集、交换、共享、分析、应用提供较好的数据质量保证。另一类是在数据整合平台及分析型应用系统（包括管理分析类、监管报送类、数据服务类等）的模型设计过程实施落地。此类系统非数据源头，在对来自多个源系统的数据进行整合、关联和加工处理过程中，只能依照数据标准对相关数据项进行名称、定义、规则、口径、格式、长度、类型、代码取值等方面的转换。中信银行主张从数据源头贯标。从控制总体成本投入，保证系统稳定运行角度考虑，中信银行不会仅为贯标而对存量应用系统进行改造，而是将数据标准制订、修订和落地执行工作与新系统建设、存量系统重构或重大改造过程相结合，以求提升总体效率和达到最佳效果。2013 年，在新核心系统建设中，中信银行尝试数据标准制订和贯标。在此基础上，自 2015 年、2016 年又先后在新一代人力资源系统、统一支付平台、新一代授信业务系统、交易银行系统建设中同步开展了基础数据标准制订和贯标工作，取得了良好效果。

数据标准和数据字典的管理维护、数据模型设计过程以及对数据字典的参照引用等活动，需要开发一整套的数据管控流程和技术工具来支持。为确保数据治理的规范，将要求融入并贯穿于应用系统建设过程中，避免“先建设、后治理”的现象，在 2016 年 10 月，中信银行就启动了“企业开发工具”项目建设，其中包含了数据标准管理、数据字典管理、数据模型设计等重要功能模块，且已于 2017 年 6 月开始试点推广。

大数据时代下，数据的大规模、多样化、快速实时、内外结合、混合架构等特征，对数据治理提出了更加复杂严峻的新挑战，同时在监管部门的驱动下，银行数据治理的广度和深度在不断扩大。中信银行采取积极主动的姿态，从战略层面高度重视数据治理工作，通过推行主动治理模式，强抓数据模型、数据标准、技术平台等基础设施建设，采取系统建设与数据贯标并举的策略，取得了良好效果。其正在让数据标准变得有价值，最终将会使数据为自身银行经营管理带来更大的业务价值。

◎ 思考与练习

1. 试述你对数据治理的理解以及你所知道的关于数据治理实施的故事。
2. 数据治理的目标有哪些？原则有哪些？
3. 试述数据治理的一般流程。
4. 简述数据治理各种评估模型的职能域划分情况。
5. 试述 DMM、DCAM 与 DCMM 之间的异同之处。
6. 请列举除本文提及的 Apache Ranger 之外的其他数据安全治理工具。

◎ 本章扩展阅读

［1］DAMA 国际．DAMA 数据管理知识体系指南［M］．2 版．北京：机械工业出版社，2020.
［2］王兆君，王钺，曹朝辉．主数据驱动的数据治理：原理、技术与实践［M］．北京：清华大学出版社，2019.
［3］刘驰，胡柏青，谢一，等．大数据治理与安全：从理论到开源实践［M］．北

京：机械工业出版社，2017.
[4] 索雷斯．大数据治理［M］．匡斌，译．北京：清华大学出版社，2014.
[5] INMON，W H. Building the data warehouse［M］. New Jersey：John Wiley & Sons，2005.
[6] DYCHÉ J，LEVY E. Who owns the data anyway：data governance，data management，and data stewardship［M］. New Jersey：John Wiley & Sons，2015.
[7] KHATRI V，BROWN C V. Designing data governance［J］. Communications of the ACM，2010，53(1)：148-152.
[8] PENNYPACKER J，GRANT K. Project management maturity：an industry benchmark［J］. Project Management Journal，2003(1)：4-11.
[9] ROSENBAUM S. Data governance and stewardship：designing data stewardship entities and advancing data access［J］. Health Services Research，2010，45 (5 Pt 2)：1442-1455.
[10] ALHASSAN I，SAMMON D，DALY M. Data governance activities：an analysis of the literature［J］. Journal of Decision Systems，2016，25(supl)：64-75.
[11] GRIFFIN J. Implementing a data governance initiative［J］. Information Management，2010，20(2)：27.

P A R T 4

第四部分

平台与发展篇

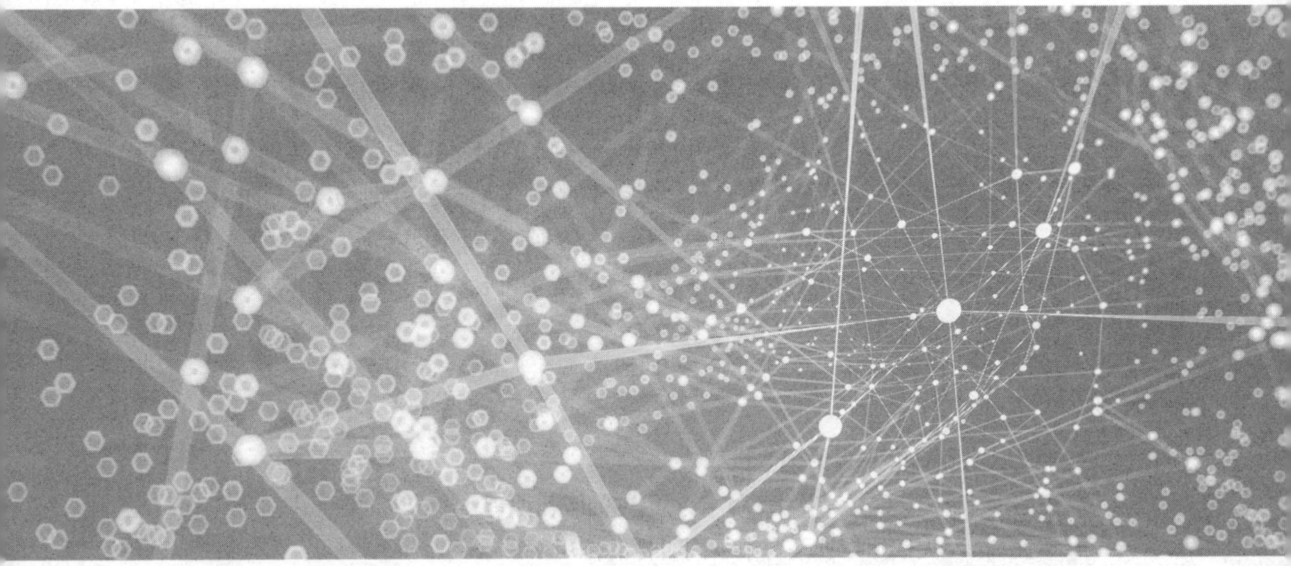

C H A P T E R 1 5

第十五章

大数据计算平台

在信息爆炸的时代，每天都会有海量的数据产生，如何对这些海量数据进行分析处理，成为不同行业关注的焦点。在这一背景下，大数据计算平台应运而生，分布式的大数据计算平台能够对海量的数据进行存储、分析。目前，大数据计算平台已经广泛地应用在商业领域的方方面面。在本章中你将了解大数据计算平台的基本概念、基于 Hadoop 的大数据组件以及基于 Spark 的大数据组件。

■ 学习目标

- 理解大数据计算平台的基本概念
- 理解 Hadoop 大数据计算平台中不同组件的工作原理
- 掌握 Spark 大数据计算平台中不同组件的作用
- 理解大数据计算平台在实际场景中的应用

■ 知识结构图

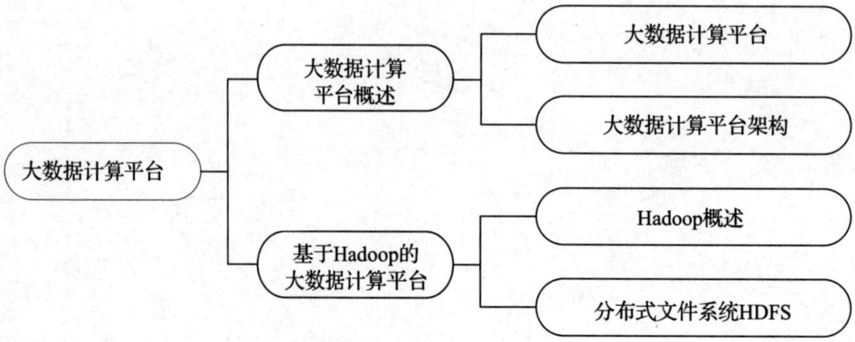

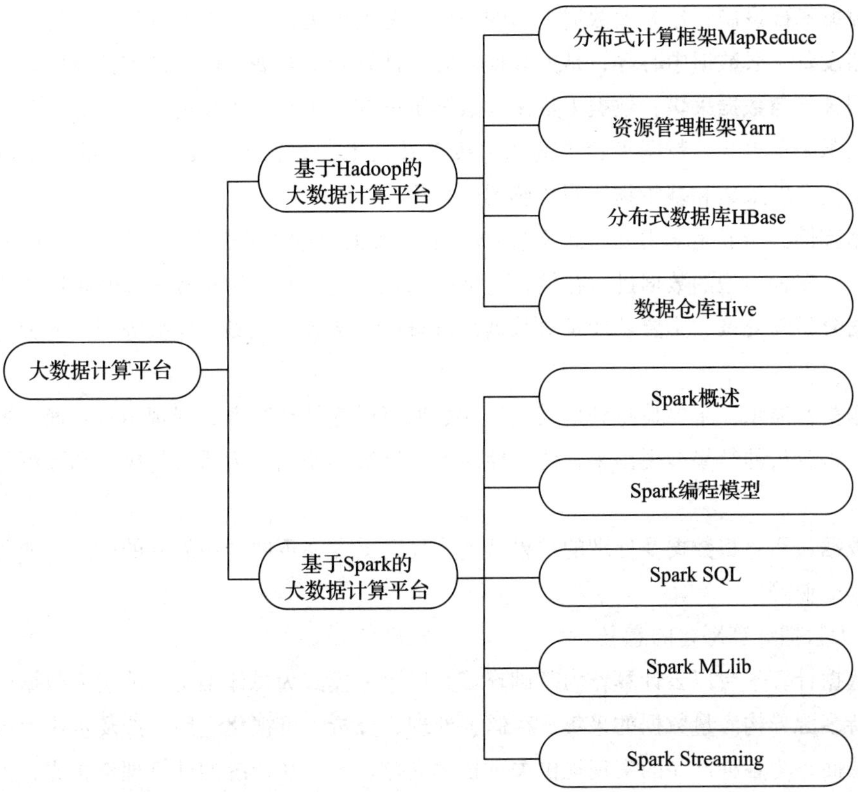

第一节　大数据计算平台概述

一、大数据计算平台

（1）大数据计算平台的概念与意义。

1）大数据计算平台概念。

大数据计算平台是具有数据接入、数据存储、数据分析与处理、数据查询与检索、数据挖掘和数据可视化等功能的一体化数据分析平台。当前，常见的大数据计算平台有阿里云平台、腾讯大数据平台以及百度数智平台等。完整的大数据计算平台体系架构有多个层级，具体如图 15-1 所示。

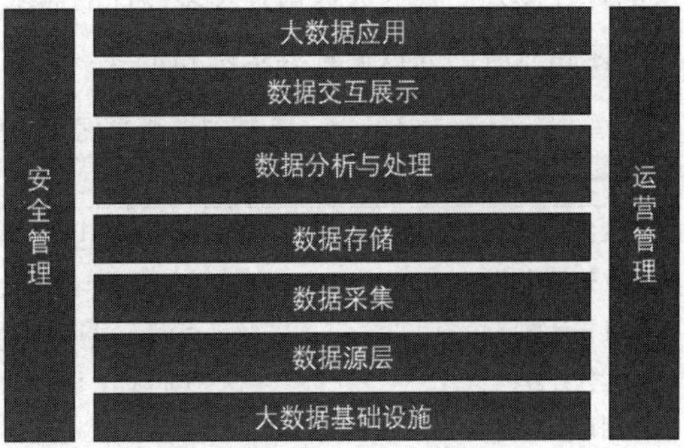

图 15-1　大数据平台架构体系图

平台中各个层级之间相互融合，共同完成大数据的分析任务。

大数据基础设施：作为大数据平台的底层，为上层提供必要的基础设施支持，如网络设备、存储设备、云数据中心等，是大数据存储、计算和交互展示的基础支撑设施。

数据源层与数据采集：数据采集是大数据价值挖掘中必不可少的一个部分，是一种把数据从数据源采集再导入数据平台中的相关接口及技术，数据采集根据采集的方式可以分为基于网络信息的采集和基于物联网传感器的采集。

数据存储：一般是采用分布式文件和分布式数据库的方式将数据存储在大规模的节点中，可以对多种类型的数据进行存储，包括结构化数据、非结构化数据以及半结构化数据。

数据分析与处理：主要功能是对数据进行查询、统计、预测、挖掘等相关的分析与处理操作。

数据交互展示：主要是将分析与处理的数据以最优的交互方式展现出来。通过形象的可视化方式将分析的结果展现出来，便于使用者的理解和使用，为后续的决策和预测提供有效的支撑。

大数据应用：将数据及处理的结果落到实处，支撑在不同领域展开的应用，如医疗、金融以及制造业等。

2）大数据计算平台的意义。

大数据计算平台以云计算作为基础环境、以服务模式为总体架构，覆盖大数据应用全过程，支持多源异构海量数据的采集、存储、处理、分析、可视化应用，涉及企业大数据应用的各个层面，为各种产品的实现提供关键技术支撑。与以往传统的计算理论相比，大数据计算涉及海量数据的计算问题，传统的计算技术很难满足大数据计算需求。通过构建大数据平台，实现大数据分析、处理、可视化的基础平台，可有效打破传统信息系统的瓶颈，快速实现数据分析与处理、数据挖掘和数据价值。

（2）大数据计算模式和大数据处理技术。

1）大数据计算模式。

大数据计算模式，是指根据大数据的不同数据特征和计算特征，从多样性的大数据计算问题和需求中提炼并建立的各种高层抽象和模型。传统的并行计算方法主要从体系结构和编程语言的层面定义一些较为底层的抽象和模型，但由于大数据处理问题具有很多高层的数据特征和计算特征，因此大数据处理需要更多地结合其数据特征和计算特征考虑更为高层的计算模式。根据大数据处理多样性的需求，出现了各种典型的大数据计算模式，并出现了与之相对应的大数据计算系统和工具。大数据计算模式及典型系统和工具如表 15-1 所示。

表 15-1　大数据计算模式及典型系统和工具

大数据计算模式	典型系统和工具
大数据查询分析计算	HBase，Hive，Cassandra，Impala，Redis 等
批处理计算	MapReduce，Spark 等
流式计算	Scribe，Flume，Storm，S4，Apex 等
迭代计算	HaLoop，iMapReduce，Twister，Spark 等
图计算	Pregel，Giraph，GraphX 等
内存计算	Dremel，Hana，Redis 等

2）大数据的主要技术层面和技术内容。

从信息系统的角度来看，大数据处理是涉及软硬件系统各个层面的综合信息处理技术。从信息系统角度可以将大数据处理分为基础层、系统层、算法层以及应用层，其对应的主要技术层面和技术内容如表 15-2 所示。

表 15-2　大数据的主要技术层面和技术内容

应用层	大数据行业应用/服务层	电信、公安、商业、金融、勘探、教育等 领域应用、服务需求和计算模型等
	应用开发层	分析工具、开发环境和工具、行业应用系统开发等
算法层	应用算法层	社交网络、排名与推荐、商业智能、自然语言处理、大数据分析与可视化计算等
	基础算法层	并行化机器学习与数据挖掘算法等
系统层	并行编程模型与计算框架层	并行计算模型与系统批处理计算、流式计算、图计算、迭代计算、内存计算等
	大数据存储管理	大数据查询、大数据存储、大数据采集与数据预处理等
基础层	并行构架和资源平台层	集群、众核、GPU、混合式架构云计算资源与支撑平台等

基础层：基础层主要提供大数据分布存储和并行计算的硬件基础设施。目前大数据处理通用化的硬件设施是基于普通商用服务器的集群。在有特殊的数据处理需要时，这种通用化的集群也可以结合其他类型的并行计算设施一起工作。随着云计算技术的发展，也可以与云计算资源管理和平台结合。

系统层：在系统软件层，企业需要考虑大数据的采集、大数据的存储管理和并行化计算系统软件几方面的问题。常见大数据数据采集方法主要有系统日志采集法、网络数据采集法和其他数据采集法。大数据处理首先面临的是如何解决大数据的存储管理问题。为了提供巨大的数据存储能力，通常做法是利用分布式存储技术和系统提供可扩展的大数据存储能力。首先需要有一个底层的分布式文件系统，但文件系统通常缺少结构化或半结构化数据的存储管理和访问能力，而且其编程接口对于很多应用来说过于底层。当数据规模增大或者要处理很多非结构化或半结构化数据时，传统数据库技术和系统将难以适用。因此，系统层还需要解决大数据的存储管理和查询问题，所以人们提出了一种 NoSQL 的数据管理查询模式。但最理想的状态还是能提供统一的数据管理查询方法，为此，人们进一步提出了 NewSQL 的概念和技术。解决了大数据的存储问题后，进一步面临的问题是如何能快速有效地完成大规模数据的计算。大数据的数据规模极大，为了提高大数据处理的效率，需要使用大数据并行计算模型和框架来支撑大数据的计算。目前，主流的大数据并行计算框架是 Hadoop MapReduce 技术。同时，人们开始研究并提出其他的大数据计算模型和方法，如高实时、低延迟的流式计算，针对复杂数据关系的图计算，查询分析类计算，以及面向复杂数据分析挖掘的迭代和交互计算，高实时、低延迟的内存计算。

算法层：基于以上的基础层和系统层，为了完成大数据的并行化处理，进一步需要考虑的问题是，如何能对各种大数据处理所需要的分析挖掘算法进行并行化优化。

应用层：基于上述三个层面，构建各种行业或领域的大数据应用系统。

（3）云计算与大数据计算。

1）云计算的概念及特点。

云计算是由分布式计算、并行处理、网格计算发展来的，是一种新兴的商业计算模型。云计算包含狭义和广义两个层面，其中，狭义的云计算是指厂商通过分布式计算和虚拟化技术搭建数据中心或超级计算机，向技术开发者或企业客户提供数据存储、分析以及科学计算等服务。而广义的云计算则是指厂商通过建立网络服务器集群，向各种不同类型客户提供在线软件服务、硬件租借、数据存储、计算分析等不同类型的服务。

云计算主要有以下几个特点。

a. 按需提供服务：以服务的形式为用户提供应用程序、数据存储、基础设施等资源，并可以根据用户需求自动分配资源，而不需要管理员的干预。比如亚马逊弹性计算云，用户可以通过 Web 表单提交自己需要的配置给亚马逊，从而动态获得计算能力，这些配置包括 CPU 核数、内存大小、磁盘大小等。

b. 宽带网络访问：用户可以利用各种终端设备，比如智能手机、笔记本电脑、PC 等，随时随地通过互联网访问云计算服务。

c. 资源池化：资源以共享池的方式统一管理。通过虚拟化技术，将资源分享给不同的用户，而资源的存放、管理以及分配策略对用户是透明的。

d. 高可伸缩性：服务的规模可以快速伸缩，来自动适应业务负载的变化。这样就保证了用户使用的资源与业务所需要的资源的一致性，从而避免了因为服务器过载或者冗余造成服务质量下降或者资源的浪费。

e. 可量化服务：云计算服务中心可以通过监控软件监控用户的使用情况，从而根据资源的使用情况对提供的服务进行计费。

f. 大规模：承载云计算的集群规模非常巨大，一般达到数万台服务器以上。从集群规模来看，云计算赋予了用户前所未有的计算能力。

g. 服务非常廉价：云服务可以采用非常廉价的 PC Server 来构建，且不需要非常昂贵的小型机。另外云服务拥有公用性和通用性，这极大提升了资源利用率，并大幅降低了使用成本。

2）云计算与大数据计算的关系。

云计算和大数据是现在企业走向数字化运营的两个核心，多数企业的目标是将两种技术结合起来以获取更多的商业利益。二者都关注对资源的调度，一般来说，大数据在处理过程中涉及的数据采集、传输、存储、处理和分析等多种技术可以基于云计算平台来完成，同时，大数据分析也可以作为一种云计算服务。

具体来说，对大数据进行分析处理的过程离不开云计算的支持。由于大数据处理的特殊性，无法采用单台的计算机进行处理，必须采用分布式架构。大数据处理的特色在于对海量大数据进行分布式数据挖掘，所以它必须依托云计算的分布式处理、分布式数据库和云存储以及虚拟化等技术提供支撑。公司在使用大数据分析支撑业务时，常常将大数据分析和云计算联系到一起，因为实时的大型数据集分析需要采用大数据框架来向数十、数百甚至数千的电脑分配不同的数据处理任务。并且，大数据处理需要特殊的技术，以保证能够有效地处理大量的数据。适用于大数据的技术，包括大规模并行处理数据库、数据挖掘、分布式文件系统、分布式数据库、云计算平台、互联网和可扩展的存储系统。总的来说，云计算和大数据之间具有相辅相成的关系，云计算作为大数据应用计算资源的底层，支撑着上层的大数据处理，而大数据则是在云计算平台之上的进一步应用。

二、大数据计算平台架构

（1）大数据处理框架。

集群环境对于编程来说带来了很多挑战，首先就是并行化：这就要求以并行化的方式重写应用程序，以便我们可以利用更大范围节点的计算能力。然后是对单点失败的处理，节点宕机以及个别节点计算缓慢在集群环境中非常普遍，这会极大影响程序的性能。最后一个挑战是集群在大多数情况下都会被多个用户同时使用，那么动态进行计算资源的分配，也会干扰程序的执行效率。

因此，针对集群环境出现了大量的大数据编程框架。首先要提到的就是谷歌的 MapReduce，它给我们展示了一个简单通用和自动容错的批处理计算模型。但是对于其他类型的计算，比如交互式和流式计算，MapReduce 并不适合，这也导致了大量的不同于 MapReduce 的专有数据处理模型的出现，比如 Storm、Impala 和 GraphLab。随着新模型不断出现，对于大数据处理而言，我们应对不同类型的作业需要一系列不同的处理框架才能很好地完成。但是这些专有系统也有一些不足，主要包括以下 5 点。

1）重复工作：许多专有系统在解决同样的问题，比如分布式作业以及容错。举例来说，一个分布式的 SQL 引擎或者一个机器学习系统都需要实现并行聚合。这些问题在每个专有系统中会重复地被解决。

2）组合问题：在不同的系统之间进行组合计算是一件费力又不讨好的事情。对于特定的大数据应用程序而言，中间数据集是非常大的，而且移动的成本也非常高昂。在目前的环境中，我们需要将数据复制到稳定的存储系统中的分布式文件系统（Hadoop Distributed File System，HDFS）中，以便在不同的计算引擎中进行分享。然而，这样的复制可能比真正的计算所花费的代价要大，所以以流水线的形式将多个系统组合起来的效率并不高。

3）适用范围的局限性：如果一个应用不适合一个专有的计算系统，那么使用者只能换一个系统，或者重写一个新的计算系统。

4）资源分配：在不同的计算引擎之间进行资源的动态共享是比较困难的，因为大多数的计算引擎都会假设它们在程序运行结束之前拥有相同的机器节点的资源。

5）管理问题：对于多个专有系统，我们需要花费更多的精力和时间来管理和部署。尤其是对于终端使用者而言，他们需要学习多种编程语言的 API 和系统模型。

（2）大数据计算平台架构。

2004 年前后，谷歌先后发表了三篇论文分别介绍了谷歌文件系统（Google File System，

GFS）、并行计算模型 MapReduce 和非关系数据存储系统 BigTable，并且第一次提出了针对大数据分布式处理的可重用方案。在谷歌论文的启发下，雅虎的工程师开发了 Hadoop。后续研究人员在借鉴和改进 Hadoop 的基础上，又先后诞生了数十种应用于分布式环境的大数据计算框架。其中最具有代表性的是批处理计算框架、流计算框架和交互式计算框架，具体概念如图 15-2 所示。

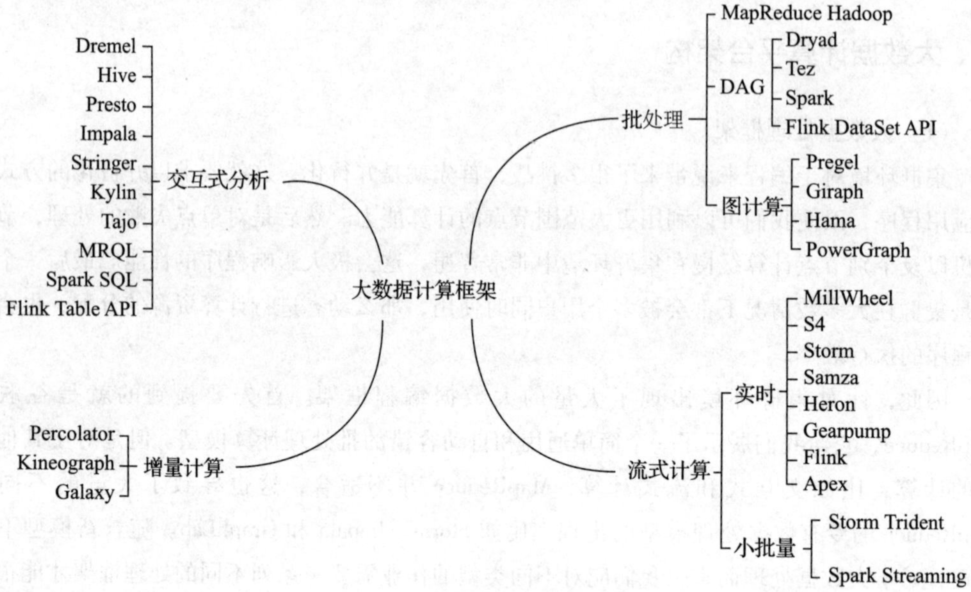

图 15-2　大数据计算框架全景图

批处理计算框架的主要代表是 Hadoop 和 Spark。Hadoop 在起始时主要包含分布式文件系统 HDFS 和计算框架 MapReduce 两部分，是从 Nutch 中独立出来的项目。在后续更新的 2.0 版本中，又将资源管理和任务调度功能从 MapReduce 中剥离单独形成了 YARN，用于资源管理，使其他框架也可以像 MapReduce 那样运行在 Hadoop 之上。与之前的分布式计算框架相比，Hadoop 隐藏了很多烦琐的细节，如容错、负载均衡等，更便于用户基于大数据平台进行海量数据的分析。与 Hadoop 不同，Spark 对有向无环图模型进行了改进，提出了基于内存的分布式存储抽象模型（Resilient Distributed Dataset，RDD），把中间数据有选择地加载并驻留到内存中，以减少磁盘输入输出（Input Output，IO）开销，提高数据计算的效率。

流计算框架是为了近实时地处理大量数据，并考虑计算容错、数据拥塞控制等问题，同时避免数据遗漏或重复计算而产生的解决方案。流计算框架一般基于有向无环图模型，图中的节点可分为两类：一类是数据的输入节点，负责与外界交互向系统提供数据；另一类是数据的计算节点，负责完成某种处理功能如数据过滤、数据累加或数据合并等。从外部系统输入的数据，在不同节点之间流动并被处理，令所有节点共同协调完成流数据的处理。由于 Storm 简单的编程模型和良好的性能，在多节点集群上每秒可以处理上百万条消息流数据，Storm 是目前应用最广泛的流计算框架。除此之外，用于流数据计算的框架还有 Flink 和 Spark Streaming。

交互式计算框架是在解决了大数据的可靠存储和高效计算问题的基础上，为数据分析提供更加便利的方式。交互式技术发展迅速，一些批处理和流计算平台如 Spark 和 Flink 也分别内置了交互式分析框架。同时由于多年的发展，基于 SQL 的汇聚分析方式已被业界广泛接受，目前的交互式分析框架都支持用类似 SQL 的语言进行查询。刚开始的交互式分析平台主要建立在 Hadoop 的基础上，后来随着其他框架的发展，分析平台改用 Spark、Storm 等引擎，分布式数据存储提供 SQL 查询的功能了。

第二节　基于 Hadoop 的大数据计算平台

一、Hadoop 概述

Hadoop 是基于谷歌的 MapReduce、GFS 和 BigTable 等核心技术的开源实现，由 Apache 软件基金会支持，以分布式文件系统 HDFS 和 MapReduce 为核心，以及其他 Hadoop 的子项目的通用工具组成的分布式计算系统，主要用于海量数据高效的存储、管理和分析。Hadoop 具有高容错性、高伸缩性等优点，能够让用户在价格低廉的硬件上部署 Hadoop，形成分布式大数据系统。另外，与以往的分布式框架不同，Hadoop 中的 MapReduce 让用户可以在不了解分布式编程底层细节的情况下开发分布式程序，并可以充分利用集群的计算和存储能力。将以往的数据从向计算靠拢模式更新为计算向数据靠拢，有效提高对大量数据的处理能力。

2003—2004 年，谷歌公布了部分 GFS 和 MapReduce 思想的细节，受此启发的 Doug Cutting 等人用 2 年的业余时间实现了 DFS 和 MapReduce 机制，使 Nutch 性能飙升。2005 年，Hadoop 作为 Lucene 子项目 Nutch 的一部分正式引入 Apache 基金会。在一年后被分离出来，成为一套完整独立的软件。后续 Hadoop 生态逐渐完善，增加了诸如 Hive、HBase 等生态组件。同时为了能够使企业更加方便地进行大数据处理，在 2009 年 3 月，Cloudera 推出了 Hadoop 的发行版 CDH，极大促进了 Hadoop 的使用。经过不断发展，Hadoop 已经有了三个大的版本，包括 Hadoop 1.0、Hadoop 2.0 和 Hadoop 3.0。其发展流程如图 15-3 所示。

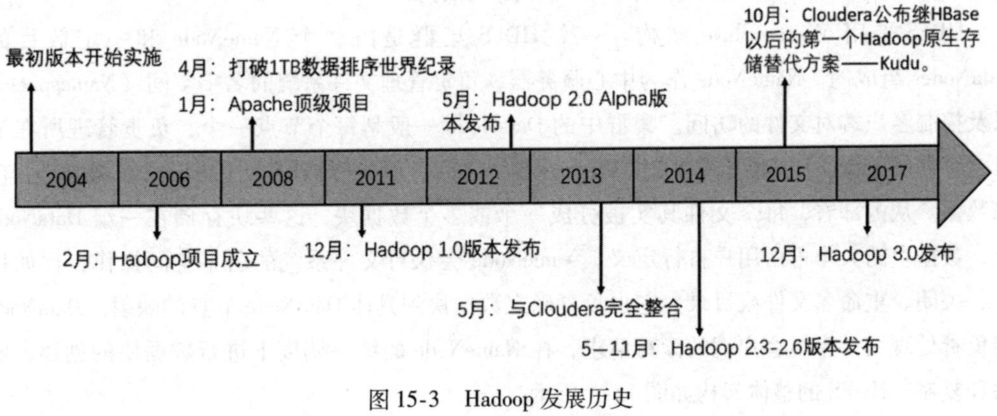

图 15-3　Hadoop 发展历史

（1）Hadoop 1.0。

Hadoop 1.0 被称为第一代 Hadoop，由 HDFS 和 MapReduce 组成。其中，HDFS 由一个 NameNode 和多个 DataNode 组成，MapReduce 由一个 JobTracker 和多个 TaskTracker 组成。

（2）Hadoop 2.0。

Hadoop 2.0 被称为第二代 Hadoop，是为克服 Hadoop 1.0 中 HDFS 和 MapReduce 存在的各种问题而提出的。针对 Hadoop 1.0 中 NameNode HA 不支持自动切换且切换时间过长的风险，Hadoop 2.0 提出了基于共享存储的 HA 方式，该方式支持失败自动切换切回。针对 Hadoop 1.0 中单 NameNode 制约 HDFS 扩展性的问题，Hadoop 2.0 提出了 HDFS Federation 机制，它允许多个 NameNode 各自分管不同的命名空间，进而实现数据访问隔离和集群横向扩展。针对 Hadoop 1.0 中 MapReduce 在扩展性和多框架支持方面的不足，Hadoop 2.0 提出了全新的资源管理框架 YARN，它将 JobTracker 中的资源管理和作业控制功能分开，分别由组件 ResourceManager 和 ApplicationMaster 实现。其中，ResourceManager 负责所有应用程序的资源分配，而 ApplicationMaster 仅负责管理一个节点上的应用程序。相比于 Hadoop 1.0，Hadoop 2.0 框架具有更好的扩展性、可用性、可靠性、向后兼容性和更高的资源利用率，Hadoop 2.0 还能支持除 MapReduce 计算框架以外的更多的计算框架。

（3）Hadoop 3.0。

Hadoop 3.0 是第三代 Hadoop，引入了一些重要的功能和优化，包括 HDFS 可擦除编码、多 NameNode 支持、MR Native Task 优化、YARN container resizing 等，并对以往的方案架构进行了调整，使 MapReduce 可以用内存、IO 和磁盘来共同处理数据。

二、分布式文件系统 HDFS

（1）HDFS 基本原理。

HDFS 是基于谷歌发布的 GFS 论文设计开发的，是 Hadoop 技术框架中的分布式文件系统，对部署在多台独立物理机器上的文件进行管理。作为 Hadoop 的基础存储设施，HDFS 实现了一个分布式、高容错、可线性扩展的文件系统。HDFS 可用于多种应用场景，如网站用户行为数据存储、生态系统数据存储和气象数据存储。

HDFS 采用 Master/Slave 架构。一个 HDFS 集群是由一个 NameNode 和一定数目的 DataNodes 组成的。NameNode 作为中心服务器，负责管理文件系统的名字空间（Namespace）以及控制客户端对文件的访问。集群中的 DataNode 一般是每个节点一个，负责管理所在节点上存储的数据。HDFS 暴露了文件系统的名字空间，用户能够以文件的形式在 HDFS 上存储数据。从内部看，每个文件其实被分成一个或多个数据块，这些块存储在一组 DataNode 上，数据块的大小可由用户自行定义，NameNode 会执行文件系统的名字空间操作，比如打开、关闭、重命名文件或目录。它也负责确定数据块到具体 DataNode 节点的映射。DataNode 则负责处理文件系统客户端的读写请求，在 NameNode 的统一调度下进行数据块的创建、删除和复制。HDFS 的整体架构如图 15-4 所示。

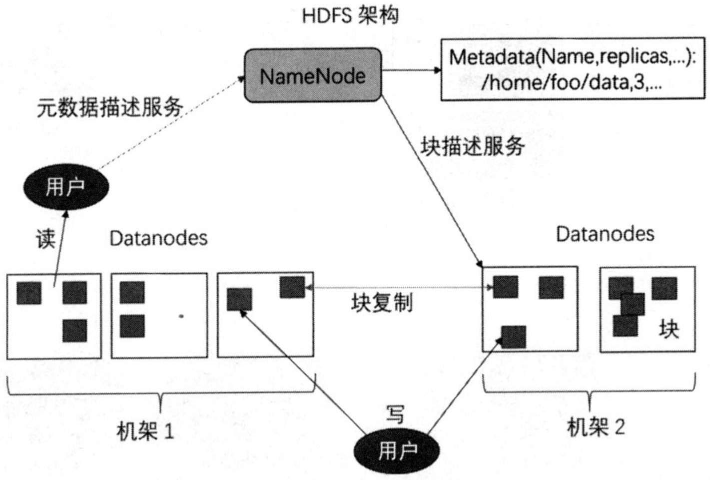

图 15-4　HDFS 整体架构

为了降低 HDFS 的使用门槛，NameNode 和 DataNode 被设计成可以在普通的商用机器上运行，这些机器一般运行着 GNU/Linux 操作系统。比较典型的部署场景是集群中的一台机器上只运行 NameNode 实例，而集群中的其他机器分别运行一个 DataNode 实例。这种架构并不排斥在一台机器上运行多个 DataNode，但这样的情况比较少见。集群中单一 NameNode 的结构大大简化了系统的架构，NameNode 是所有 HDFS 元数据的管理者，这使得用户数据永远不会经过 NameNode，降低了 NameNode 的系统负担。

（2）HDFS 运行机制。

1）HDFS 读取数据流程。

客户端在读取 HDFS 上存储的数据时，首先业务应用会调用 HDFS Client 提供的 API 打开文件，HDFS Client 联系 NameNode，获取到文件信息（数据块、DataNode 位置信息）。之后，业务应用调用数据读取 API 读取文件。HDFS Client 会根据从 NameNode 获取到的信息，联系多个 DataNode 进行通信，根据就近的原则获取相应的数据块，HDFS Client 会与多个 DataNode 通信。数据读取完成后，业务会调用关闭方法关闭连接，具体如图 15-5 所示。

2）HDFS 写入数据流程。

HDFS 写入数据时，首先需要业务应用调用 HDFS Client 提供的 API，请求写入文件。之后，HDFS Client 联系 NameNode，NameNode 在元数据中创建文件节点，再由业务应用调用写入的 API 写入文件。HDFS Client 收到业务数据后，从 NameNode 获取到数据块编号、位置信息后，联系 DataNode，并将需要写入数据的 DataNode 建立起流水线。完成后，客户端再通过自有协议写入数据到 DataNode 1，再由 DataNode 1 复制到 DataNode 2，DataNode 3。写完数据后，客户端将返回确认信息给 HDFS Client。所有数据确认完成后，业务调用 HDFS Client 关闭文件。最后，业务调用关闭：经过刷新缓存后，HDFS Client 联系 NameNode，确认数据写入完成，NameNode 将元数据持久化，如图 15-6 所示。

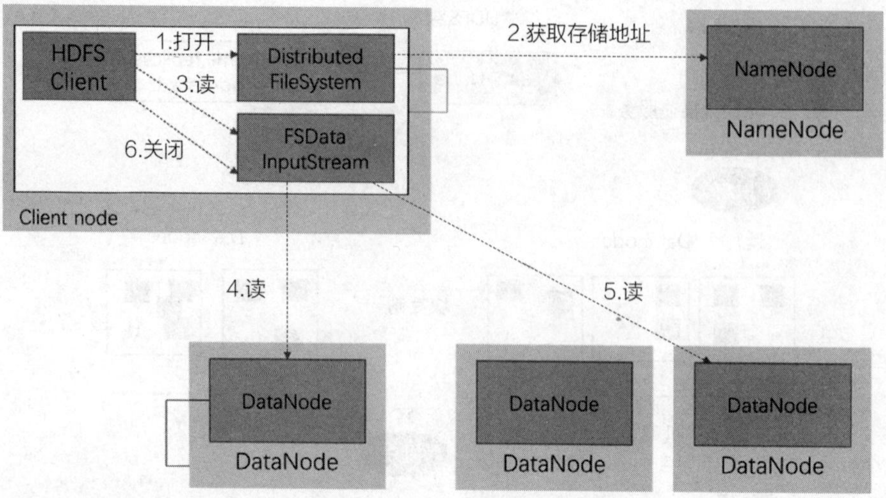

图 15-5　数据读取流程

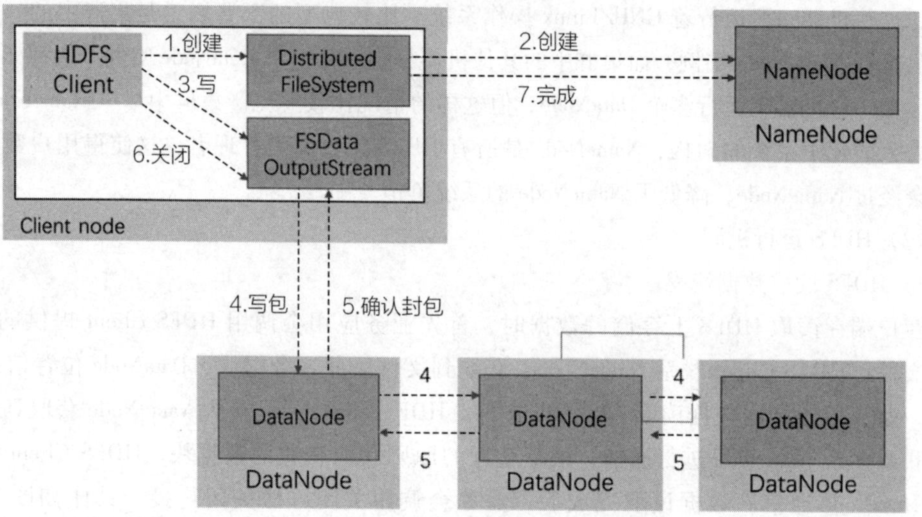

图 15-6　数据写入流程

三、分布式计算框架 MapReduce

（1）MapReduce 基本原理。

1）MapReduce 概述。

MapReduce 源于谷歌发表于 2004 年的 MapReduce 论文，Hadoop MapReduce 是 Google MapReduce 的开源版本。MapReduce 实现了 Map 和 Reduce 两个功能，其中 Map 是对数据集上的独立元素进行指定的操作，生成键－值对形式的中间结果；Reduce 则对中间结果中相同“键”的所有“值”进行规约（分类和归纳），以得到最终结果。简单来说，MapReduce 是一种思想，或者说是一种编程模型。对于 Hadoop 来说，MapReduce 则是一个分布式计算框架，是它的一个基础组件，当配置好 Hadoop 集群时，MapReduce 已然包含在内。

2）MapReduce 的设计思想。

MapReduce 的基本思想是分而治之。所谓分而治之，就是将原始问题不断地分解为较容易解决的多个小问题，每个小问题得到结果后不断地向上一层进行归并，直到得到最终的结果。其在大数据处理方面相比于以往的分布式处理框架有着众多优点。

a. 易于编程开发和运行。

MapReduce 是一个分布式的框架。如果手工开发一个分布式的应用框架，那么需要考虑的东西很多，如输入数据是怎么拆分的、数据的本地性以及容错性。但是基于 MapReduce 进行大数据的分布式处理时，只需要实现它 API 中的 Map 方法和 Reduce 方法即可。MapReduce 不仅能用于处理大规模数据，而且能将很多烦琐的细节隐藏起来，如自动并行化、负载均衡和灾备管理，这极大简化了程序员的开发工作。

b. 具有良好的扩展性。

只要增加机器，整个架构对大数据处理的性能就会提升，这使得每增加一台服务器，就能将差不多的计算能力接入到集群中。过去大部分分布式处理框架的扩展性都与 MapReduce 相差甚远。

c. 有高容错性。

在计算的时候，MapReduce 会选择就近的数据副本来处理。当前在计算的任务，如果挂掉了，它会自动转移到其他的节点去运行。

d. 海量数据的离线处理。

当需要处理的数据量增加时，我们只需要增加节点数量，便能够对数据进行处理，提高数据的处理能力。

虽然 MapReduce 大量数据处理中有着上述的优点，但是不可否认，MapReduce 在对数据的处理中也存在一些问题。

a. 实时计算。

通常我们在搜索框中输入内容后，推荐结果的速度都是秒级别或者是毫秒级别的。这种任务对实时性的要求是非常高的，但是 MapReduce 会将任务编译成 MapTask 和 ReduceTask 来进行计算。这两个任务都是进程级别的，每次都启动一个进程耗费的时间非常多，所以 MapReduce 是不适合做实时计算的，只能用来做离线数据处理。

b. 流式计算。

MapReduce 的输入数据是静态的，在计算之前，数据是要进行拆分的，不能是动态的，只要开始计算，再新增数据也是没用的。

（2）MapReduce 运行机制。

MapReduce 在进行数据处理时，一般要经过 5 个步骤，包括数据分片、映射、洗牌、归约和文件写入，其过程如图 15-7 所示。

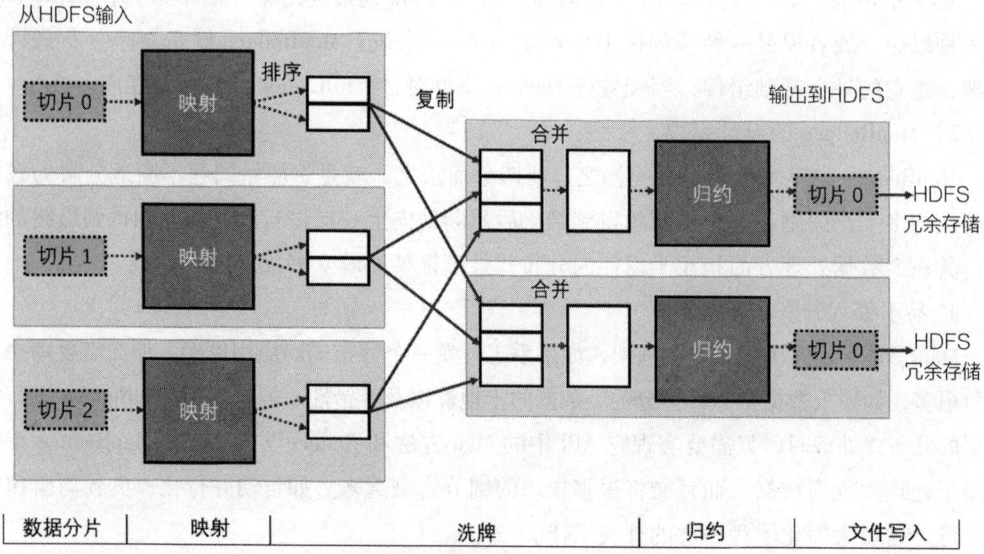

图 15-7 MapReduce 运行的过程

1）数据分片。

MapReduce 进行数据处理的第一个步骤是把 HDFS 的数据切成许多数据切片，每一数据片段都会由一个 Map 线程去执行，如果有多个数据切片则会由多个线程并发同时执行。

2）映射。

映射的数据是切片的，每一片的大小相等，所以映射的输入数据端不会出现数据倾斜的问题。映射可以是一个 Java 程序或者其他计算机程序，映射将计算得到的结果写在内存中，内存有一定的阈值，当内存内存储的数据到达一定的阈值后，就需要写入到磁盘中，这个过程叫作溢写。

3）洗牌。

洗牌是介于映射和归约两个阶段的一个中间步骤，能够把映射的输出结果按照一定的键值重新切分并组合，将键值符合某种范围的输出结果送到特定的归约任务中。在洗牌阶段，经由映射输出的结果会经过分区和排序，最后溢写到磁盘中。具体来说，对映射阶段输出的结果在进行分区和排序的操作都是在映射所在的节点完成的，不涉及通过网络移动数据，从而提高了数据处理的效率。当数据的分区和排序完成且数据量达到一定阈值后，数据会在磁盘中生成多个文件；当文件数量过多时，就会引发合并操作，将多个文件进行合并。最后不同数据会通过网络传输到归约任务所在的节点，通过归约进行下一步处理。洗牌阶段的具体流程如图 15-8 所示。

4）归约。

归约的输入数据是经过映射处理后，再经过洗牌阶段分区之后的数据的复制得到的。具体复制的数据由分区的结果来决定，每个归约任务只复制自己对应的数据。具体来说，数据会按照一定的规则被复制到归约任务所在的机器上，同时进行合并，便于后续进行归约处理。同时，在将磁盘中的数据交给归约任务执行时，如果映射任务和归约任务不在一台机器，那么就要进行跨网络复制。这时归约端有很多的小数据需要合并，默认它们会按照键相同的进行合并，这些键相同的数据可能来自不同的映射任务，最后分别传给归约任务执行，具体流程如图 15-9 所示。

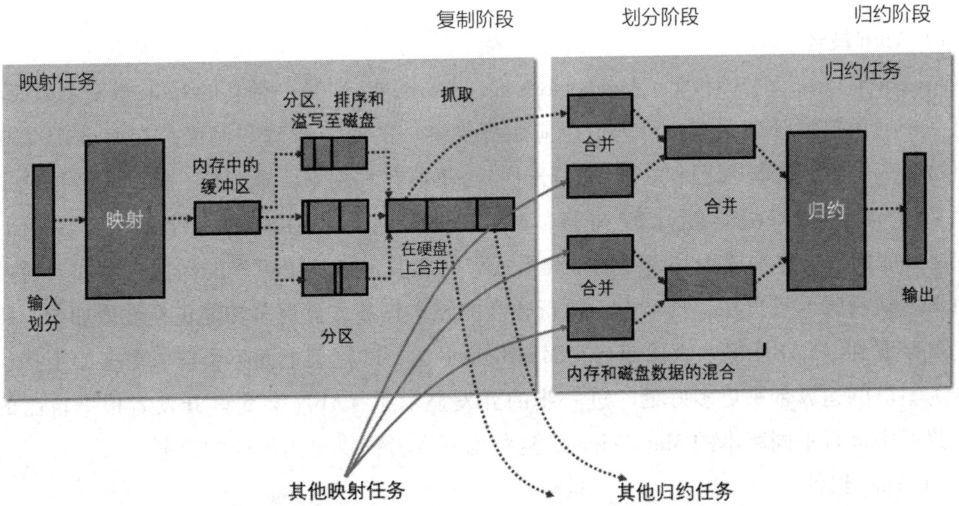

图 15-8　洗牌过程

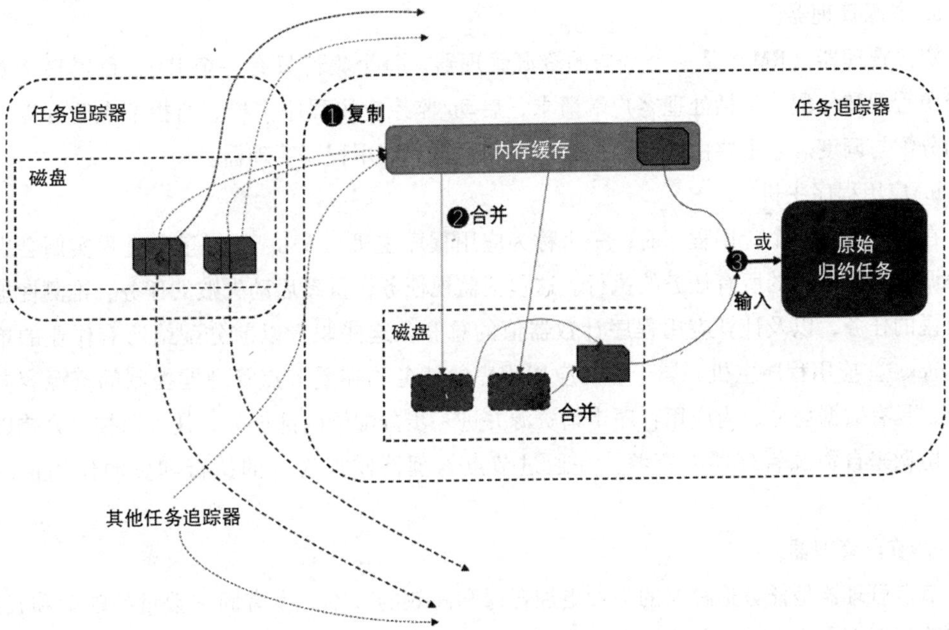

图 15-9　归约过程

5）文件写入。

当 Reduce 处理完成后，将数据写入到 HDFS 中，需要注意的是写入的文件不能与已经存在的文件重名。这样就完成了整个 MapReduce 的处理过程。

四、资源管理框架 Yarn

（1）Yarn 基本原理。

1）Yarn 概述。

Apache Hadoop YARN（Yet Another Resource Negotiator）是一种新的 Hadoop 资源管理器，它是一个通用资源管理系统，可为上层应用提供统一的资源管理和调度，在 Hadoop 2.0 版本时被引入。它将资源管理和处理组件分开，为集群在利用率、资源统一管理和数据共享等方面带来了巨大好处。相比较而言，MapReduce 则是 YARN 的一个特例，YARN 是 MapReduce 的一个更加通用和高级的框架形式，并在其上增加了更多的功能。例如，通过加载分布式执行脚本可以在集群节点上执行独立的脚本任务，且更多功能正在被追加中。所以我们可以看到，YARN 可以直接运行在 MapReduce 运行的框架上而不会造成更多的干扰，并且会为集群的运算带来更多好处。进一步的开发显示了 YARN 会允许开发者根据自己的需求在集群中运行不同版本的 MapReduce，这将为开发者提供更为便捷的服务。

2）Yarn 组件。

YARN 将 Hadoop 1.0 中的组件进行了拆分，主要包含资源管理器、应用程序主机、节点管理器、容器等组件。

a. 资源管理器。

资源管理器（RM）是一个全局的资源管理器，每个集群只有一个 RM，负责整个系统的资源管理和分配，包括处理客户端请求、启动/监控应用程序主机、监控节点管理器、资源的分配与调度。它主要由两个组件构成：调度器和应用程序管理器。

b. 应用程序主机。

在用户提交一个应用程序时，一个称为应用程序主机（AM）的轻量型进程实例会启动来协调应用程序内的所有任务的执行。这包括监视任务，重新启动失败的任务，推测性地运行缓慢的任务，以及计算应用程序计数器值的总和。这些职责以前分配给所有作业的单个 JobTracker。应用程序主机和属于它的应用程序的任务均在受节点管理器控制的资源容器中运行，具有数据切分、为应用程序申请资源并进一步分配给内部任务、任务监控与容错以及负责协调来自资源管理器的资源，并通过节点管理器监视任务的执行和资源使用情况等功能。

c. 节点管理器。

节点管理器是任务追踪器的一种更加普通和高效的版本。没有固定数量的映射和归约，节点管理器拥有许多动态创建的资源容器（Container）。容器的大小取决于它所包含的资源量，比如内存、CPU、磁盘和网络带宽。一个节点上的容器数量，由配置参数与操作系统以外的节点资源总量共同决定。节点管理器能够管理单个节点上的资源管理和任务，处理来自资源管理器的命令处理来自域应用程序主机的命令以及管理抽象容器。这些抽象容器代表着创建的程序正使用每个节点的资源情况、定时地向 RM 汇报本节点上的资源使用情况和各个容器的运行状态等。

d. 容器。

容器是 YARN 中的资源抽象表示，它封装了某个节点上的多维度资源，如内存、CPU、磁盘、网络。当 AM 向 RM 申请资源时，RM 为 AM 返回的资源便是用容器表示的。YARN 会为每个任务分配一个容器，且该任务只能使用该容器中描述的资源。需要注意的是，容器不同于 MRv1 中的 Slot，它是一个动态资源划分单位，是根据应用程序的需求动态生成的。目前为止，YARN 仅支持 CPU 和内存两种资源，且使用了轻量级资源隔离机制 Cgroups 进行资源隔离，防止不同的任务之间出现资源冲突的问题。

除了以上组件，YARN 中还包括用于记录历史情况的 Job History Server 和用于日志写入的 Timeline Server，不同组件相互配合完成资源协调和分配的任务。

(2) YARN 运行机制。

当用户向 YARN 中提交一个应用程序后，YARN 将分两个阶段运行该应用程序：第一个阶段是启动应用程序主机；第二个阶段是由应用程序主机创建应用程序，为应用申请资源，并监控它的整个运行过程，直到运行完成，具体工作流程如图 15-10 所示。

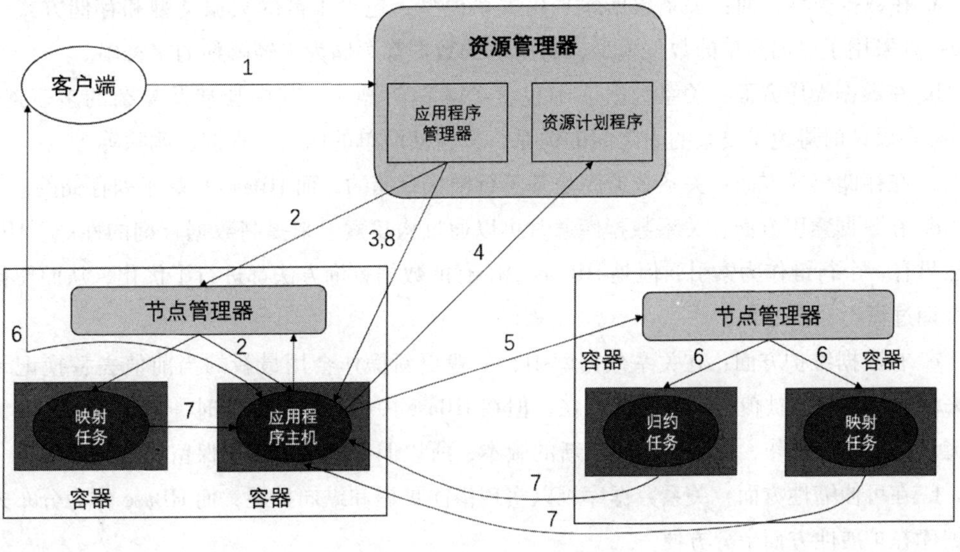

图 15-10　YARN 的工作流程

根据图 15-10，可将 YARN 的工作流程分为如下几个步骤：用户先向 YARN 提交应用程序，其中包括应用程序主机程序，启动应用程序主机的命令，用户程序，等等；接着，资源管理器为该应用程序分配第一个容器，并与对应的节点管理器通信，要求它在这个容器中启动应用程序的应用程序主机；应用程序主机向资源管理器注册，用户可以直接通过资源管理器查看应用程序的运行状态，然后它将为各个任务申请资源，并监控其运行状态，直到运行结束，即重复图 15-10 中的步骤 4 ~ 7；应用程序主机采用轮询的方式，通过 RPC 协议向资源管理器申请和领取资源，当应用程序主机申请到资源后，便与对应的节点管理器通信，启动相关任务；节点管理器为任务设置好运行环境（包括环境变量、JAR 包、二进制程序等），将任务启动命令写到一个脚本中，并通过运行该脚本启动任务；在程序运行时，各个任务通过某个 RPC 协议向应用程序主机汇报自己的状态和进度，以让应用程序主机随时掌握各个任务的运行状态，从而可以在任务失败时重新启动任务，在应用程序运行过程中，用户可以随时通过 RPC 向应用程序主机查询应用程序的当前运行状态；最后当应用程序运行完成后，应用程序主机向资源管理器注销并关闭自己。

五、分布式数据库 HBase

（1）HBase 基本原理。

1）HBase 概述。

HBase 是一个高可靠、高性能、面向列、可伸缩的分布式数据库，主要用来存储非结构化和半结构化的松散数据。HBase 的目标是处理非常庞大的表，可以通过水平扩展的方式，利用廉价计算机集群处理超过 10 亿行数据和数百万列元素组成的数据表。与传统关系型数据库相比，HBase 具有很多与众不同的特性。

a. 在数据类型方面：关系数据库采用关系模型，包含丰富的数据类型和存储方式，而 HBase 则采用了更加简单的数据模型，将所有的数据都存储为未经解释的字符串。

b. 在数据操作方面：关系数据库中包含了丰富的操作，其中会涉及复杂的多表连接，HBase 在设计时避免了复杂的表之间的关系，只包括简单的插入、查询、删除等。

c. 在存储模式方面：关系数据库是基于行模式存储的，而 HBase 是基于列存储的。

d. 在数据索引方面：关系数据库通常可以通过构建索引来提高数据查询的性能，HBase 虽然只有一个行键作为索引，但是 HBase 中所有的数据查询方法都进行了优化，从而使得整个查询过程不会慢下来。

e. 在数据维护方面：在关系数据库中，一般更新操作会用最新的当前值去替换记录中原来的旧值，旧值被覆盖后将不会存在，但在 HBase 中执行更新操作时，由于 HDFS 的机制中无法进行删除操作，而是生成一个新的版本，所以旧有的版本仍然保留。

f. 在可伸缩性方面：关系数据库难以实现横向扩展和纵向扩展，而 HBase 作为分布式的数据库在扩展性方面十分方便。

2）HBase 数据模型。

HBase 是一个稀疏、多维度并且有序的映射表，这张表的索引是行键、列族、列限定符和时间戳面向列的存储，其具体概念如下。

a. 表：HBase 使用表来组织数据，每个表由行和列组成，列又具体划分为若干个列族。

b. 行：每个数据表都由若干行组成，每个行由不重复的行键来标识。

c. 列族：每个 HBase 表为了便于理解，根据不同列的内容被分组成许多“列族”（Column Family）的集合，是 HBase 基本的访问控制单元，在创建表的时候就需要对其进行指定。

d. 列限定符：具体到列族，每个列族里的数据通过列限定符来定位。

e. 单元格：在 HBase 表中，通过行、列族和列限定符可以唯一确定一个“单元格”（Cell）。

f. 时间戳：由于 HDFS 的机制，每个单元格都保存着同一份数据的多个版本，这些版本采用时间戳进行索引，时间戳会自动生成。

通过行键、列族、列限定符和时间戳能够确定一个单元格，因此，可以将每个数据的索引视为一个“四维坐标”，由行键、列族、列限定符、时间戳组成，其概念视图如表 15-3 所示。

表 15-3 HBase 概念视图

行键	时间戳	列族 contents	列族 anchor
“cn. xxx. www”	t5		anchor：domain2. com = “WEB”
	t4	contents：html = document	anchor：domain1. com = “WEB”
	t3	contents：html = document	
	t2	contents：html = document	
	t1		

（2）HBase 运行机制。

HBase 中的每个表包含的行数很大，难以将所有的数据存储到一台机器上，用户需要根据行键的值对表进行分区，将其分配到不同的机器中，每个行区间构成一个分区，被称为 Region。HBase 中的 Master 主服务器，负责管理和维护 HBase 表的分区信息，维护 Region 服务器列表，分配 Region，负载均衡。除此之外，还有许多个 Region 服务器用于存储和维护分配给自己的 Region，处理来自客户端的读写请求。当客户端请求数据时，客户端并不是直接从 Master 主服务器上读取数据，而是在获得 Region 的存储位置信息后，直接从 Region 服务器上读取数据。客户端并不依赖 Master，而是通过应用程序协调服务，如 Zookeeper 来获得 Region 位置信息，大多数客户端甚至从来不和 Master 通信，这种设计方式使得 Master 的负载很小。

Region 是负载均衡和数据分发的基本单位，这些 Region 被分发到不同的 Region 服务器上。对于 Region 具体来说：在开始时，HBase 只有一个 Region。后来随着数据不断涌入，Region 持续增大，当一个 Region 的行数达到设定的阈值时，它就会自动分裂，之后在数据增加过程中也会不断分裂。一个 HBase 表被划分成多个 Region，但同一个 Region 不会被分拆到多个 Region 服务器。受限于硬件，每个 Region 服务器存储 10—1000 个 Region，如图 15-11 所示。

HBase 在具体执行时，主要包含以下步骤。

1）预写日志。

为了避免数据存储过程中存在过多的中间过程小文件，在数据刷新到磁盘之前，数据都是存储在内存中的，但是这样很容易受断电的影响，十分不稳定。HBase 中的预写日志机制最重要的作用是当出现软件突然崩溃时对它进行恢复，记录所有的数据改动，一旦服务器崩溃，通过重新读取 log，可以恢复崩溃之前的数据。具体来说，预写日志包含下列过程：首先，客户端发起数据更新的请求，这些请求会发送到对应需要进行操作的 Region 中；其次，当请求到达 Region 所在的主机后，HBase 会首先在日志中写下本次操作，然后再对数据进行操作，写入缓存中；最后，当缓存数据达到一定大小时，将数据刷新到硬盘中，完成对数据的操作。

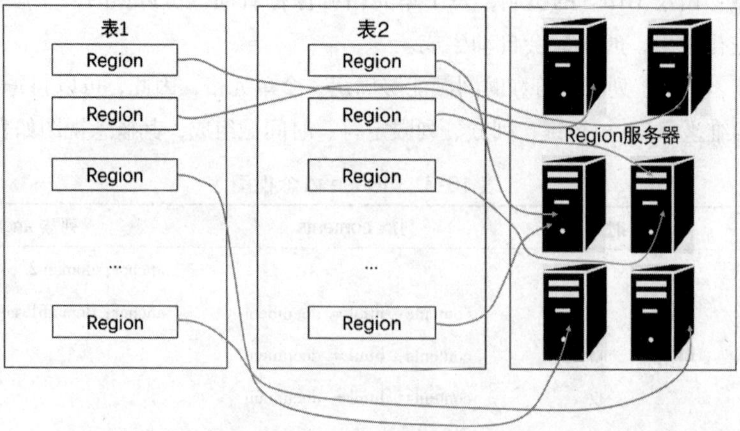

图 15-11 Region 分裂原理

2）Region 定位。

用户在访问数据之前需要首先访问 Zookeeper，然后访问-ROOT-表，接着访问 . META. 表，层层搜索，最终找到数据所在的位置，整个查询过程可能需要多次进行网络请求。

其中 Region 就是要查找的数据所在的 Region。. META. 是一张元数据表，记录了用户表的 Region 信息以及 Region Server 的服务器地址，. META. 可以有多个 Region。. META. 表中的一行记录就是一个 Region，记录了该 Region 的起始行、结束行和该 Region 的连接信息。-ROOT-是一张存储 . META. 表的表，记录了 . META. 表的 Region 信息，-ROOT-只有一个 Region，具体信息如表 15-4 所示。

表 15-4 Region 层次结构

层次	名称	作用
第一层	Zookeeper 文件	记录了-ROOT-表的位置信息
第二层	-ROOT-表	记录了 . META. 表的 Region 位置信息，-ROOT-表只能有一个 Region。通过-ROOT-表，HBase 就可以访问 . META. 表中的数据
第三层	. META. 表	记录了用户数据表的 Region 位置信息，. META. 表可以有多个 Region，其中保存了 HBase 中所有用户数据表的 Region 位置信息

具体来说，首先用户通过查找 Zookeeper 文件上保存的元数据来确定-ROOT-表在哪个 Region Server 上。确定 Region Server 后，访问-ROOT-表，确定需要操作的数据在哪个 . META. 表上，. META. 表在哪个 Region Server 上。接着访问 . META. 表确定需要操作的数据的行键在哪个 Region 范围里面。连接具体的数据所在的 Region Server，后续的数据操作可以直接与该 Region 所在的机器进行通信。

3）写入流程。

基于 HDFS 的 HBase 适用于写入多读取少的大数据应用，所以其写入过程十分重要。接下来从客户端和服务端介绍 HBase 的数据写入过程。首先在客户端会生成批量操作请求，然后将这些请求发送到机器集群进行处理。机器集群会根据元数据信息表查询 Region 所在的机器，接着客户端可以与目标机器进行通信。在服务端，收到客户端发送的请求之后，会首先对请求的 Region 进行检查，然后按照获取行锁、Region 更新共享锁、写入事务、写入缓存、写入 Append Hlog、释放行锁和 Region 共享锁、同步日志到 HDFS、结束事务、刷新数据到磁盘的顺序完成数据的写入。

4）查询流程。

除了上述写入过程，在实际应用中，还需要从 HBase 中读取数据。同写入过程，接下来从客户端和服务端两个方面介绍 HBase 中数据的查询过程。在客户端，首先会访问 Zookeeper 集群，找到 META 表的位置，接着访问 META 表所在的 Region Server，将 . META. 表加载到本地内存中，查找需要查询的数据所在的 Region，最后客户端直接与 Region 所在的主机进行通信以查询数据。在服务端，接收到来自客户端的查询请求后，首先会查询对应数据的列键所对应的 Region，接着从缓存中查询是否已有缓存的结果，如果查询到就直接返回，如果没有查询到则会读取 Region 主机相应的 Hfile，迭代地进行数据的查询。

六、数据仓库 Hive

（1）Hive 基本原理。

1）Hive 概述。

Hive 是一个基于 Hadoop 的数据仓库，用来处理结构化数据，可以通过类 SQL 的语言对存储在 HDFS 上的数据进行存储、分析和查询。最初，Hive 由 Facebook 开发，后来开源到 Apache 软件基金会，由 Apache 负责维护开发。由于 Hive 是在基于静态批处理的 Hadoop 之上构建的，而 Hadoop 通常用于处理大量数据，具有较高的延迟并且在作业提交和调度的时候需要大量的开销。所以，与 Hadoop 相同，Hive 也难以在大规模数据集上进行低延迟或快速的查询。因为这些特性，Hive 并不适合诸如联机事务处理等需要低延迟查询的应用。Hive 在进行查询时是基于 Hadoop 中的 MapReduce 模型实现的，所构建的 SQL 查询语句会被转换成 MapReduce 应用提交到 Hadoop 集群中，然后由 Hadoop 完成任务后将查询的结果返回，完成查询任务。

2）Hive 的设计原理。

Hive 作为基于 Hadoop 的数据仓库，在设计的时候遵循三个准则。

a. 内部表和外部表。

Hive 将整体的数据表分为内部表和外部表两种类型。其中，在 Hive 中创建的普通表都可被称作“内部表”，其可以由 Hive 进行数据的生命周期控制。通常来说，Hive 会将内部表的数据储存在由配置文件具体配置项所定义的目录下。因此，当删除一个内部表时，其对应的数据也会被删除。但是，内部表不方便数据源的共享，当采用如 Pig 或 MapReduce 等技术工具进行数据处理时，内部的数据无法被处理，也不能将外部数据作为内部表数据源直接分享给 Hive。在这种需求下催生了外部表，不同于内部表，Hive 对存放在外部表的数据仅拥有使用权，而数据位置可由表管理者任意配置。

与内部表不同，外部表不需要将数据复制到 Hive 中。一旦关联上数据格式和数据位置，Hive 就能直接访问外部数据，非常灵活方便，即插即用。而在加载内部表数据时，Hive 会自动将源数据拷贝到内部，内部表其实访问的是数据副本。但是需要注意的是，Hive 在加载内部表数据后会把数据源删除，所以在向内部表上传数据时，首先需要备份原始数据。

b. 分区和分桶。

对于数据量很大的大型数据处理系统而言，将数据进行分区的功能是非常重要的。分区的优势在于利用维度分割数据。在根据分区维度进行查询时，Hive 只需要加载相应维度的数据，可以极大缩短数据加载时间。由于 Hive 所依赖的 HDFS 被设计用于存储少量的大型数据文件而非大量的碎片文件，所以理想的分区方案不应该产生过多的分区文件，并且每个目录下的文件尽量是 HDFS 定义的块的倍数。对于存储的时序日志数据，按天级这一时间粒度进行分区就是一个比较好的分区策略，随着时间的推移，分区数量增长十分均匀。除此之外，其他常有的分区策略还有根据地域、语言种类以及类别等。在进行分区维度选择时，应该尽量选取那些有限并且少量的数值集作为分区。分区本质上就是数据表中的一个列名，但是这个列并不占用表的实际存储空间，只是作为一个虚拟列而存在。

由于上述分区机制的存在，使得在 Hive 中进行数据的整理和查询变得更加便利。但是，并非所有数据集都能形成合理的分区，特别是需要在防止数据倾斜的前提下合理划分数据。假设我们有一张地域姓名表并已经按照城市进行分区，那么很可能会出现上海分区的人数远远大于其他分区人数的情况，在该分区中，数据 IO 吞吐效率将成为整个查询的瓶颈。但是，如果我们对数据表中的名称做分桶，将名称按哈希值分发到不同的桶中，每个桶包含大致相同的人数。使用分桶能够有效解决数据倾斜的问题。同时因为桶的数量固定，所以也能有效缓解数据波动的问题。分区和分桶具有以下关系：分区和分桶都可以单独用于表；分区可以是多级层叠的；分区和分桶可以相互嵌套使用，但是分区必须在分桶前进行。

c. 序列化和反序列化

序列化和反序列化的作用是将一条非结构化字节转化成 Hive 可以使用的一条记录。Hive 本身已经带有内置的序列化和反序列化工具，同时还有一些第三方的序列化和反序列化工具也十分常用。

Serdeproperties 是 Hive 中序列化和反序列化提供的一个功能，Hive 并不关心这些配置属性具体内容是什么。在读取文件记录的时候，序列化和反序列化工具读取相应的配置信息来完成解析工作。也就是说，Serdeproperties 其实是序列化和反序列化工具的配置界面，每种序列化和反序列化都拥有一种配置信息格式，而不同序列化和反序列化工具之间的 Serdeproperties 配置信息并没有任何关联。

（2）Hive 运行机制。

1）Hive 的体系架构。

Hive 能够直接处理用户输入的 Hive SQL 语句，但是与标准的 SQL 语句有些许不同，它是调用 MapReduce 计算框架来完成数据分析操作的。具体包含的组件和其关系架构图如图 15-12 所示。

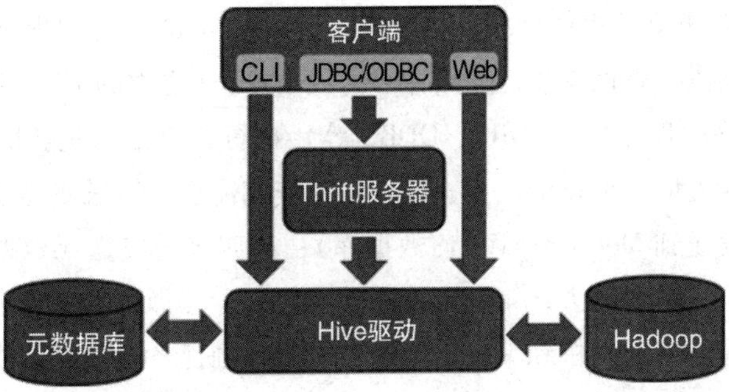

图 15-12　Hive 架构

a. 客户端。

客户端主要包含三种：CLI 接口、JDBC/ODBC 客户端和 Web 接口。其中，CLI 通过命令行直接连接 Hive，JDBC/ODBC 客户端借助于 Thrift 服务与 Hive 进行交互，Web 接口则是访问由 Hive 创建的网络页面进行各种操作。

b. Thrift 服务器。

Thrift 提供了一种跨语言的 Socket 通信，可以使用多种语言，包括 C++、Java、PHP、Python 和 Ruby，都可以借助 Thrift 对 Hive 进行相关操作。

c. Hive 驱动。

Hive 驱动是 Hive 的核心，由以下四个部分组成：用于将 HQL 转换为语法树的解释器，将语法树编译为逻辑执行计划的编译器，对逻辑执行计划进行优化的优化器以及调用底层框架执行逻辑执行计划的执行器。

d. 元数据库。

Hive 作为一种数据仓库，除了存储实际数据之外，还需要使用关系型数据库存储相关元数据。元数据库中存放了 Hive 的基础信息，而实际的数据则存储在 HDFS 中。存储的元数据包括：数据库的信息、表名、表中的列以及分区属性等，常用来存储元数据的数据库包括 Hive 内置的 Derby 和 Mysql。

e. Hadoop。

Hadoop 主要用来存储 Hive 中的数据文件，Hive 中对数据的操作大多是转换成 MapReduce 作业，该作业是在 Hadoop 上执行完成的。

用户在使用 Hive 时，通过 Hive 的客户端（包括提供的命令行或者 JDBC 等工具）向 Hive 提交 SQL 命令。如果提交的是创建数据表的 DDL 语句，Hive 服务端会通过执行驱动，将数据表的信息记录在 Metastore 组件中，这个组件通常存储在关系数据库中，存储表名、字段名、字段类型、关联 HDFS 文件路径等元数据信息，会使用 Hive 内置的 Derby 或者 Mysql 等关系型数据库。如果用户提交的是数据查询语句，Hive 中的驱动就会将该语句提交到编译器中，通过语法分析、语法解析、语法优化等一系列操作，最后生成一个在 Hadoop 中执行的 MapReduce 计划，然后根据该执行计划生成一个具体的 MapReduce 作业，提交给

Hadoop MapReduce 计算框架处理，处理完成后将查询结果返回。

2）Hive 的运行流程。

上面已经介绍了 Hive 的整体架构，接下来我们对 Hive 的运行过程进行介绍。Hive 在运行过程中，第一步是执行查询操作，使用命令行或 Web UI 之类的 Hive 接口将查询发送给驱动器（任何数据库驱动程序，如 JDBC、ODBC 等）执行；第二步是获取计划任务，驱动器借助查询编译器解析查询，检查语法和查询计划或查询需求；第三步是获取元数据信息，编译器将元数据请求发送到 Metastore（任何数据库）；第四步为发送元数据，Metastore 将元数据作为对编译器的响应发送出去；第五步发送计划任务，编译器检查需求并将计划重新发送给驱动器，完成查询语句的解析和编译；第六步执行计划任务，驱动器将执行计划发送到执行引擎；第七步为执行 Job 任务，在内部，执行任务的过程是 MapReduce 任务，执行引擎将 Job 发送到 ResourceManager，ResourceManager 位于名称节点中，并将任务分配给数据节点中的 NodeManager，在这里，查询执行 MapReduce 任务，元数据操作在执行的同时，执行引擎可以使用 Metastore 执行元数据操作；第八步拉取结果集，执行引擎将从 DataNode 上获取结果集；第九步发送结果集到驱动器，执行引擎将这些结果值发送给驱动器；最后驱动器将结果发送至用户使用接口，即 Hive 接口。

第三节　基于 Spark 的大数据计算平台

一、Spark 概述

Spark 是一门具有相当技术门槛与复杂度的计算平台，但是其从诞生到正式版的成熟，经历的时间却让人惊讶。2009 年，Spark 诞生于伯克利大学 AMPLab，属于研究性项目，于 2010 年正式开源，于 2013 年成为了 Apache 基金项目，并于 2014 年成为了 Apache 基金的顶级项目，整个过程不到 5 年时间，图 15-13 展示了 Spark 的发展历史。

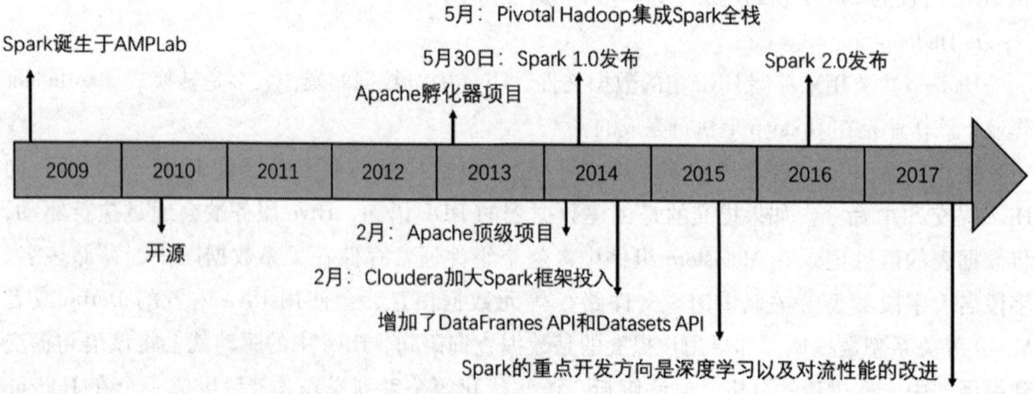

图 15-13　Spark 发展史

Apache Spark 是一种快速、通用、可扩展的大数据分析引擎，主要基于 Scala 语言进行开发。它是在不断壮大的大数据分析解决方案家族中备受关注的明星成员，为分布式数据集的处理提供了一个有效框架，并以高效的方式处理分布式数据集。Spark 集批处理、实时流处理、交互式查询与图计算于一体，避免了多种运算场景下需要部署不同集群带来的资源浪费。Spark 已经获得了极大关注，并得到了广泛应用，Spark 社区也成为大数据领域和 Apache 软件基金会最活跃的项目之一，其活跃度甚至远超曾经难以望其项背的 Hadoop。

Spark Core 是 Spark 的核心组件，除此之外还有用于存储数据的持久层和用于 Spark 应用程序计算的资源管理器。其中，持久层包括 HDFS、Amazon S3、HBase 以及 NoSQL 等。资源管理器可以调度 Job 完成 Spark 应用程序的计算，包括 MESS、YARN 和自身携带 Standalone 等。这些应用程序可以来自不同的组件，如 Spark Shell/Spark Submit 的批处理、Spark Streaming 的实时处理应用、Spark SQL 的即席查询、BlinkDB 的权衡查询、MLlib 的机器学习、GraphX 的图处理和 SparkR 的数学计算等。整体的生态系统图如图 15-14 所示。

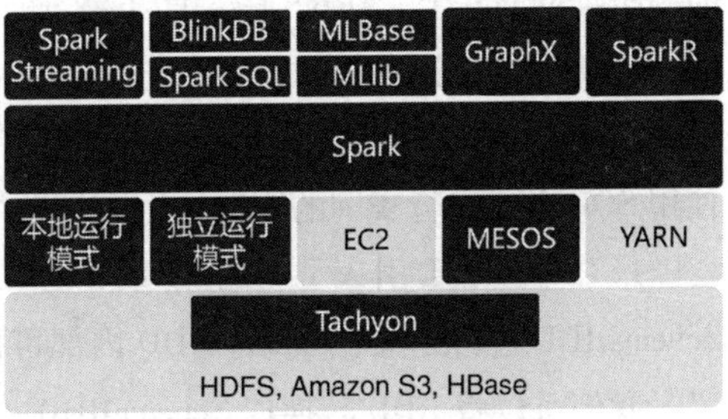

图 15-14 Spark 生态系统图

（1）Spark Core。

Spark Core 是整个伯克利数据分析栈（Berkeley Data Analytics Stack，BDAS）生态系统的核心组件，提供了基于有向无环图（Directed Acyclic Graph，DAG）的分布式并行计算框架，并提供缓存机制来支持多次迭代计算或者数据共享，大大减少了迭代计算之间读取数据的开销，这对于需要进行多次迭代的数据挖掘和分析性能有很大提升。其重要特性描述如下：

1）在 Spark 中引入了 RDD 的抽象模型，它是分布在一组节点中的只读对象集合，这些集合是弹性的，如果数据集一部分丢失，则可以根据"血统"对它们进行重建，保证了数据的高容错性；

2）计算向数据移动而非数据向计算移动，RDD Partition 可以就近读取分布式文件系统中的数据块到各个节点内存中进行计算；

3）使用多线程池模型来减少 Task 启动的开销；

4）采用容错的、高可伸缩性的 AKKA 作为通信框架。

（2）Spark Streaming。

Spark Streaming 是一个对实时数据流进行高通量、容错处理的流式处理系统，可以对多种数据源（如 Kafka、Flume、Twitter 和 TCP 套接字）进行类似 Map、Reduce 和 Join 等的复杂操作，并可以将结果保存到外部文件系统、数据库或应用到实时仪表盘中。与其他数据处理引擎相比，Spark Streaming 最大的优势是提供了处理引擎和 RDD 编程模型，可以同时进行数据批处理与流处理。

（3）Spark SQL。

Spark SQL 的前身是 Shark，发布于 2011 年，在当时 Hive（on MapReduce）是基于 Hadoop 上 SQL 实现的唯一选择。Hive 将 SQL 编译为 MapReduce 作业，并可以使用多种数据形式，但是在进行使用时表现的效果不理想。Shark 建立在 Hive 基础上，并通过替换 Hive 的物理执行引擎部分实现了性能改进。尽管此方法使 Shark 拥有比 Hive 更快的查询速度，但 Shark 从 Hive 继承了一个庞大而复杂的代码库，这使 Shark 难以进行优化和维护。在 2014 年 7 月的 Spark Summit 上，Databricks 宣布终止 Shark 的开发，将重心放在 Spark SQL 的开发上。Saprk SQL 允许用户直接对 RDD 进行处理，同时也可以查询 Apache Hive 上存储的外部数据。除此之外，Spark SQL 的一个重要特点是其能够统一处理关系表和 RDD，使用户可以轻松在使用 SQL 命令进行查询的同时进行更复杂的数据分析。Spark SQL 具有如下的特点。

1）Spark SQL 引入了新的 RDD 类型 SchemaRDD，我们可以像传统数据库定义表一样对 SchemaRDD 进行定义，SchemaRDD 内部可以对列的数据类型进行定义。同时，除了进行定义，我们可以将 RDD 转换成 SchemaRDD，也可以从 Parquet 文件或 Hive 中获取。

2）Spark SQL 内嵌了 Catalyst 查询优化框架，在将 SQL 进行解析执行之后，通过 Catalyst 提供的一些方法和接口，对执行计划进行优化，使得 Spark SQL 的操作最后转化成对 RDD 的计算。

3）Spark SQL 可以同时使用不同的数据源，如可以将来自 HiveQL 的数据和来自 SQL 的数据转换成统一的形式，进而进行 Join 操作。

（4）MLlib。

MLlib 是 Spark 生态中的机器学习组件，可以让用户方便地将机器学习和大数据计算结合起来。MLlib 中包含了一些常见的机器学习算法，包括分类、回归、聚类、协同过滤以及降维等算法。

（5）GraphX。

GraphX 是 Spark 中用于图和图并行计算部分，是 GraphLab 和 Pregel 在 Spark 框架下的重写及优化，与其他分布式的图计算框架相比，GraphX 能够在 Spark 框架下完成一栈式的分布式图数据处理，可以方便且高效地完成图计算的一整套流水作业。

二、Spark 编程模型

（1）Spark 编程模型核心概念。

1）术语定义。

在了解 Spark 编程模型之前，首先要了解 Spark 中内部的术语定义以及模型的组成部分。

a. 应用程序（Application）：基于 Spark 的用户程序，包含了一个 Driver Program 和集群中多个 Executor。

b. 驱动程序（Driver Program）：运行 Application 的主函数并且创建 Spark 上下文，通常用 Spark 上下文代表 Driver Program。

c. 执行单元（Executor）：是为某 Application 运行在 Worker Node 上的一个进程，该进程负责运行 Task，并且负责将数据存在内存或者磁盘上，每个 Application 都有各自独立的 Executors。

d. 集群管理程序（Cluster Manager）：在集群上获取资源的外部服务（如 Standalone、Mesos 或 Yarn）。

e. 工作节点（Work Node）：集群中可以运行 Spark 应用的节点。

f. 任务（Task）：被送到某个 Executor 上的工作单元。

g. 工作（Job）：包含众多任务的并行计算，可以看作和 Spark 的 Action 对应。

h. 阶段（Stage）：一个 Job 会被拆分成很多组任务，每组任务被称为 Stage。

2）模型组成。

Spark 编程模型整体可以分为驱动程序（Driver）部分和执行器（Executor）部分，结构如图 15-15 所示。驱动程序部分主要在客户端驱动 Spark 集群执行相关操作，执行器主要负责实际的任务执行。

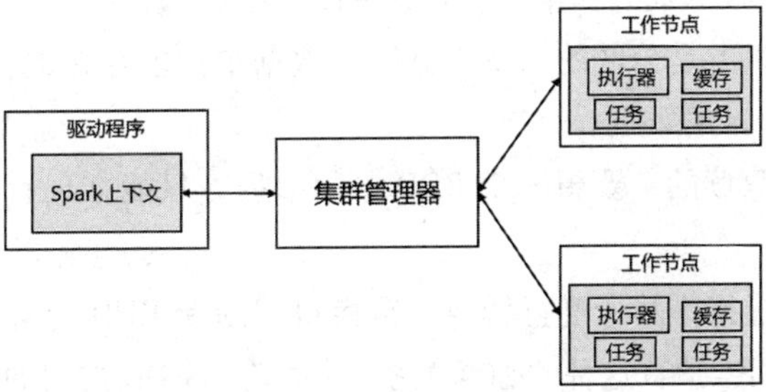

图 15-15　模型组成

a. 驱动程序部分。

驱动程序部分主要负责 Spark 上下文的相关配置、初始化以及关闭。初始化 Spark 上下文是为了构建 Spark 应用程序的运行环境，在初始化 Spark 上下文阶段，要先导入一些 Spark 的类、隐式转换以及相关的集群配置信息。配置在应用运行期间存在，在执行器部分运行完毕后，需要将 Spark 上下文关闭。

b. 执行器部分。

Spark 应用程序的执行器负责对不同任务中的数据进行处理，不同的变量在驱动程序中声明，不同算子中的计算逻辑需要分发给执行器来执行。在算子执行过程中涉及的数据有三种：原生数据、RDD 和共享变量。

原生数据包含原生的输入数据和输出数据，对于输入原生数据，Spark 目前提供了两种：一种是 Scala 集合数据集，如 Array；一种是 Hadoop 数据集。对于输出数据，Spark 除了支持以上两种数据，还支持 Scala 标量数据。

RDD 是 Spark 中一种抽象的数据表示，RDD 提供了四种算子：输入算子、转换算子、缓存算子和行动算子。RDD 的概念我们将在下一节展开解释。

在 Spark 运行过程中，当一个函数传递给 RDD 内的 Patition 操作时，该函数所用到的变量会在每个运算节点上都复制并维护一份，同时各个节点之间不会相互影响。但是在 Spark 应用程序中，Task 可能需要共享一些变量，供其他 Task 或驱动程序使用。为此 Spark 提供了广播变量和累计器两种共享变量用于各个 Task 之间共享。

（2）弹性分布式数据集（RDD）。

1）RDD 的概念。

弹性分布式数据集（Resilient Distributed Dataset，RDD）是 Spark 中最基本的计算单元，是对分布式内存的抽象使用，可以通过一系列算子进行操作（主要包括 Transformation 和 Action 操作），完成通过使用 MapReduce 完成的任务，但是作为 MapReduce 的延伸，RDD 解决了 MapReduce 中存在的问题，能够更加高效地进行计算。

RDD 作为 Spark 的核心，它表示已被分区、不可变的并能够被并行操作的数据集合，不同的数据集格式对应不同的 RDD 实现，RDD 必须是可序列化的。RDD 可以缓存到内存中，每次对 RDD 数据集进行操作之后的结果都可以存放到内存中，下一个操作可以直接从内存中输入，省去了 MapReduce 大量的磁盘 IO 操作。这对于迭代运算比较常见的机器学习算法、交互式数据挖掘来说，效率提升非常大。其具有以下特点：

a. 分区：RDD 逻辑上是分区的，每个分区的数据是抽象存在的，计算的时候会通过一个计算函数得到每个分区的数据；

b. 只读：RDD 是只读的，要想改变 RDD 中的数据，只能在现有的 RDD 基础上创建新的 RDD；

c. 依赖：RDD 通过操作算子进行转换，转换得到的新 RDD 包含了从其他 RDD 衍生所必需的信息，RDD 之间维护着这种“血缘关系”，也就是 RDD 之间的依赖；

d. 缓存：如果在应用程序中多次使用同一个 RDD，可以将该 RDD 缓存起来，该 RDD 只有在第一次计算的时候会根据“血缘关系”得到分区的数据，如在后续用到该 RDD 时，会直接从缓存处取而不用再根据“血缘关系”计算，能够加速数据的重用；

e. 检查点：RDD 支持使用 Checkpoint 机制将数据保存到持久化的存储中，这样就可以切断之前的血缘关系，再次使用数据时可以直接从 Checkpoint 处取得数据，加快数据的获取速度。

2）RDD 的操作。

在 Spark 的应用程序开发过程中，需要使用驱动程序来连接工作节点进行相关的操作。通过驱动程序可以定义一个或多个 RDD 以及围绕 RDD 相关的操作，同时记录 RDD 之间的继承关系。在操作过程中的 RDD 数据都保存在工作节点的内存中，其工作流程图如图 15-16 所示。

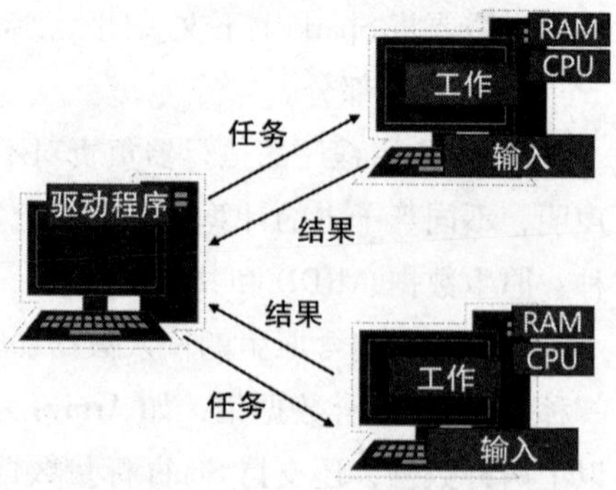

图 15-16 Spark 工作流程图

Spark 中涉及 RDD 的操作大致可以分为四种，分别为创建操作、转换操作、控制操作和行动操作。其中，创建操作通常用于 RDD 创建工作。创建 RDD 有两种方法，一种是从内存集合和外部存储系统中创建，另一种则是通过转换操作生成的RDD来创建。转换操作是指将RDD通过一定的操作变换成新的RDD，比如可以使用Map操作将HadoopRDD变换为MappedRDD，需要注意的是RDD的转换操作是惰性操作，转换操作只是定义了一个新的RDD，并没有立即执行。控制操作可以实现RDD的持久化，让RDD按不同的存储策略保存在磁盘或者内存中，如缓存接口可以将RDD缓存到内存中。行动操作能够触发Spark实际运行的操作，例如，对RDD进行Collect就是行动操作。Spark中的行动操作分为两类，一种操作可以将RDD变成Scala中的集合或者变量，另一种操作可以将RDD保存到外部文件系统或者数据库中。

三、Spark SQL

（1）Spark SQL基本原理。

1）Spark SQL概述。

Spark SQL是Spark中用来处理结构化数据的子模块，提供了DataFrame用来实现数据的抽象描述，并且可以将其作为分布式SQL查询引擎。先前的Hive是将Hive SQL转换成MapReduce，然后提交到集群上执行，大大简化了编写MapReduce程序的复杂性。但是MapReduce这种计算模型执行效率比较慢，为了解决这一问题，Spark SQL应运而生。与Hive不同，Spark SQL是将Spark SQL转换成RDD，然后提交到集群执行，执行效率高，同时Spark SQL也支持从Hive中读取数据。

Spark SQL提供了方便的调用接口，用户可以同时使用Scala、Java和Python语言开发基于Spark SQL API的数据处理程序，并通过SQL语句与Spark代码交互。目前Spark SQL使用Catalyst优化器对SQL语句进行优化处理，从而实现更加高效地运行。通过Spark SQL处理后可以将结果存储到外部存储系统中。更重要的是，基于Spark的DataFrame，Spark SQL可以和Spark中的其他子系统（如Spark Streaming、Graphx和MLlib）无缝集成，这样就可以在一个技术栈中完成对数据的批处理、实时流处理和交互式查询等多种数据处理业务。

2）Spark SQL中的DataFrame和DataSet。

a. DataFrame。

Spark的RDD API在易用性方面相比传统的MapReduce API有了巨大的提升，但是对于没有MapReduce和函数式编程经验的新手，RDD API的使用还是存在一定的门槛。另一方面，数据分析人员所使用的R和Pandas等传统数据分析工具虽然提供了直观方便的API，但是受限于程序的运行方式，这些工具只能处理单机的数据，无法对大数据进行处理。为了解决上述两个问题，从Spark SQL 1.3版本开始，Spark在原有SchemaRDD的基础上提供了与R和Pandas风格类似的DataFrame API进行数据操作。新的DataFrame API不仅大大降低了新手学习门槛，而且还支持通过Scala、Java、Python以及R等编程语言进行调用，最重要的是脱胎于SchemaRDD的DataFrame支持分布式大数据的处理。

DataFrame是一种以RDD作为基础进行抽象封装的分布式数据表示方法，类似于关系数据库中的二维数据表，但在底层具有针对分布式更丰富的优化。DataFrame 可以从各种来源构建，如结构化数据文件、Hive 中的表、外部数据库或者现有 RDD。DataFrame 与 RDD 的区别在于，DataFrame 本身带有 Schema 元数据，也就是 DataFrame 中表示的二维数据表中的每一列都附带名称和数据的类型。同时由于 DataFrame 中带有数据的结构信息，在运行任务时可以针对不同的数据类型进行优化，提高整体运行的效率。从图 15-17 中，可以较为明确地展示出 RDD 和 DataFrame 的区别。左边的 RDD（Person）虽然以 Person 为类型参数，但 Spark 框架本身不了解 Person 类的内部结构，但右边的 DataFrame 却提供了内部数据信息以外的结构信息，使 Spark SQL 可以清楚地知道该数据集中包含哪些列，每列的名称和类型分别是什么，这和关系数据库中的物理表类似。有了这些元数据，Spark SQL 的查询优化器就可以进行有针对性的优化，提高查询速度。

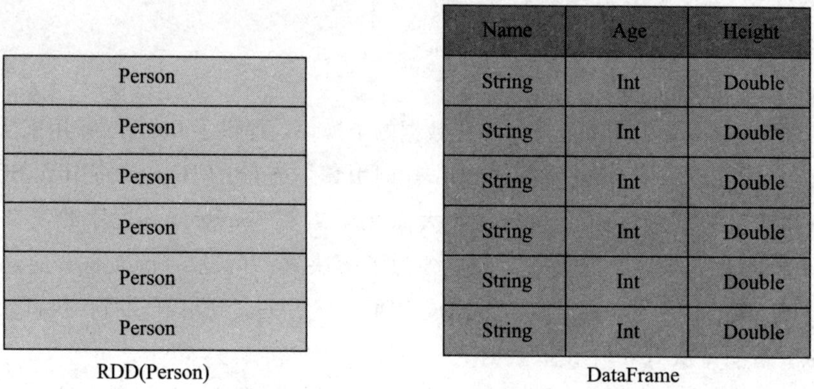

图 15-17　DataFrame 数据结构信息

b. DataSet。

除了 DataFrame，Spark 在 1.6 版本中添加了一个新的名为 Datasets 的数据抽象接口，是 DataFrame 基础之上更高一级的抽象。它具有 RDD 的优点（强类型化及使用强大的 lambda 函数的能力）以及 Spark SQL 优化后的执行引擎的优点，是一种数据的分布式集合。一个 Dataset 可以从 JVM 对象构造，然后使用函数转换（map、flatMap、filter 等）进行操作。目前 Dataset API 支持 Scala 和 Java，官方还没有支持 Python，但是由于 Python 具有动态性的特点，Python 也可以直接调用 Dataset API 中的许多特性。

（2）Spark SQL 运行机制。

1）通用 SQL 执行原理。

在介绍 Spark SQL 运行机制之前，为了明确 SQL 查询的相关机制，本部分先对关系型数据库中的 SQL 执行原理进行介绍。在关系型数据库中，最基本的 SQL 语句莫过于从数据表中使用 SELECT * FROM tableA LIMIT 1000。SQL 语句整体由投射、数据源和过滤器三个部分构成，分别对应 SQL 查询中的结果、数据源和操作，SQL 的执行顺序如图 15-18 所示。

但在实际执行过程中，Spark SQL 语句的执行顺序与 SQL 语法顺序刚好相反，其具体执行过程如下。

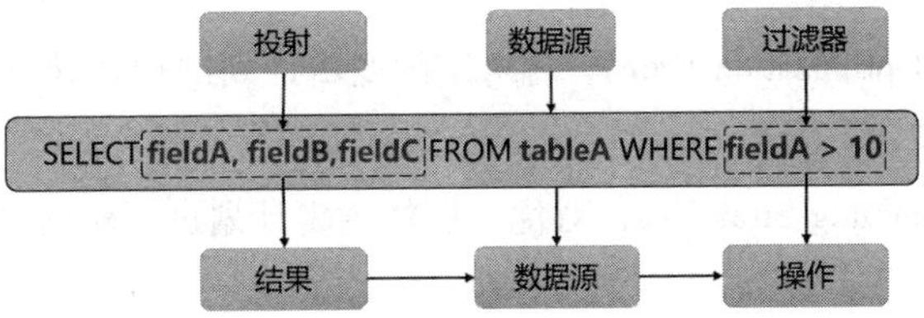

图 15-18　SQL 执行顺序图

a. 词法和语法解析（Parse）：对读入的 SQL 语句进行词法和语法解析，识别出 SQL 语句中关键词、表达式、DataSource 等，然后判断 SQL 语句是否规范，并形成逻辑计划。

b. 绑定（Bind）：将 SQL 语句和数据库的列、表以及视图进行绑定，如果相关的投射和数据源等都存在，就表明 SQL 语句是可执行的。

c. 优化（Optimize）：在生成逻辑计划时，Spark SQL 会生成多个执行计划，数据库会在这些计划中选择一个最优计划。

d. 执行（Execute）：执行前面的步骤获取的最优执行计划，并返回从数据库中查询的数据结果。

一般来说，关系数据库在运行过程中，会在缓冲池缓存之前解析过的 SQL 语句。在后续的过程中如果执行相同的 SQL，可以直接从数据库的缓冲池中获取返回结果。

2）Spark SQL 执行原理。

Spark SQL 对 SQL 语句的处理和关系型数据库类似，即词法和语法解析、绑定、优化、执行。Spark SQL 会先将 SQL 语句解析成 Tree，然后基于规则对 Tree 进行绑定、优化等处理过程。Spark SQL 由 Core、Catalyst、Hive、Hive-ThriftServer 四部分构成。其中，Core 负责处理数据的输入和输出，如获取数据、查询结果输出成 DataFrame 等；Catalyst 负责处理整个查询过程，包括解析、绑定、优化等；Hive 负责对 Hive 数据进行处理；Hive-ThriftServer 主要用于对 Hive 的访问。其运行过程如图 15-19 所示。

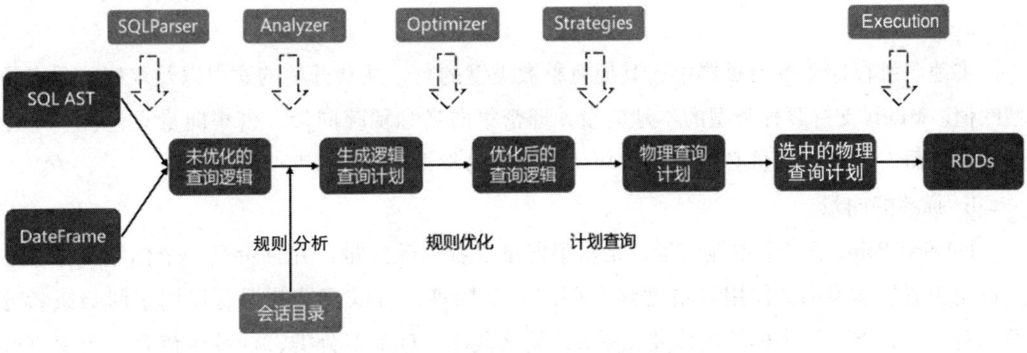

图 15-19　Spark SQL 运行过程

a. 将 SQL 语句通过词法和语法解析生成未绑定的逻辑计划，其中包含 Relation、Unresolved Function 和 Unresolved，然后在后续步骤中使用不同的 Rule 应用到该逻辑计划上。

b. Analyzer 使用 Analysis Rules，配合元数据，完善未绑定的逻辑计划的属性，将其转换成绑定到数据库的逻辑计划。

c. Optimizer 使用 Optimization Rules，将绑定的逻辑计划进行合并及列裁剪等优化工作后生成优化的逻辑计划。

d. Planner 使用 Planning Strategies，对优化后的逻辑计划进行转换（Transform）得到可以执行的物理计划。

e. 在最终真正执行物理计划前，再进行 Preparations 规则处理，最后调用 Spark Plan 的 Execution 执行计算 RDD。

四、Spark MLlib

（1）Spark MLlib 基本原理。

1）Spark MLlib 概述。

MLlib 是 Spark 对常用机器学习算法的实现库，旨在简化机器学习的工程实践工作，并方便扩展到更大规模的应用中。MLlib 由一些通用的学习算法和工具组成，包括分类、回归、聚类、协同过滤以及降维等，同时还包括底层的优化和便于使用的高层管道 API。除了上述的各种工具，MLlib 中同时包括相关的测试程序和数据生成器。Spark 的设计初衷就是为了支持一些迭代的任务，这正好符合很多机器学习算法的特点。

MLlib 基于 RDD，可以与 Spark SQL、GraphX、Spark Streaming 进行集成。MLlib 是 MLBase 其中一部分，MLBase 共分为四部分，即 MLlib、MLI、ML Optimizer 和 MLRuntime。其中，ML Optimizer 会选择它认为最适合的已经在内部实现好了的机器学习算法和相关参数，来处理用户输入的数据，并返回模型或别的帮助分析的结果；MLI 是一个进行特征抽取的 API 或平台，是由具有高级 ML 编程抽象的算法实现的；MLRuntime 基于 Spark 计算框架，将 Spark 的分布式计算应用到机器学习领域。

2）Spark MLlib 中的数据类型。

a. 本地向量。

本地向量存储于单台机器中，其拥有整数类型的行、从 0 开始的索引以及双精度浮点类型的值。MLlib 支持两种类型的本地向量，即密集向量和稀疏向量。密集向量只包含一个浮点数组，而一个稀疏向量必须由索引和一个浮点向量组成。

b. 标签的向量。

Labeled Point 是一个本地向量，是密集向量或者稀疏向量，并且带有一个标签。标签的向量用于监督学习中。使用双精度浮点存储一个标签，所以标签数据可以用于回归或者分类。对于二分类，一个标签应该要么是 0，要么是 1。对于多分类，标签应该是一个由零开始的索引。但是当数据是稀疏数据时，使用密集向量会浪费存储空间，故 MLlib 也可以支持以 libsvm 格式的稀疏矩阵来对稀疏数据进行存储。

c. 本地矩阵。

本地矩阵是存储在单台机器上的，有整类型的行、列索引以及双精度浮点类型的值。

MLlib 支持密集矩阵，其输入值按照列顺序存储在单个双精度浮点数组中。稀疏矩阵是其非零值按照列顺序以压缩稀疏列格式存储的。

d. 分布式矩阵。

一个分布式矩阵有一个长整型的行、列索引和双精度浮点类型的值，以一个或者多个 RDD 的形式分布式存储。存储巨大的分布式的矩阵需要选择一个正确的存储格式。将一个分布式矩阵转换为一个不同的格式可能需要一个全局的 Shuffle，代价是非常高的。

（2）Spark MLlib 运行机制。

Spark MLlib 通过组合不同组件来完成数据的处理，不同的流程对数据进行对应的处理，具体包括定义模型、特征化工具、构建流水线、模型持久化和结果统计。

1）定义模型：分类、回归、聚类、协同过滤、降维。

MLlib 支持多种多样的算法，包括分类、回归、聚类等。具体来说，MLlib 支持两种线性方法分类，即线性支持向量机和逻辑回归。MLlib 同时也支持线性最小二乘、岭回归等回归方法。在推荐算法方面，MLlib 支持基于模型的协同过滤，可以对用户和物品矩阵进行补全。MLlib 采用交替最小二乘算法来学习这些缺失的因素。MLlib 支持的聚类算法有 K-means、高斯混合模型（Gaussian Mixture Model，GMM）和流式 K-means 等。除了以上算法，MLlib 还支持两种降维算法，即奇异值分解（Singular Value Decomposition，SVD）和主成分分析（Principal Component Analysis，PCA）。

2）特征化工具：特征提取、转化、降维、选择工具。

在特征提取方面，MLlib 实现了独热编码（OneHotEncoder）、词语频率－逆文档频率（Term Frequency-Inverse Document Frequency，TF-IDF）、词向量（Word2Vec）等文本特征提取的方法。除了上述的特征提取方法，MLlib 中还包含一些特征提取的辅助工具：可以将文本文档转换成关键词向量集的 CountVectorizer，将一个句子拆分成词语的 Tokenizer，去除无实际意义词语的 StopWordsRemover 以及将特征向量重新进行编码的 Normalizer 等工具。

3）工作流的构建：流水线。

MLlib 提供标准化机器学习算法的 API，更容易将多个算法组合成单个管道（工作流），其设计思想是受到 Scikit-learn 项目的启发，通过将不同的组件进行拼接，完成整体的机器学习任务。在流水线的构建过程中主要会涉及下列组件。

a. DataFrame：MLlib 的数据使用 Spark SQL 中的 DataFrame 结构来存储，即数据集和模型的输出标签都是以此结构存储，包括 Pipeline 内部数据的传输都是以此结构存储。

b. Transformer：MLlib 将算法模型用 Transformer 结构来表示，其以一个 DataFrame 数据作为输入，通过模型计算后结果也是以 DataFrame 的形式输出。

c. Estimator：Estimator 结构也表示一种算法，但其以一个 DataFrame 数据作为输入，通过模型计算后转换为一个 Transformer 对象，而不是 DataFrame 数据。

d. Pipeline：MLlib 使用 Pipeline 来组织多个机器学习模型，即其内部有多个 Transformer 和 Estimator 对象，从而组成一个算法工作流。

e. Parameter：MLlib 使用 Parameter 结构来存储参数，用户通过这些参数来配置和调节模型，即在一个 Pipeline 对象内的所有 Transformer 和 Estimator 对象都共享一个 Parameter 对象。

4）持久化：存储训练好的模型。

目前在 Spark MLlib 中模型的存储，最常用的方式就是使用其自有的保存方法，然后将模型保存在本地磁盘或者 HDFS 上，除此之外，还可以将模型存入 Redis 中。

a. 将模型存入本地磁盘或者 HDFS 中。

将模型存入本地磁盘时，直接调用内部实现的保存方法即可。但在实际应用中想用这种方式时，需要将模型和接口部署在一台机器上，否则将无法获取到训练好的模型。同时将模型和接口部署在一台机器上时需要考虑模型训练时所占用的资源情况。如果训练时机器的 CPU 或者内存资源都被占用，就不适合将模型和接口部署在一台机器上，因为这时接口无法提供服务，会导致线上出现问题。

在保存时，将保存路径修改为 HDFS 上的路径，就可以将模型保存到 HDFS 中。在实际应用中，模型和接口部署在一台机器或者不同机器上都可以使用这种方式。虽然模型保存在 HDFS 上，但是建议定时将模型存储到接口所在机器的本地磁盘上。因为如果每次请求接口都实时去调用 HDFS 中的模型，会导致接口的响应速度非常慢，影响整体大数据系统的运行效率。

b. 将模型存入 Redis 中。

存储模型到 Redis 中时，由于官方没有提供相应的 API，所以需要自己封装方法。先要查看内部实现存储的源码，再将当前模型的变量保存到 Redis 中。实际应用中使用这种方式时，模型和接口可以部署在一台机器或者不同机器上。每次应用模型时，直接从 Redis 中获取模型即可，模型也不需要存在本地磁盘上。通过 Redis 中调用模型可以有效加快调用的速度。

5）数据处理：统计结果。

Spark MLlib 提供了一系列的统计方法。对于 RDD（Vertor）类型的变量，Spark MLlib 提供了内置的统计方法，调用该方法可以获得每一列的最大值、最小值、均值、方差、总数等。同时可以进行相关性计算、分层采样以及假设检验等操作。

五、Spark Streaming

（1）Spark Streaming 基本原理。

1）Spark Streaming 概述。

Spark Streaming 是一种构建在 Spark 上的近实时计算框架，它扩展了 Spark 处理大规模流式数据的能力。Spark Streaming 是 Spark 核心 API 的一个扩展，可以实现高吞吐量的、具备容错机制的实时流数据的处理，支持从多种数据源获取数据之后，使用诸如 Map、Reduce、Join 和 Window 等高级函数进行复杂算法的处理，还可以将处理结果存储到文件系统、数据库或者可视化平台上。

Spark 的各个子框架都是基于核心 Spark 的，Spark Streaming 在内部的处理机制是接收实时流的数据，并根据一定的时间间隔将输入的数据拆分成一批批的数据，然后通过 Spark Engine 处理这些批数据，最终得到处理后的一批批的结果数据。

2）Spark Streaming 架构。

Spark Streaming 中包含多个组件，通过在多个组件中数据的传输，完成流数据的处理，如图 15-20 所示。其中 StreamingContext 是 Spark Streaming 中 Driver 端的上下文对象，初始化的时候 StreamingContext 会构造 Spark Streaming 应用程序需要使用的组件，比如 DStreamGraph、JobScheduler 等，这也是客户端调用 Spark 集群的入口。DStreamGraph 用于保存 DStream 和 DStream 之间依赖关系等信息。JobScheduler 则主要用于调度 Job。JobGenerator 主要是从 DStream 产生 job，且根据指定时间执行 Checkpoint，它带有一个定时器，该定时器在批处理时间到来的时候会进行生成作业的操作。ReceiverTracker 用于管理各个 Executor 上的 Receiver 的元数据，它在启动的时候，需要根据流数据接收器 Receiver 分发策略通知对应的 Executor 中的 ReceiverSupervisor（由接收器管理者）启动，然后再由 ReceiverSupervisor 来启动对应节点的 Receiver。Receiver 用于接收数据，通过 ReceiverSupervisor 将数据交给 ReceiveBlockHandler 来处理。ReceiverSupervisor 主要用于管理各个 Worker 节点上的 Receiver，比如启动 Worker 上的 Receiver 或者是转存数据，将它们交给 ReceiveBlockHandler 来处理。数据转存完毕，将数据存储的元信息汇报给 ReceiverTracker，由它来负责管理收到的数据块元信息。最后，BlockGenerator 主要作用是创建 Receiver 接收的数据的 batches，然后根据时间间隔命名为合适的 Block，并且把准备就绪的 batches 作为 Block 推送至 BlockManager。

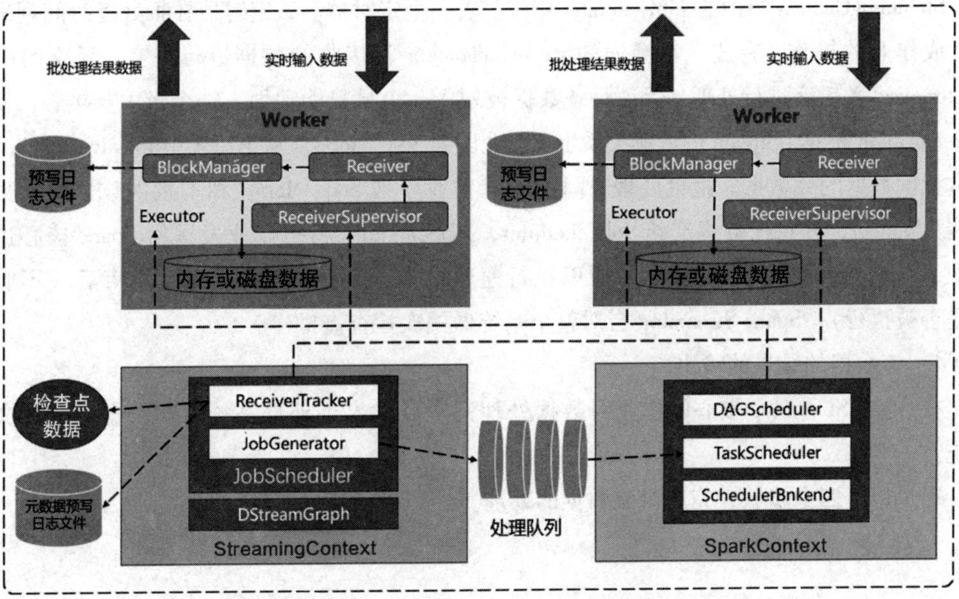

图 15-20　Spark Streaming 架构图

（2）Spark Streaming 运行机制。

Spark Streaming 的运行整体包含四个部分，首先启动流数据引擎，接着接收来自外部数据源的流数据，然后分批对数据进行处理，最后输出处理完成后的结果。

1）启动流数据引擎。

启动流数据引擎时，需要先初始化 Streaming 上下文作为整个应用的入口，调用 Streaming 上下文实例的启动方法后，在 Streaming 对象启动过程中实例化 DStreamGraph 和 JobScheduler。其中 DStreamGraph 用于存放 DStream 与 DStream 之间的依赖关系，JobScheduler 负责管理相关任务。ReceiverTracker 负责管理不同的流数据接收器 Receiver，JobGenerator 为批处理作业生产器。在 ReceiverTracker 的启动过程中，会根据流数据接收器分发策略，先启动对应 Executor 中的流数据接收器管理器 ReceiverSupervisor，再由 ReceiverSupervisor 启动相关的流数据接收器。

2）接收及存储流数据。

当流数据接收器 Receiver 启动后，会持续不断地接收实时流数据，流数据的存储会根据数据量大小进行判断。如果数据量很小，会攒多条数据成一块，再进行块存储，如果数据量大，则进行直接存储。这些数据由 Receiver 直接交给 ReceiverSupervisor，由其进行数据转换存储操作。对于没有设置预写日志的写入形式，直接写入 SparkWorker 中的内存或者磁盘中。而设置了预写日志的写入形式，在预写日志的同时将数据写入 Worker 的内存或者磁盘当中。数据存储完毕后，ReceiverSupervisor 会把数据存储的元信息上报给 ReceiverTracker，ReceiverTracker 再把这些信息准发给 ReceiverBlockTracker，由它负责管理接收数据的元信息。

3）数据处理。

StreamingContext 当中的 JobGenerator 中维护着一个定时器。该定时器在批处理时间到来时会生成作业的操作。首先，它会通知 ReceiverTracker 将接收的数据进行提交，提交时采用 synchronized 关键字进行处理，保证每条数据被划入一个且只能被划入一个批中。接着，要求 DStreamGraph 根据 DStream 的依赖关系生产作业序列 Seq［Job］。从第一步中 ReceiverTracker 获取本批次数据的元数据。把批处理时间 Time、作业序列 Seq［Job］和本批次数据的元数据包装为 JobSet，并将任务提交给 JobScheduler，JobScheduler 将把作业发送给 Spark 核心进行处理，由于该执行行为是异步的，所以执行速度很快。最后，当任务提交结束后（不管作业是否被执行），Spark Streaming 会对整个系统做一次检查点操作。

4）流数据的结果的输出。

在 Spark Streaming 核心的作业对数据处理完毕后输出到外部系统，如数据库或者文件系统。

通过以上四个步骤，完成对流数据的处理。

第四节　应用案例

京东大数据平台建设了完整的技术体系，包括离线计算、实时计算和机器学习平台，可以满足多种复杂应用场景的计算任务。元数据管理、数据质量管理、任务调度、数据开发工具、流程中心等构成了全面的数据运营工具。分析师、指南针等数据应用产品提供了便利的数据分析功能，以及敏感数据保护、数据权限控制等策略方案，能够最大程度保护数据资产的安全。

京东大数据平台是随着京东业务同步发展的，由原来的传统数据仓库模式逐步演变为现在的基于 Hadoop 的分布式计算架构，其架构图如图 15-21 所示。技术领域覆盖 Hadoop、Kubernetes、Spark、Hive、Alluxio、Presto、HBase、Storm、Flink、Kafka 等大数据全生态体系。目前拥有研发团队 500 多人，累计获得技术专利 400 余个。经过多年的持续投入，京东大数据已成为企业大数据的领跑者。目前已拥有集群规模 4 万多台服务器，单集群规模达到 7 000 余台，数据规模 800PB，日增数据 1PB，日运行 JOB 数 100 万，业务表 900 万张。每日的离线数据处理量达 30PB，实时计算每天消费的行数近万亿条。

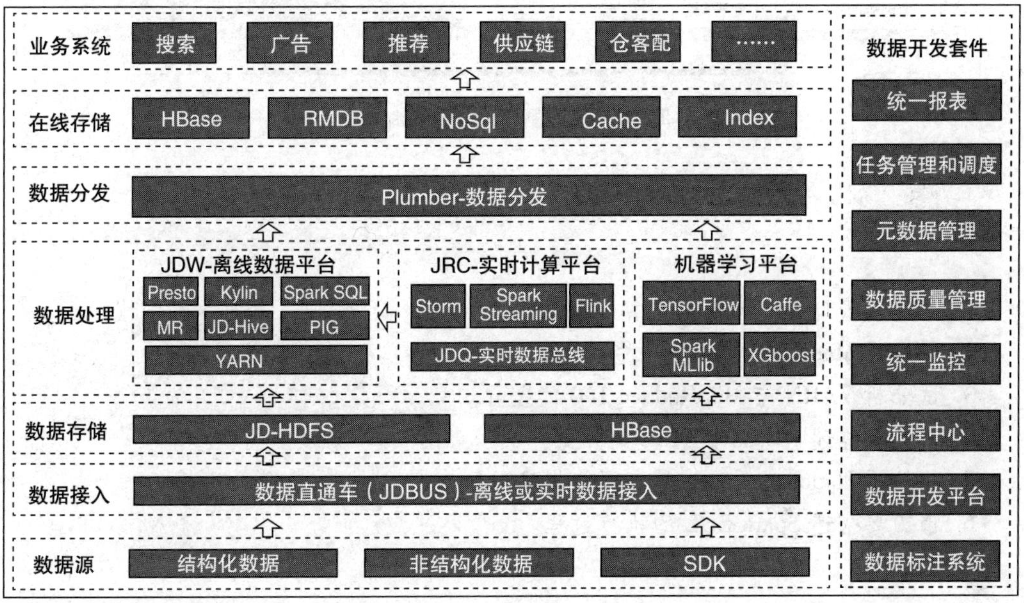

图 15-21　京东大数据平台技术架构图

在京东大数据平台支撑下，京东采用智能营销的方式面向客户全生命周期进行个性化营销，其产品结构图如图 15-22 所示。智能营销产品通过分析和挖掘客户的浏览、交易等数据，确定客户所处的全生命周期阶段，预测用户对各种商品（在品类、SKU 等各种维度）的促销响应。基于预测结果构建营销场景进行个性化营销，跟踪营销效果并基于数据反馈进行循环预测，构成营销闭环。智能营销产品在用户预测和促销过程中都做到了个性化、智能化、自动化，能够显著提升促销效果。在实际的应用中，促销的效率较非智能化、个性化的系统提升 200% 以上。

智能营销产品采用了大数据技术预测用户流失，预测用户上行以及用户对促销的响应程度，并结合全程的准实时数据跟踪，做到针对每个个体用户的个性化营销。产品不仅提升了用户体验，而且帮助了运营方和商户选择合适的用户开展营销活动，增强了营销效果，提升了产品销量。

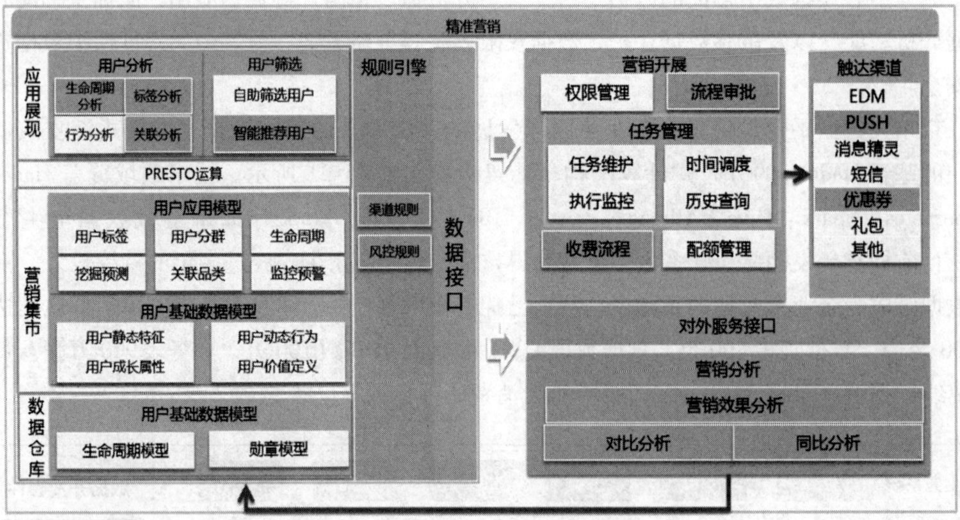

图 15-22 京东智能营销产品结构图

◎ 思考与练习

1. 请简述云计算和大数据计算的关系。
2. 请描述 MapReduce 的执行过程。
3. 试分析 YARN 与 MapReduce 1.0 的差异。
4. 请简要描述 HBase 和 Hive 的异同。
5. 相较于 Hadoop，Spark 具有哪些优势。
6. 请简要描述 Spark SQL 的执行过程。

◎ 本章扩展阅读

[1] GHEMAWAT S, GOBIOFF H, LEUNG S T. The google file system [J]. Proceedings of the nineteenth ACM symposium on operating systems principles, 2003: 29-43.

[2] DEAN J, GHEMAWAT S. MapReduce: simplified data processing on large clusters [J]. Communications of the ACM, 2008, 51(1): 107-113.

[3] CHANG F, DEAN J, GHEMAWAT S, et al. Bigtable: a distributed storage system for structured data [J]. ACM Transactions on computer systems, 2008, 26(2): 1-26.

[4] THUSOO A, SARMA J S, JAIN N, et al. Hive: a warehousing solution over a map-reduce framework [J]. Proceedings of the VLDB endowment, 2009, 2(2): 1626-1629.

[5] ZAHARIA M, CHOWDHURY M, FRANKLIN M J, et al. Spark: Cluster computing with working sets [J]. HotCloud, 2010: 10-95.

[6] ZAHARIA M, CHOWDHURY M, DAS T, et al. Resilient distributed datasets: a fault-tolerant abstraction for in-memory cluster computing [J]. 9th USENIX Symposium on Networked Systems Design and Implementation, 2012: 15-28.

[7] ENGLE C, LUPHER A, XIN R, et al. Shark: fast data analysis using coarse-grained distributed memory [J]. Proceedings of the 2012 ACM SIGMOD International Conference on Management of Data, 2012: 689-692.

[8] XIN R S, ROSEN J, ZAHARIA M, et al. Shark: SQL and rich analytics at scale [J]. Proceedings of the 2013 ACM SIGMOD International Conference on Management of Data, 2013: 13-24.

[9] ARMBRUST M, XIN R S, LIAN C, et al. Spark SQL: relational data processing in spark [J]. Proceedings of the 2015 ACM SIGMOD International Conference on Management of Data, 2015: 1383-1394.

[10] MENG X, BRADLEY J, YAVUZ B, et al. Mllib: machine learning in apache spark [J]. The Journal of Machine Learning Research, 2016, 17(1): 1235-1241.

CHAPTER 16

第十六章

大数据管理与应用进展

大数据产业市场规模正不断扩大，发展势头一片良好，给各行各业都带来了变革性的机会，但是大数据依旧处于发展之中，无论在技术上还是在企业内部应用上都存在一定的挑战。在本章中你将了解国内外大数据产业发展的动态、相关职业、面对的挑战以及未来的发展趋势。

■ 学习目标

- 了解大数据产业发展动态
- 掌握大数据管理与应用相关职业
- 了解大数据管理与应用面对的挑战
- 了解大数据管理与应用的发展趋势

■ 知识结构图

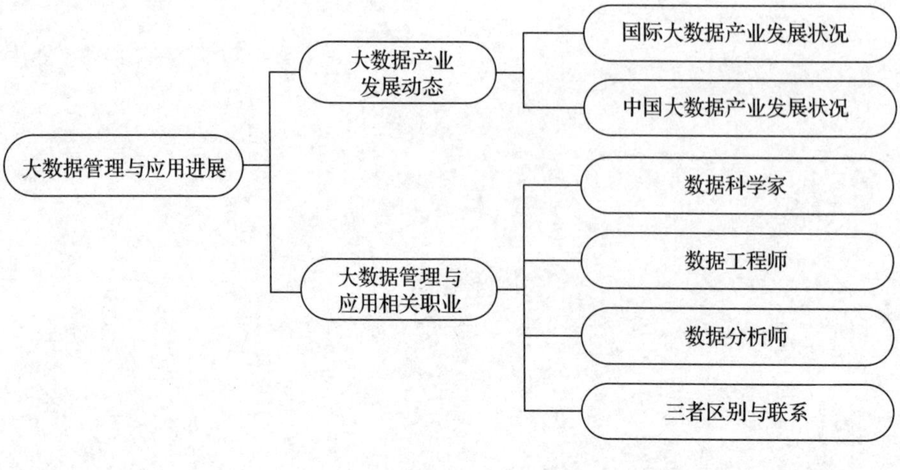

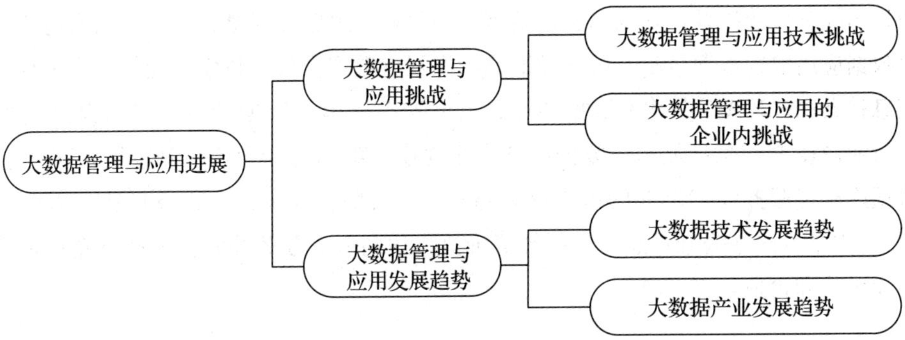

第一节　大数据产业发展动态

一、国际大数据产业发展状况

目前，大数据以爆炸式的发展速度迅速蔓延至各行各业。随着各国抢抓战略布局，不断加大扶持力度，全球大数据市场规模保持了高速增长态势。据相关研究数据表明，全球大数据市场规模将从2018年的420亿美元增长至2024年的840亿美元，年复合增长率为12.3%。

美国政府于2012年就已经宣布投资2亿美元启动“大数据研究和发展计划”，将“大数据研究”上升为国家意志；2015年发布“大数据研究和发展计划”，深入推动大数据技术研发，同时还鼓励产业、大学和研究机构、非营利机构与政府一起努力，共享大数据提供的机遇，因此美国一直走在大数据产业的前端。目前，美国大数据产业增长率已超过71%，大数据在美国健康医疗、公共管理、零售业、制造业等领域产生了巨大的经济效益。根据前期计划，美国希望利用大数据技术在多个领域实现突破，包括科研教学、环境保护、工程技术、国土安全、生物医药等。其中具体的研发计划涉及了美国国家科学基金会、国家卫生研究院、国防部、能源部、国防部高级研究局、地质勘探局等6个联邦部门和机构。

在欧洲地区的发展中，英国政府自2013年开始就注重对大数据技术的研发投入，2015年投入7 300万英镑用于55个政府的大数据应用项目，投资兴办大数据研究中心。英国政府预计大数据将成为英国经济的主要驱动力，大数据直接或间接为英国增加了近490亿~660亿英镑的收入，并期望为英国提供5.8万个新的工作岗位，并带来2 160亿英镑的经济增长。法国2011年推出了公开的数据平台date.gouv.fr，以便于公民自由查询和下载公共数据；2013年相继发布《数字化路线图》《法国政府大数据五项支持计划》等，通过为大数据设立原始扶持资金，推动交通、医疗卫生等纵向行业设立大数据旗舰项目，为大数据应用建立良好的生态环境，并积极建设大数据初创企业孵化器。

亚洲地区也同样十分注重大数据产业的发展，日本在《日本再兴战略》中提出开放数据，将实施数据开放、大数据技术开发与运用作为2013—2020年的重要国家战略之一，积极推动日本政务大数据及产业大数据的发展，零售业、道路交通基建、互联网及电信业等行业的大数据应用取得显著效果。韩国政府高度重视大数据发展，科学、通信和未来规划部与国家信息社会局（NIA）共建大数据中心，大力推动全国大数据产业发展。根据《2015 韩国数据行业白皮书》统计显示，数据服务市场规模占韩国总行业市场规模的47%，位列第一；数据库构建服务以41.8%的占有率紧随其后。目前，韩国正在积极打造“首尔开放数据广场”，据估算这些公开信息产生的经济价值将达到1.2万亿韩元，为私营企业创造多元化的商业模式和价值。

二、中国大数据产业发展状况

（1）大数据产业市场规模不断扩大。

据统计，2018 年我国大数据产业规模为 4 384.5 亿元人民币，同比增长 23.5%。2019 年我国大数据产业整体规模达 5 397 亿元，同比增长 23.1%。然而，综合国内外环境、新兴技术发展等多种因素，大数据产业的增速出现了下滑。我国的大数据产业也面临着从高速发展向高质量发展的关键转型期。根据中国信息通信研究院数据，我国大数据核心产业规模 2017 年为 236 亿元，同比增长 40.5%，2015—2020 年的年均复合增长率达 38.26%。赛迪顾问分析发现，2016—2018 年的增长主要由产业政策和资本协力推动。2019 年以来，随着大数据技术和应用的发展，以及 5G 和物联网等相关技术的成熟，市场需求和相关技术进步将成为大数据产业持续高速增长的最主要动力。

（2）大数据产业形态基本形成。

目前，我国大数据产业基本形成了以数据资源、产品技术和应用服务三大部分为主的产业形态。数据资源方面，我国在数据资源量和丰富程度上具有优势。中国拥有全球第一的人口基数、互联网用户数和移动互联网用户数，网络化、智能化、平台化的采购、生产、营销等开始受到越来越多的中国企业关注，中国已成为名副其实的“世界数据中心”。涌现出阿里巴巴、腾讯、百度、京东等一批拥有巨大数据储量和先进数据管理能力的互联网企业。

产品技术方面，全球大数据技术以开源为主，中国以跟随为主。全球大数据技术格局目前可以分为三个阵营。一是原创理论输出，代表公司是谷歌，其相关成果为大数据存储、处理和分析奠定理论基础。二是技术制高点，以雅虎、Facebook、阿帕奇等美国公司为代表，主要提供开源的大数据分析架构服务。三是产业先锋队。以 IBM、微软、甲骨文、EMC 等传统 IT 巨头为主，主要针对行业用户提供基于 Hadoop 和 Spark 的商用产品和解决方案。国内产品技术集中于应用层，相关企业大部分处于第三阵营，且处于跟随者地位，与国外同阵营企业实力差距较大，仅有少数企业（如阿里巴巴、华为等）可以进入第二阵营。

数据应用方面，我国政府和企业都高度重视大数据应用，并在政务服务、互联网、智能制造等方面取得明显成效。政务方面，多个地方已经根据实际情况展开大数据云平台建设，贵州借助“云上贵州”系统平台上线“7 + N”朵云、河南省上线“中原云”、云南省政府上线“云上云”等；互联网方面，百度的“中国大脑”战略、阿里的“从 IT 到 DT”、腾讯的"大数据连接的未来"等都围绕数据驱动进行布局。在智能制造领域，以三一重工为例，其已形成了5 000多个维度、每天2亿条、超过40TB的大数据资源，并通过大数据分析，达到实时监测设备作业情况、关键零件磨损、油耗以及承压情况等的目的，确保在问题出现之前就能发出预警，从而实现对成本的精准控制，并大幅提高用户服务质量。

（3）大数据产业呈现区域聚集分布状态。

我国大数据产业聚集发展效应开始显现，从东部沿海地区到中西部内陆地区，大数据产业发展区域分布呈现出聚集发展的良好局面，合作协同发展将成为大数据产业的常态。目前我国已形成了以贵安新区为核心的综合试验区，以北京为核心的京津冀大数据聚集区，以深圳、广州为核心的珠三角大数据聚集区，以上海、江苏、浙江为核心的长三角地区大数据聚集区。此外，重庆、武汉、西安、成都、郑州等地也在积极发展大数据产业，并取得了一定成绩。中关村大数据产业园（北京）、仙桃数据谷（重庆）、大数据科技产业园（成都）、白沙大数据产业园（河南）、江苏省大数据特色产业园（江苏）等一大批大数据产业园区纷纷落地。

（4）初步形成互联网巨头引领的产业竞争格局。

我国国内互联网企业巨头百度、阿里巴巴、腾讯及京东等凭借自身在网络信息方面的优势，率先获取了大量的用户数据，在我国大数据发展中抢占先机，用以支撑自身的电子商务、定向广告和影视娱乐等业务，走在国内大数据应用的前列。同时，在互联网产业O2O的趋势下，互联网企业逐渐将业务延伸到金融、保险、旅游、健康、教育、交通服务等多个行业领域，这极大地丰富了互联网企业的数据来源，促进了其数据分析技术的发展，进一步奠定了我国大型互联网企业在大数据领域的地位，同时也扩展了大数据分析在诸多行业的应用。

第二节　大数据管理与应用相关职业

随着大数据时代的到来，企业内部产生了很多与大数据管理与应用相关的职业，越来越多的人更愿意投身于这个行业，成为其中的一员。接下来，我们主要介绍最重要的三个职业——数据科学家、数据工程师和数据分析师。

一、数据科学家

数据科学家早在2012年便被《哈佛商业评论》称为"21世纪最性感的职业"，具有十分广阔的发展前景。领英的首席数据科学家丹尼尔·图恩克兰指出数据科学家是能够利用各种信息获取方式、统计学原理和机器的学习能力构建分析模型，并对其掌握的数据进行收集、去噪、分析并解读的角色。数据科学家是工程师和统计学家的结合体，从事这个职位要求极强的驾驭和管理海量数据的能力，同时也需要有像统计学家一样萃取、分析数据价值的本事，二者缺一不可，与数据分析师利用现成的工具软件或某个细分领域的知识就能完成任务不同，数据科学家需要借助更为开放的编程工具，以及数学、概率统计、机器学习等方面的综合知识，才能更深刻地理解数据，从而选择正确的路径解决问题。我们可以把他们看成数据黑客、分析师、沟通高手、值得信任的咨询师，这些东西组合到一起极具威力，也极其稀有。

数据科学家的主要职责包括数据收集、数据预处理、数据分析以及数据可视化，其中尤为重要的工作是用统计、机器学习、深度学习等方法建立模型分析数据，能够设计算法，构建模型，找出模式——有些是为了了解产品的使用情况和整体质量，有些是为了搭建原型，将在这些原型上经过验证的东西重新糅入产品中，从而提升产品品质。一位优秀的数据科学家必须有出众的编程技能，以及统计、概率、数学方面的知识，如此才能理解数据、正确选择、实施、提升解决方案。

二、数据工程师

数据工程师，与数据库工程师、数据架构师相似，负责数据系统的建设、管理与优化，从而保证数据的可接收、可存储、可转换、可访问。一般认为的数据工程师是传统软件工程师下的一个细分类别，必须具备相当强的编程能力。与数据分析师不同，数据工程师不太关注统计分析、建模与可视化方面的任务，他们的工作重点在于数据架构、计算、数据存储、数据流等。

数据工程师的主要工作包括四个方面，①日常管理与维护数据系统，监控和测试系统保证性能优化；②构建和维护数据科学项目的数据架构，在现存的数据管道中整合数据集；③为数据消费开发 API 供相关人员使用；④非功能性的基础设施问题，如数据的可扩展性、可靠性、韧性、有效性，备份等也由数据工程师来负责。总之，数据工程师的主要职责在于通过技术手段保证数据科学家和数据分析师专注于解决数据分析方面的问题。

三、数据分析师

数据分析师与数据科学家有一定的相似之处，他们都要从数据中抽取信息并且解释数据背后的意义，但在解决的任务层面存在较大差别。数据分析师需要解决的任务一般着眼于利用现有数据发现和解释当前出现的问题，数据科学家解决的任务更具开放性，他们更专注于利用统计和算法工具来开发新的分析模型。

数据分析师的主要职责是根据数据和业务情况，通过分析、制定业务策略或者建立模型，回答企业所遇到的运营问题，并通过数据化的交流方式帮助企业决策，核心职责是帮助其他人追踪进展和优化目标。数据分析师的工作内容一般包括数据清洗、执行分析和数据可视化。企业内的数据分析师要懂业务、懂管理、懂分析、懂工具、懂设计。除了数据管理工具、报告撰写工具、结果展示工具等常用的办公软件，数据分析师应该能够熟练使用数据分析工具，其中包括 Excel、Tableau、SAS、SAP 等商业智能工具，以及 SPSS、RapidMiner 等建模工具。特别地，数据分析师不仅需要掌握这些商业智能和数据处理的技术工具，还应该是一位高效的沟通者，尤其是对于数据技术部门与商业运营部门分离的企业，数据分析师承担沟通这两个团队的重要职能。

四、三者区别与联系

这三种大数据相关职业都需要跟数据打交道，但是拥有不同的分工。数据科学家偏重于对现有的数据分析方法提出改良与优化、针对实际数据分析问题提出合理的新的数据分析方法，同时需要基于分析的发现和在更多可能性上的调查来获得方向。不管是训练模型还是进行统计分析，数据科学家都试图去对未来要发生的可能性提出一个更好的预测，在三种职业中门槛最高。数据工程师则偏重于数据的处理和净化，将海量的数据进行整合，主要工作在后端，持续地提升数据管道来保证数据的精确和可获取。数据分析师一般使用数据工程师提供的现成接口和数据科学家构建出的分析模型来抽取新的数据，然后发现数据中的趋势、分析异常情况，以一种清晰的方式概括和提取数据分析结果，更好地辅助非技术团队决策。

第三节　大数据管理与应用挑战

一、大数据管理与应用技术挑战

大数据在快速发展的同时，也受到一些技术方面的挑战，包括基于数据仓库计算模式中的两个问题、算法偏见、数据供应链中的问题、数据碎片化以及异构数据缺乏互操作性等，这些因素都为大数据管理与应用进一步的发展带来重大挑战。

（1）数据仓库的计算模式问题。

在大数据时代，传统数据仓库的计算模式存在以下两个问题。第一，数据移动代价过高。传统数据仓库系统的整体架构围绕关系数据库设计，多数情况下数据的计算和分析依赖于移动数据的方式。此种架构在“小数据”时代运行良好，但面对大数据量和新的分析需求，其执行时间至少会增长几个数量级。尤其对于大量的即时分析，这种数据移动的计算模式更是不可取的。第二，不能快速适应变化。传统数据仓库通常采用物化视图和索引方式来保证性能，数据的更新意味着大量物化视图和索引的更新。因此，传统的数据仓库假设主题变化较少，其应对变化的方式是重新执行从数据源到前端分析的整个流程，导致其适应变化的周期较长。这种模式比较适合对数据质量和查询性能要求较高，对预处理代价要求不高的场合。但在大数据时代，面对变化且不确定的分析需求，这种模式将难以适应新的环境。

（2）算法偏见。

尽管算法被不断使用以支持决策制定，为实践中的效率提升带来了机会，但也带来了关乎不公和歧视性结果的风险——“算法偏见”。例如，加州大学伯克利分校的一项研究发现，算法信贷系统的偏见程度虽然比面对面沟通低40%，但它们对拉美和非裔美国人通常收取更高的贷款利率。算法偏见产生的原因可能在于数据与模型本身，在机器学习过程中，算法偏见会从三个环节中被渗透：数据集的构成、算法规则的制定过程以及打标者处理非结构化素材的过程。可以明确的是，数据本身并没有歧视，但问题在于数据的使用和解读方式，尤其是当采用关联系数或“替代”数据对人群进行算法分析，数据被错误使用或不能准确反映问题中涉及的社群时，模型会令一些刻板印象被进一步强化或者得出错误结论。另外，算法的偏见可能是模型本身所导致的，模型本质上是一个优化的问题，它有明确可量化的优化目标，不同的优化目标会导致不同倾向的结果。在推荐算法中，单一的优化目标可能会造成“信息茧房”。

（3）数据供应链中的问题。

数据供应链中有许多潜在的挑战和风险。数据供应链包括三个部分，首先是供应方创建、捕获和收集数据；然后在中间阶段对数据进行整理、控制和改进，即数据管理和交换；最后在需求方面，消耗和使用数据，进行数据分析决策。大数据在数据收集及整理过程中经常包含缺失值或者存在观察值不准确的“噪声”问题。在大数据供应链的数据收集过程中，数据的上下文和语义可能会发生改变，从而导致错误的数据分析结果。隐私问题也是用户收集数据的主要问题，这引发了广泛的争议。另外，由于世界范围内大数据管理与应用技术的差异，目前的数据源也容易受到时间和空间的限制，从而导致统计偏差，最终导致分析决策效率低下。

（4）数据碎片化。

碎片化的挑战是大数据分析大规模部署的主要障碍之一。例如，由于看似不同的医疗原因，患者可能会去看不同的专家。然后，这些专家会开出不同类型的临床测试，产生不同类型的结果。但如果开发出某种协议或系统来将这些碎片整合在一起，并对其进行集体分析，则可以清晰地了解患者当前的健康状况。如果解决了碎片问题，医院不仅可以加快诊断过程，而且还能提供最适合患者的个性化的治疗方案。另外，在数据存储领域中，碎片化是指存储空间使用效率低下，结果导致功能、运行效率变低或二者兼有的现象。碎片化所造成的影响取决于具体的存储系统以及碎片化的种类。大部分情况下，碎片化都会导致存储空间的浪费，此时“碎片”一词亦可指代闲置的空间本身。对于其他的一些系统来说（比如FAT文件系统），在数据量一定的前提下，系统用于存储数据的存储空间是一定的，这和碎片化的程度无关。

（5）异构数据缺乏互操作性。

大数据分析通常包括收集、合并各种数据类型的非结构化数据，而不同数据系统间的数据缺乏互操作性。所谓互操作性是指系统输入输出的数据流及数据格式可以完全被其他系统所识别、整合和交换，以便用于数据分析。然而在很多企业尤其是大型企业中，合并和统一不同的数据以进行分析是一项艰巨的任务，数据常常散落在不同部门，储存在不同的数据仓库中，不同部门的数据技术也有可能不一样，这导致企业内部的数据无法打通，进而导致大数据的价值难以挖掘。因此，为了进行有效的数据分析，需要一个可以使不同格式的数据流同质化的系统，以帮助企业将不同的数据进行关联和整合，并将不同部门的数据打通实现技术和工具共享，更好地理解客户和业务，发挥大数据的价值。

二、大数据管理与应用的企业内挑战

目前在企业内部大数据的发展依然存在诸多挑战，主要有以下五大方面：业务部门没有清晰的大数据需求，导致数据资产逐渐流失；企业内部数据孤岛严重，导致数据价值不能充分挖掘；数据可用性低、质量差，导致数据无法利用；大数据人才缺乏，导致大数据工作难以开展；虽然大数据越开放越有价值，但缺乏相关的政策法规，导致数据开放和隐私之间难以平衡，也难以更好地开放。

（1）业务部门没有清晰的大数据需求。

很多企业业务部门并不了解大数据，也不了解大数据的应用场景和价值，因此难以准确提出大数据的需求。由于业务部门需求不清晰，大数据部门又是非营利部门，企业决策层担心投入的成本太多，导致很多企业在搭建大数据部门时犹豫不决，或者很多企业都处于观望尝试的态度，这从根本上影响了企业在大数据方面的管理与应用，也阻碍了企业积累和挖掘自身的数据资产，某些企业甚至由于数据没有应用场景，删除了很多有价值的历史数据，导致企业数据资产流失。因此，这方面需要大数据从业者和专家一起，推动和分享大数据应用场景，让更多的业务人员了解大数据的价值。

（2）企业内部数据孤岛严重。

企业启动大数据最重要的挑战之一是数据的碎片化。在很多企业中，尤其是大型企业，数据常常散落在不同部门，而不同部门的数据技术也有可能不一样，这将导致企业内部的数据都无法打通。如果不打通这些数据，大数据的价值会非常难挖掘。大数据需要不同数据的关联和整合才能更好地发挥理解客户和理解业务的优势。将不同部门的数据打通，并实现技术和工具共享，才能更好地发挥企业大数据的价值。

（3）数据可用性低，数据质量差。

国外权威机构的统计表明，在美国企业信息系统中1% ~30%的数据存在各种错误和误差，美国医疗信息系统中13.6% ~81%的关键数据不完整。国际科技咨询机构 Gartner 的调查显示，全球财富1 000强企业中，超过25%的企业信息系统中的数据不准确。数据可用性问题是信息化社会中固有的问题，在任何一个信息化社会都会存在。许多中型及大型企业每时每刻都在产生大量的数据，但很多企业并不重视大数据的预处理阶段，导致数据处理并不规范。大数据预处理阶段需要抽取数据把数据转化为方便处理的数据类型，对数据进行清洗和去噪等操作以提取有效的数据，预处理不到位会导致企业数据的可用性低，数据质量差，数据不准确。大数据不仅仅是要收集规模庞大的数据信息，还要对收集到的数据进行很好的预处理，才有可能让数据分析和数据挖掘人员从可用性高的大数据中提取更有价值的信息。

（4）大数据人才缺乏。

大数据建设的每个环节都需要依靠专业人员完成，因此我们必须培养和造就一支掌握大数据技术、懂管理、有大数据应用经验的大数据建设专业队伍。目前大数据相关人才的欠缺将阻碍大数据市场发展。大数据的相关职位需要的是复合型人才，能够综合掌握数学、统计学、数据分析、机器学习和自然语言处理等多方面知识。我国《大数据产业发展规划(2016—2020 年)》中指出，目前大数据人才队伍建设亟须加强，大数据基础研究、产品研发和业务应用等各类人才短缺，难以满足发展需要。要建设多层次人才队伍，建立适应大数据发展需求的人才培养和评价机制。加强大数据人才培养，整合高校、企业、社会资源，推动建立创新人才培养模式，建立健全多层次、多类型的大数据人才培养体系。猎聘在《2019 年中国 AI& 大数据人才就业趋势报告》中指出，2019 年中国大数据人才缺口高达 150 万。另据中国商业联合会数据分析专业委员会统计，未来中国基础性数据分析人才缺口将达到 1 400 万，2025 年前对大数据人才的需求仍将保持 30% ~40% 的增速，需求总量在 2 000 万人左右。

（5）数据开放与隐私的权衡。

在大数据应用日益重要的今天，数据资源的开放共享已经成为在数据大战中保持优势的关键。商业数据和个人数据的共享应用，不仅能促进相关产业的发展，也能给我们的生活带来巨大的便利。政府开放数据，一方面可以使其掌握的大量原始数据发挥更大的作用，另一方面也可以让公众更近距离地监督政府工作，保障政府决策的正确有效。但由于政府、企业和行业信息化系统建设往往缺少统一规划，系统之间缺乏统一的标准，形成了众多“信息孤岛”，这给数据利用造成了极大障碍。另一方面，隐私问题是数据开放过程中日益凸显的热点问题，也是政府与企业无法回避的重要问题，二者既对立又统一，可以互相促进。如何在推动数据全面开放、应用和共享的同时有效保护公民、企业的隐私，将是大数据时代的一个重大挑战。

第四节　大数据管理与应用发展趋势

一、大数据技术发展趋势

近些年来，大数据技术的发展几乎日新月异，一些最新的技术和方法也为大数据技术的发展注入活力，大数据技术在未来将越来越加紧与边缘计算、区块链技术和量子计算等最新技术的结合。

（1）开源继续成为大数据技术的主流。

2005 年，以 Hadoop 为代表的开源技术拉开了大数据技术的序幕，大数据应用的发展又促进了开源技术的进一步发展。开源技术的发展降低了数据处理的成本，引领了大数据生态系统的蓬勃发展，对大数据相关标准的制定产生了巨大影响，同时也给传统数据库厂商带来了挑战。截至2021年2月，Apache项目列表中共有368个开源项目，其中有50个直接服务于大数据产品与应用，充分体现了Apache软件基金会（ASF）对大数据开源的重视程度。除ASF外，还有很多厂商、院校也为大数据开源应用做出了积极的贡献，例如加州大学伯克利分校研发的著名的Spark、Twitter公司的Storm等各类开源项目逐渐主导了市场，降低了大数据技术的门槛，构成了大数据标准化建设的重要产业背景。另外，目前有超过100种的开源大数据平台，这个数字仍在增长中。

（2）边缘计算和云计算成为互补技术。

自2013年开始，大数据技术已经开始和云计算紧密结合，云计算为大数据提供了可以弹性扩展、相对便宜的存储空间和计算资源，使得中小企业也可以像亚马逊一样通过云计算来完成大数据分析。云计算IT资源庞大、分布较为广泛，是异构系统较多的企业及时准确处理数据的有力方式。边缘计算的定位是拓展云的边界，其中的大数据分析非常接近物联网设备和传感器，它们能够把计算力拓展到距离“万物”一公里以内的位置。对于企业来说，边缘计算的优势显而易见：一是减少网络上的数据流动，提高网络性能并节省云计算成本；二是允许公司删除过期的和无价值的物联网数据，从而降低存储和基础架构成本；三是加快分析过程，使决策者能够更快地洞察情况并采取行动。根据《边缘云计算技术及标准化白皮书》，未来边缘计算和云计算应该是相辅相成、相互配合的关系。具体来说，边缘计算与云计算各有所长，云计算擅长全局性、非实时、长周期的大数据处理与分析，能够在长周期维护、业务决策支撑等领域发挥优势；边缘计算更适用局部性、实时、短周期数据的处理与分析，能更好地支撑本地业务的实时智能化决策与执行。因此，边缘计算与云计算之间不是替代关系，而是互补协同关系。边缘计算与云计算需要通过紧密协同才能更好地满足各种需求场景的匹配，从而放大边缘计算和云计算的应用价值。目前，将边缘计算和云计算相结合是技术研究的一大热点，在业界也有很多这方面的尝试。

（3）区块链技术提升大数据应用价值。

区块链是一种不可篡改的、全历史的分布式数据库存储技术，巨大的区块链数据集合包含着每一笔交易的全部历史，它的出现将给大数据的数据开放、共享交易和流通等带来关键支撑，具体体现在以下几方面。第一，保证数据正确性。区块链具有可信任性、安全性、不可篡改性和可追溯性，这使得数据从采集、交易、流通到计算分析的每一步记录都可以留存在区块链上，使得数据的质量获得前所未有的强信任背书，进一步保证数据分析结果的正确和数据挖掘的效果。第二，突破数据孤岛。区块链和分布式账本技术的核心价值主张是在不受信任的参与者网络中提供分散的信任。区块链的去中心化、数据不可篡改、永久可追溯的特性，可以经由全网的分布记账、自由公证，构建出针对数据的“信任机制”，形成共识数据库，从而打破数据孤岛，强有力地支持各行各业对数据的共享及对数据价值的发掘。第三，保护用户隐私、维护数据安全。区块链上的所有节点平等，用户通过智能合约可以对数据使用范围进行精细化授权，同时可选择数据公开、身份匿名形式，从而保护了用户隐私、维护了数据安全。总之，基于区块链技术，能让大数据更有价值，也能让大数据的预测分析落实为行动。

（4）增强分析加速制定决策。

增强分析的概念由 Gartner 在 2017 年提出，在 Gartner 当年的报告“Augmented Analytics Is the Future of Data and Analytics”中，给出了增强分析的定义：增强分析是下一代数据和分析范式，它面向广泛的业务用户、运营人员和民间数据科学家，利用机器学习将数据准备、洞察发现和洞察共享等过程自动化。增强分析并不是一种技术或是一个产品，而是一系列的技术和方法，主要包括增强数据准备、增强数据分析和增强数据挖掘这三类细分技术。增强分析旨在为数据分析提效和降低数据分析的门槛，其重点在于提升数据分析流程的易用性和自动化程度，这有助于企业更快地做出决策，并更有效地识别趋势。需要注意的是，增强分析虽然可以使一些分析任务自动化，并让更多的普通员工掌握数据分析工具，但并不意味着不再需要分析师和数据科学家。事实上，增强分析主要面向的仍是业务人员、数据科学家和开发人员，其将成为商业智能和数据分析项目、数据科学和机器学习平台以及嵌入式分析的主要驱动力。在 2020 年初，Gartner 做出了对增强分析最新的预测：到 2022 年，增强分析技术将无处不在，但只有 10% 的分析师将充分发挥其潜力；到 2022 年，40% 的机器学习模型开发和评分将在没有把机器学习作为主要目标的产品中完成；到 2025 年，数据故事将成为最广泛的消费分析方式，75% 的故事将使用增强分析技术自动生成。

（5）量子计算助力大数据分析。

随着大数据管理与应用技术的发展，人类对计算能力的追求越发迫切，由于摩尔定律的限制使基于 CMOS 技术的大规模集成电路芯片设计逐步逼近传统物理学的极限，一旦芯片上的晶体管尺寸大小进入“一个纳米级”，就将不可避免地产生量子效应，必须采用量子物理的方法对其进行控制。因此，量子计算作为后摩尔时代最具潜力的计算模式，自然备受关注。量子计算具有叠加性、相干性、纠缠性等特点，其将在多个方面助力大数据分析。第一是量子存储器具有巨大的存储能力，对于有 n 个量子比特的量子存储器，同时刻能存储 2^n 个数的叠加态，但普通计算机 n 个比特（或晶体管）只能存储 2^n 个整数之一。第二是量子计算拥有超高速的计算能力，可以解决经典计算无法克服的复杂性。量子计算的整体性、并行性等使量子计算的计算速度极高，肖尔算法、格罗大算法等量子算法能够克服一些经典计算无法克服的困难。第三是大数据具有巨大数据量，数据间关系复杂，会形成非常复杂的网络，量子计算具有整体性计算、并行计算等优点，将为分析大数据提供有益的启示。比如在量子力学系统中，大量微观粒子的运动仍然符合薛定谔波动方程，在微观层次上，这具有严格的因果决定论，但是在宏观层次上仅有统计因果性。而对于大数据来说，看似无关的数据之间是否隐藏着更深层次的因果决定呢？或许可以通过量子计算的建模来解决这一问题。

二、大数据产业发展趋势

总体而言，大数据产业存在五大发展方向，大数据在管理中将从概念化走向价值化，成为重要的战略资源；大数据整合、共享和开放是发展的必然趋势，唯有这样才能发挥大数据的最大价值；人工智能的发展也将带动管理与应用创新；最后，大数据安全和大数据治理将受到人们的更多关注。

（1）大数据在管理中从概念化走向价值化。

随着大数据应用的发展，大数据慢慢从概念化走向价值化，在企业和社会层面成为重要的战略资源，是大家抢夺的新焦点。数据资源的概念是由信息资源概念演变而来的。信息资源是在20世纪70年代计算机科学快速发展的背景下产生的，信息被视为与人力资源、物质资源、财务资源和自然资源同等重要的资源，因此高效、经济地管理组织中的信息资源是非常必要的。在20世纪90年代，伴随着政府和企业数字化转型的产生，数据资源的概念开始被提出：有含义的数据集结到一定规模后形成资源。21世纪初，大数据技术的兴起促进了数据资产概念的产生，数据管理与应用开始飞速发展，企业中数据资产的概念边界也随着数据管理技术的变化而不断拓展。目前大数据的价值主要体现在：为消费者提供产品或服务的企业可以利用大数据进行精准营销，中小微企业可以利用大数据做服务转型。作为一种产业，大数据实现盈利的关键在于提高对数据的“加工能力”，让大数据在各行各业内实现赋能。

（2）大数据整合、共享和开放是必然趋势。

大数据会推动社会生产要素的网络化共享、集约化整合、协作化开发和高效化利用，改变传统的生产方式和经济运行机制，最终显著提升经济运行水平和效率。大数据的开放共享将持续激发商业模式创新，不断催生新业态，成为互联网等新兴领域促进业务创新增值、提升企业核心价值的重要驱动力。一方面，大数据开放共享将为企业带来新的竞争优势，在全球信息化快速发展的大背景下，大数据成为企业重要的基础性战略资源，它正引领行业新一轮科技创新。企业应充分利用大数据规模优势，推进大数据开放共享，进而实现数据规模、质量和应用水平的同步提升，发掘和释放数据资源的潜在价值，将有利于更好发挥数据资源的战略作用。另一方面，大数据开放共享将提高整条产业链的效益，促进企业间的数据融合和资源整合，极大提升产业整体数据分析能力，为有效处理复杂问题提供新的手段。未来企业若想实现基于数据的科学决策，实现“用数据说话、用数据决策、用数据管理、用数据创新”，关键在于能否实现高质量的数据开放、共享和流通。

（3）人工智能带动管理与应用创新。

由于创新的大数据思维不易获得，人工智能技术某种意义上恰恰可以弥补舍恩伯格提出的大数据三要素[⊖]中的“思维”要素，将持续带动企业管理与应用上的创新。人工智能在产业内的渗透可分为基础层、技术层和应用层。基础层对应着算法（包括回归、分类、聚类、深度学习算法等）、算力（即AI芯片）和软件框架（实现对AI算法的封装），目前该层级的主要贡献者是英伟达、Mobileye和英特尔在内的国际科技巨头，中国在基础层的实力相对薄弱。技术层解决具体类别问题，这一层级主要依托运算平台和数据资源进行海量识别训练和机器学习建模，开发面向不同领域的应用技术，包括语音识别、自然语言处理、计算机视觉和机器学习技术。应用层立足于解决各行业领域实际场景问题，如安防场景下，用于

⊖ 三大要素：反事实思维、因果律和制约。

警讯发现、人脸识别、道路监控等；金融场景下，可用于资产异动监测、征信风控和智能投顾等；医疗场景下，可用于对医学影像、电子病例处理来辅助诊疗；还有目前最为火热的自动驾驶场景。得益于人工智能的全球开源社区，应用层的门槛相对较低，目前，应用层的企业规模和数量在中国人工智能层级分布中占比最大。

（4）大数据安全与隐私保护问题。

由于大数据具有种类繁多、规模巨大、处理速度快、数据价值高等特性，大数据安全与隐私保护工作的难度大幅提升，传统的安全与隐私保护方式以及法律手段等的滞后性和被动性，使其在解决大数据安全与隐私保护问题时显得捉襟见肘。值得注意的是，大数据自身也是解决这些问题的重要手段，它是信息安全领域发生重大转变的驱动因素，甚至会引发信息安全技术乃至相关产业的变革。例如，传统的数据安全分析，主要是对诸如数据库记录、系统日志、离线文件等结构化数据进行非实时处理，大数据技术及分析工具可以从单纯的日志分析扩展到全面结构化、非结构化的在线数据分析，实现有效的预测和自动化的实时控制，在充分挖掘数据价值的同时保护用户隐私，从而避免因大数据安全问题而给用户的利益造成损失。另外，在服务管理方面，还要建立规范的问责系统，不断完善大数据安全相关法律体系建设，对数据权属界定、数据流动管理、个人信息保护等各种问题，给出明确规定。

（5）数据治理将受到更多关注。

数据治理是对数据资产管理行使权力和控制的活动集合（规划、监控和执行），是一个关注于在执行层面如何让各项数据资源实现业务战略价值需求的体系，成功的数据治理工作的实施是数据管控机制与数据管控领域的有效结合。在大数据环境与传统 IT 环境相互融合的大趋势下，数据治理的体系、方法和标准都将发生深刻的变化，大数据治理已经成为数据治理未来发展的新趋势、新方向和新阶段。目前企业的大数据管理水平总体上比较低下，普遍存在着“重采集轻管理、重规模轻质量、重利用轻安全”的现象。大数据管理的业务流程往往因为缺少完善的大数据治理计划，一致的大数据治理规范，统一的大数据治理过程，以及跨部门的协同合作而变得重复和紊乱，进而导致安全风险的提升和数据质量的下降。合理有效的大数据治理对于确保大数据的优化、共享和安全至关重要，有效的大数据治理计划可通过改进决策、缩减成本、降低风险和提高安全合规等方式，将价值回馈于业务，并最终增加企业的收入和利润。因此，未来大数据治理将会受到更多关注。

◎ 思考与练习

1. 试简述你对我国大数据产业发展状态的认识和了解。
2. 什么是数据科学家、数据工程师和数据分析师，这些职业的主要职责有哪些？
3. 简述数据科学家、数据工程师和数据分析师之间的区别和联系。
4. 大数据管理与应用技术当前面临哪些挑战？
5. 根据自己所学的专业知识，搜集相关资料，谈谈应当如何应对大数据管理与应用技术面临的挑战。

6. 大数据技术的发展趋势有哪些？试简述一项你所熟悉的大数据关键技术及其应用。
7. 大数据产业的发展趋势有哪些？试针对大数据产业的发展趋势，提出几点应对方式或策略。
8. 你对大数据职业是否感兴趣？如果感兴趣，你希望选择何种职业呢？

◎ 本章扩展阅读

[1] 冯登国，张敏，李昊．大数据安全与隐私保护［J］．计算机学报，2014，37(1)：246-258．

[2] 冯贵兰，李正楠，周文刚．大数据分析技术在网络领域中的研究综述［J］．计算机科学，2019，46(6)：1-20．

[3] 朝乐门，卢小宾．数据科学及其对信息科学的影响［J］．情报学报，2017，36(8)：761-771．

[4] 梁吉业，冯晨娇，宋鹏．大数据相关分析综述［J］．计算机学报，2016，39(1)：1-18．

[5] 王珊，王会举，覃雄派，等．架构大数据：挑战、现状与展望［J］．计算机学报，2011，34(10)：1741-1752．

[6] 张敏，刘玉佩，朱明星．国际大数据领域研究热点及其演化路径分析［J］．情报科学，2016，34(4)：158-163．

[7] 曾建勋，魏来．大数据时代的情报学变革［J］．情报学报，2015，34(1)：37-44．

[8] 朝乐门，马广惠，路海娟．我国大数据产业的特征分析与政策建议［J］．情报理论与实践，2016，39(10)：5-10．

[9] 蔡莉，梁宇，朱扬勇，等．数据质量的历史沿革和发展趋势［J］．计算机科学，2018，45(4)：1-10．

[10] AGARWAL R，DHAR V．Big data，data science and analytics：the opportunity and challenge for IS research［J］．Information Systems Research，2014，25(3)：443-448．

[11] CHIASSON M W，DAVIDSON E．Taking industry seriously in information systems research［J］．Management Information Systems Quarterly．2005，29(4)：591-605．

参考文献

[1] 周志华 . 机器学习 [M]. 北京：清华大学出版社，2016.
[2] 周志华，王魏，高尉，等 . 机器学习理论导引 [M]. 北京：机械工业出版社，2020.
[3] 李航 . 统计学习方法 [M]. 2 版 . 北京：清华大学出版社，2019.
[4] 吴军 . 数学之美 [M]. 2 版 . 北京：人民邮电出版社，2014.
[5] 朝乐门 . 数据科学 [M]. 北京：清华大学出版社，2016.
[6] 邱锡鹏 . 神经网络与深度学习 [M]. 北京：机械工业出版社，2020.
[7] 孙亮，黄倩 . 实用机器学习 [M]. 北京：人民邮电出版社，2017.
[8] 王磊，王晓东 . 机器学习算法导论 [M]. 北京：清华大学出版社，2019.
[9] 赵志升 . 大数据挖掘 [M]. 北京：清华大学出版社，2019.
[10] 周中元，王菁 . 大数据挖掘技术与应用 [M]. 北京：电子工业出版社，2019.
[11] 王朝霞 . 数据挖掘 [M]. 北京：电子工业出版社，2018.
[12] 吴建生，许桂秋 . 数据挖掘与机器学习 [M]. 北京：人民邮电出版社，2019.
[13] 王喆 . 深度学习推荐系统 [M]. 北京：电子工业出版社，2020.
[14] 刘鹏，张燕，陶建辉，等 . 数据挖掘基础 [M]. 北京：清华大学出版社，2018.
[15] 蒋艳凰，赵强利 . 机器学习方法 [M]. 北京：电子工业出版社，2009.
[16] 林学森 . 机器学习观止：核心原理与实践 [M]. 北京：清华大学出版社，2020.
[17] 王振武 . 大数据挖掘与应用 [M]. 北京：清华大学出版社，2017.
[18] 赵卫东，董亮 . 机器学习 [M]. 北京：人民邮电出版社，2018.
[19] 雷明 . 机器学习与应用 [M]. 北京：清华大学出版社，2019.
[20] 雷明 . 机器学习：原理、算法与应用 [M]. 北京：清华大学出版社，2019.
[21] 雷明 . 机器学习的数学 [M]. 北京：人民邮电出版社，2021.
[22] 吕晓玲，宋捷 . 大数据挖掘与统计机器学习 [M]. 2 版 . 北京：中国人民大学出版社，2019.

[23] 陈海虹．机器学习原理及应用［M］．成都：电子科技大学出版社，2017.
[24] 朱明．数据挖掘［M］．2 版．合肥：中国科学技术大学出版社，2008.
[25] 深圳国泰安教育技术股份有限公司大数据事业部群，中科院深圳先进技术研究院 - 国泰安金融大数据研究中心．大数据导论：关键技术与行业应用最佳实践［M］．北京：清华大学出版社，2015.
[26] 何晓群，闵素芹．实用回归分析［M］．2 版．北京：高等教育出版社，2014.
[27] 梅长林，王宁．近代回归分析方法［M］．北京：科学出版社，2012.
[28] 唐年胜，李会琼．应用回归分析［M］．北京：科学出版社，2014.
[29] 何晓群，刘文卿．应用回归分析［M］．5 版．北京：中国人民大学出版社，2019.
[30] 王黎明，陈颖，杨楠．应用回归分析［M］．2 版．上海：复旦大学出版社，2018.
[31] 林建忠．回归分析与线性统计模型［M］．上海：上海交通大学出版社，2018.
[32] 韩明．应用多元统计分析［M］．2 版．上海：同济大学出版社，2017.
[33] 马立平，马乐，张蕊鑫．应用回归分析［M］．北京：首都经济贸易大学出版社，2019.
[34] 唐年胜，李会琼．应用回归分析［M］．北京：科学出版社，2014.
[35] 赵凤．基于模糊聚类的图像分割［M］．西安：西安电子科技大学出版社，2015.
[36] 张宪超．数据聚类［M］．北京：科学出版社，2017.
[37] 刘波，何希平．高维数据的特征选择理论与算法［M］．北京：科学出版社，2016.
[38] 杨一翁．消费者视角下的推荐系统［M］．北京：知识产权出版社，2016.
[39] 张永锋．个性化推荐的可解释性研究［M］．北京：清华大学出版社，2019.
[40] 陈开江．推荐系统［M］．北京：电子工业出版社，2020.
[41] 李聪，马丽．电子商务推荐系统瓶颈问题研究［M］．北京：科学出版社，2016.
[42] 许翀寰，琚春华，鲍福光．复杂社会情境下的个性化推荐方法与应用［M］．杭州：浙江工商大学出版社，2018.
[43] 王建芳．机器学习算法实践：推荐系统的协同过滤理论及其应用［M］．北京：清华大学出版社，2018.
[44] 黄昕，赵伟，王本友，等．推荐系统与深度学习［M］．北京：清华大学出版社，2019.
[45] 孟小峰．大数据管理概论［M］．北京：机械工业出版社，2017.
[46] 曹杰，李树青．大数据管理与应用导论［M］．北京：科学出版社，2018.
[47] 安俊秀，王鹏，靳宇倡．Hadoop 大数据处理技术基础与实践［M］．北京：人民邮电出版社，2019.
[48] 大讲台大数据研习社．Hadoop 大数据技术基础及应用［M］．北京：机械工业出版社，2020.
[49] 林大贵．Hadoop + Spark 大数据巨量分析与机器学习整合开发实战［M］．北京：清华大学出版社，2017.
[50] 张良均，樊哲，赵云龙，等．Hadoop 大数据分析与挖掘实战［M］．北京：机械工业出版社，2016.

[51] 黄宏程，舒毅，欧阳春，等．大数据之美：挖掘、Hadoop、架构，更精准地发现业务与营销 [M]．北京：电子工业出版社，2016.
[52] 郭景瞻．图解 Spark：核心技术与案例实战 [M]．北京：电子工业出版社，2017.
[53] 夏俊鸾，程浩，邵赛赛．Spark 大数据处理技术 [M]．北京：电子工业出版社，2015.
[54] 陈志德，曾燕清，李翔宇．大数据技术与应用基础 [M]．北京：人民邮电出版社，2017.
[55] 刘彬斌．Hadoop + Spark 大数据技术（微课版）[M]．北京：清华大学出版社，2018.
[56] 经管之家．Spark 大数据分析技术与实战 [M]．北京：电子工业出版社，2017.
[57] KANTARDZIC M. Data mining: concepts, models, methods, and algorithms [M]. 2nd ed. Hoboken: John Wiley & Sons, 2011.
[58] RAJARAMAN A, ULLMAN J D. Mining of massive datasets [M]. Cambridge: Cambridge University Press, 2011.
[59] HAN J, KAMBER M, PEI J. Data mining concepts and techniques [M]. 3rd ed. San Francisco: Morgan Kaufmann, 2011.
[60] LEDOLTER J. Data mining and business analytics with R [M]. Hoboken, NJ: Wiley, 2013.
[61] WITTEN I H, FRANK E, HALL M A, et al. Data mining: practical machine learning tools and techniques [M]. 4th ed. San Francisco: Morgan Kaufmann, 2016.
[62] CUESTA H, KUMAR S. Practical data analysis [M]. West Midlands: Packt Publishing Ltd., 2016.
[63] TAN P N, STEINBACH M, KARPATNE A, et al. Introduction to data mining [M]. 2nd ed. Upper Saddle River: Pearson, 2018.
[64] HASTIE T, TIBSHIRANI R, FRIEDMAN J. The elements of statistical learning: data mining, inference, and prediction [M]. Berlin: Springer Science & Business Media, 2009.
[65] BISHOP C M. Pattern recognition and machine learning [M]. Berlin: springer, 2006.
[66] HARRINGTON P. Machine learning in action [M]. Greenwich: Manning Publications Co., 2012.
[67] MURPHY K P. Machine learning: a probabilistic perspective [M]. Cambridge: MIT press, 2012.
[68] FLACH P. Machine learning: the art and science of algorithms that make sense of data [M]. Cambridge: Cambridge University Press, 2012.
[69] JAMES G, WITTEN D, HASTIE T, et al. An introduction to statistical learning: with applications in R [M]. New York: Springer, 2013.
[70] PENTREATH N. Machine learning with spark [M]. Birmingham: Packt Publishing Ltd., 2015.
[71] BONACCORSO G. Machine learning algorithms [M]. Birmingham: Packt Publishing Ltd., 2017.
[72] Kubat, M. An introduction to machine learning [M]. Berlin: Springer International Publishing AG., 2017.
[73] BRINK H, RICHARDS J W, FETHEROLF M, et al. Real-world machine learning [M]. Shelter Island, NY: Manning, 2017.
[74] MOHRI M, ROSTAMIZADEH A, TALWALKAR A. Foundations of machine learning [M].

Cambridge: MIT press, 2018.

[75] NIELSEN M A. Neural networks and deep learning [M]. San Francisco, CA: Determination press, 2015.

[76] GOODFELLOW I, BENGIO Y, COURVILLE A, et al. Deep learning [M]. Cambridge: MIT press, 2016.

[77] PATTERSON J, GIBSON A. Deep learning: a practitioner's approach [M]. Sebastopol: O'Reilly Media Inc. , 2017.

[78] CHOLLET F. Deep learning with Python [M]. New York: Manning, 2018.

[79] ZHOU Z H. Ensemble methods: foundations and algorithms [M]. Boca Raton: CRC press, 2012.

[80] RICCI F, ROKACH L, SHAPIRA B. Recommender systems handbook [M]. Berlin: Springer, 2011.

[81] CHATTERJEE S, HADI A S. Regression analysis by example [M]. Hoboken: John Wiley & Sons, 2015.

[82] WHITE T. Hadoop: the definitive guide [M]. Sebastopol: O'Reilly Media Inc. , 2012.

[83] KARANTH S. Mastering Hadoop [M]. West Midlands: Packt Publishing Ltd. , 2014.

[84] SITTO K, PRESSER M. Field guide to Hadoop: an introduction to Hadoop, its ecosystem, and aligned technologies [M]. Sebastopol: O'Reilly Media Inc. , 2015.

[85] KARAU H, KONWINSKI A, WENDELL P, et al. Learning spark: lightning-fast big data analysis [M]. Sebastopol: O'Reilly Media Inc. , 2015.

[86] ANTONY B, BOUDNIK K, ADAMS C, et al. Professional Hadoop [M]. Hoboken: John Wiley & Sons, 2016.